中国战略性新兴产业——前沿新材料

编 委 会

国家出版基金项目

“十四五”时期国家重点出版物出版专项规划项目

中国战略性新兴产业——前沿新材料

离子液体绿色技术

丛书主编 魏炳波 韩雅芳

编 著 张锁江 周 清 吕兴梅

中国铁道出版社有限公司

CHINA RAILWAY PUBLISHING HOUSE CO., LTD.

内 容 简 介

本书为“中国战略性新兴产业——前沿新材料”丛书之分册。

本书内容基于国家重点基础研究发展计划项目、国家自然科学基金重大研究计划重点项目等多项科研成果，系统地论述离子液体的概况及在锂金属电池、二氧化碳转化、离子材料、航天推进剂、生物医药、离子液体膜分离海水淡化、光电制氢及储氢、电子信息等领域的前沿技术和应用，以及离子液体的未来发展趋势。本书是对当今多学科交叉研究成果的梳理、总结，体现了离子液体研究的交叉性、颠覆性、前沿性特色。

本书可为离子液体基础及应用研究实现突破性进展提供理论及技术支撑，可供化工、化学、材料、能源、环境、生物医药、航空航天等领域的科研和工程技术人员参考，也可供高校相关专业师生参考。

图书在版编目(CIP)数据

离子液体绿色技术 / 张锁江，周清，吕兴梅编著. 北京 ：中国铁道出版社有限公司，2024. 12. --（中国战略性新兴产业 / 魏炳波，韩雅芳主编）. -- ISBN 978-7-113-31999-1

Ⅰ. TQ15

中国国家版本馆 CIP 数据核字第 2024C328Z4 号

书　　名：离子液体绿色技术
作　　者：张锁江　周　清　吕兴梅

策　　划：鲍　闻
责任编辑：鲍　闻　　　　**编辑部电话：**(010)51873674
封面设计：高博越
责任校对：刘　畅
责任印制：高春晓

出版发行：中国铁道出版社有限公司(100054，北京市西城区右安门西街 8 号)
网　　址：https://www.tdpress.com
印　　刷：北京联兴盛业印刷股份有限公司
版　　次：2024 年 12 月第 1 版　2024 年 12 月第 1 次印刷
开　　本：787 mm×1 092 mm 1/16　**印张：**29.75　**字数：**611 千
书　　号：ISBN 978-7-113-31999-1
定　　价：198.00 元

作者简介

魏炳波

中国科学院院士，教授，工学博士，著名材料科学家。现任中国材料研究学会理事长，教育部科技委材料学部副主任，教育部物理学专业教学指导委员会副主任委员。入选首批国家“百千万人才工程”，首批教育部长江学者特聘教授，首批国家杰出青年科学基金获得者，国家基金委创新研究群体基金获得者。曾任国家自然科学基金委金属学科评委、国家“863”计划航天技术领域专家组成员、西北工业大学副校长等职。主要从事空间材料、液态金属深过冷和快速凝固等方面的研究。获1997年度国家技术发明奖二等奖，2004年度国家自然科学奖二等奖和省部级科技进步奖一等奖等。在国际国内知名学术刊物上发表论文120余篇。

韩雅芳

工学博士，研究员，著名材料科学家。现任国际材料研究学会联盟主席、《自然科学进展：国际材料》（英文期刊）主编。曾任中国航发北京航空材料研究院副院长、科技委主任，中国材料研究学会副理事长、秘书长、执行秘书长等职。主要从事航空发动机材料研究工作。获1978年全国科学大会奖、1999年度国家技术发明奖二等奖和多项部级科技进步奖等。在国际国内知名学术刊物上发表论文100余篇，主编公开发行的中、英文论文集20余卷，出版专著5部。

张锁江

中国科学院院士，河南大学校长，中国化工学会副理事长。主要从事新能源、新材料及绿色化工过程研究，突破了离子液体基础理论及工程放大的共性科学难题，研发了多项绿色能源和低碳过程原创技术并成功实现产业化。曾获国家自然科学奖二等奖、国家技术发明奖二等奖、发展中国家科学院（TWAS）化学奖、何梁何利科学与技术进步奖、侯德榜化工科学技术成就奖等。

序

前沿新材料是指现阶段处在新材料发展尖端，人们在不断地科技创新中研究发现或通过人工设计而得到的具有独特的化学组成及原子或分子微观聚集结构，能提供超出传统理念的颠覆性优异性能和特殊功能的一类新材料。在新一轮科技和工业革命中，材料发展呈现出新的时代发展特征，人类已进入前沿新材料时代，将迅速引领和推动各种现代颠覆性的前沿技术向纵深发展，引发高新技术和新兴产业以至未来社会革命性的变革，实现从基础支撑到前沿颠覆的跨越。

进入21世纪以来，前沿新材料得到越来越多的重视，世界发达国家，无不把发展前沿新材料作为优先选择，纷纷出台相关发展战略或规划，争取前沿新材料在高新技术和新兴产业的前沿性突破，以抢占未来科技制高点，促进可持续发展，解决人口、经济、环境等方面的难题。我国也十分重视前沿新材料技术和产业化的发展。2017年国家发展和改革委员会、工业和信息化部、科技部、财政部联合发布了《新材料产业发展指南》，明确指明了前沿新材料作为重点发展方向之一。我国前沿新材料的发展与世界基本同步，特别是近年来集中了一批著名的高等学校、科研院所，形成了许多强大的研发团队，在研发投入、人力和资源配置、创新和体制改革、成果转化等方面不断加大力度，发展非常迅猛，标志性颠覆技术陆续突破，某些领域已跻身全球强国之列。

“中国战略性新兴产业——前沿新材料”丛书是由中国材料研究学会组织编写，由中国铁道出版社有限公司出版发行的第二套关于材料科学与技术的系列科技专著。丛书从推动发展我国前沿新材料技术和产业的宗旨出发，重点选择了当代前沿新材料各细分领域的有关材料，全面系统论述了发展这些材料的需求背景及其重要意义、全球发展现状及前景；系统地论述了这些前沿新材料的理论基础和核心技术，着重阐明了它们将如何推进高新技术和新兴产业颠覆性的变革和对未来社会产生的深远影响；介绍了我国相关的研究进展及最新研究成果；针对性地提出了我国发展前沿新材料的主要方向和任务，分析了存在的主要问题，提出了相关对策和建议；是我国“十三五”和“十四五”期间在材料领域具有国内领先水平的第二套系列科技著作。

本丛书特别突出了前沿新材料的颠覆性、前瞻性、前沿性特点。丛书的出版，将对我国从事新材料研究、教学、应用和产业化的专家、学者、产业精英、决策咨询机构以及政府职能部门相关领导和人士具有重要的参考价值，对推动我国高新技术和战略性新兴产业可持续发展具有重要的现实意义和指导意义。

本丛书的编著和出版是材料学术领域具有足够影响的一件大事。我们希望，本丛书的出版能对我国新材料特别是前沿新材料技术和产业发展产生较大的助推作用，也热切希望广大材料科技人员、产业精英、决策咨询机构积极投身到发展我国新材料研究和产业化的行列中来，为推动我国材料科学进步和产业化又好又快发展做出更大贡献，也热切希望广大学子、年轻才俊、行业新秀更多地“走近新材料、认知新材料、参与新材料”，共同努力，开启未来前沿新材料的新时代。

中国科学院院士、中国材料研究学会理事长 魏炳波

国际材料研究学会联盟主席 韩雅芳

2020 年 8 月

前　言

“中国战略性新兴产业——前沿新材料”丛书是中国材料研究学会组织、由国内一流学者著述的一套材料类科技著作。丛书突出颠覆性、前瞻性、前沿性特点，涵盖了超材料、气凝胶、离子液体、多孔金属等10多种重点发展的前沿新材料和新技术。本书为《离子液体绿色技术》分册。

离子液体作为一类新型的绿色介质，历时30余年的蓬勃发展，从初期的探索研究，历经基础研究爆发，已迈入工业化应用阶段。在当今化学化工领域攻克“卡脖子”问题及可持续发展的要求下，有望成为化学化工技术变革的创新源泉。离子液体的研究发展，展现了当今学科高度交叉融合的趋势，同时展示了离子液体基础与应用研究迭代发展的光明前景！

交叉融合，是离子液体未来发展的主流趋势，也是启动离子液体重大科学发现和重大成果之引擎。面向国家需求，以绿色、高端、智能为主题，可聚焦新能源、新材料、航空航天、电子产品、生命健康等领域，推进不同学科的交叉融合，并与重大应用技术相互迭代，进一步形成基础-应用贯通的变革技术创新模式，以推动我国离子液体与绿色技术发展。

本书是国家重点基础研究发展计划项目、国家自然科学基金重大研究计划重点项目、国家自然科学基金杰出青年基金项目、国家自然科学基金优秀青年基金项目、国家自然科学基金重大研究计划培育项目等多项成果的结晶。全书基于离子液体研究发展态势，系统地论述了离子液体的相关理论及在锂金属电池技术、二氧化碳转化技术、生物能源技术、离子材料技术、航天推进剂技术、生物医药技术、离子液体膜分离及海水淡化技术、光电制氢及储氢技术和电子信息技术等领域的重要应用，是多学科交叉的研究成果汇集。本书注重面向国家重大战略部署，突出离子液体绿色技术的交叉性、颠覆性、前沿性等特色，可为离子液体基础及应用研究实现突破性进展提供理论及技术支撑。本书可为从事化工、化学、材料、能源、环境、生物医药、空天等领域的科研人员、工程技术人员以及高等院校相关专业师生参考。

本书由张锁江院士团队编著。各章分工如下:第1章由张锁江、周清编著,第2章由曾少娟、董丽编著,第3章由徐俊丽、晏冬霞、康莹、辛加余编著,第4章由陈仕谋编著,第5章由董陶编著,第6章由罗双江编著,第7章由刘龙、张延强编著,第8章由陈庆军、史星伟、张涛编著,第9章由赵炜珍编著,第10章由刁琰琰编著,第11章由黄玉红编著,第12章由张锁江、吕兴梅编著。

由于本书内容涉及专业面较广,书中定有不足之处,敬请同行和广大读者批评指正。

编著者

2024年7月

目　　录

第1章 绪　论

1.1 离子液体的概念及发展历程

离子液体，即完全由有机阳离子和无机或有机阴离子构成的，在室温或室温附近温度下呈液态的物质，可以将其视为离子的一种特殊存在形式[1, 2]。离子液体的相关研究已有百余年的发展历程。离子液体作为一种新兴的绿色介质，其定义及范畴也在随着其研究深度、广度的不断延伸而演变。

1914 年，第一个离子液体，即硝酸乙基胺（$[EtNH_3][NO_3]$）被 Walden[3] 等合成出来，但该离子液体在空气中极易发生爆炸，它的发现并未引起人们的关注。1934 年，阳离子中含有吡啶结构的离子液体被发现[4]。1948 年，Hurley[5] 等合成了第一个氯铝酸盐离子液体，即溴化 N-乙基吡啶-三氯化铝（$[EtPyBr][AlCl_3]$）。在其研究中[6, 7]，将该类离子液体以电解质成功应用于金属电沉积领域，即是“第一代离子液体”的由来。1975 年，Osteryoung[8] 在为导弹和空间探测器开发储能电池时，重新合成了基于 N-烷基吡啶的氯铝酸盐离子液体 $[EtPy][Cl/AlCl_3]$，进而合成了 $[BPy][Cl/AlCl_3]$，深入研究了它的物理化学性质[9]。但是氯铝酸盐离子液体遇水和空气极其不稳定，遇水会分解生成氯化氢，因而其应用范畴受限于无水环境，其研究基本集中于电解质体系，而成果未能得到广泛应用。1982 年，Wilkes[10] 合成了阳离子为二烷基咪唑的氯铝酸盐离子液体（$[Emim][Cl/AlCl_3]$），其熔点、黏度等物理化学性质均低于吡啶氯铝酸盐离子液体，表现更为稳定。咪唑氯铝酸盐离子液体的出现，不仅丰富了离子液体的阳离子结构，更将氯铝酸盐离子液体的应用由电化学领域拓展到了有机合成领域，包括以离子液体作为新型反应介质或是催化剂的 Friedel-Crafts 反应、亲核芳烃取代反应等。

1992 年起，一系列对空气、水稳定的离子液体陆续被合成出来，即“第二代离子液体”。区别于第一代离子液体的特征，主要为阴离子不同，包括 $[BF_4]^-$、$[PF_6]^-$、$[CH_3CO_2]^-$、$[N(CF_3SO_2)_2]^-$、$[CF_3SO_3]^-$、$[N(CN)_2]^-$ 等阴离子[11-16]。21 世纪初，阳离子不再局限于吡啶、咪唑，以季铵、季鏻、吡咯，甚至双咪唑等为阳离子的离子液体被相继报道[1]，迅速扩大了离子液体的结构范畴。其性质稳定、结构可调，为拓展离子液体的应用领域奠定了基础。由此，离子液体迎来了发展的春天，开始在有机合成、溶解分离、催化、材料制备等多个领域崭露头角。

离子液体之所以在各个应用领域中不断被挖掘出潜能，归根结底，源于其独特的结构所带来的特殊性能，这就是“第三代离子液体”兴起的缘由。“第三代离子液体”，即“功能化离子液体”。它的出现，不仅标志着离子液体的研究由最初的“try-and-error”向“task specific”转变，同时也开启了面向特定应用定向设计功能化离子液体研究的新篇章。功能化离子液体的概念，最早是由 J. H. Davis 等提出，即结构中含有功能化基团，且显示出特殊的性质或反应活性的离子液体[16,17]。在离子液体核心结构中引入功能基团，使其内部的偶极作用、氢键网络结构等发生根本性改变，既可以调节离子液体自身的特征性质，同时也可以改变离子液体与其他溶剂之间的相互作用，以此提升其溶解能力、催化活化能力，或面向应用的指针性能等。常见的功能化离子液体，可以以功能性命名，如酸性离子液体、碱性离子液体、手性离子液体、亲水性离子液体、疏水性离子液体、质子型离子液体、非质子型离子液体、聚离子液体等，也可以以引入的功能基团命名，如磺酰基离子液体、氨基酸离子液体、多羟基离子液体、冠醚离子液体、金属基离子液体等。图 1-1 为 30 多年来世界及中国作者在离子液体领域的发文量。由图中不难看出，21 世纪以来，功能化离子液体的出现，加速了离子液体研究。

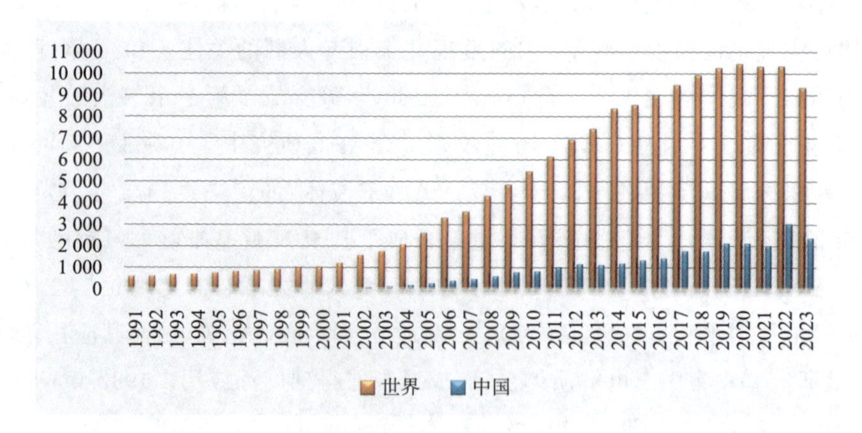

图 1-1　30 多年来世界及中国的离子液体发文量

回溯离子液体的发展历程，离子液体从最初的小试探索，历经功能化设计、规模制备等过程，已经由基础研究迈入了工业化阶段，国内首套万吨级“固载化离子液体催化二氧化碳和环氧乙烷生产碳酸酯/乙二醇”装置、首套 15 万吨级离子液烷基化装置相继开车成功并稳定运行，意味着离子液体工业应用已实现重大突破。时至今日，离子液体研究已呈现出基础与应用迭代发展的模式。

1.2　离子液体的分类

2003 年，国际著名的离子液体领域专家 R. D. Rogers 和 K. R. Seddon 在 *Science* 期刊发文，指出离子液体通过阴阳离子的不同组合及侧链改变，至少可以形成 10^{18} 种离子液体体系[18],代表了未来溶剂的发展方向。如此庞大的离子液体家族,想要获取系统性信息,首先需要对其进行分类梳理。

目前所报道的离子液体,大体可有以下三种分类方法。

第一种,如 1.1 节所述,按离子液体出现的时间轴进行分类,即“第一代离子液体”“第二代离子液体”“第三代离子液体”。

第二种,分为常规离子液体和功能化离子液体,这里的功能化更倾向于以应用为导向的功能化,与离子液体的应用领域密不可分,如 1.1 节中所述的酸性离子液体、碱性离子液体等。

第三种,按离子液体的结构进行分类,这是描述离子液体最直观的形式,如按阳离子主结构对离子液体进行分类,可分为咪唑、三唑、吡啶、吡咯、哌啶、季铵、季鏻、胍等离子液体。在现有的离子液体数据库中查询[19],可获得各类阳离子结构及其所对应的离子液体的个数。部分类别离子液体数量如图 1-2 所示。

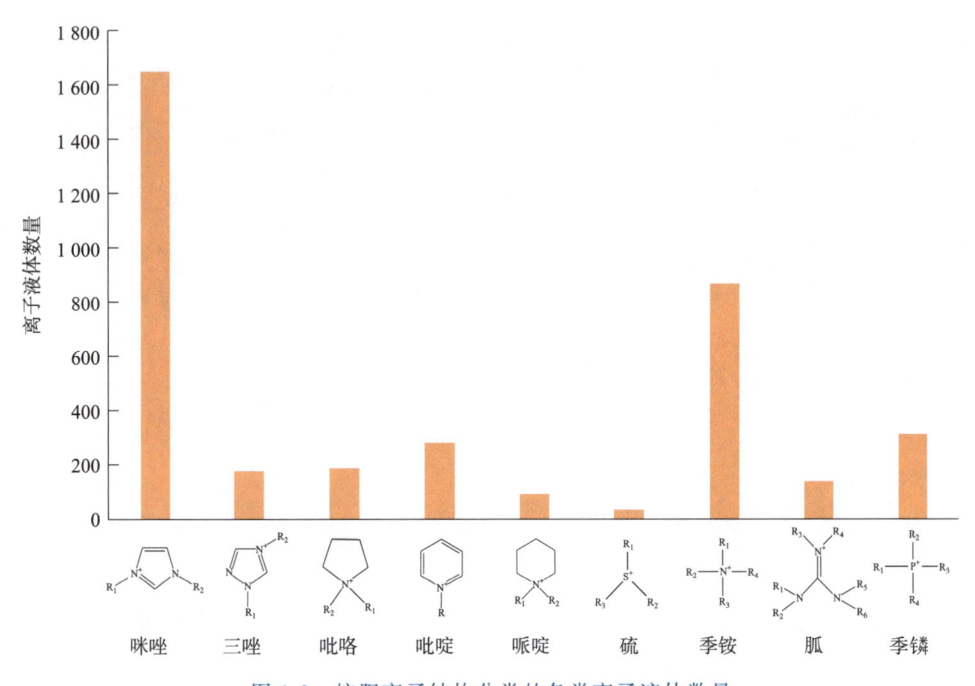

图 1-2 按阳离子结构分类的各类离子液体数量

类似地,也可以按照阴离子结构对离子液体进行分类,该分类同样是按阴离子负离子中心结构进行分类,包括卤素阴离子,以及以硼、磷、碳、氮等为负离子中心元素的阴离子。部分阴离子结构如图 1-3 所示。

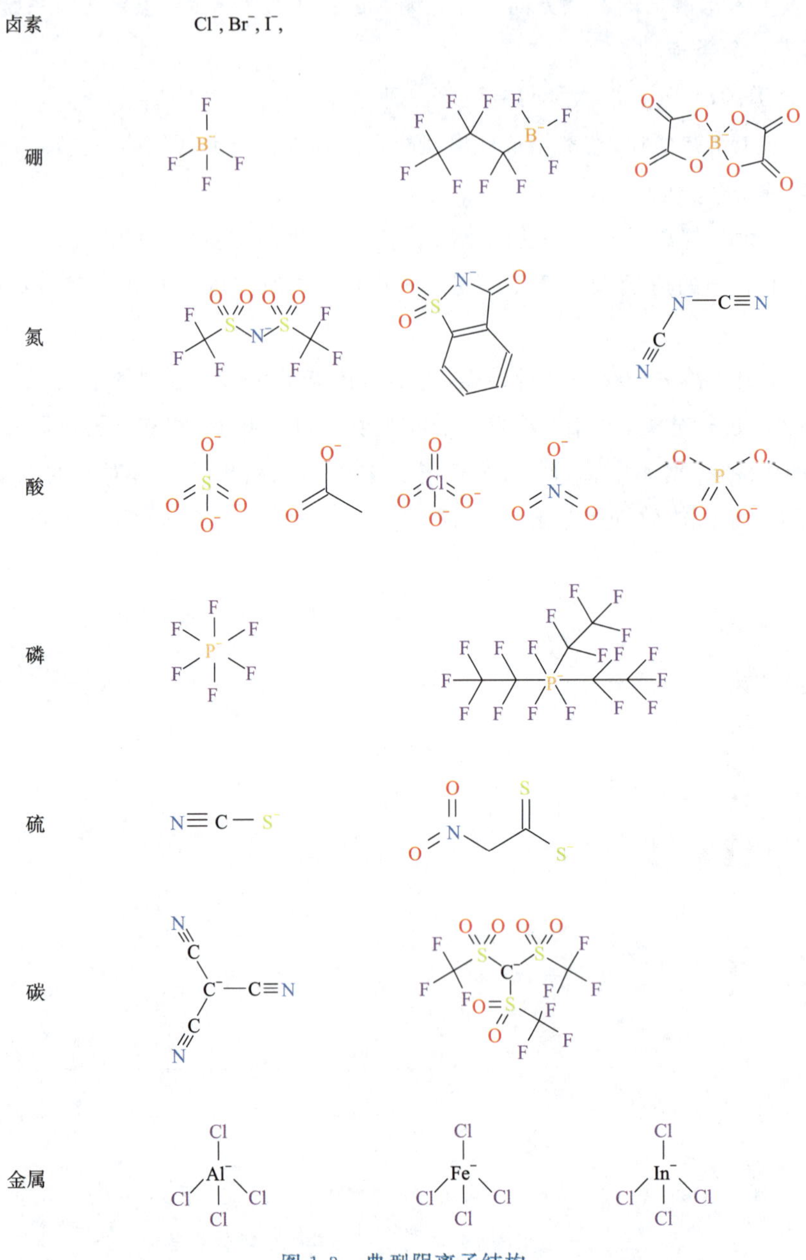

图 1-3 典型阴离子结构

总之，从结构上对离子液体进行梳理，基于人工智能，深度挖掘学习，有助于建立系统的离子液体的结构与性质，或者面向某种应用而言的特性之间的关系。基于此，揭示离子液体的内在本质更趋向于对其进行功能化设计，这是当前离子液体基础研究及工程开发的核心。

1.3　离子液体与绿色技术

随着现代技术的不断发展,"绿色"也被赋予了新的含义。Anastas P. 教授等在原有绿色化学十二原则的基础上,提出了绿色化工十二原则[20],并提出了新版绿色化学十二原则,强调未来化学的发展必须跳出现有的模式,采用环形的思维模式,从产品的设计之初就充分考虑未来产品的回收和降解问题[21]。在参考绿色化工十二原则及新版绿色化学十二原则的基础上,张锁江院士进一步提出了绿色过程工程的三大原则和十大策略,延续了原子经济性范畴的思想,将产品制备及其生态循环融为一体,面向每个单元,分别提出了更具有针对性的策略[22]。当前,"双碳"目标已成为引领中国高质量发展的"绿色引擎",驱动资源、能源格局的调整,加快降低碳排放的步伐。这三原则也正是在"双碳"目标倡导下提出的,有利于引导绿色技术创新。

离子液体的迅速崛起固然与其具有的特殊结构所呈现的特殊性质密不可分,但更为重要的是绿色化学兴起所带来的历史性机遇;同时,资源、能源格局的全球性调整,为离子液体研究的发展赋能,促其成为国际绿色化学化工研究的前沿和热点[1, 2]。在"绿色化"理念的倡导下,离子液体作为新一代的绿色介质和功能材料,以全新的绿色技术替代传统技术,凸显卓越潜能。基于离子液体的绿色技术开发,必然要求遵循绿色化工、绿色过程工程等的原则与策略,期冀新理论的突破。然而,在离子液体绿色化工不断发展的过程中,反刍研发历程,现有应用研究理论难以满足工程实践匹配诉求的矛盾日益凸显,这无疑为离子液体基础、工程研究,抑或应用拓展,提供了原始创新的空间和动力。正如 K. R. Seddon 教授所言,离子液体要对整个绿色化学领域产生影响,需要在理论和实践上对离子液体有更多的了解[23]。

离子液体是一类具有重要科学价值的介质体系,本书将讲述离子液体在一些新兴的、前沿的、交叉的领域中的绿色新技术,包括在新能源(氢能、生物质能、电化学储能)、新材料、气体分离转化、电子信息、生物医药等领域中的重要应用研究,汇集了多学科交叉的研究成果。

参考文献

[1] 张锁江, 吕兴梅. 离子液体:从基础研究到工业应用[M]. 北京:科学出版社, 2006.

[2] 张锁江. 离子液体纳微结构与过程强化[M]. 北京:化学工业出版社, 2020.

[3] WALDEN P. Molecular weights and electrical conductivity of several fused salts[J]. Bulletin de l'Académie Polonaise des Sciences, 1914, 8: 405-422.

[4] GRAENACHER C. Cellulose Solution. US 1943176, 1934.

[5] HURLEY F H. Electrodeposition of Aluminum. US 2446331, 1948.

[6] HURLEY F H, WIER T P. Electrodeposition of metals from fused quaternary ammonium salts[J].

Journal of The Electrochemical Society，1951，98(5)：203-206.

[7] HURLEY F H，WIER T P. The electrodeposition of aluminum from nonaqueous solutions at room temperature[J]. Journal of The Electrochemical Society，1951，98(5)：207-212.

[8] CHUM H L，KOCH V，MILLER L，et al. Electrochemical scrutiny of organometallic iron complexes and hexamethylbenzene in a room temperature molten salt[J]. Journal of the American Chemical Society，1975，97(11)：3264-3265.

[9] GALE R，GILBERT B，OSTERYOUNG R. Raman spectra of molten aluminum chloride：1-Butylpyridinium Chloride Systems at Ambient Temperatures[J]. Inorganic Chemistry，1978，17(10)：2728-2729.

[10] WILKES J S，LEVISKY J A，WILSON R A，et al. Dialkylimidazolium Chloroaluminate Melts：A new class of room-temperature ionic liquids for electrochemistry，spectroscopy and synthesis[J]. Inorganic Chemistry，1982，21：1263-1264.

[11] WILKES J S，ZAWOROTKO M J. Air and water stable 1-Ethyl-3-Methylimidazolium Based Ionic Liquids[J]. Journal of the Chemical Society，Chemical Communications，1992，13：965-967.

[12] FULLER J，CARLIN R T. structure of 1-Ethyl-3-Methylimidazolium Hexafluoro-Phosphate：model for room temperature molten Salts[J]. Chemical Communications，1994，299-300.

[13] BONHOTE P，DIAS A-P，PAPAGEORGIOU N，et al. Hydrophobic，highly conductive ambient-temperature molten salts[J]. Inorganic Chemistry，1996，35(5)：1168-1178.

[14] WELTON T. Room-temperature ionic liquids：solvents for synthesis and catalysis[J]. Chemical Reviews，1999，99：2081-2084.

[15] WASSERSCHEID P，KEIM W. Ionic liquids-new solutions for transition metal catalysis[J]. Angewandte Chemie International Edition，2000，39：3772-3789.

[16] 夏春谷，李臻．功能化离子液体[M]. 北京：化学工业出版社，2018.

[17] DAVIS J H. Task-specific ionic liquids[J]. Chemistry Letters，2004，33(9)：1072-1077.

[18] ROGERS R D，SEDDON K R. Ionic liquids-solvents of the future[J]. Science，2003，302：792-793.

[19] http://www.ildatabase.com/member/login.

[20] ANASTAS P T，ZIMMERMAN J B. Through the 12 principles GREEN engineering[J]. Environmental Science & Technology，2003，95A-101A.

[21] ZIMMERMAN J B，ANASTAS P T，ERYTHROPEL H C，et al. Designing for a green chemistry future[J]. Science，2020，367：397-400.

[22] ZHANG S J，HE H Y，ZHOU Q，et al. Principles and strategies for green process engineering[J]. Green Chemical Engineering，2022，3：1-4.

[23] SEDDON K R. Ionic liquids[J]. Green Chemistry，2002，4：G25-G27.

第2章　CO_2 转化技术

2.1　CO_2 气体分离技术

2.1.1　离子液体吸收分离 CO_2 技术

近年来,全球经济在快速发展的同时也带来了系列的能源与环境问题。随着经济的快速发展,煤炭、石油和天然气等化石燃料被大量消耗,能源和环境问题越来越严峻。资源短缺以及 CO_2 等温室气体的大量排放导致的环境污染、全球变暖等问题严重威胁着人类的生存与发展,引起了国际上广泛的关注[1]。当今的能源主要依靠化石能源,21 世纪化石能源依然是主要的能源来源[2]。化石能源大量使用所导致的 CO_2 排放被认为是全球气候变暖的主要原因,过量的 CO_2 排放会造成海平面上升、冰川融化、土地荒漠化等严重的环境问题,为了减缓气候变化对环境带来的负面影响,世界各国制定了一系列的减排目标与相应的减排措施。2018 年在波兰举行的第 24 届联合国气候变化大会(UNFCCC COP24)上,来自近 200 个国家和地区的代表就如何确保《巴黎协定》全面落实进行了详细的讨论并制定了具体的实施细则。我国在大会上提出了"推进绿色制造体系建设,促进工业绿色低碳发展"的理念,高度重视利用市场机制应对气候变化,努力走绿色、低碳、符合中国国情的绿色发展道路。CO_2 减排方面,中国有着巨大的潜力。因此,为了减小全球变暖和温室效应的影响,缓和现今 CO_2 排放形势,发展绿色、经济的 CO_2 减排技术刻不容缓。

CCS(CO_2 捕集与封存)技术是温室气体减排的最有前景的技术之一[3]。该技术在减缓气候变化方面只需要花费较低的成本。最常用的 CCS 方法包括溶剂吸收法、吸附法和膜分离法。在所有 CCS 方法中,溶剂吸收法由于运行成本低,操作简单,工艺相对成熟等优点被认为是在短时间内最有希望实现工业化的脱碳技术。根据吸收方式的不同,溶剂吸收法可分为物理吸收和化学吸收,其中,物理吸收主要是通过改变温度和压力来调控溶剂对 CO_2 的吸收、解吸过程,最常用的物理吸收剂有聚乙二醇二甲醚(NHD)、碳酸丙烯酯和低温甲醇,但物理吸收普遍存在设备投资成本大、解吸能耗相对较高的缺点[4]。化学吸收则是通过 CO_2 与碱性吸收剂之间发生酸碱中和反应实现对 CO_2 的捕集,通常在常压下即能达到较高的吸收容量。常用的化学吸收剂有氨水、添加促进剂的热碳酸钾溶液(PC)、有机胺、氨基酸盐等[5]。从技术成熟度及吸收剂开发潜力等方面考虑,有机胺化学吸收法是火力发电厂碳捕集最可行的技术路线[6]。自 1930 年 Bottoms 首次报道了三乙醇胺(TEA)可以有效分离天然气中的酸性气体[7],利用有机胺法进行碳捕集与分离的工艺开始被广泛研究并逐渐被工业化应用。目前工业上最常用、技术最成熟的脱碳溶剂为质量分数 20%～30%的乙醇胺(MEA)溶液。实际碳捕集过程中,再生能耗是评估 CO_2 吸收剂的重要参考依据之一,此外还要考虑 CO_2 在吸收剂中的传质速率,吸收剂在有氧和高温下的稳定性、毒性、生物降解性,以及价格问题。MEA 作为传统的吸收剂具有较高的吸收速率,较低的成本和生物降解性,但是在吸收、解吸 CO_2 过程中,MEA 氧化降解和热降解严重,且在浓度较高时对设备具有一定的腐蚀性。哌嗪(PZ)作为环状二胺相比 MEA 具有更高的吸收容量和吸收速率[8]。PZ 热稳定性高,在 150 ℃下 18 周后的降解程度为 6.3%,远远低于 MEA,因此适合在较高温度下进行溶剂再生[9]。此外,在相同工况条件下,其再生能耗与 MEA 溶液相比较低。但 PZ 的缺点是价格昂贵,且长时间吸收解吸连续运行过程中容易生成致癌物亚硝胺[10]。乙二胺(EDA)相当于 MEA 分子上的羟基(—OH)被氨基($—NH_2$)所取代,是含有两个氨基的一级胺,因此对 CO_2 的吸收容量比 MEA 高,其与 CO_2 的反应速率略微高于 MEA 但低于 PZ,再生能耗比质量分数 30%的 MEA 溶液低。但 EDA 的热及氧化稳定性差,温度超过 120 ℃时降解严重[11],同时羟基的缺失使 EDA 在运行过程中溶剂损失严重[12]。因此,寻找吸收性能好、无毒、不易挥发、再生能耗低的理想吸收剂迫在眉睫。

相比于传统有机溶剂,离子液体具有较低的蒸汽压、较高的热稳定和结构可调性,这些性质使其作为“绿色溶剂”在化学、化工、材料及环境科学等领域具有广泛的应用前景[13]。通过将阳离子与阴离子进行组合可以设计出具有不同性质的离子液体。目前已报道的阳离子主要包括咪唑类、吡啶类、季铵盐类、季鏻盐类和胍类[14];阴离子种类较多,常见的有 $[NO_3]^-$、$[BF_4]^-$、$[BF_6]^-$、Cl^-、$[N(SO_3CF_3)_2]^-$、$[SCN]^-$、$[CH_3COO]^-$ 和氨基酸盐等。按照基团类型,可以将离子液体分为常规离子液体和功能离子液体。常规离子液体的阳离子侧链全部由饱和烃类构成,如 [Bmim]$[BF_4]$、$[N_{4444}]$$[PF_6]$、$[C_4Py]$$[NTf_2]$等。在阴、阳离子上引入氨基($—NH_2$)、羧基(—COOH)、醚基($R—O—R_1$)、羟基(—OH)等特定官能团的离子液体称为功能化离子液体。在不同研究领域中,可针对特定需求设计功能化基团,因此功能化离子液体相比于常规离子液体更具有研究和应用价值,但此类离子液体的合成步骤一般较为复杂,同时离子液体黏度要高于大多数常规离子液体,这也成为限制功能化离子液体规模化应用的最重要因素[15]。

2.1.1.1 常规离子液体分离 CO_2

1. 常规离子液体分离 CO_2 性能

离子液体相比传统有机胺溶液有较低的挥发性及比热,其在 CO_2 吸收过程中能有效降低溶剂损失和再生能耗。目前关于离子液体捕集 CO_2 的文章层出不穷,这表明离子液体在碳捕集方面展现出独特的优势和应用潜力。

1999年Brennecke等提出了CO_2可大量溶解在离子液体中，而离子液体在CO_2中的吸收量较小，几乎不溶。这一研究拉开了CO_2捕集技术发展的帷幕。从此以后，对于这一新型的CO_2吸收剂，国内外学者进行了广泛的研究[16-18]。用来研究吸收CO_2的常规离子液体有咪唑盐类、铵盐类、磺酸盐类、吡咯盐等[16]。离子液体对CO_2的吸收能力均随温度上升而降低，随压力升高而增加；烷基链的增长以及含氟基团的增加均有利于CO_2的吸收。对于这些常规的离子液体来说，在高压情况下，它们对CO_2均具有很好的吸收能力，但是当压力降低至常压时离子液体对CO_2的吸收量几乎为零。这使得上述离子液体可以通过减压的方式实现离子液体的再生。因此，常规离子液体对CO_2的吸收受压力限制较大，常温常压下，咪唑类离子液体对CO_2的吸收率不足0.1 mol CO_2/mol IL[17]。

常规离子液体主要通过阴阳离子与CO_2的物理作用实现碳捕集，吸收过程遵循亨利定律，因此阴阳离子的结构会直接影响CO_2在常规离子液体中的溶解度。Hou等[19]研究了CO_2在[Bmim][NTf_2]、[Pmmim][NTf_2]、[Bmpy][NTf_2]和[Perfluoro-hmim][NTf_2]中的溶解度，结果见表2-1。阴离子相同时，CO_2在不同阳离子的离子液体中的溶解度顺序：$[\text{Pmmim}]^+ < [\text{Bmim}]^+ < [\text{Bmpy}]^+ < [\text{Perfluoro-hmim}]^+$。$[\text{Pmmim}]^+$与$[\text{Bmim}]^+$具有相同的分子式，但$[\text{Bmim}]^+$上长的烷基链增加了离子液体的自由体积，因此对$CO_2$的溶解度增加；$[\text{Bmpy}]^+$比$[\text{Bmim}]^+$具有更高的$CO_2$溶解度，这主要由于$[\text{Bmpy}]^+$上较大的吡啶环使得阳离子上电荷分布相对于咪唑环更加分散和稳定，使阴阳离子之间的相互作用减少。现有研究表明，相比于阳离子，阴离子对CO_2在离子液体中的溶解度影响更大，其中CO_2在阴离子为$[\text{NTf}_2]^-$和$[\text{methide}]^-$的离子液体中溶解度较高。

表2-1 CO_2在不同离子液体中的亨利常数[19]

离子液体	亨利常数/bar①				
	283 K	293 K	303 K	313 K	323 K
[Bmim][NTf_2]	28±2	30.7±0.3	42±2	45±3	51±2
[Pmmim][NTf_2]	29.6±0.6	34±3	40.4±0.6	46±3	53±2
[Bmpy][NTf_2]	26±1	31.2±0.1	35±2	41±4	46±1
[Perfluoro-hmim][NTf_2]	25.5±0.2	29.2±0.4	32±2	36±4	42±2

①1 bar=100 kPa。

2. 常规离子液体吸收CO_2的机理

由前所述可知，常规离子液体主要是通过阴阳离子与CO_2分子间复杂的物理作用实现碳捕集，吸收过程符合亨利定律，其中阴离子在离子液体吸收CO_2中占主导地位，阴阳离子的结构会直接影响CO_2在常规离子液体中的溶解度。与庚烷、苯等传统的有机溶剂相比，常规离子液体溶解的能力强许多，而且体积相对变化也很小，一定程度上显示出优势，但总体与醇胺类通过化学吸附作用的溶剂相比固定CO_2的能力要弱很多。

有学者采用衰减全反射光谱 ATR-IR 研究了$[BF_4]^-$和$[PF_6]^-$阴离子离子液体中的CO_2溶解。结果表明，CO_2与阴离子之间存在弱的 Lewis 酸碱相互作用，其中阴离子充当 Lewis 碱，而CO_2充当 Lewis 酸[20]。随后，Aki 等人[21]报道CO_2在甲基化物和$[Tf_2N]^-$基离子液体中的高溶解度可能是由于阴离子中氟代烷基链和CO_2之间存在酸碱相互作用。通过拉曼光谱和密度泛函理论(DFT)计算证实了CO_2的碳原子充当路易斯酸，$[OAc]^-$阴离子的 COO 基团的氧原子充当路易斯碱。通常，IL 的自由体积越多，可以容纳的CO_2越多。由于游离态的增加，阳离子上烷基链长度的增加或阳离子/阴离子的氟化被认为有利于改善CO_2的溶解度。另一方面，离子液体中的阳离子-阴离子相互作用对自由体积有一定影响，例如，阳离子与阴离子之间的相互作用越弱，离子液体的自由体积越大，与CO_2作用更有利。Babarao 等人[22]发现阳离子-阴离子相互作用能与CO_2溶解度之间具有良好的相关性，表明$[Emim][B(CN)_4]$对CO_2的溶解度更高。与$[Emim][Tf_2N]$相比，主要是因为其较弱的阳离子-阴离子相互作用，使晶格更容易扩展，并且更多的CO_2插入 IL 的间隙空间(或自由体积)中。此外，研究$[Emim][B(CN)_4]$中不同CO_2浓度下自由体积的形态，发现CO_2倾向于以低浓度填充位于内部空间中的小空隙，随着CO_2浓度的增加，小空隙形成具有一定互连的大空隙。除上述研究外，对于合理设计用于CO_2捕集的新 IL 来说，必须了解CO_2与离子液体之间的弱相互作用。经研究发现，离子液体中的CO_2溶解度受CO_2与离子液体之间范德华相互作用的支配，而静电相互作用相对较弱，氢键的作用可忽略不计[23]。$[Hmim][FEP]$和$[Hmim][PF_6]$中CO_2吸收机理表明，静电相互作用对较小且对称的基于$[PF_6]^-$的离子液体中的CO_2溶解度具有重要影响，而范德华相互作用在CO_2中起关键作用[24]。

Kazarian 等[20]通过原位 ATR-IR 发现$[BF_4]^-$的 Lewis 碱性要强于$[PF_6]^-$，因此理论上CO_2更容易和$[BF_4]^-$结合，这一结论与 Cadena 等实验得到的结果相反[25]，说明CO_2在离子液体中的溶解度不仅仅取决于阴离子碱性，而阴阳离子间相互作用的强弱也是影响CO_2溶解度的主要因素。Bhargava 等[26]利用量化计算分析了CO_2与不同阴离子之间的相互作用，发现只有氟原子能与CO_2形成 F—C 化学键，且阴离子为卤素(F,Cl,Br,I)时，离子半径越小，阴离子与CO_2之间的相互作用越强；对于多原子阴离子，如图 2-1 所示，CO_2更易靠近阴离子上呈现电负性的原子，形成最稳定构象。

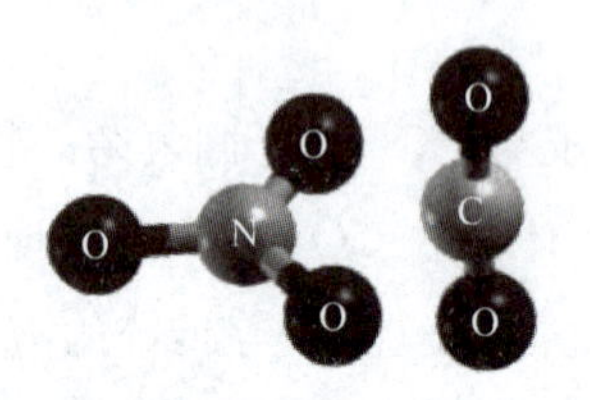

(a)CO_2与$[NO_3]^-$之间优势构象

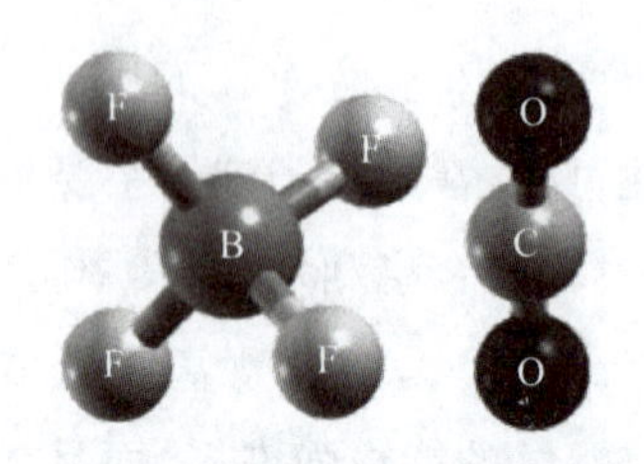

(b)CO_2与$[BF_4]^-$之间优势构象

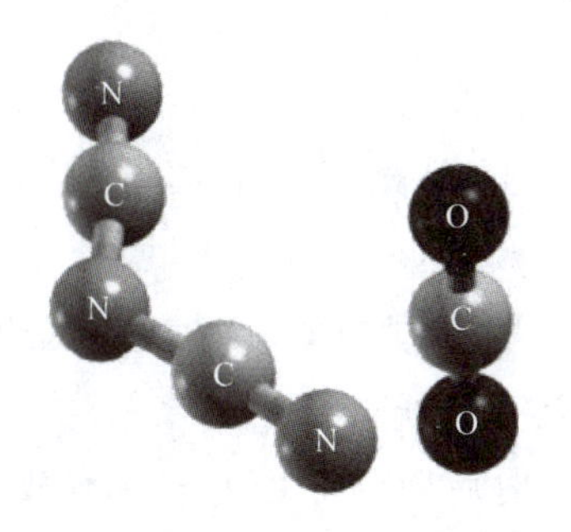

(c)CO_2 与$[N(CN)_2]^-$之间优势构象

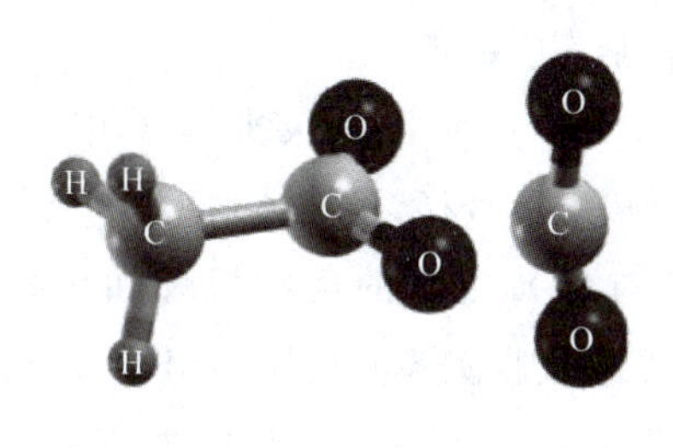

(d)CO_2 与$[CH_3COO]^-$之间优势构象

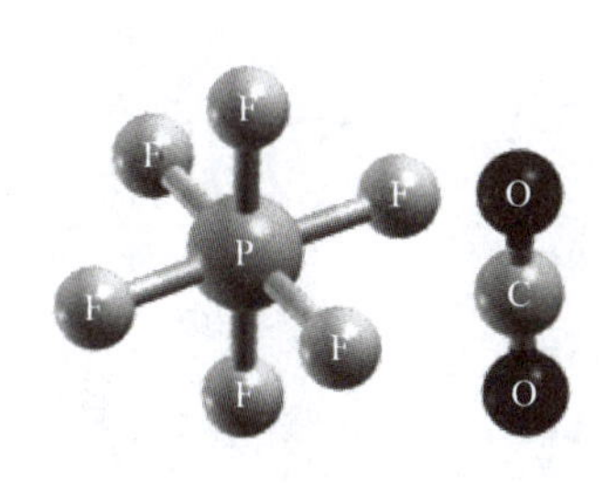

(e)CO_2 与$[PF_6]^-$之间优势构象

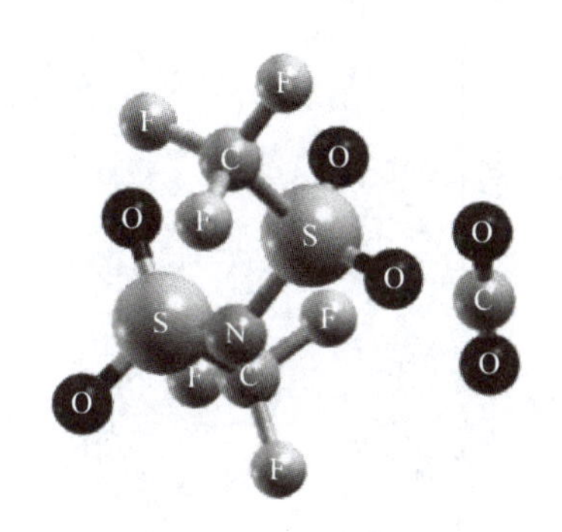

(f)CO_2 与$[N(CF_3SO_2)_2]^-$之间优势构象

图 2-1　CO_2 与阴离子$[NO_3]^-$、$[BF_4]^-$、$[N(CN)_2]^-$、$[CH_3COO]^-$、$[PF_6]^-$、$[N(CF_3SO_2)_2]^-$之间优势构象[26]

2.1.1.2　功能化离子液体分离 CO_2

在常温常压下，常规离子液体对 CO_2 的吸收量较低，很难满足工业应用要求。因此，可以通过在离子液体中引入可以与 CO_2 发生化学作用的碱性基团，来提高 CO_2 在离子液体中的吸收容量。功能化离子液体的出现大大提高了离子液体对 CO_2 的吸收能力。这种功能化离子液体是通过将氨基(—NH_2)、羧基(—COOH)、醚基(R—O—R_1)、羟基(—OH)等特定官能团接枝到离子液体的阴离子或阳离子结构上得到的，由于含有碱性的功能化基团，因此吸收过程中必然存在着功能基团与 CO_2 之间的相互作用，达到大量吸收 CO_2 的目的，是目前研究最多，也是最有应用于工业化固定 CO_2 前景的一类离子液体。这种功能离子液体可以通过加热和抽真空的方式实现离子液体的再生。虽然在常压下这种离子液体对 CO_2 表现出良好的吸收性能，但是它在吸收过程中黏度会增加，导致吸收平衡时间过长，限制了它在大规模捕集 CO_2 中的应用。

研究表明，当含氨基的离子液体与常规咪唑类离子液体混合时，能提高咪唑类离子液体对 CO_2 吸收的效果[27]。随后很多研究者从不同类别的氨基功能离子液体吸收 CO_2 的性能、吸收动力学、吸收微观机理等方面进行了不同层面的研究。研究结果均显示，氨基功能离子液体在固定分离 CO_2 时具有较大的优势。

1. 单氨基离子液体

2002 年，Bates 等[28]首次报道了用于 CO_2 捕集的单氨基功能离子液体［Apbim］［BF_4］，常温常压下，该离子液体对 CO_2 吸收量达 0.5 mol CO_2/mol IL（质量分数 7.4%）。该离子液体与 CO_2 之间的反应机理和传统有机胺吸收机理相似，产物为氨基甲酸盐（见图 2-2），且循环吸收实验的结果表明［Apbim］［BF_4］具有良好的再生性能。该实验的循环性能很好，吸收饱和的离子液体经 80 ℃下真空干燥数小时后即可将 CO_2 全部释放，而其本身并无质量损失。

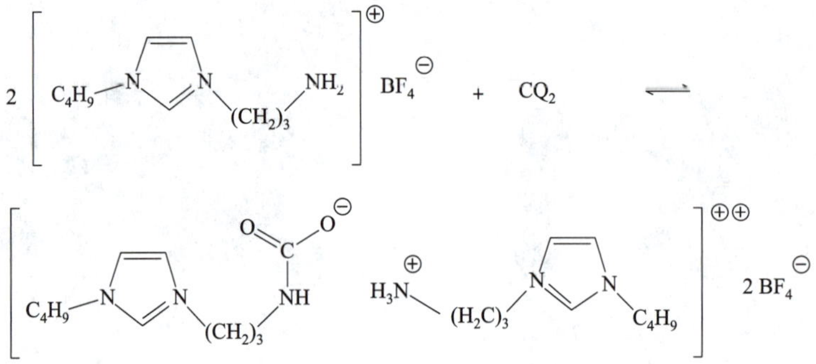

图 2-2 ［apbim］［BF_4］与 CO_2 可能的反应机理[28]

Sharma 等[29]将含氨基的阳离子［2-aemim］分别与 6 种不同的阴离子结合，测试了 6 种离子液体在 30 ℃、50 ℃和 0.16 MPa 下对 CO_2 吸收性能。结果表明，含氨基的离子液体在常压下对 CO_2 的吸收能力大大增强，最高可达 0.49 mol CO_2/mol IL，为了提高离子液体对 CO_2 摩尔吸收量，Wang 等[30]通过将金属锂与醇胺进行复配合成了系列多齿阳离子配位醇胺功能化离子液体，如图 2-3 所示。该类离子液体相比于上述提到的氨基阳离子功能离子液体摩尔吸收量略微提高，其对 CO_2 吸收速率远高于氨基功能离子液体。

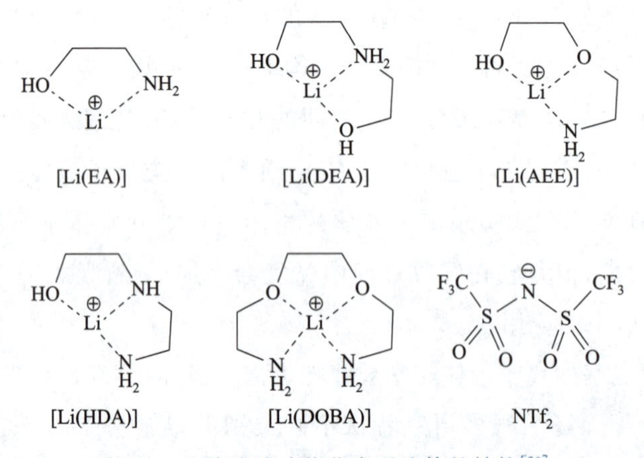

图 2-3 几种醇胺功能化离子液体的结构[30]

氨基酸离子液体中天然氨基酸及其衍生物既可以充当离子液体的阴离子，也可以充当阳离子，如甘氨酸硝酸盐（$GlyNO_3$）、丙氨酸四氟化硼盐（$AlaBF_4$）、1-乙基-3-甲基-咪唑甘氨酸盐（EMIGly）、1-乙基-3-甲基-咪唑缬氨酸盐（EMIVal）等。氨基酸离子液体具有高热稳定性、可忽略的蒸汽压、宽的液态稳定区间等性质。同时，氨基酸离子液体又具有许多独特的性质。例如：氨基酸离子液体有很强的氢键网络结构，能够溶解许多生命物质，如DNA、纤维素等；能够代替传统有机溶剂介质进行化学反应，实现反应过程的绿色化等[31]。

2. 多氨基离子液体

含氨基的离子液体能大大提高对 CO_2 的吸收能力，而且阴阳离子上都含有氨基的离子液体吸收效果更好。单在阳离子上引入一个氨基，对 CO_2 的吸收能力增幅有限，因此有学者开始引入多个氨基。因为在离子液体上引入多个功能化的基团能够显著提高离子液体对 CO_2 的吸收容量。

Meng 等[32]报道了几种多氨基功能化离子液体，包括三亚乙基四胺硝酸盐（[TETA][NO_3]）、乙二胺硝酸盐（[EDA][NO_3]）和三乙胺硝酸盐（[TEA][NO_3]），并研究了阳离子上氨基数目对 CO_2 摩尔吸收量的影响，结果如图2-4所示。阴离子相同时，CO_2 吸收量随阳离子上氨基数目的增加而增加。

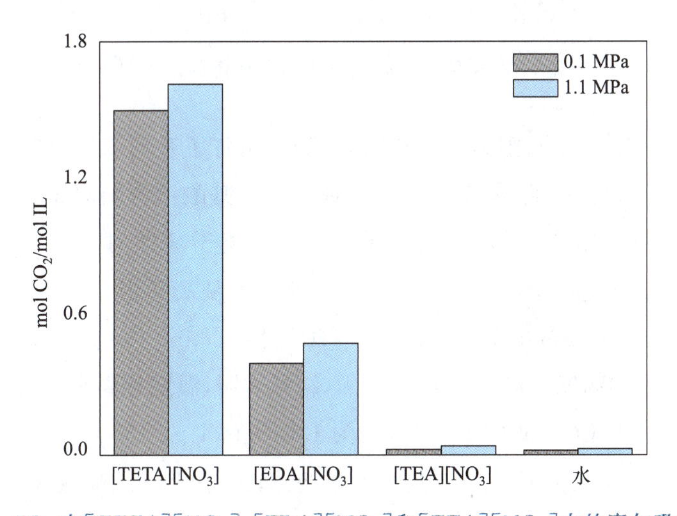

图2-4　CO_2 在[TETA][NO_3]、[EDA][NO_3]和[TEA][NO_3]中的摩尔吸收量[32]

Zhang 等[33]报道了系列双氨基功能化离子液体[AP_{4443}][AA]，在阴阳离子上都引入了氨基，在这些离子液体中，CO_2 吸收的物质的量比可达 1.0 mol CO_2/mol IL。Zhang 等[34]还在咪唑类阳离子上同时引入双氨基，与溴离子结合，形成一种新的离子液体，该离子液体在 30 ℃、0.1 MPa 的条件下对 CO_2 吸收的物质的量比可达 1.05 mol CO_2/mol IL。Zhang 等[35]通过将6种不同的阳离子，包括传统阳离子、功能化阳离子和双阳离子与咪唑类阴离子结合，形成了一系列离子液体，并测试了其对 CO_2 的吸收效率。试验结果表明，双阳离子对

CO_2 的吸收效率远好于其他离子液体。

Xue 等[36]在咪唑类阳离子上引入氨基，并用氨基乙磺酸作为阴离子，合成了一种新型离子液体。该离子液体在 30 ℃、1 MPa 的条件下对 CO_2 的吸收能力达 0.9 mol CO_2/mol IL。Zhang 等[37]合成了六种双中心阳离子离子液体，其中包括四种氨基酸功能离子液体（$[Bis(mim)C_2][Gly]_2$，$[Bis(mim)C_2][Pro]_2$，$[Bis(mim)C_4][Gly]_2$，$[Bis(mim)C_4][Pro]_2$）和两种常规离子液体（$[Bis(mim)C_6][NTf_2]_2$ 和$[N_{111}\text{-}C_6\text{-}mim][NTf_2]_2$），6 种离子液体的结构参考图 2-5 所示。$CO_2$ 吸收实验结果表明，双中心阳离子氨基酸功能离子液体对 CO_2 吸收容量远远高于两种常规离子液体；纯离子液体由于较大的黏度使得其对 CO_2 吸收速率较低，向离子液体中加入水后能显著提高溶剂对 CO_2 的吸收速率。

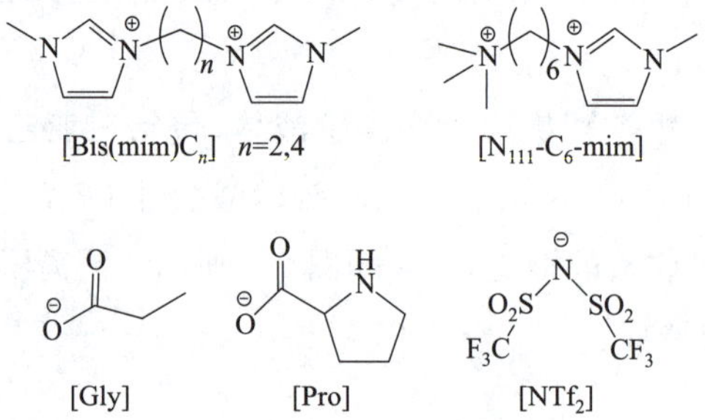

图 2-5 几种双中心阳离子离子液体的结构[37]

2009 年，Zhang 等[38]在阴阳离子上均引入氨基，制备了系列双氨基功能型离子液体，该类离子液体的阴离子为氨基酸、氨基酸衍生物或类似氨基酸结构的离子，阳离子为咪唑类阳离子、膦类阳离子、胍类阳离子、氨盐阳离子等。这些离子液体对 CO_2 吸收能力最高可达 1.0 mol CO_2/mol IL，经减压或加热 60 ℃以上处理可从离子液体中脱附。Wang 等[39]将 3 种氨基酸离子液体（[Emim][Gly]、[Emim][Ala]和[Emim][Arg]）固定在纳米多孔材料 PMMA 上，测试了不同温度下对 CO_2 吸附能力，结果表明，温度越高吸收容量越低。在 40 ℃条件下，3 种离子液体对 CO_2 的吸收容量分别为 1.53 mmol/g、1.38 mmol/g 和 1.01 mmol/g。戴月等[40]设计并合成了系列对称的氨基酸离子液体，进行了 CO_2 吸收性能的研究。结果表明，其具有较高的吸收容量、较快的吸收速率及较好的重复吸收性能。Ma 等[41]设计并合成了氨基酸离子液体 $C_2(N_{112})_2Gly_2$ 和 $C_2(N_{114})_2Gly_2$，并将离子液体与 MDEA 水溶液复配，研究复配体系对 CO_2 的吸收能力。结果表明，离子液体对 CO_2 的吸收物质的量比与其浓度的增长成反比。当离子液体与 MDEA 水溶液复配时，15%的 $C_2(N_{114})_2Gly_2$+15% MDEA 的混合溶液对 CO_2 的吸收能力最高可达 1.02 mol CO_2/mol IL，而此时压力只有 0.25 MPa。氨基酸的成本较低，且具有优良的生物降解性和生物活性，种类繁多且具有稳定的手性中心。氨基酸离子液体具有对 CO_2 的优良吸收性能，在常温及小于 1 MPa 下就具有较高的吸收力，因此具有很高的研究价值。为了节约成本，也有学者研究氨基酸离子液体-醇胺溶液

混合物对 CO_2 的吸收效率，该混合体系也有较高的吸收容量[42]。

与常规离子液体相比，功能型离子液体固定的能力有了大幅度提高，尤其是引进氨基酸的离子液体具有更好的生物可再生性及生物可降解性，而且氨基酸的来源比较广泛，价格也比较低廉，然而通常功能离子液体的黏度都比较大，会影响传质过程。且解吸时间也比较长，功能离子液体还有许多问题亟待解决，用于固定 CO_2 的研究仍有大量的工作要做。

3. 非氨基离子液体

氨基功能离子液体吸收 CO_2 的机理与有机胺相似，相比于常规离子液体极大提高了对 CO_2 吸收容量，然而该类离子液体合成步骤复杂，黏度较高，且 CO_2 与氨基之间强的化学作用使离子液体解吸困难，限制了其在 CO_2 捕集应用[43]。

Jason 等[44]合成了系列氟烷功能离子液体，并在温度为 296 K 的情况下，测试了合成的离子液体支持膜对 CO_2、氧气、氮气和甲烷的分离性能。发现在分离 CO_2/N_2 时，这些氟烷基功能室温离子液体较烷基官能类似物表现出较低的选择性，但对 CO_2/CH_4 体系表现出较高的选择性分离。并发现随着氟烷基取代基长度增加，CO_2 对膜的渗透率呈下降趋势，这很可能是由于增加氟烷取代基的长度而增加了离子液体的黏度造成的。Wang 等[45,46]利用超强碱 7-甲基-1,5,7-三氮杂二环[4.4.0]癸-5-烯（MTBD），聚二（乙氧基吡咯烷酮）膦腈（P_2-Et）或三己基十四烷基氢氧化膦（[P_{66614}][OH]）与弱吲哚（Ind），苯并三唑（BenTriz）反应合成了系列质子型离子液体（见图 2-6）。离子液体对 CO_2 的吸收量主要取决于阴离子性质，当阴离子在 DMSO 中的 pK_a 值从 19.8 降低到 8.2 时，CO_2 的吸收量从 1.02 mol CO_2/mol IL 减少到 0.08 mol CO_2/mol IL，因此，通过调节碱性可以实现离子液体对 CO_2 高的吸收量。黏度测试结果表明三己基-四烯基咪唑胺（[P_{66614}][Im]）吸收 CO_2 后黏度从 810.4 mPa·s 降到 648.7 mPa·s，Yan 等[47]通过分子动力学模拟揭示了阴离子[Im]$^-$ 与 CO_2 结合形成的不对称结构是导致离子液体吸收 CO_2 后黏度降低的主要因素。

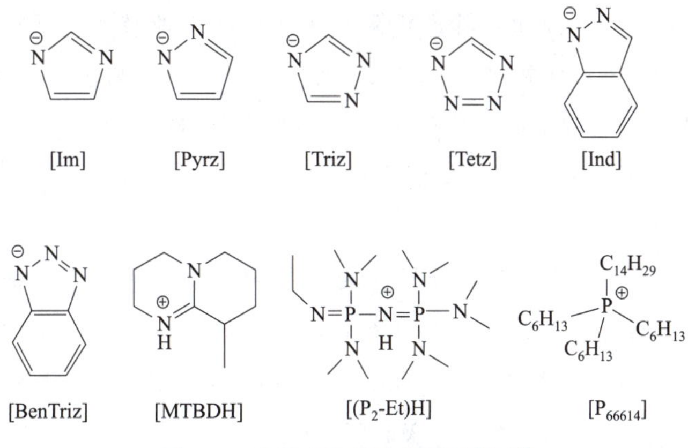

图 2-6　质子型离子液体结构[45,46]

Wang 等[48]通过将[P_{66614}][OH]与含有不同取代基的苯酚衍生物反应得到了阴离子为苯酚类的功能离子液体，系统研究了阴离子上取代基的吸电子、供电子特性和数量，以及位置对 CO_2 吸收焓及吸收容量的影响。取代基的吸电子效应越强，数量越多，离子液体对 CO_2 的吸收焓和吸收容量越低。Maginn 等[49]设计合成了两种阴离子功能离子液体[P_{66614}][2-CN-Pyr]和[P_{66614}][3-CF_3-Pyra]，两种离子液体在常温下对 CO_2 的吸收量可达 0.9 mol CO_2/mol IL。DFT 计算[49]和 MD 模拟[50]结果表明高的 CO_2 吸收量主要是由于 CO_2 与阴离子上负电性的 N 原子之间的化学相互作用，吸收机理如图 2-7 所示。Brennecke 等研究了阴离子为[2-CN-Pyr]$^-$的季膦类离子液体阳离子结构对离子液体物性及 CO_2 吸收性能的影响，离子液体的黏度随着阳离子烷基链长的缩短而急剧降低；离子液体与 CO_2 结合能力随着阳离子链长的减小而略微升高[51]。

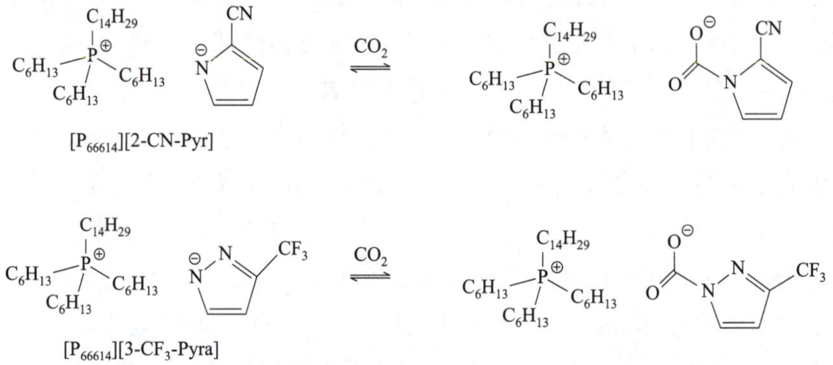

$C_{14}H_{29}$ C_6H_{13} $P^{\oplus}$ C_6H_{13} C_6H_{13} CN $N^{\ominus}$ $\xrightleftharpoons{CO_2}$ $C_{14}H_{29}$ C_6H_{13} $P^{\oplus}$ C_6H_{13} C_6H_{13} $O^{\ominus}$ O N CN

[P_{66614}][2-CN-Pyr]

$C_{14}H_{29}$ C_6H_{13} $P^{\oplus}$ C_6H_{13} C_6H_{13} $N^{\ominus}$ N CF_3 $\xrightleftharpoons{CO_2}$ $C_{14}H_{29}$ C_6H_{13} $P^{\oplus}$ C_6H_{13} C_6H_{13} $O^{\ominus}$ O N N CF_3

[P_{66614}][3-CF_3-Pyra]

图 2-7 [P_{66614}][2-CN-Pyr]和[P_{66614}][3-CF_3-Pyra]可能的 CO_2 吸收机理[49]

2.1.1.3 离子液体混合物分离 CO_2

尽管高效且可逆的功能化离子液体被开发用于 CO_2 捕集，其也有一些缺点，例如比分子黏度高以及复杂的合成和纯化步骤严重限制了它们的工业应用。据报道，加入少量水或有机溶剂可大大降低离子液体黏度[52]。因此，通过将离子液体与水或有机溶剂混合作为新溶剂用于 CO_2 分离的吸收剂引起了广泛关注。相关研究主要集中在离子液体-水混合物，离子液体-有机溶剂和离子液体-离子液体混合物。

1. 离子液体水混合

离子液体中引入水不仅会影响离子液体的黏度，也会调节离子液体-水体系中的 CO_2 溶解度。Bermejo 等[53]研究了两种离子液体（[Bmim][NO_3]和[Hopmim][NO_3]）水溶液对 CO_2 吸收性能，当水浓度低时 CO_2 在[Bmim][NO_3]水溶液中的溶解度稍比纯[Bmim][NO_3]要高，当水浓度升高将导致 CO_2 吸收量降低。Wang 等[54]发现[N_{2224}][Ac]由于反应机理不同其吸收能力略高于水溶液。[N_{2224}][Ac]只能通过 Lewis 酸-碱相互作用与 CO_2 反应，而[N_{2224}][Ac]-H_2O 体系由于形成稳定的乙酸-H_2O 化合物而容易达到 CO_2 饱和。

Goodrich 等[55]发现含质量分数 14%水的阴离子环状离子液体([P_{66614}][Pro])中对 CO_2 容量在 0.025 MPa 条件下为 0.10 mol CO_2/mol IL。Romanos 等[56]发现与纯 ILs 相比,将水加入[$C_nC_1$im][TCM]可增强 IL-H_2O 体系对 CO_2 的吸收。利用气相中的 CO_2 与液相中的 H_2O 之间的分子交换机制使混合溶剂增强了 CO_2 的吸收。当水的浓度达到临界值时,IL 与 H_2O 分子之间的相互作用将被打破,H_2O 将被 CO_2 取代。在此基础上,进一步研究了[P_{66614}][2-CNPyr]水溶液对 CO_2 吸收,表明 H_2O 含量的增加导致 CO_2 溶解度略有增加[57]。发现较高的 CO_2 溶解度主要是归因于阴离子的碱性,它可以激活水和 CO_2 之间的反应,形成氢碳酸氢根阴离子及其共轭离子[58]。Wu 等[59]还发现在[Emim][Gly]水溶液体系中,CO_2 吸收量随着 IL 浓度增加而降低,与[N_{1111}][Gly]-H_2O[60]和 [Hmim][Gly]-H_2O[61]体系类似。此外,McDonald 等[62]研究了在潮湿条件下氨基酸离子液体与 CO_2 之间的相互作用,发现 CO_2 最初是与氨基阴离子作用形成氨基甲酸盐,但随着溶液中 CO_2 量的增加,氨基甲酸盐释放出共价键合的 CO_2,溶液中残留的 CO_2 逐渐转变为碳酸盐和碳酸氢盐的混合物。Hu 等[32]发现当[TETA][NO_3]浓度降低时,[TETA][NO_3]中的 CO_2 容量变化很小,在 0.10 MPa 时接近 1.49 mol CO_2/mol IL。转化率不超过 40%(质量分数),而在高浓度(质量分数 60%)时降至 1.05 mol CO_2/mol IL。原位红外光谱表明[TETA][NO_3]和 CO_2 反应形成氨基甲酸盐产物,且在连续通入 CO_2 的情况下不能进一步分解为碳酸氢盐。Lv 等[63]研究了[EOHmim][Gly]-H_2O 体系中的 CO_2 吸收能力及其再生性能。[EOHmim][Gly]-H_2O 体系(0.40 mol/L)的 CO_2 容量为 0.575 mol CO_2/mol IL,高于 MEA 溶液(0.457 mol CO_2/mol IL)。另外,在相同条件下发现[EOHmim][Gly]溶液(0.40 mol/L)的黏度在 30 ℃下为 1.013 mPa·s,非常接近 MEA 溶液(0.921 mPa·s)。[EOHmim][Gly]的水溶液经过多次再生后可循环利用,且在没有氧气情况下进行第五次再生后,可保持 0.518 mol CO_2/mol 吸收剂的 CO_2 容量。

尽管可获得关于 IL-水体系中 CO_2 溶解度的一些结果,但是水对 IL-水体系中 CO_2 吸收机理的影响研究还不深入,未来工作中应加大研究力度,同时还应在工业应用之前考虑 IL-水体系用于 CO_2 捕集的长期稳定性。

2. 离子液体有机溶剂混合

Camper 等[64]首次报道了将离子液体引入商业链烷醇胺中吸收 CO_2。50%(摩尔分数)[Hmim][Tf_2N]溶液能够快速可逆吸收 CO_2,与链烷醇胺水溶液相比,离子液体的可设计性与链烷醇胺的高 CO_2 吸收性能相结合,可减少再生能量而不影响吸收性能。之后,相继报道了许多无水 IL-烷醇胺体系用于 CO_2 捕集的研究,例如[Bmim][BF_4]-MEA、[Bmim][Cl]-MEA、[Bmim][BF_4]-MDEA 的二元混合物,以及[Bmim][BF_4]-DEA、[P_{66614}][124Triz]-MEA 和 [P_{66614}][Bentriz] -MEA。与纯 IL 相比,向常规 IL 中添加链烷醇胺有利于提高混合溶剂中的 CO_2 容量,但在化学吸附 IL 中添加链烷醇胺对 CO_2 容量的影响不同。

但是，对于[P_{66614}][Bentriz]，由于在溶液中添加等摩尔的MEA，因此其CO_2容量从0.23 mol CO_2/mol IL增加到0.56 mol CO_2/mol IL。Lv等[65,66]也通过研究MEA-[EOHmim][Gly]水溶液报道了MEA复合物类似的效果。结果表明，通过IL和MEA与CO_2之间形成两性离子，从而导致了CO_2容量的增加。

Ahmady等发现MDEA水溶液中低浓度的[Bmim][BF_4]的存在对CO_2的吸收能力没有明显影响，但由于缺乏水，尤其是在高浓度的[Bmim][BF_4]时，随着浓度的增加，CO_2吸收能力增加，并且CO_2负载量略有降低[67]。当将与MDEA混合的IL更改为其他类型的IL，如[Bmim][OAc]，[Bmim][DCA]和[Gua][OTf]时，可获得类似结果[68,69]。然而，当将两种低黏度离子液体[EOHmim][DCA]和[Bmim][DCA]与质量分数30%的MEA水溶液混合吸收CO_2时，随着ILs浓度的增加，CO_2载量显著降低[70]。此外，四种氨基酸离子液体[N_{1111}][Gly]，[N_{2222}][Gly]，[N_{1111}][Lys]和[N_{2222}][Lys]与MDEA或2-氨基-2-甲基-1丙醇(AMP)水溶液混合用于吸收CO_2，由于IL对CO_2的化学吸收作用，极大提高了MDEA或AMP水溶液中CO_2的吸收容量和吸收速率[42]。例如，当[N_{1111}][Gly]-浓度从0增加到0.40 mol/L时，[N_{1111}][Gly]-AMP水溶液对CO_2的吸收速率和吸收量增加。在200 min内，吸收CO_2的0.95 mol/L AMP的平均吸收率为0.759 mol/(m^2 · s)，而加入5%的AMP分别添加0.10 mol/L、0.20 mol/L、0.30 mol/L和0.40 mol/L的[N1111][Gly]，CO_2的平均吸收率分别提高了11.80%、37.45%、52.78%和60.87%，CO_2的吸收量分别提高了13.28%、42.10%、60.06%和72.48%[71]。Huang等[72]发现氯离子可显著增强MEA在基于羟基的离子液体中由MEA吸收的CO_2的容量和热稳定性，这可能归因于氯和阳离子之间的氢键和静电吸引。

除上述研究外，系列新型醇胺类IL如[MEA][BF_4]、[MDEA][BF_4]、[MDEA]Cl被合成，并与有机醇胺和水混合以吸收CO_2。其中MDEA+[MDEA]Cl+H_2O+哌嗪(PZ)体系表现出最佳的CO_2捕集性能[67]，并与三种常规离子液体([Bmim][BF_4]、[Bmim][NO_3]、[Bmim]Cl)与MDEA水溶液混合体系进行了对比。结果表明，离子液体吸收剂对CO_2循环容量的影响顺序如下：MDEA+PZ+[Bmim][BF_4]+H_2O>MDEA+PZ+[Bmim]Cl+H_2O≈MDEA+PZ+H_2O>MDEA+PZ+[Bmim][NO_3]+H_2O，表明添加[Bmim][BF_4]可降低显热[73]。因此，IL-链烷醇胺混合物的能耗低于链烷醇胺水溶液的能耗，一定量的水被IL替代，表明IL-链烷醇胺混合物在CO_2分离应用中具有巨大潜力。

如前所述，由于水的高比热和汽化热，用于捕集CO_2的传统有机醇胺体系的高水含量导致了高的再生能量[74,75]。因此，对非水溶剂体系进行研究，最初Jessop等开发的一类独特的非水溶剂CO_2BOL[76]，后来被Heldebrant等进一步优化并发现CO_2BOL作用类似于有机胺溶液，采用亲核伯氨和仲氨取代水和非亲核有机碱[77]。如二氮杂双环[5.4.0]-十一碳烯(DBU)/1-己醇CO_2BOL可吸收1.30 mol CO_2/mol DBU，这种物理-化学耦合的体系要比30%MEA水溶液要高得多。

尽管CO_2BOL可像烷基碳酸盐那样结合CO_2，但CO_2结合能不超过10 kJ/mol[77]。Privalova等[78]进行了研究，DBU与不同(氨基)醇和DBU-4氨基-1-丁醇等摩尔混合物中的CO_2容量显示出最高的CO_2容量，与4-氨基-1-丁醇水溶液相比，其CO_2吸收量增加了21%。与CO_2BOL相似，氨基硅氧烷也已显示与CO_2反应形成可切换的IL，可通过在高温下加热而逆转。为了进一步促进CO_2的质量转移，通过将TEG作为助溶剂添加到GAP氨基硅树脂中以吸收CO_2，开发了GAP/三甘醇的混合物。Wang等开发了由羟基功能化IL和超强碱的1∶1混合物组成的吸收剂[79]。[Im_{21}OH][Tf_2N]体系在20 ℃和0.10 MPa下具有高CO_2吸收能力1.04 mol CO_2/mol IL。考虑到咪唑类IL中C-2质子的弱酸性，Wang等研究了[Bmim][Tf_2N]-DBU和[Bmim][Tf_2N]-MTBD混合物对CO_2吸收性能[80]。结果表明，两种溶剂在23 ℃、0.10 MPa下对CO_2吸收量约为1.00 mol CO_2/mol IL。

除了链烷醇胺和超强碱外，其他有机溶剂和IL的混合物也可用作CO_2捕集的候选物。Hong等在0.10 MPa和17～62 ℃下测量了[Emim][Tf_2N]-乙腈混合物中的CO_2溶解度[81]，发现随着乙腈的摩尔分数从0增加到0.77，CO_2溶解度降低约50%。Li等[82]研究了在环境压力下[Choline][Pro]和聚乙二醇(PEG-200)的混合物在35～80 ℃范围内的CO_2吸收。

3. 离子液体-离子液体混合体系

由于IL-IL混合物具有可调性，因此也有报道可吸收CO_2。Finotello等[52]发现[Emim][BF_4]和[Emim][Tf_2N]的90 mol%和95 mol%混合物中的CO_2/N_2和CO_2/CH_4选择性高于相应的纯IL。Shiflett等[83]用等摩尔量的[Emim][Ac]和[Emim][TFA]测量了IL混合物中的CO_2溶解度，发现该混合物通过化学和物理相互作用组合吸收了CO_2。在6.00 MPa下，分别测量了[Emim][BF_4]+[Omim][Tf_2N]和[Bmim][BF_4]+[Omim][Tf_2N]的两种物理吸收IL-IL混合物中CO_2溶解度。[Emim][BF_4]或[Bmim][BF_4]中[Omim][Tf_2N]含量增加，亨利定律常数减小，这与COSMO-RS计算结果是一致的[84]]。Pinto等研究了CO_2在[Emim][Tf_2N]-[Emim][$EtSO_4$]和[Emim][Tf_2N]-[Bmim][$EtSO_4$]的两种二元混合物25 ℃、1.60 MPa下的溶解度[85]。尽管与[Emim][Tf_2N]相比，IL-IL混合物的CO_2容量没有提高，但是IL-IL混合物的成本更低、毒性更小。另外，在[Emim][Ac]中添加[Emim][$EtSO_4$]可以防止由CO_2和[Emim][Ac]之间的化学反应形成的产物固化。Wang等介绍了化学吸收IL [NH_2p-bim][BF_4])分别与两个常规离子液体[Emim][BF_4]和[Bmim][BF_4]混合，研究二元ILs中的CO_2吸收性能。当[NH_2p-mim][BF_4]的摩尔分数为0.40时，混合物的CO_2吸收性能和成本最佳。

将离子液体与低黏度、低挥发性的有机溶剂复配后，离子液体的黏度得到了克服，吸收速率大大提高，保持较高的吸收容量，但复配后体系的蒸汽压增大，溶剂在吸收、解吸过程中仍有大量损失，同时升温解吸过程，能耗较大，也存在设备腐蚀等问题。

2.1.2 离子液体吸附材料分离 CO_2 技术

尽管纯离子液体具有优异的 CO_2 分离性能，但其黏度大的缺点将导致 CO_2 传质困难、气体分离速率降低[86]，而且当离子液体吸收 CO_2 后体系黏度会进一步增加，这将阻碍其作为 CO_2 吸收剂的工业化应用[87]。离子液体吸附材料是指通过物理吸附或化学键合等方法将离子液体固载到多孔材料上而形成的具有孔结构效应的新型离子液体吸附剂。离子液体吸附材料分离 CO_2 技术既利用了离子液体对 CO_2 气体高选择性的特点，又发挥了多孔载体比表面积大和孔道发达的优势，增加了 CO_2 与吸附材料之间的接触面积，提高了 CO_2 的传质速率，有效克服了由离子液体黏度高而导致的缺点[88]。固载后的离子液体以多孔材料作为支撑载体，宏观上呈固态，具有良好的力学性能，在便于循环利用的同时减少了离子液体的用量，有效降低了成本，该材料在实用性与经济性方面较纯离子液体更具优势[89]。

2.1.2.1 离子液体吸附材料分离 CO_2 原理

离子液体吸附材料分离 CO_2 的原理是利用混合气体中不同组分的气体分子与吸附材料表面上活性点之间作用力的差异及不同气体在离子液体中溶解度的差异选择性地吸附 CO_2，并在特定的条件(如升温或降压)下释放，从而分离 CO_2。负载方法对离子液体吸附材料的稳定性及 CO_2 分离性能有较大的影响，目前离子液体吸附材料的合成方法主要分为物理合成法与化学合成法[90]。

物理合成法是通过离子液体与无机多孔载体之间的非化学键作用力(如范德华力和氢键等)将二者结合，合成步骤简单，离子液体负载量较大[88]。对于气固体系，由于离子液体具有高黏度、低蒸汽压以及较强毛细现象的特点，物理负载型离子液体吸附材料可应用于变温变压 CO_2 吸附分离过程。然而由于离子液体与载体之间的作用力较弱，在液固吸附过程中，吸附材料中的离子液体易流失。化学合成法是通过离子液体与多孔载体之间的共价键作用与修饰试剂作用将二者结合，相互作用力较强，吸附剂的循环利用性较高，除了适用于气固体系外，也可应用于液固吸附过程[91]。但化学合成法具有离子液体负载量较低且合成步骤复杂的缺点[92]。根据应用体系的不同，可以选择使用不同负载方法的离子液体吸附材料分离 CO_2 技术。

2.1.2.2 离子液体吸附材料分离 CO_2 技术

1. 物理负载型离子液体分离 CO_2 技术

物理负载型离子液体分离 CO_2 技术根据吸附材料中离子液体含量的高低可以分为常规物理负载型离子液体分离 CO_2 技术与封装型离子液体分离 CO_2 技术。

(1)常规物理负载型离子液体分离 CO_2 技术

常规物理负载型离子液体由于合成步骤简单，且不受离子液体种类限制，广泛应用于

CO_2 分离的过程中，最常见的合成方法为浸渍法。浸渍法是指离子液体浸湿多孔材料后通过毛细作用进入载体并吸附在其孔道内壁上而得到负载型离子液体的方法。但由于离子液体高黏度的缺点限制了其进入载体内部孔道的能力，通常在吸附材料中负载的离子液体质量分数低于 50%[93]。

Silva 等[93]首次将两种常规离子液体[Bmim][PF_6]和[Bmim][NTf_2]浸渍到金属-有机框架材料(metal organic frameworks, MOFs)上，通过蒙特卡罗分子模拟法研究合成后的吸附剂对 CO_2 的吸附性能，计算结果表明在 25 ℃和 2.5×10^4 Pa 下，其 CO_2 吸附量为 1.2 mmol/g。负载离子液体后，MOFs 的 CO_2 吸附性能反而降低，且随着离子液体负载量的增加，CO_2 吸附量进一步下降。模拟结果发现离子液体负载量的增加改变了吸附材料对 CO_2 的吸附方式，负载量较低或未负载时 CO_2 被限制在 MOF 中的小八面体笼中，随着离子液体负载量的增加，MOF 的多孔网络被阻塞甚至破坏，CO_2 转移到阴离子上，导致 CO_2 吸附量降低。

为解决负载离子液体后孔道堵塞而引起 CO_2 吸附量下降的问题，研究者们开始选择对 CO_2 具有化学吸收作用的功能离子液体，使其与多孔材料结合后用于气体分离过程。常见的用于负载的功能离子液体主要包括金属锌功能离子液体、氨基酸功能化离子液体、质子型离子液体和羰基功能化离子液体等。Arellano 等[94]通过浸渍法将金属锌功能化离子液体负载到多孔硅 SBA-15 上，负载离子液体后吸附剂的 CO_2 吸附量在 40 ℃和 1×10^5 Pa 下为 4.7 mmol/g，这分别是纯离子液体和未负载离子液体前 SBA-15 的 CO_2 吸附量的 6 倍和 2.5 倍，说明功能化离子液体的加入确实可增加多孔载体的 CO_2 吸附量。

氨基酸(amino acid, AA)具有可生物降解、来源广泛且含有多个 CO_2 吸收位点的特点，近年来受到越来越多研究者的关注[95]。Uehara 等[96]合成了六种负载型氨基酸功能离子液体吸附剂，以研究阴离子和阳离子(见图 2-8)对 CO_2 吸附性能的影响，其中包括[Emim][Gly]-PMMA、[Emim][Lys]-PMMA、[Emim][His]-PMMA、[P_{4444}][Gly]-PMMA、[P_{4444}][Lys]-PMMA 和[P_{4444}][His]-PMMA。实验结果表明在相同条件下，[P_{4444}][AA]-PMMA 的 CO_2 吸附量高于[Emim][AA]-PMMA。因为较大的阳离子可减少氨基酸类离子液体中的阴阳离子间的作用，促进氨基酸阴离子碱性增加，故具有较大尺寸阳离子($[P_{4444}]^+$)的离子液体吸附材料对 CO_2 吸附量较大。阴离子对 CO_2 吸附性能影响的探究实验结果表明仅具有伯胺的$[Gly]^-$和$[Lys]^-$比具有多个氨基的$[His]^-$具有更高的 CO_2 吸附能力。因为$[His]^-$中的其他氨基堵塞了活性炭载体的内部孔结构，从而阻碍了 CO_2 的进入导致吸附量降低，Shahrom 等[97]也得出了相同结论。此外，Shahrom 等[97]还研究了负载型质子型离子液体吸附剂中不同阴离子对 CO_2 吸附性能的影响，结果表明随着阴离子中烷基链长度的增加，质子型离子液体的疏水性增加，从而使 CO_2 吸附能力增强。

载体的选择对常规物理负载型离子液体的 CO_2 吸附性能也有着较大影响，除了聚甲基丙烯酸甲酯和多孔硅材料，沸石咪唑酯骨架结构材料(zeolitic imidazolate frameworks,

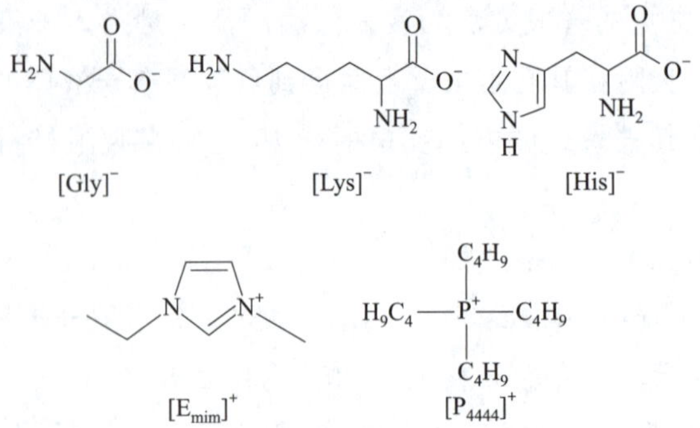

$[Gly]^-$ $[Lys]^-$ $[His]^-$

$[E_{mim}]^+$ $[P_{4444}]^+$

图 2-8 氨基酸功能离子液体吸附剂中离子液体的阴、阳离子结构图[11]

ZIFs)也被广泛用作合成负载型功能离子液体吸附材料的载体。Mohamedali 等[98]首次将羰基功能化离子液体引入 ZIF-8,显著提高了 CO_2 的吸附能力和选择性。离子液体上羰基和 CO_2 之间的化学相互作用极大地提高了离子液体@ZIF-8 吸附剂的 CO_2/N_2 选择性和 CO_2 吸附量。相比未负载前的 ZIF-8,[Bmim][Ac]@ZIF-8 在 30 ℃和 1×10^4 Pa 下的 CO_2 吸附量(0.8 mmol/g)提高了 7 倍以上,同时[Emim][Ac]@ZIF-8 的 CO_2/N_2 选择性在 50 ℃和 1×10^4 Pa 下达到原始 ZIF-8 的 CO_2/N_2 选择性的 18 倍。

(2)封装型离子液体分离 CO_2 技术

封装型离子液体是一种可提供高气液接触面积的由特殊壳结构包裹大量离子液体的新型离子液体杂化材料,通常在吸附材料中负载的离子液体质量分数高于 50%。与常规物理负载型离子液体相比,封装后的离子液体会受到外壳内部的物理限制,从而能够保持离子液体的完整分子结构、流动性和 CO_2 溶解能力,同时由于其特殊的胶囊结构,CO_2 吸附速率也得到极大提高[99],混合气体选择性和 CO_2 吸附速率可通过选择合适的离子液体来调节。

Huang 等[100]使用 Pickering 乳液为模板合成了两种以聚脲和烷基化氧化石墨烯为外壳的封装型咪唑类离子液体,其中离子液体质量分数高达 80%。在该封装离子液体中壳层材料对于 CO_2 是可渗透的,CO_2 能有效地到达内部离子液体核并被吸附分离,CO_2 吸附速率得到进一步提升。与搅拌的纯离子液体相比,封装后的 1-乙基-3-甲基咪唑双(三氟甲基磺酰基)酰亚胺盐([EMIM][TFSI])和 1-己基-3-甲基咪唑双(三氟甲基磺酰基)酰亚胺盐([HMIM][TFSI])在 1.26×10^5 Pa 下达到 CO_2 吸附平衡的时间从 271 min 缩短为 97 min,这进一步证明了封装离子液体的特殊结构可有效提高气液接触面积并增强传质。

最近 Lee 等[99]提出了使用封装型离子液体捕集空气中 CO_2 的技术,其通过将 1-乙基-3-甲基咪唑 2-氰基吡咯盐([EMIM][2-CNpyr])封装到聚氨酯和氧化石墨烯纳米薄片外壳内,合成具有反应性的封装型离子液体。通过与目前最先进的用于分离 CO_2 的沸石材料 13X 相比,该封装型离子液体具有良好的稳定性、可回收性及低压下优异的 CO_2 吸附能力。如图 2-9 所示,连续 10 次吸附-解吸循环后该封装型离子液体无明显形变,这表明其在多次循环后仍可保持结构的完整性。这种封装型离子液体分离 CO_2 技术降低了大体积离子液体的固有传质限制,可应用于固定床式气体分离吸附器。与沸石相比可有效去除低浓度的 CO_2,并具有足够低的活化和再生温度,可在需要固体的工业应用中(例如航天器中的微重力环境)用作 CO_2 分离的活性材料,同时避免传统沸石、分子筛等物理吸附剂导致的粉尘问题及传统化学吸附剂中挥发性胺的不稳定性影响。

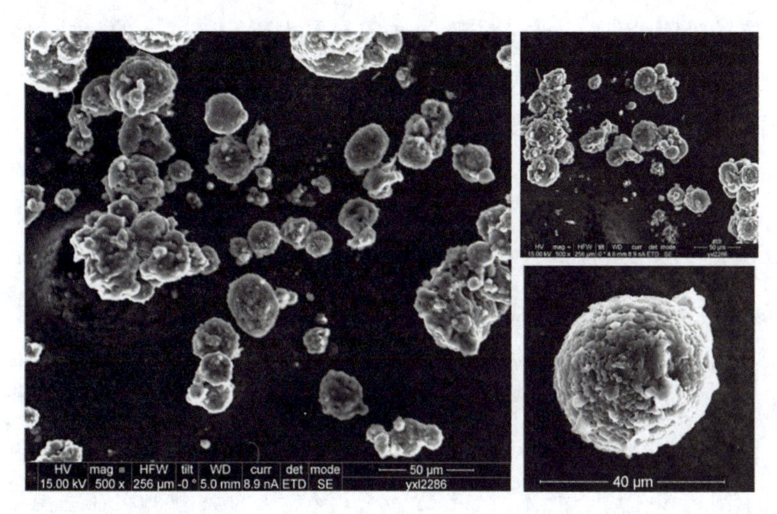

图 2-9　连续 10 次吸附-解吸循环后封装型[EMIM][2-CNpyr]的扫描电子显微镜(scanning electron microscope,SEM)图[100]

2. 化学负载型离子液体分离 CO_2 技术

离子液体负载到多孔材料后会引起载体孔结构参数的变化,因为 CO_2 分离性能受孔结构效应和离子液体负载量协同作用的影响,所以选择离子液体吸附材料时需要兼顾载体的多孔特性。化学负载型离子液体分离 CO_2 技术不仅可以保留离子液体的特性,还能发挥多孔载体孔道丰富、比表面积高的优点,为其在 CO_2 分离领域的应用提供了有利条件。

(1)离子液体嫁接材料分离 CO_2 技术

离子液体嫁接材料是通过共价键的方式将离子液体和多孔材料之间能发生反应的基团结合形成的负载型离子液体吸附剂,稳定性远高于物理负载型离子液体。与纯离子液体相比,离子液体嫁接材料具有更短的气体扩散距离和更快的吸附/解吸速率[101]。

He 等[102]分别通过嫁接法和浸渍法将季膦类离子液体负载到活性炭上并与未修饰前的活性炭进行比较,研究了改性样品的 CO_2/N_2 分离性能及不同负载方法对其性能的影响。结果表明,修饰后活性炭的 CO_2/N_2 分离性能相较于未修饰时得到明显提高,同时相比于离子液体浸渍过的活性炭,离子液体接枝的活性炭具有更好的 CO_2 吸附能力和传质效果,这是由于离子液体嫁接材料中离子液体对孔道的阻塞较小,从而提供了更多的微孔用于 CO_2 吸附。离子液体结构对离子液体嫁接材料的 CO_2 分离性能也会有影响。Aquino 等[103]合成了四种以介孔硅 MCM-41 为载体的具有不同阴离子的离子液体嫁接材料，如[$(MeO)_3$Sipmim][Cl]@MCM-41、[$(MeO)_3$Sipmim][Tf_2N]@MCM-41 等。CO_2 吸附实验结果表明在嫁接后含有[Cl]$^-$的吸附剂具有最高的 CO_2 吸附量在 25 ℃和 1×10^6 Pa 下达到 2.27 mmol/g，而含有双(三氟甲基磺酰基)酰亚胺阴离子([Tf_2N]$^-$)的吸附剂 CO_2 吸附量最低，在相同条件下仅为 0.68 mmol/g。对于纯离子液体，[Tf_2N]$^-$由于与 CO_2 产生库仑作用而具有最高的吸附量，通过研究发现，这种差异是由于[Tf_2N]$^-$的尺寸和结构对离子液体嫁接材料的 CO_2 性能产生了影响。因此在选择离子液体嫁接材料分离 CO_2 技术时，离子液体阴、阳离子的体积也需要被考虑。

(2)多孔离子液体分离 CO_2 技术

多孔液体是指具有永久且分子大小确定的孔的液体[104]，James 等[105]首先提出了基于在冠醚溶剂中具有高度可溶性的分子笼的多孔液体。由于离子液体的高自由体积和低挥发性，在多孔液体合成中具有广阔的应用前景。与纯离子液体分离 CO_2 技术相比，多孔离子液体分离 CO_2 技术利用多孔离子液体中的特殊微腔提高了 CO_2 的扩散速率和溶解度，此外多孔离子液体具有出色的流动性，作为一种新技术，具有广阔的应用前景。

Giri 等[106]提出的通过冠醚溶剂和具有相似化学结构的多孔分子合成多孔液体的方法被广泛地应用于制备多孔离子液体，Zhao 等[107]以该方法为灵感首次在室温下通过相似相溶原理合成了多孔离子液体，其利用聚醚胺(D2000)与含有[M2070]$^+$的离子液体相似的聚醚结构，将 D2000 修饰的 MOF 材料(UIO-66)溶解在离子液体中，形成了多孔离子液体。在 25 ℃和 1 MPa 下，该多孔离子液体的 CO_2 吸附容量为 1.66 mmol/g，是纯离子液体的 3 倍，其认为优异的 CO_2 吸附性能归因于多孔离子液体的永久纳米孔结构和高比表面积。

离子液体吸附材料分离 CO_2 技术不仅具有功能离子液体低蒸气压、易再生和高 CO_2 溶解度的优点，更结合了多孔载体高比表面积和孔道发达的特点，可实现高效可逆的 CO_2 吸附分离，近年来受到越来越多的关注。然而对于离子液体吸附材料分离 CO_2 技术主要集中于基础研究，对其应用的探索较少。因此，开发新型离子液体吸附材料分离 CO_2 体系，深入探讨其吸附机理在气体分离领域中的应用无疑具有重要的理论与实际意义。

2.2 CO_2 转化技术

化石能源的过度消耗造成大气中 CO_2 的含量逐步增加，引起温室效应、海平面上升等问题，这已成为世界各国共同关注的环境和社会问题。然而 CO_2 作为廉价且可再生的资源，可进一步转化为醇、酸、酯、烃等重要化工原料，CO_2 的资源化利用对生态环境以及可持续能源的发展均具有重要意义。以 CO_2 为原料合成环状碳酸酯、碳酸二甲酯/聚碳酸酯、尿素衍生物、噁唑烷酮等高附加值及大宗化学品，是 CO_2 转化利用的重要方向。

2.2.1 CO_2 合成环状碳酸酯

环状碳酸酯(cyclic carbonates)是一类工业价值较高的化工产品,较为常见的产品有碳酸乙烯酯(ethylene carbonate, EC)、碳酸丙烯酯(propylene carbonate)等,一般用作非质子极性溶剂、电池电解液、聚碳酸酯(polycarbonate, PC)的制备前体,以及合成药物和化学反应的中间体等[108]。

以EC为例,环状碳酸酯参与的常见化学反应如图2-10所示。(1)EC与甲醇经醇解反应生成碳酸二甲酯(dimethyl carbonate, DMC),可用于合成PC、聚氨酯等大宗化工产品;(2)EC与多元醇反应生成聚碳酸酯二醇,该产物具有生物可降解性,更加环保;(3)EC与二醇生成聚醚;(4)EC代替传统合成方法中有毒的原料,与脂肪一元胺可生成1,3-二取代脲;(5)EC与其他酯类化合物发生酯交换反应,合成长链烷基碳酸酯和二烷基碳酸酯。

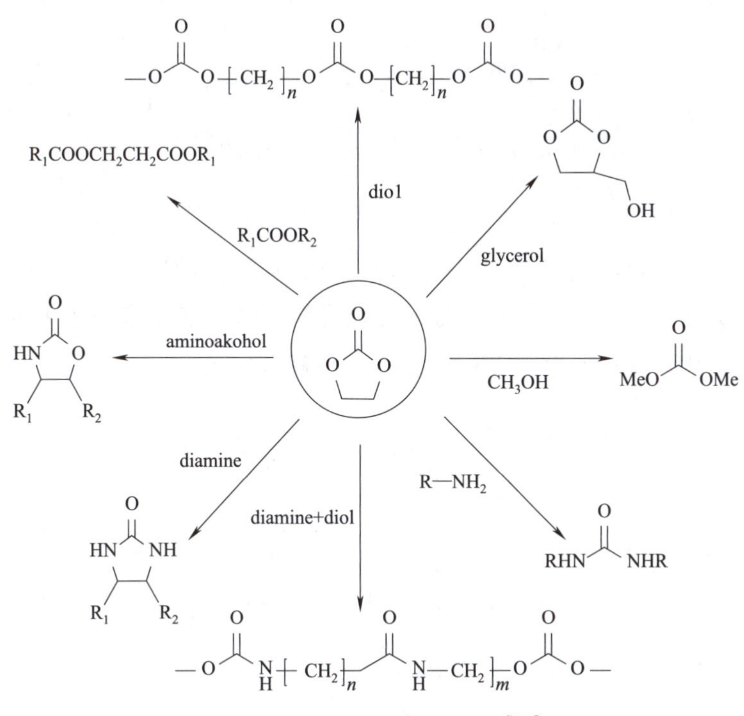

图2-10 EC参与的常见反应[108]

现已报道或已应用的合成环状碳酸酯的方法,主要包括光气法、酯交换法、醇解法、CO_2合成法等。

(1)光气法

光气,也称碳酰氯,具有极高的毒性,最早实现工业化制备环状碳酸酯就是利用光气,该方法的路线如图2-11所示。传统的光气法是在无水溶剂(二氯甲烷、氯仿、苯、甲苯等)中进行,同时也需要低温条件以及过量的吡啶。

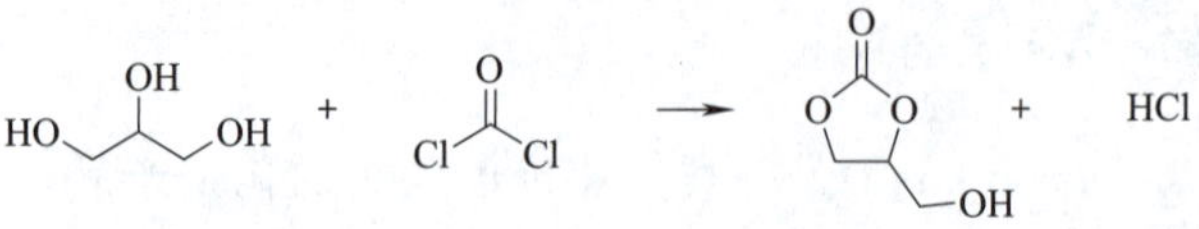

图 2-11　光气法合成环状碳酸酯路线示意图

光气法的优点是碳酸酯的产率高，能够得到不同种类的环状碳酸酯。但其缺点在于整个过程需要使用有毒有害物质，如吡啶，光气；反应结束后，过量的吡啶需要被中和；反应产物需要额外的提纯步骤等，均不符合现今所提倡的绿色环保等要求，已被淘汰。

(2)酯交换法

酯交换法是指利用直链碳酸酯与多元醇发生反应，在催化剂的催化作用下合成得到不同的环状碳酸酯，如图 2-12 所示。但此反应为可逆反应，收率有限。

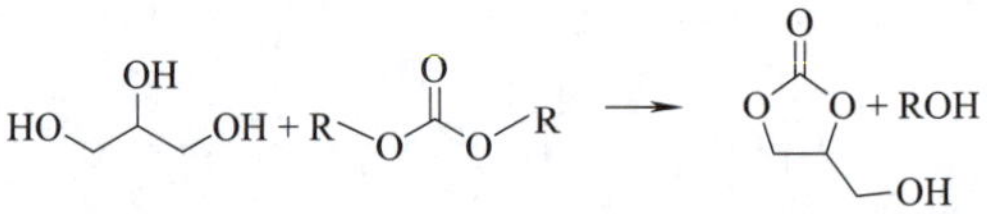

图 2-12　酯交换法合成环状碳酸酯路线示意图

(3)醇解法

醇解法利用二元醇与尿素为原料，合成得到环状碳酸酯，如图 2-13 所示。该方法原料成本较低，所用的催化剂一般为金属化合物类催化剂。例如，有机锡化合物催化剂，虽然催化活性较高，但存在有毒有害、分离复杂、回收困难等缺点。

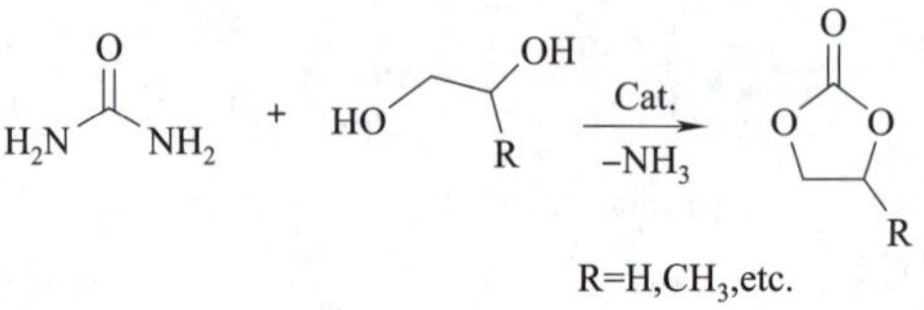

图 2-13　醇解法示意图

(4)CO_2 合成法

通过 CO_2 合成环状碳酸酯的方法，具有无毒、原料廉价易得的优势。目前已报道利用 CO_2 合成环状碳酸酯主要是指羰基化反应。

羰基化反应，是指由 CO_2 与不同的环氧化物经环加成反应得到相应的环状碳酸酯(见图 2-14)的反应。不同的环状碳酸酯能够通过 CO_2 与不同的环氧化物反应得到，我们可以根据这个原理来得到多种环状碳酸酯，以满足实际生产的需要。值得一提的是，这个过程一般需要较为严苛的反应条件以及高效率的催化剂，因此从工业

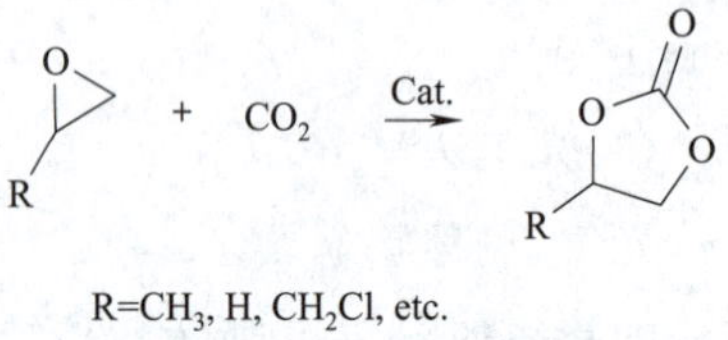

图 2-14　羰基化反应示意图

的角度出发，寻找合适的催化剂以降低生产过程中的能耗等是关键所在。

综上所述，目前可行的合成环状碳酸酯的路线不在少数。其中，羰基化反应路线绿色环保，在工业应用上意义重大，以下重点介绍以 CO_2 为原料合成环状碳酸酯的技术。

2.2.1.1　CO_2 与环氧化物合成环状碳酸酯

1. 催化剂研究现状

环氧化物开环与 CO_2 生成五元环状碳酸酯这一过程，也称为羰基化反应，是符合原子经济的典型反应之一。由于 CO_2 转化过程中需要较高能量，该反应需要加入催化剂以降低过渡态势能。现已报道的羰基化催化剂主要包括金属盐类、金属氧化物、金属配合物、离子液体等均相催化剂体系，以及树脂、二氧化硅、分子筛固载的离子液体催化剂，新型碳材料等非均相催化剂体系。下面将有选择地介绍目前研究较多的催化剂体系。

(1)金属盐类催化剂

碱金属盐，例如碘化钾是较早报道的用于催化合成环状碳酸酯的催化剂，同时也是应用于工业生产的催化剂。其优点是价格低廉，稳定性高，但缺点是反应时所需催化剂浓度较高，反应收率低，条件苛刻，需要高温高压。Shi 等[109]报道碘化钠、三苯基膦等催化体系可高效地催化 CO_2 与环氧化物的羰基化反应。Han 等[110]发现碘化钾与环糊精的催化体系可高效地催化 CO_2 与环氧化物羰基化反应，并提出了可能的反应机理。2011 年 Han 等[111]报道了活性高、选择性好、稳定且可再生的碘化钾/纤维素催化剂体系。同年 Han 等[112]又报道了 MOF-5/KI 催化体系，在生成碳酸丙烯酯的反应中能达到 98%的收率。2012 年 Han 等[113]发现碘化钾催化剂可一步催化 CO_2、甘油和环氧丙烷反应生成碳酸丙烯酯、甘油碳酸酯和丙二醇。K_2CO_3，KCl 等金属盐也被证实能催化环状碳酸酯的合成[114]。Endo[115]等发现卤化钠或卤化锂在催化环氧化物与 CO_2 反应中有较好的活性。

Sun 等[116]考察了金属氧化物（ZnO、ZrO_2、γ-Al_2O_3）负载碘化钾催化环氧丙烷与 CO_2 羰基化的催化效果，发现 ZnO 作为载体时催化效果最好。Zhang 等报道 $ZnCl_2$ 与季磷盐的复配型催化剂在超临界 CO_2 中催化羰基化反应的进行[108]。聚(4-乙烯基吡啶)/$ZnBr_2$ 催化体系[117]在羰基化中也有很高的活性（TOF 为 207 h^{-1}）。

Xiao 等构建了三乙胺/KI 体系[118]，三乙胺在反应中起到了活化 CO_2 以及环氧化物的双重作用，极大地提高了反应活性，在最优反应条件下可达到 99%的转化率和 99%的选择性。后续工作中也发现氨基酸/KI 体系[119]，氯化胆碱/$ZnBr_2$[120]也适用于羰基化反应。

(2)金属氧化物催化剂

金属氧化物价格低廉，种类众多，对于众多种类的反应具有较好的催化活性，因而其作为反应催化剂有很长的应用历史。其自身的基本性质使其能够活化 CO_2[121]。因此，可以利用金属氧化物，例如 MgO[122]、CaO、TiO_2、ZnO 或 BeO 等来活化 CO_2[123-125]，并催化合成环状碳酸酯。Yoshihara 在实验中发现，氧化镁可在温和条件下活化 CO_2 并反应得到环状碳酸酯，并提出相应的反应机理[122]。

Kaneda 等[126]发现，以水滑石为前驱体，煅烧法得到的 MgO-Al_2O_3 催化剂，在羰基化反应中活性明显高于未煅烧的水滑石，同时根据实验结果推测相应的反应机理，如图 2-15 所示。

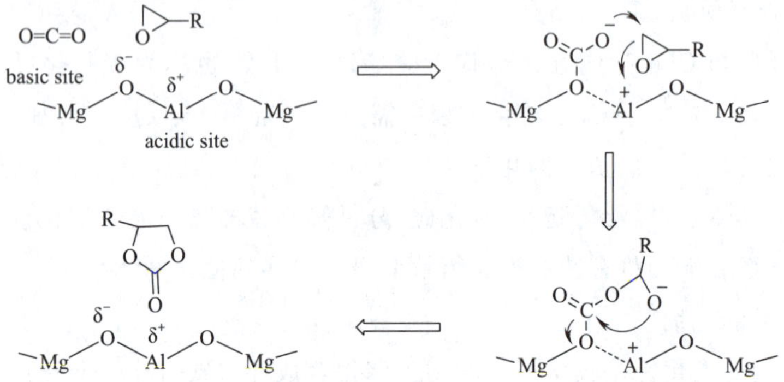

图 2-15 Mg-Al 混合金属氧化物催化合成环状碳酸酯的可能机理[126]

Sakakura 等发现铯-磷-硅混合氧化物(Cs－P－Si)在 80 atm(1 atm＝1.013 25×10^5 Pa)，200 ℃反应条件下能催化环氧乙烷(ethylene oxide，EO)完全转化[127]。他们还发现镧系氧化物在羰基化反应中也有一定的活性[128]。当引入氯元素生成 SmOCl 后，反应的催化活性显著提高，这是由于路易斯酸碱的协同催化作用，如图 2-16 所示。

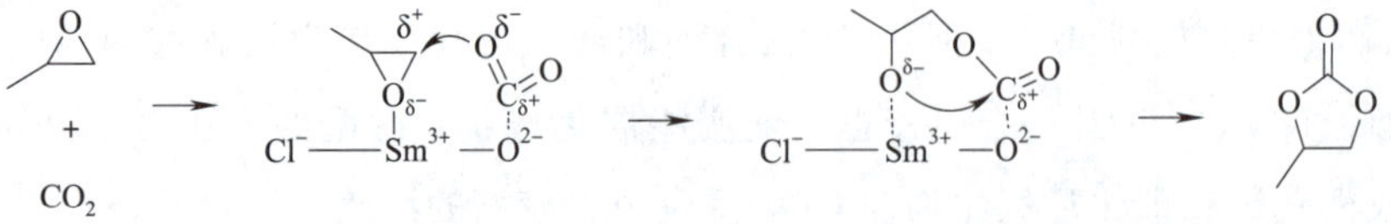

图 2-16 SmOCl 催化 CO_2 与环氧丙烷羰基化的推测机理[128]

(3)金属配合物催化剂

1978 年，Inoue 等利用铝卟啉配合物与 N-甲基咪唑的复合催化体系来活化 CO_2[129]，实现环状碳酸酯的合成。2001 年 Nguyen 等[130]报道了 Cr(Ⅲ)Salen 配合物与 4-二甲氨基吡啶的复合催化体系。该催化体系在较温和条件下，表现出较高的催化活性，在 75 ℃、50 psi (1 psi＝6 895 Pa)的 CO_2 压力下反应 1.5 h，得到了 100%的碳酸丙烯酯收率。固载化的 Cr(Ⅲ)(Salen)Cl 也能应用于环状苯乙烯碳酸酯的合成[131]。该反应在 80 ℃与 10 MPa 的条件下进行，相应的转化率为 74%，TOF 为 73 h^{-1}。固载化 Cr(Ⅲ)(Salen)Cl 与三叔胺或 NMI 的复合催化体系[132]，在 80 ℃、10 MPa 的反应条件下，能催化 74%的氧化苯乙烯成功转化，相应的 TOF 为 73 h^{-1}。

Lu 等[133, 134]报道了 Al(Ⅲ)(salen)Cl 与 TBAB 复合体系催化环状碳酸酯的合成，催化效果出色，在 100 ℃和 4 MPa 下的反应收率为 94%，相应的 TOF 为 47 h^{-1}。North 的机理研究揭示了催化剂在羰基化中起的关键作用[135]。Deng 课题组[136]合成了以 Zn(Salen)与 1,3,5-三烯基苯为基本单元的配位共轭微孔聚合物，该物质与 TBAB 的催化体系在 120 ℃、常压下即可实现高活性转化，转换频率高达 11 600 h^{-1}，缺点是需要将近 48 h 的反应时间。

North 等[137]制备出[(Al-(salen))$_2$O]双金属铝配合物催化剂，以四丁基溴化铵为助催化剂，在常温常压下，反应 24 h，得到 98%的氧化苯乙烯转化率，作者还对催化剂进行了 60 次循环实验，循环后催化剂仍然稳定。

Kleij 小组[138]报道了五种相对绿色、高效、便宜且稳定的 Zn 配合物，其中第二种 Zn 配合物在 NBu_4I 为催化剂，45 ℃，CO_2 为 1×10^6 Pa，反应 18 h，得到 80%的环氧化物转化率。

(4)新型材料

MOFs(ZIFs)是一类由无机金属和有机配体构建而成的大比表面积多孔道骨架材料。基于酸性位点与碱性位点协同催化的特点，多孔道的 MOFs(ZIFs)将酸性位点的金属原子及碱性位点的配体有效结合，在反应中发挥双重作用(见图 2-17)[139]。

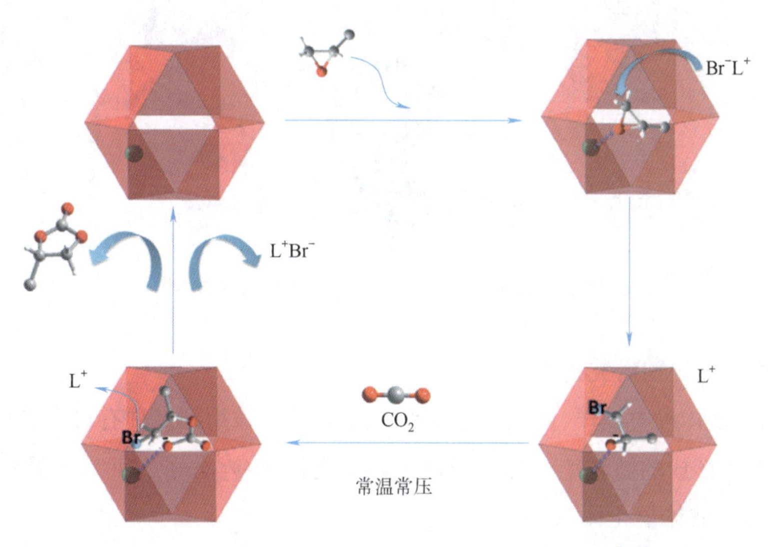

图 2-17　金属有机框架材料催化合成环状碳酸酯[139]

Macias 等[140]制备了面心立方结构的多孔 MOFs 材料，在 100 ℃和 4 h 下，环氧氯丙烷转化率为 63.8%。Verma 等[141]开发一种 Ti 有机框架材料(Ti-ZIFs)，用于催化环氧化物的转化，在 100 ℃的反应条件下，收率超过 90%。单独的 MOF 材料催化活性不理想，常需要添加助剂来提高催化性能，如添加季铵盐可提高羰基化反应活性[142]，Tharun 等通过 ZIF 嫁接离子液体[143]，在 120 ℃、3 h、1.0 MPa CO_2 条件下实现 97%的 PO 转化率，但成本较高、制备复杂、稳定性差等不足限制了其应用。碳基材料具有制备简单、成本低廉的优势。近年来碳材料因其表面缺陷丰富、高稳定性、易引入杂原子等特点被广泛用于催化领域。

Hu 等[63]通过热解聚吡咯得到氮掺杂的碳纳米纤维(见图 2-18)，在 150 ℃和 2.0 MPa

下催化 CO_2 和环氧氯丙烷反应 12 h,环状碳酸酯收率达 86%。因氮活性位可活化 CO_2,故近年来含氮材料逐渐被用于羰基化反应,比较典型的是氮化碳材料(g-C_3N_4),它有丰富的含氮物种,作为活性位点可有效活化 CO_2[144]。Su 等[145]以尿素为前驱体,在不同制备温度下得到了多种 u-g-C_3N_4 材料,其中发现 480 ℃下获得了的 u-g-C_3N_4-480 催化活性较高。130 ℃、2.0 MPa、4 h 条件下,PC 收率为 58.4%。在此基础上,Su 等通过离子液体修饰引入杂原子硼[146],也收获了优良的催化活性。Xu 等[147]通过溴代烷烃将季铵盐活性位点接枝于 g-C_3N_4,但表面活性物种易流失,经过一次循环后反应活性显著降低。Huang 等[148]利用浓 H_2SO_4 处理 g-C_3N_4,得到氧化后的 g-C_3N_4,富含羟基,可高效催化 CO_2 和环氧氯丙烷反应。

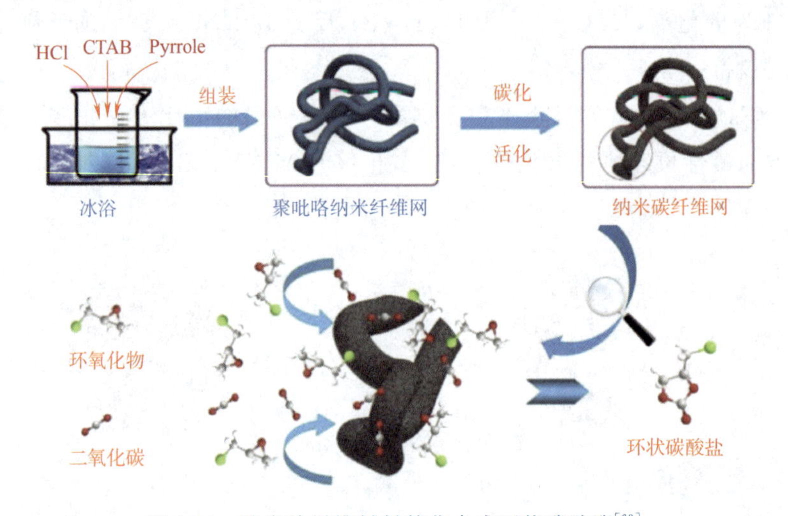

图 2-18 纳米碳纤维材料催化合成环状碳酸酯[63]

2. 离子液体催化剂研究进展

功能化离子液体种类多样,自身催化性能出色,目前已被用到多种有机合成反应中[149,150]。而其氢键-静电所形成的微环境在捕捉与活化环氧化物、CO_2 分子方面大放异彩[151,152]。

(1)均相离子液体催化体系

目前常见的均相催化用离子液体主要包括咪唑类、季胺类、季膦类离子液体以及有机碱、氨基酸类等衍生类离子液体。

Deng 等[153]提出将离子液体[Bmim][BF_4]用于催化合成环状碳酸酯。2003 年,Kawanami 等[154]制备了一系列不同烷基链长及不同阴离子的咪唑类离子液体。研究发现阳离子相同时,阴离子为[BF_4]$^-$ 的催化效果最好;当阴离子为[BF_4]$^-$ 时,烷基链较长的[Omim][BF_4]离子液体催化活性最佳。2003 年,Kim[155]合成了一系列含金属的咪唑离子液体(见图 2-19),实验发现金属离子液体的催化活性要高于不含金属元素的咪唑离子液体。催化剂在重复使用五次后,活性基本保持不变。2004 年,Li 等[156]使用 $ZnCl_2$ 与[Bmim]Br 的复合催化体系用于催化合成环状碳酸酯。实验结果发现,复合催化剂体系的催化活性优于单一离子液体或金属盐体系。Arai[157]等提出使用不同金属盐与[Bmim]Br协同催化环氧化物合成环状碳酸酯。通过对不同金属盐的筛选，发现[Bmim]Br/$ZnBr_2$催化体系的催化活性最好。80 ℃、4 MPa的反应条件下，苯乙烯环状碳酸酯的收率可达93%。Sun等[158]筛选了多种咪唑类均相离子液体，并在催化体系中引入少量的水和羟基基团[152, 159]，取得了出色的产物收率和选择性，并根据上述实验结果，提出羟基基团与卤素阴离子的协同催化机理。

在此基础上，Sun等[160]合成了布朗斯特酸位点和路易斯碱位点的咪唑复合催化剂，并引入氢键体系，取得了良好的收率和选择性，验证了协同催化机理。

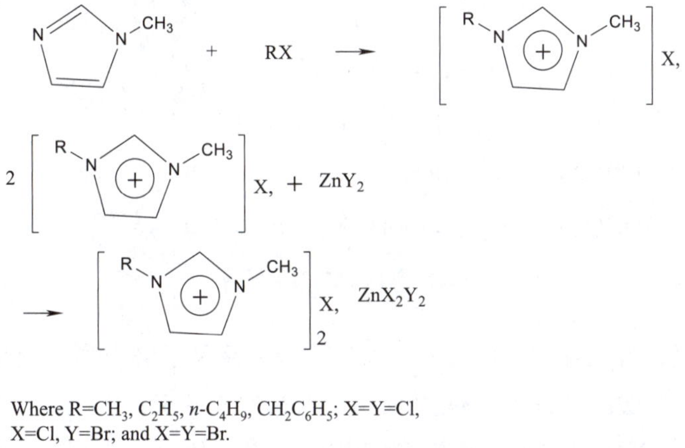

Where R=CH_3, C_2H_5, n-C_4H_9, $CH_2C_6H_5$; X=Y=Cl, X=Cl, Y=Br; and X=Y=Br.

图2-19　含金属咪唑离子液体合成过程[155]

季铵盐和季鏻盐类离子液体在羰基化反应中也有较高催化活性。Calo等[161]以四丁基溴化铵作为催化剂应用于羰基化反应。季胺类离子液体的阴离子可以更加有效地进攻环氧丙烷，使得环氧丙烷更容易开环，催化活性更高，环状碳酸酯的收率可达到91%。

Cheng等[162]合成了含不同羟基的季铵盐类离子液体，构建了不同氢键数目的协同催化体系，发现氢键数目有利于反应的进行。在此基础上，Wang等对氢键协同催化机理进行了理论研究[163, 159]，通过DFT模拟以及后续HBD体系的建立，验证了氢键作用在反应机理中起的关键性因素。

Zhu等[164]提出将氯化胆碱/尿素低共熔离子液体体系用于催化环氧化合物与CO_2合成环状碳酸酯。实验结果表明，氯化胆碱中的羟基可以更有效地活化环氧化物，该催化体系也适用于其他环氧化物的反应。Xu等[165]开发了多位点的TBIL离子液体，其中硫脲单元的两个仲胺基可同时活化环氧化物和CO_2，并与卤素阴离子发生协同作用，使构筑的多位点离子微环境高效地催化羰基化反应。Wang等[166]开发了多位点的DBU衍生类离子液体，实现了羰基化反应99%的转化率与选择性。为了进一步提升反应活性，Cheng等构建了DBU/多糖类[167]，以及烷基化的DBU[168]等复合催化体系，均在羰基化反应中收获了理想的收率与选择性。Meng 等[169]利用卤化羧酸的酸性和 DBU 在室温下通过酸碱反应一步合成一种双功能质子型离子液体(DBPIL),在室温和 0.1 MPa 反应条件下催化 CO_2 与环氧化物反应 6 h 可得到 92%的产率。Wu 等[170]设计合成了氨基酸类离子液体用于催化合成环状碳酸酯,如图 2-20 所示。该离子液体由咪唑阳离子和氨基酸阴离子组成,含有羟基、羧基等功能化官能团。在相同的反应条件下,[Bmim][Lys]的催化活性最优,碳酸丙烯酯的收率达到 98%。

R=CH_3	[Bmim][Ala](阴离子为丙氨酸)	1a
CH_2OH	[Bmim][Ser](阴离子为丝氨酸)	1b
$CH_2CH_2CH_2NH_2$	[Bmim][Lys](阴离子为赖氨酸)	1c
CH_2CH_2COOH	[Bmim][Glu](阴离子为古氨酸)	1d

图 2-20 氨基酸类离子液体[170]

Yang 等[171]通过有机碱和无机酸的中和反应合成路易斯碱类离子液体(见图 2-21),并用于催化合成环状碳酸酯,取得了较好的收率。通过实验发现[HDBU]Cl 在 140 ℃、1 MPa 的条件下,反应 1 h,碳酸丙烯酯的收率可达到 97%,循环使用 5 次后活性保持不变。

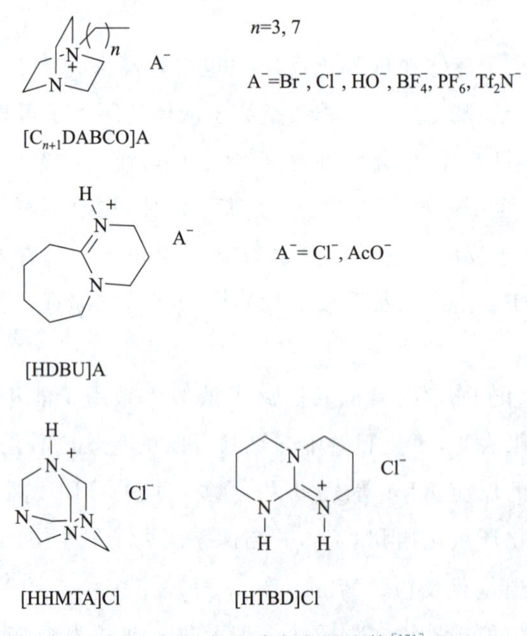

图 2-21 有机碱类离子液体[171]

(2)非均相离子液体催化体系

①负载型离子液体催化剂

均相离子液体可实现较高的催化活性,但其与反应物料的分离能耗高、工艺复杂[172]。采用负载的手段可以实现均相离子液体的非均相化,既提高了离子液体催化剂的利用效率,同时在后处理阶段有利于催化剂的回收再利用,是工业应用催化剂的常用途径。

He等报道了一种壳聚糖负载的季铵盐离子液体,并应用于羰基化反应中,壳聚糖是环境友好型生物聚合物,来源广泛、无毒性[173],催化剂在实验测试中经5次循环活性保持不变,且通过简单过滤即可实现催化剂回收。何良年等[174]以聚乙二醇为载体负载三丁基溴化磷,合成的催化剂在一定条件下,碳酸丙烯酯的收率可达到99%。Park课题组[175]利用碳纳米管负载咪唑类离子液体,合成过程如图2-22所示。由于碳纳米管(CNTs)热稳定性较高,比表面积较大,机械性能良好,作为催化剂载体更具有优势。在 CO_2 与环氧化物的羰基化中,得到98.6%的收率和99%的选择性。

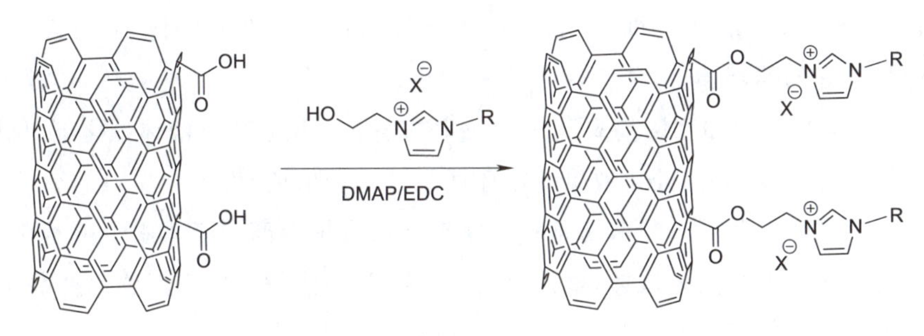

图2-22 碳纳米管负载咪唑类离子液体的合成[175]

Chen[176]通过化学键合方式开发了系列固载离子液体(见图2-23),利用固载界面的微环境协同催化环氧化物与 CO_2 反应,与传统的物理固载方式相比,活性组分稳定性好。Sun[177]报道了树脂负载的二羟乙基铵溴盐(PS-DHEEAB)为催化剂,在无任何溶剂或助剂的条件下(110 ℃、2.0 MPa、4 h),实现99%的环氧丙烷(PO)转化率和99%以上的碳酸丙烯酯选择性。同时也制备了可降解的壳聚糖作为载体负载的咪唑溴盐离子液体催化剂[178],在无溶剂、反应条件120 ℃、2.0 MPa、4 h时,碳酸丙烯酯的收率为99%。DFT计算表明壳聚糖多羟基均可与环氧化物形成分子间氢键,促进C—O键断裂。其后,基于超强碱DBU和纤维素构建了复合催化体系[179],验证了氢键-卤素协同催化作用。

Cheng等选用SBA-15载体负载1,2,4-三氮唑类离子液体[180]。因为载体与离子液体中均含有活性基团,可同时活化环氧化物和 CO_2。催化剂SBA-15-HETRBr在相对温和的反应条件(110 ℃、2.0 MPa、2 h)下,碳酸丙烯酯收率大于99%。

②聚合离子液体催化剂

为解决有机载体易溶胀、无机载体稳定性差的难题,研究人员聚焦于聚合离子液体非均相催化剂(PILs)的开发。聚合离子液体是具有离子液体相应结构的特殊聚合物,它的每个

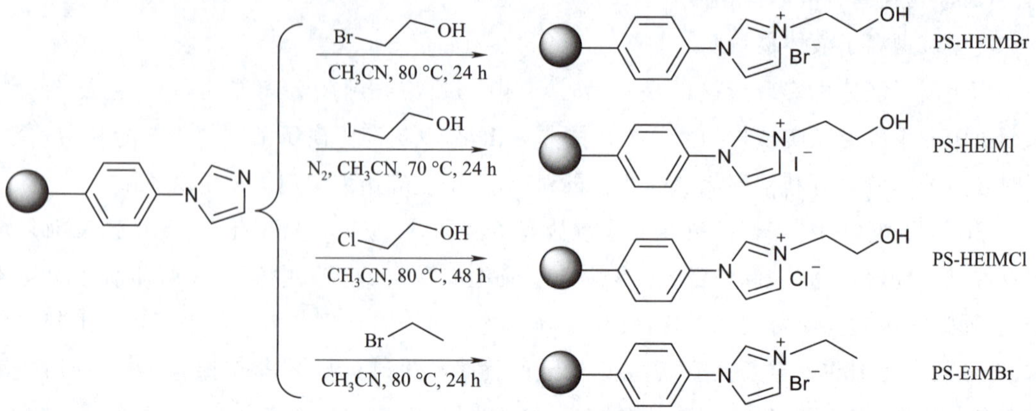

图 2-23　树脂负载羟基功能化离子液体催化剂合成[176]

重复单元均具有离子液体阴离子和阳离子的结构，重复单元被限制在聚合物链上。此方法无须固载，即可实现离子位点的非均相化，相较于单体稳定性更强，相较于固载具有可调变的纳微结构和较好的伸展性[181-184]。

Han 等首次利用咪唑和乙烯基苯，通过共交联方法合成聚合离子液体催化剂(见图 2-24)，并用于羰基化反应中，相应的催化效果和循环性能都比较出色，为聚合材料的后续设计开发提供了与以往不同的思路[181]。同时，他们也将聚苯胺类聚合离子液体用于羰基化中[182]，筛选出活性最高的碘盐聚合离子液体，该催化剂在多次循环使用后依旧能够保持稳定的活性，并且适用于不同的环氧底物。

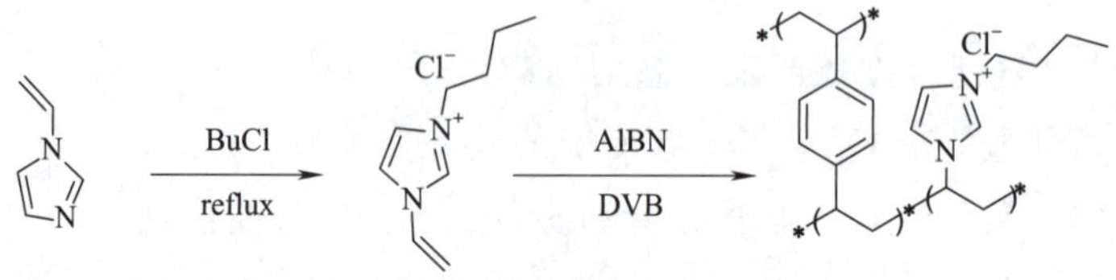

图 2-24　聚合离子液体的合成路线[181]

Shi 等前期研究开展了有无交联剂二乙烯基苯(DVB)的 1-乙烯基-3-(乙基/羟乙基/羧乙基)咪唑鎓溴化物的聚合反应[184](见图 2-25)。该工作选取 Br^- 作为阴离子，制备了一系列羟基功能化的聚合离子液体，并用作 CO_2 和环氧化物合成环状碳酸酯的催化剂。结果表明，在无须使用任何助剂和有机溶剂的情况下，羟基和溴阴离子对促进反应具有良好的协同作用，同时观察到[VCMIm]Br 与 DVB 的聚离子液体活性最高，其中碳酸丙烯酯的收率接近 99%。

Meng 等设计合成了新型的二氰二胺甲醛聚合离子液体[185]，在 130 ℃、3.5 h 的条件下催化 PO 的转化率达 99%，DFT 计算发现聚合离子液体氢原子与氧配位，通过氢键导致 C—O

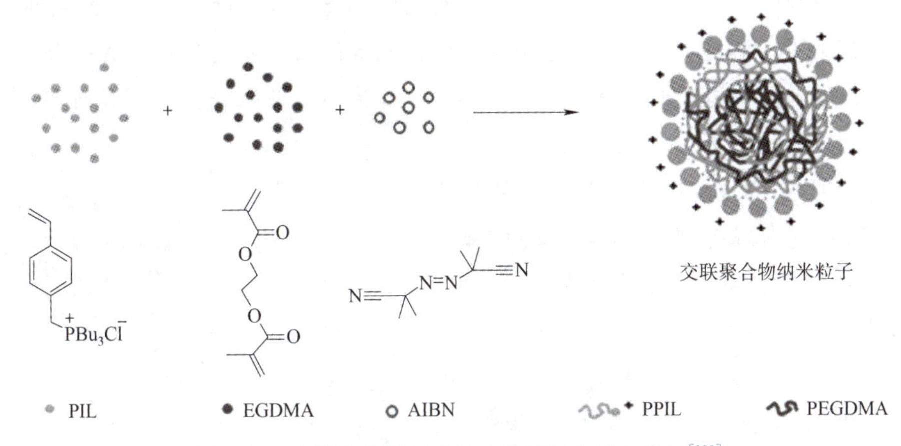

图 2-25 交联聚合离子液体纳米颗粒合成示意图[183]

键长从 0.143 4 nm 增加到 0.145 9 nm，使得环更易打开。同时对 CO_2 也具有一定活化作用，键角从线性变化到 179°。此外，Liu 等[186]采用自由基聚合方法制备得到季膦类聚合离子液体，通过微流控技术来控制离子液体的粒径大小，并应用于 CO_2 羰基化反应，表现出优良的催化性能。

Ying 等通过自由基聚合的方式在离子液体单体的基础上合成了一系列不需要负载的 DMAEMA 自聚合的聚合离子液体作为非均相催化剂[187]。在这些催化剂中，富含羟基的聚离子液体，表现出了最高的 PO 转化率(96%)和产物碳酸丙烯酯选择性(99.9%)，与离子液体单体相当。分子动力学计算和 XPS 分析证实，P(DMAEMA-EtOH)Br 与环氧化物结合的能力与其单体相当。动态光散射数据表明，降低聚合物颗粒的流体动力学半径有助于更大限度地暴露活性位点，从而导致高反应活性。

③限域离子液体催化剂

为更好地发挥均相反应与非均相分离的优势，科研人员提出了限域材料的新方法。限域被认为是一种可保持体相活性组分同时克服体相离子液体黏度大、成本高等问题的有效手段[188]。首先，多孔材料可通过限域封装离子液体使其非均相化并维持稳定。其次，限域空间提供了离子液体微环境，有利于维持本征高活性。再次，限域孔道内独特的微环境构筑有利于反应的协同催化，这种限域效应的存在有望实现准高催化活性的突破。Perman 等[189]将离子液体嵌入 MOF 材料，实现了离子液体均相催化收率高、MOF 材料非均相催化产物易分离，利用 1-甲基-3-(2-氨基乙基)咪唑溴化铵离子液体与 MIL-101-SO_3H 的简单一步反应合成了 IL@MIL-101-SO_3H。实验发现，90 ℃，1 atm CO_2，反应时间 24 h 时，环氧氯丙烷转化率可达 98%。Su 等[190]以介孔二氧化硅限域离子液体为研究对象，发现低浓度离子液体在限域实验中更易实现活性位点本征性质的保持，在 120 ℃、3 h 条件下，转化率可达 97%，得到相当于均相离子液体 1.7 倍的催化转化频率(112.6 h^{-1})。采用 DFT 计算和

NMR、IR 等表征技术，结合实验结果对限域空间的微环境效应进行研究。研究发现，限域空间中 Si—OH 可稳定离子位点，使催化剂同时具有稳定作用与协同作用。其中，Si—OH 和 Br^- 可通过亲核作用和氢键催化环氧化物开环（见图 2-26），说明介孔二氧化硅与离子液体的限域效应能有效地调控催化反应历程。

本小节主要从 CO_2 转化合成环状碳酸酯的催化剂出发，阐述了现有催化剂体系，均相催化剂包括从无机金属盐到离子液体体系，非均相催化剂主要介绍了负载离子液体、聚合离子液体、限域离子液体等。为保证催化剂的合理设计，催化剂的高活性及高稳定性是重要的性能指标。通常，为维持催化剂的高反应活性，活性位点的有效分散是必要的手段，如从金属氧化物到金属有机框架材料；同时载体及母体的稳定性是确保非均相催化剂稳定性的重要因素，譬如载体的选择，聚合离子液体的结构、阴阳离子设计，都兼具稳定性要求。近年来虽然催化剂的设计取得了较大的进展，但仍普遍存在活性位点及稳定性不能兼具、活性较均相催化剂低的问题。因而，此方面催化剂的开发依然具有重要意义。

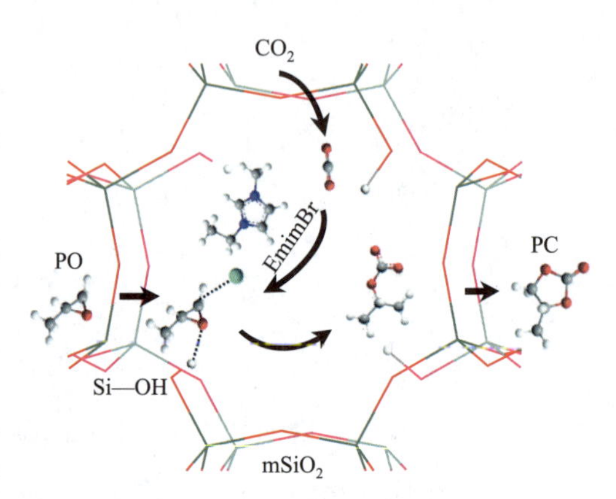

图 2-26 [Emim]Br@$mSiO_2$ 催化 CO_2 与 PO 羰基化机理[190]

2.2.1.2 CO_2 与醇类化合物合成环状碳酸酯

1. 催化剂研究现状

CO_2 和醇类化合物直接合成环状碳酸酯具有节能、安全、绿色等优点，近年来备受关注和研究。目前已报道的通过 CO_2 和醇类化合物直接合成环状碳酸酯的催化剂主要包括：碱性金属盐、金属氧化物、金属配合物、有机碱和离子液体等[191-196]。不同种类的催化剂在催化过程中与不同的反应底物作用，其反应机理有着较大区别。由于 CO_2 和醇类化合物直接合成环状碳酸酯是热力学受限反应，因此催化过程需要在高温高压下进行[197-199]。在反应体系中加入乙腈、氰基吡啶等溶剂作为去水剂或加入环氧丙烷等作为偶联剂，打破热力学限制，促进反应的发生，使 CO_2 温和条件的转化成为可能[200-202]。

(1)高温高压条件下催化剂研究进展

2004 年，Tomishige 等[193]首次研究了 CO_2 与乙二醇(ethylene glycol, EG)生成 EC 的反应，以铈基催化剂催化反应过程，研究表明催化活性物质是铈离子，催化活性在很大程度上取决于 CeO_2-ZrO_2 固溶体的组成和煅烧温度，得到较高的选择性，但产率仅为 2%。且得出反应过程受到反应平衡限制，为获得较高的产率，需除去反应体系中的 H_2O。

2013 年，Sun 等[194]报道以乙腈为除水剂，在 $La_2O_2CO_3$-ZnO 催化作用下，将 CO_2 和甘

油转化为碳酸甘油酯(GC)。结果表明,$La_2O_2CO_3$ 通过优化合成提高了催化剂表面碱性位,有利于 CO_2 的活化,碳酸酯的收率与中等碱位的数量有关。催化剂中锌原子向镧原子或氧原子的电子转移,有利于甘油的活化。在反应压力为 4.0 MPa,反应温度为 170 ℃,反应时间为 12 h 较为苛刻的条件下甘油转化率为 30.3%,GC 的收率为 14.3%。反应机理如图 2-27 所示,首先,Lewis 碱基(Zn^{2+})活化甘油分子,生成了丙三醇阴离子($C_3H_7O_3^-$),相邻羟基的氧原子攻击锌阳离子并形成甘油酸锌,同时生成水,可通过乙腈水解消除,促进反应的进行。然后 $La_2O_2CO_3$ 上中等碱含量较高的 CO_2 插入甘油酸锌中,锌的高价态有利于甘油的活化,进而证明氧化锌与 $La_2O_2CO_3$ 的协同作用是 La-Zn 催化剂具有高催化活性的原因。

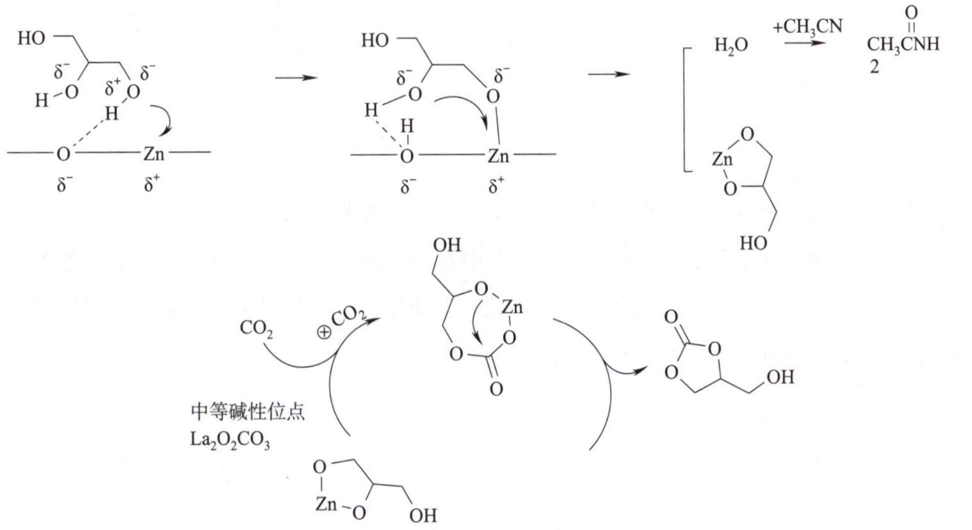

图 2-27　氧化锌对甘油的活化及催化机理[194]

(2)温和反应条件催化剂研究进展

2014 年,Tomishige 等[200]以 CO_2 和 1,2-丙二醇(PG)为原料,利用 2-氰基吡啶和 CeO_2 的羧化/水合串联催化直接合成碳酸丙烯酯,实现了该反应在 0.8 MPa 的低 CO_2 压力下有效转化,碳酸丙烯酯的收率高达 90%。同时,这也是首次从 CO_2 和二醇中获得高收率的环状碳酸酯。其反应机理如图 2-28 所示,二醇的一个羟基被吸附到 CeO_2 的 Lewis 酸位形成铈醇盐,然后将 CO_2 插入 Ce—O 键并生成碳酸化合物,二醇的另一羟基亲核攻击羰基碳,进而生成环状碳酸酯和水,最后 H_2O 在 CeO_2 上被 2-氰基吡啶水合作用去除。在该体系中,环状碳酸酯的高产率是由于二醇的羧基化和 2-氰基吡啶的水合反应的高活性。

然而,CeO_2 和 2-氰基吡啶组成的多相串联催化体系反应温度为 150 ℃,需加入昂贵的试剂(2-氰基吡啶),并且铈颗粒的大小对活性影响较大,并未实现 CO_2 温和条件转化。基于以上原因,2016 年,Dyson 等[203]使用卡宾催化剂,在温和条件下(90 ℃和 CO_2 的大气压)获得收率较高的环状碳酸酯。卡宾催化反应的主要机理如图 2-29 所示,N-杂环卡宾(NHC)具

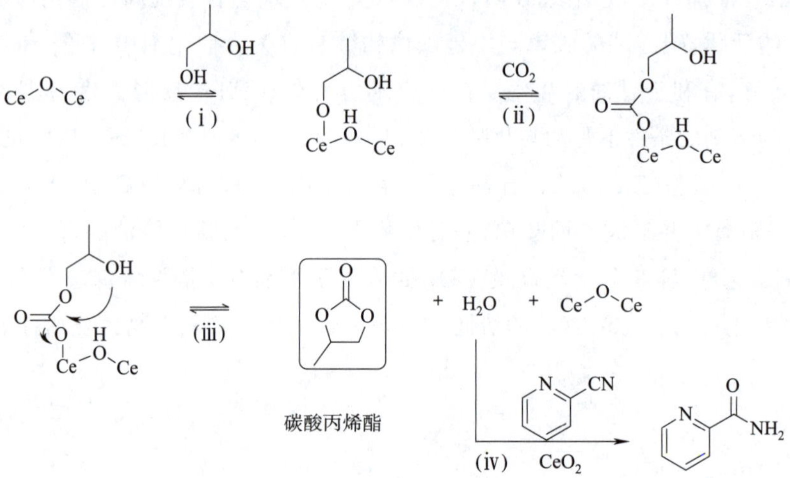

图 2-28　可能的反应机理[200]

有亲核能力，通过形成咪唑羧酸盐而激活 CO_2，二甲基甲酰胺(DMF)作为反应溶剂，活化 CO_2。碳酸铯激活 CO_2 和其他小分子在反应中将其用作碱，二溴甲烷能形成有效的离去基团，促进了反应在温和条件下的进行。但在反应中加入的物质较多，产品的分离提纯较为复杂，同时加入了碳酸铯金属盐协同催化。

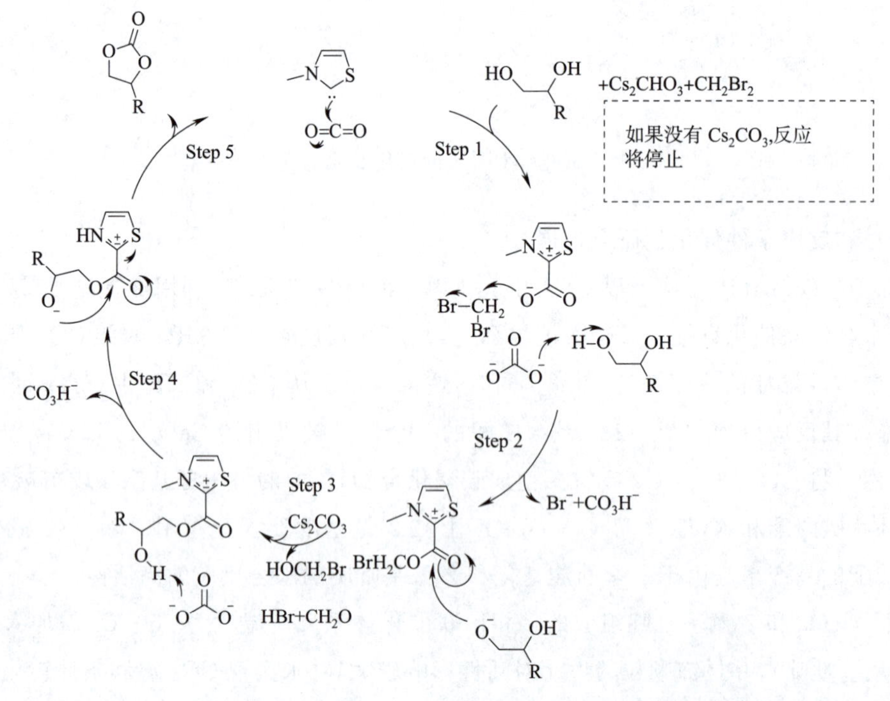

图 2-29　卡宾催化二元醇与 CO_2 反应生成环状碳酸酯的初步机理[203]

(3)反应过程研究

由于二醇与 CO_2 的反应较难进行，在研究催化剂性能的同时，研究者对反应过程也进行了研究，在保证催化剂具有良好催化活性的同时，体系中加入环氧丙烷、炔丙醇等打破平衡限制，促进环状碳酸酯的生成。2012 年，Ma[201] 以 PO 为偶联剂，同时使用具有催化活性的碱金属卤化物为催化剂，研究了 CO_2 和甘油转化为高附加值产品的反应。结果表明，以廉价的高碘盐 KI 为催化剂，可以有效地制备 GC、PG 和 PC(见图 2-30)。主要原因是甘油和 PG 不仅是反应物和产物，而且是促进偶联反应关键步骤的有效共催化剂，提出了甘油和 PG 可能的共催化机理。2017 年，何良年等[202] 以端炔丙醇、CO_2 和邻二醇为原料，采用银催化剂合成环状碳酸酯。该方法在不增加脱水步骤的情况下，为 CO_2 和二醇直接合成环状碳酸酯提供了一条热力学上有利的路线，产率高达 97%(见图 2-31)。

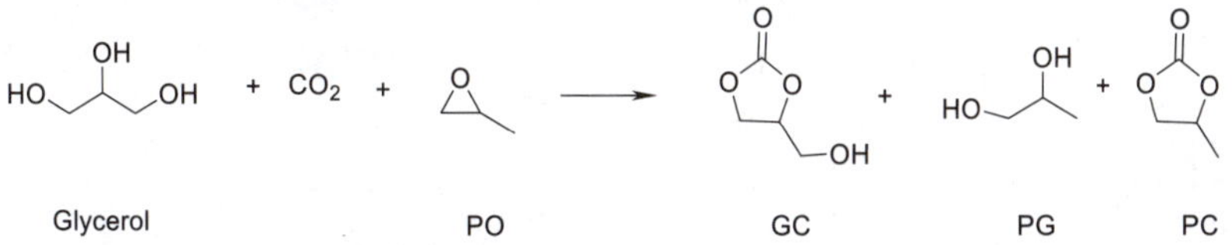

图 2-30　CO_2、甘油和环氧丙烷的偶联反应生成碳酸甘油酯[201]

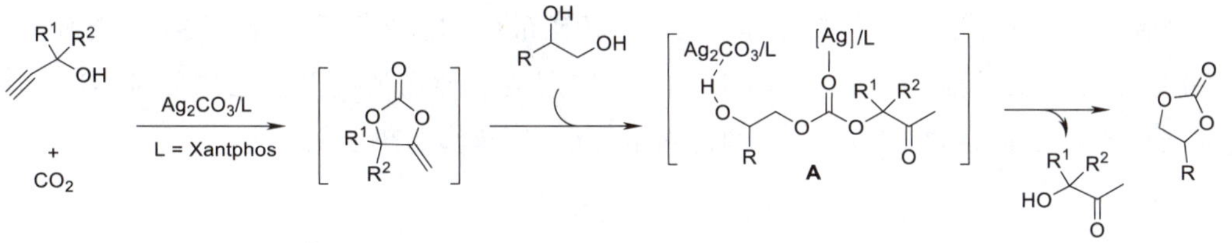

图 2-31　合成环状碳酸酯的反应历程[202]

2. 离子液体催化体系

虽然针对 CO_2 与二醇合成环状碳酸酯的反应开发了系列催化剂，并对反应过程进行了研究，致力于打破热力学平衡促进反应发生，但是，报道的催化剂均含有金属元素、结构较复杂、成本高，限制了其应用，而反应过程中加入其他的反应物耦合催化促进反应的进行，加大了产品分离难度[204-207]。

2010 年，孙娜等[208] 将离子液体引入 CO_2 与 PG 合成碳酸丙烯酯的反应体系中，合成了系列甲基咪唑为阳离子的离子液体，将其作为溶剂替代乙腈或作为催化剂用于 PG 与 CO_2 合成碳酸丙烯酯的反应中。得出酸性、中性、碱性的离子液体环境均能催化反应的进行，且随着酸度的增加，PG 转化率上升。中性条件下碳酸丙烯酯的收率达到 23.7%，选择性为 66.8%。但反应之后的液体呈现黑色黏稠沥青状，离子液体参与了反应，离子液体的回收以及净化成为难题。

2014 年，Jang 等[196] 在无金属催化剂的条件下，将二醇与 CO_2 直接反应，合成了环状碳酸酯。EG 和 CO_2 合成 EC 的条件优化见表 2-2，使用 1,8-二氮杂二环[5.4.0]十一碳-7-烯(DBU)有机碱无金属催化剂，在 70 ℃、1 MPa 反应条件下 EC 的最高收率为 74%。反应在溴甲烷(CH_2Br_2)溶液中引发，并且加入的离子液体[Bmim][PF_6]增加了 CO_2 在反应介质中的溶解度，DBU 使 EG 的羟基脱质子，使其更亲核，促进反应的进行。

表 2-2　EG 合成 EC 反应式及条件优化[196]

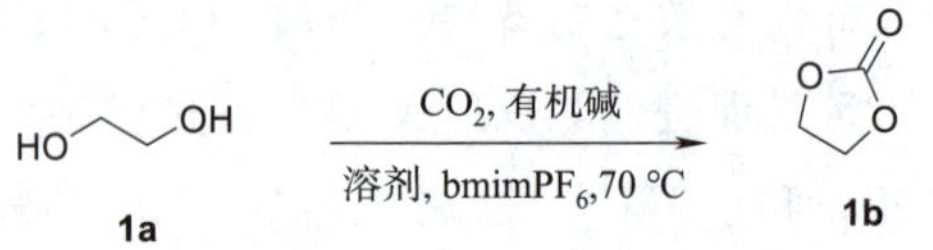

Entry	CO_2[bar]	有机碱(2 equiv.)	溶剂(0.5 mol/L)	Yield①[%]
1	5	DBU	CH_2Br_2	24②
2	5	DBU	CH_2Br_2	54
3	10	DBU	CH_2Br_2	74
4	10	DBN	CH_2Br_2	38
5	10	TBD	CH_2Br_2	11
6	10	DBU	CH_2Br_2	46③

①分离产物的收率；②无 bmimPF_6；③1a (1 mmol)。

作者通过 ^{18}O 标记实验和手性醇实验对环状碳酸酯的合成过程进行了探究，首先，醇攻击 DBU-CO_2 形成碳酸盐 I，然后与 CH_2Br_2 反应形成活性碳酸盐 Ⅱ。已知 DBU-CO_2 加合物与亲核试剂发生反应，$HOCH_2Br$ 的消除生成最终产物，如图 2-32 所示。

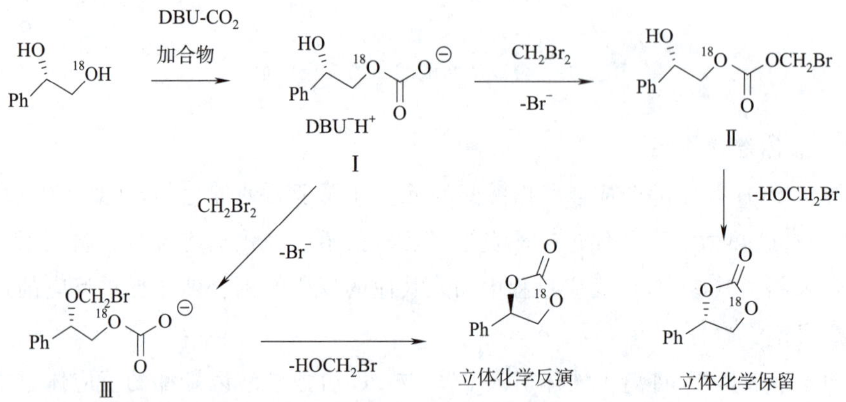

图 2-32　环状碳酸酯合成反应机理[196]

2016 年，中科院大连化物所高艳安等[209]证明碱性离子液体在催化 CO_2 和 PG 反应中表现出优异的催化活性，同时反应过程以乙腈作为溶剂，在反应温度为 150 ℃，反应压力为 1 MPa，反应时间为 24 h 时，碳酸丙烯酯的收率最高达到 67.2%，所使用的碱性离子液体结构如图 2-33 所示。

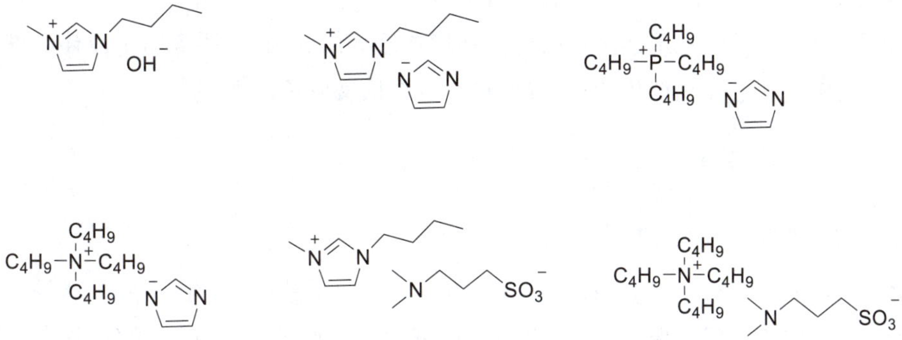

图 2-33 碱性离子液体结构示意图[209]

鉴于上述所使用的离子液体为均相催化剂，不易于分离回收。2019 年，成卫国等[210]开发设计了聚合离子液体结构框架(见图 2-34)，具有双活性组分，多活性位点，催化效率高，制备工艺简单，不易分解，易从液相中分离等诸多优点，具有较高的工业化应用价值。在反应条件为 120 ℃、2 MPa、12 h，加入 N-N 二甲基甲酰胺溶剂时，环状碳酸酯的收率为 69%。这为后续开发在温和条件下反应的高效离子液体催化剂提供了良好的研究思路。

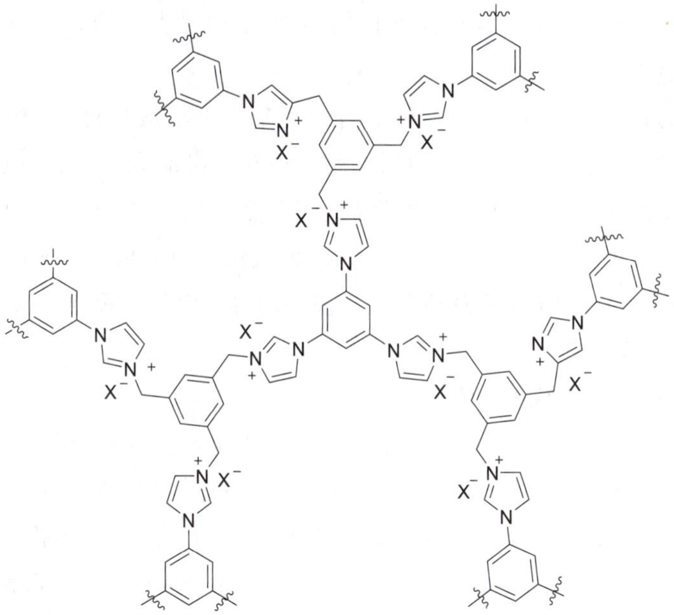

图 2-34 聚合离子液体结构框架[210]

综上所述，本小节主要介绍了 CO_2 与二醇反应合成环状碳酸酯催化剂的发展历程。由于传统金属盐、金属氧化物催化剂催化活性较低，反应需要高温高压的条件。通过金属与活性有机物 2-氰基吡啶复配，成功实现了 CO_2 与醇的低压反应。基于此进一步开发的 N-杂环卡宾和碱性离子液体催化剂，实现了温和条件下的 CO_2 与醇环酯化反应。其中，离子液体催化剂具有结构可设计、稳定性高、易分离、环境友好等优点，通过调节离子液体酸碱性和分子结构，从反应机理上优化催化活性，有望进一步降低反应条件[211,212]。

2.2.2 CO_2 合成 DMC/PC

2.2.2.1 CO_2 直接/间接合成 DMC

DMC 是重要的有机化工中间体，被誉为有机合成的新基石，具有低毒、无腐蚀性和可生物降解等优点，广泛应用在聚碳、动力电池电解液、涂料、医药等领域。DMC 具有较强的溶解能力，可作为油漆和胶黏剂中酮类化合物的绿色替代品，用于美容和个人护理、锂离子电池、医药产品等多个领域，尤其在锂离子电池领域，具有举足轻重的作用。作为光气的替代品，用于芳香族 PC 和异氰酸酯的合成，也可用作硫酸二甲酯或甲基碘的替代化合物，是一种重要的 PC 原料和甲基化剂[213-217]。此外，DMC 用作汽油添加剂，具有更高的含氧量（质量分数 53.3%），同时相较于其他燃料添加剂二甲醚（质量分数 35%）、甲醇（质量分数 50%）、甲基叔丁基醚（质量分数 17.6%）等，产生更少的 CO 排放量和总烃量。十几年来，我国 DMC 的生产和需求量呈现快速增长趋势，2008 年国内消费量 11 万 t，出口 4 万 t，2010 年消费量增长到 15 万 t，出口 6.5 万 t，2017 年国内 DMC 表观消费量约 35.1 万 t，已成为世界上最大的生产和消费国。

DMC 可以通过多种途径制备，包括光气法、亚硝酸甲酯羰基化、甲醇氧化羰基化、CO_2 直接/间接法。如前所述，光气法由于使用有腐蚀性和剧毒的光气，至 20 世纪 80 年代逐渐被淘汰。亚硝酸甲酯羰基化和甲醇氧化羰基化工艺会使用 NO 和 CO 等有毒有害的气体，不符合我国绿色经济的发展方向。而 CO_2 直接/间接法合成 DMC 是环境友好的绿色工艺，能够更充分地利用 CO_2，在缓解全球变暖和环境保护等方面具有重要意义。

1. CO_2 直接合成 DMC

（1）CO_2 和甲醇直接合成 DMC

CO_2 和甲醇直接合成 DMC 反应方程式如图 2-35 所示。研究者开发了多种催化剂，如锡、铜等有机/无机金属催化剂，有机碱，酸碱双功能催化剂，沸石-蒙脱石催化剂和负载型有机碱催化剂等。然而，由于该反应在标准状态下是非自发反应，以上催化体系通常在高温高压的极端条件下进行，催化剂易失活，稳定性差。并且由于 CO_2 的化学惰性，难以活化，导致反应转化率低。研究者针对 CO_2 合成 DMC 过程中的关键步骤，进行离子液体催化剂功能化设计，从而提高 DMC 产率、降低反应条件[218]。

$$2CH_3OH+2CO_2 \longrightarrow CH_3OCOOCH_3+H_2O$$

图 2-35　CO_2 和甲醇直接合成 DMC[218]

2004 年，蔡清海等[219]在温和条件下，以碳酸钾和 CH_3I 为助催化剂，采用[Emim]Br 催化 CO_2 和甲醇合成 DMC。他们发现在反应体系中加入离子液体能够提高 DMC 的选择性和产率。在不同的阳离子-阴离子组合下，DMC 产率均在 4.7%左右。这项研究为离子液体催化 CO_2 直接合成 DMC 奠定了基础，吸引了众多研究人员的关注。2013 年，蔡清海课题组合成了多种含羟基的碱性离子液体，既是催化剂，又可作反应溶剂。羟基功能化碱性离子液体是一类有效的催化剂，尤其是胆碱，能够在 3 MPa、140 ℃、6 h 反应条件下，合成 DMC，选择性高达 95%以上[220]。羟基官能化的碱性离子液体具有较强的 OH^- 碱性位点和羟基的酸性位点，可通过形成 CH_3O^- 和 CH_3^+ 来活化甲醇。CH_3O^- 先后与 CO_2 反应生成 CH_3OCOO^-，而后 CH_3^+ 与 CH_3OCOO^- 反应生成 DMC。由于强碱性反应介质的存在，形成 CH_3^+ 的步骤被认为是反应的决速步骤。其反应机理如图 2-36 所示。

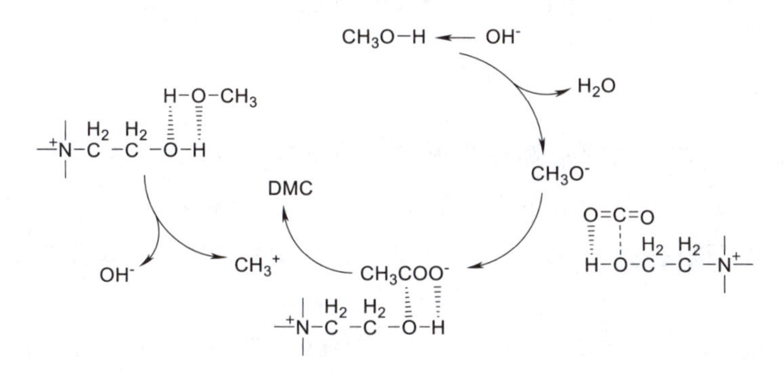

图 2-36　羟基官能化的碱性离子液体催化反应机理[219]

2007 年，何良年等[221]开发了可循环利用的 $BrBu_3PPEG_{6000}PBu_3Br$ 和 K_2CO_3/PEG_{6000} 二元催化剂体系，提高了催化性能和 DMC 收率。在可回收性测试中，采用^{31}P NMR 对催化剂进行了浸出检测，发现了 CO_2 的动力学惰性和热力学稳定性。2016 年，Avinash A. Chaugule 等在有机超强碱（即 DBU）存在下，以[EmimOH][NTf_2]作为催化剂和以 SmOCl 作为助催化剂，得到了 13.01%的甲醇转化率和 99.13%的 DMC 选择性[222]。这里 SmOCl、DBU 和离子液体的作用主要是甲醇和 CO_2 的活化。在上述工作的基础上，该课题组还研究了三阳离子液体（见图 2-37）与 DBU 一起作为催化剂催化 CO_2 直接合成 DMC 的反应，甲醇转化率提高到了 37%，DMC 的选择性达到 93%[223]。

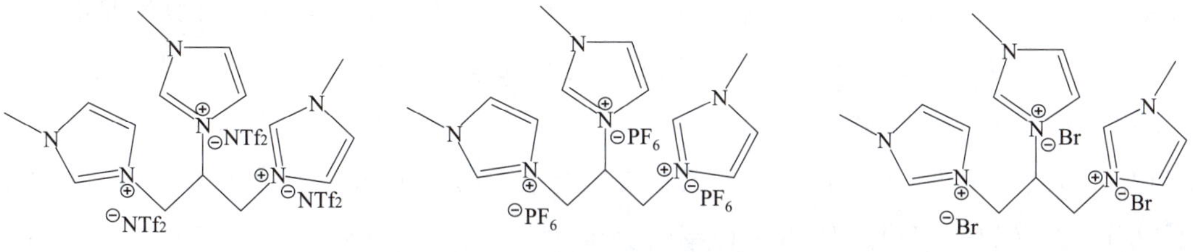

图 2-37　三阳离子液体结构式[223]

离子液体在该反应中，不仅能催化反应的进行，而且还具有脱水性，起到使反应正向进行的作用。Valerie Eta 等研究了在 ZrO_2-MgO 催化剂的作用下加入醇氧基离子液体进行 DMC 合成反应，在 120 ℃、8 MPa CO_2 压力的条件下，甲醇的转化率达到了 12%，DMC 选择性约为 90%[224]。研究表明，甲氧基离子液体能有效去除反应介质中的水分，使反应平衡向右移动，促进 DMC 的形成，而且甲氧基离子液体也可以减少副产物生成的机会。

(2)CO_2、甲醇和环氧化物一步合成 DMC

CO_2 直接合成 DMC 的方法还有 CO_2、环氧化物和甲醇一步法合成 DMC。该方法相较于两步法制备 DMC，简化了工艺流程，降低了设备耗费，有更广阔的发展前景。方程式如图 2-38 所示。

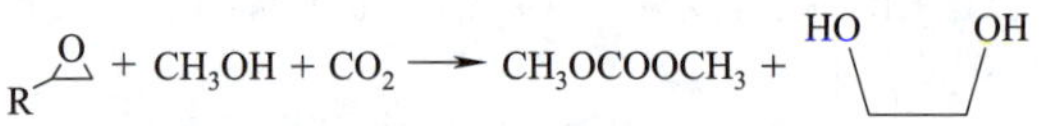

$$\text{R-epoxide} + CH_3OH + CO_2 \longrightarrow CH_3OCOOCH_3 + \text{HO-CH}_2\text{CH}_2\text{-OH}$$

图 2-38　CO_2、甲醇和环氧化合物直接合成 DMC[225]

2011 年，Yan 等以甲醇、CO_2 和环氧丙烷为铂电极，在离子液体中进行了电化学合成 DMC[225]。采用 CO_2 鼓泡的[Bmim]Br-甲醇-环氧丙烷体系可有效合成 DMC，收率高达 75.5%，同时提出了该反应可能的机理(见图 2-39)，与文献报道的机理有很大不同。

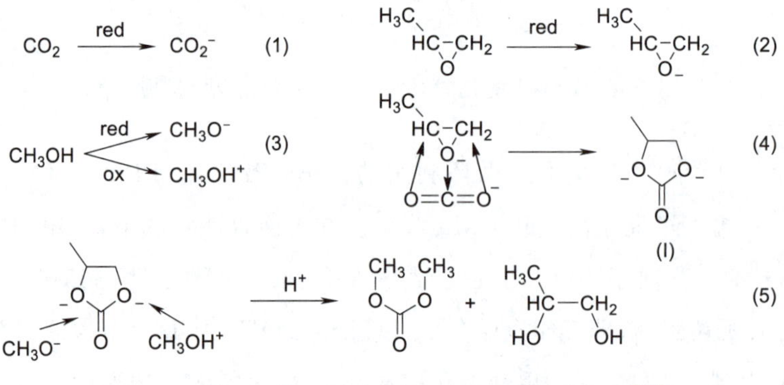

$$CO_2 \xrightarrow{red} CO_2^- \quad (1)$$

$$CH_3OH \xrightarrow{red} CH_3O^- ;\quad CH_3OH \xrightarrow{ox} CH_3OH^+ \quad (3)$$

图 2-39　[Bmim]Br-甲醇-环氧丙烷体系反应机理[225]

2011 年，Li 等合成了系列具有叔胺基和季铵盐基团的新型离子液体，并研究了这些双功能催化剂在 EO、CO_2 和甲醇一步合成 DMC 中的催化性能[226]。在优化的反应条件下，以[$N_{114,6N11}$]I 为催化剂，得到了 EO 转化率 99%、DMC 选择性最高达 74%的最佳催化性能。2012 年，Yang 等开发了系列聚乙二醇(PEG)功能化的碱性离子液体，用于在温和条件下将 CO_2 转化为 DMC[227]。其中，$BrTBDPEG_{150}TBDBr$ 离子液体还可以有效地将甲醇与 EC 转化为 DMC，这要归功于离子液体中仲氮和叔氮对甲醇的活化，很容易形成 CH_3O^-，从而实现了所谓的一锅法，即通过使用一种单组分催化剂，无须分离环状碳酸酯可从 CO_2 转化为 DMC。

2. CO_2 间接合成 DMC

CO_2 间接合成 DMC 的方法主要是酯交换法，以 CO_2、环氧化物（EO、PO）和甲醇为原料，经碳酸乙烯酯/碳酸丙烯酯两步制备 DMC，同时联产二醇，反应方程式如图 2-40 所示。

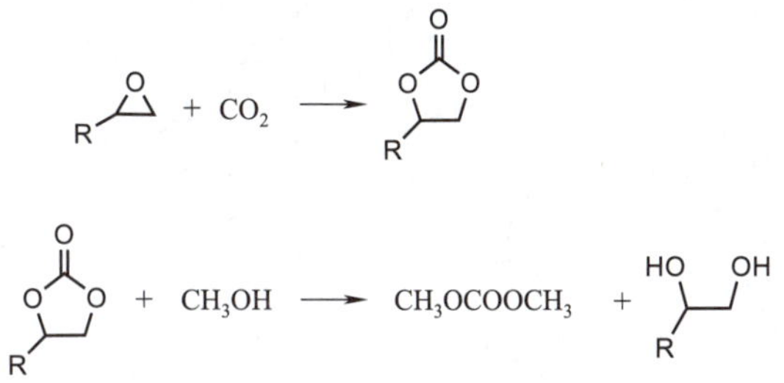

图 2-40　CO_2 酯交换法间接合成 DMC

该方法的两步反应都属于原子利用率 100％的反应，因此，国内外对酯交换法做了大量的研究工作，其已成为目前 DMC 工业生产的主要方法。

美国 Texaco 化学公司利用酯交换法成功开发了由 EO、CO_2 和甲醇生产 DMC 和 EG 的醇解工艺。该工艺的主要过程分两步进行。第一步是 CO_2 和 EO 在 KI 催化作用下合成 EC，第二步是 EC 和甲醇在离子交换树脂的催化下反应生成 DMC 和 EG。该技术 EO 转化率高达 99％，EC 和 EG 的选择性在 99％以上，DMC 的选择性也达到了 97％。虽然 Texaco 工艺产品的选择性达到了很高的水平，但是仍存在以下缺点：第一步反应使用均相催化剂，须分离高沸点的 EC；第二步反应催化剂活性差，EC 单程转化率低，醇解后须进一步分离其中的杂质。该工艺的第一步已在前一节中进行了详细叙述，本部分重点阐述第二步的醇解反应。离子液体因其优秀的性能，被广泛应用于醇解反应中，本节主要从离子液体作催化剂和离子液体分离共沸产物两个方面进行叙述。

（1）离子液体催化酯交换反应

近年来，离子液体作为酯交换反应的催化剂，因其具有热稳定性好、易于回收利用和环保等独特性能而受到广泛关注。2006 年，Hye-Young Ju 等采用离子液体催化剂，研究了在无溶剂条件下由甲醇和 EC 合成 DMC 的方法[228]。研究表明，对 1-烷基-3-甲基咪唑鎓类离子液体，具有较短烷基链和具有较多亲核阴离子的离子液体表现出较高的活性。2008 年，Dharman 等开发了一种高能效的路线，通过微波加热，以离子液体为催化剂，将 EC 与甲醇进行酯交换反应，并以高收率和优异的选择性制备了 DMC[229]。2010 年，Yang 等制备了 DABCO 衍生的（1，4-重氮-双环[2. 2. 2]辛烷）碱性离子液体，用于 EC 与甲醇的酯交换反应高效合成 DMC。催化剂[C_4DABCO][OH]具有较高的催化活性，DMC 收率为 81％，EC 转化率为 90％，并对其可能的机理进行了探讨（见图 2-41）[230]。

2011 年，Kim 等发现二氧化硅负载的离子液体 QCl-MS41 是 EC 与甲醇酯交换合成 DMC 的有效多相催化剂。这些催化剂可以在连续三次反应中重复使用，其催化活性略有降

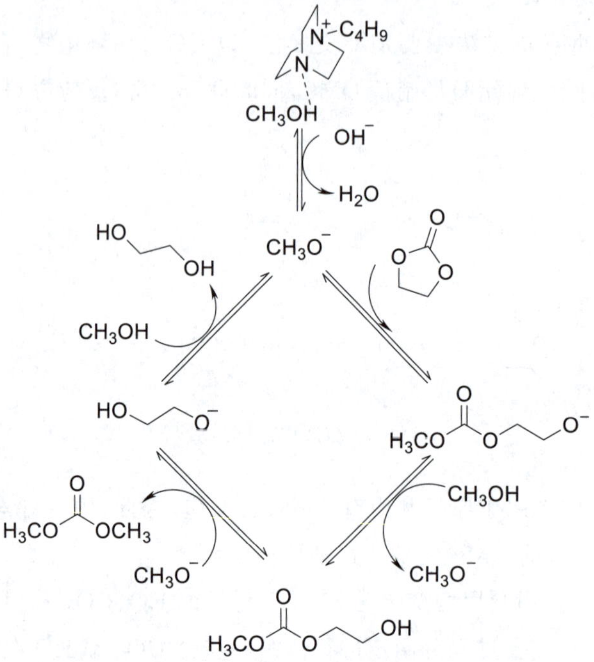

图 2-41 [C_4DABCO][OH]催化剂的反应机理[230]

低[231]。2012 年,Wang 等研究了一系列离子液体的阳离子和阴离子对 EC 与甲醇酯交换反应合成 DMC 的催化活性的影响,结果表明羧基功能化咪唑盐离子液体(DMIC)(见图 2-42)的活性最好,在无金属和无卤素条件下获得了 82%的 DMC 收率和 99%的选择性[232]。

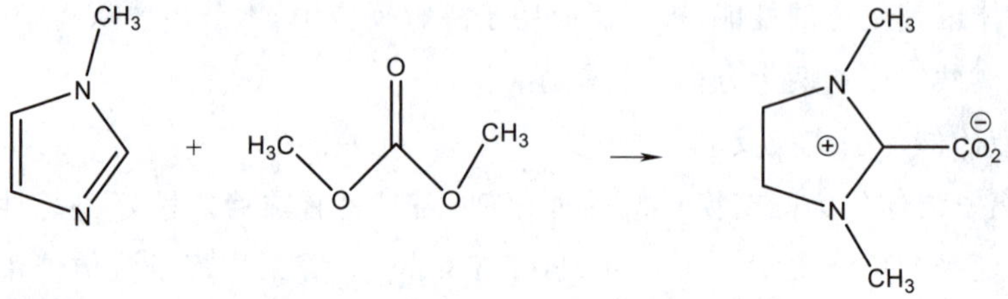

图 2-42 DMIC 催化剂的合成[232]

(2)离子液体分离 DMC-甲醇共沸物

DMC 在其生产过程中面临着与甲醇形成共沸物、分离能耗高、操作复杂的技术难题,极大地制约了其工业化经济效益。目前,已经有多种方法用来分离甲醇-DMC 共沸物,包括萃取精馏法、变压精馏法和膜分离法。高温下 DMC 可热分解[233]限制了变压精馏工艺的压力条件;而结晶分离法,操作复杂且能耗较高,只适合精细化工品的少批量生产。研究者对萃取精馏法开展了研究,常用于甲醇-DMC 共沸物分离的萃取剂包括氯苯、甲基乙二醇乙酸酯、糠醛、草酸二甲酯、苯酚、苯胺、2-乙氧基乙醇和 4-甲基-2-戊酮等,但均存在着萃取剂分离循环困难且效果不明显的缺点[234]，亟须设计或发掘新型高效萃取剂。由于离子液体具有结构可设计、蒸汽压低、分离回收简便等优良性质，可通过空间结构调配以及官能团功能化设计，实现其与共沸物各分子间的选择性键合及分离，因而在分离共沸物方面具有广阔的应用前景。

近年来，国内外学者已经研究了多种离子液体对甲醇-DMC 共沸组分间的二元或三元相平衡的影响。Li 等[235]研究了五种咪唑类离子液体对于该共沸体系的分离效果，这五种离子液体的分离性能的顺序为：[Bmim][OTf]>[Mmim][DMP]>[Emim][DEP]>[Bmim][DBP]>[Omim][BF_4]。Blahut 等[236]通过实验证明了 1-乙基-3-甲基咪唑四氰合硼酸盐([Emim][TCB])也是一种非常高效的萃取剂，其摩尔分数仅 0.08 就可以打破共沸。同时，Kim 等[237]通过实验测定了两种全氟咪唑类离子液体对甲醇-DMC 共沸物质间的无限稀释活度系数，结果显示[MO-Empyr][FAP]和[HO-Emim][FAP]均可以显著增强溶液中甲醇的无限稀释活度系数，表明这两种离子液体对甲醇-DMC 共沸体系分离极具潜力。2018 年，陈嵩嵩等筛选了三种咪唑类离子液体[Bmim][Tf_2N]、[Emim][Tf_2N]和[Emim][PF_6]，作为萃取剂对甲醇-DMC 体系进行分离[238]。结果表明，在三种离子液体中，分离性能最强的是 [Bmim][Tf_2N]，其摩尔分数达到 0.05 时即可消除体系共沸点，并提出了其分离作用机理(见图 2-43)。

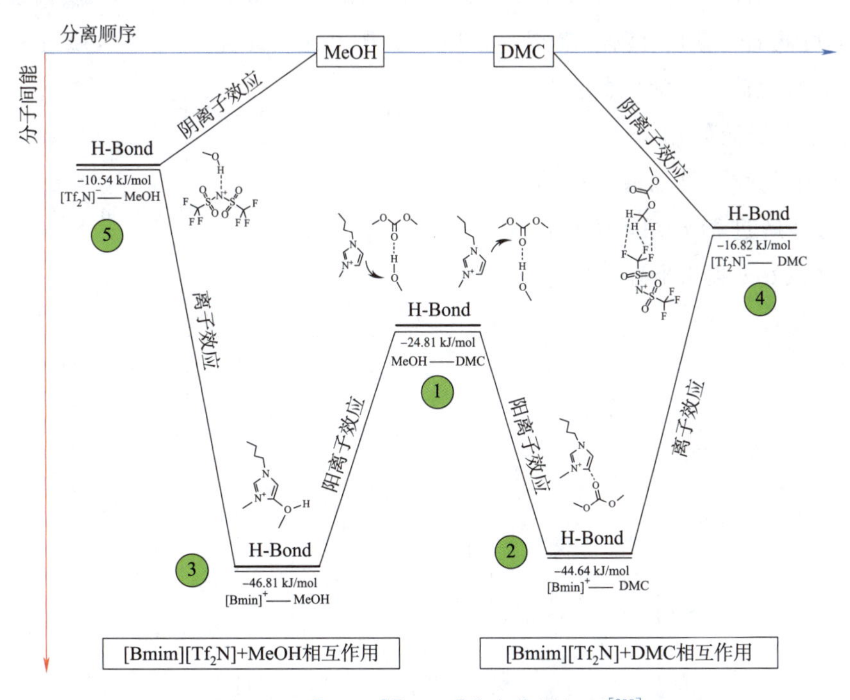

图 2-43　[Bmim][Tf_2N]分离作用机理[238]

DMC 作为重要的 CO_2 下游产品，应用广泛，被广大科研工作者所关注。利用 CO_2 生产 DMC 主要有两种方法，一种是 CO_2 直接和甲醇反应生成 DMC，工艺简单，但是其产率不高，工艺不成熟。为解决这个问题，需要开发高效的催化剂。另一种方法是CO_2先和EO反应制备EC，EC进一步和甲醇反应生成DMC。此方法工艺成熟，转化率高。离子液体被广泛应用于DMC生产工艺中，可作为催化剂、助催化剂、溶剂来促进反应，也可作为萃取剂用于共沸体系的分离，为CO_2转化合成DMC工艺的发展及工业化做出贡献。

2.2.2.2 CO_2直接/间接合成PC

PC是五大通用工程塑料之一，其重复单元结构中含有碳酸酯链节（见图2-44），依据其重复单元结构特点可以分类为脂肪族PC、脂环族PC、芳香族PC和脂肪-芳香族PC等多种类型[239]。其中，芳香族PC性能最为优异，且用途最广，是以石油基单体为原料合成，可用于汽车配件、航空航天、电子电气、医疗器械、光学元件等各种领域。它所在的高分子产业属于石油化工的新兴产业，也是国防工程、航天、电子工程、新能源等多个领域的新兴产业必不可少的配套组成。我国的PC需求量逐年上升（见图2-45）[240-242]，截至2019年，国内PC表观消费量已达到218万t/a，但是缺乏自主核心技术，高度依赖进口，而且传统路线是从石油出发。因此，PC产业也是我国石油化工产业转型升级的重要方向之一，它的可持续发展是我国一个重要的战略要求。以CO_2和基于CO_2衍生的化合物为原料合成PC不仅能够减缓温室效应，而且能够缓解石油资源的枯竭。但以CO_2或基于CO_2衍生的化合物合成PC普遍存在催化剂活性差导致PC分子量不高的特点，而作为有潜力的绿色介质离子液体具有结构和性能可调的优点，在催化、溶剂等方面已表现出巨大的优势[243, 244]，通过离子液体结构的调控，有潜力获得高活性的催化剂，以下针对离子液体用于CO_2或基于CO_2衍生的化合物合成PC的反应的研究进展进行介绍，为今后PC工艺的绿色发展提供指导。

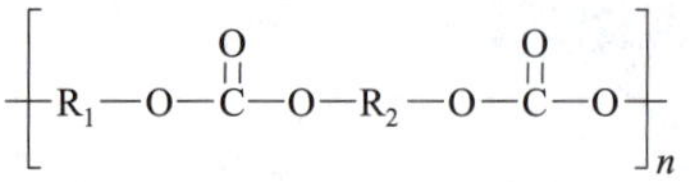

$$\left[R_1-O-\overset{O}{\overset{\|}{C}}-O-R_2-O-\overset{O}{\overset{\|}{C}}-O \right]_n$$

注：R_1基和R_2基可以相同

图2-44　碳酸酯链重复单元

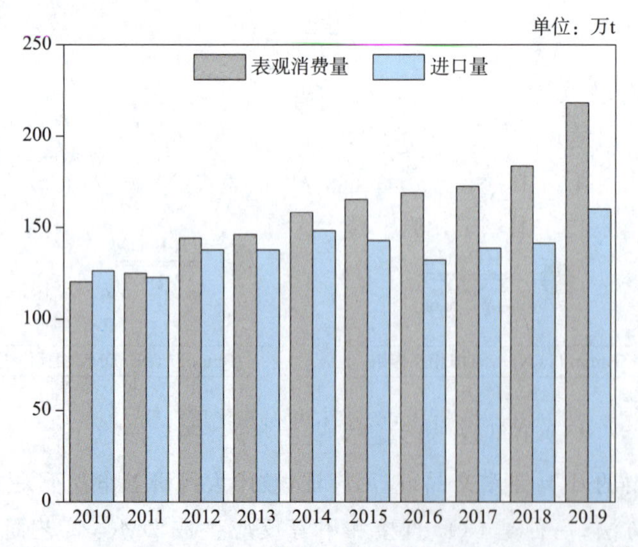

图2-45　国内2010—2019年PC的表观消费量及进口量[240, 241]

1. CO_2 直接合成 PC

为了缓解温室效应，Inoue 等[245]于 1969 年采用二乙基锌-多活泼氢质子为催化体系首次成功实现 CO_2 与环氧化物共聚合成 PC(见图 2-46)，该催化体系具有一定的活性，但是它的可循环使用性差，产物选择性差，获得的 PC 分子量分布较宽。该法合成 PC 具有 100%的原子利用率的优点，符合绿色可持续发展的要求。因此，CO_2 与环氧化物共聚合成 PC 的研究受到越来越多研究者的关注。

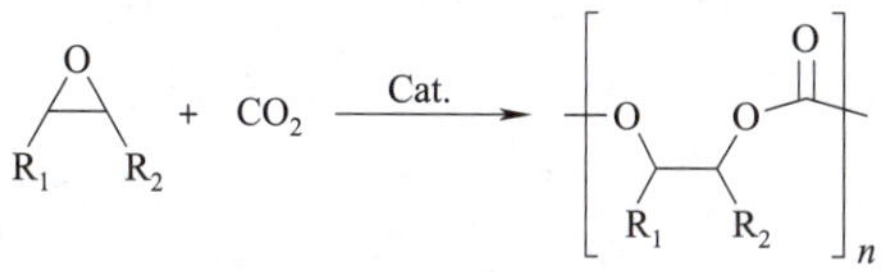

图 2-46 环氧化物与 CO_2 共聚合成 PC[245]

为了提高 CO_2 和环氧化物合成 PC 反应的催化剂活性，2007 年 Li 等[246]首次将咪唑鎓盐(其中大多数为室温离子液体)作为结构可调的高效助催化剂引入(salen)$Cr^{Ⅲ}$Cl 金属络合物催化剂体系中，用于 CO_2 与氧化环己烯共聚合成 PC 的研究(见图 2-47 和图 2-48)。考察了咪唑鎓盐阳离子烷基链长和阴离子的结构对共聚反应的影响，当引入[C_{12}mim]Br 时活性最高，TOF 达到 242.5 h^{-1}，碳酸酯键含量>99%。通过实验分析发现该反应受到阴离子性质的影响更为明显。当阳离子固定为[Bmim]，阴离子为$[BF_4]^-$、$[PF_6]^-$、Cl^-、Br^-时，TOF 值和碳酸酯键含量分别为 91.2、94%；54.7、53%；130.1、95%；108.8、96%。当固定阴离子为 Br^-，咪唑阳离子的侧链越长，则在共聚反应中显示更好的催化活性和选择性。咪唑鎓盐的结构可修饰性与相应的结果之间的这种明显的规律性，为今后设计新型的功能化离子液体作为更加高效的助催化剂用于 CO_2 与环氧化物共聚提供了指导意义。

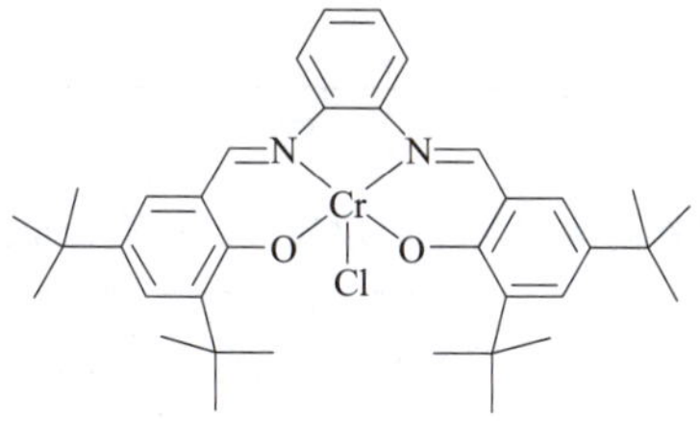

图 2-47 金属络合物催化剂(Salen)$Cr^{Ⅲ}$Cl 结构[246]

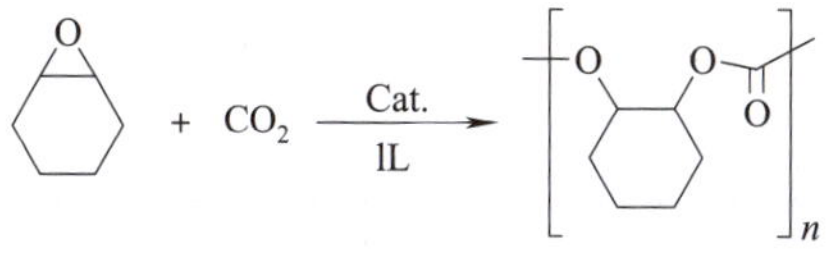

图 2-48 氧化环己烯与 CO_2 共聚合成 PC[246]

随后，为了进一步提高对该反应的催化活性，该课题组对离子液体作为助催化剂继续深入研究，探讨了离子液体助催化剂的结构与催化性能之间的关系[247]，在$[N_{11112}][CF_3COO]$助催化剂的作用下，共聚反应的TOF提高到了245 h^{-1}。首先固定十二烷基三甲基季铵为阳离子，考察了简单阴离子对氧化环己烯与CO_2共聚合成PC反应的影响(见表2-3)。从表中结果可以看出，阴离子为Br^-时，反应活性最高(163 h^{-1})，碳酸酯链节含量达到了99%，数均分子量M_n为5 761。这是因为在这几种阴离子中，随着阴离子亲核性增强，催化活性逐渐提高，Br^-表现出最强的亲核性，因此催化活性最高。阴离子亲核性增加能够有效阻止环氧化物自身聚合形成聚醚的机会。为此，又进一步对强亲核性的含乙酸根的阴离子进行取代基的修饰，并考察了对聚合反应的影响(见表2-4)。研究发现阴离子取代基的改变对催化活性具有非常显著的影响。当取代基为吸电子基团时，明显提高了反应的活性，而为供电子基团时，共聚反应活性降低。此外，阴离子取代基的吸电子基团数目和吸电子能力增加也会导致催化活性明显提高。例如，$[N_{11112}][CH_3COO]$作为助催化剂时，共聚反应的TOF为137 h^{-1}，当阴离子$[CH_3COO]^-$甲基的氢被吸电子基氯原子取代后($[N_{11112}][CHCl_2COO]$)，该聚合反应的TOF提高到147 h^{-1}。当增加氯原子数目时($[N_{11112}][CCl_3COO]$)，该聚合反应的TOF提高到160 h^{-1}。当利用电负性更强的氟原子取代时($[N_{11112}][CF_3COO]$)，共聚反应的TOF提高到245 h^{-1}，这些规律为设计更加高效的离子液体助催化剂提供了指导方向。

表2-3 十二烷基三甲基季铵盐阴离子结构对聚合反应的影响[247]

编号	助催化剂	TOF/h^{-1}	碳酸酯链节含量/%	M_n	M_w/M_n
1	无	20	67	NA	NA
2	$[N_{11112}]Br$	163	99	5 761	1.07
3	$[N_{11112}][OTs]$	123	96	5 106	1.04
4	$[N_{11112}][BF_4]$	103	93	4 319	1.09
5	$[N_{11112}][PF_6]$	70	59	1 545	1.14

[氧化环己烯]:[催化剂]:[助催化剂]=2 000:1:2.25;反应条件:80 ℃,4.5 MPa CO_2,8 h。

表2-4 醋酸根阴离子为不同取代基时对聚合反应的影响[247]

编号	助催化剂	TOF/h^{-1}	碳酸酯含量/%	M_n	M_w/M_n
1	$[N_{11112}][CH_3COO]$	137	95	3 819	1.14
2	$[N_{11112}][CF_3COO]$	245	>99	9 995	1.07
3	$[N_{11112}][CCl_3COO]$	160	95	4 993	1.12
4	$[N_{11112}][CHCl_2COO]$	147	91	5 174	1.14
5	$[N_{11112}][CH_3CH_2COO]$	119	91	3 600	1.17

[氧化环己烯]:[催化剂]:[助催化剂]=2 000:1:2.25,反应条件:80 ℃,4.5 MPa CO_2,8 h。

为了解决催化剂合成条件苛刻、活性低、热稳定性差等问题，Zhu等[248]利用机械球磨法制得系列稳定的锌铁双金属氰化物双金属氰化物的Zn-Fe DMC二元催化剂用于CO_2与环氧丙烷共聚，研究发现通过引入少量咪唑基离子液体后，能够使得碳酸酯链节含量提高18.48%～29.00%，TON 高于纯锌铁双金属氰化物二元催化剂。例如，当加入[Bmim][BF_4]后制得的 DMC-BF_4 催化剂时，碳酸酯链节含量达到 53.85%，而纯锌铁双金属氰化物催化剂碳酸酯链节含量只有 29.89%。并且提出了一个金属催化剂与离子液体协同活化催化的反应机理(见图 2-49)。还有专利报道[249]，利用离子液体支载的 SalenCrCl 为催化剂及利用 N-烷基咪唑为助催化剂催化环氧化物与 CO_2 共聚，分子量可达到 30 000 以上，分子量分布较窄(1.05～1.15)，催化活性 TOF 可保持在 1 000 以上。离子液体在 CO_2 与环氧化物共聚合成方面已表现出巨大的潜力，利用离子液体的结构可调节性合成功能化的离子液体辅助 CO_2 与环氧直接共聚合成性能优异多用途的 PC 在未来一定能够实现。

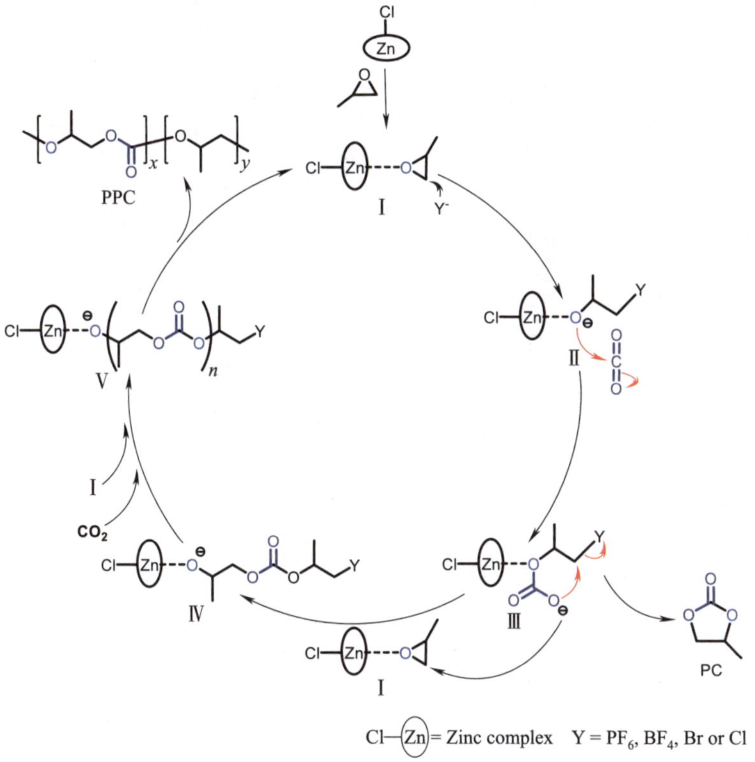
Cl
Zn
PPC
Cl—Zn---O
I
Y⁻
II
V
n
x
y
I
CO₂
IV
III
PC
Cl—(Zn) = Zinc complex　Y = PF₆, BF₄, Br or Cl

图 2-49　二元催化剂锌铁双金属氰化物 Zn-Fe DMC 催化氧化环己烯与 CO_2 交替共聚的反应机理[248]

2. CO_2 间接合成 PC

CO_2 的化学活泼性差，直接由 CO_2 与环氧化物合成高分子量的 PC 较难。为此将 CO_2 转化为反应性更好的化合物用于合成 PC 也是研究人员的关注热点。

(1)碳酸二苯酯法合成 PC

CO_2 基化合物 DMC 与苯酚直接合成碳酸二苯酯(DPC)已实现工业化，如意大利的 Enichem 公司于 1993 年建成 0.45 万 t/a 的工业化装置，GE 公司的 2.5 万 t/a 的装置也实现投产[250]。2002年,Asahi Kasei公司开发的第一套非光气法PC生产工艺,经过以下步骤:CO_2和EO合成EC,EC与甲醇反应生成DMC,DMC与苯酚反应生成DPC,再由DPC与双酚A反应生成PC,并且中间产品可以循环使用,是较为革新的绿色工艺[251]。

考虑到传统金属催化剂易影响产品质量,分子量分布宽,孙玮等利用离子液体结构的可设计性,开发了一类质子型离子液体催化剂能够高效催化DPC和双酚A熔融酯交换法合成PC(见图2-50和图2-51)[252]。考察了羧基阴离子为不同取代基对PC分子量的影响,通过实验分析发现,其中[DBU][OAc]催化活性最高,可获得M_w为32 900 g/mol、分子量分布PDI为2.17的PC。分子量随着阴离子结构的不同发生明显的变化(见表2-5),通过测量这些碱性离子液体的pH发现,离子液体催化剂的碱性并不和催化活性正相关,这说明离子液体催化该聚合反应,碱性对催化活性的影响并不是唯一的因素(见表2-6)。

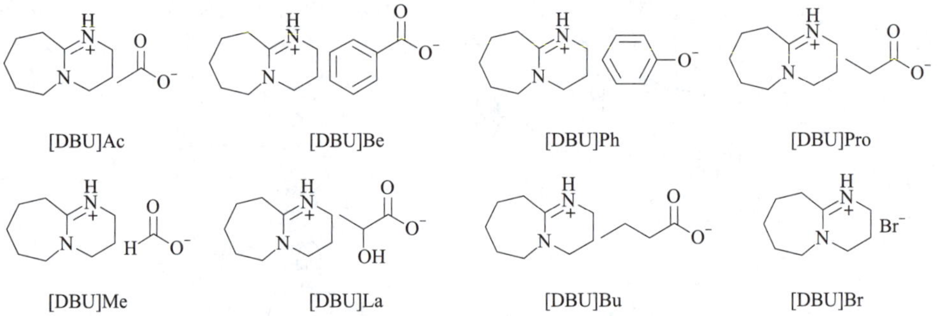

[DBU]Ac　[DBU]Be　[DBU]Ph　[DBU]Pro

[DBU]Me　[DBU]La　[DBU]Bu　[DBU]Br

图2-50　质子型离子液体催化剂结构[252]

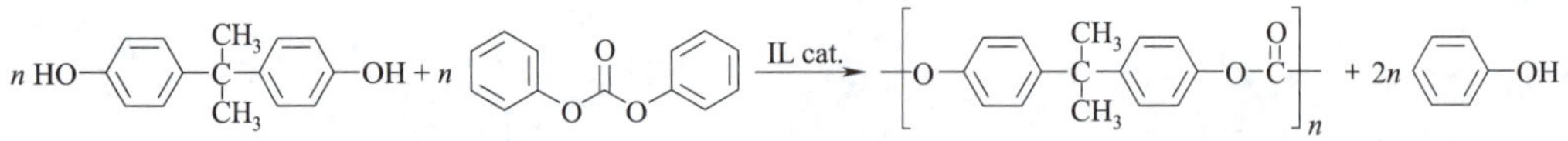

$$n\,HO-C_6H_4-C(CH_3)_2-C_6H_4-OH + n\,C_6H_5O-C(=O)-OC_6H_5 \xrightarrow{\text{IL cat.}} \left[-O-C_6H_4-C(CH_3)_2-C_6H_4-O-C(=O)-\right]_n + 2n\,C_6H_5OH$$

图2-51　离子液体催化DPC与双酚A熔融酯交换合成PC[252]

表2-5　质子型离子液体催化剂阴离子结构对聚合反应的影响[252]

样品	催化剂	转化率/%	M_w/(g/mol)	M_w/M_n
PC-1	DBU	97	21 800	2.14
PC-2	[DBU]Ac	97	32 900	2.17
PC-3	[DBU]Be	98	24 300	2.23
PC-4	[DBU]La	96	26 700	2.18
PC-5	[DBU]Ph	97	24 200	2.12
PC-6	[DBU]Me	98	28 200	1.99
PC-7	[DBU]Br	—	—	—
PC-8	[DBU]Pro	97	20 500	2.02
PC-9	[DBU]Bu	94	19 000	1.97

反应条件:BPA(0.030 mol),DPC(0.031 5 mol),催化剂(1.50×10^{-5} mol)。

表 2-6　质子型离子液体催化剂 pH[252]

催化剂	pH	催化剂	pH
[DBU]Br	6.09	[DBU]Pro	10.26
[DBU]Be	8.61	[DBU]Bu	10.37
[DBU]Me	9.24	[DBU]Ph	10.46
[DBU]La	9.72	DBU	12.38
[DBU]Ac	10.12	—	—

pH 是在 25 ℃，催化剂浓度为 0.1 mol/L 的条件下用 pH 计测定。

考虑到双酚 A 是一种毒性的石化产品，也是一种内分泌干扰物，会引发婴儿性早熟[253]。为此，Zhang 等[254]开发了一系列季铵盐离子液体催化生物质基单体异山梨醇替代双酚 A 与 DPC 进行熔融酯交换合成 PC（见图 2-52 和图 2-53）。研究离子液体阴离子与催化活性之间的相互作用关系，发现四乙基铵咪唑盐（TEAI）具有最高的催化活性，并且催化活性不随碱性的增加而增加。经条件优化实验可获得 M_w 为 25 600 g/mol 的异山梨醇型 PC 均聚物，异山梨醇的转化率达到 92%。为了改善该均聚高分子的柔韧性引入了含柔性链脂肪族/脂环族二醇，发现该系列催化剂对共聚聚合也表现出较好的催化活性，共聚 PC 的 M_w 可提高到 29 000～112 000 g/mol（见表 2-7）。

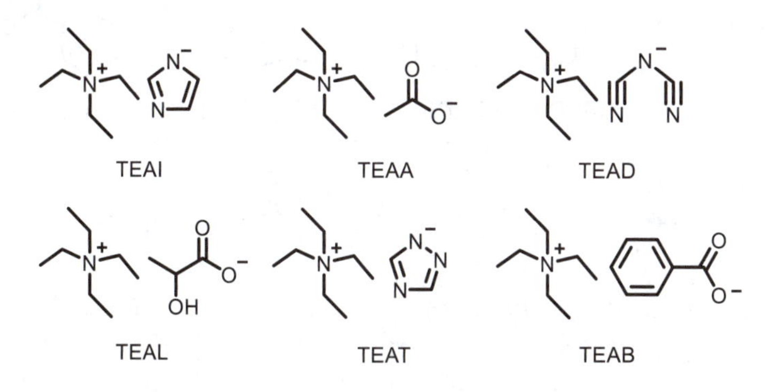

图 2-52　季铵盐离子液体催化剂结构[254]

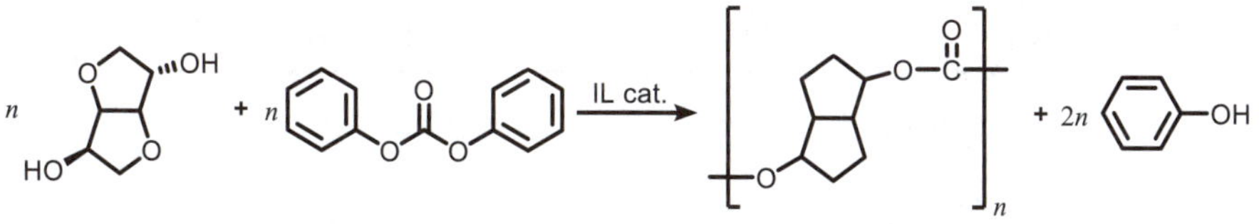

图 2-53　离子液体催化 DPC 与异山梨醇熔融酯交换合成 PC[254]

表 2-7 异山梨醇与脂肪族/脂环族二醇共聚[254]

二元醇	转化率/%	M_w/(g/mol)	M_w/M_n
1,6-己二醇	82	43 700	2.60
1,3-丙二醇	88	40 400	2.32
1,4-丁二醇	87	70 500	3.07
1,4-环己烷二醇	83	95 300	2.87
二乙二醇	89	112 000	3.17
1,5-戊二醇	75	29 000	3.47

为了进一步提高异山梨醇型 PC 的分子量，2018 年，Zhang 等[255]又开发了一类咪唑型高效离子液体催化剂用于异山梨醇与碳酸二苯酯的共聚。利用离子液体阴离子的结构可调的特性，筛选出最佳的阴离子乳酸根（见图 2-54）。在[Bmim][$CH_3CHOHCOO$]存在的条件下，异山梨醇型聚碳酸酯（PIC）的数均分子量（M_n）可达到 61 700 g/mol，玻璃化转变温度可达到 174 ℃。根据实验结果和核磁分析，提出了一种反应机理，即通过离子液体催化剂与底物的氢键作用以及静电作用的阴阳离子亲核亲电双活化作用促进反应的进行（见图 2-55）。这份工作为今后设计离子液体结构用于异山梨醇与 DPC 合成 PC 提供了重要的指导意义。

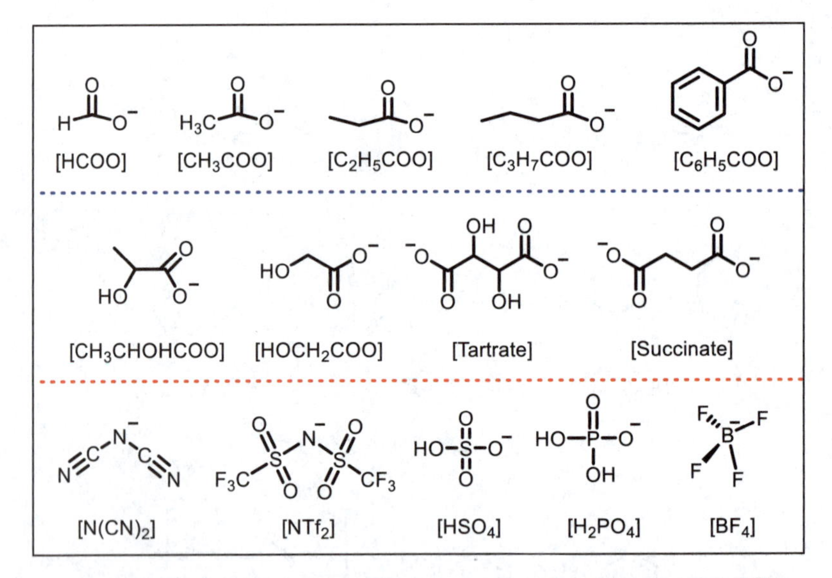

图 2-54 异山梨醇与 DPC 聚合所用离子液体催化剂的阴离子结构[255]

鉴于前期的工作基础，为了掌握离子液体阴阳离子结构对该聚合反应的影响规律，2019 年 Zhang 等[256]开发了一类含羧酸根的离子液体催化剂用于 DPC 与异山梨醇酯交换合成 PC（见图 2-56），系统研究了阴阳离子结构对聚合反应的影响。首先阳离子固定为四丁基膦，调节含羧基阴离子的取代基结构，研究发现取代基对催化活性具有较大的影响，当采用侧链较短的甲基时（[P_{4444}][CH_3COO]）表现出最好的催化活性。随后，对阳离子的结构又进行了调控，发现季膦型阳离子表现出最好的催化活性，在[P_{4444}][CH_3COO]的作用下，经条件优化，M_w 可达到 66 900 g/mol(见表 2-8)。

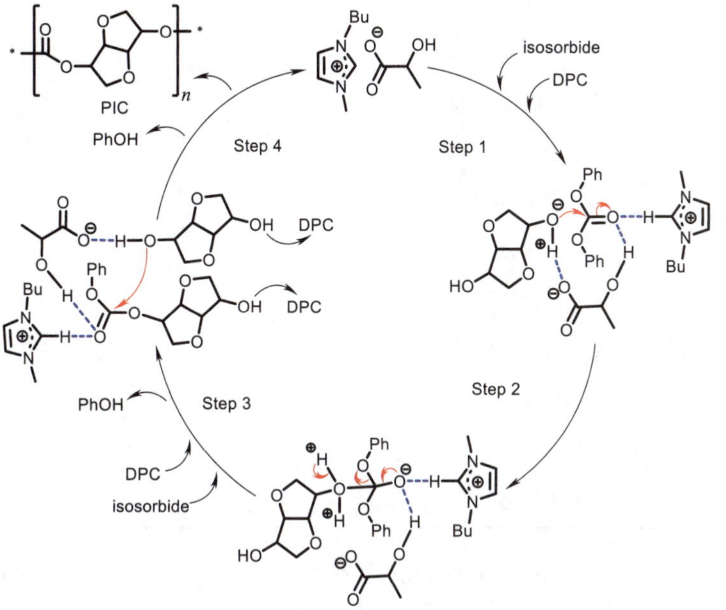

图 2-55 在[Bmim][$CH_3CHOHCOO$]催化剂作用下异山梨醇与 DPC 的聚合机理[255]

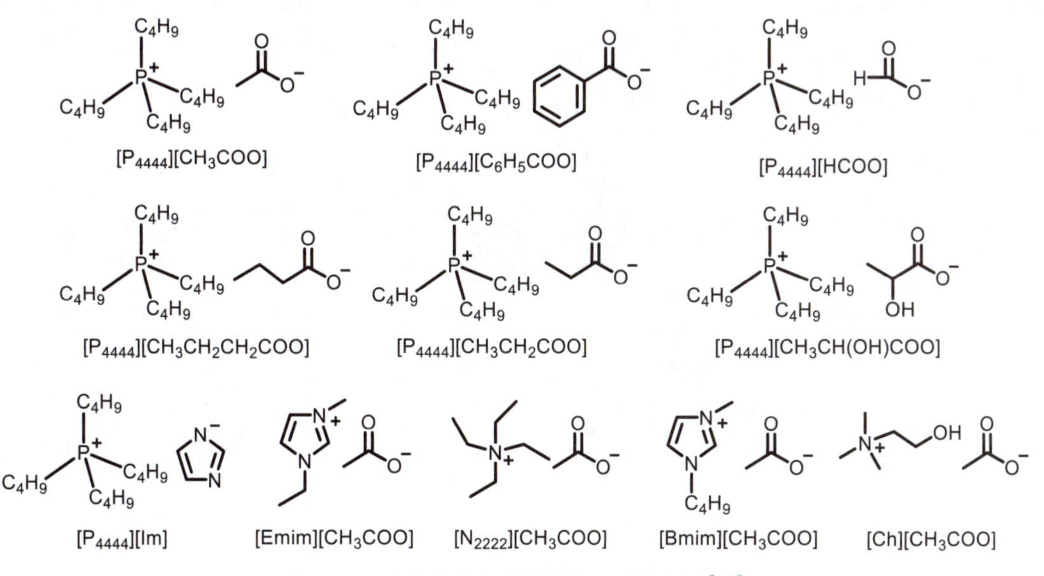

图 2-56 含羧酸根离子液体催化剂的结构[256]

表 2-8 含羧酸根离子液体催化剂阴离子结构对聚合反应的影响[256]

编号	催化剂	产率/%	M_w/(g/mol)	M_w/M_n
1	$[P_{4444}][CH_3COO]$	95	44 800	1.89
2	$[P_{4444}][C_6H_5COO]$	92	43 100	1.87
3	$[P_{4444}][HCOO]$	93	42 900	1.85
4	$[P_{4444}][CH_3CH_2CH_2COO]$	95	42 300	1.87
5	$[P_{4444}][CH_3CH_2COO]$	95	37 700	1.84
6	$[P_{4444}][CH_3CH(OH)COO]$	92	38 500	1.85
7	$[P_{4444}][Im]$	96	37 300	1.90
8	$[Emim][CH_3COO]$	93	39 300	1.70
9	$[N_{2222}][CH_3COO]$	91	37 300	1.77
10	$[Bmim][CH_3COO]$	94	32 600	1.70
11	$[Ch][CH_3COO]$	95	31 600	1.66

鉴于前期研究的基础，为进一步提高异山梨醇型 PC 的分子量，随后 Zhang 等[257]又开发了一类环境友好的多活性位点的氨基酸型离子液体用于 DPC 与异山梨醇酯交换合成 PC（图 2-57）。[Emim][Lys]作为催化剂时，PC 的分子量 M_w 可达 150 000 g/mol。为了克服异山梨醇型 PC 的脆性，还引入了 1,4-丁二醇和 1,4-环己烷二甲醇单体，得到的共聚型 PC 表现出优良的力学性能，杨氏模量、抗拉强度、断裂伸长率分别可达到 979 MPa、57 MPa 和 145%，与传统的双酚 A 型 PC 性能相当。

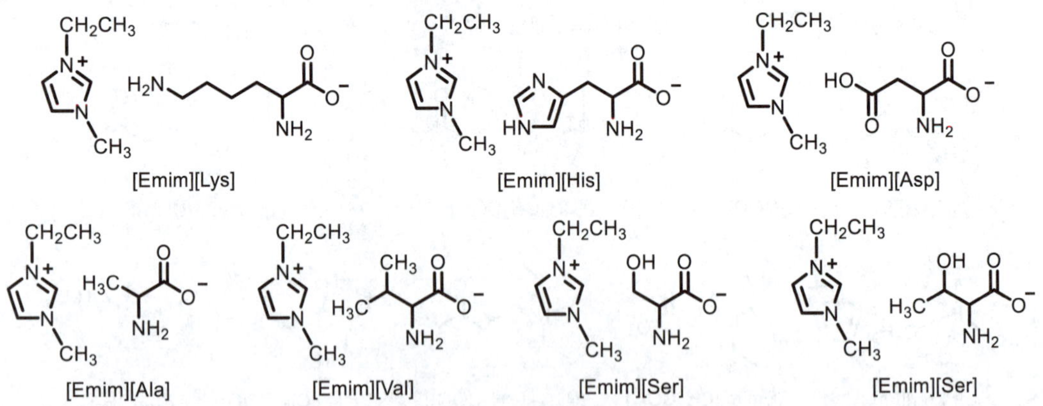

图 2-57 氨基酸类离子液体催化剂的结构[257]

离子液体因其结构可调，在 DPC 法合成 PC 方面的作用已表现巨大的潜力，有替代金属催化剂的趋势，相信将来会实现离子液体催化 DPC 与二元醇酯交换合成 PC 的工业化。

（2）DMC 法合成 PC

DMC 是一种绿色无毒、可生物降解的 CO_2 基化合物，具有多种反应活性，如替代剧毒光气作为羰基化试剂，替代硫酸二甲酯作为甲基化试剂[258, 259]。最近几年已有绕过 DPC 选用 DMC 直接与二元醇合成 PC 的报道[260-262]。鉴于异山梨醇与双酚 A 具有相当的性能，Li 等[263]报道了乙酰丙酮金属配合物类催化剂催化异山梨醇与 DMC 直接合成 PC，研究发现乙酰丙酮锂（LiAcac）显示较好的催化活性，获得的 PC 数均分子量 M_n 可达 28 800 g/mol，异山梨醇的转化率达到 95.2%。

考虑到金属基催化剂结构不易调节，难以有规律地调节其催化活性，以获得足够大的分子量。为此，Zhang 等[264]率先开发了第一类离子液体催化剂酚基离子液体，用于催化 DMC 与异山梨醇酯交换反应，考察了离子液体结构对酯交换阶段产物的影响规律（见图 2-58 和图 2-59）。研究发现，季磷酚盐离子液体对该酯交换反应具有较好的催化活性，通过对苯酚阴离子的对位取代发现，当取代基为碘时，催化活性最高（[P_{66614}][4-I-Phen]），酯交换产物异山梨醇二甲酯 DC 的选择性超过 99.9%（见表 2-9）。此外还发现 MC-1 的选择性始终大于 MC-2，这是因为 *endo*-OH 能够与呋喃环形成分子内氢键，导致处于位阻较小的 *exo*-OH 更容易被离子液体活化参加反应，并且酯交换反应开始先生成异山梨醇单甲酯（MC-1 和 MC-2），再进一步转化为异山梨醇二甲酯 DC。结合计算模拟、核磁、红外分析表征提出了可能的离子液体催化 DMC 与异山梨醇酯交换反应机理（见图 2-60 和图 2-61）。

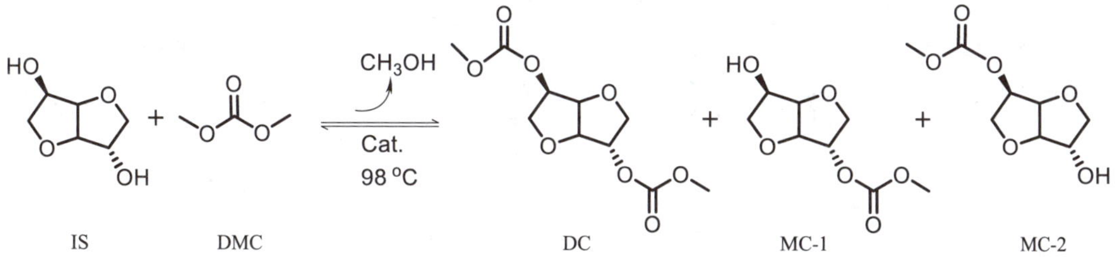

图 2-58　异山梨醇与 DMC 酯交换反应[264]

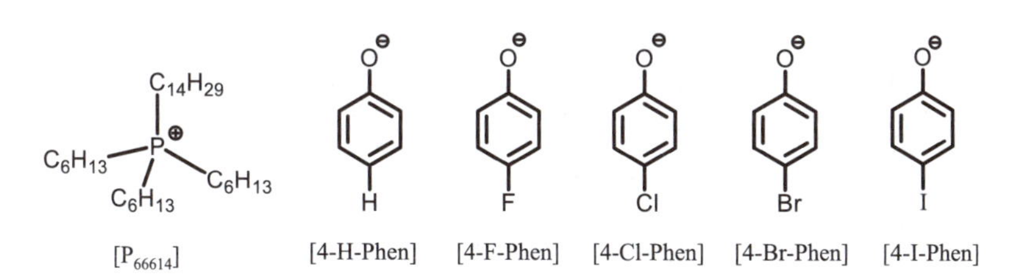

图 2-59　酚基类离子液体催化剂的阴阳离子结构[264]

表 2-9 各种催化剂对酯交换反应的影响[264]

编号	催化剂	C_{IS}/%[a]	S_{DC}/%[a]	S_{MC-1}/%[a]	S_{MC-2}/%[a]
1	$[P_{66614}]$[4-H-Phen]	>99.9	91.6	4.9	3.5
2	$[P_{66614}]$[4-F-Phen]	>99.9	97.6	1.9	0.5
3	$[P_{66614}]$[4-Cl-Phen]	>99.9	91.8	4.7	3.5
4	$[P_{66614}]$[4-Br-Phen]	>99.9	94.3	3.2	2.5
5	$[P_{66614}]$[4-I-Phen]	>99.9	>99.0	trace	trace
6	LiAcac	>99.9	77.7	15.1	7.1

[a] C_{IS} 表示异山梨醇的转化率；S_{DC}，S_{MC-1} 和 S_{MC-2} 分别表示 DC，MC-1 和 MC-2 的选择性。

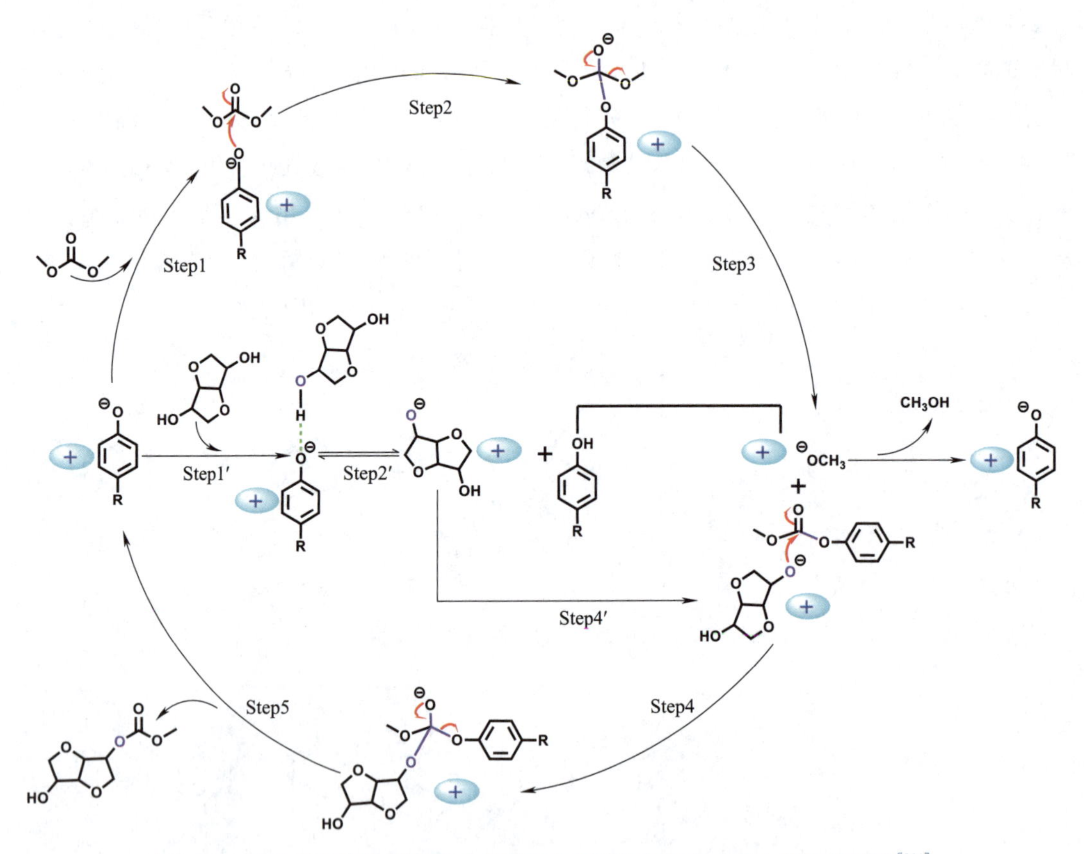

图 2-60 酚基离子液体催化异山梨醇和 DMC 酯交换合成异山梨醇单甲酯[264]

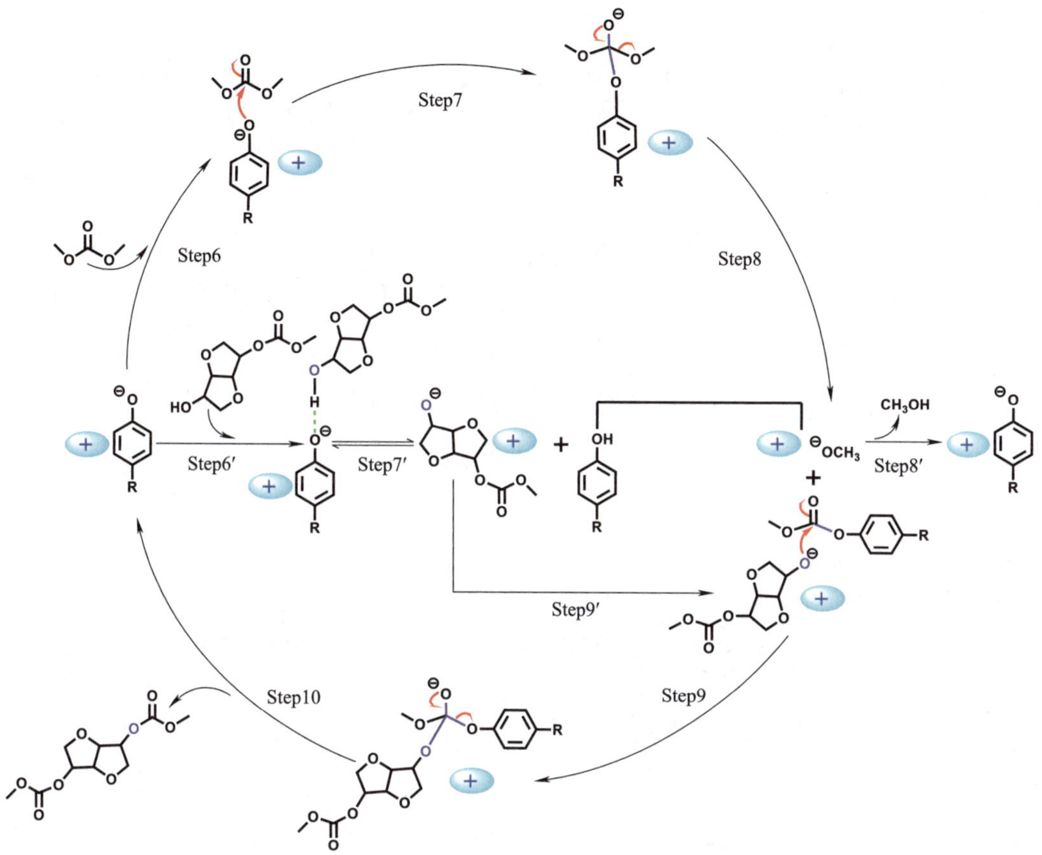

图 2-61　酚基离子液体催化异山梨醇单甲酯和 DMC 酯交换合成 DC[264]

随后，Zhang 等[265]将酚类离子液体继续用于 DMC 与异山梨醇酯交换合成 PC(见图 2-62 和图 2-63)，研究发现阴阳离子对最终产品的分子量具有较大影响，发现能形成中等强度氢键能力的[Bmim]阳离子催化活性在缩聚阶段表现出最好的催化活性，在[Bmim][4-I-Phen]催化剂作用下 PIC 的分子量 M_w 可达到 50 300 g/mol。而质子型离子液体([DBUH][4-I-Phen]、[DBNH][4-I-Phen]、[TMGH][4-I-Phen])催化剂具有较强的形成氢键能力，但是催化活性极差。对于季膦和季铵型阳离子没有活泼氢原子，只能与底物形成微弱的范德华力作用，在缩聚阶段表现出中等的催化活性。通过模拟以及实验分析证实了以上观点，并提出了缩聚阶段咪唑型离子液体双氢键作用活化底物促进缩聚反应的进行(见图 2-64)。这两份工作对今后 DMC 法合成异山梨醇型 PC 的催化剂的设计提供了重要的指导方向。

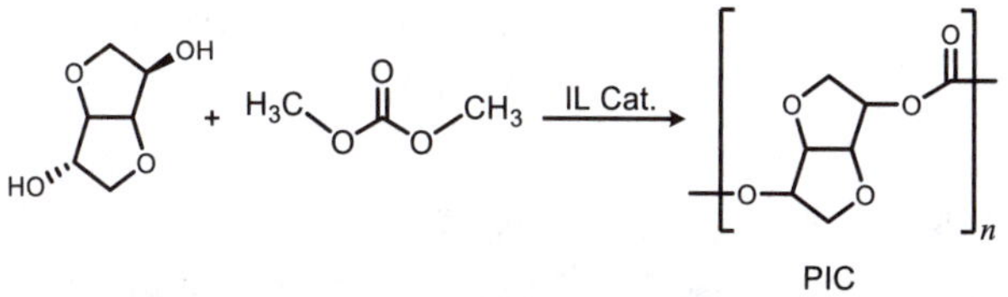

图 2-62　异山梨醇和 DMC 酯交换合成 PC[265]

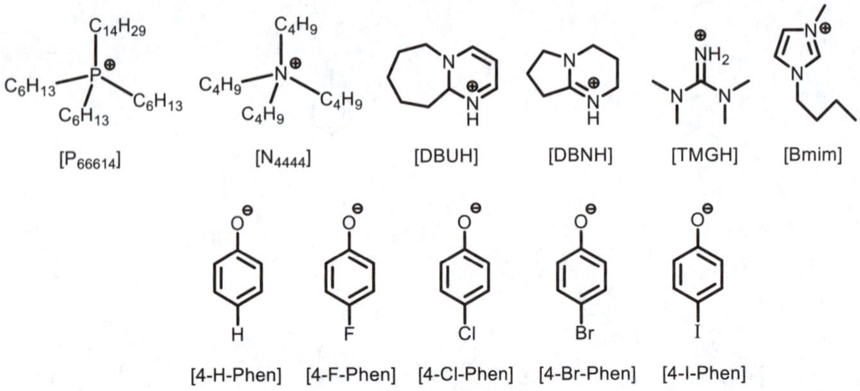

[P66614] [N4444] [DBUH] [DBNH] [TMGH] [Bmim]

[4-H-Phen] [4-F-Phen] [4-Cl-Phen] [4-Br-Phen] [4-I-Phen]

图 2-63 离子液体催化剂阴阳离子结构[265]

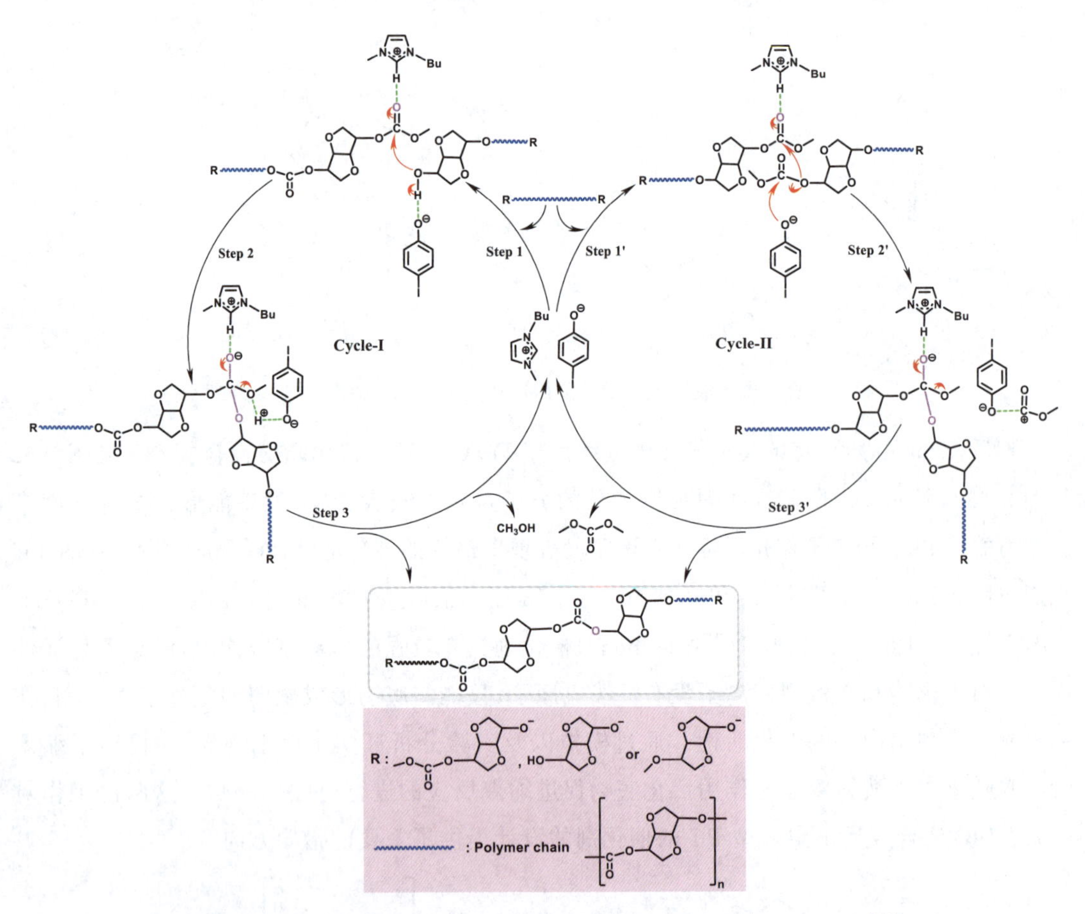

图 2-64 离子液体[Bmim][4-I-Phen]促进缩聚阶段进行的反应机理[265]

DMC 法合成 PC 相对于 DPC 法有绿色、低成本、经济的特点，虽然目前此法合成的 PC 分子量还不能满足产品所需的性能要求。但是，离子液体种类繁多，易修饰的结构，具有设计出更加高效绿色的离子液体催化剂用于合成性能优良的异山梨醇型 PC 以满足实际应用的潜力。

离子液体已在 CO_2 直接/间接合成 PC 方面表现出巨大的潜力，但研究者还应该继续投入更多的精力，结合各类聚合反应的反应机理设计调控离子液体结构，以期获得更加高效的离子液体催化剂、链转移剂等用于 CO_2 直接/间接与不同结构单体聚合合成可工业化的 PC 商品，以满足各种产品对性能的要求，加快我国石油化工产业的转型升级。

2.2.3　CO_2 合成含氮化合物

2.2.3.1　CO_2 合成尿素衍生物

尿素衍生物，取代基脲，尤其是 1,3-二取代脲已被广泛用作生物活性化合物、杀虫剂、除草剂、药物和染料的中间体，也可以用作汽油中的抗氧化剂和塑料中的添加剂[266]。

工业上，尿素及其衍生物主要是由胺与相应的异氰酸酯反应生成。其中，异氰酸酯由胺的光气化获得[见图 2-65 中(1)～(3)]。然而，光气法本身存在一些缺陷，如光气有毒性，副产物形成具有腐蚀性的氯化氢，难脱除可水解氯化合物等。为了克服光气的使用带来的问题，研究者开发出胺与 CO 的氧化羰基化路线[见图 2-65 中(4)]。所用催化剂有聚合物负载 Au 催化剂[267]、金属大环复合物[268]、$Ru(CO)_3(PPh_3)_2$[269]、$W(CO)_6$[270]等，但是催化剂活性低、反应条件苛刻，并且 CO 为有毒易燃易爆气体，安全性较差。

CO_2 作为一种无毒、环境友好、获取广泛的 C1 资源，利用 CO_2 对胺进行羧化直接合成取代脲的方法得到了广泛的研究[271，272][图 2-65 中(5)]。因此，一系列羧化催化剂被开发出来，包括 $CsCO_3$ 等强碱性物质[273]、$RuCl_3 \cdot H_2O/Bu_3P$[274]、钛络合物[275]等均相催化剂以及 CsOH/[BMIm]Cl[276]及 KOH/ PEG1000[277]等负载型碱类催化剂。

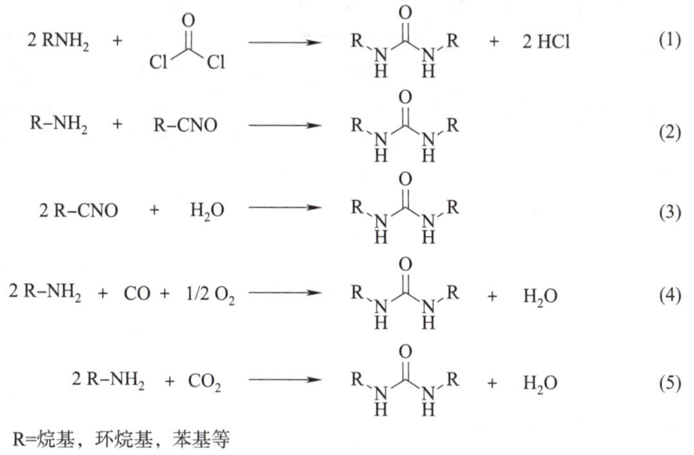

$$2\,RNH_2 + Cl\text{-}C(=O)\text{-}Cl \longrightarrow R\text{-}NH\text{-}C(=O)\text{-}NH\text{-}R + 2\,HCl \quad (1)$$

$$R\text{-}NH_2 + R\text{-}CNO \longrightarrow R\text{-}NH\text{-}C(=O)\text{-}NH\text{-}R \quad (2)$$

$$2\,R\text{-}CNO + H_2O \longrightarrow R\text{-}NH\text{-}C(=O)\text{-}NH\text{-}R \quad (3)$$

$$2\,R\text{-}NH_2 + CO + 1/2\,O_2 \longrightarrow R\text{-}NH\text{-}C(=O)\text{-}NH\text{-}R + H_2O \quad (4)$$

$$2\,R\text{-}NH_2 + CO_2 \longrightarrow R\text{-}NH\text{-}C(=O)\text{-}NH\text{-}R + H_2O \quad (5)$$

R=烷基，环烷基，苯基等

图 2-65　合成尿素衍生物的方法

目前工业合成 N，N′-二苯基脲(DPU)主要是利用苯胺和尿素为原料，在较大水比条件下合成，致使大量苯胺废水产生造成污染。以 CO_2 代替有毒的光气和 CO，产物只有 DPU 和水(见图 2-66)，既实现了 CO_2 的资源化利用，又符合绿色化学的要求。所报道的催化剂主要有无机碱、有机碱、Lewis 酸和金属氧化物等。Nicola Della Ca 等[278]利用双环胍类有机催化剂，TBD(1，5，7-三氮杂二环[4.4.0]癸-5-烯)或 MTBD(7-甲基-1，5，7-三氮杂二环[4.4.0]癸-5-烯)，在无溶剂条件下，催化伯胺和 CO_2 生成取代脲，催化炔丙基胺和 CO_2 合成尿素衍生物咪唑-2-酮类物质。Hou 等[279]制备煅烧过的镁铝层状双氢氧化物(Mg/Al 摩尔比为 3∶1)，以 N-甲基吡咯烷酮(NMP)为溶剂，在无脱水剂条件下，催化胺与 CO_2 合成二取代脲。该催化剂对脂肪胺、环己胺以及苯胺均具有较好的催化活性。Kim 等[280]用铯的苯并三氮唑盐(Cs[BTd])催化 CO_2 与胺的反应，生成二取代脲。并通过单晶 X 射线衍射发现高吸水性晶体结构[BTA]⋯Cs[BTd]，从而解释活性位点在羰化反应中对水的耐受性，从而获得较高的转化频率(TOF)和高循环性能。

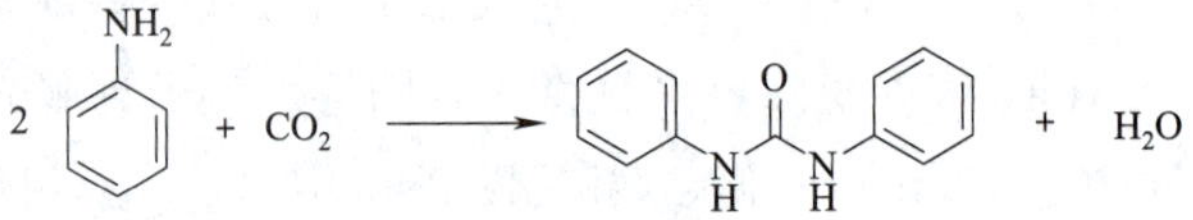

$$2\ \text{PhNH}_2 + CO_2 \longrightarrow \text{PhNH–CO–NHPh} + H_2O$$

图 2-66　N，N′-二苯基脲(DPU)的合成

但是这些催化剂在使用中面临着设备腐蚀、环境污染等问题。离子液体具有极低的饱和蒸汽压、低熔点、热稳定性强、溶解能力强以及可设计性好等优势，从而被广泛应用。众所周知，CO_2 在离子液体中具有较好的溶解度。因而，可以设计离子液体催化剂催化 CO_2 和胺转换成相应的脲类物质，本小节对所用的离子液体催化剂进行了总结，见表 2-10。

表 2-10　离子液体催化胺类和 CO_2 转化为脲类衍生物

底物	催化剂	溶剂	反应条件	转化率/%	收率/%	参考文献
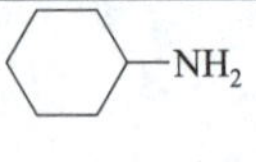 环己基-NH_2	CsOH/BMImCl	—	170 ℃，6 MPa CO_2，4 h	—	98	[276]
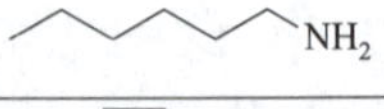 正己基-NH_2		—	170 ℃，6 MPa CO_2，6 h	—	93	
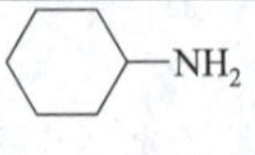 环己基-NH_2	$Co(acac)_3$	BMMImCl	160 ℃，5 MPa CO_2，10 h	86	81	[281]
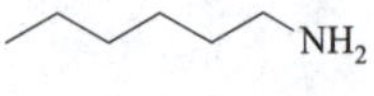 正己基-NH_2				72	66	
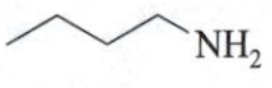 正丁基-NH_2				85	77	
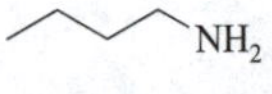 正丁基-NH_2	[Bmim]OH	—	170 ℃，5.5 MPa CO_2，19 h	—	55.1	[282]
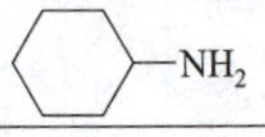 环己基-NH_2				—	47.9	

续上表

底物	催化剂	溶剂	反应条件	转化率/%	收率/%	参考文献
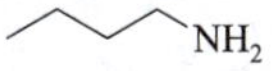 NH_2				—	83.3	
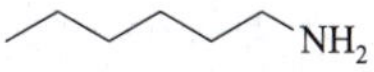 NH_2	[BMIm]Cl	NMP	170 ℃,5 MPa CO_2,12 h	—	80.1	[283]
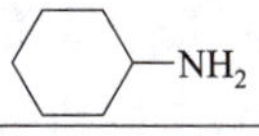 NH_2				—	81.7	
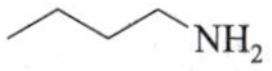 NH_2				—	53.1	
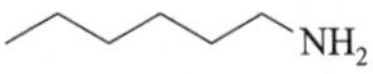 NH_2	Poly-2	NMP	170 ℃,9 MPa CO_2,4 h	—	83.3	[284]
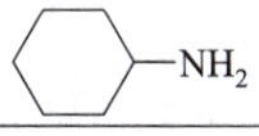 NH_2				—	78.3	
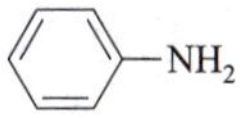 NH_2	CsOH/BMImCl	—	170 ℃,6 MPa CO_2,36 h	—	27	[276]
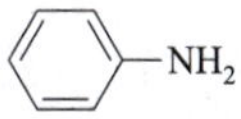 NH_2	Co(acac)$_3$	BMMImCl	160 ℃,5 MPa CO_2,10 h	24	22	[282]
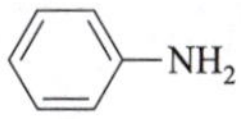 NH_2	[Bmim]Cl-$AlCl_3$	—	160 ℃,CO_2 初始压力 1 MPa, 10 h	18.1	17.9	[285]
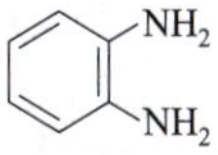 NH_2 NH_2	[DBUH][OAc]	—	120 ℃,9 MPa CO_2,24 h	—	90	[286]
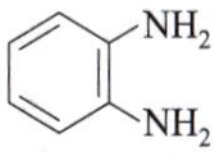 NH_2 NH_2	[Bu_4P][2-MIm]	—	140 ℃,0.1 MPa CO_2,24 h	—	84	[287]
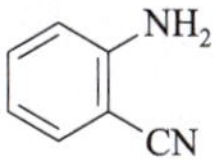 NH_2 CN	[HTMG][Im]	—	170 ℃,0.1 MPa CO_2,24 h	—	96	[288]
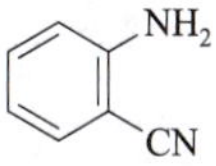 NH_2 CN	[Bu_4P][2-MIm]	—	80 ℃,0.1 MPa CO_2,8 h	—	94	[287]
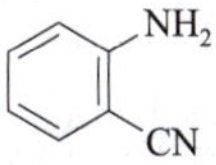 NH_2 CN	ReIL	—	40 ℃,0.1 MPa CO_2,15 h	—	92	[289]
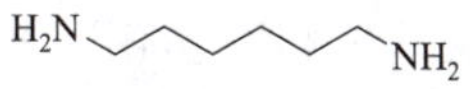 H_2N NH_2	$P_{4,4,4,6}$ATriz	NMP	170 ℃,4 MPa CO_2,8 h	—	97	[290]

2003 年,邓友全等[276]开发出 CsOH/BMImCl 催化体系,用于从胺和 CO_2 合成 N,N′-二取代脲,在 170 ℃,CO_2 压力 5 MPa,反应 4～6 h 条件下,烷基取代脲收率在 90%以上。反应 36 h,DPU 的收率仅为 27%。在该催化剂体系中,BMImCl 的作用不是化学脱水剂,而是物理脱水剂,可以重复使用。然而,使用强碱 CsOH 也有一些缺点,如腐蚀、失活,以及在高温下对 BMImCl 的破坏作用。为了避免强有机碱和大量化学脱水剂的使用,邓友全等[281]利用乙酰丙酮化钴 Co(acac)$_3$ 和离子液体 BMMImCl 为溶剂,催化转化 CO_2 和胺,生成二取

代脲，在 160 ℃、CO_2 压力 5 MPa 条件下，反应 10 h，具有较高的转化率和选择性，并且具有较好的循环性能。与已报道的催化剂系统相比，$Co(acac)_3$/BMMImCl 不仅表现出良好的催化性能，而且避免使用强有机碱或大量化学脱水剂作为牺牲剂，更符合绿色化学的要求。2008 年，姜涛等[282]在无溶剂、无脱水剂条件下，以离子液体[Bmim]OH 为催化剂，不使用任何脱水剂，合成 1,3-二取代脲类化合物（见图 2-67），收率高，选择性好。但是该催化剂不适用于苯胺和仲胺、叔胺体系。与脂肪链胺分子相比，苯胺分子中的 π 键对 NH_2 基团的电子性质有较大的影响，使芳香胺的碱性低于脂肪胺。结合反应机理（见图 2-68），反应的第一步是由—NH_2 和 CO_2 生成氨基甲酸。因此该离子液体催化剂对脂肪胺活性高，对苯胺没有活性。

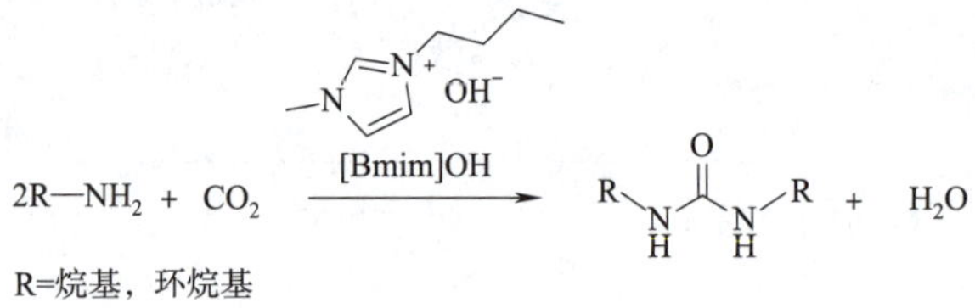

$$2R—NH_2 + CO_2 \xrightarrow{[Bmim]OH} RNHC(O)NHR + H_2O$$

R=烷基，环烷基

图 2-67 [Bmim]OH 催化 N，N′-二取代脲的合成[282]

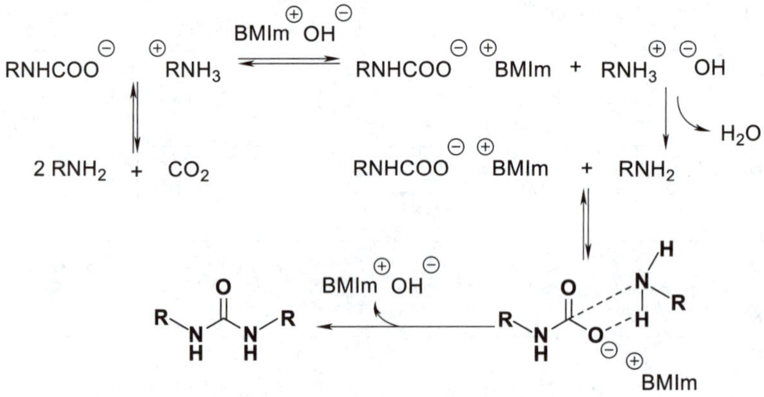

图 2-68 [Bmim]OH 催化脂肪胺转化机理[282]

2011 年，Shim 等[283]利用不同离子液体催化正丁胺和 CO_2，发现离子液体的阴、阳离子影响其催化性能，阳离子与羰基氧相互作用，亲核性阴离子与 CO_2 的羰基碳相互作用。同时溶剂也会影响胺的羧化作用，即对 CO_2 溶解性强的溶剂更有利于羧化作用。以甲胺分子为底物，用[EMIm]Cl 和 Me_4PCl 为催化剂模型，应用量子力学计算甲胺与 CO_2 之间的相互作用，表明在羧化过程中原位形成稳定的咪唑或膦基盐离子种类，大大降低了过渡态的活化能，如图 2-69 所示。

2012 年，姚素杰[284]等选择具有 Lewis 酸性的氯铝酸类离子液体为催化剂，对比不同阳离子（[Bmim]Cl-$CuCl_2$、[Bmim]Cl-$FeCl_2$、[Bmim]Cl-$SnCl_2$、[Bmim]Cl-$ZnCl_2$、[Bmim]Cl-$AlCl_3$）和不同阴离子（[Et_3NH]Cl-$AlCl_3$、[Bmim]Cl-$AlCl_3$、[Bpy]Cl-$AlCl_3$），发现[Bmim]Cl-$AlCl_3$

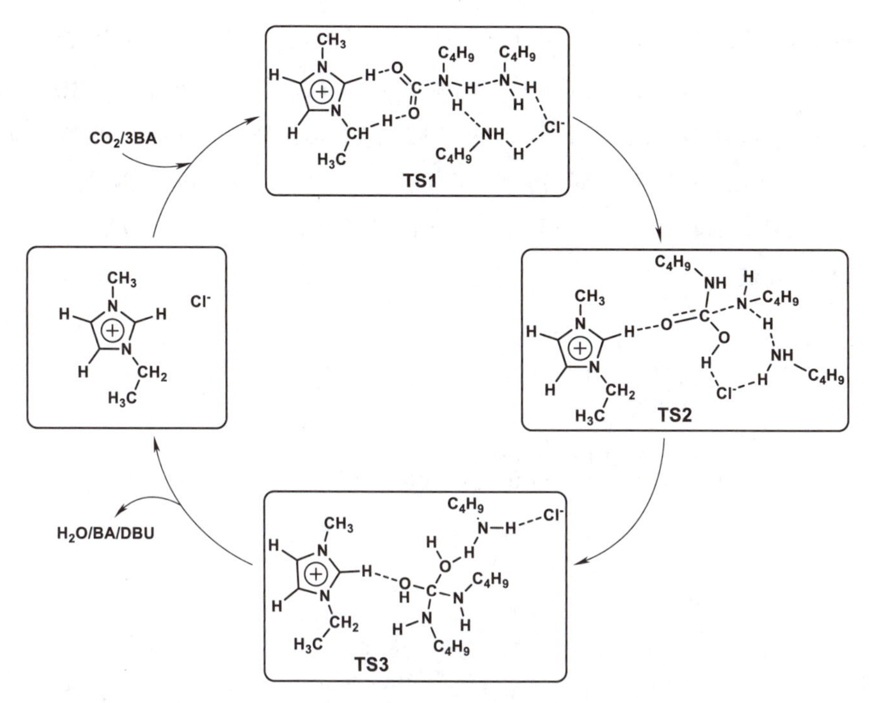

图 2-69　[EMIm]Cl 催化正丁胺羰化作用的可能机制[283]

的催化活性最好，与其酸度一致。[Bmim]Cl-$AlCl_3$ 既作催化剂也作溶剂，在 160 ℃，CO_2 初始压力 1 MPa，反应时间 7 h，$AlCl_3$ 和苯胺质量比 $\omega(AlCl_3)/\omega$(苯胺)=1∶1 的条件下，苯胺转化率为 18.1%，DPU 收率为 17.9%，选择性为 98.9%。

均相催化剂通常面临回收困难的问题。Kim 等[285]制备非均相的聚苯乙烯功能化的碱性离子液体催化剂(见图 2-70)。对比 Cl^-、$[MsO]^-$、$[TsO]^-$、$[AcO]^-$、$[OH]^-$ 等不同阴离子对二环己基脲合成活性的影响，碱性$[HCO_3]^-$离子合成效果最好(收率为 78%)。Poly-2 催化剂对 CO_2 和脂肪族单胺或二胺转化为相应二取代脲具有较好的活性(反应条件 170 ℃，CO_2 压力 9 MPa，反应时间 4 h，收率为 59%～83%)。而对于较弱的亲核试剂芳香族胺(如苯胺)基本没有活性。HCO_3^- 与底物和 CO_2 的相互作用提高了 Poly-2 的催化能力。同时，阳离子部分灵活的脂肪链也起到了促进作用。Poly-2 可以通过简单地洗涤干燥回收利用，重复使用 7 次后依然保持较高活性。

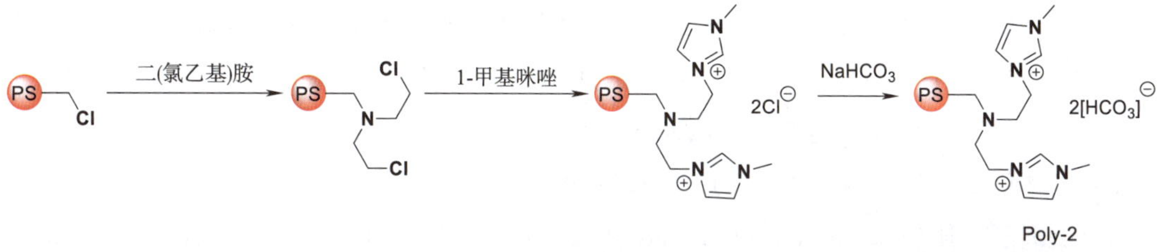

图 2-70　聚苯乙烯树脂功能化的碱性离子液体 Poly-2 的合成[285]

除了单取代胺，邻苯二胺、氨基苯甲腈等也可以和 CO_2 转化生成相应的脲类物质(见图 2-71)。DBU 类 IL([DBUH][OAc][286]，见图 2-72)在无溶剂条件下催化邻苯二胺与 CO_2 转换成苯并咪唑酮。且对于不同的二胺类物质收率在 69%～96%之间。提出[DBUH][OAc]作为双功能催化剂，其中亚胺阳离子活化 CO_2 和[OAc]阴离子活化邻苯二胺。对照实验表明，该反应是通过异氰酸酯中间体进行的。[DBUH][OAc]可以重复使用 5 次反应活性不降低。

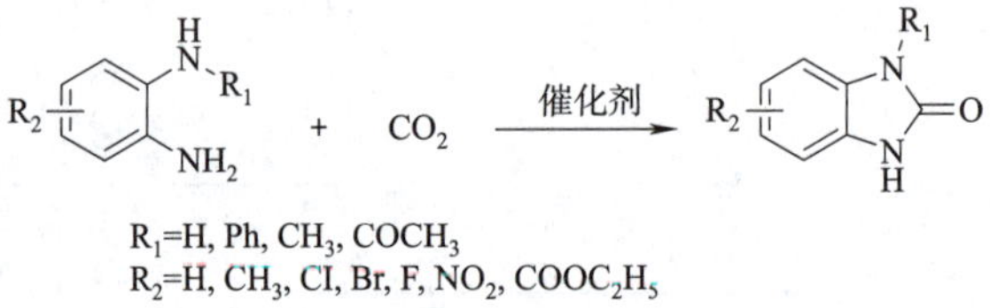

R_1=H, Ph, CH_3, $COCH_3$
R_2=H, CH_3, Cl, Br, F, NO_2, $COOC_2H_5$

图 2-71　邻苯二胺类物质和 CO_2 合成苯并咪唑酮类[285]

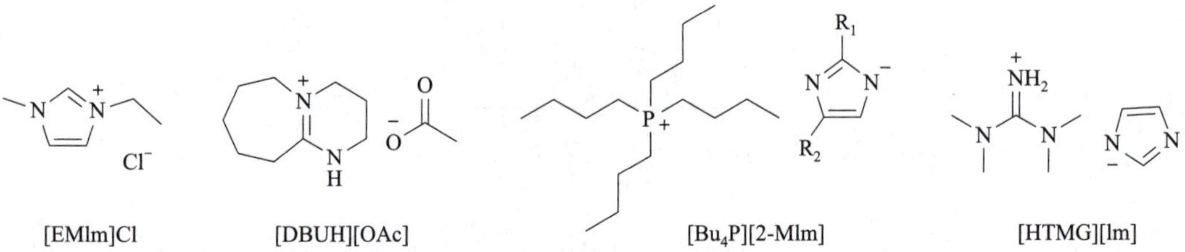

[EMIm]Cl　[DBUH][OAc]　[Bu_4P][2-MIm]　[HTMG][Im]

图 2-72　所用的离子液体催化剂[286]

以咪唑基为阴离子，四丁基磷为阳离子，构建非质子化的离子液体[Bu_4P][2-MIm][287]可以通过活化 CO_2 形成氨基甲酸盐中间体(见图 2-73)，从而在大气环境下高效催化邻苯二胺和 CO_2 的转化，以及在相对温和条件下催化 2-氨基苯甲腈等类似物的转化。

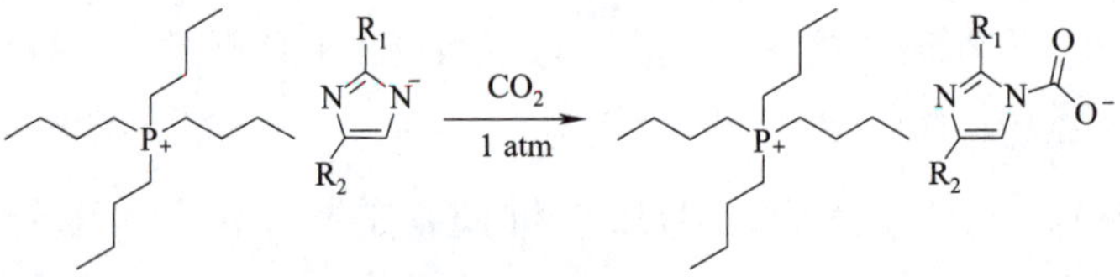

图 2-73　氨基甲酸盐中间体的生成[287]

同样，咪唑可以在乙醇中被 1,1,3,3-四甲基胍夺去质子生成质子化 1,1,3,3-四甲基胍咪唑盐离子液体[HTMG][Im][288]。在无溶剂、大气环境条件下，催化 2-氨基苯甲腈和 CO_2 合成喹唑啉。该催化剂具有良好的循环性，并且适用于各种含吸电子或供电子取代基的 2-氨基苯甲腈类化合物，生成相应的 2,4-喹唑啉二酮类化合物，收率最高达 94%。

可逆离子液体(reversible ionic liquid，ReIL)可以通过惰性气体鼓泡或者加热的方式使离子液体恢复到初始的中性化合物状态[76]。Zheng 等[289]通过在常压下向 0.5 mol DBU 和

0.5 mol 乙醇混合物中 CO_2 鼓泡 2 h，然后在 0 ℃冷却得到目标 ReIL(见图 2-74)。该 ReIL 可以在 40 ℃无溶剂条件下催化 CO_2 和 2-氨基苯甲腈，转化为喹唑啉及其衍生物。重复使用 6 次后活性没有明显下降。与单纯 DBU 相比，该 ReIL 显著提高了产物的收率。

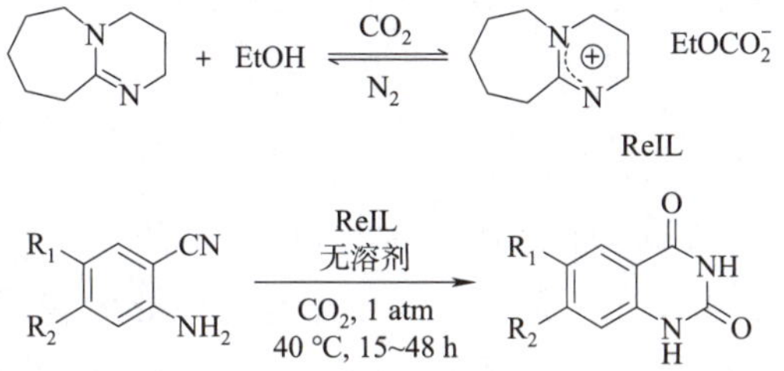

图 2-74　可逆离子液体 ReIL 的合成与催化反应[289]

另外，1,6-己二胺等可以和 CO_2 反应生成聚氨酯。2016 年，邓友全等[290]设计一系列的离子液体催化 CO_2 和 1,6-己二胺合成聚氨酯(见图 2-75)。以[Emim]$^+$为阳离子时，合成聚氨酯收率随阴离子碱性降低而降低，顺序为：[OAc]$^-$ >[Triz]$^-$ >[BF_4]$^-$ >[NO_3]$^-$ >[PF_6]$^-$ >Cl^-。但是[Emim][OAc]在 170 ℃下分解，不能循环利用。以季鏻为阳离子，其中[$P_{4,4,4,6}$][ATriz]展现出最好的催化性能，在 170 ℃、CO_2 压力 4 MPa 条件下，反应 8 h，聚氨酯收率达 96%。同时，基于二胺和 CO_2 制备的固体产物具有与脲桥(urea linkage)相连的聚脲结构，并通过氢键连接，具有较高的耐溶剂性和优异的热稳定性。

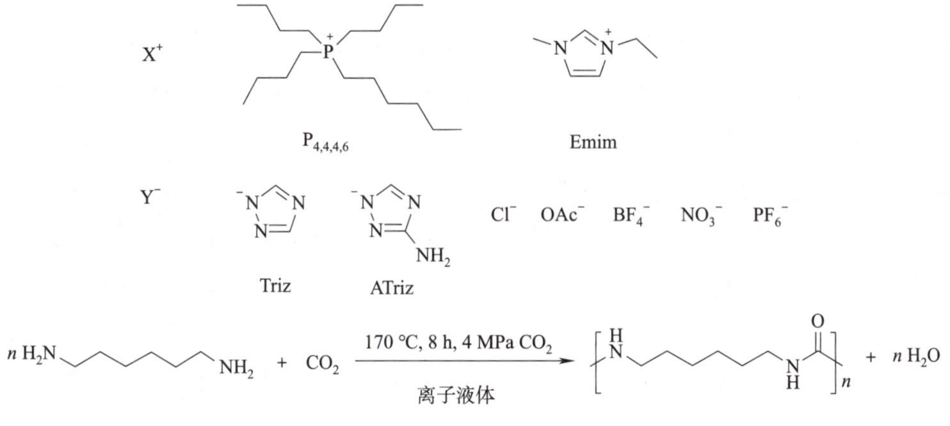

图 2-75　离子液体催化 1,6-己二胺和 CO_2 合成聚氨酯[290]

以无毒、环境友好的 CO_2 代替有毒、污染严重的光气和易燃易爆的 CO，与胺类物质反应制备尿素衍生物，既提高了反应的安全性，又实现了 CO_2 的资源化利用。传统的无机碱、有机碱、金属盐等催化剂容易造成设备腐蚀、环境污染等问题，离子液体作为一种新兴的催化剂，具有可设计性强，制备方法简易等优势。在催化胺和 CO_2 的转化中，避免了无机强碱和金属盐的使用，部分离子液体还可以起到脱水剂的作用，促进氨基甲酸盐中间体向二取代脲转化，从而避免了化学脱水剂的使用，整个工艺流程更符合绿色化学原理。目前所用的离子液体，一般为碱性离子液体，反应在较高温度和较高压力下进行，其对于脂肪族胺的转化催化活性相对较高，而对芳香胺（苯胺等）的催化活性普遍较低。所以，在相对温和的条件下设计高效的离子液体催化剂催化胺和 CO_2 转化，尤其是芳香胺的转化，仍然是我们面临的主要挑战。

2.2.3.2 CO_2 合成噁唑烷酮

噁唑烷酮类化合物是一类重要的杂环化合物，由于这些杂环化合物往往表现出良好的抗菌性能，因此在药物化学和有机合成中间体方面有着广泛的应用。传统噁唑烷酮制备工艺通常使用剧毒光气，涉及环境和安全问题，因此人们努力去寻找可取代的绿色合成方法。非光气噁唑烷酮的合成与制备路线主要有两种：(1)CO_2 与 N-丙炔胺的羧环化；(2)CO_2、环氧化物和胺的三相耦合反应（见图 2-76）。

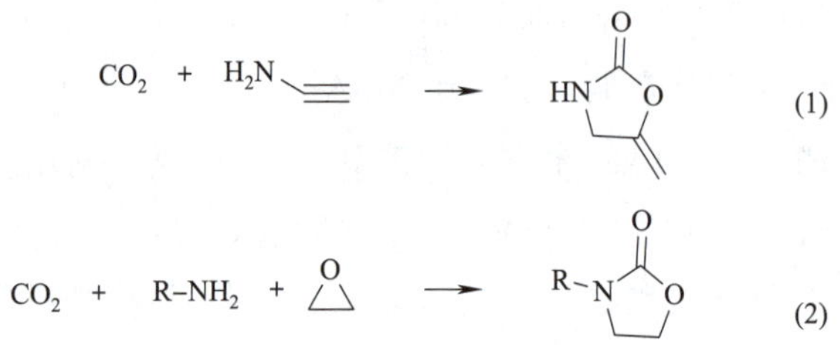

图 2-76　CO_2 合成噁唑烷酮的制备路线

2-噁唑烷酮是一种天然存在的杂环化合物，广泛用于医药、农药、化妆品等的合成，如在抗菌药物利奈唑胺等制备过程中 2-噁唑烷酮是一种重要的中间体[291]。同时，也可以作为手性助剂提高非对称催化的选择性[292]。由于 N-丙炔胺的低成本、易获得性，利用 CO_2 与 N-丙炔胺的羧环化反应合成 2-噁唑烷酮近年来备受关注[293]。到目前为止，针对该反应有很多催化剂，如银/1,8-二氮杂二环十一碳-7-烯(DBU)[294]、氮杂卡宾(NHC)/金[295]、胍-CO_2 络合物[296]、超碱[297]等。虽然这些催化剂可以实现 CO_2 的有效转化，但在反应中使用金属催化剂既昂贵又有毒，特别是实现催化剂的回收和再利用是非常困难的，同时非金属催化剂底物使用范围又较窄。因此，探寻高效、廉价、绿色、可重复使用、无金属催化剂方案有着重要的意义。

鉴于离子液体的优异特性，有学者尝试采用离子液体作为催化剂合成 2-噁唑烷酮。Hu 等[298]采用[DBUH][MIm]催化 CO_2 与丙炔胺合成 2-噁唑烷酮（见图 2-77）。反应过程中离子液体，既是反应催化剂，又用作反应溶剂。在 60 ℃和 0.1 MPa 的温和条件下，产物收率为 90%，并能够容易的恢复和再使用。作者进一步采用 DFT 研究了反应机理，发现阳离子和阴离子都对反应有着十分重要的贡献，阴阳离子通过捕集和提供质子促进 CO_2 亲电攻击和分子内环化。

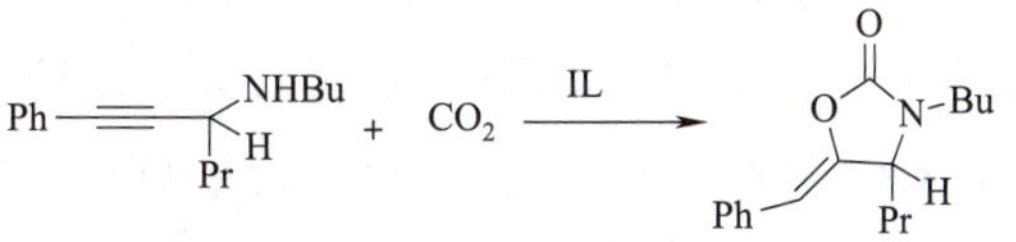

图 2-77　CO_2 与丙炔胺反应生成 5-苯亚甲基-3-丁基-4-丙基-噁唑烷-2-酮[298]

为了便于催化剂回收利用，采用负载离子液体进行催化。Zhou 等[299]采用高效可循环的钴/离子液体在常压下转化制备 2-噁唑烷酮（见图 2-78）。在不同离子液体（见图 2-79）催化考察中发现 $CoBr_2$ 和[Eeim][OAc]作为催化剂时，产物转化率和收率都超过 99%。分析得出钴催化剂对离子液体的阴离子较敏感，表现为与 Cl^-、BF_4^- 结合活性较差，产物收率分别为 14%和 30%，与弱碱性的乙酸阴离子有着良好的相容性。通过考察催化剂用量、温度、反应时间等参数得出最优反应条件为 2%（摩尔分数）$CoBr_2$、1 mmol[Eeim][OAc]，在 60 ℃的条件下反应 10 h。同时发现该催化剂在不同侧链芳基丙烯胺的适用性也非常的广泛，并且具有非常好的稳定性，在循环 10 次后，催化效果无明显的下降。$CoBr_2$/ILs 催化体系的反应机理：离子液体与钴结合，能够激活丙炔胺的氨基基团，促进 CO_2 固定，CO_2 被捕集后会形成氨基甲酸酯中间体，中间体进一步内环化生成 2-噁唑烷酮的前体，最后经过质子化作用得到目标产物 2-噁唑烷酮。

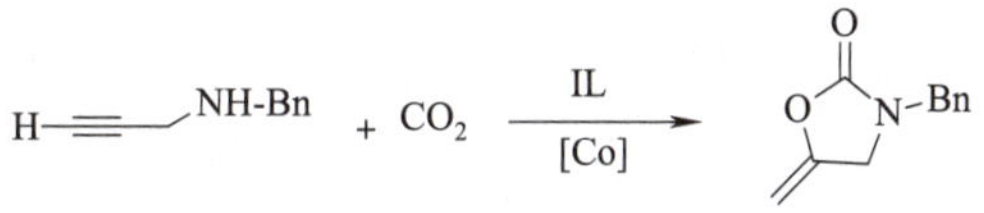

图 2-78　Co/ILs 催化合成 2-噁唑烷酮[299]

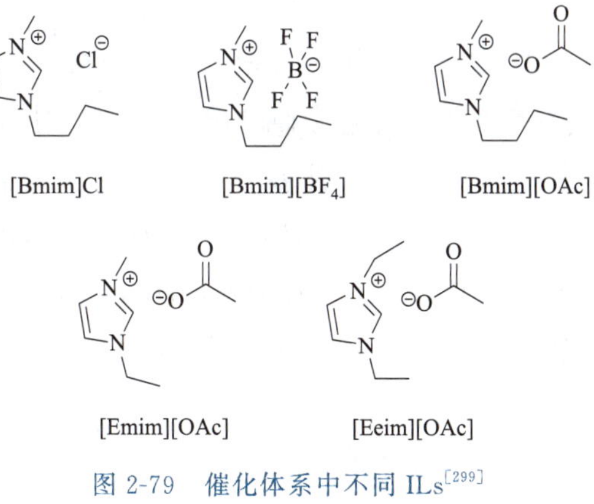

[Bmim]Cl　[Bmim][BF_4]　[Bmim][OAc]

[Emim][OAc]　[Eeim][OAc]

图 2-79　催化体系中不同 ILs[299]

为了充分利用环氧化物的固有高能量，采用三组分 CO_2，环氧化物和胺的三相耦合反应也是获得噁唑烷酮的有效途径。3-芳基-2-噁唑烷酮同样作为一类重要的杂环化合物，近些年来在精细化工和有机合成领域受到了越来越多的关注。由于具有良好的生物活性，其可以作为新型的神经抑制剂、抗生素、血液稀释剂、杀菌剂、HIV-1 蛋白酶抑制剂，以及农用化学品、药物中的重要结构成分[300-303]。Wang 等[304]通过二元离子液体催化高能 EO 和 CO_2，直接转化为 3-芳基-2-噁唑烷酮(见图 2-80)。反应过程使用离子液体[Bmim]Br 和[Bmim][OAc]，并得出最优的反应条件：[Bmim]Br 和[Bmim][OAc]的加入量皆为 10%(摩尔分数)，反应时间为 9 h，反应温度和反应压力分别为 140 ℃和 2.5 MPa，得到的最优收率为 94%。该反应过程是由两个平行反应开始，继而对平行反应合成的产物进行后续的级联反应(见图 2-81)。[Bmim]Br 由于溴离子良好的亲核性和离去性，能够有效促进平行反应；在后续的级联反应中，[Bmim][OAc]由于其较强的碱性发挥着主导作用。在研究离子液体的重复性实验中，前三次是比较稳定的，第四次有所下降，推测是由于离子液体的部分分解或者反应得到的 EG 未完全去除，残留的 EG 对反应有抑制作用。

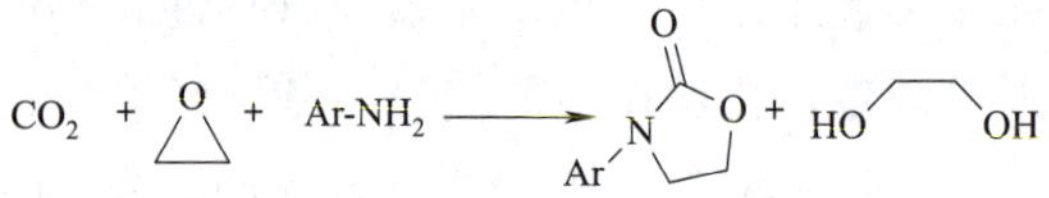

CO_2 + (环氧乙烷) + Ar-NH_2 → (3-芳基-2-噁唑烷酮) + HO~~OH

图 2-80 将 CO_2 直接转化为 3-芳基-2-噁唑烷酮[304]

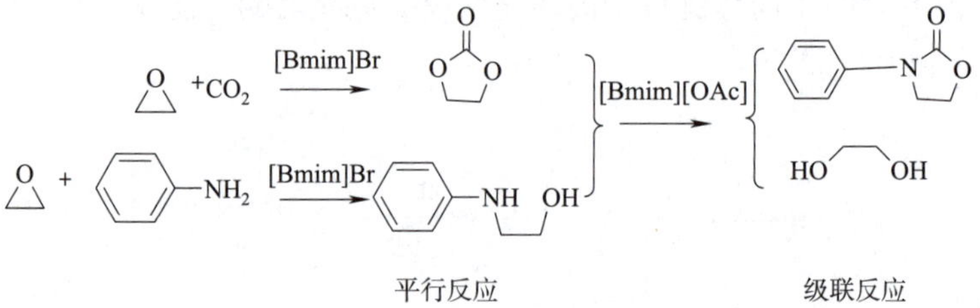

(环氧乙烷) + CO_2 —[Bmim]Br→ (碳酸乙烯酯)

(环氧乙烷) + (苯胺)-NH_2 —[Bmim]Br→ (苯基)-NH~~OH

—[Bmim][OAc]→ (3-苯基-2-噁唑烷酮)；HO~~OH

平行反应　　级联反应

图 2-81 平行反应、级联反应过程机理[304]

为了使反应更加温和，Gao 等[305]采用有机碱和有机碱衍生离子液体的分子间协同催化，用 CO_2、环氧化物和胺有效合成 3-芳基-2-噁唑烷酮。采用 DBU 和[HDBU]Br 作为催化剂，反应时间为 1 h，反应温度为 140 ℃时，收率达到 93%，这大大缩短了反应时间。同时考察不同含溴离子液体对催化效果的影响，产率均低于[HDBU]Br，出现这种情况的原因可能是其对底物更优的活化作用。在机理探究过程中发现，DBU 和[HDBU]Br 能够通过氢键来激活底物，实现对反应的协同催化。[HDBU]Br 能够与 EO 之间形成氢键以激活 EO，同时 DBU 作为氢键受体激活苯胺。

产物的纯化和催化剂的回收过程会阻碍其商业化的发展，其中最有效的解决方法之一是将离子液体固定在有一定机械强度和高表面积的固体材料上，如聚苯乙烯-二乙烯基苯[306]、Fe_3O_4 纳米颗粒[307]等。Chong 等[308]开发了无毒和非过渡金属的高效催化体系：采用金属有机框架材料负载醋酸盐丁基咪唑离子液体催化合成 3-芳基-2-噁唑烷酮。使用的离子液体为[Bmim][OAc]，载体为 MIL-101-NH_2，负载的过程通过"瓶中造船"的策略，可以有效减少离子液体的渗出，记为 IL(OAc^-)-MIL-101-NH_2。在催化评价中得出最优的反应条件：0.2 mmol 的 IL(OAc^-)-MIL-101-NH_2、2 mmol 苯胺、10 mmol 碳酸丙烯酯，反应温度 140 ℃，反应时间 9 h，并发现与单离子液体的催化活性相当。在相同的反应条件下，催化剂循环使用 6 次，活性没有明显下降。表明负载化的离子液体是相对稳定的，在回收过程产率的小幅下降可能是由于苯胺在 MIL-101-NH_2 纳米笼中从里到外缓慢扩散，或吸附作用对苯胺的影响。进一步探究得到反应过程的具体机理（见图 2-82）：咪唑阳离子作为氢键供体与碳酸丙烯酯的羰基氧在氢键作用下建立亲电位点，同时，乙酸阴离子与苯胺相互作用形成中间体。活化后的苯胺与碳酸丙烯酯发生亲核反应，在失去水分子并进行分子内环化后得到目标产物。该方法适用于多种侧链的苯胺基，是一种简单、高效、连续的催化系统来合成 3-芳基-2-噁唑烷酮的方法。

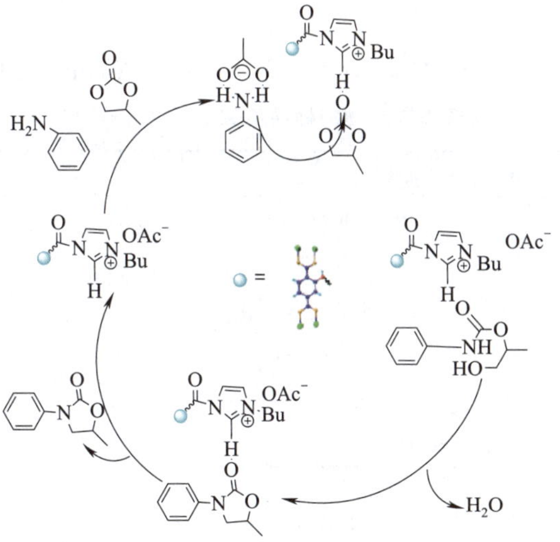

图 2-82 IL(OAc^-)-MIL-101-NH_2 催化苯胺和碳酸丙烯酯反应机理[308]

CO_2 不仅是造成温室效应的来源，而且是普遍、安全、可再生的 C1 资源，CO_2 转化为高值化学品是目前最有前途且环保的方法之一。在这个领域中，其中一种有效的转化方法是利用 CO_2 代替光气合成噁唑烷酮等物质。合成 2-噁唑烷酮主要采用的反应为 CO_2 与丙炔胺的环加成反应，传统金属催化剂既昂贵又有毒，特别是催化剂的回收和再利用是非常困难的，同时非金属催化剂底物使用范围较窄。选择催化效果好，结构易于调节的质子化离子液体来作为催化剂，既是反应催化剂，又充当反应溶剂，离子液体通过捕集和提供质子促进亲电攻击和分子内活化，使反应变的较为温和。针对 CO_2、环氧化物和胺合成 3-芳基-2-噁唑烷酮的反应，采用负载碱性离子液体，循环使用效果好，阳离子在氢键作用下建立亲电位点，阴离子与反应物形成中间体，再失去水分子内环化后得到目标产物。目前所用大多为碱性离子液体，反应时间较长，反应条件在较高的温度和压力下进行。故而对于催化过程反应机理的探究有待进一步的深入，获得反应条件温和、活性和选择性高的催化剂仍是我们面临的难题与挑战。

2.2.4 CO_2 电催化还原

CO_2 电催化还原转化技术已成为研究热点，该技术利用自然界广泛存在的太阳能、风能、地热能、潮汐能等能源发电，将 CO_2 在温和条件下进行转化，实现电能向化学能形式的转变，最终以 CO_2 为能量转化载体实现可持续的绿色碳循环目标[309]。

在传统水体系中，CO_2 电催化还原反应（CO_2RR）的主要产物为 CO、HCOOH、CH_3OH、C_nH_m 等化合物，其平衡电位与标准氢电极（SHE）及其析氢反应（HER）的竞争反应如表 2-11 所示。表 2-11 也列出了在 pH=7 的水溶液中，CO_2 电催化还原为不同碳基产品的标准还原电位。

表 2-11　25 ℃、101.325 kPa、pH=7 的条件下，水溶液中 CO_2 电催化还原制备不同产物的标准电位 $E°$(vs. NHE)

电催化还原反应	标准电位 $E°$/V
$CO_2(g)+2H^++2e^-═HCOOH(l)$	−0.61
$CO_2(g)+2H^++2e^-═CO(g)+2OH^-$	−0.53
$CO_2(g)+6H^++6e^-═CH_3OH(l)+H_2O(l)$	−0.38
$CO_2(g)+8H^++8e^-═CH_4(g)+2H_2O(l)$	−0.24
$CO_2(g)+e^-═\cdot CO_2^-$	−1.90
$2H^++2e^-═H_2(g)$	−0.42

从表 2-11 可知，在 CO_2 的电催化还原过程中，CO_2 分子得到一个电子形成 $\cdot CO_2^-$ 阴离子自由基在 −1.9 V(vs. NHE)下才能发生，该过程的还原电位远低于 CO_2 形成其他碳基产物的反应电位，这说明在 CO_2 电催化还原过程中大部分能量都被用来活化 CO_2 分子，导致能量的利用效率极低。事实上，CO_2 的电催化还原过程可以被分为以下两步：首先是直线型的 CO_2 分子被活化为弯曲的 $\cdot CO_2^-$ 阴离子自由基，在此之后进一步通过电子-质子耦合得到 CO、HCOOH 和 CH_3OH 等产物。然而，在此催化还原过程中仍存在许多亟须解决的问题，例如：(1)H_2 是 CO_2 在水溶液中电催化还原过程中的主要副产物；(2)CO_2 电还原动力学的缓慢和反应体系中 CO_2 传质问题的限制，导致还原过程的电流密度较低；(3)由于生成各目标产物标准电位的微小差异，使得将 CO_2 高选择性的还原为单一目标产物成为巨大的挑战。

离子液体被作为电解质广泛应用于 CO_2 电催化还原的研究，它对 CO_2 展现出优异的溶解性和活化作用，同时也实现了电催化产物转化的高选择性和法拉第效率，为 CO_2 的电催化还原转化技术提供了新机遇。因此，离子液体体系电解质中将 CO_2 电催化还原为具有附加值的化学品和燃料是一种有望被实现的可持续能源转换和储存的方法。

Rosen 等[310]首次报道了以 Ag 为阴极材料，[Emim][BF_4]离子液体水溶液为电解质，使得 CO_2 电催化还原为 CO 产物的过电位降低了 600 mV。通过机理研究分析得出，由于 CO_2 分子与阳离子[Emim]$^+$形成了络合物导致了·CO_2^- 阴离子自由基生成所需要的能量显著降低。此外，该阳离子能够进一步在电极表面形成单分子层，从而抑制析氢反应的发生[311]。因此，离子液体被认为是 CO_2 电催化还原过程中极具潜力的介质，常用的离子液体电解质分为咪唑类、吡啶类、季鏻盐类及季铵盐类，其结构如图 2-83 所示。在常规型以及功能型离子液体电解质的应用下，CO_2 电催化还原转化技术方面已取得了巨大的进展与成就。

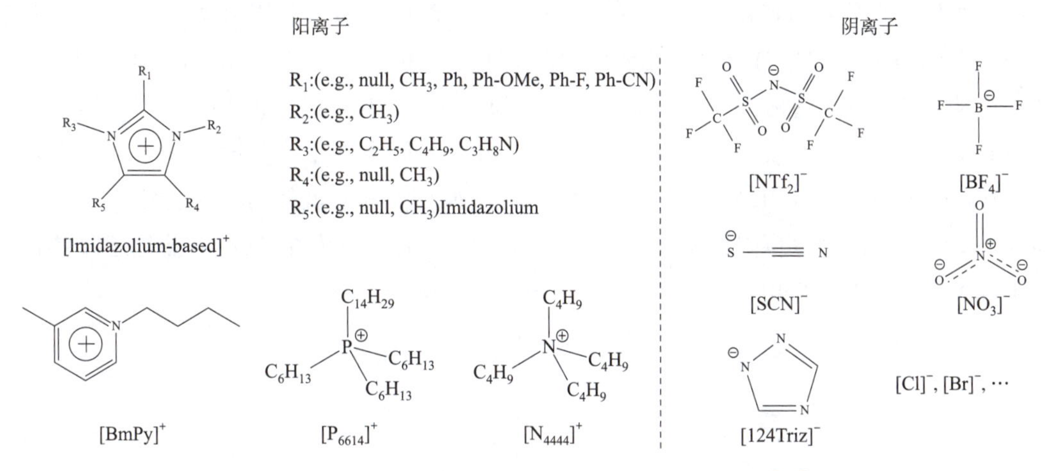

图 2-83　常用离子液体电解质阳、阴离子结构示意图[310]

2.2.4.1　离子液体介质中 CO_2 电催化还原制 CO

CO_2 电催化还原转化技术中，将 CO_2 电催化还原为 CO 被认为是一种极具发展前景的途径。CO 作为合成气中的重要组分，被广泛应用于合成工业的各个领域，此外 CO 也可进一步通过费托合成转化为清洁的烷烃、烯烃等燃料，具有重大应用价值。通过电化学的方法实现 CO_2 与 CO 间的转化，不仅可以保护大气环境，也可实现能源的可持续发展。

在离子液体介质中将 CO_2 电催化还原为 CO，研究人员对此已做了大量的研究。Rosen 等[310]表明离子液体电解质在 CO_2 电催化还原过程中起到电解与催化的双重作用，并得出了咪唑类阳离子不仅能在 170 mV 低过电位下还原制取 CO，而且能够抑制析氢反应的发生，并在 96%的高法拉第效率下实现了长达 7 h 的稳定电催化还原 CO_2 制取 CO 的过程。随后，Barrosse-Antle 等[312]使用 1-丁基-3-甲基咪唑乙酸盐([Bmim][OAc])为电解质体系，使用 T 型电解池在常温常压下进行 CO_2 电催化还原的研究，结果表明离子液体电解质体系对 CO_2 的电催化过程起到明显的促进作用，并且对其他产物(如碳酸盐、草酸等)具有明显的抑制作用进而显著提高了目标产物 CO 的选择性，通过 15 次的循环电解发现[Bmim][OAc]

离子液体电还原体系仍然表现出优异的稳定电催化性能。

为了进一步研究离子液体中阴阳离子对 CO_2 电催化性能的影响及相互作用机制，Compton 等[313]以阴离子[NTf_2]$^-$ 结合四种阳离子[Bmim]$^+$、[Pmim]$^+$、[Emim]$^+$、[Bmpyrr]$^+$ 的离子液体分别作为电解质，在 Ag 工作电极上进行 CO_2 电催化还原的研究，结果发现不同的阳离子对 CO_2 的电催化促进程度有明显的差异。研究人员进一步改变阴离子以考察阴离子种类对 CO_2 电催化还原的影响，发现阴离子的改变对 CO_2 的电催化性能无明显影响。研究人员研究了咪唑类离子液体电解质体系中 CO_2 在 Au 电极上电催化还原为 CO 的作用机理，如图 2-84 所示，揭示了咪唑类阳离子在 CO_2 的电催化还原过程中作为反应的活性位点直接参与转化的过程[314]。Choi 等[315]使用[Bmim][BF_4]离子液体和铁卟啉的协同催化作用对 CO_2 进行电催化还原制取 CO，其法拉第效率可达 93%，并且发现离子液体在电催化还原转化过程中至关重要。当电解质体系无[Bmim][BF_4]离子液体时，反应电位只有低于 −1.51 V(vs. NHE)才能检测到产物 CO，而当[Bmim][BF_4]离子液体加入电解质体系中时，电位在 −1.36 V(vs. NHE)即可获得 CO，离子液体的加入使得 CO_2 电催化还原为 CO 的反应过电位降低了 150 mV，充分证明了离子液体在 CO_2 电催化还原转化过程中具有至关重要的作用。

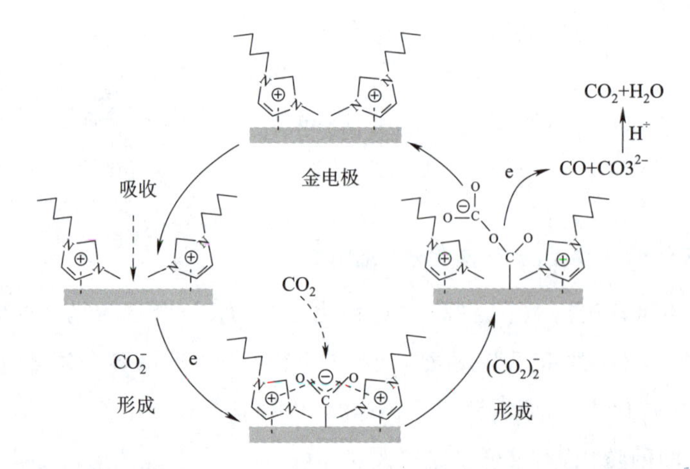

图 2-84 离子液体介质下 CO_2 在 Au 电极上电催化还原为 CO 的机理[314]

最近的研究[316]发现阴极材料表面吸附的[Emim]$^+$ 阳离子单分子层是实现离子液体介质中 CO_2 高效还原为 CO 的关键，基于此，研究人员对阳离子单分子层在 CO_2 电催化还原具体的相互作用机制进行了研究。Brennecke 等[317]系统考察了离子液体的存在与否对 Pb 电极上电催化还原产物分布的影响，并提出了电催化还原转化机制，从而证实了电极表面上离子液体阳离子单分子层的存在抑制了 $\cdot CO_2^-$ 耦合生成草酸根进而促进了 CO 的形成，使用 Pb 电极进行 CO_2 电催化还原时获得了相同的实验结果，如 CO_2 在四乙基高氯酸铵有机盐电解质中进行电催化还原的主要产物为草酸盐，而在[Emim][NTf_2]离子液体体系的电解质中产物主要为 CO，表明离子液体的加入使得 CO_2 的电催化还原转化路径发生了改变，进一步验证了离子液体能够调节目标产物的选择性，如图 2-85 所示。

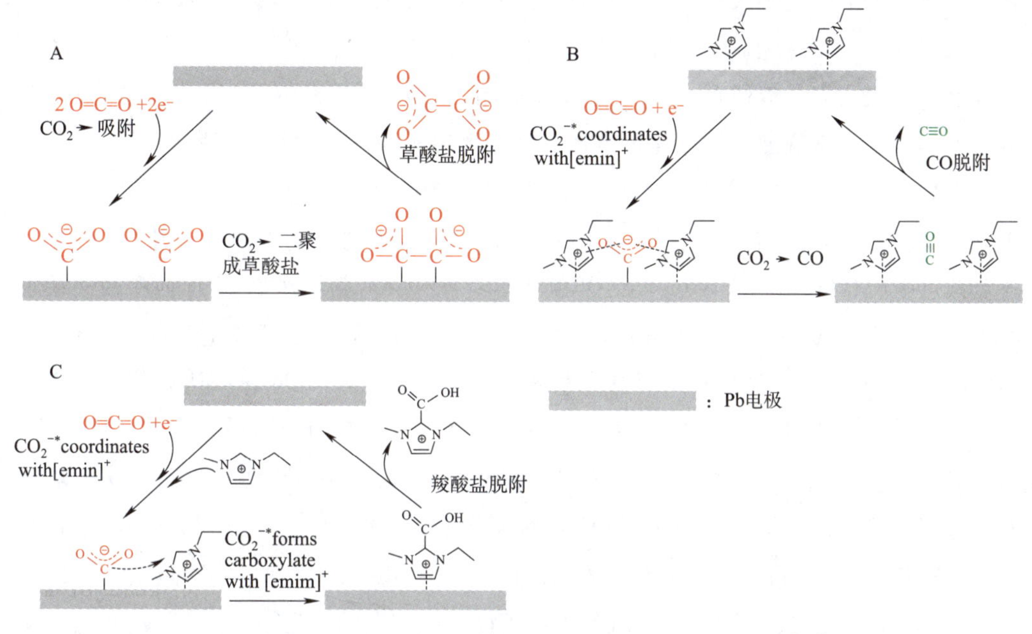

图 2-85 Pb 电极上离子液体介质中 CO_2 还原的反应路径[317]

2.2.4.2 离子液体介质中 CO_2 电催化还原制 HCOOH

除了将 CO_2 电催化还原为 CO 产物外，通过电化学的方法将廉价的 CO_2 碳源转化为 HCOOH 化学品也受到了各国研究人员的关注。与电催化还原 CO_2 制 CO 深度类似，CO_2 同样需要获得两个电子才能还原形成 HCOOH，此转化过程在商业能源等方面同样具有广泛的应用价值。HCOOH 不仅在农药行业和皮革鞣制中具有广泛应用，并且在甲酸燃料电池(DFAFC)的相关技术方面具有巨大的应用前景。目前，关于离子液体介质中 CO_2 电催化还原制 HCOOH 转化技术的研究也已取得了重大进展。

Fontecave 等[318]首次采用[Emim][BF_4]离子液体-水二元体系作为电解质应用于 CO_2 电催化还原制 HCOOH，并以低成本的树突状多孔铜材料作为阴极材料，实现了 HCOOH 产物的法拉第效率高达 87%，并且长时间稳定电解了 8 h 左右。普林斯顿大学的 Bocarsly[319]采用[Emim][TFA]离子液体-水二元体系作为 CO_2 电催化还原的电解质，并系统研究了不同电极材料如 In、Pb、Sn 等对 CO_2 电催化还原产物的影响，结果表明三种电极材料在离子液体体系电解质的作用下均展现出较高的 CO_2 电催化还原制 HCOOH 效果，相对于 Sn 和 In 电极，CO_2 在 Pb 电极上电催化还原制 HCOOH 的法拉第效率随着反应电位的变负而逐渐升高，这是由于离子液体对 CO_2 具有较高的溶解度，CO_2 浓度的增加促进了其在电解质中的传质，从而获得更高的电流密度。Zhu 等[320]采用离子液体-乙腈-水复配的三元体系作为电解质，以 Pb、Sn 等非贵金属作为阴极材料，系统研究了 CO_2 电催化还原制 HCOOH 性能，其中电解质体系各浓度为[Bmim][PF_6](质量分数 30%)/A_CN-H_2O(质量分数 5%)时表现出了最佳 CO_2 电催化还原制 HCOOH 性能。在较负的反应电位下，产物 HCOOH 的法拉第效率可达 91.6%，且分电流密度高达 37.6 mA/cm^2。

以上工作表明离子液体在 CO_2 电催化还原制 HCOOH 过程中具有重要的作用，然而绝大多数工作集中在常规型离子液体电解质。功能型离子液体可通过官能团的引入使得 CO_2 的溶解度显著提高[45,46,49,80,321]，目前将功能离子液体作为 CO_2 电催化还原过程的电解质研究相对较少。Hardacre 等[322]在[P_{66614}][124Triz]离子液体电解质体系的作用下，实现了 Ag 电极上低过电位(170 mV)下 CO_2 电还原制 HCOOH 反应，其中产物 HCOOH 的法拉第效率可达 93%。然而此过程电流密度过低(<1 mA/cm^2)，而且随着反应电位降低，CO_2 电催化还原产物由 HCOOH 变为 CO，其作用机理如图 2-86 所示。研究人员认为超强碱离子液体电解质体系中 CO_2 电催化还原路径存在物理与化学两种不同作用形式的路径，由于离子液体中阴离子[124Triz]$^-$ 与 CO_2 分子之间存在较强的化学作用，导致 CO_2 分子被有效活化进而降低了 CO_2 电化学转化为 $COOH^-$ 的反应过电位。此外，通过物理作用阳离子[P_{66614}]$^+$ 与 CO_2 分子形成了中间络合物 CO_2^-[P_{66614}]$^+$，而该络合物进一步接受电子以及活性质子还原为 CH_3OH、CH_3CHO 和 CO 等产物。Lu 等[323]采用 Ag 作为阴极，在氨基功能型离子液体[NH_2C_3MIm]Br 电解质体系中，实现了高效的 CO_2 电催化还原制 HCOOH，其法拉第效率高达 94.1%，电能与化学能间转化效率为 86.2%，并进一步通过密度泛函理论计算得出，氨基功能型咪唑阳离子相对于常规型咪唑阳离子对 CO_2 具有更强的作用力，可以实现更加高效的 CO_2 分子活化过程，从而降低反应能垒。Feng 等[324]进一步合成了新型的 1-丁基-3-甲基咪唑-1，2，4-三氮唑功能型离子液体用于 CO_2 电催化还原制 HCOOH 的研究，实现了 HCOOH 产物为 95.2%的法拉第效率，同时具有 24.5 mA/cm^2 的高电流密度。

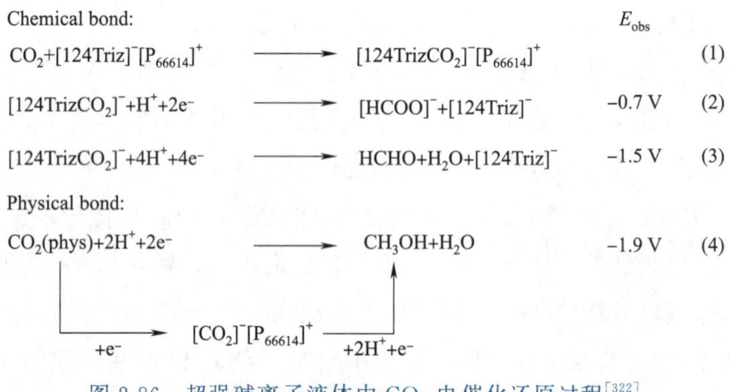

图 2-86 超强碱离子液体中 CO_2 电催化还原过程[322]

2.2.4.3　离子液体介质中 CO_2 电催化还原制 CH_3OH

甲醇不仅是一种市场需求量巨大、用途广泛的基本有机化工原料，也是一种新型的清洁能源，可以用作汽车燃料、燃料电池等，但 CO_2 电催化还原制甲醇涉及 $6e^-$ 转移过程，还原过程复杂。Han 等[325]采用 Mo-Bi 双金属硫化物纳米片为催化剂，在 0.5 mol/L 的[Bmim][BF_4]/CH_3CN 溶液中表现出最佳的 CO_2 催化还原性能，在－0.7 V(vs. SHE)达到最大的生成甲醇的法拉第效率 71.2%，且发现随着[Bmim][BF_4]的浓度的增加，电流密度逐渐增加；但当浓度大于 0.5 mol/L 时，电流密度反而降低，可能与离子液体的导电性有关。Han 等[326]在[Bmim][BF_4](摩尔分数 25%)/H_2O(摩尔分数 75%)的复配电解质中以 $Pd_{83}Cu_{17}$ 双金属气凝胶为电极，获得了高达 80%的甲醇法拉第效率，且电流密度达到 31.8 mA/cm^2，而不加离子液体时，体系中的 CO_2 主要被还原生成 H_2 以及微量 HCOOH。Han 等[327]又设计了一种 $Cu_{1.63}Se$ 纳米催化剂，在[Bmim][PF_6](质量分数 25%)/CH_3CN/H_2O(质量分数 5%)电解质中电催化还原 CO_2 生成甲醇，在保持 77.6%的甲醇法拉第效率的同时，电流密度高达 41.5 mA/cm^2(见图 2-87)，是目前文献中报道最大的生成甲醇的电流密度。研究表明，以 BF_4^- 为阴离子时反应效果最佳，可能是因为不同阴离子形成的离子微环境对 CO_2 作用效果不同。

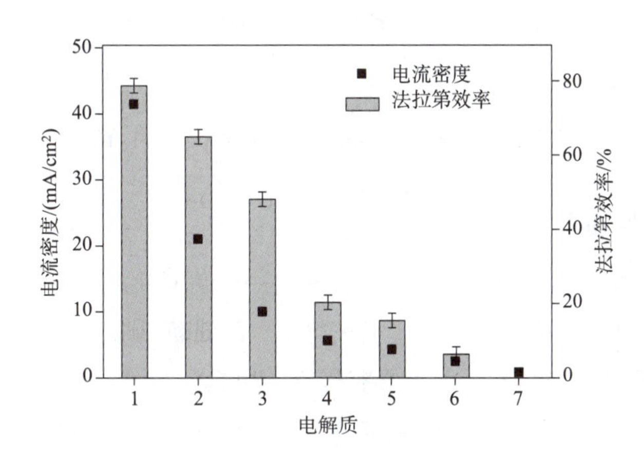

1—[Bmim][PF_6]；2—[Bmim][Tf_2N]；3—[Bmim][BF_4]；4—[Bmim][OAc]；5—[Bmim][NO_3]；6—[Bmim][OCl_4]；7—$TEAPF_6$

图 2-87　$Cu_{1.63}Se$ 催化剂在不同离子液体电解质中，甲醇法拉第效率与电流密度[326]对比图[328]

2.2.4.4　离子液体介质中 CO_2 电催化还原制 CH_4

将 CO_2 转化为 CH_4 这种高附加值的化学品，是一个极具挑战性的研究方向。Han 等[328]利用 MOF 阴极和纯 IL 电解质催化还原 CO_2 生成甲烷，其中咪唑类离子液体相比于四丁基离子液体表现出更高的产甲烷的性能，研究过程中发现在[Bmim][BF_4]纯离子液体电解质中，电催化还原 CO_2 制 CH_4 的达拉第效率可达 80.1%，电流密度为 3.1 mA/cm^2，归因于咪唑离子液体可活化 CO_2，形成 CO_2^- 中间体，该中间体可进一步得到电子及质子，最终形成 CH_4。Han 等[329]采用 N 掺杂碳材料为催化剂，[Bmim][BF_4]/H_2O 为电解质，CH_4 的法拉第效率可达 93.5%，电流密度最高可达 3.26 mA/cm^2，高选择性是 N 掺杂的碳材料与离子液体协同作用的结果。Luo 等[330]采用超薄 $MoTe_2$ 催化剂，以[Bmim][BF_4]/H_2O 为电解质对电催化还原 CO_2 的性能进行研究，发现在−1.0 V(vs. RHE)时达到最大的 CH_4 法拉第效率 83%，电流密度 25.6 mA/cm^2，而当使用 0.1 mol/L 的 $KHCO_3$ 溶液为电解质时，该体系的还原产物主要为 H_2，说明离子液体的存在改变了反应途径，并提出了离子液体体系中 CO_2 电催化还原制 CH_4 的反应机理(见图 2-88)。

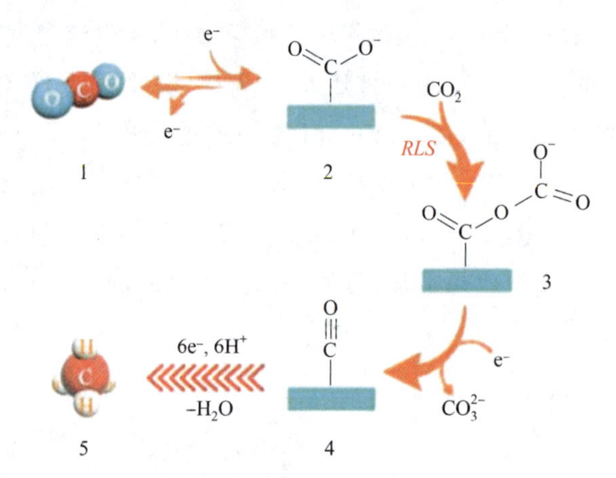

图 2-88 超薄 $MoTe_2$ 催化剂电催化还原 CO_2 制 CH_4 的示意图[330]

2.2.4.5 离子液体介质中 CO_2 电催化还原制草酸

利用电催化的方式将 CO_2 转化为 C2+产物是一个更具挑战性的研究，该过程不仅涉及多个电子和质子的转移，生成的中间体还须进行 C—C 偶联反应，而在众多的 C2+产物中，草酸作为我国一种重要的有机化工原料具有广泛的用途。Archer 等[331]利用 O_2 辅助的 Al/CO_2 电化学装置，[Emim]Cl/$AlCl_3$ 为电解液，以 CO_2 和 O_2 的混合气为阴极活化剂，其中 O_2 在阴极形成超氧化物中间体($O^{\cdot-}$)，$O^{\cdot-}$ 与 CO_2 发生化学反应可固定 CO_2，从而生成草酸盐，且该体系的电流密度可达 70 $mA/g_{(Carbon)}$。Pokharel 等[332]在[TBA][PF_6]/DMF 电解质中，以 Cu(Ⅱ)配合物为催化剂，直接从空气中捕集 CO_2 进行电催化还原制草酸，并提出了如下的反应机理：首先 Cu(Ⅱ)配合物被还原为 Cu(Ⅰ)配合物，Cu(Ⅰ)配合物可与 CO_2 反应生成含有草酸盐桥接的 Cu(Ⅱ)络合物，桥接的草酸根经强酸处理后，生成草酸产物，同时得到 Cu(Ⅱ)配合物 111。Henkelman 等[333]在半球形 Hg/Pt 超微电极上利用扫描电化学显微镜检测到 $CO_2^{\cdot-}$ 的存在(见图 2-89)，并进一步研究表明电催化还原 CO_2 过程中产生的 $CO_2^{\cdot-}$ 自由基阴离子可以在扫描电镜尖端和底物之间的纳米间隙内二聚形成草酸盐。

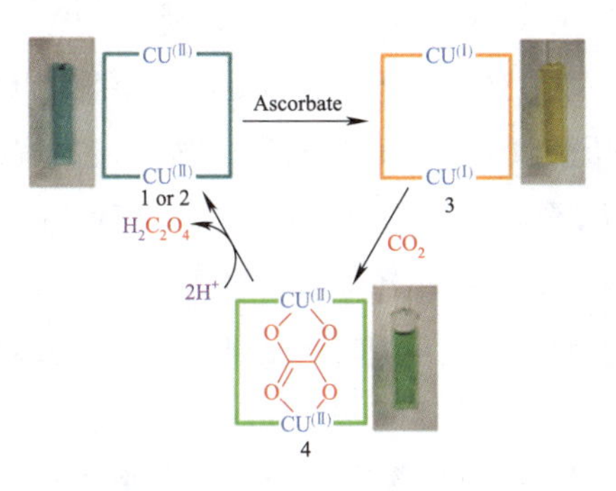

(a)电催化还原 CO_2 的三步循环反应[332]

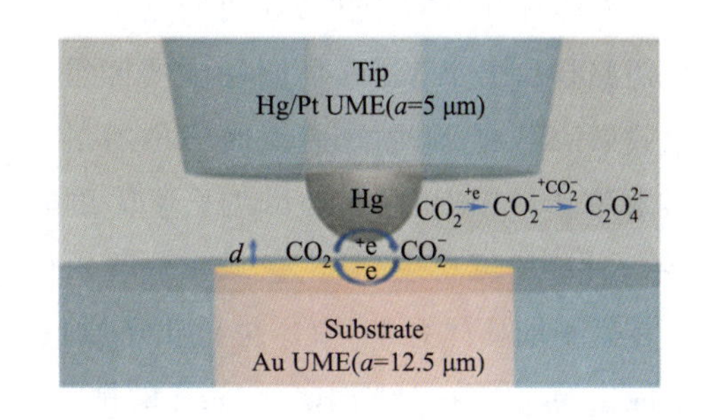

(b)$CO_2^{\cdot-}$ 在扫描电镜下的采集示意图[333]

图　2-89

2.2.4.6　离子液体介质中 CO_2 电催化还原制其他产物

利用离子液体作为电解质，除了将 CO_2 电催化还原制备 C_1 产物外，还可得到乙酸及乙醇等其他产物。Han 等[334]设计 Cu(Ⅰ)/C 掺杂的氮化硼复合物作为催化剂，利用[Emim][BF_4]-LiI-H_2O 电解质，在 H 型电解池中电催化 CO_2 高效还原制乙酸，其中乙酸的法拉第效率可达 80.3%，电流密度可达 13.9 mA/cm^2，研究发现离子液体的存在促进 CO_2 吸附在电极表面，[Emim][BF_4]与 CO_2 之间的氢键作用，形成[Emim-CO_2]$^+$ 复合物，降低该反应过程的过电势，而后形成的吸附态的 CO 或通过加氢形成*CHO，在电极的协同作用下，逐步还原得到乙酸。Rezaei 等[335]在 0.04 mol/L 的[Bmim]Br 和 0.1 mol/L 的 $KHCO_3$ 的混合电解质中，以电沉积树枝状的 Cu 为催化剂，在－1.6 V(vs. Ag/AgCl)的电势下电催化还原 CO_2 得到乙醇的法拉第效率 49%，电流密度 20 mA/cm^2，进一步研究表明离子液体电解质会与 CO_2 形成稳定的 $CO_2^{\cdot-}$ 中间体，$CO_2^{\cdot-}$ 与质子之间存在的静电力，会脱水形成吸附态的 CO，而后在质子化以及分子间的电荷转移促使 C—C 耦联，最终经质子/电子转移形成乙醇产物。

离子液体除了用于 CO_2 电催化还原过程的电解质外，还可直接作为催化剂或溶剂辅助催化剂的制备。Tamura 等[336]在 0.5 mol/L 的 $NaHCO_3$ 电解液中采用含硫醇终端的甲基咪唑盐自组装修饰的金片作为工作电极，研究 CO_2 的电还原过程。结果发现，1-乙硫醇-3-甲基咪唑盐自组装修饰的金片在－0.58 V(vs. RHE)时乙二醇的法拉第效率达到最大值 80%，但其电流密度较低，仅为 0.2 mA/cm^2。同时研究了 Au 电极与咪唑盐间烷基链长与电流密度之间的关系，发现随着烷基链长的增加，电流密度逐渐降低。Wu 等[337]在[Omim]Cl 的水溶液中通过电剥离石墨棒法制备 1-辛基-3-甲基咪唑功能化石墨片，而后在水溶液中负载氧化亚铜形成鸟巢状微结构的催化剂，在 0.1 mol/L 的 $KHCO_3$ 中电催化还原 CO_2 得到乙烯，乙烯的法拉第效率达 14.8%，而未用离子液体修饰的催化剂，CO_2 还原产物主要为 CH_4，研究表明在离子液体中剥离石墨片上，可为 Cu_2O 催化剂的负载提供锚定位置，此外当离子液体存在时的空间效应可防止沉积过程中 Cu_2O 纳米颗粒的聚集，有利于 CO_2 的电催化还原制乙烯。Wu 等[338]利用类似的方法制备 Cu_2O/ILGS，考察不同的 Cu 含量对 CO_2 催化效果的影响，研究发现 Cu_2O/ILGS-100 具有最佳的 CO_2 还原制乙烯的效果，乙烯的法拉第效率为 31.1%，归因于离子液体的存在诱导，合成 Cu_2O 纳米立方体尺寸可低至 72 nm，负载量可高达 77.6%(质量分数)，从而提高 CO_2 电催化还原制乙烯的性能。

在离子液体体系中，CO_2 电催化还原是在电极表面进行的多相反应过程，探究电极界面上电催化还原 CO_2 过程中离子液体的微观作用机制十分重要。此外，CO_2 的电催化转化过程电极材料的作用不可忽略，设计合成具有高活性的电极材料，探究电极材料与离子液体结构、团簇、静电作用等微环境的协同作用，阐明电极材料-离子液体体系中 CO_2 电催化反应的微观机制具有重要意义。研究 CO_2 电催化还原过程的目标在于实现 CO_2 电催化转化的工业应用，因此优化反应器的内部结构以及研究离子液体电解质的流动-传递规律等也是必不可少的。

2.3 CO_2 转化技术应用前景

本章从 CO_2 捕集和资源化转化利用角度出发，介绍了离子液体在 CO_2 转化合成碳酸酯、聚碳酸酯、含氮化合物以及电化学转化过程中的应用。离子液体具有结构可设计、稳定性高、易分离、环境友好等优点，通过设计离子液体亲核性能、酸碱性、氢键强度等特性，可以有效提高其对反应的催化活性。进一步通过负载、限域、聚合等方式将离子液体制备成非均相催化剂，能够在保持其较高催化活性的同时，有效简化产物分离过程。因此，离子液体在 CO_2 温和、绿色转化方面具有广阔的应用前景。

离子液体催化 CO_2 转化合成环状碳酸酯技术从均相离子液体体系逐渐发展到负载离子液体、聚合离子液体、限域离子液体等非均相催化剂体系，形成了以阴阳离子协同催化为特色的高效催化体系。近年来，虽然催化剂的设计取得了较大的进展，但仍普遍存在活性位点及稳定性不能兼具、活性较均相催化剂低的问题。因而，此方面催化剂的开发依然具有重要意义。碱性离子液体在催化 CO_2 与醇类反应合成环状碳酸酯方面展现出良好的潜力，能够有效降低反应条件，但在离子液体回收、非均相催化剂活性提升方面，仍需要深入研究。

离子液体在 CO_2 直接/间接转化合成 DMC 的过程中，既可作为催化剂、添加剂、助催化剂、电解质来促进反应，又能作为萃取剂用于二元或者三元体系物质的分离。因此，离子液体技术在合成 DMC 中的规模应用，有助于推动 DMC 绿色化生产技术的升级换代。离子液体在 CO_2 直接/间接合成 PC 方面也表现出巨大潜力，但研究者还应该继续投入更多的精力，结合各类聚合反应的反应机理设计调控离子液体结构，以期获得更加高效的离子液体催化剂、链转移剂等用于 CO_2 直接/间接与不同结构单体聚合成工业化的 PC 商品，以满足对性能的要求，加快我国石油化工产业的转型升级。

离子液体在胺和 CO_2 合成尿素衍生物过程中起到脱水剂的作用，促进氨基甲酸盐中间体向二取代脲转化，从而避免了化学脱水剂的使用，但现有碱性离子液体，反应条件为高温高压，且对芳香胺(苯胺等)的催化活性普遍较低。所以设计高效的离子液体催化剂在相对温和的条件下催化胺和 CO_2 转化，尤其是芳香胺的转化，仍然是面临的主要挑战。CO_2 与胺类物质环加成合成噁唑烷酮，质子化离子液体既是反应催化剂，又充当反应溶剂，离子液体通过捕集和提供质子促进亲电攻击和分子内活化，使反应变的较为温和。但对于催化过程反应机理和非均相化的探究有待进一步的认识，获得反应条件更加温和，活性和选择性高的催化剂仍是我们面临的难题与挑战。

离子液体对 CO_2 展现出优异的溶解性和活化作用，同时也实现了电催化产物转化的高选择性和法拉第效率，为 CO_2 的电催化还原转化技术提供了新的机遇，在常规型以及功能型离子液体电解质的应用下，CO_2 电催化还原转化技术在制备 CO、甲醇、甲酸等小分子有机物方面已取得了巨大的进展与成就，具备良好的应用前景。

参考文献

[1] CHANDRAMOWLI S N, FELDER F A. Impactof climate change on electricity systems and markets:A review of models and forecasts[J]. Sustainable Energy Technologies and Assessments, 2014, 5: 62-74.

[2] SONG C. Globalchallenges and strategies for control, conversion and utilization of CO_2 for sustainable development involving energy, catalysis, adsorption and chemical processing [J]. Catalysis Today, 2006, 115 (1-4): 2-32.

[3] LI L, ZHAO N, WEI W, et al. A review of research progress on CO_2 capture, storage, and utilization in Chinese academy of sciences[J]. Fuel, 2013, 108: 112-130.

[4] 桂霞，汤志刚，费维扬. 高压下 CO_2 在几种物理吸收剂中的溶解度测定[J]. 化学工程，2011，39 (6)：55-58.

[5] 沈艳梅，赵毅，王添颢. 燃煤发电 CO_2 捕集技术研究现状分析[J]. 广州化工，2018，46 (5)：33-36.

[6] ROCHELLE G T. Amine scrubbing for CO_2 capture[J]. Science, 2009, 325: 1652-1654.

[7] DUGAS R E, ROCHELLE G T. CO_2 absorption rate into concentrated aqueous Monoethanolamine and piperazine[J]. Journal of Chemical & Engineering Data, 2011, 58 (9): 2697-2697.

[8] 孔明，梁启晨，吴勇，等. 哌嗪及其衍生物 CO_2 吸收剂的研究进展[J/OL]. 现代化工. https://link.cnki.net/urlid/11.2172.TQ.20241129.0958.004

[9] FREEMAN S A, DAVIS J, ROCHELLE G T. Degradationof aqueous piperazine in carbon dioxide capture[J]. International Journal of Greenhouse Gas Control, 2010, 4 (5): 756-761.

[10] COUSINS A, NIELSEN P T, HUANG S, et al. Pilot-scale evaluation of concentrated piperazine for CO_2 capture at an Australian coal-fired power station: nitrosamine measurements[J]. International Journal of Greenhouse Gas Control, 2015, 37: 256-263.

[11] ZHOU S, CHEN X, NGUYEN T, et al. Aqueous ethylenediamine for CO_2 capture[J]. ChemSusChem, 2010, 3 (8): 913-918.

[12] NGUYEN T, HILLIARD M, ROCHELLE G T. Aminevolatility in CO_2 capture[J]. International Journal of Greenhouse Gas Control, 2010, 4 (5): 707-715.

[13] LEI Z, CHEN B, KOO Y-M, et al. Introduction: ionic liquids[J]. Chemical Reviews, 2017, 117 (10): 6633-6635.

[14] 王均凤，张锁江，陈慧萍，等. 离子液体的性质及其在催化反应中的应用[J]. 过程工程学报，2003，3(2)：177-185.

[15] 尚大伟. 质子型离子液体功能调控及 NH_3 分离研究[D]. 北京：中国科学院大学（中国科学院过程工程研究所），2018.

[16] 魏文英. 离子液体作为 CO_2 吸附剂的研究进展[J]. 化学工程师，2010 (3)：41-44.

[17] MOGANTY S S, BALTUS R E. Regular solution theory for low pressure carbon dioxide solubility in room temperature ionic liquids: ionic liquid solubility parameter from activation energy of viscosity [J]. Industrial & Engineering Chemistry Research, 2010, 49 (12): 5846-5853.

[18] BLANCHARD L A, HANCU D, BECKMAN E J, et al. Green processing using ionic liquids and CO_2[J]. Nature, 1999, 399: 28-29.

[19] HOU Y, BALTUS R E. Experimental measurement of the solubility and diffusivity of CO_2 in room-temperature ionic liquids using a transient thin-liquid-film method[J]. Industrial & Engineering Chemistry Research, 2007, 46 (24): 8166-8175.

[20] KAZARIAN S G, BRISCOE B J, WELTON T. Combining ionic liquids and supercritical fluids: in situ ATR-IR study of CO_2 dissolved in two ionic liquids at high pressures [J]. Chemical Communications, 2000 (20): 2047-2048.

[21] AKI S N V K, MELLEIN B R, SAURER E M, et al. High-pressure phase behavior of carbon dioxide with imidazolium-based ionic liquids[J]. The Journal of Physical Chemistry B, 2004, 108 (52): 20355-20365.

[22] BABARAO R, DAI S, JIANG D-E, et al. Understanding the high solubility of CO_2 in an ionic liquid with the tetracyanoborate anion[J]. The Journal of Physical Chemistry B, 2011, 115 (32): 9789-9794.

[23] PALOMAR J, GONZALEZ-MIQUEL M, POLO A, et al. Understanding the physical absorption of CO_2 in ionic liquids using the COSMO-RS method[J]. Industrial & Engineering Chemistry Research, 2011, 50 (6): 3452-3463.

[24] ZHANG X, HUO F, LIU Z, et al. Absorption of CO_2 in the ionic liquid 1-N-Hexyl-3-methylimidazolium Tris(pentafluoroethyl) trifluorophosphate ([hmim][FEP]): A molecular view by computer simulations[J]. The Journal of Physical Chemistry B, 2009, 113 (21): 7591-7598.

[25] CADENA C, ANTHONY J L, SHAH J K, et al. Why is CO_2 so soluble in imidazolium-based ionic liquids[J]. Journal of the American Chemical Society, 2004, 126 (16): 5300-5308.

[26] BHARGAVA B L, BALASUBRAMANIAN S. Probinganion-carbon dioxide interactions in room temperature ionic liquids: gas phase cluster calculations[J]. Chemical Physics Letters, 2007, 444 (4): 242-246.

[27] WANG M, ZHANG L, GAO L, et al. Improvement of the CO_2 absorption performance using ionic liquid [NH_2emim][BF_4] and [Emim][BF_4]/[Bmim][BF_4] Mixtures[J]. Energy & Fuels, 2013, 27 (1): 461-466.

[28] BATES E D, MAYTON R D, NTAI I, et al. CO_2 capture by a task-specific ionic liquid[J]. Journal of the American Chemical Society, 2002, 124 (6): 926-927.

[29] SHARMA P, PARK S D, PARK K T, et al. Solubility of carbon dioxide in amine-functionalized ionic liquids: role of the anions[J]. Chemical Engineering Journal, 2012, 193-194: 267-275.

[30] WANG C, GUO Y, ZHU X, et al. Highly efficient CO_2 capture by tunable alkanolamine-based ionic liquids with multidentate cation coordination[J]. Chemical Communications, 2012, 48 (52): 6526.

[31] 吴阳，张甜甜，宋溪明. 氨基酸离子液体研究进展[J]. 渤海大学学报(自然科学版)，2008 (1): 5-11.

[32] HU P, ZHANG R, LIU Z, et al. Absorption performance and mechanism of CO_2 in aqueous solutions of amine-based ionic liquids[J]. Energy & Fuels, 2015, 29 (9): 6019-6024.

[33] ZHANG Y, ZHANG S, LU X, et al. Dual amino-functionalised phosphonium Ionic Liquids for CO_2 capture[J]. Chemistry – A European Journal, 2009, 15 (12): 3003-3011.

[34] ZHANG J, JIA C, DONG H, et al. A novel dual amino-functionalized cation-tethered ionic liquid for CO_2 capture[J]. Industrial & Engineering Chemistry Research, 2013, 52 (17): 5835-5841.

[35] ZHANG Y, WU Z, CHEN S, et al. CO_2 Capture by imidazolate-based ionic liquids: effect of functionalized cation and dication[J]. Industrial & Engineering Chemistry Research, 2013, 52 (18): 6069-6075.

[36] XUE Z, ZHANG Z, HAN J, et al. Carbon dioxide capture by a dual amino ionic liquid with amino-functionalized imidazolium cation and taurine anion[J]. International Journal of Greenhouse Gas Control, 2011, 5 (4): 628-633.

[37] ZHANG Y, YU P, LUO Y. Absorption of CO_2 by amino acid-functionalized and traditional dicationic ionic liquids: properties, Henry's Law constants and mechanisms[J]. Chemical Engineering Journal, 2013, 214: 355-363.

[38] ZHANG J, ZHANG S, DONG K, et al. Supported absorption of CO_2 by tetrabutylphosphonium amino acid ionic liquids[J]. Chemistry A European Journal, 2006, 12 (15): 4021-4026.

[39] WANG X, AKHMEDOV N G, DUAN Y, et al. Immobilization of amino acid ionic liquids into panoporous microspheres as robust sorbents for CO_2 capture[J]. Journal of Materials Chemistry A, 2013, 1 (9): 2978.

[40] 戴月. 功能化离子液体的合成、表征及其吸收 CO_2 的性能研究[J]. 气体净化，2013 (1): 22-23.

[41] MA J W, ZHOU Z, ZHANG F, et al. Ditetraalkylammonium amino acid ionic liquids as CO_2 absorbents of high capacity[J]. Environmental Science & Technology, 2011, 45 (24): 10627-10633.

[42] FENG Z, CHENG-GANG F, YOU-TING W, et al. Absorption of CO_2 in the aqueous solutions of functionalized ionic liquids and MDEA[J]. Chemical Engineering Journal, 2010, 160 (2): 691-697.

[43] CUI G, WANG J, ZHANG S. Activechemisorption sites in functionalized ionic liquids for carbon capture[J]. Chemical Society Reviews, 2016, 45 (15): 4307-4339.

[44] BARA J E, GABRIEL C J, CARLISLE T K, et al. Gas separations in fluoroalkyl-functionalized room-temperature ionic liquids using dupported liquid membranes[J]. Chemical Engineering Journal, 2009, 147 (1): 43-50.

[45] WANG C, LUO X, LUO H, et al. Tuning the basicity of ionic liquids for equimolar CO_2 capture [J]. Angewandte Chemie International Edition, 2011, 50 (21): 4918-4922.

[46] WANG C, LUO H, JIANG D-E, et al. carbon dioxide capture by superbase-derived protic ionic liquids[J].

Angewandte Chemie International Edition, 2010, 49 (34): 5978-5981.

[47] LI A, TIAN Z, YAN T, et al. Anion-functionalized task-specific ionic liquids: molecular origin of change in viscosity upon CO_2 capture[J]. The Journal of Physical Chemistry B, 2014, 118 (51): 14880-14887.

[48] WANG C, LUO H, LI H, et al. Tuning the physicochemical properties of diverse phenolic ionic liquids for equimolar CO_2 capture by the substituent on the anion[J]. Chemistry, 2012, 18 (7): 2153-2160.

[49] GURKAN B, GOODRICH B F, MINDRUP E M, et al. Molecular design of high capacity, low viscosity, chemically tunable ionic liquids for CO_2 Capture[J]. The Journal of Physical Chemistry Letters, 2010, 1 (24): 3494-3499.

[50] WU H, SHAH J K, TENNEY C M, et al. Structure and dynamics of neat and CO_2-reacted ionic liquid tetrabutylphosphonium 2-Cyanopyrrolide[J]. Industrial & Engineering Chemistry Research, 2011, 50 (15): 8983-8993.

[51] SEO S, DESILVA M A, XIA H, et al. Effect of cation on physical properties and CO_2 solubility for phosphonium-based ionic liquids with 2-Cyanopyrrolide anions[J]. The Journal of Physical Chemistry B, 2015, 119 (35): 11807-11814.

[52] BERMEJO M D, MONTERO M, SAEZ E, et al. Liquid-vapor equilibrium of the systems butylmethylimidazolium nitrate-CO_2 and hydroxypropylmethylimidazolium nitrate-CO_2 at high pressure: Influence of Water on the Phase Behavior[J]. The Journal of Physical Chemistry B, 2008, 112 (43): 13532-13541.

[53] VENTURA S P M, PAULY J, DARIDON J L, et al. High pressure solubility data of carbon dioxide in (Tri-Iso-Butyl(Methyl)Phosphonium Tosylate + Water) systems[J]. The Journal of Chemical Thermodynamics, 2008, 40 (8): 1187-1192.

[54] WANG G, HOU W, XIAO F, et al. Low-viscosity triethylbutylammonium acetate as a task-specific ionic liquid for reversible CO_2 absorption[J]. Journal of Chemical & Engineering Data, 2011, 56 (4): 1125-1133.

[55] GOODRICH B F, FUENTE J C D L, GURKAN B E, et al. Effect of water and temperature on absorption of CO_2 by amine-functionalized anion-tethered ionic liquids [J]. Journal of Physical Chemistry B, 2011, 115 (29): 9140-9150.

[56] ROMANOS G E, ZUBEIR L F, LIKODIMOS V, et al. Enhanced CO_2 capture in binary mixtures of 1-Alkyl-3-Methylimidazolium tricyanomethanide ionic liquids with water[J]. Journal of Physical Chemistry B, 2013, 117 (40): 12234-12251.

[57] SEO S, QUIROZ-GUZMAN M, DESILVA M A, et al. Chemically tunable ionic liquids with aprotic heterocyclic anion (AHA) for CO_2 capture[J]. The Journal of Physical Chemistry B, 2014, 118 (21): 5740-5751.

[58] ANDERSON K, ATKINS M P, ESTAGER J, et al. Carbon dioxide uptake from natural gas by binary ionic liquid-water mixtures[J]. Green Chemistry, 2015, 17 (8): 4340-4354.

[59] WU Z, ZHANG Y, LEI W, et al. Kinetics of CO_2 absorption into aqueous 1-Ethyl-3-Methylimidazolium glycinate solution[J]. Chemical Engineering Journal, 2015, 264: 744-752.

[60] JING G, ZHOU L, ZHOU Z. Characterization and kinetics of carbon dioxide absorption into aqueous tetramethylammonium glycinate solution[J]. Chemical Engineering Journal, 2012, 181-182: 85-92.

[61] GUO H, ZHOU Z, JING G. Kinetics ofcarbon dioxide absorption into aqueous [Hmim][Gly] Solution[J]. International Journal of Greenhouse Gas Control, 2013, 16: 197-205.

[62] MCDONALD J L, MCDONALD J L, SYKORA R E, et al. Impact of water on CO_2 capture by amino acid ionic liquids[J]. Environmental Chemistry Letters, 2014, 12 (1): 201-208.

[63] LV B, XIA Y, SHI Y, et al. A novel hydrophilic amino acid ionic liquid [C2ohmim][Gly] as aqueous sorbent for CO_2 capture[J]. International Journal of Greenhouse Gas Control, 2016, 46: 1-6.

[64] CAMPER D, BARA J E, GIN D L, et al. Room-temperature ionic liquid-amine solutions: tunable solvents for efficient and reversible capture of CO_2 [J]. Industrial & Engineering Chemistry Research, 2008, 47 (21): 8496-8498.

[65] MCCRELLIS C, TAYLOR S F R, JACQUEMIN J, et al. Effect of the presence of MEA on the CO_2 capture ability of superbase ionic liquids[J]. Journal of Chemical & Engineering Data, 2016, 61 (3): 1092-1100.

[66] LV B, SHI Y, SUN C, et al. CO_2 capture by a highly-efficient aqueous blend of Monoethanolamine and a hydrophilic amino acid ionic liquid [C_2OHmim][Gly] [J]. Chemical Engineering Journal, 2015, 270: 372-377.

[67] AHMADY A, HASHIM M A, AROUA M K. Experimental investigation on the solubility and initial rate of absorption of CO_2 in aqueous mixtures of Methyldiethanolamine with the ionic liquid 1-Butyl-3-methylimidazolium tetrafluoroborate[J]. Journal of Chemical & Engineering Data, 2010, 55 (12): 5733-5738.

[68] AHMADY A, HASHIM M A, AROUA M K. Absorption of carbon dioxide in the aqueous mixtures of Methyldiethanolamine with three types of imidazolium-based ionic liquids[J]. Fluid Phase Equilibria, 2011, 309 (1): 76-82.

[69] SAIRI N A, YUSOFF R, ALIAS Y, et al. Solubilities of CO_2 in aqueous N-Methyldiethanolamine and guanidinium Trifluoromethanesulfonate ionic liquid systems at elevated pressures[J]. Fluid Phase Equilibria, 2011, 300 (1-2): 89-94.

[70] XU F, GAO H, DONG H, et al. Solubility of CO_2 in aqueous Mixtures of Monoethanolamine and Dicyanamide-based ionic liquids[J]. Fluid Phase Equilibria, 2014, 365: 80-87.

[71] ZHOU Z, JING G, ZHOU L. Characterization and absorption of carbon dioxide into aqueous solution of amino acid ionic liquid [N1111][Gly] and 2-Amino-2-Methyl-1-Propanol[J]. Chemical Engineering Journal, 2012, 204-206: 235-243.

[72] HUANG Q, LI Y, JIN X, et al. Chloride ion enhanced thermal stability of carbon dioxide captured by monoethanolamine in hydroxyl imidazolium based ionic liquids[J]. Energy & Environmental Science, 2011, 4 (6): 2125.

[73] GAO J, CAO L, DONG H, et al. Ionic liquids tailored amine aqueous solution for pre-combustion CO_2 capture: role of imidazolium-based ionic liquids[J]. Applied Energy, 2015, 154: 771-780.

[74] ZHENG F, HELDEBRANT D J, MATHIAS P M, et al. Bench-scale testing and process performance projections of CO_2 capture by CO_2-binding organic liquids (CO_2BOLs) with and without polarity-swing-assisted regeneration[J]. Energy & Fuels, 2016, 30 (2): 1192-1203.

[75] OZKUTLU M, ORHAN O Y, ERSAN H Y, et al. Kinetics of CO_2 capture by ionic liquid-CO_2 binding organic liquid dual systems[J]. Chemical Engineering & Processing: Process Intensification,

2016, 101: 50-55.

[76] JESSOP P G, HELDEBRANT D J, LI X, et al. Reversible nonpolar-to-Polar solvent[J]. Nature, 2005, 436 (7054): 1102-1102.

[77] HELDEBRANT D J, YONKER C R, JESSOP P G, et al. Organic liquid CO_2 capture agents with high gravimetric CO_2 capacity[J]. Energy & Environmental Science, 2008, 1 (4): 487-493.

[78] PRIVALOVA E, NURMI M, MARAñóN M S, et al. CO_2 removal with switchable versus classical ionic liquids[J]. Separation and Purification Technology, 2012, 97: 42-50.

[79] WANG C, MAHURIN S M, LUO H, et al. Reversible and robust CO_2 capture by equimolar task-specific ionic liquid-superbase mixtures[J]. Green Chemistry, 2010, 12 (5): 870-874.

[80] WANG C, LUO H, LUO X, et al. Equimolar CO_2 capture by imidazolium-based ionic liquids and superbase systems[J]. Green Chemistry, 2010, 12 (11): 2019-2023.

[81] HONG G, JACQUEMIN J, HUSSON P, et al. Effect of acetonitrile on the solubility of carbon dioxide in 1-Ethyl-3-methylimidazolium Bis (trifluoromethylsulfonyl) amide [J]. Industrial & Engineering Chemistry Research, 2006, 45 (24): 8180-8188.

[82] LI X, HOU M, ZHANG Z, et al. Absorption of CO_2 by ionic liquid/polyethylene glycol mixture and the thermodynamic parameters[J]. Green Chemistry, 2008, 10 (8): 879-884.

[83] SHIFLETT M B, YOKOZEKI A. Phase behavior of carbon dioxide in ionic liquids: [Emim] [Acetate], [Emim][Trifluoroacetate], and [Emim][Acetate] + [Emim][Trifluoroacetate] mixtures[J]. Journal of Chemical & Engineering Data, 2009, 54 (1): 108-114.

[84] LEI Z, QI X, ZHU J, et al. Solubility of CO_2 in acetone, 1-Butyl-3-methylimidazolium tetrafluoroborate, and their mixtures[J]. Journal of Chemical & Engineering Data, 2012, 57 (12): 3458-3466.

[85] PINTO A M, RODRI GUEZ H C, COLON Y J, et al. Absorption of carbon dioxide in two binary mixtures of ionic liquids [J]. Industrial & Engineering Chemistry Research, 2013, 52 (17): 5975-5984.

[86] LUO Q, PENTZER E. Encapsulation of ionic liquids for tailored applications[J]. ACS Applied Materials & Interfaces, 2020, 12 (5): 5169-5176.

[87] SONG X, YU J, WEI M, et al. Ionic liquids-functionalized zeolitic imidazolate framework for carbon dioxide adsorption[J]. Materials (Basel, Switzerland), 2019, 12 (15): 2361.

[88] POLESSO B B, BERNARD F L, FERRARI H Z, et al. Supported ionic liquids as highly efficient and low-cost material for CO_2/CH_4 separation process[J]. Heliyon, 2019, 5 (7): 02183.

[89] POLESSO B B, DUCZINSKI R, BERNARD F L, et al. Imidazolium-based ionic liquids impregnated in silica and alumina supports for CO_2 capture[J]. Materials Research, 2019, 22 (S1): 20180810.

[90] UEHARA Y, KARAMI D, MAHINPEY N. CO_2 Adsorption using amino acid ionic liquid-impregnated mesoporous silica sorbents with different textural properties [J]. Microporous and Mesoporous Materials, 2019, 278: 378-386.

[91] NKINAHAMIRA F, SU T, XIE Y, et al. High pressure adsorption of CO_2 on MCM-41 grafted with quaternary ammonium ionic liquids[J]. Chemical Engineering Journal, 2017, 326: 831-838.

[92] XU Q Q, YIN J Z, ZHOU X L, et al. Impregnation of ionic liquids in mesoporous silica using supercritical carbon dioxide and co-solvent[J]. RSC Advances, 2016, 6 (103): 101079-101086.

[93] MOHAMEDALI M, IBRAHIM H, HENNI A. Imidazolium based ionic liquids confined into mesoporous

silica MCM-41 and SBA-15 for carbon dioxide capture[J]. Microporous and Mesoporous Materials, 2020, 294: 109916.

[94] ARELLANO I H, MADANI S H, HUANG J, et al. Carbon dioxide adsorption by zinc-functionalized ionic liquid impregnated into bio-templated mesoporous silica beads [J]. Chemical Engineering Journal, 2016, 283: 692-702.

[95] UEHARA Y, KARAMI D, MAHINPEY N. Aminoacid ionic liquid-modified mesoporous silica sorbents with remaining surfactant for CO_2 capture[J]. Adsorption, 2019, 25 (4): 703-716.

[96] UEHARA Y, KARAMI D, MAHINPEY N. Roles ofcation and anion of amino acid anion-functionalized ionic liquids immobilized into a porous support for CO_2 capture[J]. Energy & Fuels, 2018, 32 (4): 5345-5354.

[97] RAJA SHAHROM M S, NORDIN A R, WILFRED C D. Theimprovement of activated carbon as CO_2 adsorbent with supported amine functionalized ionic liquids [J]. Journal of Environmental Chemical Engineering, 2019, 7 (5): 103319.

[98] MOHAMEDALI M, IBRAHIM H, HENNI A. Incorporation of acetate-based ionic liquids into a zeolitic imidazolate framework (ZIF-8) as efficient sorbents for carbon dioxide capture[J]. Chemical Engineering Journal, 2018, 334: 817-828.

[99] LEE Y Y, EDGEHOUSE K, KLEMM A, et al. Capsules of reactive ionic liquids for selective capture of carbon dioxide at low concentrations [J]. ACS Applied Materials & Interfaces, 2020, 12 (16): 19184-19193.

[100] HUANG Q, LUO Q, WANG Y, et al. Hybrid ionic liquid capsules for rapid CO_2 capture[J]. Industrial & Engineering Chemistry Research, 2019, 58 (24): 10503-10509.

[101] ZHU J, XIN F, HUANG J, et al. Adsorption and diffusivity of CO_2 in phosphonium ionic liquid modified silica[J]. Chemical Engineering Journal, 2014, 246: 79-87.

[102] HE X, ZHU J, WANG H, et al. Surface functionalization of activated carbon with phosphonium ionic liquid for CO_2 adsorption[J]. Coatings, 2019, 9 (9): 590.

[103] AQUINO A S, BERNARD F L, BORGES J V, et al. Rationalizing the role of the anion in CO_2 capture and conversion using imidazolium-based ionic liquid modified mesoporous silica [J]. RSC Advances, 2015, 5 (79): 64220-64227.

[104] COOPER A I. Porous molecular solids and liquids[J]. ACS Central Science, 2017, 3 (6): 544-553.

[105] JAMES S L. The dam bursts for porous liquids[J]. Advanced Materials, 2016, 28 (27): 5712-5716.

[106] GIRI N, DEL PóPOLO M G, MELAUGH G, et al. Liquids with permanent porosity[J]. Nature, 2015, 527 (7577): 216-220.

[107] ZHAO X, YUAN Y, LI P, et al. A polyether amine modified metal organic framework enhanced the CO_2 adsorption capacity of room temperature porous liquids[J]. Chemical Communications, 2019, 55 (87): 13179-13182.

[108] NORTH M, PASQUALE R, YOUNG C. Synthesis of cyclic carbonates from epoxides and CO_2 [J]. Green Chemistry, 2010, 12 (9): 1514-1539.

[109] HUANG J-W, SHI M. Chemical fixation of carbon dioxide by NaI/PPh_3/PhOH[J]. The Journal of Organic Chemistry, 2003, 68 (17): 6705-6709.

[110] SONG J, ZHANG Z, HAN B, et al. Synthesis of cyclic carbonates from epoxides and CO_2 catalyzed

by potassium halide in the presence of β-cyclodextrin[J]. Green Chemistry, 2008, 10 (12): 1337-1341.

[111] LIANG S, LIU H, JIANG T, et al. Highly efficient synthesis of cyclic carbonates from CO_2 and epoxides over cellulose/KI[J]. Chemical Communications, 2011, 47 (7): 2131-2133.

[112] SONG J, ZHANG B, JIANG T, et al. Synthesis of cyclic carbonates and dimethyl carbonate using CO_2 as a building block catalyzed by MOF-5/KI and MOF-5/KI/K_2CO_3[J]. Frontiers of Chemistry in China, 2011, 6 (1): 21-30.

[113] MA J, SONG J, LIU H, et al. One-pot conversion of CO_2 and glycerol to value-added products using propylene oxide as the coupling agent[J]. Green Chemistry, 2012, 14 (6): 1743-1748.

[114] ROKICKI G, KURAN W, POGORZELSKA-MARCINIAK B. Cyclic carbonates from carbon dioxide and oxiranes[J]. Monatshefte für Chemie / Chemical Monthly, 1984, 115 (2): 205-214.

[115] KIHARA N, HARA N, ENDO T. Catalytic activity of various salts in the reaction of 2,3-epoxypropyl phenyl ether and carbon dioxide under atmospheric pressure[J]. The Journal of Organic Chemistry, 1993, 58 (23): 6198-6202.

[116] ZHAO T, HAN Y, SUN Y. Cycloaddition between propylene oxide and CO_2 over metal oxide supported KI[J]. Physical Chemistry Chemical Physics, 1999, 1 (12): 3047-3051.

[117] KIM H S, KIM J J, KWON H N, et al. Well-defined highly active heterogeneous catalyst system for the coupling reactions of carbon dioxide and epoxides[J]. Journal of Catalysis, 2002, 205 (1): 226-229.

[118] BENNENGXIAO, JIANSUN, JINQUANWANG, et al. Triethanolamine/KI: a multifunctional catalyst for CO_2 activation and conversion with epoxides into cyclic carbonates[J]. Synthetic Communications, 2013, 43 (22): 2985-2997.

[119] YANG Z, SUN J, CHENG W, et al. Biocompatible and recyclable amino acid binary catalyst for efficient chemical fixation of CO_2[J]. Catalysis Communications, 2014, 44: 6-9.

[120] CHENG W, FU Z, WANG J, et al. $ZnBr_2$-based choline chloride ionic liquid for efficient fixation of CO_2 to cyclic carbonate[J]. Synthetic Communications, 2012, 42 (17): 2564-2573.

[121] DAI W L, LUO S L, YIN S F, et al. The direct transformation of carbon dioxide to organic carbonates over heterogeneous catalysts[J]. Applied Catalysis A: General, 2009, 366 (1): 2-12.

[122] YANO T, MATSUI H, KOIKE T, et al. Magnesium oxide-catalysed reaction of carbon dioxide with an epoxide with retention of stereochemistry[J]. Chemical Communications, 1997 (12): 1129-1130.

[123] MATSUSHITA S, NAKATA T. Infrared absorption of zinc oxide and of adsorbed CO_2[J]. The Journal of Chemical Physics, 1962, 36 (3): 665-669.

[124] STUART W I, WHATELEY T L. Adsorption of water and carbon dioxide on beryllium oxide[J]. Transactions of the Faraday Society, 1965, 61 (0): 2763-2771.

[125] YASUO F, KOZO T. Infrared study of carbon dioxide adsorbed on magnesium and calcium oxides [J]. Bulletin of the Chemical Society of Japan, 1973, 46 (6): 1616-1619.

[126] YAMAGUCHI K, EBITANI K, YOSHIDA T, et al. Mg-Al mixed oxides as highly active acid-base catalysts for cycloaddition of carbon dioxide to epoxides[J]. Journal of the American Chemical Society, 1999, 121 (18): 4526-4527.

[127] YASUDA H, HE L-N, TAKAHASHI T, et al. Non-halogen catalysts for propylene carbonate synthesis from CO_2 under supercritical conditions[J]. Applied Catalysis A: General, 2006, 298: 177-180.

[128] YASUDA H, HE L-N, SAKAKURA T. Cycliccarbonate synthesis from supercritical carbon dioxide and epoxide over lanthanide oxychloride[J]. Journal of Catalysis, 2002, 209 (2): 547-550.

[129] NORIKAZU T, SHOHEI I. Activationof carbon dioxide by tetraphenylporphinatoaluminium methoxide [J]. Reaction with Epoxide. Bulletin of the Chemical Society of Japan, 1978, 51 (12): 3564-3567.

[130] PADDOCK R L, NGUYEN S T. Chemical CO_2 fixation: cr(iii) salen complexes as highly efficient catalysts for the coupling of CO_2 and epoxides[J]. Journal of the American Chemical Society, 2001, 123 (46): 11498-11499.

[131] ALVARO M, BALEIZAO C, DAS D, et al. CO_2 fixation using recoverable chromium salen catalysts: use of ionic liquids as cosolvent or high-surface-area silicates as supports[J]. Journal of Catalysis, 2004, 228 (1): 254-258.

[132] CANALI L C, SHERRINGTON D. Utilisation of homogeneous and supported chiral metal(salen) complexes in asymmetric catalysis[J]. Chemical Society Reviews, 1999, 28 (2): 85-93.

[133] LU X B, HE R, BAI C X. Synthesis of ethylene carbonate from supercritical carbon dioxide/ ethylene oxide mixture in the presence of bifunctional catalyst[J]. Journal of Molecular Catalysis A: Chemical, 2002, 186 (1): 1-11.

[134] LU X-B, FENG X-J, HE R. Catalytic formation of ethylene carbonate from supercritical carbon dioxide/ethylene oxide mixture with tetradentate schiff-base complexes as catalyst[J]. Applied Catalysis A: General, 2002, 234 (1): 25-33.

[135] NORTH M, PASQUALE R. Mechanismof cyclic carbonate synthesis from epoxides and CO_2[J]. Angewandte Chemie International Edition, 2009, 48 (16): 2946-2948.

[136] XIE Y, WANG T-T, YANG R-X, et al. Efficient fixation of CO_2 by a zinc-coordinated conjugated microporous polymer[J]. ChemSusChem, 2014, 7 (8): 2110-2114.

[137] CLEGG W, HARRINGTON R W, NORTH M, et al. Cyclic carbonate synthesis catalysed by bimetallic aluminium-salen complexes[J]. Chemistry A European Journal, 2010, 16 (23): 6828-6843.

[138] DECORTES A, MARTíNEZ B M, BENET-BUCHHOLZ J, et al. Efficient carbonate synthesis under mild conditions through cycloaddition of carbon dioxide to oxiranes using a Zn(Salphen) catalyst[J]. Chemical Communications, 2010, 46 (25): 4580-4582.

[139] GAO W Y, CHEN Y, NIU Y, et al. Crystal engineering of an nbo topology metal-organic framework for chemical fixation of CO_2 under ambient conditions[J]. Angewandte Chemie International Edition, 2014, 53 (10): 2615-2619.

[140] MACIAS E E, RATNASAMY P, CARREON M A. Catalyticactivity of metal organic framework $cu_3(btc)_2$ in the cycloaddition of CO_2 to epichlorohydrin reaction[J]. Catalysis Today, 2012, 198 (1): 215-218.

[141] VERMA S, BAIG R B N, NADAGOUDA M N, et al. Titanium-based zeolitic imidazolate framework for chemical fixation of carbon dioxide[J]. Green Chemistry, 2016, 18 (18): 4855-4858.

[142] ZHOU X, ZHANG Y, YANG X, et al. Functionalized IRMOF-3 as efficient heterogeneous catalyst for the synthesis of cyclic carbonates[J]. Journal of Molecular Catalysis A: Chemical, 2012, 361-

362: 12-16.

[143] THARUN J, BHIN K-M, ROSHAN R, et al. Ionic liquid tethered post functionalized ZIF-90 framework for the cycloaddition of propylene oxide and CO_2[J]. Green Chemistry, 2016, 18 (8): 2479-2487.

[144] ZHU J, XIAO P, LI H, et al. Graphitic Carbon Nitride: Synthesis, properties, and applications in catalysis[J]. ACS Applied Materials & Interfaces, 2014, 6 (19): 16449-16465.

[145] SU Q, SUN J, WANG J, et al. Urea-Derived graphitic carbon nitride as an efficient heterogeneous catalyst for CO_2 conversion into cyclic carbonates[J]. Catalysis Science & Technology, 2014, 4 (6): 1556-1562.

[146] SU Q, YAO X, CHENG W, et al. Boron-doped melamine-derived carbon nitrides tailored by ionic liquids for catalytic conversion of CO_2 into cyclic carbonates[J]. Green Chemistry, 2017, 19 (13): 2957-2965.

[147] XU J, WU F, JIANG Q, et al. Mesoporous carbon nitride grafted with N-bromobutane: a high-performance heterogeneous catalyst for the solvent-free cycloaddition of CO_2 to propylene carbonate [J]. Catalysis Science & Technology, 2015, 5 (1): 447-454.

[148] HUANG Z, LI F, CHEN B, et al. Well-dispersed g-C_3N_4 nanophases in mesoporous silica channels and their catalytic activity for carbon dioxide activation and conversion[J]. Applied Catalysis B: Environmental, 2013, 136-137: 269-277.

[149] ROGERS R D, SEDDON K R. Ionicliquids-solvents of the future[J]. Science, 2003, 302 (5646): 792-793.

[150] SHELDON R. Catalytic reactions in ionic liquids[J]. Chemical Communications, 2001 (23): 2399-2407.

[151] AGRIGENTO P, AL-AMSYAR S M, SORéE B, et al. Synthesis and high-throughput testing of multilayered supported ionic liquid catalysts for the conversion of CO_2 and epoxides into cyclic carbonates[J]. Catalysis Science & Technology, 2014, 4 (6): 1598-1607.

[152] SUN J, ZHANG S, CHENG W, et al. Hydroxyl-functionalized ionic liquid: a novel efficient catalyst for chemical fixation of CO_2 to cyclic carbonate[J]. Tetrahedron Letters, 2008, 49 (22): 3588-3591.

[153] PENG J, DENG Y. Cycloadditionof carbon dioxide to propylene oxide catalyzed by ionic liquids[J]. New Journal of Chemistry, 2001, 25 (4): 639-641.

[154] KAWANAMI H, SASAKI A, MATSUI K, et al. A rapid and effective synthesis of propylene carbonate using a supercritical CO_2-Ionic liquid system[J]. Chemical Communications, 2003 (7): 896-897.

[155] KIM H S, KIM J J, KIM H, et al. Imidazolium zinc tetrahalide-catalyzed coupling reaction of CO_2 and ethylene oxide or propylene oxide[J]. Journal of Catalysis, 2003, 220 (1): 44-46.

[156] LI F, XIAO L, XIA C, et al. Chemical fixation of CO_2 with highly efficient $ZnCl_2$/[Bmim]Br catalyst system[J]. Tetrahedron Letters, 2004, 45 (45): 8307-8310.

[157] SUN J, FUJITA S-I, ZHAO F, et al. Synthesis of styrene carbonate from styrene oxide and carbon dioxide in the presence of zinc bromide and ionic liquid under mild conditions[J]. Green Chemistry, 2004, 6 (12): 613-616.

[158] SUN J, REN J, ZHANG S, et al. Water as an efficient medium for the synthesis of cyclic carbonate [J]. Tetrahedron Letters, 2009, 50 (4): 423-426.

[159] WANG J Q, CHENG W G, SUN J, et al. Efficient fixation of CO_2 into organic carbonates catalyzed by 2-Hydroxymethyl-Functionalized ionic liquids[J]. RSC Advances, 2014, 4 (5): 2360-2367.

[160] SUN J, HAN L, CHENG W, et al. Efficient acid-base bifunctional catalysts for the fixation of CO_2 with epoxides under metal-and solvent-free conditions[J]. ChemSusChem, 2011, 4 (4): 502-507.

[161] CALó V, NACCI A, MONOPOLI A, et al. Cyclic carbonate formation from carbon dioxide and oxiranes in tetrabutylammonium halides as solvents and catalysts[J]. Organic Letters, 2002, 4 (15): 2561-2563.

[162] CHENG W, XIAO B, SUN J, et al. Effect of hydrogen bond of hydroxyl-functionalized ammonium ionic liquids on cycloaddition of CO_2[J]. Tetrahedron Letters, 2015, 56 (11): 1416-1419.

[163] WANG J Q, SUN J, CHENG W G, et al. Experimental and theoretical studies on hydrogen bond-promoted fixation of carbon dioxide and epoxides in cyclic carbonates[J]. Physical Chemistry Chemical Physics, 2012, 14 (31): 11021-11026.

[164] ZHU A, JIANG T, HAN B, et al. Supported choline chloride/urea as a heterogeneous catalyst for chemical fixation of carbon dioxide to cyclic carbonates[J]. Green Chemistry, 2007, 9 (2): 169-172.

[165] XU F, CHENG W, YAO X, et al. Thiourea-based bifunctional ionic liquids as highly efficient catalysts for the cycloaddition of CO_2 to epoxides[J]. Catalysis Letters, 2017, 147 (7): 1654-1664.

[166] PEI Y, RU J, YAO K, et al. Nanoreactors stable up to 200 ℃: a class of high temperature microemulsions composed solely of ionic liquids[J]. Chemical Communications, 2018, 54 (49): 6260-6263.

[167] CHENG W, XU F, SUN J, et al. Superbase/saccharide: an ecologically benign catalyst for efficient fixation of CO_2 into cyclic carbonates[J]. Synthetic Communications, 2016, 46 (6): 497-508.

[168] LI W, CHENG W, YANG X, et al. Synthesis of cyclic carbonate catalyzed by dbu derived basic ionic liquids[J]. Chinese Journal of Chemistry, 2018, 36 (4): 293-298.

[169] MENG X, JU Z, ZHANG S, et al. Efficient transformation of CO_2 to cyclic carbonates using bifunctional protic ionic liquids under mild conditions[J]. Green Chemistry, 2019, 21 (12): 3456-3463.

[170] FANG W, XIAO-YONG D, LIANG-NIAN H, et al. Natural amino acid-based ionic liquids as efficient catalysts for the synthesis of cyclic carbonates from CO_2 and epoxides under solvent-free conditions[J]. Letters in Organic Chemistry, 2010, 7 (1): 73-78.

[171] YANG Z Z, HE L N, MIAO C X, et al. Lewis basic ionic liquids-catalyzed conversion of carbon dioxide to cyclic carbonates[J]. Advanced Synthesis & Catalysis, 2010, 352 (13): 2233-2240.

[172] ZHANG X, ZENG S, FENG J, et al. CO_2 chemical engineering: CO_2 green conversion enhanced by ionic liquid microhabitat[J]. Scientia Sinica Chimica, 2020, 50 (1674-7224): 282.

[173] ZHAO Y, TIAN J S, QI X H, et al. Quaternary ammonium salt-functionalized chitosan: an easily recyclable catalyst for efficient synthesis of cyclic carbonates from epoxides and carbon dioxide[J]. Journal of Molecular Catalysis A: Chemical, 2007, 271 (1): 284-289.

[174] ZHANG X, WANG D, ZHAO N, et al. Grafted ionic liquid: catalyst for solventless cycloaddition of carbon dioxide and propylene oxide[J]. Catalysis Communications, 2009, 11 (1): 43-46.

[175] HAN L, LI H, CHOI S-J, et al. Ionic liquids grafted on carbon nanotubes as highly efficient heterogeneous catalysts for the synthesis of cyclic carbonates[J]. Applied Catalysis A: General,

2012, 429-430: 67-72.

[176] CHEN X, SUN J, WANG J, et al. Polystyrene-bound diethanolamine based ionic liquids for chemical fixation of CO_2[J]. Tetrahedron Letters, 2012, 53 (22): 2684-2688.

[177] SUN J, CHENG W, FAN W, et al. Reusable and efficient polymer-supported task-specific ionic liquid catalyst for cycloaddition of epoxide with CO_2[J]. Catalysis Today, 2009, 148 (3): 361-367.

[178] SUN J, WANG J, CHENG W, et al. Chitosan functionalized ionic liquid as a recyclable biopolymer-supported catalyst for cycloaddition of CO_2[J]. Green Chemistry, 2012, 14 (3): 654-660.

[179] SUN J, CHENG W, YANG Z, et al. Superbase/cellulose: an environmentally benign catalyst for chemical fixation of carbon dioxide into cyclic carbonates[J]. Green Chemistry, 2014, 16 (6): 3071-3078.

[180] CHENG W, CHEN X, SUN J, et al. SBA-15 supported triazolium-based ionic liquids as highly efficient and recyclable catalysts for fixation of CO_2 with epoxides[J]. Catalysis Today, 2013, 200: 117-124.

[181] XIE Y, ZHANG Z, JIANG T, et al. CO_2 cycloaddition reactions catalyzed by an ionic liquid grafted onto a highly cross-linked polymer matrix[J]. Angewandte Chemie International Edition, 2007, 46 (38): 7255-7258.

[182] HE J, WU T, ZHANG Z, et al. Cycloaddition of CO_2 to epoxides catalyzed by polyaniline salts[J]. Chemistry A European Journal, 2007, 13 (24): 6992-6997.

[183] XIONG Y, WANG Y, WANG H, et al. A facile one-step synthesis to ionic liquid-based cross-linked polymeric nanoparticles and their application for CO_2 fixation[J]. Polymer Chemistry, 2011, 2 (10): 2306-2315.

[184] SHI T Y, WANG J Q, SUN J, et al. Efficient fixation of CO_2 into cyclic carbonates catalyzed by hydroxyl-functionalized poly(ionic liquids)[J]. RSC Advances, 2013, 3 (11): 3726-3732.

[185] MENG X-L, NIE Y, SUN J, et al. Functionalized dicyandiamide-formaldehyde polymers as efficient heterogeneous catalysts for conversion of CO_2 into organic carbonates[J]. Green Chemistry, 2014, 16 (5): 2771-2778.

[186] LIU Y, CHENG W, ZHANG Y, et al. Controllable preparation of phosphonium-based polymeric ionic liquids as highly selective nanocatalysts for the chemical conversion of CO_2 with epoxides[J]. Green Chemistry, 2017, 19 (9): 2184-2193.

[187] YING T, TAN X, SU Q, et al. Polymeric ionic liquids tailored by different chain groups for the efficient conversion of CO_2 into cyclic carbonates[J]. Green Chemistry, 2019, 21 (9): 2352-2361.

[188] ZHANG S, ZHANG J, ZHANG Y, et al. Nanoconfined ionic liquids[J]. Chemical Reviews, 2017, 117 (10): 6755-6833.

[189] SUN Y, HUANG H, VARDHAN H, et al. Facile approach to graft ionic liquid into mof for improving the efficiency of CO_2 chemical fixation[J]. ACS Applied Materials & Interfaces, 2018, 10 (32): 27124-27130.

[190] SU Q, QI Y, YAO X, et al. Ionic liquids tailored and confined by one-step assembly with mesoporous silica for boosting the catalytic conversion of CO_2 into cyclic carbonates[J]. Green Chemistry, 2018, 20 (14): 3232-3241.

[191] ZHAO X Q, SUN N, WANG S F, et al. Synthesis of propylene carbonate from carbon dioxide and

1,2-propylene glycol over zinc acetate catalyst[J]. Industrial & Engineering Chemistry Research, 2008, 47 (5): 1365-1369.

[192] HUANG S Y, LIU S G, LI J P, et al. Modified zinc oxide for the direct synthesis of propylene carbonate from propylene glycol and carbon dioxide[J]. Catalysis Letters, 2007, 118 (3-4): 290-294.

[193] TOMISHIGE K, YASUDA H, YOSHIDA Y, et al. Catalytic performance and properties of ceria based catalysts for cyclic carbonate synthesis from glycol and carbon dioxide[J]. Green Chemistry, 2004, 6 (4): 206-214.

[194] LI H G, GAO D Z, GAO P, et al. the synthesis of glycerol carbonate from glycerol and CO_2 over $La_2O_2CO_3$-Zno catalysts[J]. Catalysis Science & Technology, 2013, 3 (10): 2801-2809.

[195] COMERFORD J W, HART S J, NORTH M, et al. Homogeneous and silica-supported zinc complexes for the synthesis of propylene carbonate from propane-1,2-diol and carbon dioxide[J]. Catalysis Science & Technology, 2016, 6 (13): 4824-4831.

[196] LIM Y N, LEE C, JANG H Y. Metal-free synthesis of cyclic and acyclic carbonates from CO_2 and alcohols[J]. European Journal of Organic Chemistry, 2014, 9: 1823-1826.

[197] CASTRO-OSMA J A, COMERFORD J W, HEYN R H, et al. New catalysts for carboxylation of propylene glycol to propylene carbonate via high-throughput screening[J]. Faraday Discussions, 2015, 183: 19-30.

[198] LIU J X, LI Y J, LIU H M, et al. Transformation of CO_2 and glycerol to glycerol carbonate over CeO_2-ZrO_2 solid solution-effect of Zr doping[J]. Biomass & Bioenergy, 2018, 118: 74-83.

[199] LIU J X, LI Y M, ZHANG J, et al. glycerol carbonylation with CO_2 to glycerol carbonate over CeO_2 catalyst and the influence of CeO_2 preparation methods and reaction parameters[J]. Applied Catalysis A: General, 2016, 513: 9-18.

[200] HONDA M, TAMURA M, NAKAO K, et al. Direct cyclic carbonate synthesis from CO_2 and diol over carboxylation/hydration cascade catalyst of CeO_2 with 2-cyanopyridine[J]. ACS Catalysis, 2014, 4 (6): 1893-1896.

[201] MA J, SONG J, LIU H, et al. One-pot conversion of CO_2 and glycerol to value-added products using propylene oxide as the coupling agent[J]. Green Chemistry, 2012, 14 (6): 1743.

[202] ZHOU Z H, SONG Q W, HE L N. Silver(I)-promoted cascade reaction of propargylic alcohols, carbon dioxide, and vicinal diols: thermodynamically favorable route to cyclic carbonates[J]. Acs Omega, 2017, 2 (1): 337-345.

[203] BOBBINK F D, GRUSZKA W, HULLA M, et al. Synthesis of cyclic carbonates from diols and CO_2 catalyzed by carbenes[J]. Chemical Communications, 2016, 52 (71): 10787-10790.

[204] ZHANG S J, SUN J, ZHANG X C, et al, WANG J J. Ionic liquid-based green processes for energy production[J]. Chemical Society Reviews, 2014, 43 (22): 7838-7869.

[205] DONG K, LIU X M, DONG H F, et al. Multiscale studies on ionic liquids[J]. Chemical Reviews, 2017, 117 (10): 6636-6695.

[206] SUN J, YAO X Q, CHENG W G, et al. 1,3-dimethylimidazolium-2-carboxylate: a zwitterionic salt for the efficient synthesis of vicinal diols from cyclic carbonates[J]. Green Chemistry, 2014, 16 (6): 3297-3304.

[207] CHENG W G, SU Q, WANG J Q, et al. Ionic liquids: the synergistic catalytic effect in the synthesis of cyclic carbonates[J]. Catalysts, 2013, 3 (4): 878-901.

[208] 刘春滟，李正军，张廷有. 离子液体在碳酸丙烯酯合成中的作用[J]. 皮革科学与工程，2008，18 (6)：13-17.

[209] 高艳安，王宇，王畅. 一种1,2-丙二醇与 CO_2 合成碳酸丙烯酯的方法. CN 201611090708.6[P]. 2016-11-30.

[210] 成卫国，刘阳庆，时自洁，等. 一种聚离子液体框架催化剂制备环状碳酸酯的方法. CN 201910465635.1[P]. 2019-5-30.

[213] DELLEDONNE D, RIVETTI F, ROMANO U. Developments in the production and application of dimethylcarbonate[J]. Applied Catalysis A: General, 2001, 221 (1-2): 241-251.

[214] KELLER N, REBMANN G, KELLER V. Catalysts, mechanisms and industrial processes for the dimethylcarbonate synthesis[J]. Journal of Molecular Catalysis A: Chemical, 2010, 317 (1-2): 1-18.

[215] LIU S, HUANG S, GUAN L, et al. Preparation of a novel mesoporous solid base na-zro_2 with ultra high thermal stability[J]. Microporous and Mesoporous Materials, 2007, 102 (1-3): 304-309.

[216] PACHECO M A, MARSHALL C L. Review of dimethyl carbonate (DMC) manufacture and its characteristics as a fuel additive[J]. Energy & Fuels, 1997, 11 (1): 2-29.

[217] TUNDO P, SELVA M J A C R. The chemistry of dimethyl carbonate[J]. Accounts of Chemical Research, 2002, 35(9): 706-716.

[218] WAGH K V, BHANAGE B M. Synthesisof 2-phenylnaphthalenes from styrene oxides using a recyclable bronsted acidic HNMP $+HSO_4^-$ ionic liquid[J]. Green Chemistry, 2015, 17 (8): 4446-4451.

[219] CAI Q H, ZHANG L, SHAN Y K, et al. Promotion of ionic liquid to dimethyl carbonate synthesis from methanol and carbon dioxide[J]. Chinese Journal of Chemistry, 2004, 22 (5): 422-424.

[220] SUN J, LU B, WANG X, et al. A functionalized basic ionic liquid for synthesis of dimethyl carbonate from methanol and CO_2[J]. Fuel Processing Technology, 2013, 115: 233-237.

[221] TIAN J S, MIAO C X, WANG J Q, et al. Efficient synthesis of dimethyl carbonate from methanol, propylene oxide and CO_2 catalyzed by recyclable inorganic base/phosphonium halide-functionalized polyethylene glycol[J]. Green Chemistry, 2007, 9 (6): 566-571.

[222] CHAUGULE A A, BANDHAL H A, TAMBOLI A H, et al. Highly efficient synthesis of dimethyl carbonate from methanol and carbon dioxide using IL/DBU/SmOCl as a novel ternary catalytic system[J]. Catalysis Communications, 2016, 75: 87-91.

[223] CHAUGULE A A, TAMBOLI A H, SHEIKH F A, et al. Glycerol functionalized imidazolium tricationic room temperature ionic liquids: synthesis, properties and catalytic performance for 2-azidoalcohol synthesis from epoxide[J]. Journal of Molecular Liquids, 2015, 208: 314-321.

[224] ETA V, MAKI-ARVELA P, SALMINEN E, et al. The effect of alkoxide ionic liquids on the synthesis of dimethyl carbonate from CO_2 and methanol over ZrO_2-MgO[J]. Catalysis Letters, 2011, 141 (9): 1254-1261.

[225] YAN C, LU B, WANG X, et al. Electrochemical synthesis of dimethyl carbonate from methanol, CO_2 and propylene oxide in an ionic liquid[J]. Journal of Chemical Technology and Biotechnology,

2011，86 (11)：1413-1417.

[226] LI J，WANG L，SHI F，et al. Quaternary ammonium ionic liquids as Bi-functional catalysts for one-step synthesis of dimethyl carbonate from ethylene oxide，carbon dioxide and methanol[J]. Catalysis Letters，2011，141 (2)：339-346.

[227] YANG Z Z，ZHAO Y N，HE L N，et al. Highly efficient conversion of carbon dioxide catalyzed by polyethylene glycol-functionalized basic ionic liquids[J]. Green Chemistry，2012，14 (2)：519-527.

[228] JU H Y，MANJU M D，PARK D W，et al. Performance of ionic liquid as catalysts in the synthesis of dimethyl carbonate from ethylene carbonate and methanol[J]. Reaction Kinetics and Catalysis Letters，2007，90 (1)：3-9.

[229] DHARMAN M M，AHN J Y，LEE M K，et al. Moderate route for the utilization of CO_2-microwave induced copolymerization with cyclohexene oxide using highly efficient double metal cyanide complex catalysts based on $Zn_3[Co(CN)_6]$[J]. Green Chemistry，2008，10 (6)：678-684.

[230] YANG Z Z，HE L N，DOU X Y，et al. Dimethyl carbonate synthesis catalyzed by DABCO-derived basic ionic liquids via transesterification of ethylene carbonate with methanol[J]. Tetrahedron Letters，2010，51 (21)：2931-2934.

[231] KIM D W，LIM D O，CHO D H，et al. Production of dimethyl carbonate from ethylene carbonate and methanol using immobilized ionic liquids on MCM-41[J]. Catalysis Today，2011，164 (1)：556-560.

[232] WANG J Q，SUN J，CHENG W G，et al. Synthesis of dimethyl carbonate catalyzed by carboxylic functionalized imidazolium salt via transesterification reaction[J]. Catalysis Science & Technology，2012，2 (3)：600-605.

[233] FU Y C，ZHU H Y，SHEN J Y. Thermaldecomposition of dimethoxymethane and dimethyl carbonate catalyzed by solid acids and bases[J]. Thermochimica Acta，2005，434 (1-2)：88-92.

[234] WANG S-J，YU C-C，HUANG H-P. Plant-wide design and control of dmc synthesis process via reactive distillation and thermally coupled extractive distillation[J]. Computers & Chemical Engineering，2010，34 (3)：361-373.

[235] LI Q，ZHANG S，DING B，CAO L，et al. Isobaric vapor liquid equilibrium for methanol plus dimethyl carbonate plus trifluoronnethanesulfonate-based ionic liquids at 101. 3 kPa[J]. Journal of Chemical and Engineering Data，2014，59 (11)：3488-3494.

[236] BLAHUT A，DOHNAL V. Ionic liquid 1-ethyl-3-methylimidazolium tetracyanoborate：an efficient entrainer to separate methanol dimethyl carbonate azeotropic mixture[J]. Fluid Phase Equilibria，2016，423：120-127.

[237] KIM H D，HWANG I C，PARK S J. Isothermal vapor liquid equilibrium data at $T=333.15$ K and excess molar volumes and refractive indices at $T=298.15$ K for the dimethyl carbonate plus methanol and isopropanol plus water with ionic liquids[J]. Journal of Chemical and Engineering Data，2010，55 (7)：2474-2481.

[238] 陈嵩嵩. 甲醇—碳酸二甲酯共沸物分离工艺系统集成研究[D]. 北京：中国科学院大学(中国科学院过程工程研究所)，2018.

[239] BENDLER J T. Handbook of polycarbonate science and technology[J]. CRC Press，1999.

[240] 2015—2019年中国聚碳酸酯进出口数量、进出口金额统计[EB/OL]. 中国产业信息网. http://

www.chyxx.com/shuju/202004/848473.html.

[241] 2018年中国聚碳酸酯(PC)供需、进出口及其发展前景分析[EB/OL].中国产业信息网. http://www.chyxx.com/industry/201909/781548.html.

[242] 2019年中国头盔外壳材料行业市场产量及价格走势分析:ABS及PC材料最为常用[EB/OL].中国产业信息网. http://www.chyxx.com/industry/202006/870601.html.

[243] ZHANG S, SUN J, ZHANG X, et al. Ionic liquid-based green processes for energy production[J]. Chemical Society Reviews, 2014, 43 (22): 7838-7869.

[244] ZENG S, ZHANG X, BAI L, et al. Ionic-liquid-based CO_2 capture systems: structure, interaction and process[J]. Chemical Reviews, 2017, 117 (14): 9625-9673.

[245] INOUE S, KOINUMA H, TSURUTA T. Copolymerizationof carbon dioxide and epoxide with organometallic compounds[J]. Macromolecular Chemistry & Physics, 1969, 130 (1): 5561-5573.

[246] XU X, WANG C, LI H, et al. Effects of imidazolium salts as cocatalysts on the copolymerization of CO_2 with epoxides catalyzed by (salen)CrⅢCl complex[J]. Polymer, 2007, 48 (14): 3921-3924.

[247] 赵文佳. CO_2共聚反应中季铵盐助催化剂阴离子研究[D].杭州:浙江大学,2008.

[248] SHI J, SHI Z, YAN H, et al. Synthesis of Zn-Fe double metal cyanide complexes with imidazolium-based ionic liquid cocatalysts via ball milling for copolymerization of CO_2 and propylene oxide[J]. RSC Advances, 2018, 8 (12): 6565-6571.

[249] 孔立明,陈志伟,张艳艳,等. 一种用离子液体作为催化剂制备聚碳酸酯的方法: CN103936976A [P]. 2014-07-23.

[250] 陈志明,姜日元,牛俊,等. 非光气法合成碳酸二苯酯研究进展[J]. 化工科技,2004 (1): 53-56.

[251] FUKUOKA S, FUKAWA I, TOJO M, et al. A novel non-phosgene process for polycarbonate production from CO_2: green and sustainable chemistry in practice[J]. Catalysis Surveys from Asia, 2010, 14 (3): 146-163.

[252] 孙玮. 超强碱性离子液体催化制备聚碳酸酯的研究[D].北京:中国石油大学,2017.

[253] MIKOŁAJEWSKA K, STRAGIEROWICZ J, GROMADZINSKA J. Bisphenola-application, sources of exposure and potential risks in infants, children and pregnant women[J]. International Journal of Occupational Medicine and Environmental Health, 2015, 28 (2): 209-241.

[254] SUN W, XU F, CHENG W, et al. Synthesis of isosorbide-based polycarbonates via melt polycondensation catalyzed by quaternary ammonium ionic liquids[J]. Chinese Journal of Catalysis, 2017, 38 (5): 908-917.

[255] MA C, XU F, CHENG W, et al. Tailoring molecular weight of bioderived polycarbonates via bifunctional ionic liquids catalysts under metal-free conditions[J]. ACS Sustainable Chemistry & Engineering, 2018, 6 (2): 2684-2693.

[256] ZHANG Z, XU F, HE H, et al. Synthesis of high-molecular weight isosorbide-based polycarbonates through efficient activation of endo-hydroxyl groups by an ionic liquid[J]. Green Chemistry, 2019, 21 (14): 3891-3901.

[257] ZHANG Z, XU F, ZHANG Y, et al. A non-phosgene process for bioderived polycarbonate with high molecular weight and advanced property profile synthesized using amino acid ionic liquids as catalysts[J]. Green Chemistry, 2020, 22 (8): 2534-2542.

[258] FIORANI G, PEROSA A, SELVA M. Dimethylcarbonate: a versatile reagent for a sustainable

valorization of renewables[J]. Green Chemistry, 2018, 20 (2): 288-322.
[259] TUNDO P, SELVA M. The chemistry of dimethyl carbonate[J]. Accounts of Chemical Research, 2002, 35 (9): 706-716.
[260] PARK J H, JEON J Y, LEE J J, et al. Preparation of high-molecular-weight aliphatic polycarbonates by condensation polymerization of diols and dimethyl carbonate[J]. Macromolecules, 2013, 46 (9): 3301-3308.
[261] ZHU W, HUANG X, LI C, et al. High-molecular-weight aliphatic polycarbonates by melt polycondensation of dimethyl carbonate and aliphatic diols: synthesis and characterization[J]. Polymer International, 2011, 60 (7): 1060-1067.
[262] HABA O, ITAKURA I, UEDA M, et al. Synthesis of polycarbonate from dimethyl carbonate and bisphenol-a through a non-phosgene process[J]. Journal of Polymer Science Part A: Polymer Chemistry, 1999, 37 (13): 2087-2093.
[263] LI Q, ZHU W, LI C, et al. A non-phosgene process to homopolycarbonate and copolycarbonates of isosorbide using dimethyl carbonate: synthesis, characterization, and properties[J]. Journal of Polymer Science Part A: Polymer Chemistry, 2013, 51 (6): 1387-1397.
[264] QIAN W, TAN X, SU Q, et al. Transesterification of isosorbide with dimethyl carbonate catalyzed by task-specific ionic liquids[J]. ChemSusChem, 2019, 12 (6): 1169-1178.
[265] QIAN W, LIU L, ZHANG Z, et al. Synthesis of bioderived polycarbonates with adjustable molecular weights catalyzed by phenolic-derived ionic liquids[J]. Green Chemistry, 2020, 22 (8): 2488-2497.
[266] WANG H, XIN Z, LI Y. Synthesis of ureas from CO_2[J]. Topics in Current Chemistry, 2017, 375 (2): 49.
[267] SHI F, DENG Y Q. Polymer-immobilized gold catalysts for the efficient and clean syntheses of carbamates and symmetric ureas by oxidative carbonylation of aniline and its derivatives[J]. Journal of Catalysis, 2002, 211 (2): 548-551.
[268] LEUNG T W, DOMBEK B D. Oxidativecarbonylation of amines catalyzed by metallomacrocyclic compounds[J]. Journal of the Chemical Society-Chemical Communications, 1992 (3): 205-206.
[269] CENINI S, PIZZOTTI M, CROTTI C, et al. Selective ruthenium carbonyl catalyzed reductive carbonylation of aromatic nitro-compounds to carbamates[J]. Journal of the Chemical Society-Chemical Communications, 1984 (19): 1286-1287.
[270] MCCUSKER J E, MAIN A D, JOHNSON K S, et al. W(CO)(6)-catalyzed oxidative carbonylation of primary amines to N,N′-disubstituted ureas in single or biphasic solvent systems : optimization and functional group compatibility studies [J]. Journal of Organic Chemistry, 2000, 65 (17): 5216-5222.
[271] 李煜乾，黄科林，谢跃生，等. 二苯基脲的清洁合成工艺的研究进展[J]. 大众科技，2015，17 (12)：32-36.
[272] 刘安华，何良年，高健，等. CO_2 化学：CO_2 的催化转化反应[J]. 合成化学，2010，18 (增刊 1)：80-91.
[273] ION A, PARVULESCU V, JACOBS P, et al. Synthesis of symmetrical or asymmetrical urea compounds from CO_2 via base catalysis[J]. Green Chemistry, 2007, 9 (2): 158-161.
[274] FOURNIER J, BRUNEAU C, DIXNEUF P H, et al. Ruthenium-catalyzed synthesis of symmetrical N,

N′-dialkylureas directly from carbon dioxide and amines[J]. Journal of Organic Chemistry, 1991, 56 (14): 4456-4458.

[275] ANDERSON J C, MORENO R B. Synthesisof ureas from titanium imido complexes using CO_2 as a C-1 reagent at ambient temperature and pressure[J]. Organic & Biomolecular Chemistry, 2012, 10 (7): 1334-1338.

[276] SHI F, DENG Y Q, SIMA T L, et al. Alternatives to phosgene and carbon monoxide: synthesis of symmetric urea derivatives with carbon dioxide in ionic liquids [J]. Angewandte Chemie-International Edition, 2003, 42 (28): 3257-3260.

[277] KONG D L, HE L N, WANG J Q. Synthesis of urea derivatives from CO_2 and amines catalyzed by polyethylene glycol supported potassium hydroxide without dehydrating agents[J]. Synlett, 2010 (8):1276-1280.

[278] MARCHEGIANI M, NODARI M, TANSINI F, et al. Urea derivatives from carbon dioxide and amines by guanidine catalysis: easy access to imidazolidin-2-ones under solvent-free conditions[J]. Journal of CO_2 Utilization, 2017, 21:553-561.

[279] ZHANG R, HUA L, GUO L, et al. Calcined Mg-Al layered double hydroxide as a heterogeneous catalyst for the synthesis of urea derivatives from amines and CO_2 [J]. Chinese Journal of Chemistry, 2013, 31 (3):381-387.

[280] CONG CHIEN T, KIM J, LEE Y, et al. Well-defined cesium benzotriazolide as an active catalyst for generating disubstituted ureas from carbon dioxide and amines[J]. Chemcatchem, 2017, 9 (2): 247-252.

[281] LI J, GUO X, WANG L, MA X, et al. Co(acac)(3)/BMMImCl as a base-free catalyst system for clean syntheses of N,N′-disubstituted ureas from amines and CO_2 [J]. Science China-Chemistry, 2010, 53 (7): 1534-1540.

[282] JIANG T, MA X, ZHOU Y, et al. Solvent-free synthesis of substituted ureas from CO_2 and amines with a functional ionic liquid as the catalyst[J]. Green Chemistry, 2008, 10 (4): 465-469.

[283] SHIM Y N, LEE J K, IM J K, et al. Ionic liquid-assisted carboxylation of amines by CO_2: a mechanistic consideration[J]. Physical Chemistry Chemical Physics, 2011, 13 (13): 6197-6204.

[284] 姚素杰，赵新强，安华良，等. 酸性离子液体催化苯胺和 CO_2 合成二苯基脲[J]. 化工学报，2012, 63 (03): 812-818.

[285] NGUYEN D S, CHO J K, SHIN S H, et al. Reusable polystyrene-functionalized basic ionic liquids as catalysts for carboxylation of amines to disubstituted ureas[J]. ACS Sustainable Chemistry & Engineering, 2016, 4 (2): 451-460.

[286] YU B, ZHANG H, ZHAO Y, et al. DBU-based ionic-liquid-catalyzed carbonylation of o-phenylenediamines with CO_2 to 2-benzimidazolones under solvent-free conditions[J]. ACS Catalysis, 2013, 3 (9): 2076-2082.

[287] ZHAO Y, WU Y, YUAN G, et al. Azole-anion-based aprotic ionic liquids: functional solvents for atmospheric CO_2 transformation into various heterocyclic compounds [J]. Chemistry-An Asian Journal, 2016, 11 (19): 2735-2740.

[288] LANG X D, YU Y C, LI Z M, et al. Protic ionic liquids-promoted efficient synthesis of quinazolines from 2-aminobenzonitriles and CO_2 at ambient conditions[J]. Journal of CO_2 Utilization, 2016, 15:

115-122.

[289] ZHENG H, CAO X, DU K, et al. A highly efficient way to capture CX_2 (O, S) mildly in reusable reils at atmospheric pressure[J]. Green Chemistry, 2014, 16 (6): 3142.

[290] WANG P, MA X, LI Q, et al. Green synthesis of polyureas from CO_2 and diamines with a functional ionic liquid as the catalyst[J]. Rsc Advances, 2016, 6 (59): 54013-54019.

[291] MUKHTAR T A, WRIGHT G D. Streptogramins, oxazolidinones, and other inhibitors of bacterial protein synthesis[J]. Chemical Reviews, 2005, 105 (2): 529-542.

[292] CHUNG C W Y, TOY P H. Chiralauxiliaries in polymer-supported organic synthesis[J]. Tetrahedron: Asymmetry, 2004, 15 (3): 387-399.

[293] VESSALLY E, HOSSEINIAN A, EDJLALI L, et al. New page to access pyrazines and their ring fused analogues: synthesis from N-propargylamines[J]. Current Organic Synthesis, 2017, 14 (4): 557-567.

[294] KIKUCHI S, YOSHIDA S, SUGAWARA Y, et al. Silver-catalyzed carbon dioxide incorporation and rearrangement on propargylic derivatives[J]. Bulletin of the Chemical Society of Japan, 2011, 84 (7): 698-717.

[295] FUJITA K, SATO J, et al. Aqueous media carboxylative cyclization of propargylic amines with CO_2 catalyzed by amphiphilic dendritic N-heterocyclic carbene-gold (I) complexes [J]. Tetrahedron Letters, 2014, 55 (19): 3013-3016.

[296] NICHOLLS R, KAUFHOLD S, NGUYEN B N. Observationof guanidine-carbon dioxide complexation in solution and its role in the reaction of carbon dioxide and propargylamines[J]. Catalysis Science & Technology, 2014, 4 (10): 3458-3462.

[297] COSTA M, CHIUSOLI G P, TAFFURELLI D, et al. Superbase catalysis of oxazolidin-2-one ring formation from carbon dioxide and prop-2-Yn-1-amines under homogeneous or heterogenous conditions[J]. Journal of the Chemical Society-Perkin Transactions 1, 1998 (9): 1541-1546.

[298] HU J Y, MA J, ZHU Q G, et al. Transformation of atmospheric CO_2 catalyzed by protic ionic liquids: efficient synthesis of 2-oxazolidinones[J]. Angewandte Chemie-International Edition, 2015, 54 (18): 5399-5403.

[299] ZHOU Z H, CHEN K H, HE L N. Efficientand recyclable cobalt(Ⅱ)/ionic liquid catalytic system for CO_2 conversion to prepare 2-oxazolinones at atmospheric pressure[J]. Chinese Journal of Chemistry, 2019, 37 (12): 1223-1228.

[300] RENSLO A R, LUEHR G W, GORDEEV M F. Recent developments in the identification of novel oxazolidinone antibacterial agents [J]. Bioorganic & Medicinal Chemistry, 2006, 14 (12): 4227-4240.

[301] JADHAVAR P S, VAJA M D, DHAMELIYA T M, et al. Oxazolidinones as anti-tubercular agents: discovery, development and future perspectives[J]. Current Medicinal Chemistry, 2015, 22 (38): 4379-4397.

[302] PANDIT N, SINGLA R K, SHRIVASTAVA B. Current updates on oxazolidinone and its significance [J]. International Journal of Medicinal Chemistry, 2012, 2012: 159285.

[303] VALENTE S, TOMASSI S, TEMPERA G, et al. Novel reversible monoamine oxidase a inhibitors: highly potent and selective 3-(1H-pyrrol-3-yl)-2-oxazolidinones [J]. Journal of Medicinal

Chemistry, 2011, 54 (23): 8228-8232.

[304] WANG B S, ELAGEED E H M, ZHANG D W, et al. One-pot conversion of carbon dioxide, ethylene oxide, and amines to 3-Aryl-2-oxazolidinones catalyzed with binary ionic liquids [J]. Chemcatchem, 2014, 6 (1): 278-283.

[305] WANG B S, LUO Z J, ELAGEED E H M, et al. DBU and DBU-derived ionic liquid synergistic catalysts for the conversion of carbon dioxide/carbon disulfide to 3-Aryl-2-oxazolidinones/[1, 3] dithiolan-2-ylidenephenyl-amine[J]. Chemcatchem, 2016, 8 (4): 830-838.

[306] BETIHA M A, HASSAN H M A, EL-SHARKAWY E A, et al. A new approach to polymer-supported phosphotungstic acid: application for glycerol acetylation using robust sustainable acidic heterogeneous-homogenous catalyst[J]. Applied Catalysis B: Environment and Energy, 2016, 182: 15-25.

[307] WAN H, WU Z W, CHEN W, et al. Heterogenization of ionic liquid based on mesoporous material as magnetically recyclable catalyst for biodiesel production[J]. Journal of Molecular Catalysis A: Chemical, 2015, 398: 127-132.

[308] CHONG S Y, WANG T T, CHENG L C, et al. Metal-organic framework mil-101-nh_2-supported acetate-based butylimidazolium ionic liquid as a highly efficient heterogeneous catalyst for the synthesis of 3-Aryl-2-oxazolidinones[J]. Langmuir, 2019, 35 (2): 495-503.

[309] SAKAKURA T, CHOI J C, YASUDA H. Transformation of carbon dioxide[J]. Chemical Reviews, 2007, 107 (6): 2365-2387.

[310] ROSEN B A, SALEHI-KHOJIN A, THORSON M R, et al. Ionic liquid-mediated selective conversion of CO_2 to CO at low overpotentials[J]. Science, 2011, 334 (6056): 643-644.

[311] ROSEN B A, HAAN J L, MUKHERJEE P, et al. In situ spectroscopic examination of a low overpotential pathway for carbon dioxide conversion to carbon monoxide[J]. Journal of Physical Chemistry C, 2012, 116 (29): 15307-15312.

[312] BARROSSE-ANTLE L E, COMPTON R G. Reductionof carbon dioxide in 1-Butyl-3-methylimidazolium acetate[J]. Chemical Communications (Cambridge, England), 2009 (25): 3744-3746.

[313] TANNER E E L, BATCHELOR-MCAULEY C, COMPTON R G. Carbondioxide reduction in room-temperature ionic liquids: the effect of the choice of electrode material, cation, and anion[J]. The Journal of Physical Chemistry C, 2016, 120 (46): 26442-26447.

[314] YANG D W, LI Q Y, SHEN F X, et al. Electrochemical impedance studies of co_2 reduction in ionic liquid/organic solvent electrolyte on au electrode[J]. Electrochimica Acta, 2016, 189: 32-37.

[315] CHOI J, BENEDETTI T M, JALILI R, et al. High performance Fe porphyrin/ionic liquid co-catalyst for electrochemical CO_2 reduction[J]. Chemistry A European Journal, 2016, 22 (40): 14158-14161.

[316] ROSEN J, HUTCHINGS G S, LU Q, et al. Mechanistic insights into the electrochemical reduction of CO_2 to CO on nanostructured Ag surfaces[J]. ACS Catalysis, 2015, 5 (7): 4293-4299.

[317] SUN L, RAMESHA G K, KAMAT P V, et al. Switching the reaction course of electrochemical CO_2 reduction with ionic liquids[J]. Langmuir, 2014, 30 (21): 6302-6308.

[318] HUAN T N, SIMON P, ROUSSE G, et al. Porous dendritic copper: an electrocatalyst for highly selective CO_2 reduction to formate in water/ionic liquid electrolyte[J]. Chemical Science, 2017, 8

(1): 742-747.

[319] WATKINS J D, BOCARSLY A B. Directreduction of carbon dioxide to formate in high-gas-capacity ionic liquids at post-transition-metal electrodes[J]. ChemSusChem, 2014, 7 (1): 284-290.

[320] ZHU Q, MA J, KANG X, et al. Efficient reduction of CO_2 into formic acid on a lead or tin electrode using an ionic liquid catholyte mixture[J]. Angewandte Chemie International Edition, 2016, 55 (31): 9012-9016.

[321] LUO X, GUO Y, DING F, et al. Significant improvements in co_2 capture by pyridine-containing anion-functionalized ionic liquids through multiple-site cooperative interactions[J]. Angewandte Chemie International Edition, 2014, 53 (27): 7053-7057.

[322] HOLLINGSWORTH N, TAYLOR S F R, GALANTE M T, et al. Reduction of carbon dioxide to formate at low overpotential using a superbase ionic liquid[J]. Angewandte Chemie International Edition, 2015, 54 (47): 14164-14168.

[323] LU W, JIA B, CUI B, et al. Efficient photoelectrochemical reduction of carbon dioxide to formic acid: a functionalized ionic liquid as an absorbent and electrolyte[J]. Angewandte Chemie International Edition, 2017, 56 (39): 11851-11854.

[324] FENG J, ZENG S, LIU H, et al. Insights into carbon dioxide electroreduction in ionic liquids: carbon dioxide activation and selectivity tailored by ionic microhabitat[J]. ChemSusChem, 2018, 11 (18): 3191-3197.

[325] SUN X, ZHU Q, KANG X, et al. Molybdenum-bismuth bimetallic chalcogenide nanosheets for highly efficient electrocatalytic reduction of carbon dioxide to methanol[J]. Angewandte Chemie International Edition, 2016, 55 (23): 6771-6775.

[326] LU L, SUN X, MA J, et al. Highly efficient electroreduction of CO_2 to methanol on palladium-copper bimetallic aerogels[J]. Angewandte Chemie International Edition, 2018, 57 (43): 14149-14153.

[327] KANG X, ZHU Q, SUN X, et al. Highly efficient electrochemical reduction of CO_2 to CH_4 in an ionic liquid using a metal-organic framework cathode[J]. Chemical Science, 2016, 7 (1): 266-273.

[328] YANG D, ZHU Q, CHEN C, et al. Selective electroreduction of carbon dioxide to methanol on copper selenide nanocatalysts[J]. Nature Communications, 2019, 10 (1): 677-679.

[329] SUN X, KANG X, ZHU Q, et al. Very highly efficient reduction of CO_2 to CH_4 using metal-free N-doped carbon electrodes[J]. Chemical Science, 2016, 7 (4): 2883-2887.

[330] LIU X, YANG H, HE J, et al. Highly active, durable ultrathin $MoTe_2$ layers for the electroreduction of CO_2 to CH_4[J]. Small, 2018, 14 (16): 1704049.

[331] AL SADAT W I, ARCHER L A. The O_2-assisted Al/CO_2 electrochemical cell: a system for co_2 capture/conversion and electric power generation[J]. Science Advances, 2016, 2 (7): 1600968.

[332] POKHAREL U R, FRONCZEK F R, MAVERICK A W. Reduction ofcarbon dioxide to oxalate by a binuclear copper complex[J]. Nature Communications, 2014, 5 (1): 5883.

[333] KAI T, ZHOU M, DUAN Z, et al. Detection of $CO_2^{\cdot-}$ in the electrochemical reduction of carbon dioxide in N, N-dimethylformamide by scanning electrochemical microscopy[J]. Journal of the American Chemical Society, 2017, 139 (51): 18552-18557.

[334] SUN X, ZHU Q, KANG X, et al. Design of a Cu(I)/C-doped boron nitride electrocatalyst for

efficient conversion of CO_2 into acetic acid[J]. Green Chemistry, 2017, 19 (9): 2086-2091.

[335] ZARANDI R F, REZAEI B, GHAZIASKAR H S, et al. Electrochemical reduction of CO_2 to ethanol using copper nanofoam electrode and 1-butyl-3-methyl-imidazolium bromide as the homogeneous co-catalyst [J]. Journal of Environmental Chemical Engineering, 2019, 7 (3): 103141.

[336] TAMURA J, ONO A, SUGANO Y, et al. Electrochemical reduction of CO_2 to ethylene glycol on imidazolium ion-terminated self-assembly monolayer-modified Au electrodes in an aqueous solution [J]. Physical Chemistry Chemical Physics: PCCP, 2015, 17 (39): 26072-26078.

[337] 宁汇，王文行，毛勤虎，等. 1-辛基-3-甲基咪唑功能化石墨片负载氧化亚铜催化二氧化碳电还原制乙烯[J]. 物理化学学报，2018，34 (8)：938-944.

[338] WANG W H, NING H, YANG Z X, et al. Interface-induced controllable synthesis of Cu_2O nanocubes for electroreduction CO_2 to C_2H_4[J]. Electrochimica Acta, 2019, 306: 360-365.

第3章 生物质能源技术

生物质的利用为缓解化石能源危机提供了新思路。然而,生物质结构复杂,直接利用困难较大,为了实现生物质的有效利用,可将生物质进行预处理,然后再经转化获得不同类型的化学品。生物质预处理方法可依据后续转化目标产物进行选择,本章分别从生物质预处理技术和木质纤维素生物质的转化利用两方面来阐述生物质的利用现状。

生物质由有机相和无机相组成[1],其有机相的主要组分是纤维素、半纤维素和木质素[2]。由于生物质内部结构复杂,三种组分交织形成了抵御外来物质的天然屏障,因此,直接利用生物质难度大、效率低。生物质预处理是利用生物质制备高附加值产品的关键步骤,是将生物质三种重要组分分离和后续高效转化的重要流程[3],因此,开发高效环保的预处理方法有助于改善生物质的利用效果。目前生物质预处理方法多种多样,包括物理预处理法、化学预处理法、物理化学结合的预处理法、生物预处理法等,在预处理过程可改变生物质结构和化学组成,比如木质素和半纤维素可通过预处理去除,使得纤维素结晶度降低且更好地裸露出来,促进酶与底物的相互作用,提高酶解效率[4]。在化学预处理方法中,除了利用稀酸、碱等溶剂之外,离子液体作为一种性能优异的绿色介质,也被用于预处理生物质[5]。

3.1 离子液体预处理生物质技术

离子液体被发现可用于溶解纤维素,比如 Swatloski 等发现 1-丁基-3-甲基咪唑氯盐([Bmim]Cl)可有效溶解纤维素[6];Meenatchi 等利用合成的系列质子型离子液体溶解纤维素,其中,咪唑乳酸类离子液体可有效溶解纤维素,溶解量可达 5%(质量分数),再生获得的纤维素晶型转变为Ⅱ型纤维素,其性质发生一定程度的改变[7]。随着离子液体溶解纤维素研究的发展,涌现出很多不同类型的离子液体用于溶解纤维素[8]。同时,Liu 等通过模拟计算预测筛选出一系列不同种类的离子液体可有效溶解纤维素[9]。目前常用于纤维素溶解的离子液体阳离子多为咪唑类、吡啶类、季铵类、季鏻类、吗啉类等,阴离子多为羧酸根、二烷基磷酸酯阴离子、卤素阴离子、氨基酸阴离子等[10]。离子液体对纤维素良好的溶解性使其逐渐被用于生物质预处理及后续转化过程。

在离子液体预处理生物质过程中,阴阳离子不同的离子液体预处理生物质的效果区别较大[11-13]。随着离子液体预处理生物质的发展,离子液体添加不同物质预处理生物质,以及借助其他手段辅助离子液体预处理生物质的技术也不断涌现出来[14-16]。下面将分别简单介绍单一离子液体预处理生物质技术、离子液体-添加剂/共溶剂体系预处理生物质技术和其他方法辅助离子液体预处理生物质技术。

3.1.1 单一离子液体预处理生物质技术

离子液体阴阳离子结构和种类对预处理生物质效果影响较大，常用的阳离子种类分为咪唑类（$[(C_3N_2)X_n]^+$）、铵基类（$[NX_4]^+$）、吡咯类（$[(C_4N)X_n]^+$）、吡啶类（$[(C_5N)X_n]^+$）、季鏻类（$[PX_4]^+$）、胆碱类（Ch^+）等[17]，阴离子可为无机类或有机类[18]。其中，咪唑类、胆碱类等离子液体在生物质预处理过程中应用较为常见[19]。

不同类型的咪唑类离子液体对生物质预处理效果迥异，进而影响后续的酶解效果。比如利用[Emim][OAc]可快速溶解蔗渣和松木，在预处理温度高于 150 ℃时，加入丙酮/水可部分分离碳水化合物和木质素，该预处理方法可获得更高的木质素回收率和碳水化合物收率[11]。离子液体预处理生物质可有效提高后续的酶解效率，比如利用[Bmim]Cl、[EmimDEP]和[Emim][OAc]预处理稻壳，研究发现[Bmim]Cl 和[Emim][DEP]可以有效去除稻壳木质素，获得富纤维素材料，[Emim][OAc]获得的是纤维素和木质素混合物，说明不同类型离子液体获得的再生产物组分存在差异；经过离子液体预处理获得的再生纤维素的结构发生了改变，酶水解获得较高的还原糖产率[20]；利用[Emim][OAc]预处理小麦秸秆，获得了富纤维素产物、富半纤维素部分和高纯木质素，且获得的富纤维素经酶水解实现了较高的葡萄糖产率[21]。离子液体预处理生物质原料除了上述的水稻稻壳、小麦秸秆之外，也可以扩展到蔗渣、芒草竹等生物质。例如利用[Mmim][DMP]离子液体预处理蔗渣，并将预处理产物进行酶水解，结果表明该类离子液体可有效预处理蔗渣，获得高酶解率，原因在于该类离子液体预处理蔗渣有效降低了纤维素的结晶度，提高了酶与生物质的接触面积[22]；另外，利用$[C_4Him][HSO_4]$预处理芒草竹（miscanthus giganteus），可获得富纤维素纸浆和木质素，并且纸浆酶解糖化可获得 90%的葡聚糖[23]。不同咪唑类离子液体预处理生物质的效果存在差异，这可能与其物理化学性质有关；Doherty 等研究了不同咪唑类离子液体预处理枫木粉，发现含有醋酸根离子液体的溶剂极性参数 $\beta>1.0$，木质素去除率大于32%，纤维素结晶度明显降低，获得较高的葡萄糖产率；添加其他物质降低预处理体系 β 值，则不利于预处理体系的木质素去除、降低纤维素结晶度效果，也不利于产糖量[24]，该结果表明离子液体 β 值可作为离子液体体系预处理生物质的预测参数。

随着离子液体预处理生物质的发展，离子液体生物相容性逐渐受到关注，研究人员不断开发出新型高效的离子液体用于预处理生物质。由于胆碱类离子液体具有独特的溶解木质素的能力，也可被用于预处理生物质[25]。比如胆碱氨基酸类离子液体预处理稻秆，可选择性去除木质素，预处理后的产物可获得较高的酶解率，其中利用[Ch][Lys]预处理稻秆在90 ℃预处理 5 h，葡萄糖收率可达到 84.0%，木糖收率可达 42.1%，该类离子液体可循环五次，预处理过程环境友好[26]。An 等用胆碱类离子液体预处理草类和桉树等生物质，可有效去除无定型成分木质素和木聚糖,获得富碳水化合物和富木质素产物,且该类离子液体可循环使用[27]。

另外,还有一些其他类型的离子液体也被用于生物质预处理,比如将合成的一系列吡咯类离子液体用于预处理秸秆,取得了良好的木质素分离效果和再生纤维素酶解率[28];目前离子液体预处理的主要问题在于成本较高,分离效率低、工业化困难等,因此开发低成本的预处理体系是未来离子液体预处理生物质的发展趋势。

为了降低离子液体预处理成本,科研人员开发了不同种类的质子型离子液体用于预处理生物质,并获得优良的预处理效果。比如 Achinivu 等开发的低成本质子型离子液体可有效分离生物质木质素,并且该类离子液体可通过蒸馏回收[29];Brandt-Talbot 等合成了低成本的[TEA][HSO_4]溶解草类生物质获得富纤维素纸浆、木质素和蒸馏物,发现该类离子液体溶液可以溶解高达 85%的木质素和 100%的半纤维素,该类离子液体可回收利用获得较高木质素去除率和糖化率,该体系可为降低离子液体预处理生物质成本提供新方法[30]。Yang 等开发了新型低成本的[BHEM][mesy]预处理秸秆,可有效去除木质素和半纤维素,获得纤维素含量较高的Ⅰ型纤维素产物[13]。Gschwend 等利用三种低成本的质子型离子液体[HBim][HSO_4]、[TEA][HSO_4]、[DMBA][HSO_4]预处理软木松获得富含碳水化合物的纸浆和木质素。对比发现,[DMBA][HSO_4]是一种预处理生物质成本低廉的优良溶剂[31]。

3.1.2 离子液体-添加剂/共溶剂体系预处理生物质技术

为了更好地降低离子液体预处理生物质的成本,提高预处理效率,科研人员在离子液体中添加不同物质形成混合体系,用于生物质预处理,并获得了较好的预处理效果。下面简单列举几个离子液体-添加剂/共溶剂体系预处理生物质的例子。

离子液体种类对生物质组分溶解性存在较大差异,在不同种类离子液体中加入添加剂或共溶剂预处理生物质,可取得不同的预处理结果。Yang 等在[Bmim]Cl 中加入氨基磺酸形成的二元体系可以有效预处理秸秆,在 100 ℃下反应 1 h 可以获得纯度为 99.16%左右的高纯纤维素[32]。[Emim][OAc]中加入水预处理生物质,该体系可有效去除生物质中的木质素,降低纤维素的结晶度,与纯离子液体相比,相同条件下[Emim][OAc]+H_2O 混合体系可以有效提高发酵糖的产量[33];同时,An 等利用 39 种胆碱离子液体水溶液预处理稻秆,发现离子液体水溶液 pH 对木质素去除率、多糖消化率和还原糖产量等的影响较大,pH 越高,离子液体水溶液预处理稻秆的效果越好[34];利用吡咯烷酮基离子液体/H_2O 体系预处理玉米秸秆,其中[Hnmp]Cl/H_2O 和[Hnmp][CH_3SO_3]/H_2O 预处理玉米秸秆,90 ℃时预处理 30 min,获得产物的酶水解后还原糖可分别达到 91.81%和 73.59%,表明该类离子液体/H_2O 体系对玉米秸秆具有较好的预处理效果[28]。另外,在[Bmim][BF_4]中加入水后预处理玉米秸秆获得酶水解率为 81.68%,明显高于纯离子液体,[Bmim][BF_4]+H_2O 体系虽然没有破坏产物结晶结构，但是打破了玉米秸秆的木质素和多糖的相互作用，有效去除了半纤维素，提高了产物的比表面积，这对提升酶水解效率更加有效[35]。

除了在离子液体加入水作为共溶剂之外，一些溶解性较强的溶液也被用作离子液体预处理生物质体系的共溶剂。比如在[Bmim][OAc]中加入二甲基亚砜(DMSO)可有效溶解纤维素，在较低温度下可以缩短纤维素的溶解时间，表明 DMSO 是较好的共溶剂[36]。因此，在[Emim][OAc]中与 DMSO 形成不同比例的混合溶液预处理生物质，发现用 58%(质量分数)DMSO+42%(质量分数)[Emim][OAc]预处理生物质，获得产物糖转化率最高[37]。利用乙酸胆碱([Cho][OAc])加入有机溶剂，如 DMSO、NMP、乙二醇 EG 分别按照质量比 1∶1 加入[Cho][OAc]中，130 ℃下预处理甘蔗渣 180 min，获得的葡萄糖量与单独利用[Cho][OAc]预处理效果差不多，分析原因是加入共溶剂可获得等同或者更好的半纤维素和木质素去除效果，加入共溶剂有效减少[Cho][OAc]用量，可为降低离子液体预处理生物质成本提供思路[38]。把乙醇胺分别加入离子液体[Emim][OAc]和[Bmim]Cl 中，离子液体/乙醇胺比例为 60/40 vol%，形成的混合溶液预处理生物质效果优于纯离子液体[14]。

通过在离子液体中加入添加剂/共溶剂，有效地提高了预处理效果，同时降低了预处理体系的黏度，从而使得整个预处理过程成本降低，更利于预处理过程的工业化。

3.1.3 其他方法辅助离子液体预处理生物质技术

有一些其他方法辅助离子液体用于预处理生物质，比如微波、超声、超临界等技术，这些技术的加入可以有效提高生物质的预处理效果。

与常规加热离子液体预处理生物质相比，利用[Ch][For]、[Ch][OAc]和[Ch][Pro]三种离子液体在微波下 110 ℃预处理生物质 20 min，获得产物的纤维素糖化率明显增加 40%～70%，表明微波可有效提高离子液体预处理生物质效率[39]；利用[TBA][OH]与微波共同作用于桉树锯末，发现微波辅助该离子液体可有效破坏木质素、去除半纤维素、打破纤维素结晶区，获得易于酶水解的结构，得到较高的产糖率，并且该方法相对便宜高效[40]。[Emim][OAc]中微波照射 4 min 可以溶解 92.5%的黄松粉末，再生获得富纤维素材料中木质素含量约为 10%；与油浴加热相比，说明微波可有效促进离子液体中木质生物质的溶解及木质素脱除[16]。为了提高木质素的溶解率，利用微波辅助质子型离子液体溶解木质素，可以在 90 ℃下几分钟内实现 42%的木质素溶解，这也为生物质的预处理提供了新方法[41]。

除了微波辅助技术外，还有超声辅助技术，与离子液体[Ch][OAc]预处理竹粉相比，利用超声辅助 [Ch][OAc]预处理竹粉可有效提高纤维素糖化率，并且纤维素结晶度明显降低[42]。利用超声辅助离子液体[Bmim]Cl+十二烷基硫酸钠(SDS)体系预处理水葫芦，可以有效去除木质素，降低纤维素结晶度，该体系预处理水葫芦的优化条件为 100 W 超声波，120 ℃，45 min，添加 0.5% SDS；后续酶水解获得高达 2.339 mg/mL 还原糖[43]。利用超声辅助不同类型的离子液体预处理甘蔗渣，并进行原位酶解糖化，当酶解体系含有 10%

[Ch][OAc]时，纤维素和半纤维素的糖化率分别为80%和72%；与[Emim][OAc]相比，[Ch][OAc]对酶抑制作用较小[44]；利用超声辐射和离子液体预处理稻秆，发现氢氧化胆碱[Ch][OH]在超声波作用下可以显著改变稻秆结构，获得较好的预处理效果及还原糖收率[45]。采用功率不同的超声与离子液体相结合预处理生物质，水解程度明显高于利用离子液体预处理生物质的预处理效果，并且还原糖总量也得到了提高，同时对超声-离子液体预处理生物质的产物进行转化制备5-羟甲基糠醛(5-HMF)，5-HMF收率明显增加，表明超声-离子液体预处理生物质有效降低了纤维素结晶度，利于产物后续转化利用[46]。

另外，除了超声、微波等辅助手段用于生物质预处理之外，也有利用其他辅助方法预处理生物质，比如利用超临界CO_2/乙醇+离子液体预处理甘蔗渣，该体系中蔗渣与离子液体比例为1∶1时，蔗渣去木质素率可以达到41.9%，获得的碳水化合物收率较高，并且酶水解效果较好[47]。

综上所述，无论是单一离子液体、离子液体加添加剂/共溶剂、还是其他方法辅助离子液体等体系预处理生物质，都是为了获得生物质的高效预处理，从而实现生物质的高效利用，因此，开发低成本、温和高效、环境友好的离子液体预处理生物质技术至关重要。

3.2 木质纤维素生物质的转化利用

木质纤维素生物质是地球上最丰富的生物质资源，具有廉价易得等特点。然而，到目前为止，人类对木质纤维素的利用率还不到5%[48]，大宗化学品和燃料主要还是来自不可再生的化石能源，如煤、石油、天然气等。随着化学品和燃料的不断消耗，这些化石能源的储量不断减少，与此同时，人类对其需求却与日俱增。生物质作为自然界唯一的可再生有机碳源[49,50]，可以用来合成一系列高附加值化学品、功能材料和燃料[51-53]，不仅可以减轻人类对化石资源的依赖，还可以有效减少二氧化碳的排放。

木质纤维素生物质转化利用时，通常在水或者有机溶剂中进行，而水和大部分有机溶剂对生物质几乎不溶，阻碍了生物质的高值化利用。离子液体作为一种优良的新型绿色溶剂，蒸汽压低，不易挥发，稳定性强，结构和性质可调节且具有较强的溶解能力，可取代传统溶剂用于生物质的催化转化[54-60]。随着人们对纤维素生物质研究的不断深入，将离子液体应用于生物质能源技术领域正成为一种新技术而逐渐受到关注。目前，基于离子液体的生物质转化主要涉及纤维素及其衍生物的转化、半纤维素及其衍生物的转化、木质素及其模型化合物的转化等，本节将对相关转化技术进行一一介绍。

3.2.1 离子液体中纤维素及其衍生物的转化利用技术

纤维素作为木质纤维素生物质中含量最多的成分，是由D-葡萄糖分子通过β-1,4-糖苷键构成的聚合物[61]。木质纤维素生物质中纤维素的含量随生物质种类和来源的不同而变化，典型的木质纤维素生物质中纤维素的含量为50%～70%[62]，其在适宜的条件下水解可以得到葡萄糖单糖，其既可以作为生物发酵法制备乙醇、乳酸、丁二酸、反丁烯二酸、苹果酸、亚甲基丁二酸、柠檬酸、1,3-丙二醇、甘油、赖氨酸、谷氨酸等一系列化学品的潜在原料，又可以作为化学转化法制备5-羟甲基糠醛(5-HMF)、乙酰丙酸(LA)、葡萄糖酸、葡萄糖二酸、2,5-呋喃二甲酸(FDCA)和山梨醇的原料[63]，是一种利用价值非常高的生物质成分。但由于纤维素的分子量大，结构复杂，且纤维素聚合物链的柔韧性相对较低，致使其难以溶解(通常溶解度与聚合物的长度成反比)，不利于后续的转化利用。离子液体对大量的无机物质和有机物质均具有良好的溶解能力，并具有较好的催化活性，可作为许多化学反应的优良溶剂或催化剂。且离子液体极性易于调控，可以形成两相或多相体系，是双相或者多相反应的良好溶剂。此外，酸碱性可调控，根据需要，可以设计出酸碱性不同的离子液体，以满足不同反应体系的需求。鉴于上述特点，离子液体广泛应用于纤维素及其衍生物的催化转化。目前，基于离子液体体系的纤维素及其衍生物的转化方法主要涉及催化水解、脱水、催化氧化、加氢还原等。

3.2.1.1 离子液体中纤维素及其衍生物的催化水解

纤维素水解为还原糖被认为是生物炼制的起点，在纤维素选择性转化为目标产品的整个过程中起着重要的作用。但由于纤维素的组成结构比较复杂，包含大量氢键且结晶度高，以致其水解比其他物质更具有挑战性。传统纤维素水解有碱催化和酸催化两种途径。在碱催化剂的作用下，纤维素水解反应容易发生副反应。因此，碱催化转化纤维素的方法受到了极大的限制，通常情况下采用酸性催化剂来催化纤维素的水解反应。但由于腐蚀性强，无论酸还是碱催化纤维素水解，都会对设备造成严重腐蚀，对环境造成严重污染。此外，传统的水解是多相反应，纤维素是以固体颗粒的形式存在于溶液中。水解反应发生时，H^+只能从颗粒外表面发起进攻，只有表面的纤维素被水解并溶于水后，才能继续进行内部的水解反应，所以酸在底物表面及内部的扩散决定着水解反应的速度，该情况下纤维素的聚合度、结晶度及尺寸的影响非常大，需要经过物理或化学方法预处理后，降低纤维素的聚合度、结晶度，减小颗粒尺寸才能降低水解难度，加快水解速度。因此，开发新型绿色环保的水解体系，并实现均相水解是解决纤维素水解难题的关键。在此背景下，利用离子液体进行纤维素生物质的水解备受研究者关注。

由咪唑阳离子和具有较强氢键形成能力的阴离子构成的离子液体，能降低细胞壁的三维空间结构强度，打破细胞壁中纤维素、木质素分子内和分子间的氢键，进而有利于纤维素的溶解和选择性转化。早在2002年，Rogers等就发现[Bmim]Cl对纤维素具有良好的溶解性能，在微波加热条件下，[Bmim]Cl中可溶解高达25%的纤维素，即使在没有微波作用时，纤维素在[Bmim]Cl中的溶解度也可达10%[64]，这为纤维素的均相水解创造了条件。此外，基于离子液体的很多复合催化体系被用于实现纤维素的高效水解，以提高产物单糖的收率。

其中,最常见的为"酸+离子液体"复合体系,该体系中离子液体一般作为溶剂,酸作为催化剂。常用的酸主要包括矿物酸(硫酸、盐酸、硝酸和磷酸等)、金属氯化物等 Lewis 酸和固体酸三大类。Li 等[65]开发了以[Bmim]Cl 为溶剂,无机酸为催化剂的二元复合体系催化纤维素在常压下水解,其中"H_2SO_4+[Bmim]Cl"二元反应体系获得的还原糖收率高达 73%。"HCl+[Bmim]Cl"和"HNO_3+[Bmim]Cl"的二元体系也取得了较好的结果,但"H_3PO_4+[Bmim]Cl"的水解体系效率较低,水解所需的时间大大延长。随后 Binder 等[66]在"酸+离子液体"复合体系中加入水,开发了"酸+水+离子液体"复合水解体系,当离子液体采用[Emim]Cl 时,纤维素水解制葡萄糖收率高达 89%,即使采用未经处理的玉米秸秆作为原料时,单糖的收率仍可达 70%~80%。Morales-delaRosa 等[67]进一步研究发现,水的添加不仅有利于纤维素的水解,还能抑制葡萄糖脱水生成 5-HMF,同时也阻止了其聚合,从而促使葡萄糖的收率提高。当采用"HCl+水+[Emim]Cl"复合体系水解纤维素时,最优条件下葡萄糖和纤维二糖的收率可达 99.6%。与传统水解方法相比,采用离子液体水解纤维素具有原料无须预处理、反应条件温和、水解效率高、酸耗少、对反应器的腐蚀性和对环境的污染小、还原糖收率高等一系列优点。

以上"酸+离子液体"或改性后的"酸+水+离子液体"水解体系一般利用离子液体作为溶剂,需要采用传统的酸作为水解催化剂,仍然避免不了对环境的污染和对设备的腐蚀。因此,开发新型的以离子液体同时作为溶剂和催化剂的绿色均相水解体系非常重要。冯建萍等[68]以[Bmim]Cl 为溶剂,以吡咯烷酮类酸性离子液体为催化剂催化纤维素水解制葡萄糖,当采用[Hnmp][CH_3SO_3]酸性离子液体为催化剂时,葡萄糖收率可达 68%。同样,姜峰等[69]以[Bmim]Cl 为溶剂,溶解 4%的微晶纤维素,以功能化的酸性离子液体[C_4SO_3Hmim]Cl 为催化剂,加入 15%的 DMF 作为共溶剂以降低水解体系的黏度,实现了纤维素的高效均相水解。在 100 ℃、3%水含量的条件下,反应 30 min 即可实现微晶纤维的完全水解,还原糖收率可达 95%,且该体系对于高聚合度的滤纸与棉花也有很好的水解效果,还原糖收率依然可达 60%以上。Liu 等[70]引入六种以 1-甲基咪唑、1-乙烯基咪唑、三乙胺为基础的 SO_3H-功能化酸性离子液体作为催化剂,促进纤维素在[Bmim]Cl 中水解,均显示了非常好的催化活性,在 100 ℃时,总还原糖最高收率超过 83%。

综上所述,纤维素可在离子液体体系中实现均相水解,其氢键网络被打破,纤维素链完全暴露在 H^+ 的进攻中,这时的反应速度不受 H^+ 扩散的影响,因而反应速率较快,反应条件温和,并与纤维素的理化性质无关,还可以降低或者避免强酸、强碱的使用,减少了对环境的污染和对设备的腐蚀,具有很好的应用前景。

3.2.1.2　离子液体中纤维素及其衍生物的催化脱水

离子液体对纤维素及其衍生物如糖类等具有良好的溶解性,使得脱水反应可以在均相体系中进行,且多数离子液体还具有吸水性,纤维素及其衍生物经过脱水反应生成的水可被及时吸收，促使反应的正向进行。因此，众多研究者采用离子液体作为溶剂，实现纤维素及其衍生物的均相催化脱水降解，得到更多的目标产物，如 5-羟甲基糠醛（5-HMF）和乙酰丙酸（LA）等重要的平台化合物。其中，5-HMF 是一种应用非常广泛的平台分子，被美国能源部列为 12 种附加值最高的生物化学品之一[71,72]。由于含有醛基、羟甲基和呋喃环结构，5-HMF 的化学性质非常活泼，是制备多种高附加值精细化学品和呋喃基聚合物单体的重要原料和中间体，如图 3-1 所示[73]。5-HMF 可通过氧化、加氢、水解、脱水和缩合等反应合成 2,5-呋喃二甲醛（DFF）、5-羟甲基-2-呋喃甲酸（HMFA）、5-甲醛基-2-呋喃甲酸（FFCA）、2,5-呋喃二甲酸（FDCA）、2,5-二甲基呋喃（DMF）和长链烷烃等一系列高附加值产品，应用于各个领域。作为纤维素及其衍生物水解脱水的另一种重要产物，LA 可进一步转化为 γ-戊内酯（GVL）、丁烯、5-壬酮、2-甲基-四氢呋喃（MTHF）等。

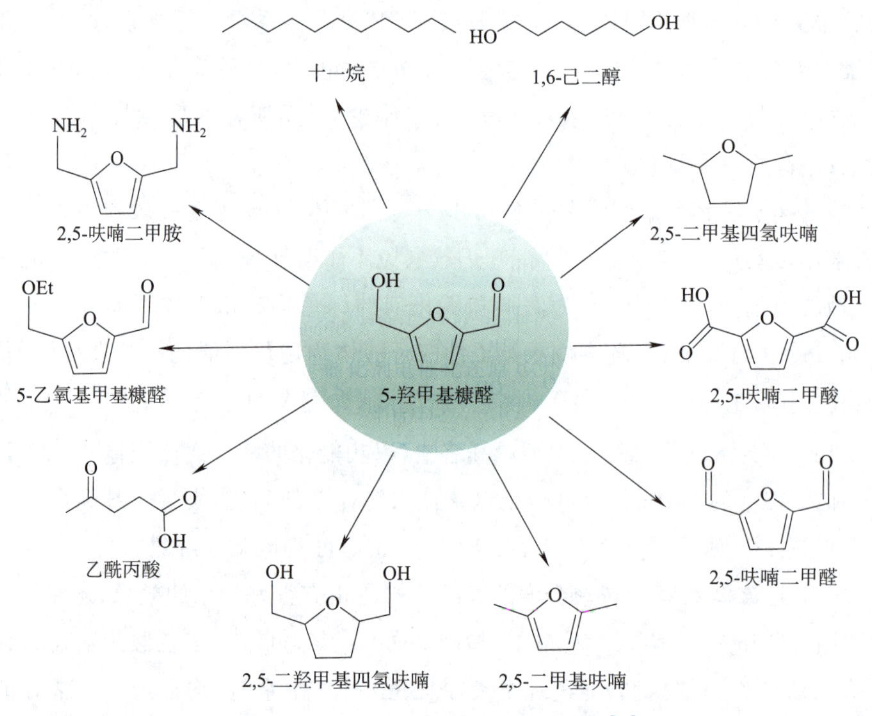

图 3-1 5-HMF 催化转化为其衍生物[73]

Qi 等[74]在[Bmim]Cl 中采用 Amberlyst-15 催化果糖脱水制备 5-HMF，在 80 ℃时反应 10 min 后，果糖转化率为 98.6%，5-HMF 收率为 83.3%。当反应温度升高至 120 ℃时，反应 1 min 后，果糖的转化率即可达到 100%，5-HMF 可达 82.2%。果糖比较容易脱水制备 5-HMF，但是与葡萄糖相比，其成本相对较高。葡萄糖具有廉价易得等优势，但其脱水速率慢，5-HMF 选择性差，因此直接由葡萄糖脱水制备 5-HMF 更具有挑战性。这主要是因为葡萄首先需要在 $CrCl_2$、$CrCl_3$、$SnCl_4$、$GeCl_4$ 等 Lewis 酸、碱或葡糖异构酶的作用下异构化为果糖，然后再脱水制备 5-HMF。如 Zhao 等[75]在[Emim]Cl 离子液体中采用 $CrCl_2$ 催化葡萄糖脱水，在 100 ℃反应 3 h 后，5-HMF 收率可达 68%～70%。相比于果糖和葡萄糖，纤维素是一种来源更广、价格更低的生物质资源。但分子链间的强氢键作用，使其在水和传统的有机溶剂中难以溶解，阻止了纤维素的有效利用。因此，破坏分子链间的强氢键作用，促进纤维素溶解是实现其转化利用的关键。研究表明，咪唑氯盐等离子液体可有效溶解纤维素[76-78]，使其更容易在酸催化下水解为葡萄糖等小分子[67]，葡萄糖在 Lewis 酸的作用下异构化为果糖，最后生成的果糖在 Brönsted 酸或 Lewis 酸的作用下发生脱水反应获得 5-HMF（见图 3-2）。Su 等[79]和 Kim 等[80]均在[Emim]Cl 离子液体中，分别采用 $CuCl_2$ 与 $CrCl_2$、$CrCl_2$ 与 $RuCl_3$ 的组合催化剂直接转化纤维素制备了 5-HMF，最优条件下，产物收率均可达到 60%。

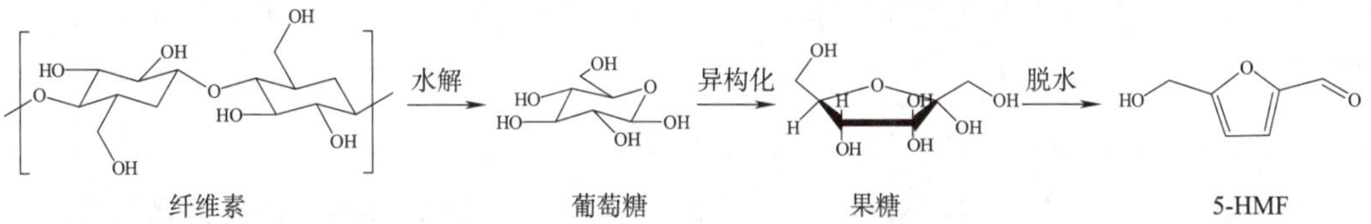

图 3-2　纤维素转化为 5-HMF 的过程

除用作溶剂外，离子液体也可作为纤维素及其衍生物的脱水催化剂。如 Qu 等[81]采用[C_2OHmim][BF_4]作为催化剂在 DMSO 中使葡萄糖有效转化为 5-HMF，在 180 ℃反应 1 h 后，5-HMF 收率可达 67.3%。Ding 等[82]在[Emim][OAc]溶剂中，以酸性离子液体为催化剂，以金属盐 $CuCl_2$ 为共催化剂，实现了微晶纤维素到 5-HMF 的高效催化转化。结果表明，当以[C_4SO_3Hmim][CH_3SO_3]和 $CuCl_2$ 为催化剂时，微晶纤维素在 160 ℃反应 3.5 h 后，可获得 69.7%的 5-HMF 收率。Shi 等[83]在[Bmim]Cl 溶剂中使用[bi-C_3SO_3Hmim][CH_3SO_3]和 $MnCl_2$ 的组合催化剂催化纤维素直接转化时，5-HMF 收率可达 66.5%。

3.2.1.3　离子液体中纤维素及其衍生物的催化氧化

离子液体作为氧化反应的溶剂具有许多优点，特别是当离子液体含有利于氧转移的 Br^- 阴离子或者吡啶阳离子时。离子液体还可以稳定许多氧化反应所需的自由基[84]。与其他分子型溶剂相比，离子液体作为溶剂时反应具有更好的活性，主要原因可能是离子液体在反应中不仅作为溶剂，还可以作为共催化剂[85,86]。此外，根据文献报道，极性化合物或者具有较强质子供体的化合物（如羧酸、酚类化合物和二元醇等）可以和离子液体发生较强的相互作用，致使一般分子型溶剂不能溶解的复杂有机分子可以溶于离子液体中，避免反应中额外添加剂的加入[87]。如 Yan 等[88,89]采用[Bmim]Cl 离子液体作为反应的溶剂和共催化剂，突破了生物基聚酯单体 2,5-呋喃二甲酸（FDCA）的传统强碱制备体系缺陷，实现了在温和反应体系中纤维素及其衍生物（如淀粉、糖、5-HMF 等）氧化制备 FDCA。作为被美国能源部从 300 多种基础化学品中层层筛选出的最具有价值的 12 种生物基平台化合物之一的 FDCA，与来自石油的大宗化学品对苯二甲酸（PTA）的分子结构和性质具有诸多的相似性，被认为是一种具有重要应用价值的 PTA 的潜在替代物[90]，可用来制备聚对苯二甲酸乙二醇酯(PET)的类似物聚 2,5-呋喃二甲酸乙二醇酯(PEF)。FDCA 几乎不溶于所有的分子型溶剂，因此在制备过程中往往需要加入强碱以促进其溶解，来防止其附着在催化剂表面而导致催化剂失活。但[Bmim]Cl 离子液体对 FDCA 的溶解度高，不仅避免了由于 FDCA 在催化剂表面的富集而导致的催化剂失活，而且避免了 FDCA 在催化剂表面进一步发生开环降解而转化为其他副产物。该[Bmim]Cl 离子液体体系在无碱条件下实现了由纤维素及其衍生物到 FDCA 的制备，减少了强碱对设备的腐蚀和对环境的污染，简化了后续产品的分离。其中，以 5-HMF 为原料，以非贵金属 Fe-Zr-O 复合氧化物为催化剂时，FDCA 的收率可达 60.6%。同样，Stahlberg 等[91]在[Emim]Cl 离子液体中以 5-HMF 为原料，以 $Ru(OH)_x/La_2O_3$ 为催化剂实现了 FDCA 的无碱体系制备，当反应温度为 100 ℃、氧气压力为 3×10^6 Pa、反应时间为 5 h 时，FDCA 收率为 48%。

3.2.1.4 离子液体中纤维素及其衍生物的催化加氢

纤维素通过加氢可以制备山梨醇、乙二醇、二甘醇等高附加值醇类产品。本质上讲，纤维素的加氢过程实际是水解氢解过程，纤维素首先需要在酸性条件下水解生成糖后加氢，且该步是纤维素加氢的决速步。对此，有研究者将离子液体引入纤维素加氢工艺中，通过溶解—降解实现纤维素的高效加氢。如 Gao 等[92]采用球磨和离子液体溶解相结合的方法对纤维素进行预处理，将球磨后的纤维素溶解在[Amim]Cl 中，离子液体中阴阳离子分别与纤维素分子内脱水葡萄糖中羟基的氢氧原子相结合，破坏纤维素分子内的氢键结构网络，将不溶于水的固态纤维素转变成液体形态的离子型纤维素溶液，增大纤维素与催化剂之间的接触面积，降低纤维素水解反应的难度，便于后续的加氢反应。在 Nafion NR50 和 Ru/AC 组合催化剂的作用下，球磨后溶解在[Amim]Cl 离子液体中的纤维素通过水解加氢反应可以直接转化成山梨醇，在 150 ℃下反应 1 h 后，山梨醇收率可达 34.3%。同样 Ignatyev 等[93]采用[Bmim]Cl 将纤维素溶解后，在 5%(质量分数)的 Rh/C 催化剂作用下通过加氢反应，获得了 74%的山梨醇收率。Yan 等[94]报道了 Ru 纳米团簇可以在[Bmim]Cl 中催化纤维素转化为糖醇。Ignatyev 等也报道了纤维素还原裂解制糖醇的研究[95]。结果表明，在[Bmim]Cl 中加入少量 KOH，采用非均相 Pt/C 或 Rh/C 催化剂，或者采用均相的 $HRuCl(CO)(PPh_3)_3$ 催化剂可以有效地催化纤维素加氢制备糖醇，且山梨醇为主要产品，收率为 51%～74%。

近年来，生物质衍生物 5-HMF 的加氢反应也引起了人们的广泛关注。5-HMF 加氢可以获得 DFF 和 2,5-二甲基四氢呋喃等一系列高附加值的化工产品。如 Chidambaram 等研究了[Emim]Cl 离子液体中碳负载的钯、铂、钌和铑等催化剂对 5-HMF 加氢反应的影响，主要获得了 5-甲基呋喃醛(MF)、2,5-呋喃二甲醇(DHMF)、5-甲基-2-呋喃甲醇(MFA)、DMF、5-甲基四氢糠醇(MTHFA)和 2,5-己二酮(HD)等六个产品[96]。在催化效果最好的[Emim]Cl+Pd/C 反应体系中，在 120 ℃下反应 1 h 时，5-HMF 的转化率为 19%，目标产物 DMF 的选择性仅为 13%。当在[Emim]Cl 中加入乙腈时,5-HMF 的转化率可提高到 47%,且 DMF 的选择性可提高到 32%。在这些催化体系中,5-HMF 转化率和目标产物的选择性均比较低,这主要是由于反应温度相对较低,反应时间较短,氢气在离子液体中的溶解度较低造成的。

3.2.2 离子液体中半纤维素及其衍生物的转化

不同于组成单一的纤维素,半纤维素由五碳糖(木糖和阿拉伯糖)、六碳糖(葡萄糖、甘露糖和半乳糖)、乙酰化糖及少量的其他糖类组成,通常木糖是其中含量最丰富的单体。半纤维素的聚合度比纤维素低(聚合度通常为 100～200)[97],因此其分子量更低。此外,不同于结晶度高的纤维素,半纤维素的单体是随机聚合的,且存在侧链,所以半纤维素主要是无定型的非晶态结构。与纤维素相似的是,半纤维素也能通过一系列反应转化为高附加值的化学品和燃料[98-100],本节将对离子液体中半纤维素及其衍生物的催化转化进行阐述。

3.2.2.1 离子液体中半纤维素的催化水解

与纤维素一样,半纤维素催化水解是其制备平台化合物的基础。酸催化水解法是化学法降解半纤维素最常用的方法,其对半纤维素的转化率高,得到的糖可进一步发酵生产燃料乙醇等。半纤维素还可以通过水解脱水制备糠醛等化工产品。常用的酸既有无机酸也有有机酸。然而,由于酸具有腐蚀性,对设备的要求比较严格,且会对环境造成一定的污染,因此,有研究者采用更加温和环保的离子液体体系来取代传统的酸水解体系以降低或者避免腐蚀性酸催化剂的使用。Enslow 等[98]研究发现,采用[Emim]Cl 离子液体为溶剂时,半纤维素(木聚糖)可以很容易水解为木糖。当以 H_2SO_4 为催化剂时,在 80 ℃的反应温度下,木糖收率高达 90%,其他少量副产物为 5%的脱水产物和 4%的腐殖质。随后,Matsagar[101]等采用 Bronsted 酸性离子液体作为催化剂催化硬木半纤维素水解制备五碳糖,结果表明 $[C_3SO_3Hmim][HSO_4]$离子液体的催化活性最佳,在 160 ℃时五碳糖(木糖+阿拉伯糖)的收率可达 87%,其活性优于分子筛固体酸催化剂和 H_2SO_4 液体酸催化剂,且离子液体的活性和其酸性遵循相似的趋势,即 $[C_3SO_3Hmim][HSO_4] > [C_3SO_3Hmim][PTS] > [C_3SO_3Hmim]Cl > [Bmim]Cl$。

3.2.2.2 离子液体中半纤维素及衍生物的催化脱水

半纤维素及水解产物木糖等可以通过脱水反应制备重要的精细化工原料糠醛。糠醛是一种衍生于半纤维素的生物基平台化合物,超过 80 种化学物质直接或间接来自糠醛,其广泛应用于塑料、医药和农用化学品等众多行业。

离子液体在半纤维素及衍生物的脱水反应中既可以作为溶剂,也可以作为催化剂。通常情况下,中性的离子液体被用作有效的溶剂或者添加剂,而酸性离子液体被用作催化剂。Sievers 等[102]采用[Bmim]Cl 作为反应溶剂,由半纤维素衍生物木糖获得了脱水产物糠醛,且研究发现,即使在 H_2SO_4 存在的酸性条件下,糠醛在[Bmim]Cl 中仍然表现出很高的稳定性。随后 Zhang 等[103]报道了木聚糖、玉米芯、草和松木等在[Bmim]Cl 溶液中的脱水反应,分别获得了 84.8%、19.1%、31.4%和 33.6%的糠醛收率,且提取糠醛后[Bmim]Cl 溶剂和 $AlCl_3$ 催化剂可以被循环使用。Binder 等[104]采用二甲基乙酰胺作为溶剂,以[Emim]Cl 和[Bmim]Br 作为添加剂来提高糠醛的收率,实现了木糖和木聚糖到糠醛的脱水转化,糠醛的最高收率可达到 56%。

酸性离子液体由于兼具强 Brönsted 酸的酸性和优良的溶解性,通常在半纤维素及其衍生物的脱水反应中用作反应介质和催化剂。据报道,酸性离子液体结合了均相催化剂和非均相催化剂的优点,如更高的酸密度、均匀的催化活性中心、容易分离等特点[105]。由于不需要额外添加催化剂,酸性离子液体反应体系的优势在于避免了传统催化系统通常存在的问题,如催化剂的分离和回收。[Bmim][HSO_4]和[Emim][HSO_4]均被用于在添加或不添加助溶剂的情况下从木糖生产糠醛。当采用[Bmim][HSO_4]或[Emim][HSO_4]作为单一介质转化木糖时,糠醛的最高收率为 36.7%~62%[106]。当在反应介质中加入助溶剂(如甲苯、甲基异丁基酮或二氧六环)时,糠醛收率明显提高至 73.8%~84%[107]。在这种酸性离子液体-有机溶剂混合转化体系中,酸性离子液体相产生的大部分糠醛被转移到有机溶剂共溶剂中,防止其进一步转化生成副产物,从而提高产物的收率。此外,在该混合转化体系中,同时实现了产物的生成、分离和纯化,简化了后续产物的分离。

半纤维素的糖基不均一,是多种物质的总称,一种植物中半纤维素有多种结构,不同原料的半纤维素结构差异更大。半纤维素与纤维素、木质素之间的连接紧密,传统的分离方法不仅污染严重,获得的纤维素纯度和分子结构都得不到很好的保障,因此,到目前为止,关于半纤维素的催化转化研究较少。此外,尽管离子液体在催化半纤维素及其衍生物转化方面表现出许多优势,但在实现其工业化利用方面仍然面临着许多挑战。如离子液体的成本、对其特性的深入了解、离子液体的回收和循环,以及对环境的影响等问题,仍有待进一步深入研究。

3.2.3 离子液体中木质素的转化

木质素在自然界中储量丰富,是植物细胞壁的主要组成部分,通过植物的光合作用形成[108]。木质素富含芳香结构,具有非常高的利用价值,其主要含有苯丙烷类芥子醇、松柏醇和 p-香豆醇三种结构单体(见图 3-3),通过单体间聚合,生成相应的对羟基苯基(H)、愈创木基(G)和紫丁香基(S)木质素结构单元[109]。木质素结构单元间以 C—C 键(如 β-1、β-5、β-β、5-5)和 C—O—C 键(如 β-O-4、α-O-4、4-O-5)等无序连接组合而成,如图 3-4 所示[110]。因此,木质素的化学组成和分子结构非常复杂,导致对其利用存在一定难度。传统的木质素转化通常在有机溶剂中进行,然而大部分有机溶剂对木质素的溶解能力有限,阻碍了木质素的高值化利用。与此同时,随着离子液体在木质纤维素领域的应用,离子液体对木质素表现出优良的溶解能力，这一发现为木质素的高效转化提供了巨大的机会。对离子液体中木质素转化的深入研究越来越多。值得注意的是，除了能为木质素转化提供均相反应体系外，离子液体还表现出了其他优点：(1)离子液体易被功能化，有助于催化木质素转化；(2)离子液体不易与部分有机溶剂互溶，有利于通过萃取分离降解产物，以及离子液体的回收再利用[111]。因此，离子液体被认为是木质素转化反应的理想溶剂。目前，基于离子液体体系的木质素及木质素模型化合物转化方法主要涉及酸催化水解、催化氧化、加氢还原、光催化、电化学和生物催化转化等，本节将对相关转化方法进行介绍。

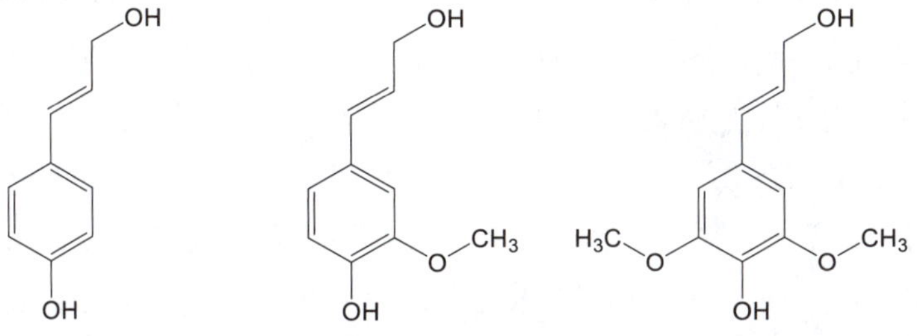

p-香豆醇(H)　　松柏醇(G)　　芥子醇(S)

图 3-3　木质素三种结构单元[109]

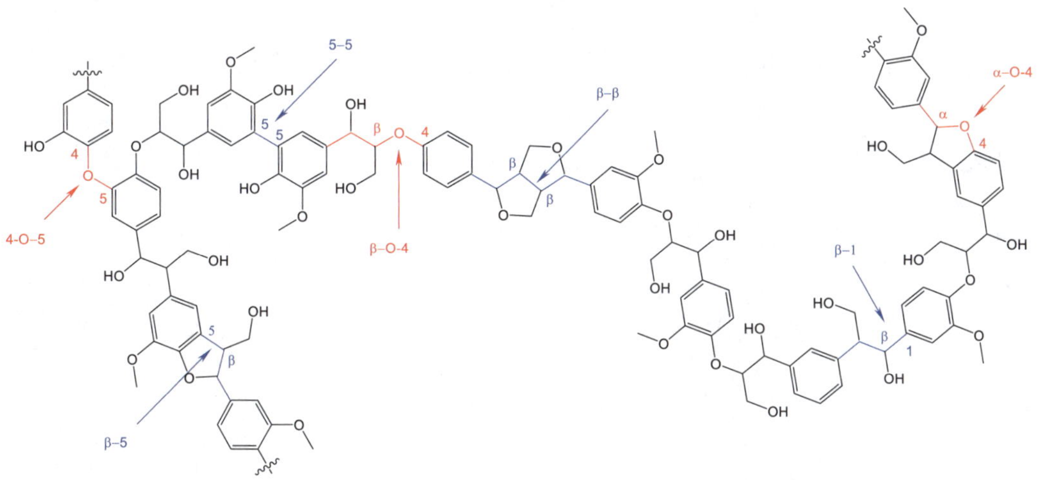

图 3-4　木质素代表结构模型[110]

3.2.3.1　离子液体中木质素及其模型化合物酸催化水解

酸催化水解可在相对温和的条件下使木质素发生降解转化，生成高附加值小分子芳香产品。到目前为止，这一领域的研究方向主要针对芳基-烷基醚键的水解断裂，因为其键能比 C—C 键能弱，更易断裂。即通过功能化离子液体(如，Bronsted 酸性离子液体)或离子液体体系中的 Lewis 酸的催化作用，将木质素有效转化。其中，离子液体不仅作为溶剂，也可起到催化剂的作用，有效促进木质素的转化。

1. Bronsted 酸性离子液体催化水解

Bronsted 酸性离子液体可用于降解木质素，其结构中的 β-O-4 链接键在 H^+ 作用下发生水解断裂，作用机理与传统 Bronsted 酸催化机理类似。值得注意的是，在 Bronsted 酸性离子液体体系中，除了提供水解所需的 H^+ 外，离子液体同时可与木质素形成氢键从而促进 β-O-4 链接键的断裂，得到产率更高的芳香产品。正如 Ekerdt[112] 研究显示，木质素 β-O-4 模型化合物藜芦基甘油-β-愈创木基醚（VG）及愈创木酚基甘油-β-愈创木基醚（GG）的水解效率显著受其阴离子和模型化合物间的氢键作用影响，如图 3-5 所示。研究考察了一系列强 Bronsted 酸性离子液体中的水解过程，通过测定 Hammett 酸度，酸强度顺序为：[Hmim]Cl＞[Hmim][BF_4]＞[Hmim][HSO_4]≈[Hmim]Br≈[Bmim][HSO_4]，这一规律与实际观察到的反应活性并不相符，上述离子液体促进 β-O-4 键断裂产生愈创木酚收率顺序为：[Hmim]Cl＞[Bmim][HSO_4]＞[Hmim]Br＞[Hmim][HSO_4]＞[Hmim][BF_4]，因此，推断反应效率很可能还取决于离子液体的性质及其与模型化合物的相互作用，即阴离子通过氢键与羟基配位以稳定反应中间体，从而促进 β-O-4 键的断裂及产物的生成。

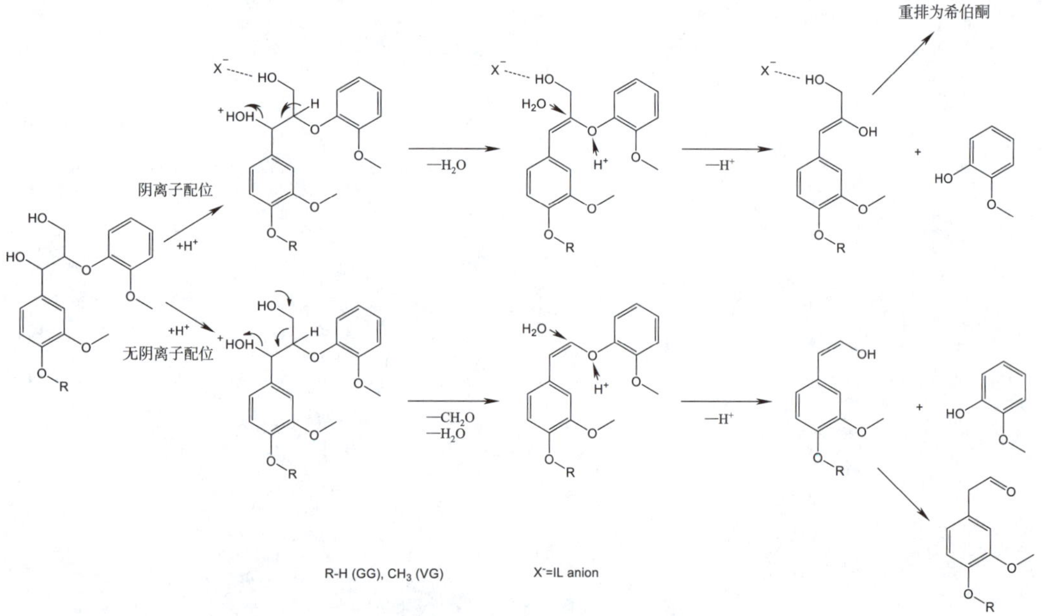

图 3-5　Bronsted 酸性离子液体中 GG 和 VG 的水解过程[112]

除此之外，Dhepe[113] 探讨了磺酸功能化 Bronsted 酸性离子液体在木质素水解方面的应用。研究发现，与无机酸 H_2SO_4 相比，木质素在[C_3SO_3Hmim][HSO_4]催化作用下更易于水解产生小分子芳香产物。进一步研究表明，Bronsted 酸性离子液体中缺电性的阳离子可与木质素中羟基上的“O”发生相互作用，使醚键上的“O”更易被质子化，从而促进醚键发生断裂生成水解产物。Long[114] 在利用磺酸功能化 Bronsted 酸性离子液体催化水解甘蔗渣的研究中，同样发现了Bronsted酸性离子液体对比无机酸具有更优越的催化性能，相同催化剂量条件下，Bronsted酸性离子液体可催化更多甘蔗渣发生转化。结果显示，在Bronsted酸性离子液体催化作用下，乙醇/水体系中的甘蔗渣在200 ℃下反应30 min，可有效转化为易挥发产物，转化率高达97.5%，产物产率为66.46%，其结构中的木质素也被有效降解，且Bronsted酸性离子液体可多次重复利用。

2. 离子液体中Lewis酸催化水解

Lewis酸如金属氯化物等也常用于木质素及其模型化合物的转化过程。研究发现，当用离子液体作为反应介质时，这些Lewis催化剂的催化活性更高[109]。Ekerdt[115]在[Bmim]Cl中应用$FeCl_3$、$CuCl_2$和$AlCl_3$有效催化断裂模型化合物GG中的β-O-4键，可得到产物愈创木酚。其中，$AlCl_3$/[Bmim]Cl显示出最优的催化活性，在150 ℃下反应120 min，100%GG发生转化，生成69%～80%的愈创木酚。金属氯化物的催化活性与其原位水解生成HCl有关，而GG结构中含有酚羟基，其可以作为质子供体与金属氯化物相互作用原位形成HCl，从而提高GG转化率和愈创木酚的产率。当不含酚羟基的模型化合物VG在$AlCl_3$/[Bmim]Cl/H_2O体系中150 ℃下反应240 min后，其有75%的β-O-4键水解，体系无水时几乎无愈创木酚生成。近年来，金属基离子液体逐渐被应用于木质素的降解过程中。Li[116]在甲醇溶剂中应用金属基离子液体[Bmim][$FeCl_4$]为催化剂催化木质素降解，发现对羟基苯基结构单元(H单元)的酯键可被选择性催化断裂，得到易挥发芳香产品，质量分数高达10.5%，产物中对羟基肉桂酸甲酯的选择性高达70.5%。进一步研究表明，[Bmim][$FeCl_4$]具有优越的酯键断裂性能，这可能与[Bmim][$FeCl_4$]和酯键间的相互作用有关。

3.2.3.2 离子液体中木质素及其模型化合物催化氧化

木质素具有丰富的芳香结构，通过氧化方法降解木质素可以极大地保留其芳香性，得到高附加值小分子芳香产品。由于木质素结构非常复杂，早期的木质素氧化研究通常以模型化合物为研究对象，以便于进一步研究氧化机理及为真实木质素的氧化降解提供方向[117]。近年来，随着技术的不断成熟，越来越多的研究开始关注真实木质素的转化，并取得了一定的成果[118,119]。离子液体被认为是木质素催化氧化过程理想的反应介质。一方面，离子液体具有良好的溶解氧能力以及对木质素良好的溶解性能，另一方面，随着研究的不断深入，人们发现离子液体有助于提高反应体系的催化氧化性能，使木质素氧化反应能够在相对温和的条件下高效进行。

1. 金属催化氧化

在金属基催化剂作用下，木质素及其模型化合物在离子液体体系中可被氧化降解得到高附加值芳香产品。Kumar[120]研究了木质素模型化合物藜芦基醇在[Bmim][PF_6]中的氧化，同时考察了不同水溶性铁卟啉催化剂的催化性能，H_2O_2为氧化剂。在室温下反应6 h后，可得到以藜芦醛为主的芳香产品，其产率最高可达83%。作为对比，研究者进行了水溶液中的氧化降解，然而藜芦醛产率显著降低，说明离子液体有助于提高该氧化过程的反应活性。这可能归因于[Bmim][PF_6]的非配位性和弱亲核性，稳定了反应中产生的中间体，因此促进反应进行，使水溶性铁卟啉在离子液体中的活性明显高于水溶液，这也使得催化剂可被循环使用5次而活性没有显著降低。Ragauskas[121]在[Bmim][PF_6]中利用钒基催化剂选择性氧化木质素模型化合物4-甲氧基苯甲醇得到芳香醛及芳香酸，产物产率可达90%，其中芳香醛选择性高达99%。研究表明，离子液体能够显著促进催化剂和反应底物的溶解，极大地缩短了反应时间，反应体系可循环利用，活性没有显著降低。另外，Singer[122]合成了金属基离子液体，利用其作为催化剂应用到木质素模型化合物藜芦基醇氧化降解中，空气为氧化剂，可得到产率为24%～56%的藜芦醛，为该新型离子液体在木质素氧化方面的应用提供了新方向。

Wasserscheid[123]考察了山毛榉提取木质素的氧化降解过程。反应在不同离子液体中进行，包括[Emim][CF_3SO_3]、[Mmim][$MeSO_4$]、[Emim][$EtSO_4$]、[Emim][$MeSO_3$]，并分别采用Mn、Fe和Cu金属盐为催化剂，加压空气为氧化剂（8×10^6 Pa）。研究表明，[Emim][CF_3SO_3]/ $Mn(NO_3)_2$体系表现出最高的反应活性，100 ℃下反应24 h后，高达66.3%的木质素可被氧化降解得到苯酚、丁香醛和2,6-二甲氧基-1,4-苯醌(DMBQ)等产物，其中DMBQ在抗肿瘤药物方面具有潜在的应用前景，如图3-6所示。有趣的是，研究发现不同离子液体中所得降解产物也不相同，例如在[Mmim][$MeSO_4$]中并未发现DMBQ的生成，说明离子液体对氧化过程及产物分布具有一定的影响。同时，催化剂用量会显著影响产物选择性。当$Mn(NO_3)_2$的质量分数为2%时，仅有少量DMBQ生成，当加大$Mn(NO_3)_2$的质量分数至20%，DMBQ产率显著升高，其质量分数可达到11.5%。为了进一步研究DMBQ的形成机理，研究者在相同条件下进行了丁香醛的氧化降解，得到了单一的DMBQ产物，因此推测木质素氧化所得DMBQ是由丁香醛过氧化形成。

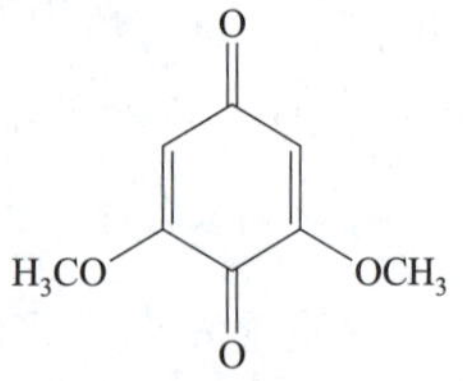

O
H_3CO OCH_3
O
2,6-二甲氧基-1,4-苯醌

图3-6 DMBQ结构[123]

Zhang[124]在多种离子液体中利用甲基三氧化铼(MTO)为催化剂对桦木木质素及其β-O-4模型化合物进行降解，反应在微波中进行。结果显示，催化剂的活性及选择性显著依赖于离子液体，MTO/[Bmim][NTf_2]催化体系中所得产物产率远高于其他离子液体体系，并且桦木木质素反应2 min后即可得到质量分数为34.2%的以酚类为主的芳香产品。研究表明，离子液体具有优良的介电性能，能够将微波转化为热能[125]，极大地促进了木质素氧化降解。

2. 无金属催化氧化

尽管大多数金属催化剂可以有效地将木质素及其模型化合物转化为高附加值芳香产品，但金属的使用会产生有害的废弃物，对反应的后处理造成一定困难。此外，考虑到金属（特别是贵金属）的储量有限，人们越来越关注无金属催化体系的开发，利用氧气或过氧化氢作为氧化剂对木质素进行氧化降解。基于此，Han[126]开发了离子液体中木质素β-O-4模型化合物的无金属氧化降解工艺。在[Bnmim][NTf_2]中添加少量水及 H_3PO_4，在 1 MPa O_2 及 130 ℃下反应 3 h，模型化合物 2-苯氧基苯乙酮可被高效氧化转化为苯酚及苯甲酸，产率分别达到 84%和 89%。结果显示，阴离子[NTf_2]$^-$ 对氧化反应的发生非常重要，H_3PO_4 和[NTf_2]$^-$之间存在协同作用。经检测，该氧化降解是基于自由基反应机理，推测 2-苯氧基苯乙酮首先与氧气相互作用形成接触电荷转移络合物(CCTC)。在离子液体作用下，CCTC 分解产生自由基，然后被氧化为氢过氧化物 ROOH，在 H_2O 及 H^+ 作用下，ROOH 进一步转化为苯甲酸、苯酚和甲酸。研究表明，离子液体的阴离子[NTf_2]$^-$ 具有强电负性，可以显著促进自由基生成，因此极大提高氧化反应效率。此外，其他木质素模型化合物(2-苯氧基-1-苯乙醇)以及有机溶剂型木质素也可在该[Bnmim][NTf_2]催化体系中催化降解。随着对离子液体中相同模型化合物 2-苯氧基苯乙酮在无金属条件下氧化转化研究的深入，研究者发现离子液体 [Omim][OAc]也能够高效催化氧化 2-苯氧基苯乙酮生成苯酚及苯甲酸[127]。向体系中加入少量水，在 1.5 MPa O_2 及 100 ℃下反应 2 h，苯酚及苯甲酸产率分别高达 96%和 86%。与之前研究不同的是，该氧化降解过程并非自由基转化反应，因为向体系中加入自由基猝灭剂 2,2,6,6-四甲基哌啶氧化物(TEMPO)后，反应结果并未产生影响，同时，系统红外分析检测到含有两个相邻羰基结构的中间体产物。基于此，对反应机理进行推测，如图 3-7 所示。首先，由于羰基的强吸电子性，使相邻亚甲基的碳氢键电子云密度降低，导致碳氢键容易断裂。在被亲核性的醋酸阴离子攻击后，反应物从亚甲基上失去一个质子，形成碳负离子及一分子乙酸。由于带负电荷的亚甲基与羰基的共轭作用，亚甲基上的负电荷可以转移到羰基上，形成烯醇结构。随后，具有烯醇结构的化合物与氧发生反应，生成不稳定的环氧化合物中间体。该中间体的 C—O 键在乙酸存在下发生断裂，形成苯酚和苯甲酰甲醛。苯甲酰甲醛在氧气作用下被氧化为苯甲酰甲酸。最后，在水的亲核进攻下，苯甲酰甲酸进一步转化为苯甲酸和甲酸。此外，其他 β-O-4 模型化合物在相同体系中也能被高效氧化降解。研究表明，离子液体的乙酸阴离子对该催化氧化反应起关键作用，使木质素模型化合物在离子液体体系中能够简单高效地氧化转化，该离子液体体系有望应用于木质纤维素的一锅法溶解—转化—分离过程中。

3.2.3.3　离子液体中木质素及其模型化合物催化加氢

在还原条件下，将木质素催化加氢制备小分子化学品是另一种重要的木质素转化途径。与其他方法相比，催化加氢可使木质素降解后得到组成相对简单的产品。还原过程常与氢和能活化氢的金属基催化剂密不可分，在其作用下，木质素的 C—O 及 C—C 键可被断裂，得到小分子芳香族化合物[110]。此外，加氢脱氧(HDO)方法可以除去产物中的氧，得到包括芳烃和环烷烃等在内的木质素衍生燃料，因此这方面的研究也获得了越来越多的关注。根据已有的研究报道，常见的木质素催化加氢反应通常在水，以及醇或其他有机溶剂中进行，相较之下，以离子液体作为反应介质催化加氢木质素的研究相对较少。总的来说，离子液体由

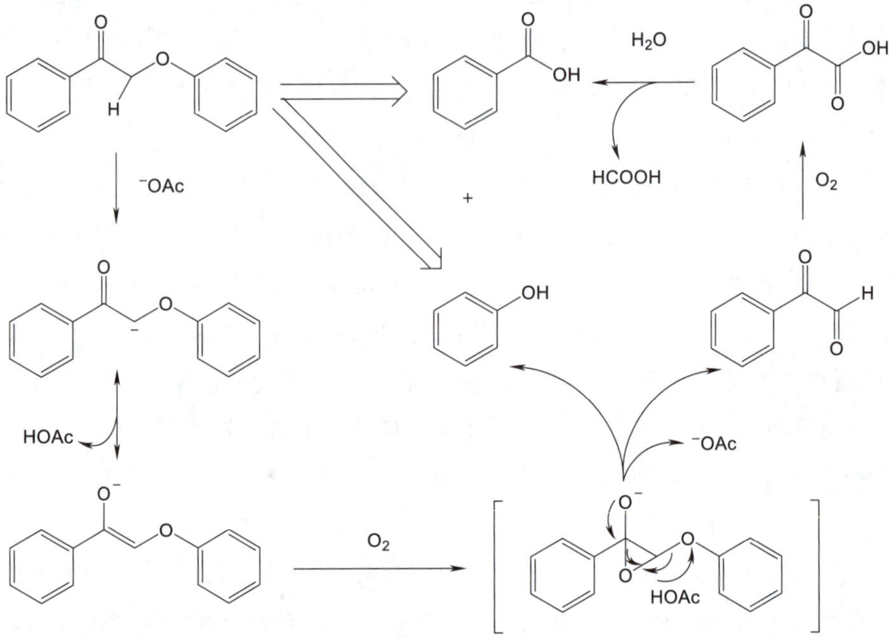

图 3-7 [Omim][OAc]催化氧化模型化合物(2-苯氧基苯乙酮)机理[127]

于具有优良的可设计性及对木质素优良的溶解能力等特性，在木质素催化加氢转化方面具有巨大的应用潜力。已有的研究也证明，应用离子液体进行木质素催化加氢反应常表现出更高的反应活性及反应效率，这与离子液体独特的特性密不可分。

纳米金属催化剂因其优良的催化效率而广泛应用到木质素催化加氢降解中[128]。研究表明，离子液体可作为纳米颗粒的溶剂、稳定剂及保护剂[129]，纳米金属催化剂在离子液体中展示出更高的催化效率。与传统的将金属纳米颗粒固定在载体表面不同，离子液体体系中金属纳米颗粒被固定在离子液体相中，一方面使金属颗粒具有更高的旋转自由度及球对称的几何形态，另一方面，金属颗粒具备一定的结构方向性(离子液体效应)，以及自组装和静电稳定效应[130]，使其在离子液体中有更高的稳定性和活性，因此催化效率更高。值得注意的是，咪唑基离子液体可以作为过渡金属纳米颗粒的良好稳定剂，可将金属纳米颗粒分散在离子液体中，形成“拟均相催化体系”。拟均相催化体系结合了均相催化的高活性及非均相催化的易分离等优点，利用该体系进行木质素及其模型化合物催化加氢反应以制备高附加值产品具有广阔的应用前景。离子液体中木质素及模型化合物的催化加氢处理常与其他转化方法相结合，如酸催化水解等。

1. 酸性条件下催化加氢

Scott[129]利用离子液体能够稳定金属纳米颗粒的性能，将 Ru 纳米颗粒分散到[Bm_2im][NTf_2]中，加入 Bronsted 酸性离子液体并通过催化加氢方法将木质素 β-O-4 模型化合物 2-(2-甲氧基)苯氧基-1-苯乙醇降解，如图 3-8 所示。在 Bronsted 酸性离子液体作用下，反应底物首先水解为愈创木酚及另一种不稳定的芳香醛中间体。同时，在离子液体中稳定存在的 Ru 催化作用下，芳香醛被原位加氢生成更稳定的苯乙醇和乙苯，避免了副反应发生。

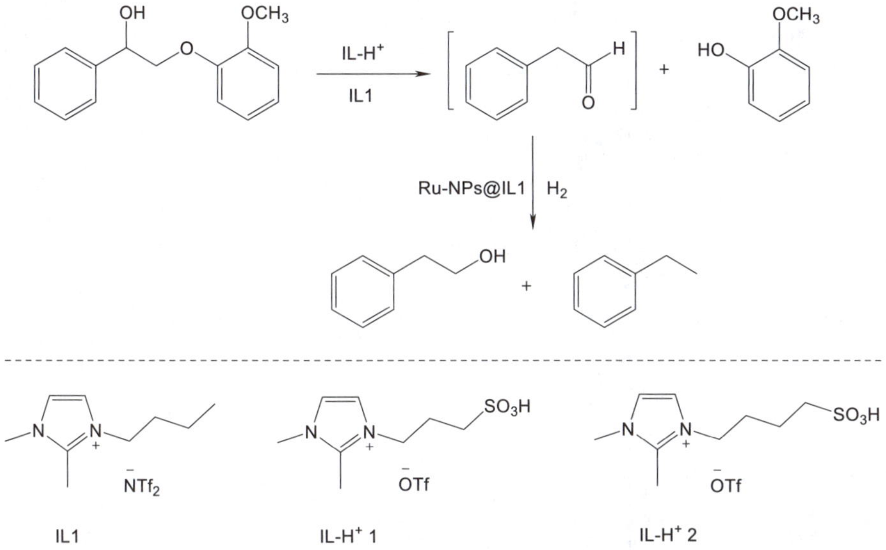

图 3-8　β-O-4 模型化合物 2-(2-甲氧基)苯氧基-1-苯乙醇降解及离子液体结构[129]

Zhang[130] 考察了木质素及其模型化合物在贵金属纳米颗粒/离子液体“拟均相催化体系”中的加氢脱氧过程，多种模型化合物的 C—O 键可被选择性断裂，并且苯环可被加氢还原得到环己烷类衍生产物，如图 3-9 所示。四种金属纳米颗粒 Pd、Pt、Rh 和 Ru 被均匀分散到离子液体中，无聚集现象发生。向体系中加入少量磷酸并在 130 ℃下反应，木质素模型化合物转化率几乎达到 100%，且催化体系可循环利用数次，活性未降低。研究表明，离子液体阴离子的疏水性能显著影响反应效率，实验中含[NTf_2]$^-$ 和[PF_6]$^-$ 的离子液体比含[BF_4]$^-$ 的离子液体更有效，这是由于金属纳米颗粒对水非常敏感，少量水即可导致团聚现象发生。此外，相对于水及其他常见溶剂，离子液体的另一优点是对氢更高的气体溶解能力，增加了氢和金属催化剂的接触，使氢更容易被活化，因此催化活性更高。在相同条件下对真实木质素进行加氢脱氧降解，所得液体产物产率只有 5%，但环己烷选择性高达 68%，这一研究可为实现由木质素工业化生产环己烷提供新思路。Laurenczy[131] 利用原位合成的 Pt 纳米颗粒在[Emim][NTf_2]-[Bmim][PF_6]二元离子液体体系中实现了温和条件下木质素模型化合物的加氢脱氧。在 60 ℃及 1.0 MPa H_2 条件下，反应底物全部转化，并且脱氧率高于 95%，得到环己烷和环己烯。该二元离子液体体系的高活性与离子液体的阴离子有关，非亲核性的[NTf_2]$^-$ 和[PF_6]$^-$ 能够促进 Pt 纳米颗粒的形成，此外，非亲核阴离子能够促进金属纳米颗粒表面的催化过程，因为其比强亲核阴离子更容易被反应底物取代。

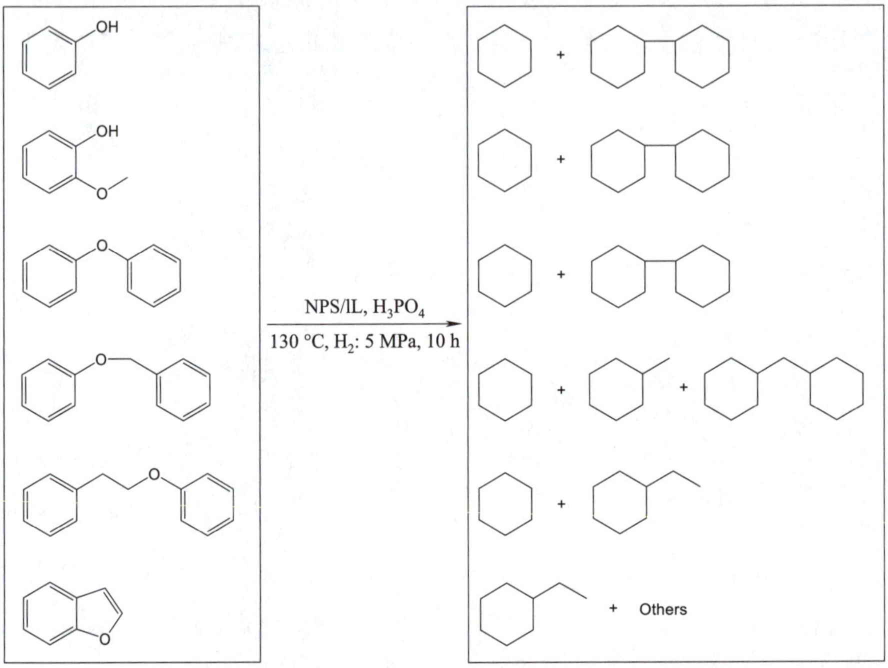

NPS/IL, H_3PO_4

130 °C, H_2: 5 MPa, 10 h

Others

图 3-9 纳米颗粒/离子液体拟均相体系中木质素模型化合物催化加氢[130]

2. 无酸条件下催化加氢

从以上研究不难发现，Bronsted 酸可以有效催化木质素降解，然而 Bronsted 酸的利用容易对反应器造成腐蚀，因此，开发无酸催化体系对木质素工业化利用具有重要的意义。最近，Yang[132] 在无酸条件下实现了多种木质素模型化合物在离子液体体系中的加氢脱氧过程。离子液体体系[Bmim][PF_6]-Ru/SBA-15 表现出最高活性，反应底物转化率可超过 99%，对应烷烃产物选择性超过 98%。结果显示，离子液体的阴离子显著影响反应过程。在苯酚的加氢脱氧过程中，[Bmim][PF_6]比其他离子液体和有机溶剂更有优势，阴离子[PF_6]$^-$ 主要催化反应的脱氧过程，得到产物环己烷，而将阴离子换为[BF_4]$^-$ 和[NTf_2]$^-$ 时，产物却以环己醇为主。同时，因为体系没有添加质子酸，所得副产物非常少，所以二苯醚在加氢脱氧后，环己烷产率可高达 97.7%。另外，催化体系至少可循环六次，活性有轻微降低。为了降低成本，经过进一步地研究，Yang[133] 在一种低成本的质子型离子液体中，实现了无酸条件下木质素模型化合物的加氢脱氧反应。利用金属催化剂与含有两个羟基的质子型离子液体协同反应，将木质素衍生酚和二聚醚高效转化为烷烃，离子液体结构如图 3-10 所示。Rh/C-[BHEm][OTf]催化体系活性最高，底物转化率高于 99%，相应烷烃的产率超过 90%。木质素模型化合物的加氢脱氧包含氢化过程和进一步的脱氧过程。其中，金属催化剂 Rh/C 促进氢化反应，而[BHEm][OTf]被证明有效催化底物的脱氧过程。同时，考虑到所用离子液体的低成本，该项研究为实现木质素工业化利用提供了一个新方向。

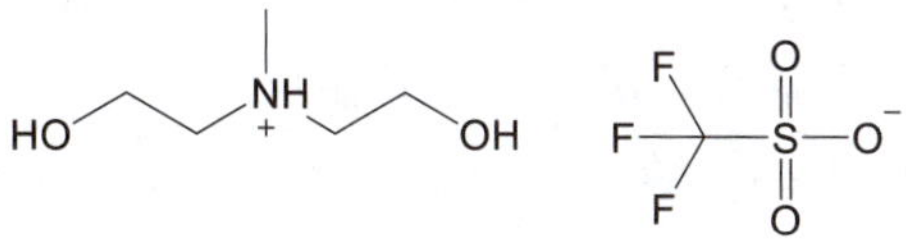

图 3-10　[BHEm][OTf]结构[133]

3.2.3.4　离子液体中木质素及其模型化合物光催化转化

光催化技术是一种清洁、有效、节能且成本低廉的技术，已被广泛应用于绿色能源、医药、化学合成等方面。因此，利用光催化技术对木质素进行转化引起了人们越来越浓厚的兴趣，并取得了一定进展[134]。相关领域主要涉及光催化氧化，也有部分研究涉及光催化还原等其他化学过程[135]。与传统方法相比，光催化技术具有其独特的优势，包括：(1)由可再生阳光能源驱动；(2)可在较温和条件下进行(室温及大气压)；(3)避免使用对环境有害的重金属催化剂或强化学氧化/还原剂等[134]。光催化剂的选择通常以半导体为主，当其被光子照射，且光子能量等于或大于其带隙能量，即可生成电子与空穴，引发自由基(如羟基自由基)等活性物质生成，再进一步与底物反应使其发生转化[136]。在木质素光催化降解过程中，连接木质素不同结构单元的 C—C 或 C—O 键常被选择性断裂，生成小分子芳香产品，相关反应通常在乙腈或二甲基亚砜等有机溶剂中进行[137-139]，在离子液体中进行的光催化降解研究相对较少。

考虑到金属基催化剂的应用有可能导致对环境的污染，最近，Zhang[140]采用离子液体诱导木质素自身产生自由基，实现木质素及其 β-O-4 模型化合物在无金属、室温及空气条件下的高效光化学转化，其中木质素结构链接键中的 C—O 及 C—C 键可被有效断裂。结果显示，离子液体的组成对反应影响显著，最优离子液体体系为[Pmim][NTf_2]/[$PrSO_3$Hmim][OTf]，其中[Pmim][NTf_2]能够活化木质素模型化合物中 β 位 C—H 键，促使其发生断裂，生成烷基自由基，引发自由基链传递过程，形成反应中间体。随后，在[$PrSO_3$Hmim][OTf]催化作用下，β-O-4 键发生断裂，生成芳香单体，使模型化合物降解。反应过程中无须添加任何其他催化剂，并且体系具备优良的光化学稳定性，可至少重复利用 5 次，且未见明显活性降低。在相同二元离子液体体系中，其他模型化合物及碱木质素的 C—O 键也可被有效断裂。该研究为开发无金属及温和木质素光化学转化提供了新思路。

3.2.3.5　离子液体中木质素及其模型化合物电化学转化

电化学技术是木质素及其模型化合物转化的另一种途径，反应条件相对温和，操作简单，具备反应可控、环境友好等优点，受到人们的广泛关注[141]。离子液体由于其独特的特性在木质素电化学领域的应用中具有许多优势，包括：(1)离子液体具备优良的电化学特性，可被用作电化学反应理想的电解质；(2)离子液体作为木质素良好的溶剂，可同时改善木质素的溶解情况，提高转化效率；(3)离子液体具备较宽的电化学窗口，使木质素降解所得副反应更少;(4)反应无须添加其他试剂,避免有害试剂的使用对环境造成污染等[142]。因此,在离子液体体系中电化学降解木质素具有很大的应用潜力。

早期对木质素及其模型化合物的电化学研究是为了鉴别木质素结构中的官能团[143]。随着技术的不断进步,越来越多的研究通过降解木质素以得到高附加值小分子产品。Hempelmann[144]考察了质子型离子液体中碱木质素的电化学降解过程。研究发现,木质素的C—C键能够有效断裂,并生成多种芳香产物,包括芳香醛和芳香酮等。Volmer[145]分别在质子型离子液体(三乙基甲磺酸铵)和非质子型离子液体[Emim][OTf]中进行了木质素的电化学降解。研究表明,质子型离子液体更有助于 H_2O_2 生成,从而降解木质素。Wan[146]探讨了离子液体中木质素模型化合物的电化学降解。研究表明,H_2O_2 是反应中生成的活性物质,而在质子型离子液体中,因为存在一定数量的质子,能够促进 H_2O_2 的生成,使 α-O-4 键断裂,所以质子型离子液体中的电化学降解效率要高于非质子型离子液体。

3.2.3.6 离子液体中木质素及其模型化合物生物催化转化

生物催化转化木质素是依靠微生物或酶使木质素链接键发生断裂,可在较低的温度及压力下进行,其中木质素降解酶起主要作用。过氧化酶和漆酶是常见的木质素降解酶。木质素降解效率取决于酶的活性,而酶活性与其溶剂密切相关,常见的可溶解木质素的有机溶剂,如己烷、DMSO和丙酮等对酶活性产生严重的不利影响,同时,与酶相容的水溶液对木质素的溶解能力很低,不利于木质素的酶催化降解过程。离子液体对木质素具有优良的溶解能力,通过设计具有生物相容性的离子液体,可以实现酶在离子液体中稳定存在,并保持一定的活性[147],甚至在某些特定离子液体中,如磷酸二氢胆碱,酶活性得到显著提高[148]。因此,开发合理的离子液体/酶体系为木质素生物催化转化提供了良好的发展前景。目前为止,相关领域的研究相对较少,仍处于初步阶段。

Shi[149]在三种离子液体,即[DEA][HSO_4]、[Ch][Lys]及[Emim][OAc]水溶液中利用漆酶对碱木质素及木质素 β-O-4 模型化合物愈创木酚基甘油-β-愈创木基醚(GGE)进行了降解。研究表明,离子液体能够促进木质素转化为小分子物质。其中,漆酶在[DEA][HSO_4]水溶液中活性最高。在GGE降解过程中,发现GGE首先聚合为二聚体、三聚体和其他低聚物。随着反应随时间的延长,离子液体抑制该聚合过程,并促进小分子产物生成。在碱木质素降解过程中,与无离子液体体系相比,添加离子液体使木质素转化率从2.12%(质量分数)提高到21.66%。产物以香草醛为主,还包括丁香醛及愈创木酚等。Schwaneberg[150]开发了一种两步法降解木质素及其模型化合物工艺。首先向反应体系中添加体积分数为10%的[Emim][$EtSO_4$],以提高木质素的溶解性,在该体系中利用漆酶选择性氧化 β-O-4 链接键中的苄基醇,得到的产物再在碱性条件下进一步降解为小分子芳香产物,包括芳香醛、芳香酸等。

本节对近年来木质素在离子液体体系中的转化方法进行了介绍。正如文中所述,相关领域的研究取得了很大的进展，通过酸催化水解、催化氧化、加氢还原、光催化、电化学及生物催化转化方法，木质素可被转化为高附加值小分子芳香产品，包括芳香醛、芳香酮、芳香酸和环己烷等。离子液体不仅能有效溶解木质素，还可以通过与木质素相互作用、活化反应底物、稳定反应中间体等途径显著促进木质素键的断裂，并能在一定程度上影响产物种类分布，为提高木质素转化效率、实现木质素工业化应用提供了巨大的可能。然而，该领域的研究还处于初级阶段，如何实现单一产物的分离及纯化，以及在更温和的条件下实现木质素的转化等问题，仍然是未来面临的挑战。

参考文献

[1] VASSILEV S V, BAXTER D, ANDERSEN L K, et al. An overview of the organic and inorganic phase composition of biomass[J]. Fuel, 2012, 94: 1-33.

[2] UPTON B M, KASKO A M. Strategies for the conversion of lignin to high-value polymeric materials: review and perspective[J]. Chemical Reviews, 2016, 116 (4): 2275-2306.

[3] MANKAR A R, PANDEY A, MODAK A, et al. Pretreatment of lignocellulosic biomass: a review on recent advances[J]. Bioresource Technology, 2021, 334: 125-235.

[4] CHEN H, LIU J, CHANG X, et al. A review on the pretreatment of lignocellulose for high-value chemicals[J]. Fuel Processing Technology, 2017, 160: 196-206.

[5] TU W C, HALLETT J P. Recent advances in the pretreatment of lignocellulosic biomass[J]. Current Opinion in Green and Sustainable Chemistry, 2019, 20: 11-17.

[6] WATLOSKI R P, SPEAR S K, HOLBREY J D et al. Dissolution of cellose with ionic liquids[J]. Journal of the American Chemical Society, 2002, 124: 4974-4975.

[7] MEENATCHI B, RENUGA V, MANIKANDAN A. Cellulose dissolution and regeneration using various imidazolium based protic ionic liquids[J]. Journal of Molecular Liquids, 2017, 238: 582-588.

[8] WANG H, GURAU G, ROGERS R D. Ionic liquid processing of cellulose[J]. Chemical Society Reviews, 2012, 41 (4): 1519-1537.

[9] LIU Y R, THOMSEN K, NIE Y, et al. Predictive screening of ionic liquids for dissolving cellulose and experimental verification[J]. Green Chemistry, 2016, 18 (23): 6246-6254.

[10] HOU Q D, JU M T, LI W Z, et al. Pretreatment of lignocellulosic biomass with ionic liquids and ionic liquid-based solvent systems[J]. Molecules, 2017, 22 (3): 490.

[11] LI W Y, SUN N, STONER B, et al. Rapid dissolution of lignocellulosic biomass in ionic liquids using temperatures above the glass transition of lignin[J]. Green Chemistry, 2011, 13 (8): 2038-2047.

[12] REN H, ZONG M H, WU H et al. Efficient pretreatment of wheat straw using novel renewable cholinium ionic liquids to improve enzymatic saccharification[J]. Industrial & Engineering Chemistry Research, 2016, 55 (6): 1788-1795.

[13] YANG S Q, LU X M, ZHANG Y Q, et al. Separation and characterization of cellulose I material from corn straw by low-cost polyhydric protic ionic liquids[J]. Cellulose, 2018, 25: 3241-3254.

[14] WEERACHANCHAI P, LEE J M. Effect of organic solvent in ionic liquid on biomass pretreatment [J]. ACS Sustainable Chemistry & Engineering, 2013, 1 (8): 894-902.

[15] BOONSOMBUTI A, WANAPIROM R, LUENGNARUEMITCHAI A, et al. The effect of the addition of acetic acid to aqueous ionic liquid mixture using microwave-assisted pretreatment in the saccharification of napier grass[J]. Waste and Biomass Valorization, 2017, 9 (10): 1795-1804.

[16] WANG H, MAXIM M L, GURAU G, et al. Microwave-assisted dissolution and delignification of wood in 1-ethyl-3-methylimidazolium acetate[J]. Bioresource Technology, 2013, 136: 739-742.

[17] USMANI Z, SHARMA M, GUPTA P, et al. Ionic liquid based pretreatment of lignocellulosic biomass for enhanced bioconversion[J]. Bioresource Technology, 2020, 304: 123003.

[18] YOO C G, PU Y, RAGAUSKAS A J. Ionic liquids: promising green solvents for lignocellulosic biomass utilization[J]. Current Opinion in Green and Sustainable Chemistry, 2017, 5: 5-11.

[19] ZHANG J X, ZOU D Z, SINGH S, et al. Recent developments in ionic liquid pretreatment of lignocellulosic biomass for enhanced bioconversion[J]. Sustainable Energy & Fuels, 2021, 5 (6): 1655-1667.

[20] TECK, ADELINE , LEE. Elucidation of the effect of ionic liquid pretreatment on rice husk via structural analyses[J]. Biotechnology for Biofuels, 2012, 5: 67.

[21] DA COSTA, LOPES A M, JOAO K G, et al. Pre-treatment of lignocellulosic biomass using ionic liquids: wheat straw fractionation[J]. Bioresource Technology, 2013, 142: 198-208.

[22] BAHRANI S, RAEISSI S, SARSHAR M. Experimental investigation of ionic liquid pretreatment of sugarcane bagasse with 1,3-dimethylimadazolium dimethyl phosphate[J]. Bioresource Technology, 2015, 185: 411-415.

[23] VERDíA P, BRANDT A, HALLETT J P, et al. Fractionation of lignocellulosic biomass with the ionic liquid 1-butylimidazolium hydrogen sulfate[J]. Green Chemistry, 2014, 16 (3): 1617-1627.

[24] DOHERTY T V, MORA-PALE M, FOLEY S E, et al. Ionic liquid solvent properties as predictors of lignocellulose pretreatment efficacy[J]. Green Chemistry, 2010, 12 (11): 1967-1975.

[25] LIU Q P, HOU X D, LI N, et al. Ionic liquids from renewable biomaterials: synthesis, characterization and application in the pretreatment of biomass[J]. Green Chemistry, 2012, 14 (2): 304-307.

[26] HOU X D, SMITH T J, LI N, et al. Novel renewable ionic liquids as highly effective solvents for pretreatment of rice straw biomass by selective removal of lignin [J]. Biotechnology and Bioengineering, 2012, 109 (10): 2484-2493.

[27] AN Y X, ZONG M H, WU H, et al. Pretreatment of lignocellulosic biomass with renewable cholinium ionic liquids: Biomass fractionation, enzymatic digestion and ionic liquid reuse [J]. Bioresource Technology, 2015, 192: 165-171.

[28] MA H H, ZHANG B X, ZHANG P, et al. An efficient process for lignin extraction and enzymatic hydrolysis of corn stalk by pyrrolidonium ionic liquids[J]. Fuel Processing Technology, 2016, 148: 138-145.

[29] ACHINIVU E C, HOWARD R M, LI G Q, et al. Lignin extraction from biomass with protic ionic liquids[J]. Green Chemistry, 2014, 16 (3): 1114-1119.

[30] BRANDT-TALBOT A, GSCHWEND F J V, FENNELL P S, et al. An economically viable ionic liquid for the fractionation of lignocellulosic biomass [J]. Green Chemistry, 2017, 19 (13): 3078-3102.

[31] GSCHWEND F J V, CHAMBON C L, BIEDKA M, et al. Quantitative glucose release from softwood after pretreatment with low-cost ionic liquids[J]. Green Chemistry, 2019, 21 (3): 692-703.

[32] YANG J M, LU X M, LIU X M, et al. Rapid and productive extraction of high purity cellulose material via selective depolymerization of the lignin-carbohydrate complex at mild conditions[J]. Green Chemistry, 2017, 19 (9): 2234-2243.

[33] FU D B, MAZZA G. Aqueous ionic liquid pretreatment of straw[J]. Bioresour Technol, 2011, 102 (13): 7008-7011.

[34] AN Y X, LI N, ZONG M H, et al. Easily measurable pH as an indicator of the effectiveness of the aqueous cholinium ionic liquid-based pretreatment of lignocellulose[J]. RSC Advances, 2014, 4 (98): 55635-55639.

[35] HU X, CHENG L, GU Z, et al. Effects of ionic liquid/water mixture pretreatment on the composition, the structure and the enzymatic hydrolysis of corn stalk[J]. Industrial Crops and Products, 2018, 122: 142-147.

[36] ANDANSON J M, BORDES E, DEVéMY J, et al. Understanding the role of co-solvents in the dissolution of cellulose in ionic liquids[J]. Green Chemistry, 2014, 16 (5).

[37] 赵雯雯. 基于 DMSO 辅助的离子液体预处理的纤维素生物质转化研究[D]. 北京:北京化工大学,2018.

[38] ASAKAWA A, OKA T, SASAKI C, et al. Cholinium ionic liquid/cosolvent pretreatment for enhancing enzymatic saccharification of sugarcane bagasse[J]. Industrial Crops and Products, 2016, 86: 113-119.

[39] NINOMIYA K, YAMAUCHI T, OGINO C, et al. Microwave pretreatment of lignocellulosic material in cholinium ionic liquid for efficient enzymatic saccharification[J]. Biochemical Engineering Journal, 2014, 90: 90-95.

[40] HOU X F, WANG Z N, SUN J, et al. A microwave-assisted aqueous ionic liquid pretreatment to enhance enzymatic hydrolysis of Eucalyptus and its mechanism[J]. Bioresource Technology, 2019, 272: 99-104.

[41] MERINO O, FUNDORA-GALANO G, LUQUE R, et al. Understanding Microwave-Assisted Lignin Solubilization in Protic Ionic Liquids with Multiaromatic Imidazolium Cations[J]. ACS Sustainable Chemistry & Engineering, 2018, 6 (3): 4122-4129.

[42] NINOMIYA K, OHTA A, OMOTE S, et al. Combined use of completely bio-derived cholinium ionic liquids and ultrasound irradiation for the pretreatment of lignocellulosic material to enhance enzymatic saccharification[J]. Chemical Engineering Journal, 2013, 215-216: 811-818.

[43] CHANG K L, HAN Y J, WANG X Q, et al. The effect of surfactant-assisted ultrasound-ionic liquid pretreatment on the structure and fermentable sugar production of a water hyacinth[J]. Bioresource Technology, 2017, 237: 27-30.

[44] NINOMIYA K, KOHORI A, TATSUMI M, et al. Ionic liquid/ultrasound pretreatment and in situ enzymatic saccharification of bagasse using biocompatible cholinium ionic liquid[J]. Bioresource Technology, 2015, 176: 169-174.

[45] YANG C Y, FANG T J. Combination of ultrasonic irradiation with ionic liquid pretreatment for enzymatic hydrolysis of rice straw[J]. Bioresource Technology, 2014, 164: 198-202.

[46] 鲍鑫捷. 超声-离子液预处理对生物质糖类转化的影响[D]. 镇江:江苏大学,2017.

[47] SILVEIRA M H, VANELLI B A, CORAZZA M L, et al. Supercritical carbon dioxide combined with 1-butyl-3-methylimidazolium acetate and ethanol for the pretreatment and enzymatic hydrolysis of sugarcane bagasse[J]. Bioresource Technology, 2015,192: 389-396.

[48] CORMA A, IBORRA S, VELTY A. Chemicalroutes for the transformation of biomass into chemicals [J]. Chemical Reviews, 2007, 107 (6): 2411-2502.

[49] HUBER G W, IBORRA S, CORMA A. Synthesis of transportation fuels from biomass: chemistry, catalysts, and engineering[J]. Chemical Reviews, 2006, 106 (9): 4044-4098.

[50] GALLEZOT P. Conversion of biomass to selected chemical products[J]. Chemical Society Reviews, 2012,41 (4): 1538-1558.

[51] TUCK C O, PEREZ E, HORVATH I T, et al. Valorization of biomass: deriving more value from waste[J]. Science, 2012, 337 (6095): 695-699.

[52] ALONSO D M, WETTSTEIN S G, DUMESIC J A. Bimetallic catalysts for upgrading of biomass to fuels and chemicals[J]. Chemical Society Reviews, 2012,41 (24): 8075-8098.

[53] CHATTERJEE C, PONG F, SEN A. Chemical conversion pathways for carbohydrates[J]. Green Chemistry, 2015,17 (1): 40-71.

[54] ROGERS R D, SEDDON K R. Chemistry. Ionic liquids-solvents of the future? [J]. Science, 2003, 302: 792-793.

[55] MATON C, DE VOS N, STEVENS C V. Ionic liquid thermal stabilities: decomposition mechanisms and analysis tools[J]. Chemical Society Reviews, 2013,42 (13): 5963-5977.

[56] XIAO J, CHEN G, LI N. Ionic liquid solutions as a green tool for the extraction and isolation of natural products Molecules, 2018,23(7): 1765.

[57] PODGORSEK A, JACQUEMIN J, PADUA A A H, et al. Mixing enthalpy for binary mixtures containing ionic liquids[J]. Chemical Reviews, 116 (10): 6075-6106.

[58] HAPIOT P, LAGROST C. Electrochemical reactivity in room-temperature ionic liquids[J]. Chemical Reviews, 2008,108 (7): 2238-2264.

[59] HALLETT J P, WELTON T. Room-temperature ionic liquids: solvents for synthesis and catalysis. 2[J]. Chemical Reviews, 2011, 111 (5): 3508-3576.

[60] ZHANG S J, SUN J, ZHANG X C, et al. Ionic liquid-based green processes for energy production [J]. Chem Soc Rev, 2014, 43 (22): 7838-7869.

[61] MOLLER M, SCHRODER U. Hydrothermal production of furfural from xylose andxylan as model compounds for hemicelluloses[J]. RSC Advances, 2013,3 (44): 22253-22260.

[62] RUPPERT A M, WEINBERG K, PALKOVITS R. Hydrogenolysis goes bio: from carbohydrates and sugar alcohols to platform chemicals[J]. Angewandte Chemie International Edition, 2012, 51 (11): 2564-2601.

[63] ZHANG Z, SONG J, HAN B. Catalytictransformation of lignocellulose into chemicals and fuel products in ionic liquids[J]. Chemical Reviews, 2017,117 (10): 6834-6880.

[64] SWATLOSKI R P, SPEAR S K, HOLBREY J D, et al. Dissolution of cellose with ionic liquids[J]. Journal of the American Chemical Society, 2002,124 (18): 4974-4975.

[65] LI C Z, ZHAO Z K B. Efficient acid-catalyzed hydrolysis of cellulose in ionic liquid[J]. Advanced

Synthesis & Catalysis，2007,349 (11-12)：1847-1850.

[66] BINDER J B，RAINES R T. Fermentable sugars by chemical hydrolysis of biomass[J]. Proceedings of the National Academy of Sciences of the United States of America，2010,107 (10)：4516-4521.

[67] MORALES-DELAROSA S，CAMPOS-MARTIN J M，FIERRO J L G. High glucose yields from the hydrolysis of cellulose dissolved in ionic liquids[J]. Chemical Engineering Journal，2012，181-182：538-541.

[68] 冯建萍，刘民，贾松岩，等. 吡咯烷酮酸性离子液体高效催化纤维素水解制葡萄糖[J]. 石油学报(石油加工)，2012,28 (5)：775-782.

[69] 姜锋，马丁，包信和. 酸性离子液中纤维素的水解[J]. 催化学报，2009,30 (4)：279-283.

[70] LIU Y，XIAO W，XIA S,et al. SO_3H-functionalized acidic ionic liquids as catalysts for the hydrolysis of cellulose[J]. Carbohydrate Polymers，2013，92 (1)：218-222.

[71] ZAKRZEWSKA M E，BOGEL-LUKASIK E，BOGEL-LUKASIK R. Ionic liquid-mediated formation of 5-hydroxymethylfurfural-a promising biomass-derived building block[J]. Chemical Reviews，2011,111 (2)：397-417.

[72] BOZELL JJ，PETERSEN G R. Technology development for the production of biobased products from biorefinery carbohydrates-the US Department of Energy's "Top 10" revisited[J]. Green Chemistry，2010,12 (4)：539.

[73] LIU B，ZHANG Z. One-pot conversion of carbohydrates into furan derivatives via furfural and 5-hydroxylmethylfurfural as intermediates[J]. ChemSusChem，2016，9 (16)：2015-2036.

[74] QI X，WATANABE M，AIDA T M,et al. Efficient process for conversion of fructose to 5-hydroxymethylfurfural with ionic liquids[J]. Green Chemistry，2009,11 (9)：1327-1331.

[75] ZHAO H B，HOLLADAY J E，BROWN H,et al. Metal chlorides in ionic liquid solvents convert sugars to 5-hydroxymethylfurfural[J]. Science，2007,316：1597-1600.

[76] LONG J，LI X，WANG L,et al. Ionic liquids：Efficient solvent and medium for the transformation of renewable lignocellulose[J]. Science China Chemistry，2012，55 (8)：1500-1508.

[77] TAN S，MACFARLANE D. Ionic liquids in biomass processing. // KIRCHNER B. (ed) Ionic Liquids，vol 290. Topics in Current Chemistry[J]. Springer Berlin Heidelberg,2010：311-339.

[78] OLIVIER-BOURBIGOU H，MAGNA L，MORVAN D. Ionic liquids and catalysis：Recent progress from knowledge to applications[J]. Applied Catalysis A：General，2010,373 (1-2)：1-56.

[79] SU Y，BROWN H M，HUANG X,et al. Single-step conversion of cellulose to 5-hydroxymethylfurfural (HMF)，a versatile platform chemical[J]. Applied Catalysis A：General，2009，361 (1-2)：117-122.

[80] KIM B，JEONG J，LEE D,et al. Direct transformation of cellulose into 5-hydroxymethyl-2-furfural using a combination of metal chlorides in imidazolium ionic liquid[J]. Green Chemistry，2011，13 (6)：1503-1506.

[81] QU Y，HUANG C，SONG Y,et al. Efficient dehydration of glucose to 5-hydroxymethylfurfural catalyzed by the ionic liquid,1-hydroxyethyl-3-methylimidazolium tetrafluoroborate[J]. Bioresource Technology，2012，121：462-466.

[82] DING Z D，SHI J C，XIAO JJ，et al. Catalytic conversion of cellulose to 5-hydroxymethyl furfural using acidic ionic liquids and co-catalyst[J]. Carbohydrate Polymers，2012，90 (2)：792-798.

[83] SHI J, GAO H, XIA Y, et al. Efficient process for the direct transformation of cellulose and carbohydrates to 5-(hydroxymenthyl) furfural with dual-core sulfonic acid ionic liquids and co-catalysts[J]. RSC Advances, 2013, 3 (21): 7782-7790.

[84] MARCINEK A, ZIELONKA J, GEBICKI J, et al. Ionic liquids: novel media for characterization of radical ions[J]. The Journal of Physical Chemistry A, 2001, 105 (40): 9305-9309.

[85] SHAABANI A, FARHANGI E, RAHMATI A. Aerobic oxidation of alkyl arenes and alcohols usingcobalt(II) phthalocyanine as a catalyst in 1-butyl-3-methyl-imidazolium bromide[J]. Applied Catalysis A: General, 2008, 338 (1-2): 14-19.

[86] SHI C Y, ZHAO Y L, XIN J Y, et al. Effects of cations and anions of ionic liquids on the production of 5-hydroxymethylfurfural from fructose [J]. Chemical Communications, 2012, 48 (34): 4103-4105.

[87] WASSERSCHEID P, WELTON T. Ionicliquids in synthesis[J]. 2002.

[88] YAN D, WANG G, GAO K, et al. One-pot synthesis of 2,5-furandicarboxylic acid from fructose in ionic liquids[J]. Industrial & Engineering Chemistry Research, 2018, 57 (6): 1851-1858.

[89] YAN D, XIN J, GAO K, et al. Fe-Zr-O catalyzed base-free aerobic oxidation of 5-HMF to 2,5-FDCA as a bio-based polyester monomer[J]. Catalysis Science & Technology, 2018, 8: 164-175.

[90] MOREAU C, BELGACEM M N, GANDINI A. Recent catalytic advances in the chemistry of substituted furans from carbohydrates and in the ensuing polymers[J]. Topics in Catalysis, 2004, 27 (1-4): 11-30.

[91] STåHLBERG T, EYJóLFSDóTTIR E, GORBANEV Y, et al. aerobic oxidation of 5-(hydroxymethyl) furfural in ionic liquids with solid ruthenium hydroxide catalysts[J]. Catalysis Letters, 2012, 142 (9): 1089-1097.

[92] GAO K, XIN J, YAN D, et al. Direct conversion of cellulose to sorbitol via an enhanced pretreatment with ionic liquids[J]. Journal of Chemical Technology & Biotechnology, 2018, 93 (9): 2617-2624.

[93] IGNATYEV IA, VAN DOORSLAER C, MERTENS P G N, et al. Reductive splitting of cellulose in the ionic liquid 1-butyl-3-methylimidazolium chloride[J]. ChemSusChem, 2010, 3 (1): 91-96.

[94] YAN N, ZHAO C, LUO C, D et al. One-step conversion of cellobiose to c6-alcohols using a ruthenium nanocluster catalyst[J]. Journal of the American Chemical Society, 2006, 128 (27): 8714-8715.

[95] IGNATYEV IA, VAN DOORSLAER C, MERTENS P G, et al. Reductive splitting of cellulose in the ionic liquid 1-butyl-3-methylimidazolium chloride[J]. ChemSusChem, 2010, 3 (1): 91-96.

[96] CHIDAMBARAM M, BELL A T. A two-step approach for the catalytic conversion of glucose to 2,5-dimethylfuran in ionic liquids[J]. Green Chemistry, 2010, 12 (7): 1253-1262.

[97] BRANDT A, GRASVIK J, HALLETT J P, et al. Deconstruction of lignocellulosic biomass with ionic liquids[J]. Green Chemistry, 2013, 15 (3): 550-583.

[98] ENSLOW K R, BELL A T. 2012. The kinetics of Brønsted acid-catalyzed hydrolysis of hemicellulose dissolved in 1-ethyl-3-methylimidazolium chloride[J]. RSC Advances, 2013, 2 (26): 10028.

[99] DUTTA S, DE S, SAHA B, et al. Advances in conversion of hemicellulosic biomass to furfural and upgrading to biofuels[J]. Catalysis Science & Technology, 2012, 2 (10): 2025-2036.

[100] MAKI-ARVELA P, SALMI T, HOLMBOM B, et al. Synthesis of sugars by hydrolysis of hemicelluloses-a

review[J]. Chemical Reviews, 2011, 111 (9): 5638-5666
[101] MATSAGAR B M, DHEPE P L. Brönsted acidic ionic liquid-catalyzed conversion of hemicellulose into sugars[J]. Catalysis Science & Technology, 2015,5 (1): 531-539.
[102] SIEVERS C, MUSIN I, MARZIALETTI T, et al. Acid-catalyzed conversion of sugars and furfurals in an ionic-liquid phase[J]. ChemSusChem, 2009,2 (7): 665-671.
[103] ZHANG L, YU H, WANG P, et al. Conversion of xylan, d-xylose and lignocellulosic biomass into furfural using $AlCl_3$ as catalyst in ionic liquid[J]. Bioresource Technology, 2013,130: 110-116.
[104] BINDER J B, BLANK JJ, CEFALI A V, et al. Synthesis of furfural from xylose and xylan[J]. ChemSusChem, 2010,3 (11): 1268-1272.
[105] LONG J, GUO B, TENG J, et al. SO_3H-functionalized ionic liquid: efficient catalyst for bagasse liquefaction[J]. Bioresource Technology, 2011,102 (21): 10114-10123.
[106] PELETEIRO S, DA COSTA LOPES A M, GARROTE G, et al. Simple and efficient furfural production from xylose in media containing 1-butyl-3-methylimidazolium hydrogen sulfate[J]. Industrial & Engineering Chemistry Research, 2015,54 (33): 8368-8373.
[107] PELETEIRO S, DA COSTA LOPES A M, GARROTE G, et al. Manufacture of furfural in biphasic media made up of an ionic liquid and a co-solvent[J]. Industrial Crops And Products, 2015,77: 163-166.
[108] ZHANG C, WANG F. Catalytic lignin depolymerization to aromatic chemicals[J]. Accounts of Chemical Research, 2020, 53 (2): 470-484.
[109] ZHANG Z, SONG J, HAN B. Catalytic transformation of lignocellulose into chemicals and fuel products in ionic liquids[J]. Chemical Reviews, 2017,117 (10): 6834-6880.
[110] JING Y, DONG L, GUO Y, et al. Chemicals from lignin: a review of catalytic conversion involving hydrogen[J]. ChemSusChem, 2019, 13 (17): 4181-4198.
[111] ZHU X, PENG C, CHEN H, et al. Opportunities of Ionic liquids for lignin utilization from biorefinery [J]. ChemistrySelect, 2018, 3 (27): 7945-7962.
[112] COX B J, JIA S, ZHANG Z C, et al. Catalytic degradation of lignin model compounds in acidic imidazolium based ionic liquids: hammett acidity and anion effects[J]. Polymer Degradation and Stability, 2011,96 (4): 426-431.
[113] SINGH S K, DHEPE P L. Ionicliquids catalyzed lignin liquefaction: mechanistic studies using TPO-MS, FT-IR, RAMAN and 1D, 2D-HSQC/NOSEY NMR[J]. Green Chemistry, 2016, 18 (14): 4098-4108.
[114] CHEN Z, LONG J. Organosolv liquefaction of sugarcane bagasse catalyzed by acidic ionic liquids [J]. Bioresource Technology, 2016,214: 16-23.
[115] JIA S, COX B J, GUO X, ZHANG Z C, et al. Hydrolytic cleavage of β-O-4 ether bonds of lignin model compounds in an ionic liquid with metal chlorides[J]. Industrial & Engineering Chemistry Research, 2011,50 (2): 849-855.
[116] LI Z, CAI Z, ZENG Q, et al. Selective catalytic tailoring of the H Unit in herbaceous lignin for methyl p-hydroxycinnamate production over metal-based ionic liquids[J]. Green Chemistry, 2018, 20 (16): 3743-3752.
[117] ZAKZESKI J, BRUIJNINCX P C A, WECKHUYSEN B M. Insitu spectroscopic investigation of

the cobalt-catalyzed oxidation of lignin model compounds in ionic liquids[J]. Green Chemistry, 2011,13 (3): 671-680.

[118] NAPOLY F, KARDOS N, JEAN-GéRARD L, et al. H_2O_2-mediated kraft lignin oxidation with readily available metal salts: what about the effect of ultrasound[J]. Industrial & Engineering Chemistry Research, 2015,54 (22): 6046-6051.

[119] LI W, WANG Y, LI D, JIANG J, et al. 1-ethyl-3-methylimidazolium acetate ionic liquid as simple and efficient catalytic system for the oxidative depolymerization of alkali lignin[J]. International Journal of Biological Macromolecules, 2021,183: 285-294.

[120] CHAUHAN S, KUMAR A, JAIN N. Biomimeticoxidation of veratryl alcohol with H_2O_2 catalyzed by iron(Ⅲ) porphyrins and horseradish peroxidase in ionic liquid[J]. Synlett , 2007, 3: 411-414.

[121] JIANG N, RAGAUSKAS A J. Selectiveaerobic oxidation of activated alcohols into acids or aldehydes in ionic liquids[J]. The Journal of Organic Chemistry, 2007, 72: 7030-7033.

[122] SONAR S, AMBROSE K, HENDSBEE A D, et al. Synthesis and application of co(salen) complexes containing proximal imidazolium ionic liquid cores[J]. Canadian Journal of Chemistry, 2012, 90 (1): 60-70.

[123] STARK K, TACCARDI N, BOSMANN A, et al. Oxidative depolymerization of lignin in ionic liquids[J]. ChemSusChem, 2010,3 (6): 719-723.

[124] ZHANG B, LI C, DAI T, et al. Microwave-assisted fast conversion of lignin model compounds and organosolv lignin over methyltrioxorhenium in ionic liquids[J]. RSC Advances, 2015,5 (103): 84967-84973.

[125] OLIVER KAPPE C. Microwave dielectric heating in synthetic organic chemistry[J]. Chemical Society Reviews, 2008,37 (6): 1127-1139.

[126] YANG Y, FAN H, SONG J, et al. Free radical reaction promoted by ionic liquid: a route for metal-free oxidation depolymerization of lignin model compound and lignin[J]. Chemical Communications, 2015, 51 (19): 4028-4031.

[127] YANG Y, FAN H, MENG Q, et al. Ionic liquid [OMIm][OAc] directly inducing oxidation cleavage of the β-O-4 bond of lignin model compounds[J]. Chemical Communications, 2017, 53 (63): 8850-8853.

[128] YAN N, YUAN Y, DYKEMAN R, et al. Hydrodeoxygenation of lignin-derived phenols into alkanes by using nanoparticle catalysts combined with bronsted acidic ionic liquids[J]. Angewandte Chemie-International Edition, 2010, 49 (32): 5549-5553.

[129] SCOTT M, DEUSS P J, DE VRIES J G, et al. New insights into the catalytic cleavage of the lignin β-O-4 linkage in multifunctional ionic liquid media[J]. Catalysis Science & Technology, 2016, 6 (6): 1882-1891.

[130] CHEN L, XIN J, NI L, et al. Conversion of lignin model compounds under mild conditions in pseudo-homogeneous systems[J]. Green Chemistry, 2016, 18 (8): 2341-2352.

[131] CHEN L, FINK C, FEI Z, et al. An efficient pt nanoparticle-ionic liquid system for the hydrodeoxygenation of bio-derived phenols under mild conditions[J]. Green Chemistry, 2017, 19 (22): 5435-5441.

[132] YANG S, LU X, YAO H, et al. Efficient hydrodeoxygenation of lignin-derived phenols and dimeric ethers with synergistic [Bmim]PF_6-Ru/SBA-15 catalysis under acid free conditions[J]. Green

Chemistry，2019,21 (3)：597-605.

[133] YANG S，CAI G，LU X，et al. Selective deoxygenation of lignin-derived phenols and dimeric ethers with protic ionic liquids [J]. Industrial & Engineering Chemistry Research，2020，59 (11)：4864-4871.

[134] COLMENARES J C，VARMA R S，NAIR V. Selectivephotocatalysis of lignin-inspired chemicals by integrating hybrid nanocatalysis in microfluidic reactors[J]. Chemical Society Reviews，2017，46 (22)：6675-6686.

[135] NGUYEN J D，MATSUURA B S，STEPHENSON C R. Aphotochemical strategy for lignin degradation at room temperature[J]. Journal of the American Chemical Society，2014,136 (4)：1218-1221.

[136] LI S H，LIU S，COLMENARES J C，et al. A sustainable approach for lignin valorization by heterogeneous photocatalysis[J]. Green Chemistry，2016,18 (3)：594-607.

[137] LIN J，WU X，XIE S，et al. Visible-light-driven cleavage of C-O linkage for lignin valorization to functionalized aromatics[J]. ChemSusChem，2019,12 (22)：5023-5031.

[138] LI H，BUNRIT A，LU J，et al. Photocatalytic cleavage of aryl ether in modified lignin to non-phenolic aromatics[J]. ACS Catalysis，2019,9 (9)：8843-8851.

[139] MAGALLANES G，KäRKäS M D，BOSQUE I，et al. Selective C-O bond cleavage of lignin systems and polymers enabled by sequential palladium-catalyzed aerobic oxidation and visible-light photoredox catalysis[J]. ACS Catalysis，2019，9 (3)：2252-2260.

[140] KANG Y，LU X，ZHANG G，et al. Metal-free photochemical degradation of lignin-derived aryl ethers and lignin by autologous radicals through ionic liquid induction[J]. ChemSusChem，2019，12 (17)：4005-4013.

[141] WIJAYA Y P，SMITH K J，KIM C S，et al. Electrocatalytic hydrogenation and depolymerization pathways for lignin valorization：toward mild synthesis of chemicals and fuels from biomass[J]. Green Chemistry，2020,22 (21)：7233-7264.

[142] LIU G，WANG Q，ZHANG Y，et al. Degradation of lignin in ionic liquids：a review[J]. Scientia Sinica Chimica，2020，50 (2)：259-270.

[143] CHEN A，ROGERS E I，COMPTON R G. Abrasivestripping voltammetric studies of lignin and lignin model compounds[J]. Electroanalysis，2010,22 (10)：1037-1044.

[144] REICHERT E，WINTRINGER R，VOLMER D A，et al. Electro-catalytic oxidative cleavage of lignin in a protic ionic liquid[J]. Physical Chemistry Chemical Physics，2012,14 (15)：5214-5221.

[145] DIER T K F，RAUBER D，DURNEATA D，et al. Sustainable electrochemical depolymerization of lignin in reusable ionic liquids[J]. Scientific Reports，2017,7 (1)：5041.

[146] JIANG H. Improvedoxidative cleavage of lignin model compound by orr in protic ionic liquid[J]. International Journal of Electrochemical Science，2019，14 (3)：2645-2654.

[147] STEVENS J C，SHI J. Biocatalysisin ionic liquids for lignin valorization：opportunities and recent developments[J]. Biotechnology Advances，2019,37 (8)：107418.

[148] GALAI S P，DE LOS RíOS A，HERNáNDEZ-FERNáNDEZ F J，et al. Over-activity and stability of laccase using ionic liquids：screening and application in dye decolorization[J]. RSC Advances，2015,5 (21)：16173-16189.

[149] STEVENS J C，DAS L，MOBLEY J K，et al. Understanding laccase-ionic liquid interactions

toward biocatalytic lignin conversion in aqueous ionic liquids[J]. ACS Sustainable Chemistry & Engineering, 2019,7 (19): 15928-15938.

[150] LIU H, ZHU L, WALLRAF A M, et al. Depolymerization of laccase-oxidized lignin in aqueous alkaline solution at 37 ℃ [J]. ACS Sustainable Chemistry & Engineering, 2019, 7 (13): 11150-11156.

第4章 锂金属电池技术

4.1 锂金属电池的分类

伴随着不可再生能源的不断消耗、环境问题的日益加剧以及可再生能源的应用困难等问题，能量储存设施应运而生，其中包括电池、超级电容器等。自从 Goodenough J B 教授在 1980 年提出以可嵌入 Li^+ 的层状钴酸锂作为正极材料的可充电锂离子电池的概念之后，锂离子电池进入大众的视野[1]。1990 年，Sony 公司使用碳酸锂、碳酸亚乙酯和六氟磷酸锂组成的液态电解质，钴酸锂作为正极材料，首次制造了具有高安全性的商业化锂离子电池[2]。由于在正负极材料之间的反复嵌入和脱出，锂离子电池又被称为“摇椅式”电池。经过几十年的工业化发展，锂离子电池凭借能量密度高、循环稳定性良好等优点，在手机、笔记本电脑等数码电子产品以及电动汽车、航空航天等领域占据着重要地位。然而，目前商业化的锂离子电池的能量密度(约 250 W·h/kg)达不到大规模储能的要求，并且有机液态电解质的易燃、腐蚀性和热不稳定性等缺点会引起严重的安全问题，从而限制了传统的锂离子电池的广泛应用，因此迫切需要开发更高能量密度，更长循环寿命以及更高安全性的电池替代锂离子电池。锂金属因具有极高的理论比容量(3 860 mA·h/g)和最低的负电化学电位(相对于标准氢电极−3.04 V)，被认为是构成高比能电池的理想负极材料。按照正极材料的不同，以锂金属为负极材料的电池可以分为三类：锂金属电池、锂硫电池和锂空电池(见图 4-1)。

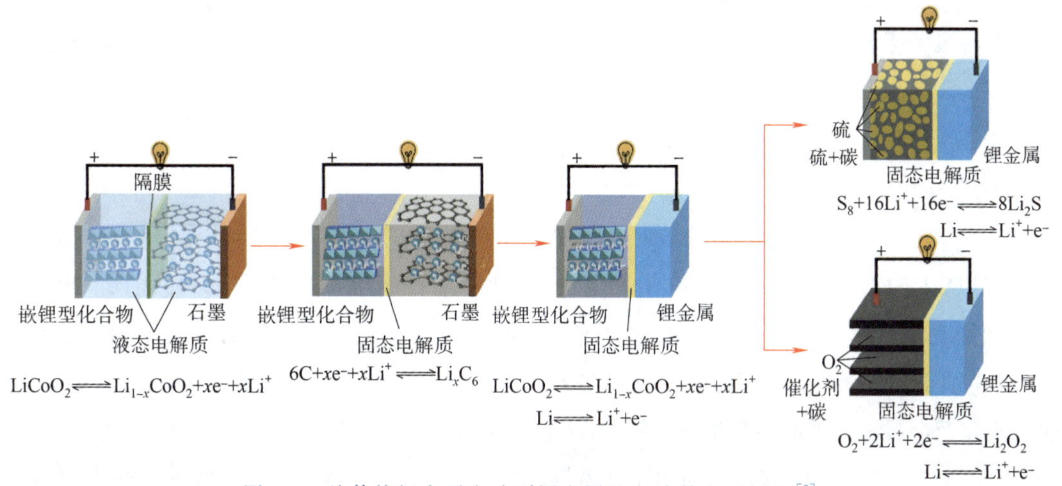

图 4-1 从传统锂离子电池到锂金属基电池的发展历程[2]

锂金属电池主要是指由磷酸铁锂、锰酸锂、钴酸锂等为正极材料，金属锂为负极材料组成的一类二次电池，它是由正极材料、锂金属负极、隔膜、电解液以及电机壳组成。以钴酸锂正极材料为例，该电池在正负极发生反应为：

负极：$Li \rightleftharpoons Li^{+} + e^{-}$

正极：$Li_{1-x}CoO_2 + xe^{-} + xLi^{+} \rightleftharpoons LiCoO_2$

在放电过程中，负极上的锂金属失去电子，Li^{+}从负极表面脱出经过电解质嵌入到正极；在充电过程中，Li^{+}从正极脱嵌经过电解质嵌入负极材料中。目前锂金属电池是研究最广泛的一类二次电池，但是锂金属电极与电解质之间的界面问题以及锂金属负极体积膨胀问题是限制锂金属电池发展的重要原因。基于此，科研工作者采取了多种策略包括电解质改性[3,4]、在锂金属负极镀人工 SEI 膜[5,6]以及界面修饰[7]等解决锂金属电池应用中的难题。

锂硫电池是指利用锂金属作为负极材料，单质硫作为正极材料的电池，但是其反应机理却不同于锂金属电池中的锂离子在正负极材料之间嵌入和脱出，而是一个电化学反应过程。锂硫电池的工作原理为：

负极：$Li \rightleftharpoons Li^{+} + e^{-}$

正极：$S_8 + 16Li^{+} + 16e^{-} \rightleftharpoons 8Li_2S$

在放电过程中，金属锂失去电子变成锂离子 Li^{+}，硫正极上的 S 单质得到电子与锂离子反应生成硫化物，正负极之间反应的电位差为锂硫电池提供放电电压。在充电过程中，在外加电压的作用下，锂硫电池的正极和负极反应逆向进行。根据单位质量的单质硫完全变成 S^{2-} 所提供的电量可得出硫的理论放电质量比容量，即 1 675 mA·h/g，锂硫电池的理论放电电压为 2.287 V，因此当硫单质和金属锂完全反应生成硫化锂（Li_2S）时，相应的锂硫电池的理论能量密度可达 2 600 W·h/kg[8]。然而在锂硫电池实际运行的过程中存在大量的问题。首先锂硫电池在放电的过程中单质硫正极会发生副反应产生大量的副产物[9]：

$S_8 + 2Li^{+} + 2e^{-} \longrightarrow Li_2S_8$

$3Li_2S_8 + 2Li^{+} + 2e^{-} \longrightarrow 4Li_2S_6$

$2Li_2S_6 + 2Li^{+} + 2e^{-} \longrightarrow 3Li_2S_4$

$Li_2S_4 + 2Li^{+} + 2e^{-} \longrightarrow 2Li_2S_2$

$Li_2S_2 + 2Li^{+} + 2e^{-} \longrightarrow 2Li_2S$

这些副产物溶解在电解液中，一方面加速了硫单质的转化，减少电极材料中的活性物质，并且产生的 Li_2S_2 和 Li_2S 的电子导电性差，会增加锂硫电池的内阻，不利于提高电池的倍率性能和能量密度[9]。另一方面这些溶解在电解质中的副产物产生的硫离子会扩散到负极侧，腐蚀金属锂负极，从而降低电池的循环性能[10]。此外，在锂硫电池充放电过程中，单质硫正极以及金属锂负极都会发生体积膨胀，这会导致电极内部结构坍塌，从而丧失大量的活性物质，降低电池的能量密度。因此，科研工作者提出了各种策略对锂硫电池进行改性。例如，将电子导体和单质硫进行复合以提高电池材料的导电性;利用固态电解质替换液态电解质体系;改变导电相的结构使其具有吸附多硫化物的能力,从而抑制多硫化物的溶解和穿梭[9,10,8]。

锂空电池一般使用锂金属作为负极,正极使用导电性良好并且具有催化活性的多孔气体扩散层电极材料,并置于氧气中,氧气作为正极的反应物。按照电解质体系的不同,锂空电池主要分为有机电解液体系(非水性电解液体系)、水性电解液体系、混合电解液体系以及全固态电解质体系。锂空电池的工作原理为:在放电过程中金属锂负极失去电子成为锂离子 Li^+,锂离子穿过非水系电解质体系与氧气以及外电路电子结合生成氧化锂 Li_2O 或者过氧化锂 Li_2O_2。充电过程中,在外加电压的作用下,锂空电池的正极和负极反应逆向进行。按照空气正极反应产物为过氧化锂(Li_2O_2)计算,锂空电池的理论比容量高达 1 670 mA · h/g,能量密度高达 3 500 W · h/kg[11]。因此,锂空电池有望在未来满足高能量密度能源存储的要求。与其他电池相比,锂空电池具有比容量高、成本低廉、高安全性以及环境友好等优点。但是,锂空电池在实际应用过程中依然存在正负极材料不稳定导致锂空电池库仑效率降低的现象。锂空电池在高充电电位情况下,碳酸酯类电解液会发生分解反应,产生的副产物会吸附在空气正极表面降低锂空电池的循环性能等[11]。为了解决锂空电池存在的问题,可以使用固体催化剂促进绝缘副产物的催化去除,使用氧化还原介体促进电化学反应,或者使用 O_2 作为电解质添加剂捕获或淬灭分子,以及在锂金属负极上镀一层保护膜(如 Li_3N、Al_2O_3 等)以隔绝电极与电解质之间的副反应等策略提高锂空电池的电化学性能[12]。

离子液体由于其优异的物理化学特性,成为一种有望解决锂电池应用难题的材料,应用主要集中在以锂金属为电池负极材料,以磷酸铁锂、钴酸锂等为电池正极材料组成的锂金属电池中。下面将集中讨论离子液体在锂金属电池中的应用。

4.2　离子液体在锂金属电池中的应用

电解液是锂金属电池四大关键材料(正极、负极、隔膜、电解液)之一,在电池正、负极之间起到传导作用,是锂金属电池获得高电压、高比能等优点的保证。电解液一般由高纯度的有机溶剂、电解质锂盐($LiPF_6$,$LiClO_4$)和必要的添加剂(阻燃剂、增塑剂)等原料,在一定条件下,按一定比例配制而成。有机溶剂作为电解液的主体部分,与电解液的性能密切相关,一般用高介电常数溶剂与低黏度溶剂混合使用,包括乙烯碳酸酯(EC)、丙烯碳酸酯(PC)、碳酸二甲酯(DEC)等[13]。然而在锂金属电池充放电过程中,电解液的泄漏以及电解液中有机溶剂易燃易爆等缺点限制了电解液在锂离子电池中的应用。此外,电解液与电极之间的化学反应会产生不均匀的固体电解质膜(SEI 膜),使界面电阻升高,阻碍阳离子的传输,降低库仑效率[14,15];不均匀的锂沉积/剥离过程会导致锂枝晶的生长,从而刺穿隔膜导致电池内部短路[16];锂沉积/剥离过程中也会造成锂金属负极产生巨大的体积效应,使 SEI 膜产生裂纹,裂纹处增强的锂离子通量加剧不均匀锂沉积[2],这些因素都限制了锂金属作为高比能电池负极材料的应用。

离子液体是由有机阳离子与无机或有机阴离子组成的低熔点盐类物质，它具有良好的导电性、电化学稳定性、电化学窗口宽、蒸汽压低及良好的热稳定性等优点[17,18]。这些性质使得设计具有优异电化学性能的电解质体系，构建高比能的锂金属电池成了可能。在众多离子液体体系中，只有少数的离子液体能够被用于锂电池(见表 4-1)[19]。

表 4-1　电化学设施中常用离子液体的物理性质[19]

阳离子	阴离子	T_m/K	T_g/K	电化学窗口/V	电导率/(S/m)	黏度/cP
EMI	Cl	362.15		5	0.343～3.709	
	BF_4	288.15	178	4.3	1.38	37.7
	TFSI	258.15	175.15	4.3	0.86	34
	BETI	272.15	188	4.1	0.34	61
	MSI	223.15		2.5	0.017	787
	OTf	264		4.1	1.1	
	TA	259		3.4	0.96	35
	$F(HF)_{2,3}$			3.3	12	4.9
	DCA	252.15	169.15			
BMI	BF_4	190.65	188.15	6.1		219
	TFSI	269.15	169.15	4.76	0.39	52
	PF_6	283.15	193.15	5	0.1	450
	TA	233.15		5.7	0.32	73
	TFSI		189.15	4.83		119.3
	TFSI	244.15	190.15	4.89		152.8
	BF_4			3.8		
	TA			5.7		
	TFSI			4.76		
	PF_6			6.35		
M1,2E31	TFSI			4.4		88
DMPI	TFSI			5.2	0.3	60
	Me			5.37	0.046	
P13	MSI	210.15		4.25		
	FSI					
	TFSI	285.15	183.15			
	PF_6					
	FSA					
P14	TFSI	255.15	186.15	6	0.22	85
	MSI			4		1 680

4.2.1　离子液体液态电解质

离子液体作为锂金属电池电解液中的组分，主要有两种应用方式：(1)离子液体+锂盐；(2)离子液体+锂盐+添加剂。据报道，Guo 等[20]利用[Py_{13}][TFSI]和 DOL/DME 混合并调节双三氟甲烷磺酰亚胺锂盐 LiTFSI 浓度组成的杂化离子液体电解质，能够有效提高金属锂的沉积效率，在 Li | Cu 电池循环 360 次之后，库仑效率达到 99.1%[见图 4-2(a)、(b)]。如图 4-2(c)、(d)所示，在 Li | $LiFePO_4$ 电池中循环 100 次后，金属锂表面被 Li_3N 和 LiF 组成的稳定 SEI 膜覆盖，减少了电解液与金属锂的副反应，抑制了锂枝晶的生长。CHEN R J 等[21]将高浓度锂盐 LiTFSI 和离子液体[Pyr1，3][FSI]形成浓缩离子液体电解质。图 4-2(e)所示为锂金属电池中含有不同浓度 LiTFSI 的离子液体电解质中锂金属结构示意图以及 100 次循环后的锂金属负极截面的 SEM 图，可以看出高浓度锂盐的存在可以有效抑制锂枝晶的生长，[Pyr1，3][FSI]和高浓度 LiTFSI 之间的协同作用也显著提高了 Li 沉积/剥离的可逆性。因此，在 Li | Li 电池中，当电流密度为 0.1 mA/cm^2 时，显示最低的极化电压。在 4.4 V 的 $LiCoO_2$ | Li 电池中，在 0.2 C 的放电倍率下，首圈库仑效率达到 95.6%，循环 60 圈之后的容量保持率为 94.2%[见图 4-2(f)、(g)]。

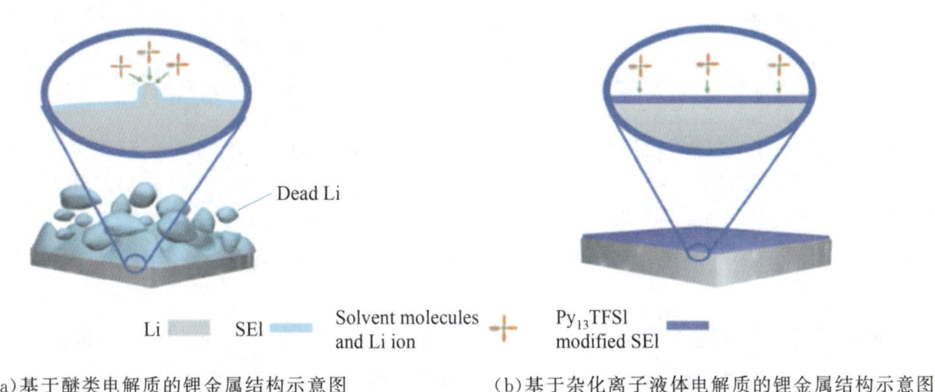

(a)基于醚类电解质的锂金属结构示意图　　(b)基于杂化离子液体电解质的锂金属结构示意图

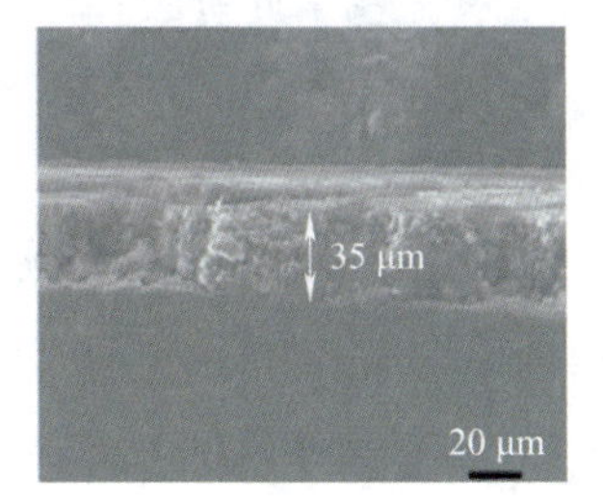

(c)在 Li | $LiFePO_4$ 电池中循环 100 次后的锂金属负极的 SEM 图(基于醚类电解质)

(d)在 Li | $LiFePO_4$ 电池中循环 100 次后的锂金属负极的 SEM 图(基于杂化离子液体电解质)[20]

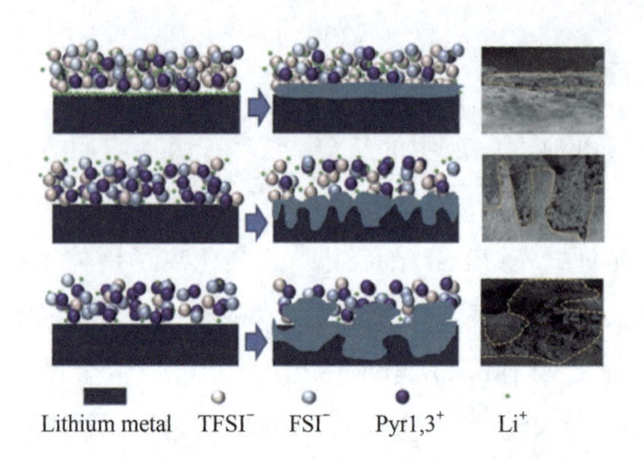

(e)锂金属电池中含有不同浓度 LiTFSI 的离子液体电解质中锂金属结构示意图以及 100 次循环后的锂金属负极截面的 SEM 图

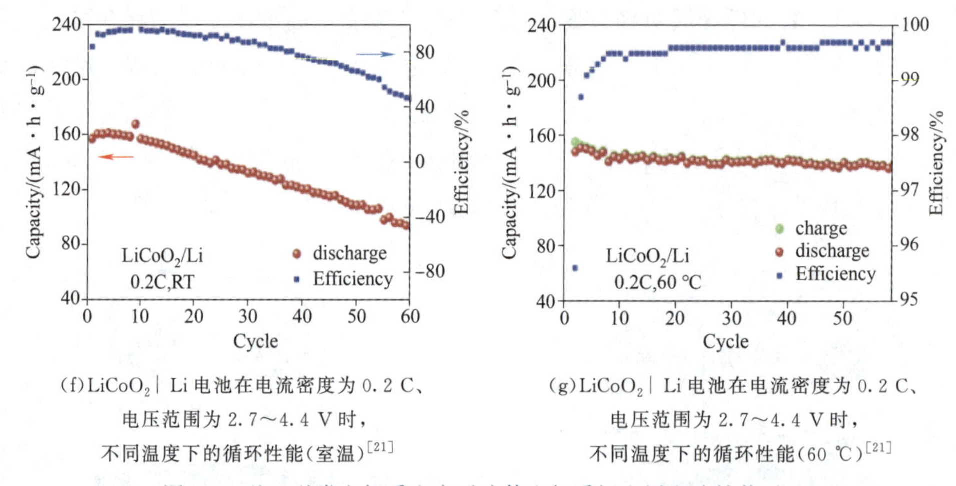

(f) $LiCoO_2$ | Li 电池在电流密度为 0.2 C、电压范围为 2.7～4.4 V 时，不同温度下的循环性能(室温)[21]

(g) $LiCoO_2$ | Li 电池在电流密度为 0.2 C、电压范围为 2.7～4.4 V 时，不同温度下的循环性能(60 ℃)[21]

图 4-2 基于醚类电解质和离子液体电解质锂金属电池性能对比

虽然高浓度锂盐离子液体电解质在一定程度上解决了锂枝晶的生长，提高了电化学性能。然而以上离子液体电解质只能在低电流密度和低负极负载量实现均匀的 Li 沉积/剥离过程，并且能量密度以及循环寿命依然达不到实际应用的要求。基于此，Dai 等[22]设计了一种以双三氟甲烷璜酰亚胺钠(NaTFSI)为添加剂的高浓度锂盐 LiFSI 和离子液体[EMIm][FSI]复合的低黏度离子液体电解质[见图 4-3(a)]。如图 4-3(b)、(c)所示，高浓度锂盐 LiFSI 以及 NaTFSI 促进了富含 F 的钝化 SEI 膜形成，从而抑制了电极和电解质之间的副反应，并且钠离子对锂金属的稳定作用，既可以起到静电屏蔽作用，也可以起到界面钝化作用，从而抑制锂枝晶的生长。因此，在锂金属负极与 $LiCoO_2$ 或 $LiNi_{0.8}Co_{0.1}Mn_{0.1}O_2$ 正极组装的电池中，可实现高库仑效率(99.6%～99.9%)，放电电压达到 4.4 V，能量密度达到 199 mA · h/g，并且能够实现 $LiCoO_2$ 载量高达 12～16 mg/cm^2。由电解质组成的 $LiCoO_2$ | Li 电池中，以 0.7 C(约 1.2 mA/cm^2)的倍率下，在 1 200 个循环后容量保持率为 81%，平均库仑效率为 99.9%。

目前所研究的锂金属电池工作温度通常限制在接近室温的范围内，但实际的便携设备需要适应更宽的温度范围以满足实际应用，因此发展宽温电池成为解决锂金属电池实际应用过程中的一个重要研究方向。Matsumoto K 等[23]合成了一种 Li[FSA]-[C_2C_1im][FSA]离子液体电解质，并将其与含有有机溶剂的锂盐进行对比。在 8.0 mA/cm^2 的电流密度下、循环 210 min 之后，在含有有机溶剂的锂盐电解质中，电池一直保持不均匀的沉积过程并伴随锂枝晶的生长和死锂的积累。相反，在 Li[FSA]-[C_2C_1im][FSA]离子液体电解质中，锂金属表面锂沉积量并没有明显增加，证实了离子液体电解质可以抑制锂枝晶的生长，促进锂金属进行均匀的锂沉积过程，这不仅仅是因为在电解质和电极界面生成的 LiF 钝化层，也取决于离子液体中 FSA^- 阴离子和 $C_2C_1im^+$ 阳离子分解生成的 $LiSO_2F$，C—N^+(im)和 $Li_2N_2O_2$ 固态电解质层，其有助于稳定电池的电化学稳定性。在锂对称电池的电镀/剥离测试中，离子液体电解质在 25 ℃，1.0 mA/cm^2 的电流密度下，锂对称电池循环 1 000 h，过电势保持在 12 mV；在 90 ℃、5.0 mA/cm^2 的电流密度下，锂对称电池循环 2 000 h，过电势保持在 16 mV，这是由于电解质中离子扩散增强的效果，并且温度升高也有利于离子液体电解质与电极之间的界面电荷转移过程。此外，如图 4-3(d)所示，Li | $LiFePO_4$ 电池在 25 ℃、60 ℃和 90 ℃时都表现出高容量保持率和高库仑效率。

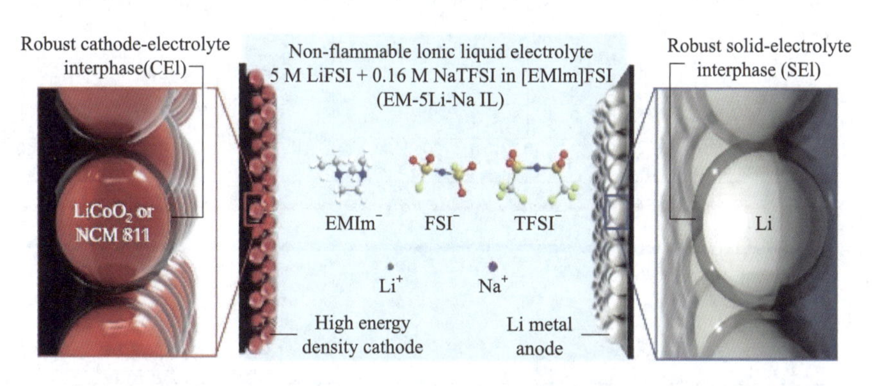

(a)离子液体电解质的电池配置和电解质组成示意图

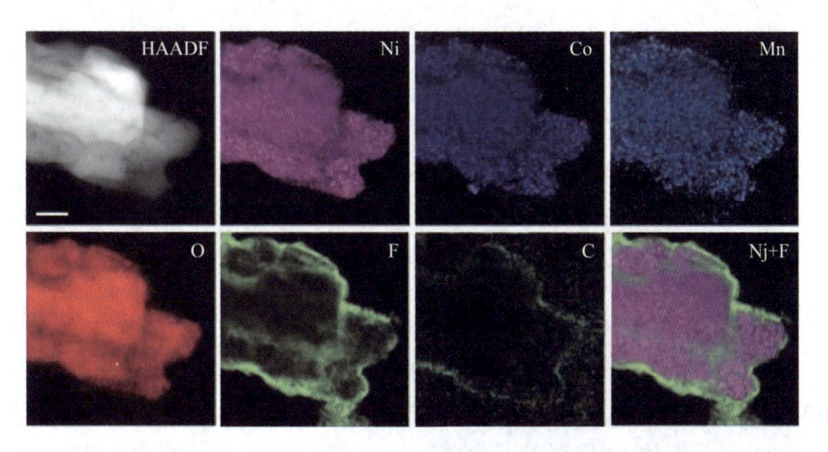

(b)电解质在循环后的高镍三元正极侧表面 CEI 的形貌和元素分布

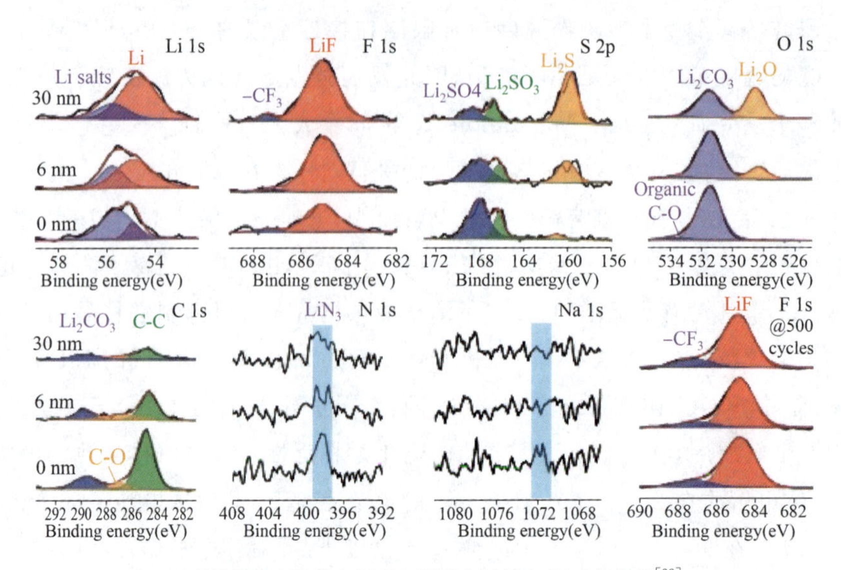

(c)离子液体电解质中固态电解质中间相(SEI)成分分析[22]

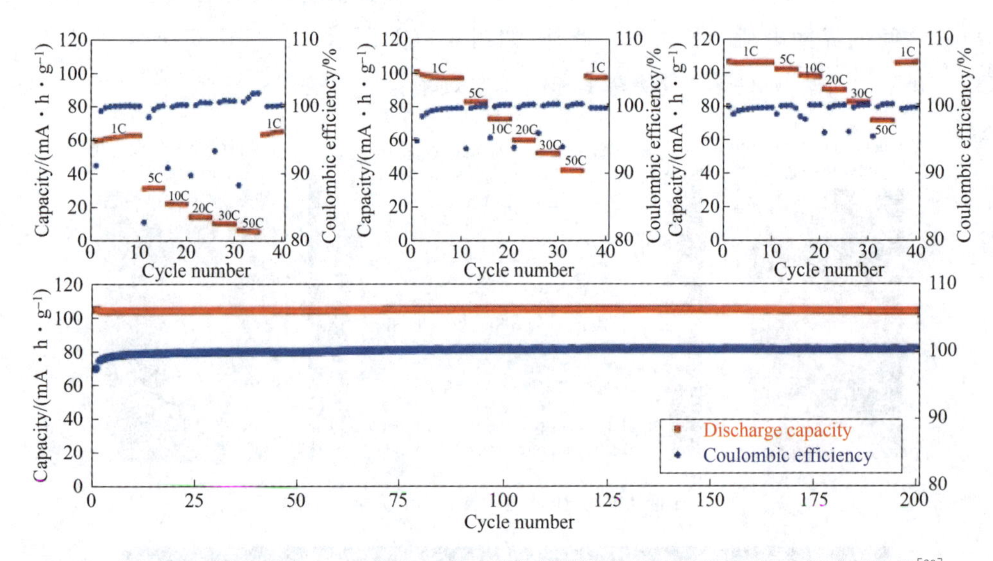

(d)Li | $LiFePO_4$ 电池在 25 ℃、60 ℃和 90 ℃时的倍率性能以及 90 ℃下 1 C 倍率下的循环性能[23]

图 4-3 离子液体电解质锂金属电池的微观成分分析和循环性能测试

以上结果说明,虽然离子液体电解液有利于抑制锂枝晶生长和改善界面问题,但是电解液添加剂在 SEI 膜形成过程中依然会被消耗,影响电化学性能。高浓度锂盐和离子液体电解液固有的高黏度和低导电性等缺点,导致电解质具有低离子电导率以及低锂离子迁移数,也不利于锂金属电池的实际应用。与液态电解质相比,高模量的固态电解质具有许多优点:无泄漏、低可燃性、高安全性和优异的热稳定性等[24]。因此,利用离子液体开发具有高离子电导率、低电解质/电极界面阻抗的固态电解质以应对锂金属电池难题是现阶段研究的重要方向。目前,利用离子液体开发的固态电解质主要集中在三个方向,有机聚合物固态电解质、无机固态电解质以及有机-无机混合固态电解质。

4.2.2　有机聚合物固态电解质

1973年，Wright教授首先将无机盐溶于聚环氧乙烷(PEO)形成具有离子导电性的聚合物-盐络合物[25]，自此有机聚合物固态电解质在电池、传感器等方面的应用成为研究热点之一。然而，聚合物固态电解质在室温下 10^{-7} S/cm的低离子电导率以及电极与固态电解质之间相当大的电荷转移电阻等问题成为开发固态电解质的最大障碍[26,27]。在高于聚合物主体的熔融温度(T_m)时，离子可以在由聚合物主体的自由体积提供的空间中移动，展现出较好的离子电导率，但此时的聚合物力学强度降低；在低于熔融温度条件下离子电导率低，不能满足电池正常的工作要求[28,29]。如何协调这两方面性能是提升聚合物固态电解质性能的关键所在。将离子液体与聚合物电解质优良的特性结合，有望得到安全性高、性能优良的锂金属电池。

研究表明，具有E-O单元的聚合物最有利于离子解离，锂离子 Li^+ 可以随无定形区的醚氧链段一起运动，因此抑制醚氧结构结晶成为提高离子电导率的途径之一。离子液体通常可以作为一种优良的增塑剂提高全固态聚合物电解质的离子电导率。在有机聚合物固态电解质中，最常用的聚合物基质为聚环氧乙烷(PEO)、聚偏二氟乙烯-六氟丙烯(PVdF-HFP)，以及聚离子液体等。

4.2.2.1　PEO基聚合物固态电解质

聚环氧乙烷基电解质是最具发展前景和研究最广泛的聚合物固态电解质基质之一，主要是因为其良好的力学性能和热稳定性以及与金属锂的界面稳定性。在PEO基聚合物基质的电解质中，锂离子与PEO链段上的醚氧原子进行配位，随着锂—氧(Li—O)键的断裂/形成，Li^+ 随着高分子链段一起移动。因为PEO基质在常温下的离子电导率比较低，所以限制了锂离子的传输作用。因此，利用离子液体对PEO聚合物基质进行增塑以提高其非结晶区域成为研究热点。Ahn[30]等提出通过球磨法将离子液体[BMI][TFSI]引入典型固体聚合物电解质PEO-LiX盐中可以降低PEO的结晶链段，增加电解质中的非晶相，从而得到室温下离子电导率为 3.2×10^{-4} S/cm的固态电解质。但是，在机械球磨过程中因为不使用任何溶剂，聚合物基质、锂盐以及离子液体之间只存在物理混合，因此在离子液体超过一定比例之后，复合材料的机械稳定性较差，离子电导率(相对于典型固体聚合物电解质PEO-LiX盐)的提高有限。基于此，在导电盐和离子液体存在下，对PEO基质进行紫外光化学诱导交联成为解决机械稳定性差等问题的方法。因为，光化学交联的方法不仅能够增加电解质中离子液体的含量，从而提高离子电导率，而且能够保持固态电解质的机械稳定性。Passerini等[31]在LiTFSI和[PYR_{14}][TFSI]存在下，以二苯甲酮(Bp)作为交联剂，在紫外光线原位照射下进行了PEO链的交联，从而获得了可加工性的聚合物薄膜。所制得的PEO基聚合物

固态电解质的离子电导率达到 10^{-3} S/cm，以 C/20 进行的充放电测试，Li | SPE | $LiFePO_4$ 电池容量可达到 150 mA・h/g。

在固态电解质中常用的锂盐为 $LiPF_6$，但是存在热稳定性低，易分解并且分解产生的 HF 会使正极材料中的过渡金属阳离子溶解，从而引起结构变化，导致容量衰减[32]。因此，需要寻找可替代的锂盐发展固态聚合物电解质。二氟硼酸锂（LiDFOB）因为具有良好的独特物理化学性能，如宽温范围内高离子电导率、良好热稳定性以及能够产生较低界面阻抗等优势，被认为是很有应用前景的新型电解质盐[33]。因此，Rhee 等[34]采用溶液浇铸法制备了 PEO-LiDFOB-[EMIm][TFSI]全固态聚合物电解质，系统研究了离子液体 [EMIm][TFSI]的加入对 PEO-LiDFOB 固态聚合物电解质的影响。结果表明，随着 LiDFOB 和离子液体的加入，PEO 聚合物的熔点以及玻璃转化温度都有所降低，当离子液体的质量分数约为 40%时，PEO-LiDFOB-[EMIm][TFSI] 固体聚合物电解质在 30 ℃下的离子电导率达到 1.85×10^{-4} S/cm，说明离子液体的加入可以降低聚合物的结晶度，增加电荷载体，从而提高固态电解质的各项性能。以 0.1 C 循环的 Li | PEO-LiDFOB-[EMIm][TFSI] | $LiFePO_4$ 电池第一次放电容量约为 155 mA・h/g，并在 50 圈循环之后保持在 134.2 mA・h/g。

4.2.2.2 PVdF-HFP 基聚合物固态电解质

因为聚偏二氟乙烯-六氟丙烯 PVdF-HFP 聚合物基质中存在强吸电子基团，所以 PVdF-HFP 聚合物基质具有良好的电化学稳定性。同时，该聚合物的较高介电常数($\varepsilon=8.4\times10^{-12}$ F/m)也有助于锂盐的解离并增加电荷载体数目[35]。因此，PVdF-HFP 被认为是凝胶聚合物电解质的优选基质。Singh 等[36]以离子液体 [EMIM][FSI]和 LiTFSI 为 PVdF-HFP 聚合物基质的增塑剂制备了柔性和高离子导电的凝胶聚合物电解质。因为 PVdf-HFP 基质和[EMIM][FSI]电解质良好的热稳定性，所以柔性电解质膜在 200 ℃以下都具有良好的热稳定性，这奠定了柔性电解质在高温锂金属电池中的应用。此外，随着离子液体含量的增加，凝胶聚合物电解质的室温电导率增加到 1.5×10^{-4} S/cm，这是由于离子液体的添加降低了聚合物基质的结晶度，并且该电解质与锂金属负极接触时也具有良好的界面相容性。然而凝胶电解质的室温下离子电导率依然低于液态电解质的离子电导率，这并不利于提高锂金属电池的电化学性能。这主要是由于在聚合物基质中都是双离子导电，锂盐中的阴阳离子及离子液体中阴离子都可以移动，但是由于锂离子的移动速率低于阴离子导致锂离子与聚合物链段之间的弱配位作用，降低了聚合物电解质的离子电导率和锂离子迁移数[37]。因此，Karuppasamy 等[38]提出了利用聚合物基质的极性限制阴离子移动的概念。他们通过溶液浇铸法将基于阴离子的大体积锂盐（LiNfO）和[BMIm][NfO]离子液体掺入聚偏二氟乙烯-六氟丙烯（PVdF-HFP）基质中，形成凝胶聚合物电解质（IGPE）。LiNfO/[BMIm][NfO]的存在，增加了聚合物链段的非晶结构、柔韧性和电荷载体，因此，IGPE 可达到 2.61×10^{-2} S/cm 的离子电导率。PVdF-HFP 基质的极性也抑制了大体积阴离子 NfO^- 的移动，

进而增加了锂离子迁移数（t_{Li^+} =0.44）。在室温条件下，以 C/4 倍率运行的 Li | IGPE | $LiCoO_2$ 电池可提供 138.1 mA·h/g 的高放电容量。除此之外，JIN 等[39]将[EMI][TFSI]通过离子-偶极相互作用固定在聚偏二氟乙烯-共六氟丙烯（PVdF-HFP）中，形成凝胶聚合物电解质（见图 4-4）。离子液体中带正电荷的咪唑阳离子和部分带负电荷的氟原子之间发生的离子-偶极相互作用与束缚的$[TFSI]^-$阴离子形成三维交联网络，从而使凝胶聚合物电解质具有良好的自修复能力。此外，因为阴离子的束缚作用，可以增加离子迁移数并抑制锂枝晶的生长。由凝胶聚合物电解质组成的 $LiFePO_4$ | LiTFSI-IL-PVdF-HFP | Li 电池，在 5 C 高倍率下具有 91 mA·h/g 的可逆容量，并且在 1 C 循环 200 圈之后，容量保持率为 96.5%，库仑效率为 99.8%。将其用于 Li-S 电池中也可以抑制多硫化物的穿梭效应，在 0.2 C 下循环 100 次之后，仍然具有 867 mA·h/g 的可逆容量，平均库仑效率接近 100%。

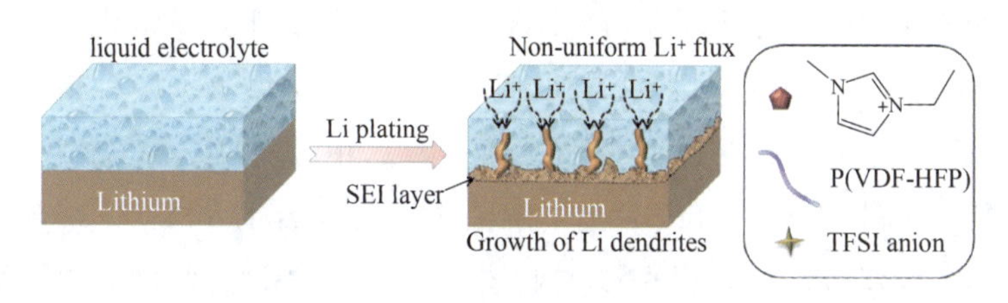

（a）含液态有机溶剂电解质

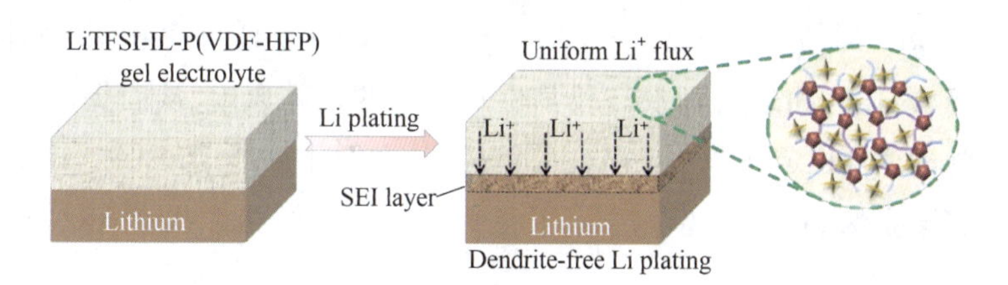

（b）离子液体-聚合物凝胶电解质的锂金属负极的电化学沉积行为

图 4-4　含液态有机溶剂电解质和离子液体-聚合物凝胶电解质的锂金属负极的电化学沉积行为示意图[39]

4.2.2.3　聚离子液体基聚合物固态电解质

作为一种新型功能高分子材料，聚离子液体（PIL）近年来得到了研究者们的广泛关注，它们是由离子液体单体通过共价键相互作用而形成的聚合物。聚离子液体不仅具有高离子电导率、离子液体的化学相容性、不可燃、高电化学稳定性等优点，还具备高机械强度、易加工成型等离子液体不具备的特性。在阳离子聚离子液体中，离子导电主要是与阳离子配位的阴离子引起的，这些阴离子可以是四氟硼酸根阴离子、氟化磺酰亚胺根阴离子等；而阴离子聚离子液体中，离子导电主要是与阴离子配位的阳离子引起的，这些阳离子可以是 Li^+、Na^+、咪唑阳离子等有机物、吡咯烷鎓阳离子、四烷基铵阳离子[40]。聚离子液体基固态电解质一般都是将 PIL 膜浸入离子液体基电解液或将离子液体单体直接在离子液体基电解液中

聚合而制得。Appetecchi 等[41]以聚(二烯丙基二甲基铵)双(三氟甲磺酰)酰亚胺聚合物离子液体为聚合物主体,加入[PYR_{14}][TFSI]离子液体和 LiTFSI 盐形成 PIL-LiTFSI-[PYR_{14}][TFSI]电解质。所制备的离子凝胶电解质体系的室温离子电导率高于 10^{-4} S/cm,电化学稳定性窗口高达 5.0 V,并且具有稳定的界面电阻值。Li | $LiFePO_4$ 固态电池能够提供 140 mA·h/g 的电量,具有良好的容量保持率。

除此之外,共聚、添加离子塑性晶体等也可以改善 PIL 基电解质的性能。Zhang 等[42]通过溶液浇铸法制备全固态电解质 PVIMTFSI-co-PPEGMA/LiTFSI。通过比较 PVIMTFSI-co-PPEGMA/LiTFSI 与 PVIM-co-PPEGMA/LiTFSI 的性能,发现引入聚离子液体链段能够影响聚合物链的有序紧密排列,有效地抑制锂枝晶的形成并改善了聚合物电解质与锂片之间的界面行为。在基于 PVIMTFSI-co-PPEGMA/LiTFSI 电解质的 Li | $LiFePO_4$ 电池也显示出更好的循环和倍率性能。在 60 ℃、0.1 C 的放电倍率下该电池的放电容量可以达到 136 mA·h/g。周栋[43]采用原位聚合方法提出了一种新型套娃结构的固态电解质。如图 4-5 所示,通过将聚二烯丙基二甲基胺双(三氟甲烷磺酰亚胺)(PDDATFSI)多孔膜和 [EMI][TFSI]基电解液中原位聚合的 1,4-双[3-(2-丙烯酰氧基乙基)咪唑鎓-1-基]丁烷双[双(三氟甲烷磺酰亚胺)](C1-4TFSI)交联网络复合而得。制备的 PDDATFSI 多孔膜 57.5%的空隙率以及溶液在 PDDATFSI 多孔膜上 5.3°的接触角,奠定了室温下 Li-HPILSE 的高电导率 1.06×10^{-3} S/cm。HPILSE 与锂电极之间优异的相容性保证了锂金属电池的长时间运行而没有枝晶生长带来的短路风险,从而提高了 $LiFePO_4$ | Li-HPILSE | Li 电池的循环稳定性,0.1 C 电流密度下 100 次循环后,电池可保持 147.1 mA·h/g 的可逆容量,相应容量保持率为 97.7%;并且库仑效率除了首次循环(95.5%)之外接近 100%。

杨凯华等[44]通过合成一种新型离子塑性晶体 N,N-二甲基吡咯双氟磺酰亚胺(P_{11}FSI),并将其与吡咯阳离子液体聚合物,聚二甲基二烯丙基铵双氟磺酰亚胺[PIL][FSI]和锂盐(LiTFSI)复合制备了 P_{11}FSI-[PIL][FSI]-LiTFSI 全固态电解质。Yang 等[45]通过在 PIL[聚二烯丙基二甲基胺双(三氟甲烷磺酰亚胺)]| LiTFSI 体系中引入离子塑性晶体 N_{1222}FSI[三乙基甲基铵双(氟磺酰基)酰亚胺]制备出 N_{1222}FSI-PIL-LiTFSI 全固态电解质,所制得的电解质在室温下离子电导率达到 2×10^{-4} S/cm 这些离子塑性晶体添加剂一方面保持着类似于固态晶体的位置有序,宏观上保持固态;另一方面,其结构中的分子/离子又具有排列取向的无序性,表现出类液态的无定形状态。因此塑性晶体处于塑晶相时,其分子/离子的旋转或平移运动,以及晶格中随其旋转而移动的空位,都有利于锂离子在其中的迁移[46,47]。虽然离子塑性晶体的加入有利于锂离子的迁移,但是在室温下离子电导率和锂离子的迁移数之间无法得到平衡,这影响了添加离子塑性晶体的全固态电解质的实际应用。

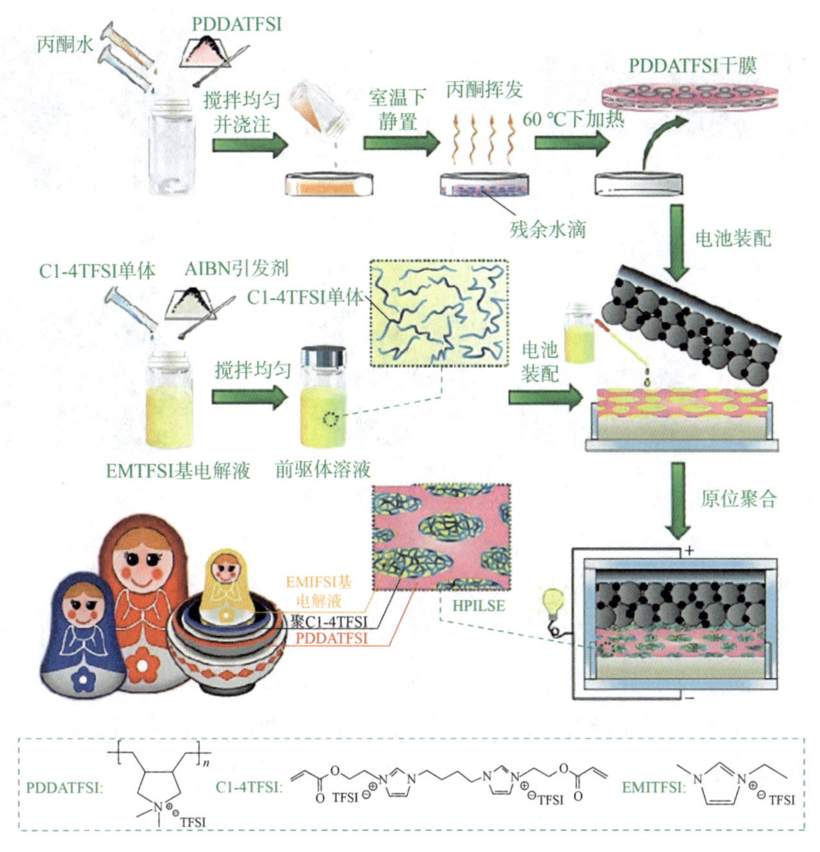

图 4-5　套娃结构 HPILSE 的原位合成路线示意图[43]

在用于 SPE 的聚合物基体中，因为玻璃化转变温度高和结晶度高，大多数基于线性大分子的 SPE 普遍存在低离子传导率[48]，需要通过添加增塑剂等进行改性。此外，SPE 与电极之间的固-固接触面之间的副反应也影响了全固态电解质的应用。通过对基体材料支化度的调节，从而调节基体的结晶度，使非晶链部分和聚合物链段的迁移性增加促进了锂离子的解离和运输，从而提高离子电导率。此外，具有柔性支架的多臂聚合物可以紧密黏附到电极表面，从而优化界面性能[49]。YANG 等[50]通过丙烯酸羟乙酯的原子转移自由基聚合和随后的功能化反应，制备了四臂咪唑阳离子聚离子液体（IMFPIL）和锂盐复合的全固态电解质（见图 4-6）。发现特殊的四臂化结构使 IMFSPE 的离子电导率大大提高，是线性 IMLPIL 电导率的 22 倍，优化后的 IMFSPE 电化学窗口和 t_{Li^+} 分别可以达到 4.8 V 和 0.31。$LiFePO_4$ | IMFSPE | Li 全固态电池与对应 $LiFePO_4$ | IMLSPE | Li 电池的故障形成鲜明对比，在 0.2 C 下具有 99%的库仑效率及 153 mA・h/g 的高放电容量。在 150 次循环后，容量保持率达到 73%，并且有效地减弱了锂枝晶的形成。相较于其他改性 PIL 基电解质的方式，支化 PIL 结构优化了固-固界面的接触，提高了电池的电化学稳定性，但是在提高离子导电率以及锂离子迁移数方面仍存在提升的空间。

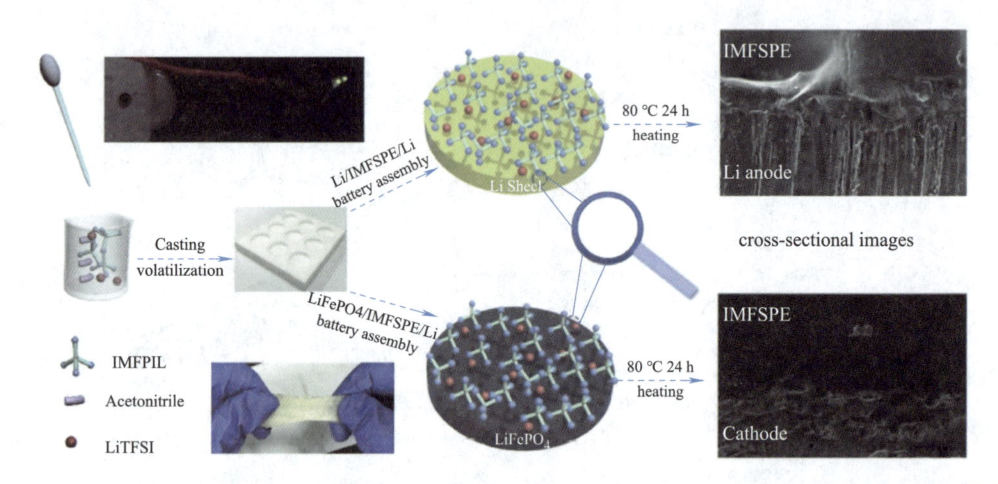

图 4-6 四臂咪唑阳离子聚离子液体和锂盐复合的全固态电解质制备及其组装的固态电池示意图[50]

4.2.2.4 其他聚合物固态电解质

目前最常用的制备聚合物固态电解质的方法有：溶液浇铸法、原位聚合法和静电纺丝法。光化学引发的原位聚合法因为聚合时间短和反应温度低等优势，引起了研究者的广泛关注。Stepniak 等[51]将离子液体[MPPip][TFSI]与 LiTFSI 混合，然后加入双酚 A 乙氧酸二丙烯酸酯为聚合物单体以及光引发剂，在紫外光的条件下聚合 10 min 得到 IL-凝胶聚合物电解质(IL-GPE)。室温下 IL-GPE 的离子电导率达到 0.64×10^{-4} S/cm，电化学稳定性为 4.8 V，这归因于在聚合物基质中引入[MPPip][TFSI]离子液体之后，玻璃转化温度由 52.4 ℃降低到 41.0 ℃。由 Li｜IL-GPE｜$LiFePO_4$ 组成的组装电池以 C/20 速率进行 50 个循环后，放电容量在 162 mA・h/g 以上保持稳定，容量保持率为 98%。为了提高固态电解质的机械强度并且抑制锂枝晶的生长，Ming 等[52]利用 IL 型添加剂 IL-TFSI，然后与 IL 前体(1-甲基-3-三甲氧基硅烷咪唑鎓盐，IL-TFSI)表面功能化的 PMMA 纳米颗粒相结合，用浇铸成膜法组成 PMMA-ILTFSI/IL-TFSI 固态聚合物电解质膜，并将其浸入 PC 溶液中形成全固态电解质[见图 4-7(a)]。图 4-7(b)所示为 PMMA-IL-TFSI/IL-TFSI SPE 膜的 SEM 图，结果表明，当 IL 作为增塑剂时，形成了 PMMA 纳米粒子堆积的 SPE 膜，这不仅限制了锂枝晶的生长，防止了电池的短路，而且提高了 SPE 膜的机械强度。通过应力-应变曲线测得 PMMA-IL-TFSI/IL-TFSI SPE 的拉伸率高达 1 600%。在 30 ℃下，电解质的离子导电率达到 5.12×10^{-4} S/cm，电化学窗口约为 5.1 V。以 1 C 循环的 Li｜PMMA-IL-TFSI/IL-TFSI｜LTO 电池第一次放电容量约为 175 mA・h/g，库仑效率为 99%。PMMA-IL-TFSI/IL-TFSI 展现出良好的性能，一方面是因为负载有 IL 的 PMMA-IL-TFSI 纳米颗粒相互交联，为锂离子的迁移提供了通道，$TFSI^-$ 基团与 Li^+ 离子的弱相互作用，增加了自由 Li^+ 离子浓度，这不仅提高了离子电导率也提高了锂离子迁移率($t_{Li^+}=0.51$)。此外，IL-TFSI

基质提供的微观流体环境也显著促进了离子迁移。

目前所研究的聚合物电解质都是集中在室温下进行充放电行为，这是因为电解质和电极之间在高温下的副反应引起的固态电解质膜影响其在高温条件下的工作性能。虽然将室温离子液体与聚合物复合制备得到的凝胶聚合物电解质可在保持高安全性的同时，显著提高聚合物电解质的室温离子电导率。然而大量离子液体的引入在提高电解质电化学性能的同时，势必将破坏电解质的机械强度，影响其综合性能。基于此，Christopher 等[53]利用笼状低聚倍半硅氧烷（POSS）和聚乙二醇（PEG）制备了一种能够均匀容纳离子液体、机械稳定的交联网络基体，并与低黏度离子液体 N-甲基-N-丙基吡咯烷鎓双（氟磺酰基）酰亚胺[Pyr_{13}][FSI]和锂盐 LiFSI 复合形成了一系列凝胶聚合物电解质[见图 4-7(c)]。通过调节 POSS/PEG 的摩尔比和 PEG 分子量调控聚合物集体的网络分子结构，再复合不同比例的离子液体进而调整电解质的机械性能和电化学性能。当电解质中离子液体溶液的质量分数为 60% 时，其杨氏模量和拉伸强度分别为 4.0 MPa 和 4.3 MPa，断裂拉伸率为 812%，即使离子液体的质量分数增加到 80% 以上，电解质依然能够保持良好的机械稳定性。因为致密的 POSS-PEG 交联网络对于离子液体阴阳离子移动的限制作用，聚合物电解质在室温下表现出 1.22 mS/cm 的高离子电导率和 0.48 的锂离子迁移数。因为离子液体和锂盐中 FSI^- 阴离子的分解作用在锂金属沉积/剥离过程中生成了富含 LiF、Li_3N 的 SEI 层，电解质的高柔性也为电解质与锂金属提供了良好的接触，所以在对称锂电池沉积/剥离过程中，在 0.1 mA/cm^2 的电流密度和 0.1 mA·h/cm^2 的面容量下，锂对称电池可以稳定循环 4 000 h 以上[见图 4.7(d)]。

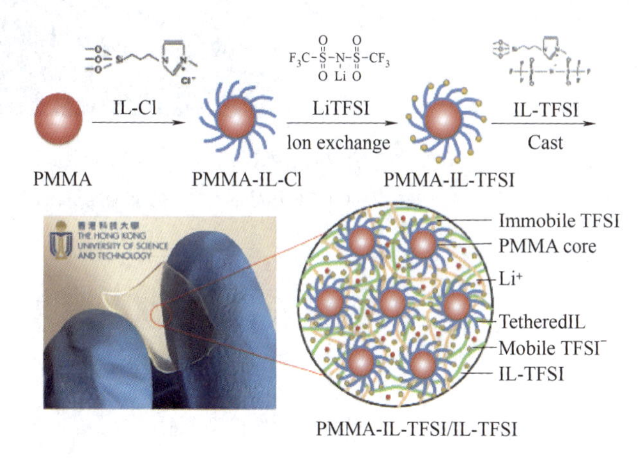

(a)制备 PMMA-IL-TFSI/IL-TFSI SPE 膜的制备过程

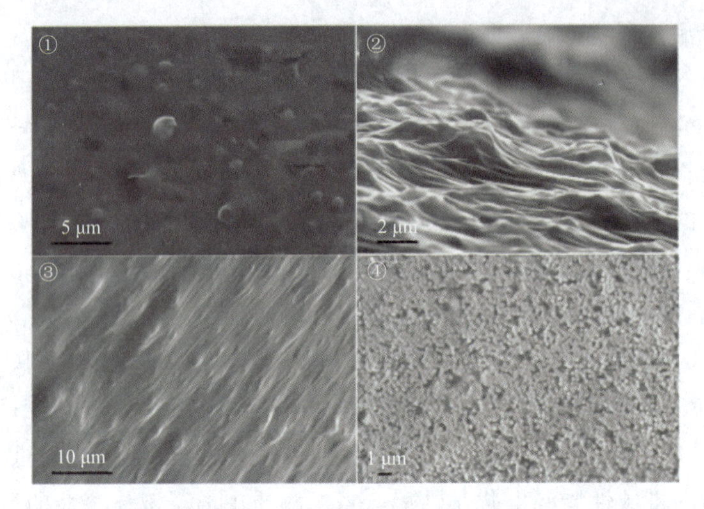

(b)PMMA-IL-TFSI/IL-TFSI SPE 膜的 SEM 图(其中:①为大面积 PMMA-IL-TFSI/IL-TFSI SPE 膜;
②和③分别为 PMMA-IL-TFSI/IL-TFSI SPE 膜的侧视图和横截面;
④为 PMMA-IL-TFSI 纳米颗粒在 THF 中的 SEM 图像[52])

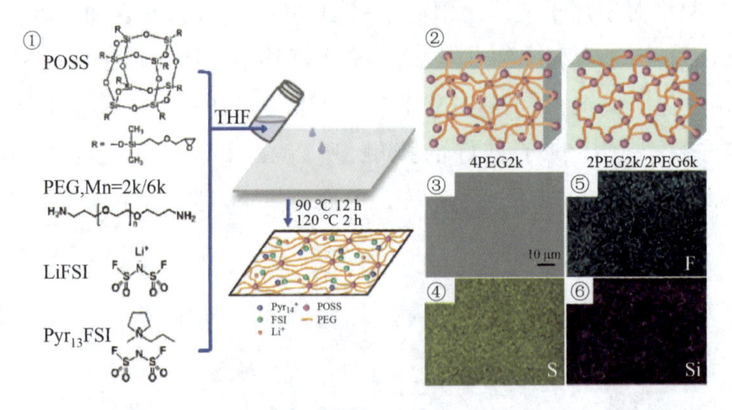

(c)交联网络 RTIL GPE 的设计,合成和表征(其中:①为 GPE 的合成路线;
②为 GPE 理想网络结构示意图;③为 2PEG2k-60 GPE 样品的 SEM 图像;④、⑤、⑥为 EDS 元素图谱)

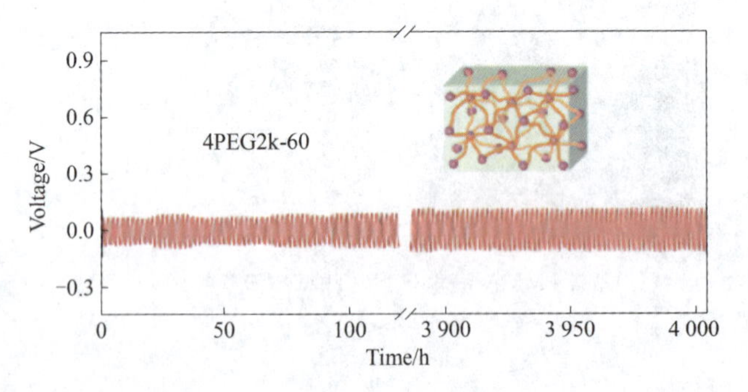

(d)对称锂电池在 20 ℃、0.1 mA/cm^2 的电流密度和 0.1 mA·h/cm^2
的面容量情况下,4PEG2k-60 电解质的循环性能[53]

图 4-7　不同离子液体 SPE 膜的制备过程和相关表征测试

综上，离子液体的加入可以增加聚合物固态电解质中用于导电的电荷载体数目，同时降低基体的结晶度，提高有效传输离子的无定形态比例，从而增加离子的迁移数和离子电导率。离子液体的加入虽然提高了聚合物电解质的离子电导率，但是降低了电解质的机械强度，不能有效抑制锂枝晶的生长。因此通过改变聚合物电解质基体的颗粒大小，或者改变离子液体与聚合物链段的交联方式，从而在提高离子电导率的同时增加电解质的机械强度并抑制锂枝晶的生长，进而提高电池的安全性能。

4.2.3　无机固态电解质

4.2.3.1　NASICON 型无机固态电解质

因为快离子导体在室温下具有高锂离子迁移数(约为 1)、良好的电化学稳定性、宽电化学窗口和低离子传导活化能(E_a<0.5 eV)等特征，所以由快离子导体和离子液体组成的无机固态电解质有望实现电解质的高锂离子迁移数和高电导率，从而提高电池的电化学性能。自 Goodenough 等于 1976 年发现 NASICON 型快离子导体 $Na_{1+n}Zr_2Si_nP_{3-n}O_{12}$ ($0 \leqslant n \leqslant 3$)具有优异的离子导电性、良好的导热性等优点之后，其受到了广泛的关注[54]。$Li_{1+x}Al_xGe_{2-x}(PO_4)_3$(LAGP)作为一种钠快离子导体，其具有较高的离子电导率(约为 10 mS/cm)，并且合成后的 LAGP 晶界中存在第二相 $AlPO_4$ 和 Li_2O，这些存在于晶界中的晶相可以吸附和解吸移动的锂离子从而为锂离子的传输提供可替代的路径，并同时抑制空间电荷层的形成[55]。

虽然 NASICON 型快离子导体具有很多优势，但是其与锂金属接触时会发生降解反应，产生具有高电子电导率和低离子电导率的不稳定界面，进而导致界面电阻和电极体积容量变化的增加，并且 LAGP 电解质在 200 ℃下会发生热失控，产生氧气，降低电池的安全性能[56]。因此，解决 LAGP 电解质和锂金属的界面问题成为研究的重要方向。图 4-8(a)所示为 LAGP-IL 混合电解质制备示意图，Xiong 等[56]将 LAGP 纳米颗粒和室温离子液体进行球磨混合，在固态电解质与金属锂负极之间建立了一个稳定的多功能界面层。离子液体[BMIM][FSI]因为其高离子电导率(3.6 mS/cm)、低过电位，并且可以与锂金属反应生成富含 LiF 钝化层的 SEI 膜，被认为是理想的离子液体。因为 LAGP 纳米颗粒表面被无定形碳包裹，所以制得的 LAGP-IL 中间层可以隔绝锂金属的不良副反应，避免热失控。Li | LAGP-IL/LAGP | Li 对称电池能以 30 mV 的低过电位稳定循环在 1 500 h 以上，表明 LAGP-IL 中间层具有出色的长期循环稳定性和低的界面阻抗，并且在高电流密度 1 mA/cm^2 下能够稳定循环 500 h[见图 4-8(b)、(c)]。LI 等[57]提出通过紫外原位聚合的方法在 LAGP 电解质表面的正极侧(己二腈 AN 基液态电解质为基础原位聚合季戊四醇四丙烯酸酯 PETEA 单体)和负极侧(离子液体[EMI][FSI]基液态电解质原位聚合 PETEA 单体)分别构造具备自愈合功能的 Janus 界面。图 4-8(d)、(e)所示为不含界面层的 Li | LAGP | LMO

电池界面演变示意图，图 4-8(f)所示为 GPE 和 SHE 作为界面层的循环示意图。从图中可以看出在含有 Janus 界面的电池中，正负极与电解质的接触界面处并没有明显枝晶的生长，说明界面层的引入对于提升电池的性能有着重要的作用。该 Janus 界面是以四重氢键为基础的自修复交联结构，己二腈体系用来提高固态电解质的耐氧化能力和界面的离子电导率，离子液体体系用来提高电池的热稳定性和对锂金属负极的亲和力，从而解决电池循环过程中锂离子不断嵌入和脱出所导致的电极材料体积膨胀而产生的破裂等问题[见图 4-8(h)]。将改性后的固态电解质应用到 Li | LMO 全电池中，使用自愈合 Janus 界面修饰的锂金属电池在常温下具有优异的长循环稳定性和高的可逆比容量，在 0.1 C 电流密度下循环 120 圈后容量保持率为 80.3%[见图 4-8(i)、(j)]。

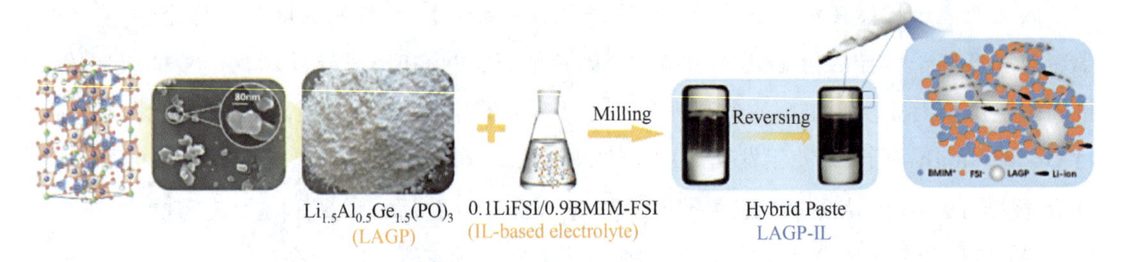

(a)LAGP-IL 混合电解质制备示意图

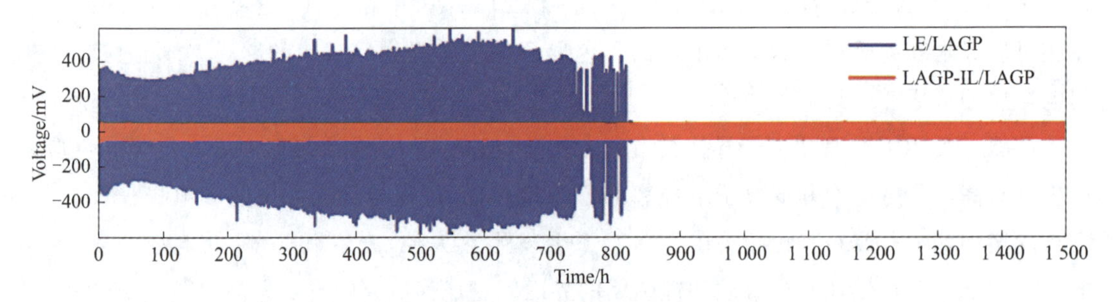

(b)具有 LAGP-IL 夹层或者液态电解质润湿界面的锂对称电池电压曲线

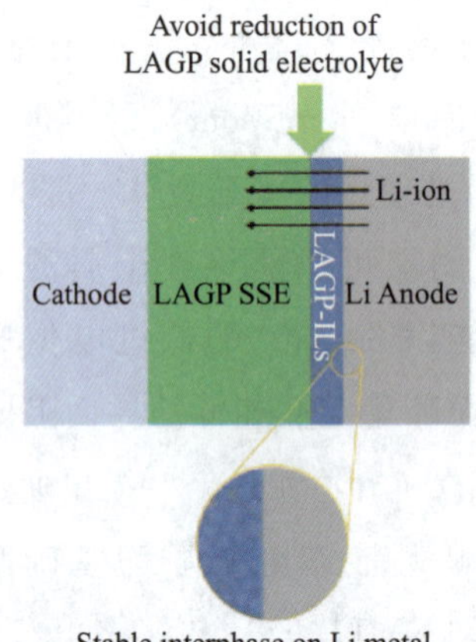

(c)电解质和锂金属负极之间的 LAGP-IL 夹层作用示意图[56]

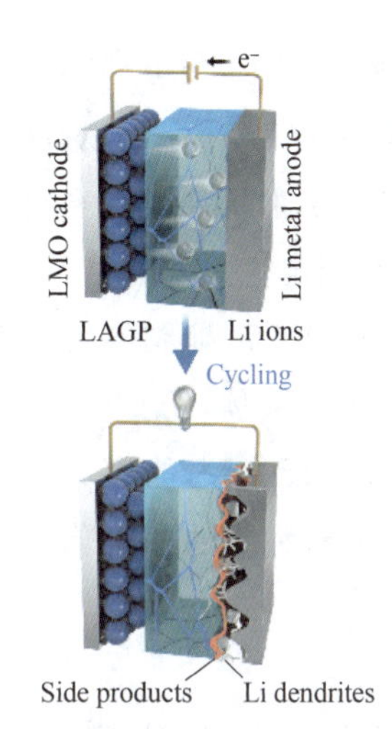

(d)基于 LAGP 的高性能锂金属电池 SHE Janus 界面的设计(不含界面层的 Li | LAGP | LMO 电池界面演变 1)

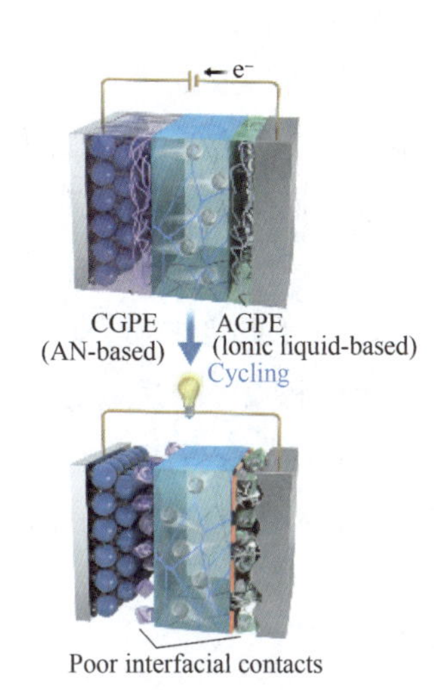

(e)基于 LAGP 的高性能锂金属电池 SHE Janus 界面的设计(GPE 作为界面层的循环示意图)

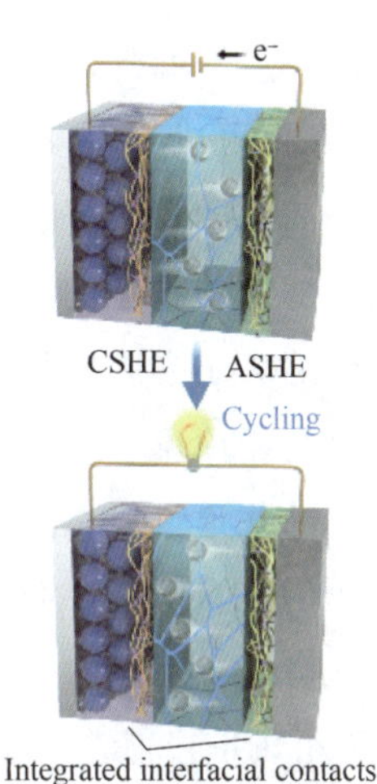

(f)基于 LAGP 的高性能锂金属电池 SHE Janus 界面的设计(SHE 作为界面层的循环示意图)

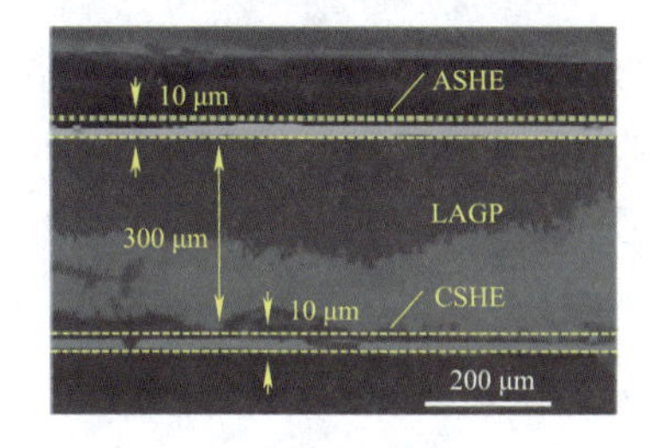

(g)SHE 修饰的 LAGP 的横截面 FE-SEM 图像

(h)Li | LAGP | LMO 第二个循环时的充放电曲线

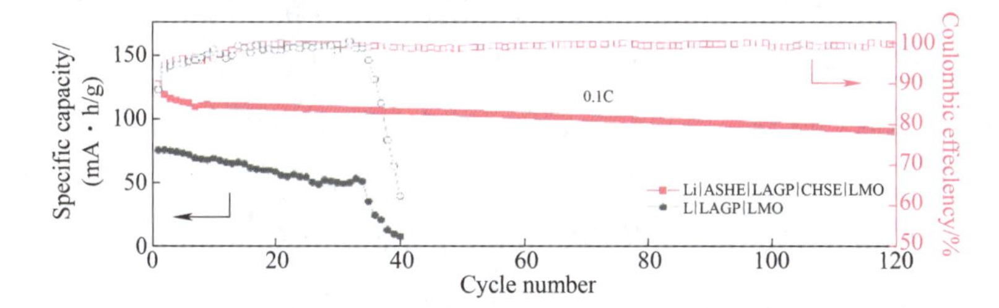

(i)Li | LAGP | LMO 和 Li | ASHE|LAGP|CSHE| LMO 电池在 0.1 C 时的循环性能[57]

图 4-8　基于 LAGP-IL 不同形式界面层的设计和相关性能分析

4.2.3.2　离子凝胶电解质

近年来,离子液体体系的纳米粒子杂化电解质在金属锂负极中的应用得到了系统广泛的研究,结果表明在离子液体中掺杂无机纳米颗粒可以有效增强电解质的电导率和热稳定性[58]。在这种杂化电解质中,离子液体被束缚在纳米粒子的表面,然后纳米粒子再与锂盐或者含有锂盐的分子性溶剂混合。离子液体基复合电解质,通常称为离子凝胶电解质,离子液体在离子凝胶中既充当增塑剂又作为载流子,因此,离子凝胶的离子电导率远超过一般的全固态电解质。此外，离子凝胶作为一种凝胶电解质而具有很好的柔韧性，与电极界面的相容性较高，也可以有效抑制锂枝晶的生长。这主要是因为被纳米颗粒束缚的离子对可以在溶剂中解离出阴离子，从而抑制负极表面空间电荷层的产生；纳米粒子的抗渗透性和机械强度也能够抑制锂枝晶的生长[59]。离子凝胶电解质一般是由框架和固定化的离子液体组成，作为理想的离子凝胶框架，应满足以下几点要求：具有电子绝缘的性质，以抑制电极和电解质发生氧化还原反应；具有大的比表面积以及合适的孔径，以容纳离子液体，防止液体泄露；具有连续的孔道，以快速的传输离子，从而提高离子导电率和锂离子迁移数；能够和锂盐产生相互作用，促进锂盐的解离，提供大量可传输的离子；具有良好的热稳定性和电化学稳定性，避免电池发生热失控等安全问题[60]。

4.2.3.2.1 SiO_2 基离子凝胶电解质

在众多无机纳米框架中，SiO_2 具有高的机械模量以及抑制锂枝晶生长等特性，但是固固界面的大界面电阻以及低介电常数导致的低离子传导性限制了其应用。Wang 等[61]针对电解质和电极不稳定界面产生大界面电阻问题，提出在惰性多孔固态基质中浸入离子导电客体，产生纳米润湿界面的概念。利用具有良好介孔结构的二维阵列的二氧化硅基质 MCM-41(平均孔径为 3 nm)，采用后浸渍法将[Py14][TFSI]和锂盐的混合物 Li-IL 浸入 MCM-41 纳米颗粒中，产生的界面润湿性可以使电解质直接与正负极材料接触，避免电极与电解质之间的固-固界面接触，从而降低界面电阻[见图 4-9(a)]。因此，制得的 Li-IL@MCM-41 电解质在室温下离子电导率为 3.98×10^{-4} S/cm，电化学稳定窗口为 5.2 V。基于 Li-IL@MCM-41 电解质的 $LiFePO_4$、$LiCoO_2$ 和 $LiNi_{0.8}Co_{0.1}Mn_{0.1}O_2$ 电池，在 0.1 C 倍率下 100 圈循环之后，可以分别提供 38 mA·h/g、127 mA·h/g、163 mA·h/g 的放电容量。Chen 等[60]受蚂蚁巢穴结构的启发，通过溶胶凝胶法，利用硅烷偶联剂将离子液体[Py13][TFSI]固定在利用甲基丙烯酰基官能团修饰的 SiO_2 基质上以形成仿生的蚁穴离子凝胶电解质(BAIE)。甲基丙烯酰基中的 C═O 键以及蚁穴结构中的 C—O—C 键能够使锂离子与阴离子 $TFSI^-$ 解离，从而提高离子电导率(室温下 1.37×10^{-3} S/cm)。BAIE 中类似于蚁穴内部结构的曲折孔，也增加了离子的传输能力，并且在锂金属负极表面形成富含颗粒的保护层，从而抑制了锂枝晶的生长[见图 4-9(b)]。由 BAIE 组成的 Li | LTO 电池在 5 C 倍率下进行 3 000 次循环之后，库仑效率可以达到 99.8%，并且在 0.032 mA/cm^2 的电流密度下，Li | BAIE | Li 电池在 1 000 h 之内保持循环稳定性以及极低的极化电压。

但是，利用溶胶凝胶法制备的高性能电解质需要酸性物质(甲酸等)作为催化剂，容易产生腐蚀电极材料等问题。因此 Vereecken 等[62]提出一种水基溶胶凝胶工艺，将过量水、1-甲氧基-2-丙醇(PGME)、LiTFSI 和[BMP][TFSI]离子液体一起添加到硅酸四乙酯中形成离子凝胶电解质(纳米 SCE)。图 4-9(c)所示为纳米 SCE 与从 LiTFSI 中解离的锂离子之间的界面相互作用示意图，存在于离子液体 $TFSI^-$ 阴离子中的 O═S═O 基团，一个氧原子和二氧化硅表面的硅烷醇基团相互作用形成氢键生成冰水层，另一个氧原子和离子液体阳离子进行吸附作用，将离子液体分子固定在硅烷表面。这种界面相互作用削弱了锂盐中锂离子与阴离子之间的缔合，从而增加离子电导率。LTO｜纳米 SCE｜Li 电池在 0.02 C 的低倍率下达到 160 mA·h/g 的最大容量，LFP｜纳米 SCE｜Li 电池在 0.01 C 时达到其最大容量 140 mA·h/g。但是纳米 SCE 在低倍率下表现的电化学性能，并不能满足快速充放电的实际应用。基于此，Sagara 等[63]对其进行了改性，利用[EMI][FSI]替代[BMP][TFSI]。研究结果表明，[EMI][FSI]纳米 SCE 电解质表现出更高的离子电导率，室温下可达到 6.2 mS/cm，而[BMP][TFSI]纳米 SCE 的离子电导率为 0.8 mS/cm。在 Li｜纳米 SCE｜Li 电池中，在 500 h 循环过程中保持 50 mV 的电压滞后，并且没有观察到短路现象。Li｜纳米 SCE｜$LiFePO_4$ 电池中，0.1 C 倍率下具有 150 mA·h/g 的放电容量，即使在 1 C 倍率下，依然有 113 mA·h/g 的放电容量[见图 4-9(d)、(e)]。

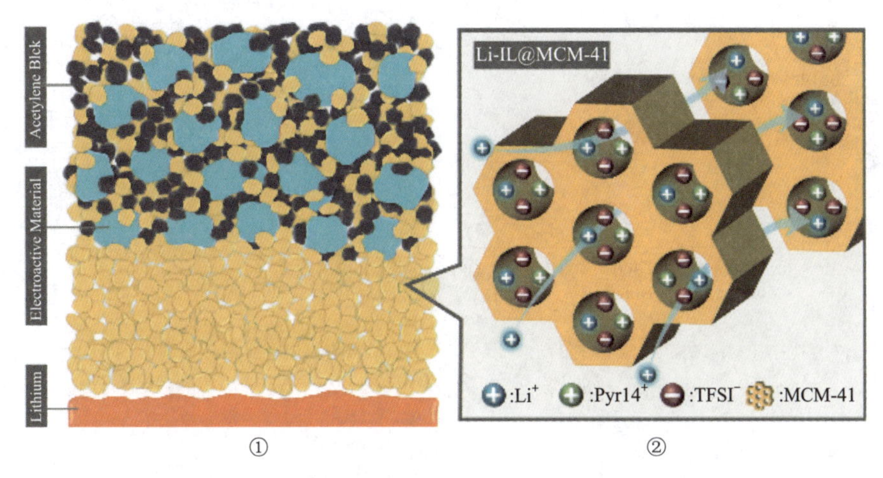

(a)①由双层颗粒和锂箔组成的电池结构示意图；②Li-IL@MCM-41 SSE 的离子传导机理[61]

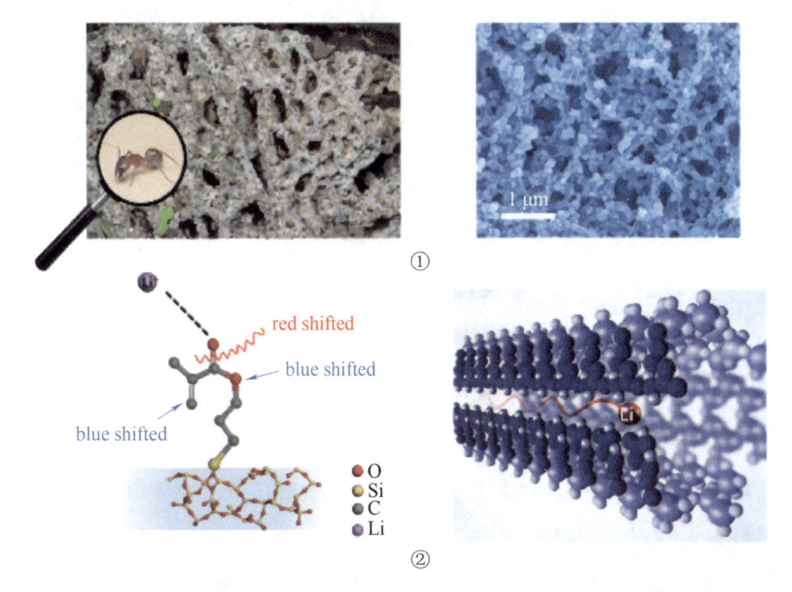

(b)①蚁穴仿生二氧化硅骨架示意图；②锂离子传输路径示意图[60]

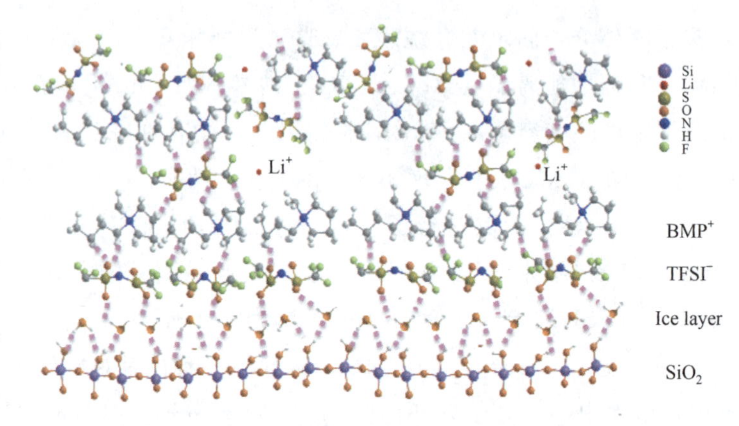

(c)纳米 SCE 与从 LiTFSI 中解离的锂离子之间的界面相互作用示意图

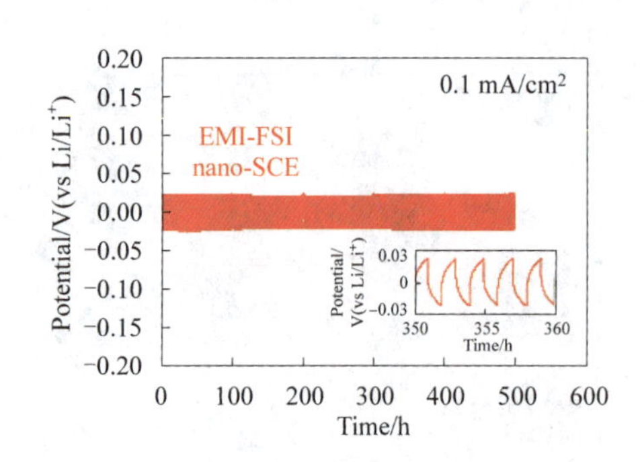

(d)具有[EMI][FSI]纳米 SCE 的 Li | nano-SCE | Li 对称电池在电流密度为 0.1 mA/cm^2 时的循环稳定性

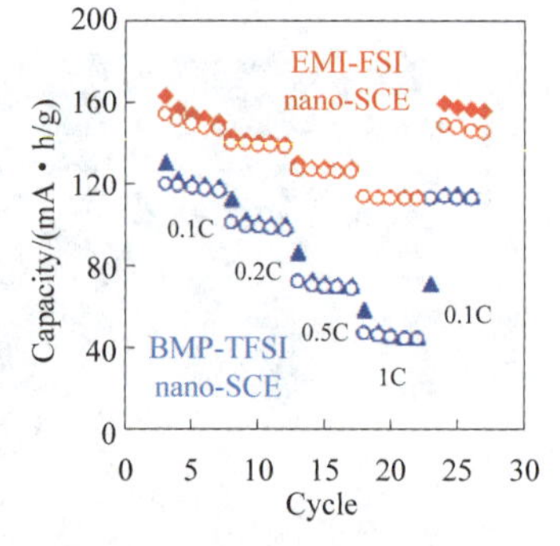

(e)具有不同离子液体的纳米 SCE 电解质在 Li | 纳米 SCE | $LiFePO_4$ 电池中不同倍率下的性能比较[EMI][FSI](红色)、[BMP][TFSI](蓝色)[63]

图 4-9 不同锂离子传输路径机理分析及性能比较

4.2.3.2.2 其他无机纳米颗粒基离子凝胶电解质

2009 年,Honma 等[64]首先提出利用 [BMI][TFSI]、$TiCl_4$、甲醇和甲酸混合的乳液可以合成 TiO_2 基离子导电的固态电解质,打开了利用二氧化钛制备离子凝胶固态电解质的大门。因为所制得的电解质具有自组装的离子传输通道结构,所以在 20～275 ℃范围内,离子电导率为 10^{-3}～10^{-2} S/cm。制备二氧化钛基质的材料,除了利用无机钛盐之外,还有钛醇盐。Zhang 等[65]利用钛酸四丁酯作为钛源,甲酸作为溶剂和催化剂,利用非水解溶胶-凝胶法,将 [$PYR_{1,2o1}$][TFSI]与锂盐 LiTFSI 固定在 TiO_2 基质中,形成离子凝胶电解质 TIE。相互连接的 TiO_2 纳米颗粒基质可以容纳大量的离子液体,并且为离子传输提供有效传输通道,从而提高离子电导率(室温下 7.10×10^{-4} S/cm)以及高电化学稳定性(4.6 V vs. Li/Li^+)。室温下,以 0.1 C 倍率运行的 Li | TIE | $LiFePO_4$ 电池,在 50 圈循环之后的放电容量为 150.8 mA・h/g,容量保持率为 96.4%,首圈库仑效率为 97.3%。

氧化铝作为锂金属的保护剂,可以涂覆或者电镀在锂金属表面,但是在电池循环过程中

依然有容易被破坏等问题，限制了其应用。因此，Chen 等[66]提出一种基于仿生叶状结构氧化铝基质的准固体电解质（ASE），通过原位溶胶-凝胶法，将离子液体电解质 1 mol/L LiTFSI-[Py13][TFSI]固定在 3D 纳米多孔氧化铝中。叶状结构的多晶氧化铝纳米颗粒上分布的路易斯酸性位点可以促进锂盐的解离并加速锂离子的迁移，而且高比表面积的纳米多孔结构也可以吸收大量的离子液体，从而为锂离子运输提供快速通道，锂金属表面超薄的 Li-Al-O 层也避免了 Li 原子的积累，使锂均匀地沉积在负极表面，降低界面阻抗。在电流密度为 0.5 mA/cm^2，面积容量为 0.5 $mA \cdot h/cm^2$ 时，Li | ASE-3 | Li 的最小恒定的超电势为 21 mV，并且在 1 100 h 以上保持恒定。Li | ASE-3 | $LiFePO_4$ 全电池在 30 ℃下以 0.1 C 速率进行了测试，初始放电容量为 140.7 mA · h/g，在 100 圈循环后仍保持 95.6%，具有 99.9%的高库仑效率。

4.2.4 有机-无机混合固态电解质

因为液态电解质中有机溶剂存在易燃易爆、易泄露等安全问题，以及电解质和电极之间副反应产生锂枝晶，导致电池短路等问题，因此需要发展固态电解质替代液态电解质，从而制备安全性更高，性能更好的锂金属电池。有机聚合物固态电解质通常具有优异的机械性能、良好的柔韧性、与固体电极的界面阻抗小、易加工成型等特点。然而聚合物基质的结晶度高，使得有机聚合物固态电解质的室温离子电导率低。无机固态电解质虽然具有高离子电导率，能有效抑制锂枝晶的形成和生长，但是它们的机械性能很差（易碎和脆性），当与固体电极材料接触时，通常会引起严重的大界面阻抗[67]。因此，将有机聚合物固态电解质与无机固态电解质结合，有望将两者优良的性质结合起来，从而制备出高性能固态电解质。

4.2.4.1 聚合物-纳米填料混合固态电解质

制备混合固态电解质最常用的方法是物理交联法，物理交联法是指将聚合物溶于有机溶剂并与无机填料等添加成分混合均匀得到高分子溶液，进而通过流延/浇铸后干燥等方法挥发掉有机溶剂得到多孔的混合固态电解质[26]。Yang 等[68]将纳米 TiO_2 分散在纳米聚合物电解质中作为添加剂，从而改善聚合物电解质的机械性能和热性能。利用 PVDF-HFP 作为聚合物基质，纳米 TiO_2 作为填料，和基于[PP_{12O1}][TFSI]离子液体 LiTFSI 锂盐组成的离子液体电解质混合的溶液浇铸在聚四氟乙烯基质上，从而形成混合固态电解质。图 4-10(a)所示为不同含量纳米 TiO_2 的纳米复合聚合物电解质的 DSC 曲线，从图中可以看出随着纳米 TiO_2 含量的增加，混合固态电解质的结晶度逐渐降低，提高了聚合物链的迁移率，并且离子电导率也显著增加[见图 4-10(b)]，这归因于聚合物链和无机填料界面处形成的高导电层。此外，因为纳米颗粒 TiO_2 表面的酸性位点会与锂离子竞争与 PVDF-HFP 链段形成配合物，从而降低聚合物链段的重组趋势，增加锂离子的传输路径，提高锂离子迁移数（t_{Li+} = 0.56）。除了 TiO_2 可以作为无机纳米填料之外，Guo 等[35]提出 SiO_2 也可以用作凝胶电解

质的无机纳米填料。通过 LiTFSI 和纳米 SiO_2 颗粒分散到 PVDF-HFP 基质中，然后利用离子液体[EMI][TFSI]的膨胀作用，改善锂盐的解离和聚合物分子链的运动，使得混合固态电解质具有可以使离子在聚合物主体周围自由体积传输的空间，从而使得混合固态电解质具有高离子电导率、稳定的电化学窗口以及良好的热稳定性。图 4-10(c)所示为不同电解质的极限氧指数，通过极限氧指数 LOI 分析电解质的阻燃性能，该电解质的 LOI 最高可达到 56 以上，远大于具有阻燃性能的最低值 27，表明该材料具有良好的阻燃性和热稳定性。此外，因为无机填料与聚合物基质的路易斯酸碱作用降低了 F 原子电负性，同时离子液体的添加也增加了聚合物基质的非晶区域，因此混合固态电解质的离子电导率可达到 0.74 mS/cm。基于以上结果，结合 XPS、FT-IR 得出结论，因为聚合物基质和离子液体都对锂离子的结合有相互影响，因此能够更好地解离锂盐获得更高的锂离子传输速率。由该电解质组成的 $LiFePO_4$ | ILGPE/SiO_2 | Li 电池，在 0.05 C 倍率下，初始放电容量为 131.8 mA・h/g，50 圈循环之后容量保持率为 89%[见图 4-10(d)～(g)]。

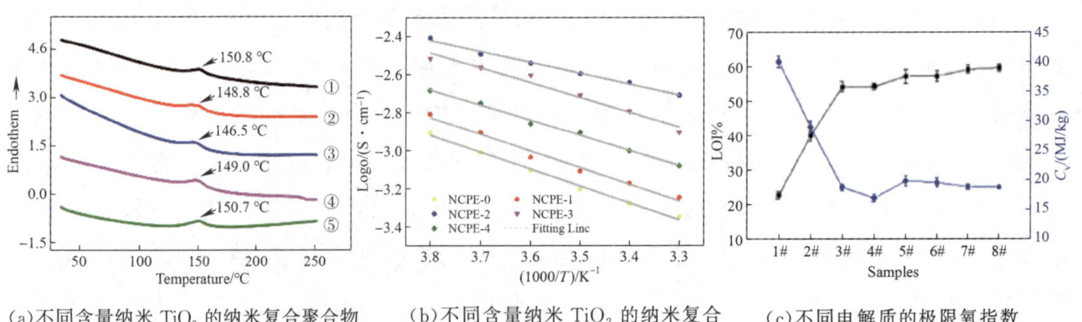

(a)不同含量纳米 TiO_2 的纳米复合聚合物电解质的 DSC 曲线(①NCPE-0；②NCPE-1；③NCPE-2；④NCPE-3；⑤NCPE-4)

(b)不同含量纳米 TiO_2 的纳米复合聚合物电解质的离子电导率[68]

(c)不同电解质的极限氧指数

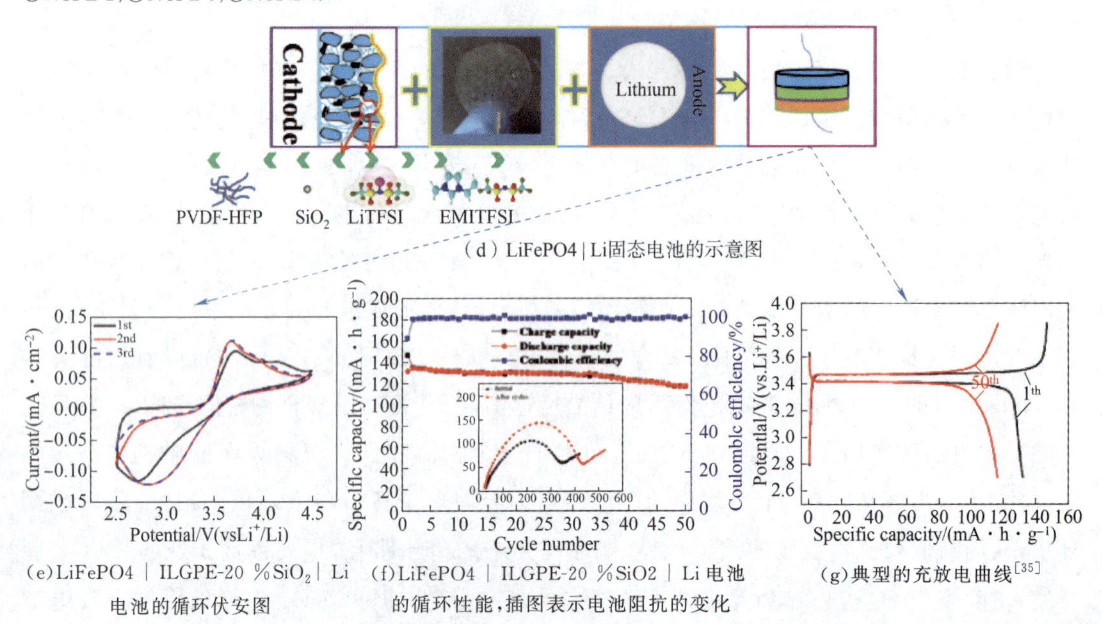

(d) LiFePO4 | Li固态电池的示意图

(e)LiFePO4 | ILGPE-20 %SiO_2 | Li 电池的循环伏安图

(f)LiFePO4 | ILGPE-20 %SiO2 | Li 电池的循环性能，插图表示电池阻抗的变化

(g)典型的充放电曲线[35]

图 4-10　电解质电化学性能分析及固态电池示意图

除了无机纳米填料可以作为混合固态电解质填料之外，活性填料（LLZO、LLZTO、LAGP、LATP 等）也可以降低聚合物的结晶度，增加聚合物链段，还具有运输锂离子的功能。Xu 等[69]以氧化石墨烯 GO 为模板，通过共沉淀法制备了 LLZO 陶瓷活性填料增强 PEO 基质的机械性能和电化学稳定性，加入离子液体[Emim][FSI]抑制 PEO 基质的结晶，增加链段的移动，最后再复合锂盐 LiTFSI，将得到的溶液通过浇铸法浇铸到 PTEE 片上，从而得到 LLZO@[Emim][FSI]@PEO 混合固态电解质。通过不同 LLZO 含量的 LLZO@PEO 复合聚合物电解质考察 LLZO 活性填料对电导率和电化学稳定性的影响。结果表明，分散的陶瓷纳米填料会影响 PEO 链段重结晶的动力学过程，增加了 PEO 基质的非晶区域并增强离子传输。在加入[Emim][FSI]之后，混合固态电解质的离子电导率明显增加，是 LLZO@PEO 复合聚合物电解质的 2 倍，并且离子液体的加入并不会改变复合聚合物电解质的电化学稳定性。在 60 ℃、0.01 mA/cm^2 的低电流密度下，锂对称电池在 200 h 循环中表现出极低的过电势。但是机械球磨并不能保证均匀的纳米填料分布，陶瓷纳米填料严重的聚集现象会导致电解质膜的表面变得粗糙，影响离子传输效率。此外，因为混合固态电解质膜与电极界面接触不足，因此由锂金属和 NCM622 组成的电池，显示出快速的容量衰减以及低初始库仑效率（61.9%）。

针对陶瓷活性填料在机械研磨过程中不均匀分布引起的聚集，以及低黏度混合固态电解质膜与电极界面接触不足等问题，Guo 等[70]首先利用超声处理颗粒尺寸为 200 nm 的 LLZTO 颗粒改善其分散性，然后利用溶液流延法制备出[BMIM][Tf_2N]离子液体润湿的 PEO/LLZTO@IL 混合固态电解质。因为离子液体在 PEO/LLZTO 界面的润湿作用，混合固态电解质的离子电导率提高一个数量级（2.2×10^{-4} S/cm），锂离子迁移数为 0.45。除此之外，与掺杂锂盐的 PEO 相比，纯掺杂 PEO 的膜对于抑制锂枝晶生长的能力也有所提高。因此，在 Li | PEO/LLZTO@IL | Li 电池中，以 0.5 mA/cm^2 的电流密度下，电池可以稳定循环 125 h，在 LiFePO4 | PEO/LLZTO@IL | Li 电池中，以 0.1 C 倍率循环 150 圈之后，容量保持率为 88%。目前，利用离子液体进行电解质改性的离子液体主要有[BMIM][Tf_2N]、[Emim][FSI]、[Py13][TFSI]等，Guan 等[71]采用无溶剂法合成了一种新型的双功能化离子液体四丁基膦酸 2-羟基吡啶 TBPHP。因为离子液体中阳离子 TBP^+ 中存在的 α-C_1 原子具有高电负性，而 PEO 中的—CH_2—CH_2—O—重复单元又具有高电负性吸附位点，因此 PEO 聚合物基质和新型离子液体 TBPHP 之间的强烈相互作用，有助于降低 PEO 基的结晶度，增加锂离子迁移数 $t_{Li^+}=0.63$。石榴石型快离子导电陶瓷电解质 $Li_{6.4}La_3Zr_{1.4}Ta_{0.6}O_{12}$（LLZTO）具有的高体积导电率、宽电化学窗口以及高剪切模量等优点也提高了电解质的离子导电性（在 30 ℃时，离子电导率为 2.52×10^{-4} S/cm），机械性能和电化学稳定性（>5 V vs. Li^+/Li）。

Guo 等[72]通过溶液流延法制备了以 PVDF-HFP 共聚物为聚合物电解质基体，以无机陶瓷填料 $Li_{1.5}Al_{0.5}Ge_{1.5}(PO_4)_3$（LAGP）复合离子液体作为添加剂制备出透明且柔性的自

维持状态凝胶聚合物电解质(ILGPEs),说明 LAGP 不仅可以均匀地分散在聚合物基质中,并且能够解决电解质机械性能的缺陷。通过 SEM 图像也验证了离子液体的添加对聚合物基质的溶胀作用,在膜中形成相互连接的均匀的孔道表面,从而改善离子电导率。此外,该电解质在 200 ℃下依然没有收缩和卷曲现象,证实了电解质的热稳定性。虽然无机填料二氧化硅等可以降低聚合物基质的结晶度,但是当其含量超过匹配值之后,多余的填料会聚集从而阻碍锂离子在膜中的运输过程,但是在 LAGP 混合固态电解质中,当 LAGP 的含量超过 50%以后,离子液体凝胶聚合物和 LAGP 颗粒之间相互连接依然可以进行离子传导。结果表明,室温下,ILGPE-25%LAGP 的离子电导率达到 0.76×10^{-3} S/cm,电化学窗口约为 4.8 V,最高的 $t_{Li^+}=0.54$。ILGPE-10%LAGP 组成的电池的循环性能在 0.05 C 的电流速率下,放电容量为 138.1 mA・h/g,库仑效率为 89.7%,在 50 次循环后其容量约为 131 mA・h/g。与之相比,Bhattacharya 等[73]通过将[mpImSi(OMe)$_3$][TFSI]离子液体枝接到 ZnS 纳米粒子表面,以制备 ZnS-NHIF 颗粒并将其掺入 PVDF-HFP 共聚物,然后将膜浸入溶解有锂盐的液态有机溶剂中,将其转化为凝胶聚合物电解质。研究发现其在室温下的最大离子电导率为 3.3×10^{-3} S/cm,锂离子转移数为 0.62。Li | PVNH40Li | $LiFePO_4$ 电池在 C/10 倍率下的放电容量约为 161 mA・h/g,在 50 个循环后仍能保持 89%的放电率。这说明利用离子液体束缚的纳米粒子与聚合物电解质的结合比加入 LAGP 颗粒更有利于提高电池的性能。

虽然在聚合物基质中引入纳米填料和离子液体的混合溶液可以改善电解质的电化学性能以及离子电导率,但是这些电解质都是在不超过 0.1 C 的倍率下运行,影响了其在实际生活中的应用。这主要是由于固态电解质与电极之间的固-固接触所引起的巨大的界面电阻以及金属锂循环过程中产生的体积膨胀和锂枝晶的生长等问题没有得到实际的解决。基于此,Wu 等[74]提出了一种利用离子液体为有机-无机混合固态电解质界面构筑黏弹性和不可燃性的界面层来解决固-固界面之间的接触以及锂枝晶的生长和体积膨胀等问题。图 4-11(a)~(d)所示为具有黏弹性 IL 界面层(CPL-IL)的 CPL 复合聚合物电解质的制备过程示意图以电解质与正负极接触时的界面行为,以乙酸纤维、聚乙二醇为聚合物骨架和 LATP 混合制成了复合聚合物电解质,然后将[Pyr13][TFSI]和 LiTFSI 的混合溶液分散到复合聚合物电解质的两面,从而有效降低复合聚合物电解质与正极和锂金属负极之间的固-固界面电阻,也可以在电极与电解质界面之间构建额外的连续离子传输路径。CPL-IL 电解质的高离子电导率($>10^{-4}$ S/cm)、高锂离子迁移数 $t_{Li^+}=0.61$ 以及宽电化学窗口(5 V vs. Li^+/Li)也充分说明了离子液体界面层的引入可以实现优异的电化学性能。Li | CPL-IL | LFP 组成的电池在 0.5 C 倍率下,稳定循环 100 圈之后,容量保持率可达到 98%,利用高压正极材料 LCO 组成的电池中,该电解质在 0.5 C 的倍率下,放电容量可达到 130 mA・h/g [见图 4-11(e)]。图 4-11(f)~(h)所示为有机液体电解质和 CPL-IL 复合聚合物电解质中金属 Li 的生长示意图以及 Li | LCO 电池中 60 ℃循环后的 AFM 图像。可以看出,含有离子

液体的CPL-IL电解质的锂金属表面更加平坦，说明离子液体的引入能够成功抑制锂枝晶的生长。

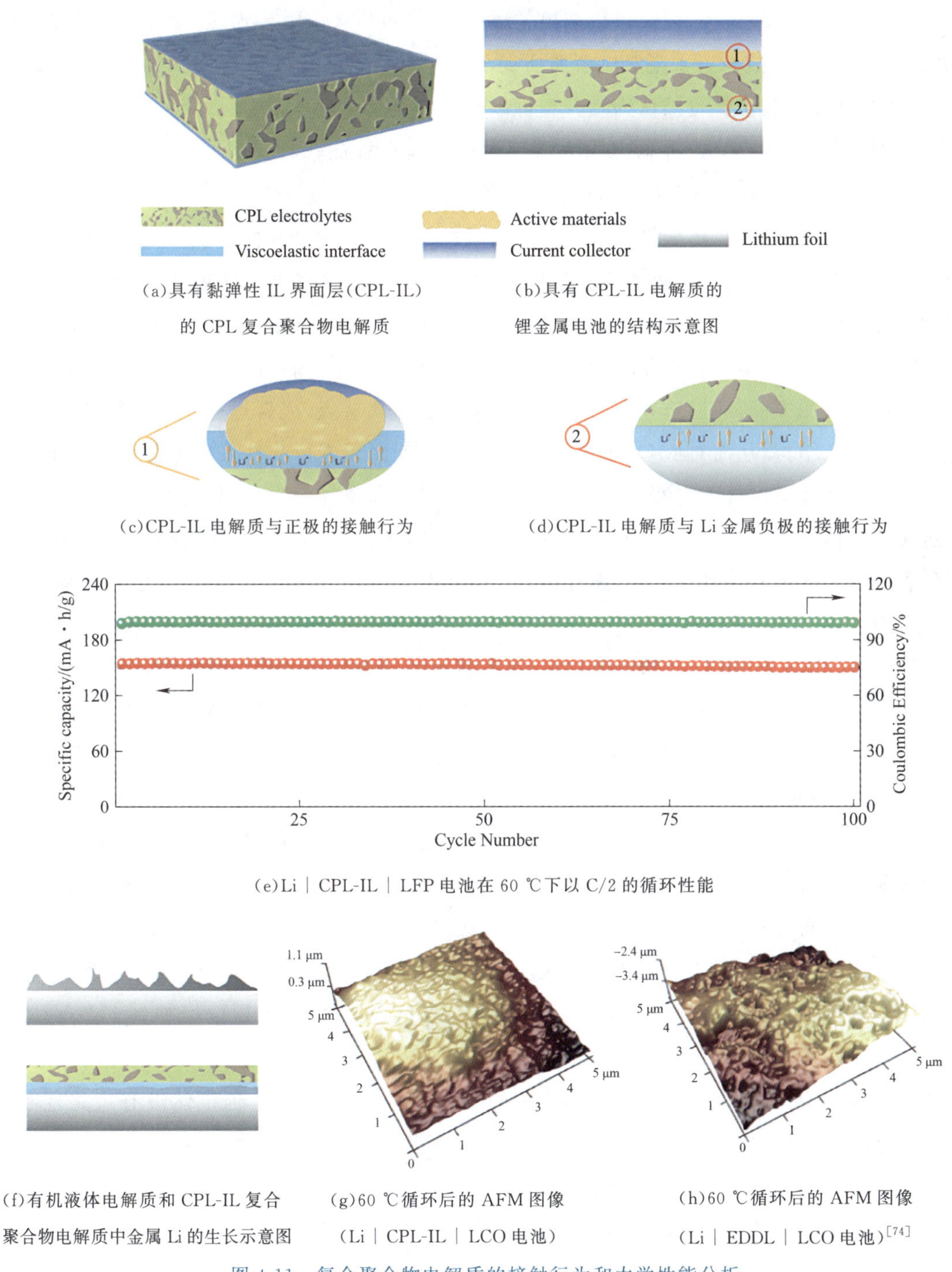

(a)具有黏弹性IL界面层(CPL-IL)的CPL复合聚合物电解质

(b)具有CPL-IL电解质的锂金属电池的结构示意图

(c)CPL-IL电解质与正极的接触行为

(d)CPL-IL电解质与Li金属负极的接触行为

(e)Li | CPL-IL | LFP电池在60 ℃下以C/2的循环性能

(f)有机液体电解质和CPL-IL复合聚合物电解质中金属Li的生长示意图

(g)60 ℃循环后的AFM图像(Li | CPL-IL | LCO电池)

(h)60 ℃循环后的AFM图像(Li | EDDL | LCO电池)[74]

图4-11　复合聚合物电解质的接触行为和力学性能分析

4.2.4.2 MOFs 基固态电解质

金属有机框架 MOF 由金属离子和有机配体组成，它具有高比表面积、高孔隙率、出色的热稳定性和化学稳定性，以及可以调控主体-客体之间相互作用等特点。2015 年，由 ZIF-8 和[Emim][FSI]组成的离子凝胶电解质所展示的锂离子导电性打开了 MOF 材料用于电解质合成的大门，而其优势也被认为是一类可以有效限制离子液体，从而改善固态电解质和电极界面锂离子迁移速率低、界面电阻大等问题的最有前途的一种材料[75]。为了满足 MOF 框架在电化学方面的应用，Baumann 等[76]也总结了调整 MOF 框架物理化学性能、孔隙率和高比表面积，以及电荷传导性能方面的综合策略。在物理化学性能方面，MOFs 可以进行“合成后修饰”，通过交换、更改或完全删除框架中的链接键或节点组件来进一步调整属性；控制选择晶体相和晶体大小/形态，以修改 MOF 的表面化学；通过引入柔性链段，调节主体-客体交互强度，构造多金属框架，控制结晶体尺寸，调整 MOF 框架的机械性能。在孔隙率以及高比表面积方面，通过选择合适的有机配体改变金属节点，或者形成具有微孔和中孔结合的分层多孔结构，从而对 MOF 框架的孔径以及比表面积进行改性。在电荷传导方面，通过改变金属和有机连接体之间的相互作用，从而提高电荷传导效率，具体为掺杂能够促进离子运输的客体物质，或者将极性分子通过合成后修饰的方法整合到 MOF 框架中，从而进行空间和方向上的传输控制。此外，设计 MOF 骨架使其具有可移动抗衡离子，也可以提高离子电导率。

UIO-67 作为 MOF 框架的主体材料，具有多孔的开放框架结构，孔径为 0.7～1.2 nm，因此 Wang 等[77]将其用于基于 LLZO 的全固态电池中，以促进界面锂离子的传输动力学。图 4-12(a)所示为具有 LIM 离子导电剂的固态电池的结构示意图及其工作机理，Li-IL 封装固化在多孔 MOF 框架中作为 LLZO 固态电解质颗粒之间的客体复合材料充当锂离子传输通道，然后通过 MOF 框架的三维开放晶体结构在原子尺度上为 LLZO 和内部 Li-IL 提供丰富的接触位点，将原始的固-固界面接触转变为“纳米级”润湿界面接触，从而降低固态电解质与电极的界面电阻。图 4-12(b)所示为纳米润湿界面机制的示意图，利用 LIM 导体的界面润湿作用，虽然锂离子迁移数相对于纯 LLZO 固态电解质降低到 0.18，但是固态电解质的电导率从 1.5×10^{-6} S/cm 增加到 1.3×10^{-4} S/cm，电化学稳定窗口增加到 5.2 V。此外，因为 LLZO 陶瓷颗粒的存在，利用电解质装配的 Li | Li^{+} 电池也显示出色的循环稳定性，在 0.1 mA/cm^2 的电流密度、1.2 mA · h/cm^2 循环 40 天之后电池依然没有短路现象，并且极化电压保持在 60 mV 左右不变，并且锂金属表面的均匀纳米结构锂沉积层也证实了电解质对于锂枝晶生长的抑制作用。

纳米结构的 UIO-66MOF([$Zr_6O_4(OH)_4(BDC)_6$])、BDC^{2-} 为 1,4-苯二羧酸基团，其不含有提供氧化还原活性中心的过渡金属，并且 Zr^{4+} 离子难以被还原，因此当与锂金属接触时可以避免电子传导。Guo 等[78]利用 UIO-66 作为限制离子液体 [EMIM][TFSI]的骨架，其

通过共享平面连接的多孔金属有机框架为锂离子的传输提供了通道，制得的凝胶电解质在室温下离子电导率为 3.2×10^{-4} S/cm，锂离子迁移数为 0.33[见图 4-12(c)]。通过 TEM 图像，也可以观察到 UIO/Li-IL 依然保持良好的纳米结构，并且 Li-IL 也均匀分散在纳米骨架中，这有利于凝胶电解质与电极的界面接触。由凝胶电解质组成的锂对称电池在 200 μA/cm^2 和 60 ℃下循环 100 圈之后，界面电阻降低到 12 Ω/cm^2。Li | $LiFePO_4$ 电池在 1 C 倍率下的放电容量约为 119 mA·h/g，在 380 个循环后仍能保持在 112 mA·h/g，容量保持率为 94%。此外，Guo 等[79]又将基于 UIO-66/Li-IL 纳米多孔填料引入 PEO 聚合物基质中，从而提供给聚合物电解质高离子电导率，高非结晶区域以及对于锂金属负极的高电化学稳定性。作者将 UIO-66/Li-IL 纳米多孔填料均匀地分散在 PEO 和 LiTFSI 的无水乙腈溶液中，通过溶液浇铸成膜法制得了自支撑的 PEO-n-UIO 固态电解质。纯 PEO 基聚合物电解质在 30 ℃时的离子电导率为 3.5×10^{-6} S/cm，在引入纳米多孔填料 UIO-66/Li-IL 之后，离子电导率提高到 1.3×10^{-4} S/cm，并且随着纳米多孔填料的加入，固态电解质的熔融温度和熔融焓逐渐降低，这表明了纳米多孔填料具有降低 PEO 聚合物基质结晶度的能力，从而提高了离子电导率。PEO 聚合物基质的加入也提升了锂对称电池的循环稳定性，PEO-n-UIO 固态电解质在 60 ℃、500 mA/cm^2 的电流密度下，依然可以实现稳定的锂沉积/剥离过程。Li | PEO-n-UIO | $LiFePO_4$ 电池在 0.5 C 倍率下，首次充放电容量为 151 mA·h/g，库仑效率为 89%，在循环 100 圈之后，容量保持率为 95%。

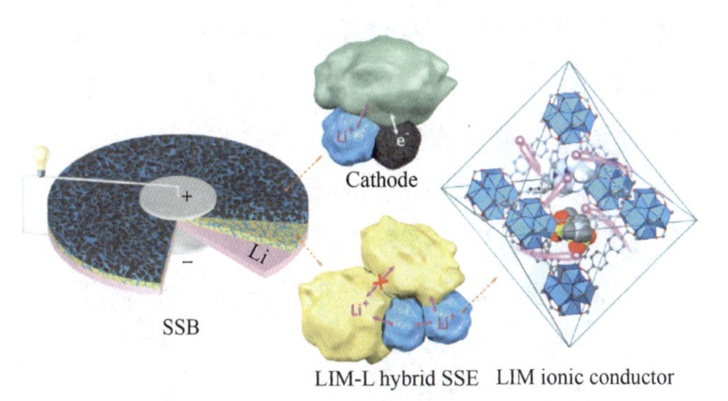

(a)具有 LIM 离子导电剂的固态电池的结构示意图及其工作机理

(b)纳米润湿界面机制的示意图(Li-IL 中的锂离子和其他离子分别由粉红色和橙色的球表示)[77]

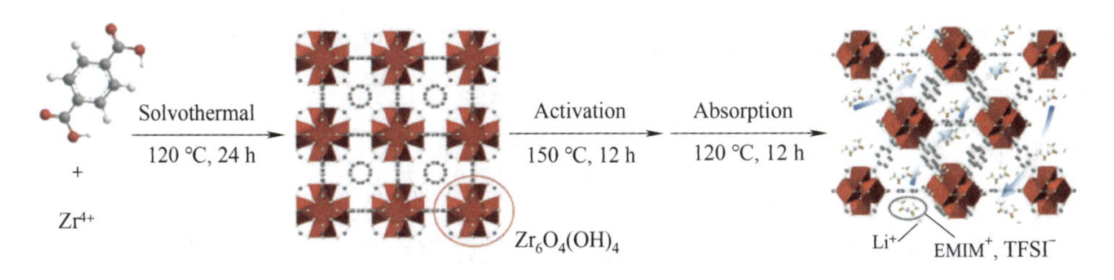

(c)纳米结构 UIO/Li-IL SEs 的制备工艺[78]

图 4-12　具有离子导电剂的固态电池结构示意图及工作机理与合成路线

4.3 总结及前景展望

随着科技的快速发展,研发出高能量密度、高功率以及循环寿命长的锂金属电池已经成为重要的研究热点。采用固态电解质替代原始的有机溶剂液态电解质,从根本上解决易燃易爆等安全问题也是大势所趋。离子液体由于良好的导电性、电化学稳定性、电化学稳定窗口宽、蒸汽压低及良好的热稳定性等优点成为改善电解质的一个重要材料,其可以作为电解质溶剂、电解质添加剂或增塑剂,以及离子导电材料,为实现锂金属电池的优良电化学性能提供了一个机会。利用离子液体合成的液态电解质有利于抑制锂枝晶生长和改善界面问题,并且通过设计新型的离子液体如[C_2C_1im][FSA]也可以拓宽锂金属电池应用的温度区间。作为PEO/PVDF-HFP等聚合物基质的增塑剂,离子液体可以降低聚合物基质的结晶度,从而提高电解质的离子电导率。在利用无机框架SiO_2或者金属有机框架MOFs固定离子液体形成的离子凝胶电解质中,因为离子液体既充当增塑剂又作为载流子,所以电解质的离子电导率能够提高两个数量级($>10^{-4}$ S/cm),而形成的凝胶电解质具有很好的柔韧性,也改善了电解质与电极之间固固界面的接触,抑制了锂枝晶的生长。此外,结合了聚合物电解质和无机固态电解质优点形成的有机-无机混合固态电解质,通过在混合固态电解质框架内部或者表面引入离子液体也能够提高锂金属电池的倍率性能和电化学稳定性。

虽然离子液体的引入可以改善固态电解质的电化学性能,但是离子液体固有的高黏度和低导电性,导致大部分固态电解质中的离子电导率在室温条件下依然低于液态电解质的离子电导率(10^{-3} S/cm),这不利于提高锂金属电池的能量密度以及功率密度。近年来,由等摩尔甘醇二甲醚和锂盐形成的溶剂化离子液体,能够在很宽的温度范围内保持液体状态,溶剂化的锂离子依靠[$Li(glyme)_1{}^+$]阳离子进行迁移,高解离性和高浓度也奠定了高离子电导率($>10^{-3}$ S/cm),此外溶剂化离子液体表现出与离子液体类似的低挥发性,高热稳定性以及高电化学稳定窗口,所以溶剂化离子液体成为一种可替代离子液体的电解质[80]。例如Hu等[81]利用LiTFSI和四甘醇二甲醚(G4)制备了一种具有聚N,N-二甲基丙烯酰胺-二氧化硅双网络结构的溶剂化离子液体凝胶电解质。该电解质的离子电导率达到10^{-3} S/cm,锂离子迁移数达到0.43。Li|SIGE|$LiFePO_4$电池,在500次循环后放电比容量为138.8 mA·h/g,容量保持率高达95.2%,得益于溶剂化离子液体在锂金属负极优异的电化学还原稳定性,电池的平均库仑效率为99.8%。电池的充放电曲线在500次充放电循环过程中也没有表现出明显的极化增加现象。Song等[82]通过以PVDF-HFP/PEO为聚合物基质,$Li_{1.5}Al_{0.5}Ge_{1.5}(PO_4)_3$为填料,同时含有溶剂化离子液体LiTFSI和四甘醇二甲醚(G4)制备了复合电解质,在该电解质中,聚合物基质PVDF-HFP提供机械强度,PEO聚合物、LAGP活性填料及溶剂化离子液体用来提高离子电导率,室温下电解质的离子电导率达到3.27 mS/cm,电化学稳定窗口为4.9 V。

除了溶剂化离子液体，由氢键受体（氯化胆碱、季铵盐等）和氢键供体（尿素、酰胺类等）混合制成的低共熔溶剂也因具有与离子液体类似的物理化学性质成为研究热点。例如，Chen 等[83]将甲基磺酰甲烷作为氢键供体，高氯酸盐作为氢键受体并与水一起形成低共熔溶剂，离子电导率达到 3.87 mS/cm。Chen 等[84]利用氯化胆碱和乙二醇形成了黏度为 9.60×10^{-3} Pa·s 的低共熔溶剂，由于低共熔溶剂中未结合的羟基可以电极材料表面的含氧官能团（—COOH 或—OH）形成氢键，加速了电解质中的离子转移，所以该电解质的离子电导率达到 11.75 mS/cm。虽然低共熔溶剂具有出色的离子电导率以及低黏度等特性，但是其也存在液体泄漏以及电解质与锂金属相容性差，正极过渡金属离子易溶出等问题，影响了其在锂金属电池中应用。因此，Li 等[85]利用 LiTFSI 和甲基乙酰胺合成低共熔溶剂，以氟代碳酸乙烯酯 FEC 为功能性添加剂解离[$Li(TFSI)_2^-$]离子，降低黏度，提高离子电导率。然后在包含 FEC 添加剂的 DES 基的电解质中进行（2-(3-(6-甲基-4-氧-1，4-二氢嘧啶-2 -基）脲基）甲基丙烯酸乙酯（UPyMA）和季戊四醇四丙烯酸酯（PETEA）单体的共聚合，从而制备出具有自修复功能、高离子电导率、电化学稳定性和优异的阻燃特性的聚合物电解质。该电解质的室温电导率达到 1.79 mS/cm，电化学稳定窗口为 4.5 V。此外，由于 UPyMA-PETEA 共聚物框架对阴离子的束缚作用，锂离子迁移数达到 0.79。

基于以上分析，离子液体及其衍生物在锂金属电池方向的应用表现出非常惊人的潜力，但是离子液体的应用仍然存在一些挑战，例如高黏度以及成本高等。所以发展低黏度的溶剂化离子液体或者低共熔溶剂替代离子液体成为未来发展的趋势。此外，将离子液体与聚合物基质、无机材料复合时并不能充分发挥离子液体的优势，因此，应该利用多种表征手段，充分理解复合电解质中各个组分发挥的作用，并从分子层面进行设计，使复合电解质中每一组分都能够发挥最大的优势。锂电池作为未来新能源发展的重要方向，为了适应不同的存储媒介以及使用的极端环境，应该在发展高能量密度的同时也要向特种化方向发展。

参考文献

[1] 贺明辉. 石榴石型固体电解质的性能优化及其固态电池界面改性研究[D]. 上海：中国科学院大学（中国科学院上海硅酸盐研究所），2018.

[2] XIA S，WU X，ZHANG Z，et al. Practical challenges and future perspectives of all-solid-state lithium-metal batteries[J]. Chemistry，2019，5 (4)：753-785.

[3] HE Y，WANG J Y，ZHANG Y F，et al. Effectively suppressing lithium dendrite growth via an es-lispce single-ion conducting nano fiber membrane[J]. Journal of Materials Chemistry A，2020，8 (5)：2518-2528.

[4] CHEN J，FAN X，LI Q，et al. Electrolyte design for lif-rich solid-electrolyte interfaces to enable high-performance microsized alloy anodes for batteries[J]. Nature Energy，2020，5：386-397.

[5] ZHANG G Z，DENG H M，TAO R M，et al. Constructing a liquid-metal based self-healing artificial

solid electrolyte interface layer for Li metal anode protection in lithium metal battery[J]. Materials Letters, 2020, 262: 127194.

[6] LIU Y, LIN D, YUEN P Y, et al. An artificial solid electrolyte interphase with high Li-ion conductivity, mechanical strength, and flexibility for stable lithium metal anodes[J]. Advanced Materials, 2017, 29 (10): 1605531.

[7] SHI K, WAN Z, YANG L, et al. In-situ construction of an ultra-stable conductive composite interface for high-voltageall-solid-statelithium metal batteries[J]. Angewandte Chemie International Edition, 2020, 59: 11784-11788.

[8] MANTHIRAM A, FU Y, CHUNG S H, et al. Rechargeable lithium-sulfur batteries[J]. Chemical Reviews, 2014, 114 (23): 11751-11787.

[9] 刘建伟，王嘉楠，朱蕾，等. 柔性锂硫电池材料:综述[J]. 材料导报，2020，34 (1): 1155-1168.

[10] SEH Z W, SUN Y, ZHANG Q, et al. Designing high-energy lithium-sulfur batteries[J]. Chemical Society Reviews, 2016, 45 (20): 5605-5634.

[11] 刘一杰. 固态锂-空气电池的设计、制备与性能研究[D]. 南京:南京大学, 2018.

[12] LIU T, VIVEK J P, ZHAO E W, et al. Current challenges and routes forward for nonaqueous lithium-air batteries[J]. Chemical Reviews, 2020, 120 (14): 6558-6625.

[13] APPETECCHI G B. Anew class of advanced polymer electrolytes and their relevance in plastic-like, rechargeable lithium batteries[J]. Journal of the Electrochemical Society, 1996, 143 (1): 6-12.

[14] AURBACH D. A short review of failure mechanisms of lithium metal and lithiated graphite anodes in liquid electrolyte solutions[J]. Solid State Ionics, 2002, 148 (3-4): 405-416.

[15] FAN L, ZHUANG H L, GAO L, et al. Regulating Li deposition at artificial solid electrolyte interphases [J]. Journal of Materials Chemistry A, 2017, 5 (7): 3483-3492.

[16] 汶凯华. 锂金属电池固态电解质构筑及表界面微观机制研究[D]. 北京:中国科学院大学(中国科学院过程工程研究所), 2018.

[17] DIAZ V, ZINOLA C F. Catalytic effects on methanol oxidation produced by cathodization of platinum electrodes[J]. Colloid Interface Sci, 2007, 313 (1): 232-247.

[18] 崔闻宇，安茂忠，杨培霞. 锂离子电池离子液体-聚合物电解质研究进展[J]. 电源技术，2009，33 (1): 61-64.

[19] EFTEKHARI A, LIU Y, CHEN P. Different Roles of ionic liquids in lithium batteries[J]. Journal of Power Sources, 2016, 334: 221-239.

[20] LI N W, YIN Y X, LI J Y, et al. passivation of lithium metal anode via hybrid ionic liquid electrolyte toward stable Li plating/stripping[J]. Advanced Science, 2017, 4 (2): 1600400.

[21] ZHANG H Q, QU W J, CHEN N, et al. Ionic liquid electrolyte with highly concentrated litfsi for lithium metal batteries[J]. Electrochimica Acta, 2018, 285: 78-85.

[22] SUN H, ZHU G, ZHU Y, et al. High-safety and high-energy-density lithium metal batteries in a novel ionic-liquid electrolyte[J]. Advanced Materials, 2020, 32: 2001741.

[23] HWANG J, OKADA H, HARAGUCHI R, et al. Ionic liquid electrolyte for room to intermediate temperature operating li metal batteries: dendrite suppression and improved performance[J]. Journal of Power Sources, 2020, 453: 227911.

[24] FAN L, WEI S, LI S, et al. Recent progress of the solid-state electrolytes for high-energy metal-

based batteries[J]. Advanced Energy Materials, 2018, 8: 1702657.

[25] WRIGHT P V. Electrical conductivity in ionic complexes of poly(ethylene oxide)[J]. Polymer International, 2007, 7 (5): 319-327.

[26] MANUEL S A. Reviewon gel polymer electrolytes for lithium batteries[J]. European Polymer Journal, 2006, 42 (1): 21-42.

[27] KIM J K, SCHEERS J, PARK T J, et al. Superior ion-conducting hybrid solid electrolyte for all-solid-state batteries[J]. ChemSusChem, 2015, 8 (4): 636-641.

[28] 孙宗杰，丁书江. Peo 基聚合物电解质在锂离子电池中的研究进展[J]. 科学通报，2018，63 (22)：2280-2295.

[29] 赵旭东，朱文，李镜人，等. 全固态锂离子电池用 Peo 基聚合物电解质的研究进展[J]. 材料导报，2014，28 (7)：13-17.

[30] CHOI J W, CHERUVALLY G, KIM Y H, et al. Poly(ethylene oxide)-based polymer electrolyte incorporating room-temperature ionic liquid for lithium batteries[J]. Solid State Ionics, 2007, 178 (19-20): 1235-1241.

[31] OSADA I, DE VRIES H, SCROSATI B, et al. Ionic-liquid-based polymer electrolytes for battery applications[J]. Angewandte Chemie-International Edition, 2016, 55 (2): 500-513.

[32] 陈果，刘立炳，惠怀兵，等. Lidfob 用于锂离子电池电解液添加剂的性能研究[J]. 电源技术，2015，39 (7)：1387-1389.

[33] POLU A R, KIM D K, RHEE H W. Poly(ethylene oxide)-lithium difluoro(oxalato)borate new solid polymer electrolytes: ion-polymer interaction, structural, thermal, and ionic conductivity studies[J]. Ionics, 2015, 21 (10): 2771-2780.

[34] POLU A R, RHEE H W. Ionic liquid doped peo-based solid polymer electrolytes for lithium-ion polymer batteries[J]. International Journal of Hydrogen Energy, 2017, 42(10): 7212-7219.

[35] GUO Q, HAN Y, WANG H, et al. Preparation and characterization of nanocomposite ionic liquid-based gel polymer electrolyte for safe applications in solid-state lithium battery[J]. Solid State Ionics, 2018, 321: 48-54.

[36] SINGH S K, SHALU, BALO L, et al. Improved electrochemical performance of emimfsi ionic liquid based gel polymer electrolyte with temperature for rechargeable lithium battery[J]. Energy, 2018, 150: 890-900.

[37] DENG K R, ZENG Q G, WANG D, et al. Single-ion conducting gel polymer electrolytes: design, preparation and application[J]. Journal of Materials Chemistry A, 2020, 8 (4): 1557-1577.

[38] KARUPPASAMY K, REDDY P A, SRINIVAS G, et al. Electrochemical and cycling performances of novel nonafluorobutanesulfonate (nonaflate) ionic liquid based ternary gel polymer electrolyte membranes for rechargeable lithium ion batteries[J]. Journal of Membrane Science, 2016, 514: 350-357.

[39] CHEN T, KONG W H, ZHANG Z W, et al. Ionic liquid-immobilized polymer gel electrolyte with self-healing capability, high ionic conductivity and heat resistance for dendrite-free lithium metal batteries[J]. Nano Energy, 2018, 54: 17-25.

[40] 陈玺茜. 新型聚离子液体电解质的制备及其锂离子电池性能研究[D]. 南昌：南昌航空大学，2018.

[41] APPETECCHI G B, KIM G T, MONTANINO M, et al. Ternary polymer electrolytes containing

pyrrolidinium-based polymeric ionic liquids for lithium batteries[J]. Journal of Power Sources, 2010, 195 (11): 3668-3675.

[42] WANG A, LIU X, WANG S, et al. Polymeric ionic liquid enhanced all-solid-state electrolyte membrane for high-performance lithium-ion batteries[J]. Electrochimica Acta, 2018, 276: 184-193.

[43] 周栋. 新型固态聚合物电解质的制备及其在锂电池中的应用研究[D]. 北京:清华大学,2017.

[44] 杨凯华, 廖柱, 黎雪松, 等. 锂离子电池用离子塑性晶体-离子液体聚合物全固态电解质[J]. 储能科学与技术, 2018, 7 (6): 1113-1119.

[45] YANG K, LIAO Z, ZHANG Z, et al. Ionic plastic crystal-polymeric ionic liquid solid-state electrolytes with high ionic conductivity for lithium ion batteries[J]. Materials Letters, 2019, 236: 554-557.

[46] JIN L, NAIRN K M, FORSYTH C M, et al. Structure and transport properties of a plastic crystal ion conductor: diethyl (methyl) (isobutyl) phosphonium hexafluorophosphate [J]. Journal of the American Chemical Society, 2012, 134 (23): 9688-9697.

[47] 何向明, 蒲薇华, 王莉, 等. 锂离子塑性晶体常温固体电解质[J]. 化学进展, 2006 (1):24-29.

[48] WANG S, WANG A, LIU X, et al. Ordered mesogenic units-containing hyperbranched star liquid crystal all-solid-state polymer electrolyte for high-safety lithium-ion batteries [J]. Electrochimica Acta, 2018, 259: 213-224.

[49] TONG Y, LYU H, XU Y, et al. All-solid-state interpenetrating network polymer electrolytes for long cycle life of lithium metal batteries[J]. Journal of Materials Chemistry A, 2018, 6 (30): 14847-14855.

[50] ZHOU Y, YANG Y, ZHOU N, et al. Four-armed branching and thermally integrated imidazolium-based polymerized ionic liquid as an all-solid-state polymer electrolyte for lithium metal battery[J]. Electrochimica Acta, 2019, 324: 134827.

[51] STEPNIAK I, ANDRZEJEWSKA E, DEMBNA A, et al. Characterization and application of N-Methyl-N-Propylpiperidinium Bis (trifluoromethanesulfonyl) imide ionic liquid-based gel polymer electrolyte prepared in situ by photopolymerization method in lithium ion batteries[J]. Electrochimica Acta, 2014, 121: 134827.

[52] LI Y, WAI WONG K, DOU Q, et al. A Highly elastic and flexible solid-state polymer electrolyte based on ionic liquid-decorated pmma nanoparticles for lithium batteries [J]. New Journal of Chemistry, 2017, 41 (21): 13096-13103.

[53] LI X, ZHENG Y, LI C Y. Dendrite-free, wide temperature range lithium metal batteries enabled by hybrid network ionic liquids[J]. Energy Storage Materials, 2020, 29: 273-280.

[54] 严旭丰. 超薄锂镧锆氧固体电解质薄膜的制备与应用[D]. 上海:中国科学院大学 (中国科学院上海硅酸盐研究所),2018.

[55] ZHANG B, TAN R, YANG L, et al. Mechanisms and properties of ion-transport in inorganic solid electrolytes[J]. Energy Storage Materials, 2018, 10: 139-159.

[56] XIONG S, LIU Y, JANKOWSKI P, et al. Design of a multifunctional interlayer for nascion-based solid-state Li metal batteries[J]. Advanced Functional Materials, 2020, 30: 2001444.

[57] LIU Q, ZHOU D, SHANMUKARAJ D, et al. Self-healing janus interfaces for high-performance lagp-based lithium metal batteries[J]. Acs Energy Letters, 2020: 1456-1464.

[58] 邱华玉, 赵井文, 周新红, 等. 离子液体-无机颗粒杂化电解质在二次电池中的研究进展[J]. 化学

学报，2018，76 (10)：749-756.

[59] CHEN N, ZHANG H Q, LI L, et al. Ionogel electrolytes for high-performance lithium batteries: a review[J]. Advanced Energy Materials, 2018, 8 (12): 1702675.

[60] CHEN N, DAI Y J, XING Y, et al. Biomimetic ant-nest ionogel electrolyte boosts the performance of dendrite-free lithium batteries[J]. Energy & Environmental Science, 2017, 10 (7): 1660-1667.

[61] HAN L, WANG Z, KONG D, et al. An ordered mesoporous silica framework based electrolyte with nanowetted interfaces for solid-state lithium batteries[J]. Journal of Materials Chemistry A, 2018, 6 (43): 21280-21286.

[62] CHEN X B, PUT B, SAGARA A, et al. Silica gel solid nanocomposite electrolytes with interfacial conductivity promotion exceeding the bulk Li-ion conductivity of the ionic liquid electrolyte filler[J]. Science Advances, 2020, 6 (2): eaav3400.

[63] SAGARA A, CHEN X B, GANDRUD K B, et al. High-rate performance solid-state lithium batteries with silica-gel solid nanocomposite electrolytes using Bis(fluorosulfonyl) imidebased ionic liquid[J]. Journal of the Electrochemical Society, 2020, 167 (7): 070549.

[64] LEE U H, KUDO T, HONMA I. High-ion conducting solidified hybrid electrolytes by the self-assembly of ionic liquids and TiO_2[J]. Chemical Communications, 2009 (21): 3068-3070.

[65] LI X, ZHANG Z, YANG L, et al. TiO_2-Based ionogel electrolytes for lithium metal batteries[J]. Journal of Power Sources, 2015, 293: 831-834.

[66] WEN Z, LI Y, ZHAO Z, QU W, et al. Leaf-like Al_2O_3-based quasi-solid electrolyte with a fast Li^+ conductive interface for stable lithium metal anodes[J]. Journal of Materials Chemistry A, 2020, 8: 7280-7287.

[67] YU X, MANTHIRAM A. Along cycle life, all-solid-state lithium battery with a ceramic-polymer composite electrolyte[J]. Acs Applied Energy Materials, 2020, 3 (3): 2916-2924.

[68] ZHAI W, ZHANG Y W, WANG L, et al. Study of nano-TiO_2 composite polymer electrolyte incorporating ionic liquid PP_{12O1}TFSI for lithium battery[J]. Solid State Ionics, 2016, 286: 111-116.

[69] LIU W, DENG F, SONG S, et al. LLZO@EmimFSI@PEO derived hybrid solid electrolyte for high-energy lithium metal batteries[J]. Materials Technology, 2020, 35: 618-624.

[70] HUO H, ZHAO N, SUN J, et al. Composite electrolytes of polyethylene oxides/garnets interfacially wetted by ionic liquid for room-temperature solid-state lithium battery[J]. Journal of Power Sources, 2017, 372: 1-7.

[71] XIE Z, WU Z, AN X, et al. Bifunctional ionic liquid and conducting ceramic co-assisted solid polymer electrolyte membrane for quasi-solid-state lithium metal batteries[J]. Journal of Membrane Science, 2019, 586: 122-129.

[72] GUO Q, HAN Y, WANG H, et al. Flame Retardant and stable $Li_{1.5}Al_{0.5}Ge_{1.5}(PO_4)_3$-supported ionic liquid gel polymer electrolytes for high safety rechargeable solid-state lithium metal batteries [J]. The Journal of Physical Chemistry C, 2018, 122 (19):10334-10342.

[73] BOSE P, DEB D, BHATTACHARYA S. Lithium-polymer battery with ionic liquid tethered nanoparticles incorporated P(VDF-HFP) nanocomposite gel polymer electrolyte[J]. Electrochimica Acta, 2019, 319: 753-765.

[74] MA Q, ZENG X X, YUE J, et al. Viscoelastic and nonflammable interface design-enabled dendrite-

free and safe solid lithium metal batteries[J]. Advanced Energy Materials, 2019, 9 (13): 1803854.

[75] FUJIE K, IKEDA R, OTSUBO K, et al. Lithium ion diffusion in a metal-organic framework mediated by an ionic liquid[J]. Chemistry of Materials, 2015, 27 (21):7355-7361.

[76] BAUMANN A E, BURNS D A, LIU B, et al. Metal-organic framework functionalization and design strategies for advanced electrochemical energy storage devices[J]. Communications Chemistry, 2019, 2 (1): 86.

[77] WANG Z, WANG Z, YANG L, et al. Boosting interfacial Li^+ transport with a Mof-based ionic conductor for solid-state batteries[J]. Nano Energy, 2018, 49: 580-587.

[78] WU J F, GUO X. Nanostructured metal-organic framework (Mof)-derived solid electrolytes realizing fast lithium ion transportation kinetics in solid-state batteries[J]. Small, 2019, 15 (5): e1804413.

[79] WU J F, GUO X. Mof-Derived nanoporous multifunctional fillers enhancing the performances of polymer electrolytes for solid-state lithium batteries[J]. Journal of Materials Chemistry A, 2019, 7 (6): 2653-2659.

[80] YOSHIDA K, NAKAMURA M, KAZUE Y, et al. Oxidative-stability enhancement and charge transport mechanism in glyme-lithium salt equimolar complexes[J]. Journal of the American Chemical Society, 2011, 133 (33): 13121-13129.

[81] YU L, GUO S, LU Y, et al. Highly tough, li-metal compatible organic-inorganic double-network solvate ionogel[J]. Advanced Energy Materials, 2019, 9 (22): 1900257.

[82] LIU Q, LIU Y, JIAO X, et al. Enhanced ionic conductivity and interface stability of hybrid solid-state polymer electrolyte for rechargeable lithium metal batteries[J]. Energy Storage Materials, 2019, 23: 105-111.

[83] JIANG P, CHEN L, SHAO H, et al. Methylsulfonylmethane-based deep eutectic solvent as a new type of green electrolyte for a high-energy-density aqueous lithium-ion battery[J]. Acs Energy Letters, 2019, 4 (6): 1419-1426.

[84] ZHONG M, TANG Q F, ZHU Y W, et al. An alternative electrolyte of deep eutectic solvent by choline chloride and ethylene glycol for wide temperature range supercapacitors[J]. Journal of Power Sources, 2020, 452: 227847.

[85] JAUMAUX P, LIU Q, ZHOU D, et al. Deep-eutectic-solvent-based self-healing polymer electrolyte for safe and long-life lithium-metal batteries[J]. Angewandte Chemie-International Edition, 2020, 132: 9219-9227.

第5章 聚离子材料技术

5.1 聚离子液体材料

近年来,离子液体因其结构可设计在高分子科学领域也发挥重要作用,通过不同的聚合机制如可逆加成-断裂链转移聚合、原子转移自由基聚合等,设计合成具有特殊性能的、稳定的、功能化聚离子材料,使其在电化学、材料科学、催化及能源科学等多学科交叉领域具有潜在的应用前景,设计和研究聚离子液体成为高分子科学研究的热点之一。

5.1.1 聚离子液体的定义及分类

聚离子液体[Poly(ionic liquid)s]简称 PILs,是由带有可发生聚合反应的不饱和化学键的离子液体单体聚合生成的,在重复单元上具有阴、阳离子基团,通过聚合物主链连接,形成大分子结构,制备的一类新型聚合物材料。1998 年 Hiroyuki Ohno 等首次报道了以咪唑型阳离子为单体制备聚咪唑离子液体基体用于离子传导研究[1-5],拉开了聚离子液体研究的序幕。

聚离子液体具有可设计性,种类繁多[6],如图 5-1 所示。按照化学结构,聚离子液体通常可分为:(1)聚阳离子型,即阳离子与聚合物主链以共价键形式相连;(2)聚阴离子型,即阴离子与聚合物主链以共价键形式相连;(3)聚两性离子型,即阴、阳离子与聚合物主链均以共价键形式相连;(4)共聚型,即交替聚合物、嵌段聚合物的不同共聚物和大分子结构(例如含有支链,接枝结构)的共聚物等。聚离子液体骨架中常见的阳离子为带有不饱和化学键的咪唑鎓、吡咯烷鎓、吡啶鎓等,阴离子为四氟硼酸根、六氟磷酸根、双三氟甲基磺酰胺、三氟甲磺酸根等,研究者通过对阴、阳离子结构的设计与调控,可制备不同结构和功能的聚离子液体。

5.1.2 聚离子液体的物理化学性质

鉴于离子液体具有特殊的电离属性,可赋予主链含有离子液体结构单元的高分子材料特殊的性能,因此聚离子液体兼具离子液体和聚合物的优良性能[1-4]。与离子液体相似,可通过调节离子对组合或聚合物主链的结构来改变 PILs 的性质,形成多种不同化学结构,进一步丰富了聚离子液体的性质。与非离子型聚合物相比,聚离子液体具有良好的化学稳定性、热稳定性、离子导电性、不易燃烧等特性,使其在诸多研究领域具有潜在的应用前景。

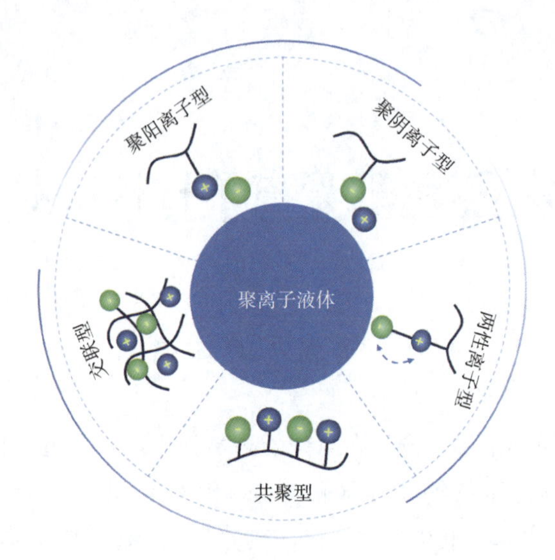

图 5-1　聚离子液体常见的化学结构[4]

(1)电导率

离子电导率是聚离子液体的重要性质,尤其是对于电化学领域应用。聚离子液体的离子导电性与玻璃化转变温度、聚合物骨架的化学性质、反离子的性质等因素有关[7]。一般说来,聚阳离子型离子液体的离子导电性比聚阴离子型离子液体的离子导电性差,这说明阳离子的设计选择对提高聚离子液体电导率起着重要的作用[8]。在实际应用中,也可以通过增加载体离子浓度、主链结构、离子对、主链与离子对之间的间隔物等化学结构的变化或者改变电解液结构来增加离子流动性等方法来提高聚离子液体电导率[9,10]。2009 年,Elabd 等研究了基于甲基丙烯酸酯的咪唑型离子液体所构成的共聚物,当非离子型的甲基丙烯酸己酯(HMA)的含量增加时,其离子电导率可增加一个数量级。载流子浓度的降低,即玻璃化转变温度(T_g)的降低使共聚物中的离子液体的密度得到了一定的补偿,从而提供了更高的离子迁移率[11]。同样通过改变聚合物基团的主体和咪唑环远端的间隔基长度,离子电导率在 30 ℃时可达到 1.37×10^{-4} S/cm[3]。此外,由于离子电导率对外界环境水含量较为敏感,所以类似于疏水性的离子液体,聚离子液体同样有着一定疏水性,这也是有利于离子传输的[12]。

(2)热稳定性

很多研究领域需要在高温条件下运行,聚离子液体的热稳定性显得尤为重要。聚离子液体分解温度范围一般为 150～400 ℃,受重复单元、离子对和主链化学结构等影响[13]。聚离子液体的热稳定性会随着连接聚合物主链和离子对组分的烷基间隔基长度的增加而降低。就阳离子和阴离子对而言,阳离子热稳定性遵循咪唑≈吡啶>吡咯烷>铵阳离子的顺序,阴离子遵循$[Br]^-<[PF_6]^-<[BF_4]^-<[CF_3SO_3]^-<[NTf_2]^-$的顺序[14]。增长取代基链长可以提高聚离子液体的稳定性,但增长聚离子液体骨架与离子取代基间的间隔基团

的长度，会导致聚离子液体的热稳定性降低[16]。

(3)化学及电化学稳定性

聚离子液体具有较强的化学和电化学稳定性，大多数的中性聚合物更耐化学降解。然而在某些特殊的极端反应条件下，也会发生如结构重排或交联之类的副反应，如聚离子液体中的 OH^- 阴离子由于高亲核性，会导致化学稳定性弱，尤其是在高碱性浓度和高温条件下，在阴离子交换膜中共价键连接的阳离子受 OH^- 的攻击，易于分解引起化学不稳定性[15]。此外，相对于铵离子和磷离子，C_2^- 或 N_3^- 取代基对碱性条件下咪唑离子的化学稳定性影响很大[17]。

与离子液体类似，PILs 的电化学稳定性窗口较宽，取决于特定的 PILs 阳离子和阴离子对。在某些情况下，PILs 电化学稳定性（>5 V vs. Li/Li^+）不低于结构类似的 ILs，甚至高于 ILs。例如，吡咯类 PILs 的电化学稳定性优于咪唑类的[15,18]。与非环状和不饱和环季铵盐阳离子相比，吡咯类阳离子也具有更宽的阳极分解电位[16,19]。

5.2　聚离子液体高分子材料制备

聚离子液体的合成主要涉及两种策略：一种是离子液体的单体进行聚合，另一种是对现存的聚合物进行化学改性。无论是哪种聚合方式，与常规和受控的自由基聚合、开环复分解聚合、逐步增长聚合等相结合，均可以较好地控制聚离子液体的分子量及其分布、分子结构、拓扑结构等，最终合成出多种不同结构和功能的聚离子液体，本章节将详细地介绍离子液体制备聚离子液体高分子材料的方法。

5.2.1　聚阳离子型离子液体

聚阳离子型离子液体中，阳离子通过共价键与分子链相连，阴离子则通过离子键与阳离子相连，阳离子基团则存在于聚合物骨架之中，这类聚离子液体称为聚阳离子型离子液体。

从 1998 年开始，Ohno 等研究者以 N-乙烯基-3-烷基咪唑盐为单体，在 AIBN 引发剂作用下，通过自由基聚合，将单体在溶剂中反应聚合，制备聚阳离子型离子液体，并对其性能进行了研究[1,2,9,10,17,18]。自由基聚合对杂质、水分、其他活性基团和官能团等反应条件要求不高，是合成聚离子液体一种最常见的方法[19]。

继而，研究者们采用三步法合成聚离子液体，通过季铵化反应制备具有可聚合官能团的离子液体单体，进行自由基聚合，然后经离子交换，获得目标聚离子液体。但这种三步法产生的聚离子液体分子量较低，不利于聚离子液体的性能提升[20]。为了进一步改善聚离子液体的性能，2014 年，Li Yang 等对三步法进行了改进，先将 1-乙烯基咪唑单体直接自由基聚合，然后进行季铵化反应，最后进行阴离子交换反应，制备出聚(1-乙基-3-乙烯基咪唑)双(三氟甲磺酰亚胺)[P(EtVIm-TFSI)，见图 5-2]，将所得的聚离子液体作为聚合物电解质基体，获得了良好的电化学性能。与传统的合成方法相比(见图 5-3)通过这种新的三步法的反应获得聚离子液体可能有着较高的分子量,提高了聚离子液体的性能。但遗憾的是,由于聚合物的聚集和色谱柱的相互作用,凝胶渗透色谱无法测得这种咪唑基的聚离子液体的分子量[21]。

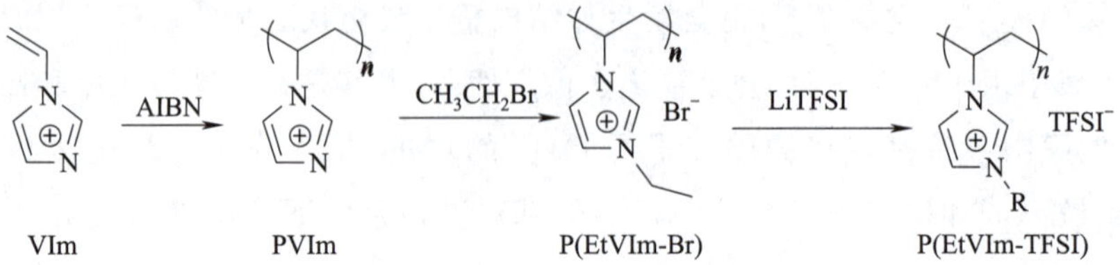

图 5-2 咪唑基的聚离子液体新合成路线[21]

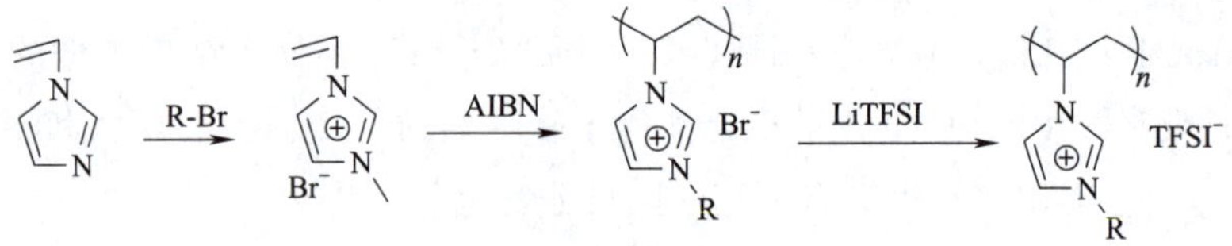

图 5-3 咪唑基的聚离子液体常规合成路线[21]

为了设计开发新的聚离子液体,优化其自由基聚合反应以及构筑具有高离子传导性、热稳定性以及机械性能聚合物材料,2011 年,Alexander S. Shaplov 等选用了图 5-4 所示的单体合成了基于双(三氟甲基磺酰基)酰胺的咪唑、铵盐和吡咯烷型的聚离子液体,并研究了引发剂的性质及用量、溶剂种类、反应持续时间和单体浓度等因素对聚离子液体的产率和黏度的影响,表 5-1 列出了[2-(甲基丙烯酰氧基)]乙基-N,N,N-三甲基铵双(三氟甲基磺酰基)亚胺(ILM-1)合成过程中各因素的影响[22]。

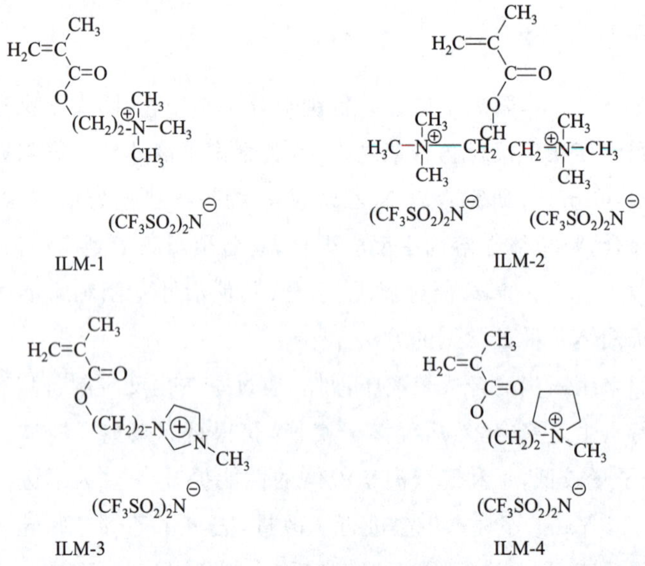

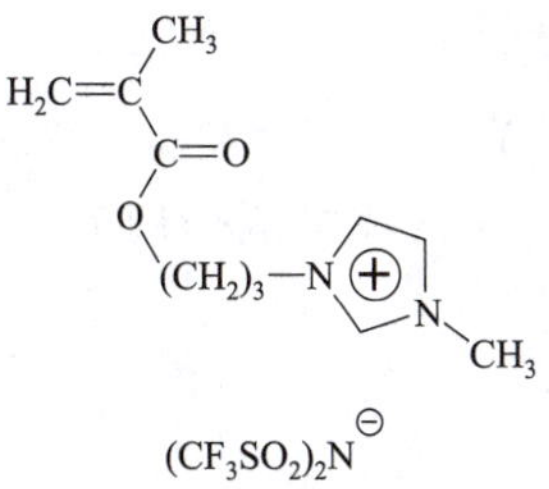

CH_3
$H_2C{=}C$
$C{=}O$
O
$(CH_2)_3$—N⊕N—CH_3
$(CF_3SO_2)_2N^{\ominus}$

ILM-5

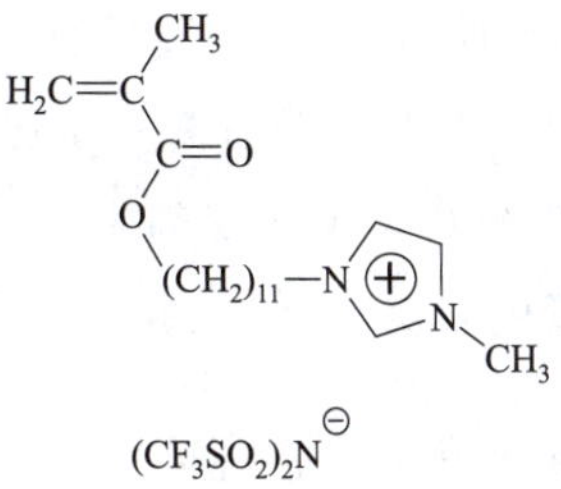

CH_3
$H_2C{=}C$
$C{=}O$
O
$(CH_2)_{11}$—N⊕N—CH_3
$(CF_3SO_2)_2N^{\ominus}$

ILM-6

图 5-4 六种不同结构离子液体单体[22]

表 5-1 ILM-1 聚合反应条件影响[22]

序号	引发剂	引发剂量质量分数/%	反应温度/℃	反应时间/h	溶剂	单体:溶剂（质量比）	产率/%	黏度(dL/g)[a]
1	AIBN	0.5	60	9	环己酮	1∶2	66	2.22
2	AIBN	1	60	9	环己酮	1∶2	66	1.61
3	AIBN	3	60	9	环己酮	1∶2	69	1.52
4	AIBN	5	60	9	环己酮	1∶2	67	1.36
5	AIBN	1	60	1	环己酮	1∶2	49	2.01
6	AIBN	1	60	2	环己酮	1∶2	64	1.94
7	AIBN	1	60	6	环己酮	1∶2	69	1.73
8	AIBN	1	60	11	环己酮	1∶2	68	1.87
9	AIBN	1	60	12	环己酮	1∶2	71	1.84
10	AIBN	1	60	9	乙醇	1∶2	74	1.07
11	AIBN	1	60	9	[Emim][NTf_2]	1∶2	65	4.90
12	AIBN	1	60	9	$(CF_3)_2CHOH$	1∶2	67	0.71
13	AIBN	1	60	9	DMF	1∶2	79	1.96
14	AIBN	1	60	9	环己酮	1∶3	71	1.49
15	AIBN	1	60	9	环己酮	1∶4	73	0.93
16	AIBN	1	60	9	环己酮	1∶6	70	0.71
17	AIBN	0.5	60	6	[Emim][NTf_2]	1∶2	96	6.14
18	DCPD	0.5	40	9	环己酮	1∶2	79	2.52
19	ACVA	0.5	69	9	环己酮	1∶2	82	1.19
20	BPO	0.5	80	9	环己酮	1∶2	80	1.10
21	ACBN	0.5	88	9	环己酮	1∶2	79	1.22

[a] 在 25.0 ℃下将 0.05 g 聚合物溶于 10.0 mL DMF 中。

从表 5-1 中可以看出引发剂浓度的增加导致聚合物收率的增加可以忽略不计，但比浓对数黏度会显著地降低，所以加入质量分数 0.5%引发剂时最佳(见表 5-1，序号 1～4)。溶剂对聚离子液体的收率影响较小，在 65%～79%的范围内变化(见表 5-1，序号 10～13)。

在相同的结构下，比浓对数黏度越大，则具有更高的分子量。因此，反应时间变长，导致聚合物收率的增加，也会降低聚离子液体的分子量(见表 5-1，序号 5～9)。此外，浓度升高，单体分子之间静电斥力增加，直接影响聚合后产物的分子量及产率(见表 5-1，序号 2，14～16)。不同引发剂也对自由基聚合有着一定影响(见表 5-1，序号 1，18～21)。综上，当 AIBN 的用量为 0.5%(质量分数)，单体溶剂质量比为 1∶2，在离子液体溶剂作用下 60 ℃反应 6 h，可获得较高分子量的聚离子液体，并且产率可达 96%。

5.2.2 聚阴离子型离子液体

与聚阳离子型离子液体相反，聚阴离子型离子液体中，阴离子通过共价键与分子链相连，阳离子则通过离子键与阴离子相连，阴离子基团则存在于聚合物骨架之中。

由于阴离子结构的多样性，聚阴离子型离子液体具有很重要的研究前景。如硼可通过阴离子与硼原子的空位 p 轨道的强相互作用去充当阴离子受体，因此有机硼聚合物为一类聚阴离子型的离子液体[23-26]，这类有机硼聚合物与离子液体混合后可以表现出很高的锂离子迁移数(0.87)[4]，是优异的导电聚合物电解质材料。

2005 年，Ohno 等通过脱氢偶联聚合方法，将间苯二氢硼酸锂与环氧乙烷聚合，形成聚(锂)有机硼酸酯(见图 5-5)[24]。与使用有机锂试剂聚合反应制备的硼酸盐型聚合物电解质相比，电导率明显地提高(传统方法)，这主要是由于移动载体离子数量增多，有利于提高聚合物的离子电导率，离子电导率最大值可达 6.23×10^{-5} S/cm。

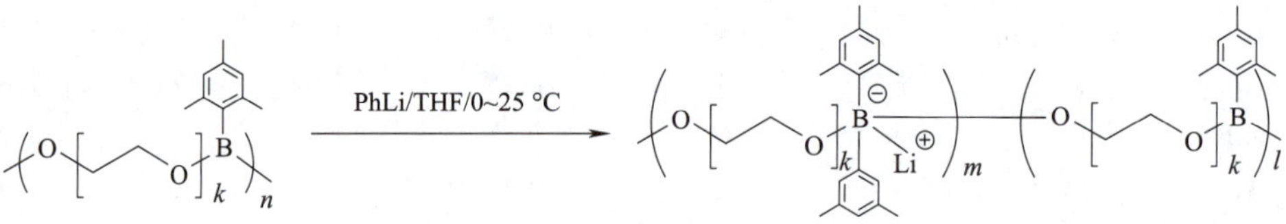

PhLi/THF/0~25 °C

(a)传统方法

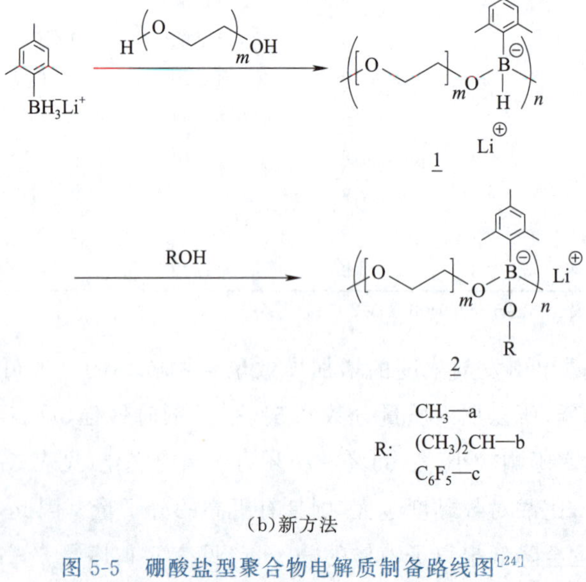

BH_3Li^+

ROH

R: CH_3—a
$(CH_3)_2CH$—b
C_6F_5—c

(b)新方法

图 5-5 硼酸盐型聚合物电解质制备路线图[24]

5.2.3　共聚型聚离子液体

为了提高聚合物的力学性能，采用嵌段聚合方法，将离子液体引入大分子中，获得一类嵌段聚离子液体。不同共价键合聚合物的嵌段共聚物可以将不同链段的优点相结合达到更优的效果。原子转移自由基聚合（ATRP）和可逆加成-断裂链转移（RAFT）聚合是两种合成嵌段共聚型聚离子液体最为有效的方式，通过这两种方式可以较好地控制聚合物的分子量，并且合成出较为多样化的结构[27-30]。

2005 年，Tang 等通过 ATRP 的方式成功地将 1-(4-乙烯基苄基)-3-丁基咪唑四氟硼酸酯（VBIT）和 1-(4-乙烯基苄基)-3-丁基咪唑六氟磷酸盐（VBIH）进行聚合（见图 5-6），研究了各种引发剂/催化剂体系、单体浓度、溶剂极性和反应温度对聚合的影响并应用于 CO_2 的吸收之中[31]。

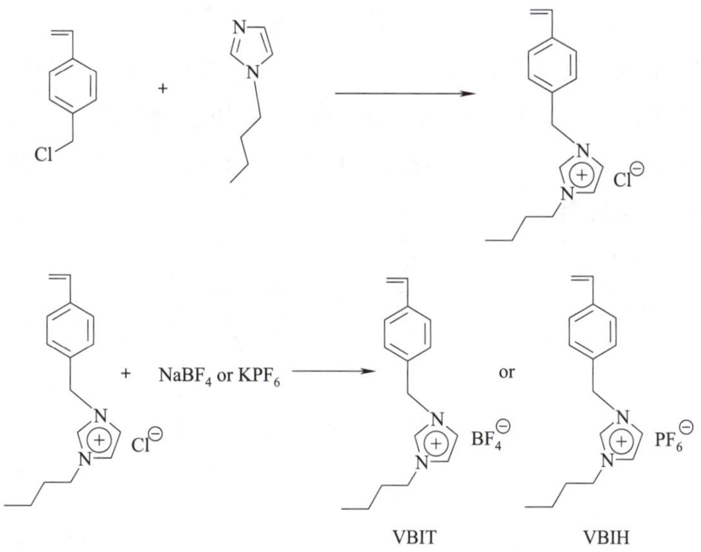

图 5-6　VBIT 和 VBIH 合成路线图[31]

2015 年，Bernard 等人通过 RAFT 的方式合成了分子量分布较窄（通常低于 1.20）的亲水性咪唑基聚离子液体（见图 5-7），并且在数小时内即可实现单体的完全转化[32]。

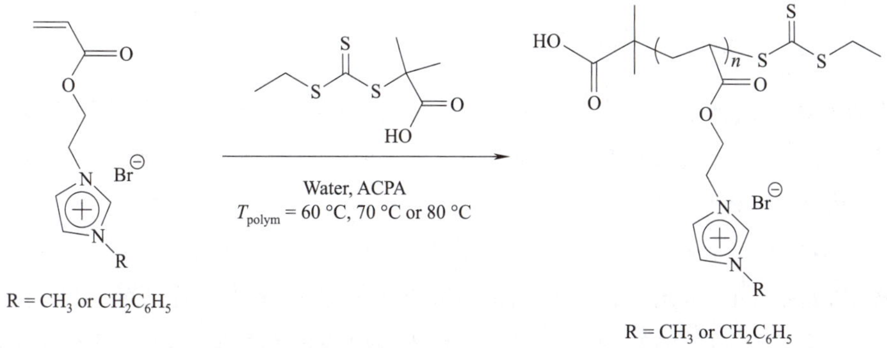

图 5-7　咪唑基丙烯酸酯 RATF 合成路线图[32]

除通过活性/可控自由基聚合的方式进行聚离子液体嵌段共聚物的合成，简单的自由基聚合也可以获得共聚型聚离子液体。2015 年，Du 等通过自由基聚合将甲基丙烯酸甲酯（MMA）和 1-乙烯基-3-丁基咪唑溴盐聚合生成共聚物 P(MMA-co-BVIm-Br)，再通过相转移法将所得的共聚物和聚偏二氟乙烯（PVDF）共混制备共混膜（见图 5-8），有效地改善了 PVDF 膜的亲水性[33]。

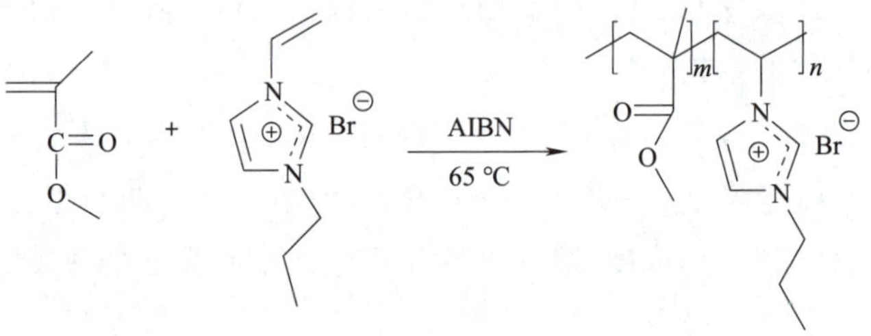

图 5-8　P(MMA-co-BVIm-Br)共聚物合成路线[33]

类似的，2019 年，Zhang 等也通过自由基聚合成功合成并表征了一种共聚聚合物离子液体聚（甲基丙烯酸甲酯-1-乙烯基-3-乙基咪唑鎓双（三氟甲基磺酰基）酰亚胺）(P(MMA-co-VEImTFSI)，与聚偏二氟乙烯-共六氟丙烯（PVDF-HFP）共混形成聚合物电解质（见图 5-9），成功应用于高性能超级电容器之中[34]。

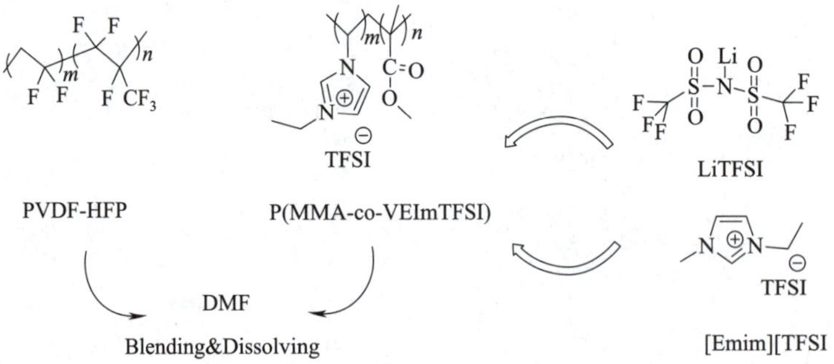

图 5-9　P(MMA-co-VEImTFSI)与 PVDF-HFP 共混膜制备路线[34]

嵌段共聚成功地将离子液体和常规聚合单体相结合，共聚方法是为了追求优异的聚离子液体性质、改进其性能的一种有效方式，为广大研究者提供了良好的思路及制备方法。

5.2.4　两性离子型聚离子液体

聚两性型离子液体是聚合物骨架中同时具有阴、阳离子基团，且均通过共价键与分子链相连。所有的离子都会随着电势梯度而发生迁移，但一旦束缚了阴阳离子，就不会发生迁移，因此两性离子液体被研究者所关注。

2011 年，Ohno 等合成了一系列含有共价键合阴离子位点（例如磺酸根或磺酰胺基）的咪唑阳离子，如图 5-10 所示。研究发现该系列两性离子咪唑盐与普通的咪唑盐均为熔融盐。但是，无论离子密度如何提高，这些离子均不受感应电势梯度的影响而发生迁移，是熔融盐中的一个新特征。而当向其添加其他盐时，新添加的盐生成的离子能够充当载流子离子，使得纯熔融盐的离子电导率在 25 ℃时为 10^{-9} S/cm，但在 50 ℃时加入等摩尔的双(三氟甲磺酰基)酰亚胺锂(LiTFSI)，则跃升至 10^{-5} S/cm[35]。尽管添加盐后聚合的两性离子液体的离子电导率有所提高，两性聚离子液体并不适合设计离子导电聚合物，但在选择性气体渗透膜上则有较好的应用前景。

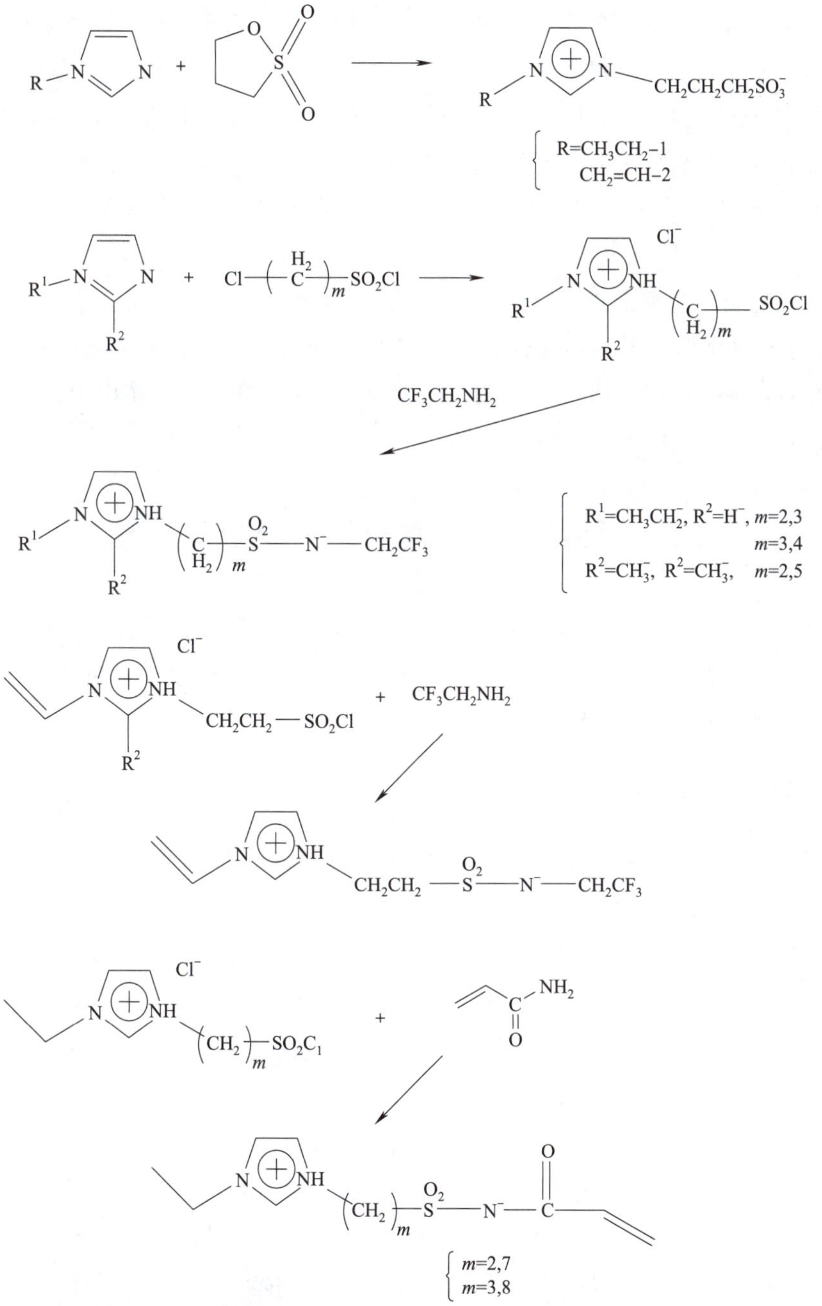

图 5-10　两性离子咪唑盐合成路线图[35]

5.2.5 交联型聚离子液体

为了降低聚合物的结晶度，提高聚合物的机械强度稳定性，通过聚合的方式形成交联型聚离子液体为一种有效的方法。传统的聚合物与离子液体所制备的离子凝胶热稳定性较差。为此，2005 年，Ohno 等研究了基于离子液体的新型交联单体的合成和聚合反应，通过将丙烯酰基基团引入包含两个咪唑阳离子的离子液体单元之中，并将它们作为交联剂添加到咪唑型离子液体单体中获得了具有高离子传导率（50 ℃下 1.36×10^{-4} S/cm）的热稳定聚合物[36]。有效地提高聚合物和离子液体的相容性，但这种方法获得的聚合物溶解度较差，难以通过常规方法获得分子量并确定聚合度，但薄膜或类橡胶的形态表明交联聚合物的成功合成。近年来，随着研究者们的不断研究，发现离子液体的交联聚合反应有助于提高机械稳定性，而又不会大幅降低电导率[37]。

为了更好地应用此类聚离子液体，人们开始通过原位热引发或光引发自由基聚合的方式，改善其与多种化学装置的界面性能[38]。原位聚合可一步复合聚合物电解质的合成，在完成聚合提高机械强度的同时，也与离子液体良好地结合起来，优化了电解质与电极之间的界面接触，满足电池等化学装置中的应用需求。

5.3 聚离子液体高分子材料应用前景

鉴于聚离子液体独特的结构和性质，在材料科学、电化学、分析化学、生物技术、能源、催化剂和表面科学等领域展现了良好的应用前景。本节重点介绍聚离子液体在电化学储能、催化、选择性分离等领域的应用。

5.3.1 电化学储能中的应用

离子液体因其具有良好的离子电导率、宽的电化学窗口，优异的热/化学稳定性，作为电解液的组分，在电化学领域具有广泛的应用。但由于液态电解液存在着漏液等安全隐患，难以满足电化学储能器件的快速发展。因此，开发更安全、性能优异的电解质是电化学储能领域的重中之重。固态电解质具有不可燃、耐高温、无腐蚀、不挥发等优点，大幅提升了电池系统的安全性，同时能够更好适配高能量正负极并减轻系统重量，实现能量密度同步提升，是替代液态有机电解液的最佳候选材料[39]。

聚合物电解质率先小规模量产，技术最成熟，性能上限低，主要由聚合物基体与锂盐构成，量产的聚合物固态电池材料体系主要为聚环氧乙烷（PEO）-LiTFSI（LiFSI），该类电解质的优点是高温离子电导率高，易于加工，电极界面阻抗可控。但其室温离子电导率为三大体系中最低，严重制约了该类型电解质的发展[40]。因此，寻求一种新型聚合物基体是改善聚合物电解质体系性能的最有效途径之一[41]。

相比于非离子型的聚合物，聚离子液体有着较高的离子电导率，更宽的电化学窗口，较高的热稳定性，不燃性和良好的相容性。这些良好的性能使得其成为一种性能独特的聚合物电解质，在锂离子电池、燃料电池、太阳能电池、超级电容器等电化学储能的电解质中具有良好的应用前景。

5.3.1.1　锂离子电池

由于聚离子液体本身不含有 Li^+，一般采用聚离子液体与锂盐进行复配的方法制备电解质，使其在固态和凝胶聚合物电解质中充分地发挥其良好的作用[42]。研究者们已经提出了多种化学结构的聚离子液体，主要用于提高锂离子电池的电导率和降低界面阻抗，从而提高锂离子电池的电化学性能。

(1)提高电解质的电导率：2010 年，Marcilla 等研究了基于新型聚(二烯丙基二甲基铵)双(三氟甲磺酰基)酰亚胺离子液体 P(DADMATFSI)、N-丁基-N-甲基吡咯烷双(三氟甲基磺酰基)酰亚胺([Bmpyr][NTf_2])和 LiTFSI 盐的三元聚合物电解质的电化学性能。研究结果表明含有聚离子液体的电解质膜具有良好的化学稳定性，室温离子电导率可达 1.6×10^{-4} S/cm，其与锂负极接触较长时间后仍保持良好的稳定性，超过 300 ℃时仍保持稳定[15]。

2019 年，Yong Yang 等通过 ATRP 的方式将多臂聚离子液体应用于锂离子电池中，通过原子转移自由基聚合的三臂和四臂的聚(2-(二甲基-乙基-氨基)乙基甲基丙烯酸酯)双(三氟甲基磺酰)亚胺(P(EtDMAEMA-TFSI))的星形聚合物离子液体[43]。与线性聚离子液体相比，多臂结构的聚离子液体降低了结晶度和玻璃转化温度，显著地提高了凝胶电解质的室温电导率、电化学窗口和离子迁移数。在 0.1 C 下，放电容量达到 151 mA·h/g，在 60 ℃下 100 次循环后，容量保持率达到 93.6%，库仑效率约为 99%。

2019 年，Gang Wu 等以 1-乙烯基-3-十二烷基咪唑双(三氟甲磺酰基)酰亚胺(VDIM-TFSI)和交联剂聚乙二醇二甲基丙烯酸酯(PEGDMA)为聚合反应物，通过一锅法原位交联合成聚离子液体产物，将所得产物利用相转化法将其填充至 PVDF-HFP 中，制备出一种新型的基于聚离子液体的准固态电解质[44]。交联网络结构电解质，抑制了锂枝晶形成，显著地提高了室温电导率(0.70 mS/cm)，改善了电池的电化学性能。室温，0.05 C 条件下，$LiFePO_4$|PIL-QSE|Li 电池循环 200 次后，库仑效率为 99.8%，放电比容量为 140.7 mA·h/g。该电解质柔韧性强，在弯曲情况下，仍可为 LED 充电，使其发光。

(2)降低界面阻抗：为了改善电极和固态电解质界面电阻，如 5.2 节所述，多使用原位聚合的方法，提高电极与电解质间的界面兼容性。2017 年，Kang 等通过原位热聚合制备了基于聚(离子液体)的多层固态电解质[38]，将聚(二烯丙基二甲基铵)双(三氟甲磺酰基)酰亚胺(PDDATFSI)多孔膜和聚合 1,4-双(3-(2-丙烯酰氧基乙基)咪唑-1-基)丁烷双(双(三氟甲磺酰基)亚胺)(C1-4TFSI)交联网络在 1-乙基-3-甲基咪唑双(三氟甲基磺酰)亚胺([Emim]

[TFSI])的电解质中。含有聚离子液体 PDDATFSI 的多层电解质满足电化学需求，展现出良好的机械拉伸强度(2.4 MPa)。柔韧性和高的室温离子电导率($>10^{-3}$ S/cm)，同时交联的 C1-4TFSI 使其保持准固态，避免了在高温条件下漏液的现象。令人兴奋地是该电解质在 $LiFePO_4$/Li 和 $Na_{0.9}[Cu_{0.22}Fe_{0.30}Mn_{0.48}]O_2$/Na 电池中均具有良好的循环性能和高的比容量，制备过程易于操作，使其成为下一代锂离子和钠离子电池最有前途的电解质材料之一。

此外，聚离子液体以其优异的性能在电池黏合剂中也有着良好的应用前景。传统的 PVDF 等因其优异的电化学稳定性，其作为锂离子电池的黏合剂已经进行了广泛的研究。然而，其绝缘和电解质膨胀特性会导致活性材料和导电剂之间的接触电阻增加，并且在长时间运行下电极也会变质[45]。2011 年，Antonietti 和 Yuan 开创性地报道了离子液体单体在水体系的分散聚合。采用不同链长烷基-乙烯基咪唑阳离子(烷基链长度为 8-18 个碳原子)，季铵化反应合成多种离子液体单体，通过分散聚合与纳米粒子制备聚离子液体。这种分散聚合的方法，可在水系或有机溶剂中大规模制备 PIL 纳米粒子，其具有很广泛的潜在应用，如用作黏合剂、分散剂和胶体模板等[46]。

在负极黏合剂方面，2013 年，Jan von Zamory 和 Elie 在咪唑系离子液体交联剂的作用下，1-乙烯基-3-乙基咪唑啉双(三氟甲烷磺酰))亚胺([VEim][TFSI])单体(分子结构如图 5-11 所示)在水中分散聚合得到了交联聚离子液体纳米粒子，被用作纳米黏合剂来处理锂离子电池电极。研究电极的电化学性能，石墨/聚(离子液体)纳米粒子电极循环超过 7 个月，表现出了优异的循环性能。但与商业电极相比，在初始循环中不可逆容量仍然很高。此外，PIL 纳米粒子包覆 $LiFePO_4$(LFP)和 $Li_4Ti_5O_{12}$(LTO)，循环的库仑效率高，但只有 LTO 电极展现出非常稳定的循环性能和实用性[47]。

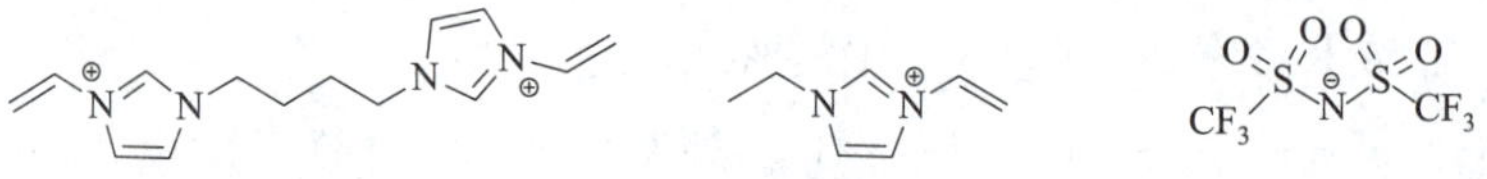

(a) VIM^+-4-VIM^+　　(b) $VEIM^+$　　(c) $TFSI^-$[47]

图 5-11　分子结构

2020 年，Noriyoshi Matsumi 等制备了一种烯丙基咪唑型的聚离子液体，将聚乙烯[乙烯基苄基烯丙基咪唑双(三氟甲烷)磺酰亚胺]P(VBCAImTFSI)用作黏合剂并用于石墨负极锂离子电池中。负极与合成黏合剂表现出较少的电解质降解和较高的锂离子扩散。电化学阻抗谱(EIS)结果显示，相比于使用 PVDF 黏合剂的负极，基于 P(VBCAImTFSI)的电极在循环后的界面电阻和扩散电阻有所降低。动态电化学阻抗谱(DEIS)结果表明，使用 P(VBCAImTFSI)黏合剂的负极所形成界面的界面电阻比 PVDF 的负极要小 3 倍。循环伏安法测量中可以观察到使用 P(VBCAImTFSI)的半电池抑制了电解质的分解，降低了插层-脱嵌电位，并改善了锂离子扩散系数。基于 DFT 的理论研究还推测 P(VBCAImTFSI)黏合剂可抑制电解质降解是由于其 HOMO-LUMO 水平的定位。与商用的 PVDF 基的负极相比,其抑制电解液降解、降低界面电阻、增强润湿性和形成最佳的 SEI 层可增强稳定性和循环性,界面性质的改善有效地提高了电化学性能。P(VBCAImTFSI)有望成为 PVDF 黏合剂的潜在替代品[48]。

5.3.1.2　超级电容器

超级电容器的推广应用有效地解决了大负荷电路运行的难题,保证了电力电子设备使用性能的正常发挥。近年来,为了在保持超级电容器的基本性能的同时获得良好的柔性,选择和设计具有柔韧性和顺应性的材料和结构来制造器件非常重要。固态柔性和可穿戴超级电容器的出现也对聚合物作为的电解质材料有了进一步的需求[49]。

聚离子液体在电容器中作为聚合物电解质也有着良好的应用前景。Marcilla 等将聚(二烯丙基二甲基铵)双(三氟甲基磺酰)亚胺 P(DADMATFSI)和 N-丁基-N-甲基吡咯烷双(三氟甲基磺酰)亚胺([Bmpyr][NTf_2])相结合用作电解质,在 3.5 V 下可以较为稳定地运行。与 4 种不同的离子液体混合应用于电容器电解质中并进行测试,选择稳定的聚合物基体以及相容的、具有高离子导电性和电化学稳定的离子液体可以极大地促进固体聚合物电解质在固态超级电容器中的发展,为发展坚固,轻巧和灵活的储能设备奠定基础[50, 51]。2017 年,Yang 等[52]合成一种新型的聚合离子液体导电共聚物,该共聚物具有宽窗口(6.0 V)和高室温离子电导率(2.04×10^{-6} S/cm),把它用于固体超级电容器。结果表明,25 ℃时超级电容器具有良好充放电性能。

5.3.1.3　染料敏化太阳能电池

在染料敏化太阳能电池(DSSC)中,为了改善传统液态电解质使用有机溶剂引起的溶剂蒸发、电池气密性导致的耐用性下降等问题,制备固态或准固态 DSSC 成为了不二之选,聚离子液体作为准/全固态电解质在改善电池性能也有着良好的应用[53]。

从 2011 到 2012 年间,Guiqiang Wang 等合成了一系列具有不同烷基侧链的固态聚离子液体,聚[1-烷基-3-(丙烯酰氧基)己咪唑碘盐][54-56],其中,聚[1-乙基-3-(丙烯酰氧基)]碘代咪唑碘化物离子电导率可达 3.63×10^{-4} S/cm。由于聚合物主链的空间位阻和咪唑环的共轭作用,碘化物阴离子与阳离子之间的吸引力较弱,从而促进了碘化物阴离子在电解质中的扩散。使用这种聚离子液体,在一个太阳光照射下的光电转换效率为 5.29%,经过 1 000 h 的长循环测试,仍保持有初始效率的 85%[56]。

2012 年,Chen Xiaojian 等合成了聚[1-丁基-3-(1-乙烯基咪唑-3-己基)-咪唑双(三氟甲磺酰亚胺)](P[BVIm][HIm][TFSI]),并溶解于室温离子液体中形成准固态电解质,用于 DSSC 中。与基于单咪唑的聚[BVIm][TFSI]相比,由于 π-π 堆叠的咪唑环在电解质中形成电荷传输网络,基于双咪唑的聚[BVIm][HIm][TFSI]电解质有着更高的热稳定性和电导率,在 1.5 个太阳光照下表现出优异的长期稳定性,并有着 5.92%的光电转换效率[57]。

简而言之,在 DSSC 中,聚离子液体聚合物主链可充当电解质固化的胶凝剂,以增强相关 DSSC 的热稳定性和耐久性。阳离子部分(如咪唑端基)可以填充 TiO_2 表面上的空位,从而延缓这些 TiO_2 空位与缺乏电子的阴离子(如 I_3^- 离子)之间不利的复合反应,使得 DSSC 提高了性能。阴离子部分通常可以作为电解质中氧化还原介质(如,I^-、Br^- 和 $SECN^-$ 等)或电荷传输介质(如[TFSI]$^-$,[BF_4]$^-$ 和[PF_6]$^-$ 等)。当阴离子电导率和扩散率值足够高时,相应的 DSSC 电解质会有较好的电荷传输能力,因而表现出良好的电池性能。近年来,使用聚离子液体作为 DSSC 的准/全固态电解质,大多数 DSSC 的性能上都有显著提高,并且具有更好的耐久性[53]。作为一种新型的聚合物,其在 DSSC 中的应用前景越来越好。

5.3.1.4 燃料电池

作为一种清洁能源转换技术,燃料电池可将存储在燃料中的化学能转换为电能,而不会排放任何污染性化学物质。离子液体以其优异的特性可代替聚合物复合膜中的水性电解质。通常,通过将离子液体/聚离子液体掺入聚(乙烯基偏氟乙烯-共-六氟丙烯)(PVDF)膜中来制备质子传导膜(PEM)[58-60],这种聚合物电解质膜在高温下有着较高的离子电导率。

2018 年,Shuang Wang 等制备了基于含氟 PBI(聚苯并咪唑)(6FPBI)(结构式见图 5-12)和可交联聚离子液体(烯丙基缩水甘油醚和[ViBuIm][TFSI](cPIL)的共聚物)复合交联膜[61],具体路线如图 5-13 所示。所制备的复合交联膜具有良好的磷酸掺杂能力和质子导电性。

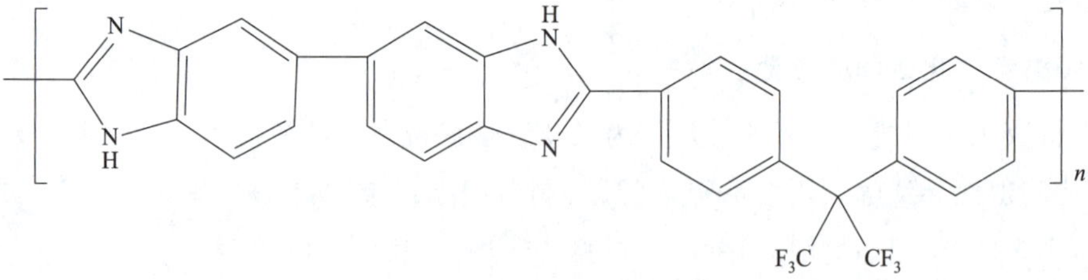

图 5-12 6FPBI 化学结构式[61]

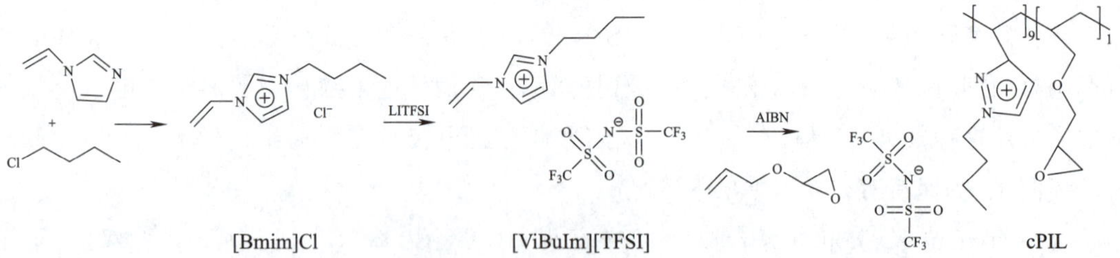

图 5-13 cPIL 合成路线[61]

除质子交换膜燃料电池外,阴离子交换膜燃料电池也被研究者们所关注。碱性燃料电池有着较低的工作温度(23~70 ℃),从而改善了反应动力学(电极表面)和电池电压。阴离子交换膜(AEM)充当电解质,将阴离子从正极传输到负极,是碱性燃料电池的关键组件之一。AEM 制备多使用聚合物改性方法(通常涉及氯甲基化和季铵化),制备过程烦琐。

2010 年,Yan 等通过 1-乙烯基-3-甲基咪唑碘化物([Vmim]I)与苯乙烯和丙烯腈的原位交联,然后与氢氧化物进行阴离子交换,制备了基于碱性咪唑类离子液体(ILs)的 AEM,无须使用氯甲基醚,并且能够构建所需尺寸的简单加工膜[62]。所生产的 AEM 的热稳定性与季氨芳族聚合物的热稳定性相当。该膜在高 pH 溶液中显示出色的化学稳定性,长达 400 h 没有明显的离子电导率和机械性能损失,有望促进碱性燃料电池的广泛使用。

5.3.2 催化反应

近年来,离子液体用于催化领域的研究备受关注。与离子液体相比,聚离子液体的阴、阳离子可自由加工,通过选择合适的阴、阳离子,设计不同的分子结构,以及采用不同的聚合物加工技术,可以得到多孔或具有催化活性位点的聚离子液体,有利于催化反应进行,提高反应速率、选择性。聚离子液体多为固态,在催化反应过程中易于回收和再利用[63,64]。本节简要介绍 PILs 对酸碱催化和氧化催化反应的促进与发展。

5.3.2.1 酸、碱催化

酯类作为一种重要的化工产品,广泛应用于农药、药品、溶剂、香料等领域。此外,酯类作为生物柴油的主要成分,在能源领域也发挥着极其重要的作用[65-67]。传统酯化反应的催化剂多采用无机酸作为均相反应催化剂,具有良好的催化活性,但无机酸催化剂难回收、易腐蚀设备,开发一种高效的酯化催化剂尤为重要。PILs 结构可控,热稳定性好,耐腐蚀,作为酯化反应的催化剂获得了广泛的应用。

2019 年,Zhang 采用酚醛缩合法制备了一种新型的聚离子液体催化剂(见图 5-14)[68],其具有较高的酸强度(4.5 mmol/g)和良好的热稳定性。在 95 ℃条件下,乙酸与正丁醇的比例为 0.8∶1,反应 3 h,酯化率为 97.1%。与商业 Amberlyst 15 催化剂相比,PILs 在酯化反应中表现出优异的催化活性。循环 8 次后,催化剂结构未发生变化,且酯的产率仍保持在 94%以上。

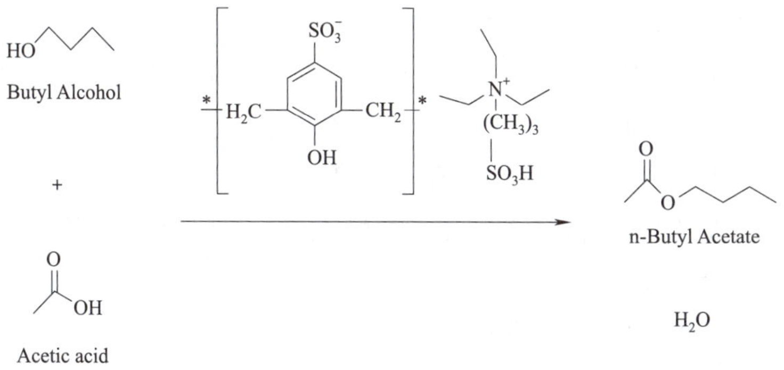

图 5-14　酚醛缩合法制备新型的聚离子液体催化剂[68]

2016 年，Guan 等以 Fe_3O_4 为模板剂，1-乙烯基-3-(3-磺酸丙基)硫酸氢咪唑在一定条件下发生自由基聚合后，除去模板剂，形成多级孔结构的聚离子液体催化剂[69]，用于评价油酸制备生物质柴油的酯化反应体系。在最佳反应条件下[反应时间为 4.5 h，催化剂用量为 8.5%(质量分数)，醇酸摩尔比为 12∶1]，生物柴油产率可达 92.6%。聚离子液体催化剂循环 6 次后，油酸的转化率仍大于 89.3%。与其他多孔固体酸性催化剂相比，多级孔结构的聚离子液体催化剂将显著降低生物柴油生产中的传质限制。

苯基二甲苯乙烷是一种重要的载热体、合成树脂固化添加剂、增塑剂，是由二甲苯与苯乙烯的烷基化 Friedel-Crafts 反应获得。该反应的传统催化剂 H_2SO_4、HCl 和 HF，催化活性低，难分离，导致催化剂成本高，不利于工业化生产。寻求一种适用于 Friedel-Crafts 反应的高效且环境友好的非均相固体催化剂迫在眉睫[70,71]。

2019 年，Zhou 和 Sheng 等以二乙烯基苯为交联剂，1-乙烯基-3-丁咪唑溴和对苯乙烯磺酸钠为聚合单体，制备海绵状中孔 P(BVS-SO_3H)-SO_3CF_3 催化剂[72]。该催化剂具有 Bronsted 酸性、热稳定性高、比表面积和孔隙容积大的特性，用于催化制备苯基二甲苯乙烷产品。在最优化条件下，苯乙烯的转化率为 100%，苯基二甲苯乙烷的产率为 93.7%。与传统的酸催化剂相比，PIL 催化剂具有较高的催化活性，为催化剂的改性提供了一种新的方法。

2018 年，Sayyahi 等首次制备了聚离子液体包覆磁性纳米粒子 Fe_3O_4-PIL 催化剂[73]，在水介质中，超声辐照下，其对不同类型的醛与丙二腈的 Knoevenagel 缩合反应具有良好的催化活性。利用磁性分离回收催化剂，循环回用 7 次，催化剂活性和反应时间没有明显变化。

5.3.2.2 催化氧化

苯酚是生产酚醛树脂、己内酰胺、染料、纤维等精细化学品最重要的工业中间体。传统的三步异丙苯法工艺污染大，能耗高，耗时长，对苯酚选择性较低，副产物为等摩尔量的丙酮。将苯直接羟基化成苯酚，在经济和环境等方面均具有很大的吸引力，可有效地降低能耗和减少副产品的生成[74,75]。近年来，化学工作者对以 H_2O_2 为绿色氧化剂，开发高效的多相催化剂将苯羟基化成苯酚的研究越来越感兴趣。

2015 年，Han 等使用离子液体(IL)1-十六烷基-3-偏酰溴化铵与交联剂二乙烯基苯(DVB)共聚制备疏水性聚离子液体(PILs)负载钒氧化物(VxOy)催化剂，研究催化剂选择性氧化苯制苯酚的性能[76]。研究发现，在聚合过程中 IL 的掺入，改变了 V_xO_y/PIL 催化剂表面形貌、体积，较 V_xO_y/P 具有更高的比表面积、更强的吸附能力和更强的活性位点，因而具有高的催化活性和选择性。苯酚的收率可达 13.4%，选择性高达 97.5%。该催化剂 V_xO_y/PIL 可以很容易地分离和循环再利用，苯酚的收率不会明显下降。

钒基催化剂在苯一步直接氧化成苯酚的催化反应中起到十分重要的作用。2020 年，Li 等设计三种两亲性的聚离子液体与磷钼钒酸盐复合材料催化剂，直接羟基化氧化苯制苯酚[77]。在最佳条件下，苯酚的收率为 37.3%，选择性为 100%。其优异的催化性能主要得益于 V-POM 阴离子与羧酸功能化的 PIL 阳离子骨架的协同催化作用，以及复合材料结构中两亲性微孔对苯的吸附和苯酚的解吸能力。此外，该系列复合催化剂在反应条件下表现出很高的稳定性，可以很容易地循环再利用。循环 6 次后，催化剂没有明显的活性损失。

5.3.2.3　催化偶联反应

作为催化载体，聚离子液体可以使金属和金属氧化物 NP 络合、稳定和改性。将金属 NP 嵌入聚离子液体中可以帮助制备具有柔韧性，可加工性和机械耐久性的多功能复合材料，并具有无机 NPs 的催化性能。

2015 年 Moghaddam 等将 Au(Ⅲ)固定化磁性聚咪唑/咪唑溴化铵纳米颗粒作为催化剂，催化偶联制丙胺[78]。其合成路线如图 5-15 所示，该催化剂具有较高的催化活性、稳定性、担载量，易于回收，循环使用 10 次，催化剂活性未发生明显的损失。反应简单，且在绿色温和的条件下进行，适用于芳香族/脂肪族炔烃、醛类等，产率高、选择性好。

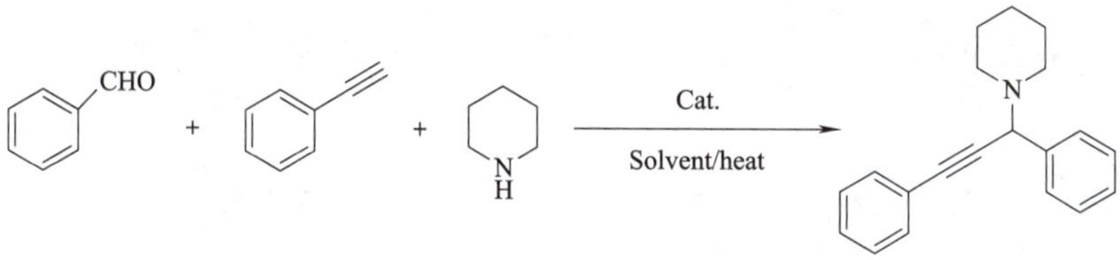

CHO + + N H —Cat. / Solvent/heat→ N

图 5-15　Au(Ⅲ)固定化磁性聚咪唑/咪唑溴化铵纳米颗粒催化偶联制丙胺路线[78]

2011 年，Xia 等成功地制备了交联聚离子液体载体固定化金属钯，聚离子液体负载钯催化剂在水中对带末端炔的芳基碘的羰基化偶联反应表现出较高的效率(见表 5-2)[79]。此外，该催化剂具有易于分离和重复使用而不造成活性损失等实用优点。多相羰基化反应为 a,b-炔基酮的合成提供了一种实用的、环境友好的方法。

表 5-2　水介质中芳基碘化物与末端炔羰基化耦合制 a,b-炔基酮[a][79]

$$\text{Aryl-I} + \text{CO} + \equiv\!-\text{R} \xrightarrow[\text{Et}_3\text{N, H}_2\text{O}]{\text{P(DVB-IL)-Pd}} \text{Aryl}-\overset{\text{O}}{\overset{\|}{\text{C}}}-\equiv\!-\text{R}$$

序号	芳香基	R	产品	分离产率[b]/%
1	Ph	Ph	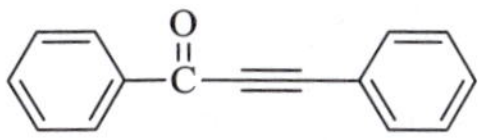 O C	90 81
2	4-CH_3O-Ph	Ph	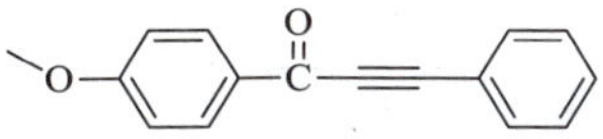 O O C	95
3	2-CH_3O-Ph	Ph	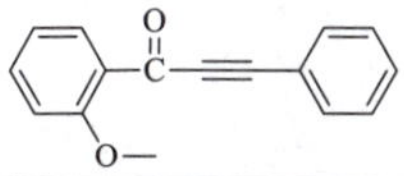 O C O—	81[c]

续上表

序号	芳香基	R	产品	分离产率[b]/%
4	3-CH_3O-Ph	Ph	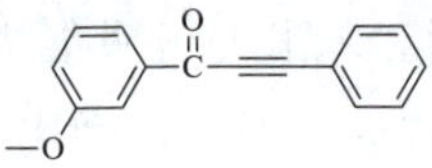	88
5	4-Cl-Ph	Ph	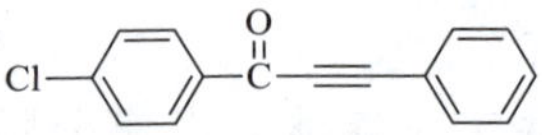	92
6	4-Br-Ph	Ph	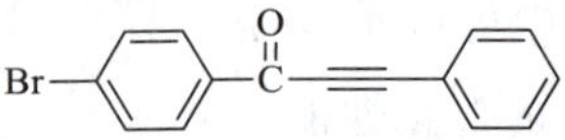	92
7	4-CH_3-Ph	Ph	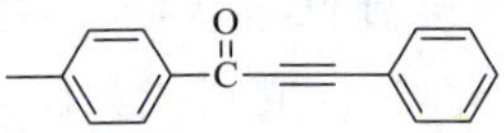	93
8	2-CH_3-Ph	Ph	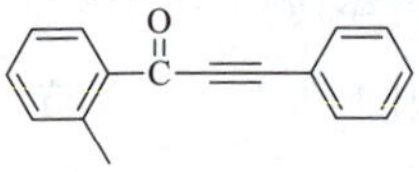	89
9	4-C_2H_5-Ph	Ph	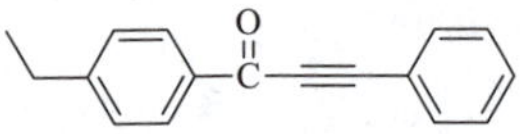	91
10	2-CH_3CO-Ph	Ph	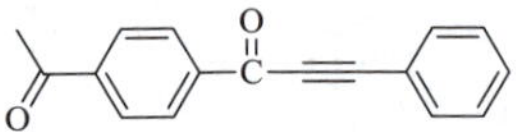	82
11	Naphthalene	Ph	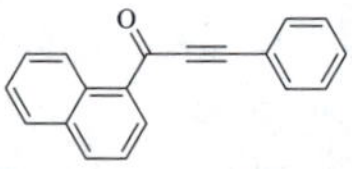	85
12[d]	2-OH-Ph	Ph	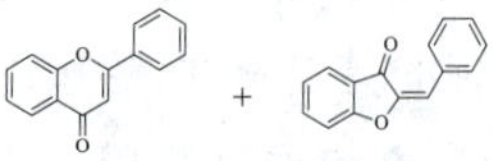 +	88[a]
13	Ph	4-CH_3O-Ph	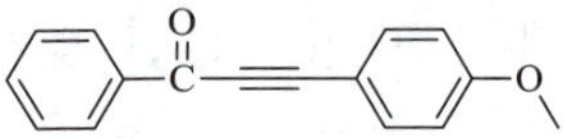	94
14	Ph	4-*t*Bu-Ph	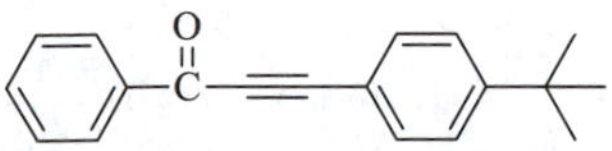	94
15	Ph	4-Br-Ph	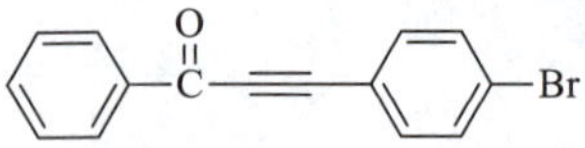	87
16	Ph	*n*Bu	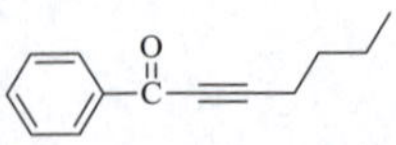	27

注：[a]反应条件：芳基碘化物(1 mmol)，末端炔烃(1.2 mmol)，P(DVB-IL)-Pd(20 mg，0.005 mmol Pd)，Et_3N(0.4 mL)，蒸馏水(5.0 mL)，温度：130 ℃；

[b]分离产率；

[c]反应时间 4 h；

[d]两种产品的总产率。

5.3.3　选择性分离 CO_2 中的应用

在选择性分离中，聚离子液体也有着独特的应用前景，尤其是在 CO_2 的吸附分离中[80，81]。与离子液体相比，聚合后的离子液体有着更高的吸附率[82，83]。这主要是阳离子和阴离子的选择、主链和烷基链的链长、孔隙率等对 CO_2 的吸附分离有着一定的影响[80]。聚阳离子对 CO_2 的吸附能力一般遵循铵＞吡啶＞季鏻盐＞咪唑的顺序，阴离子则遵循 $[BF_4]^-$ ＞ $[PF_6]^-$ ≫ $[NTf_2]^-$ 的顺序[84]，并且较长的烷基取代基和交联聚合会导致空间位阻减小 CO_2 和阳离子的相互作用以及微孔体积，也会降低 CO_2 的吸附能力[84]。

聚离子液体中聚阳离子的选择对于其吸附能力有着较大的影响。2015 年，Sonia Zulfiqar 等总结出了一系列阳离子的结构以及所使用的阴离子，如图 5-16 和图 5-17 所示，并且在表 5-3 中给出了相关聚离子液体 CO_2 的吸附性能，表明出在所有阳离子中，简单/多孔聚离子液体中的铵阳离子通常显示出比其他阳离子更好的 CO_2 吸附能力，而在交联的多孔聚合物中，咪唑离子对 CO_2 的吸附效果最高[80]。

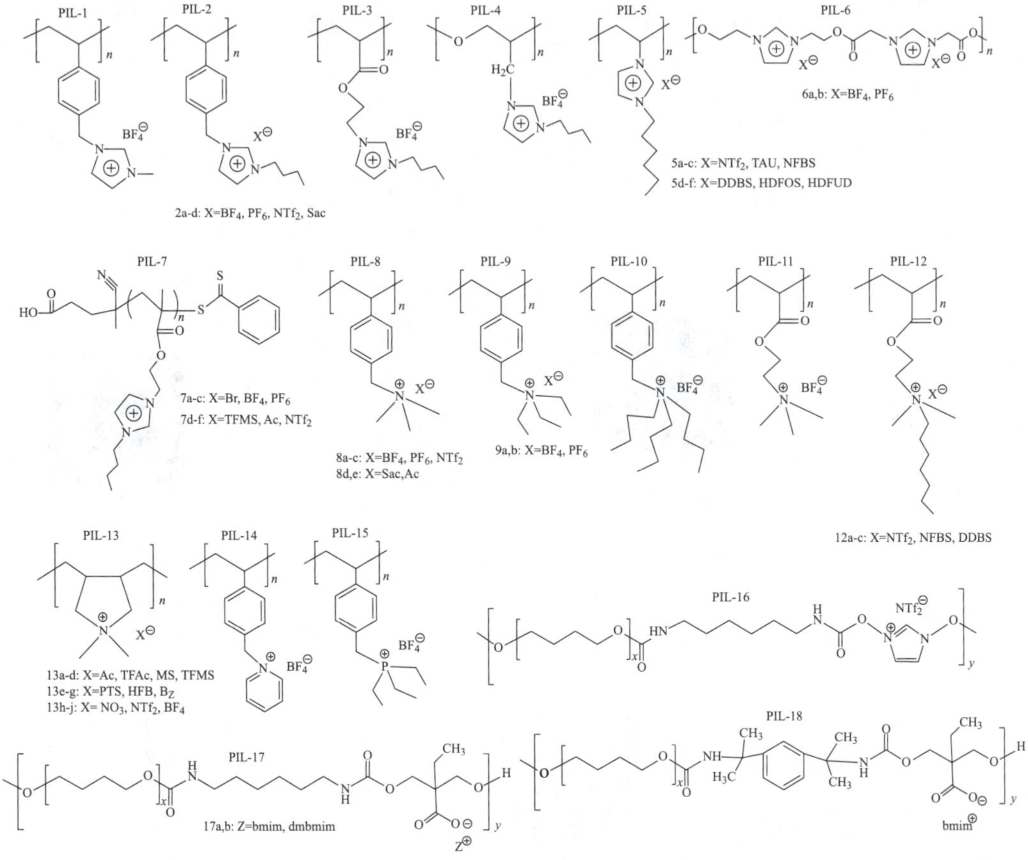

Counter Cations

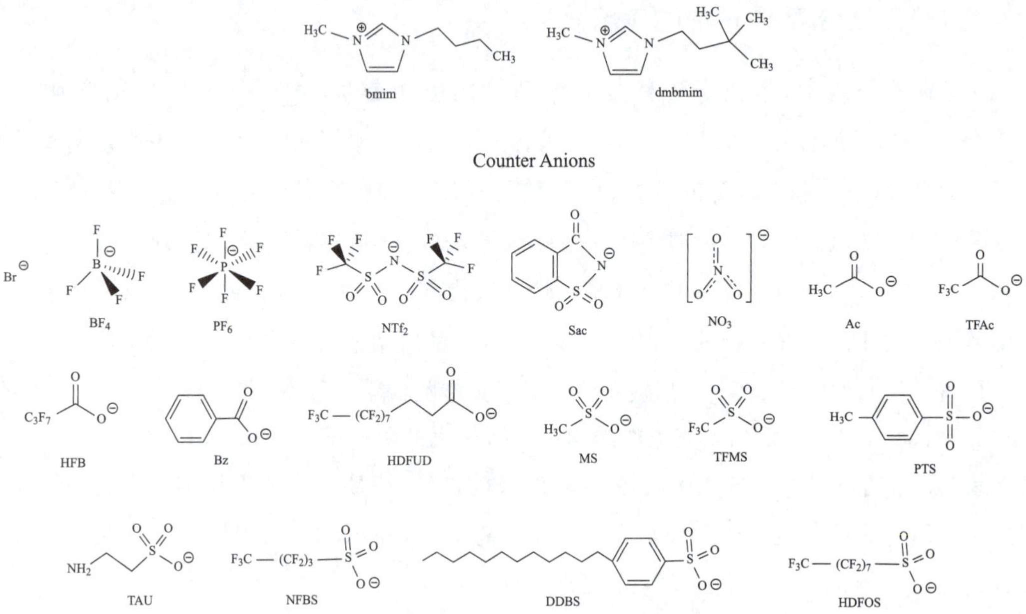

H_3C N N CH_3

bmim

H_3C N N H_3C CH_3 CH_3

dmbmim

Counter Anions

$Br^{\ominus}$

F B F F F

BF_4

F F F P F F F

PF_6

F F F S N S F F F O O O O

NTf_2

O N S O O

Sac

O N O O

NO_3

O H_3C O

Ac

O F_3C O

TFAc

O C_3F_7 O

HFB

O O

Bz

O F_3C — $(CF_2)_7$ O

HDFUD

O O H_3C S O

MS

O O F_3C S O

TFMS

H_3C O S O O

PTS

O O NH_2 S O

TAU

O F_3C — $(CF_2)_3$ — S O O

NFBS

O S O O

DDBS

O F_3C — $(CF_2)_7$ — S O O

HDFOS

图 5-16　应用于 CO_2 吸附分离的多种聚离子液体阴阳离子结构[80]

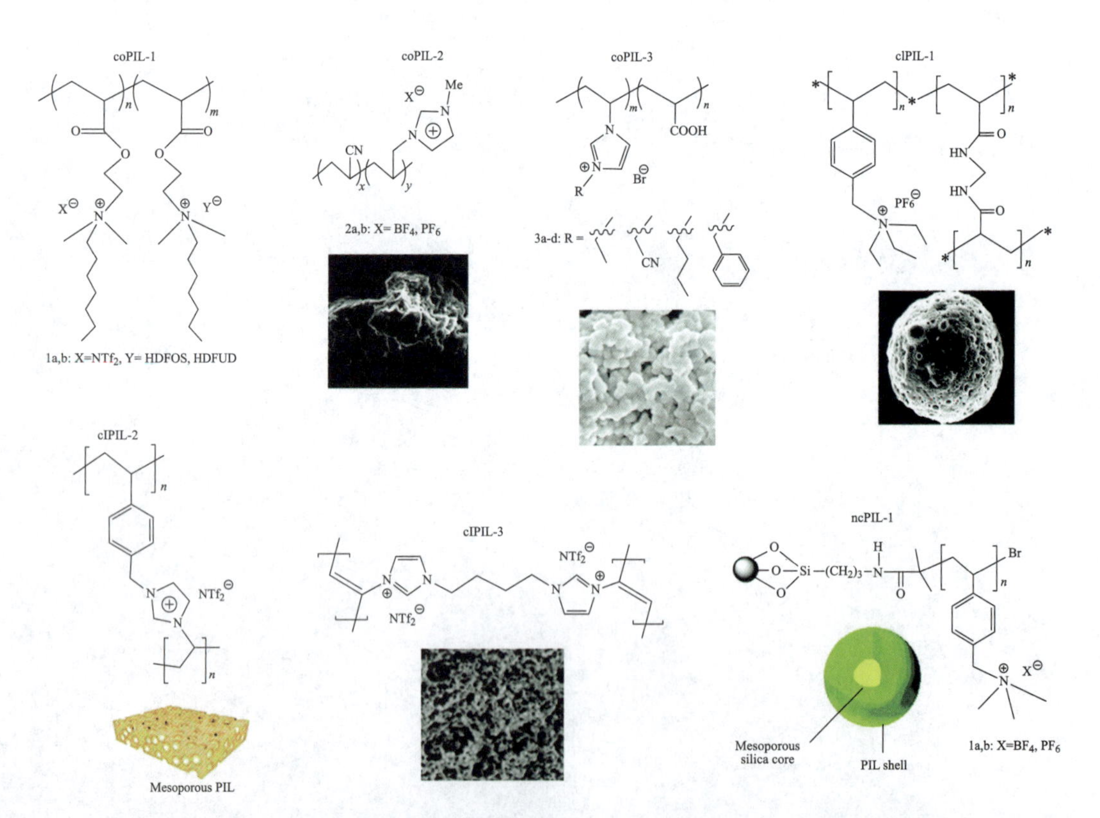

图 5-17　用于 CO_2 吸附分离多种共聚、交联及复合纳米材料聚离子液体复合结构[80]

表 5-3　图 5-16 和图 5-17 中各类型聚离子液体吸附性能[80]

聚离子液体类型	CO_2 加载量(摩尔分数)/%	CO_2 加载量/(mg/g)	条件	
			压力/MPa	温度/K
PIL-1	3.05	4.64	0.078	295
PIL-2a	2.27	3.20	0.078	295
PIL-2b	2.8	3.16	0.078	295
PIL-2c	2.23	1.87	0.078	295
PIL-2d	1.55	1.59	0.078	295
PIL-3	1.78	2.49	0.078	295
PIL-4	1.06	1.72	0.078	295
PIL-6a	4.5	4.77	0.086	298
PIL-6b	4.2	3.90	0.086	298
PIL-7a	—	2.88	0.1	298
PIL-7b	—	2.99	0.1	298
PIL-7c	—	3.31	0.1	298
PIL-7d	—	2.05	0.1	298
PIL-7e	—	12.46	0.1	298
PIL-7f	—	1.53	0.1	298
PIL-8a	10.22	17.09	0.078	295
PIL-8b	10.66	14.60	0.078	295
PIL-8c	2.85	2.74	0.078	295
PIL-8d	2.67	3.27	0.078	295
PIL-9a	4.85	6.99	0.078	295
PIL-9b	—	10.36	0.1	298
PIL-10	3.1	3.5	0.078	295
PIL-11	7.99	14.35	0.078	295
PIL-16	56.3	38.86	0.5	298
PIL-17a	62.3	50.52	0.5	298
PIL-17b	66.1	50.96	2	298
PIL-18	52.2	37.12	0.5	298
coPIL-2a	—	14.3	0.1	273
coPIL-2b	—	2.2	0.1	273
clPIL-1	—	14.04	0.1	293
clPIL-2	0.46	20.24	0.1	273
clPIL-3	0.1	4.4	0.1	293
ncPIL-1a	0.402 5	17.71	0.1	303
ncPIL-1b	0.379 3	16.69	0.1	303

在吸附的应用上，2017 年，Jun Li 等通过自由基聚合和超临界 CO_2 干燥(SCD)成功地制备了一系列具有丰富阴离子和新型的表面积海绵状交联的季铵盐基中孔聚离子液体[85]。这些中孔聚离子液体呈现出 CO_2 海绵状，具有较大的表面积，促进了 CO_2 吸附，从而加速了环加成过程。这之中，含卤素阴离子骨架的聚(N，N′-(亚甲基)双(N，N-二甲基-1-(4-乙烯基苯基)甲烷胺)氯化物在 101.325 kPa、90 ℃、无溶剂、无金属、无添加剂等温和条件下对 CO_2 环加成的催化效果最好。

在分离应用上，2018 年，Ivo F. J. Vankelecom 等提出了一种价格合理且稳定的纤维素基聚离子液体膜用于 CO_2/N_2 和 CO_2/CH_4 的气体分离[86]。通过氯化丁基烷基化，将乙酸纤维素与吡咯烷胺阳离子改性，取代聚合物主链上的羟基，再通过阴离子交换得到双(三氟甲基磺酰)亚胺盐(P[CA][NTf_2])，具体路线如图 5-18 所示。最终，在混合气体分离中，与普通 CA 相比，CO_2 的通量提高了两倍。对于 CO_2/N_2 和 CO_2/CH_4 气体混合物，实现了更高的渗透流量和工艺稳定性。

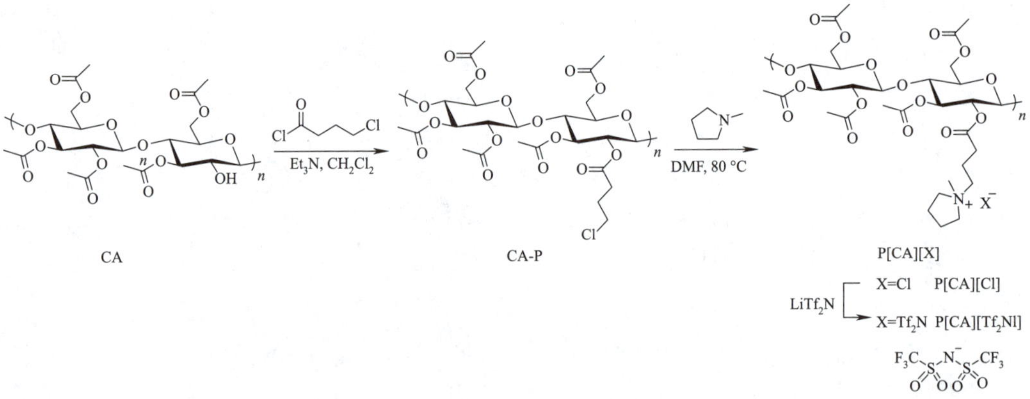

图 5-18 P[CA][NTf_2]合成路线图[86]

聚离子液体在 CO_2 的应用是一个新兴的研究领域，仍有许多未知的领域需要去探索。研究者们需要广泛的探索聚离子液体化学性质以及结构变化以增加 CO_2 吸附分离性能，使得其在该领域有着更加良好的应用前景。

5.3.3 其他领域的应用

除上述领域外，聚离子液体在其他多方面都有着诸多的应用[87]，例如抗菌材料等。

聚离子液体作为 DNA 载体有着巨大的潜力，为设计高效新型基因载体提供了途径，也为离子液体基材料在生物医学应用的发展提供了良好机会。2009 年，Jingsong You 等合成了聚[3-丁基-1-乙烯基咪唑 L-脯氨酸盐](P(Veim-L-Pro))作为基因载体。用琼脂糖凝胶电泳研究了这种聚离子液体与 DNA 的相互作用。通过 PI(碘化丙啶)和流式细胞术检测细胞存活率，显示对检测细胞的边缘毒性。通过体外转染实验评价转染效率。结果表明，咪唑阳离子对DNA具有很高的结合能力，可以有效保护复合物中的DNA免受酶促降解。可以进一步将报告基因转移到HeLa细胞中，在不借助其他试剂的情况下成功介导基因表达[88]。

在抗菌材料上，咪唑类聚离子液体因其表现出一定的抗菌性受到了广泛的关注[89]。2015年Yan Feng等通过原位光交联聚合反应，将两个不同的氨基酸(L-脯氨酸(Pro)和L-色氨酸(Trp))进行阴离子交换，合成了基于咪唑基的聚离子液体膜[90]。所得的膜对金黄色葡萄球菌和大肠杆菌均显示出较高的抗菌活性，低细胞毒性和良好的血液相容性。由于阴离子的协同抗菌作用，PIL-Trp膜表现出更高的抗菌活性。此外，这些基于聚离子液体的膜可轻松回收利用，而不会显著降低抗菌活性。

在响应性材料上，2016年，Yan Feng等通过咪唑类离子液体与丙烯酸(AA)，N-异丙基丙烯酰胺(NIPAM)和丙烯腈(AN)光引发交联聚合形成pH响应性聚离子液体膜[91]。制备的聚离子液体膜的透射率由AA单元的浓度和聚离子液体抗衡阴离子的疏水性决定，可以随温度或pH的变化而改变。聚离子液体膜的形状可以通过改变水溶液或气体气氛(NH_3/HCl)的pH来可逆地调整。这种响应性膜在传感器、室温下NH_3传感器、信息标记用功能材料等方面具有潜在的应用前景。

在水热碳化过程中，聚离子液体还可以用作稳定剂和造孔剂[92]。2013年，Yong Wang等通过引入聚离子液体并作为稳定剂造孔剂和氮源之后再将D-葡萄糖和D-果糖为碳源进行水热碳化(HTC)合成了由球形纳米粒子组成的多孔氮掺杂碳材料以及嵌入了Au-Pd核壳纳米粒子的材料(Au-Pd@N-Carbon)。在该反应中，聚离子液体链使在初始阶段形成的初级纳米颗粒稳定，并且仅允许通过进一步添加单体再生长。聚离子液体的电荷会引入静电排斥力，以使纳米颗粒在溶液中保持稳定并减少团聚，从而有效地将一次粒径从2.3 μm降低至50 nm以下。在反应的后期，这些小粒径颗粒总浓度变得很大，使得它们相互混合形成最终的分层网络。阴离子类型和聚离子液体大分子结构会影响所得碳材料的结构和组成，从而使孔网络结构和表面功能发生变化。

不仅于此，聚离子液体的应用范围之大受篇幅所限难以概述完全，其还可应用于防腐蚀涂料中的缓蚀剂[93]、有机晶体管和存储设备[94]、生物传感器[95]等等。聚离子液体的应用跨越了诸多的研究领域，并且与传统的材料相比很具优势，研究者们也在为拓宽其应用范围、提升其性能做着诸多努力。聚离子液体作为一种新兴的绿色多功能材料，相信在未来会大放异彩。

参考文献

[1] OHNO H, ITO K. Room-temperature molten salt polymers as a matrix for fast ion conduction[J]. Chemistry Letters, 1998, 27 (8) : 751-752.

[2] HIRAO M, ITO K, OHNO H. Preparationand polymerization of new organic molten salts; N-alkylimidazolium salt derivatives[J]. Electrochimica Acta, 2000, 45 (8-9) : 1291-1294.

[3] WASHIRO S, YOSHIZAWA M, NAKAJIMA H, et al. Highly ion conductive flexible films composed of network polymers based on polymerizable ionic liquids[J]. Polymer, 2004, 45 (5) : 1577-1582.

[4] NISHIMURA N, OHNO H. 15thanniversary of polymerised ionic liquids[J]. Polymer, 2014, 55 (16) : 3289-3297.

[5] AJJAN F N, AMBROGI M, TIRUYE G A, et al. Innovative polyelectrolytes/poly(ionic liquid)s for energy and the environment[J]. Polymer International, 2017, 66 (8) :1119-1128.

[6] MECERREYES D. Polymeric ionic liquids: broadening the properties and applications of polyelectrolytes [J]. Progress in Polymer Science, 2011, 36 (12) : 1629-1648.

[7] 何晓燕，徐晓君，周文瑞，等. 聚离子液体的合成及应用[J]. 高分子通报，2013 (5) : 17-28.

[8] OHNO H. Design of ion conductive polymers based on ionic liquids[J]. Macromolecular Symposia, 2007, 249-250 (1) : 551-556.

[9] YOSHIZAWA M, OHNO H. Molecularbrush having molten salt domain for fast ion conduction[J]. Chemistry Letters, 1999, 28 (9) : 889-890.

[10] OGIHARA W, WASHIRO S, NAKAJIMA H, et al. Effect of cation structure on the electrochemical and thermal properties of ion conductive polymers obtained from polymerizable ionic liquids[J]. Electrochimica Acta, 2006, 51 (13) : 2614-2619.

[11] CHEN H, CHOI J H, SALAS-DE LA CRUZ D, et al. Polymerized ionic liquids: the effect of random copolymer composition on ion conduction[J]. Macromolecules, 2009, 42 (13) : 4809-4816.

[12] WEBER R L, YE Y, BANIK S M, et al. Thermal and ion transport properties of hydrophilic and hydrophobic polymerized styrenic imidazolium ionic liquids[J]. Journal of Polymer Science Part B : Polymer Physics, 2011, 49 (18) : 1287-1296.

[13] SHAPLOV A S, PONKRATOV D O, VYGODSKII Y S. Poly(ionic liquid)s: synthesis, properties, and application[J]. Polymer Science Series B, 2016, 58 (2) : 73-142.

[14] YE Y, ELABD Y A. Anionexchanged polymerized ionic liquids: high free volume single ion conductors [J]. Polymer, 2011, 52 (5) : 1309-1317.

[15] APPETECCHI G B, KIM G T, MONTANINO M, et al. Ternary polymer electrolytes containing pyrrolidinium-based polymeric ionic liquids for lithium batteries[J]. Journal of Power Sources, 2010, 195 (11) : 3668-3675.

[16] ZHOU Z B, MATSUMOTO H, TATSUMI K. Cyclicquaternary ammonium ionic liquids with perfluoroalkyltrifluoroborates: synthesis, characterization, and properties[J]. Chemistry, 2006, 12 (8) : 2196-2212.

[17] OHNO H, YOSHIZAWA M, OGIHARA W. Developmentof new class of ion conductive polymers based on ionic liquids[J]. Electrochimica Acta, 2004, 50 (2) : 255-261.

[18] OHNO H. Moltensalt type polymer electrolytes. [J] Electrochimica Acta, 2001, 46 (10) : 1407-1411.

[19] YUAN J, ANTONIETTI M. Poly(ionic liquid)s:polymers expanding classical property profiles[J]. Polymer, 2011, 52 (7) : 1469-1482.

[20] SUTTO T E, DUNCAN T T. The behavior of li and mg ions in a polymerized ionic liquid[J].

Electrochimica Acta，2012，72（30）：23-27.

[21] YIN K，ZHANG Z，LI Y，et al. An imidazolium-based polymerized ionic liquid via novel synthetic strategy as polymer electrolytes for lithium ion batteries[J]. Journal of Power Sources，2014，258（15）：150-154.

[22] SHAPLOV A S，LOZINSKAYA E I，PONKRATOV D O，et al. Bis(trifluoromethylsulfonyl) amide based "polymeric ionic liquids"：synthesis，purification and peculiarities of structure-properties relationships[J]. Electrochimica Acta，2011，57（15）：74-90.

[23] MATSUMI N，SUGAI K，OHNO H. Selectiveion transport in organoboron polymer electrolytes bearing a mesitylboron unit[J]. Macromolecules，2002，35（15）：5731-5733.

[24] MATSUMI N，SUGAI K，SAKAMOTO K，et al. Direct synthesis of poly(lithium organoborate)s and their ion conductive properties[J]. Macromolecules，2005，38（12）：4951-4954.

[25] MIZUMO T，SAKAMOTO K，MATSUMI N，et al. Facile preparation of anion trapping polymer electrolytes by reaction between 9-borabicyclo[3. 3. 1]nonane（9-BBN）and poly(propylene oxide)[J]. Chemistry Letters，2004，33（4）：396-397.

[26] MATSUMI N，SUGAI K，MIYAKE M，et al. Polymerized ionic liquids via hydroboration polymerization as single ion conductive polymer electrolytes[J]. Macromolecules，2006，39（20）：6924-6927.

[27] MORI H，YAHAGI M，ENDO T. RAFTpolymerization of N-vinylimidazolium salts and synthesis of thermoresponsive ionic liquid block copolymers[J]. Macromolecules，2009，42（21）：8082-8092.

[28] YUAN J，SCHLAAD H，GIORDANO C，et al. Double hydrophilic diblock copolymers containing a poly(ionic liquid) segment：controlled synthesis，solution property，and application as carbon precursor[J]. European Polymer Journal，2011，47（4）：772-781.

[29] TEXTER J，VASANTHA V A，CROMBEZ R，et al. Triblock copolymer based on poly(propylene oxide) and poly(1-[11-acryloylundecyl]-3-methyl-imidazolium bromide)[J]. Macromolecular Rapid Communications，2012，33（1）：69-74.

[30] VIJAYAKRISHNA K，MECERREYES D，GNANOU Y，et al. Polymeric vesicles and micelles obtained by self-assembly of ionic liquid-based block copolymers triggered by anion or solvent exchange[J]. Macromolecules，2009，42（14）：5167-5174.

[31] TANG H，TANG J，DING S，et al. Atom transfer radical polymerization of styrenic ionic liquid monomers and carbon dioxide absorption of the polymerized ionic liquids[J]. Journal of Polymer Science Part A：Polymer Chemistry，2005，43（7）：1432-1443.

[32] ZHANG B，YAN X，ALCOUFFE P，et al. Aqueous RAFT polymerization of imidazolium-type ionic liquid monomers：en route to poly(ionic liquid)-based nanoparticles through raft polymerization-induced self-assembly[J]. ACS Macro Letters，2015，4（9）：1008-1011.

[33] DU C H，MA X M，WU C J，et al. Polymerizable ionic liquid copolymer P(MMA-co-BVIm-Br) and its effect on the surface wettability of PVDF blend membranes[J]. Chinese Journal of Polymer Science，2015，33（6）：857-868.

[34] WEN X，DONG T，LIU A，et al. A new solid-state electrolyte based on polymeric ionic liquid for high-performance supercapacitor[J]. Ionics，2019，25（1）：241-251.

[35] YOSHIZAWA M，HIRAO M，ITO-AKITA K，et al. Ion conduction in zwitterionic-type molten salts and their polymers[J]. Journal of Materials Chemistry，2001，11（4）：1057-1062.

[36] NAKAJIMA H, OHNO H. Preparation of thermally stable polymer electrolytes from imidazolium-type ionic liquid derivatives[J]. Polymer, 2005, 46 (25) : 11499-11504.

[37] LE BIDEAU J, VIAU L, VIOUX A. Ionogels, ionic liquid based hybrid materials[J]. Chemical Society Reviews, 2011, 40 (2) : 907-925.

[38] ZHOU D, LIU R, ZHANG J, et al. In situ synthesis of hierarchical poly(ionic liquid)-based solid electrolytes for high-safety lithium-ion and sodium-ion batteries[J]. Nano Energy, 2017, 33 : 45-54.

[39] FAN L, WEI S, LI S, et al. Recent progress of the solid-state electrolytes for high-energy metal-based batteries[J]. Advanced Energy Materials, 2018, 8 (11) : 1702657.

[40] POLU A R, RHEE H W. Ionic liquid doped PEO-based solid polymer electrolytes for lithium-ion polymer batteries[J]. International Journal of Hydrogen Energy, 2017, 42 (10) : 7212-7219.

[41] ESHETU G G, MECERREYES D, FORSYTH M, et al. Polymeric ionic liquids for lithium-based rechargeable batteries[J]. Molecular Systems Design & Engineering, 2019, 4 (2) : 294-309.

[42] FERRARI S, QUARTARONE E, MUSTARELLI P, et al. Lithium ion conducting PVdF-HFP composite gel electrolytes based on N-methoxyethyl-N-methylpyrrolidinium bis(trifluoromethanesulfonyl)-imide ionic liquid[J]. Journal of Power Sources, 2010, 195 (2) : 559-566.

[43] ZHOU N, WANG Y, ZHOU Y, et al. Star-shaped multi-arm polymeric ionic liquid based on tetraalkylammonium cation as high performance gel electrolyte for lithium metal batteries[J]. Electrochimica Acta, 2019, 301 (1) : 284-293.

[44] HUANG T, LONG M C, WANG X L, et al. One-step preparation of poly(ionic liquid)-based flexible electrolytes by in-situ polymerization for dendrite-free lithium ion batteries[J]. Chemical Engineering Journal, 2019, 375 (1) : 122062.

[45] KOVALENKO I, ZDYRKO B, MAGASINSKI A, et al. A major constituent of brown algae for use in high-capacity Li-ion batteries[J]. Science, 2011, 334 (6052) : 75-79.

[46] YUAN J, ANTONIETTI M. Poly(ionic liquid) latexes prepared by dispersion polymerization of ionic liquid monomers[J]. Macromolecules, 2011, 44 (4) : 744-750.

[47] VON ZAMORY J, BEDU M, FANTINI S, et al. Polymeric ionic liquid nanoparticles as binder for composite Li-ion electrodes[J]. Journal of Power Sources, 2013, 240 (15) : 745-752.

[48] JAYAKUMAR T P, BADAM R, MATSUMI N. Allylimidazolium-based poly(ionic liquid) anodic binder for lithium-ion batteries with enhanced cyclability[J]. ACS Applied Energy Materials, 2020, 3 (4) : 3337-3346.

[49] WANG Z, ZHU M, PEI Z, et al. Polymers for Supercapacitors: Boosting the development of the flexible and wearable energy storage[J]. Materials Science and Engineering: R: Reports, 2020, 139: 100520.

[50] TIRUYE G A, MUñOZ-TORRERO D, PALMA J, et al. Performance of solid state supercapacitors based on polymer electrolytes containing different ionic liquids[J]. Journal of Power Sources, 2016, 326:560-568.

[51] AYALNEH TIRUYE G, MUñOZ-TORRERO D, et al. All-solid state supercapacitors operating at 3.5 V by using ionic liquid based polymer electrolytes[J]. Journal of Power Sources, 2015, 279 (1): 472-480.

[52] YANG Y, CAO B, LI H, et al. A flexible polycation-type anion-dominated conducting polymer as

potential all-solid-state supercapacitor film electrolyte[J]. Chemical Engineering Journal, 2017, 330 (15) : 753-756.

[53] LEE C P, HO K C. Poly(ionic liquid)s for dye-sensitized solar cells: a mini-review[J]. European Polymer Journal, 2018, 108 : 420-428.

[54] WANG G, WANG L, ZHUO S, et al. An iodine-free electrolyte based on ionic liquid polymers for all-solid-state dye-sensitized solar cells[J]. Chemical Communications, 2011, 47 (9) : 2700-2702.

[55] WANG G, ZHUO S, YUAN L. Anionic liquid-based polymer with π-stacked structure as all-solid-state electrolyte for efficient dye-sensitized solar cells[J]. Journal of Applied Polymer Science, 2012, 127 (4) : 2574-2580.

[56] WANG G, ZHUO S, LIANG W, et al. Mono-ion transport electrolyte based on ionic liquid polymer for all-solid-state dye-sensitized solar cells[J]. Solar Energy, 2012, 86 (5) : 1546-1551.

[57] CHEN X, ZHAO J, ZHANG J, et al. Bis-imidazolium based poly(ionic liquid) electrolytes for quasi-solid-state dye-sensitized solar cells[J]. Journal of Materials Chemistry, 2012, 22 (34) : 18018.

[58] FERNICOLA A, PANERO S, SCROSATI B, et al. New types of brönsted acid-base ionic liquids-based membranes for applications in PEMFCs[J]. ChemPhysChem, 2007, 8 (7) : 1103-1107.

[59] FERNICOLA A, PANERO S, SCROSATI B. Proton-conducting membranes based on protic ionic liquids[J]. Journal of Power Sources, 2008, 178 (2) : 591-595.

[60] DíAZ M, ORTIZ A, ORTIZ I. Progressin the use of ionic liquids as electrolyte membranes in fuel cells[J]. Journal of Membrane Science, 2014, 469 (1) : 379-396.

[61] LIU F, WANG S, CHEN H, et al. Cross-linkable polymeric ionic liquid improve phosphoric acid retention and long-term conductivity stability in polybenzimidazole based PEMs[J]. Acs Sustainable Chemistry & Engineering, 2018, 6 (12) : 16352-16362.

[62] LIN B, QIU L, LU J, et al. Cross-linked alkaline ionic liquid-based polymer electrolytes for alkaline fuel cell applications[J]. Chemistry of Materials, 2010, 22 (24) : 6718-6725.

[63] PINAUD J, VIGNOLLE J, GNANOU Y, et al. Poly(N-heterocyclic-carbene)s and their CO_2 adducts as recyclable polymer-supported organocatalysts for benzoin condensation and transesterification reactions[J]. Macromolecules, 2011, 44 (7) : 1900-1908.

[64] LIU F, WANG L, SUN Q, et al. Transesterification catalyzed by ionic liquids on superhydrophobic mesoporous polymers: heterogeneous catalysts that are faster than homogeneous catalysts [J]. Journal of the American Chemical Society, 2012, 134 (41) : 16948-16950.

[65] FRéDéRIC, VIOLLEAU, SOPHIE, et al. Optical methyl 2-chloropropionate synthesis by decomposition of methyl 2-(chlorocarbonyloxy) propionate with hexaalkylguanidinium chloride hydrochloride[J]. Tetrahedron, 2002, 58 (42) : 8607-8612.

[66] ZHANG J, ZHANG S, HAN J, et al. Uniform acid poly ionic liquid-based large particle and its catalytic application in esterification reaction[J]. Chemical Engineering Journal, 2015, 271 (1): 269-275.

[67] LIU H, CHEN J, CHEN L, et al. Carbon nanotube-based solid sulfonic acids as catalysts for production of fatty acid methyl ester via transesterification and esterification[J]. Acs Sustainable Chemistry & Engineering, 2016, 4, (6): 3140-3150.

[68] BIAN Y, ZHANG J, ZHANG S, et al. Synthesis of polyionic liquid by phenolic condensation and its

application in esterification[J]. Acs Sustainable Chemistry & Engineering, 2019, 7 (20): 17220-17226.

[69] WU Z, CHEN C, GUO Q, et al. Novel approach for preparation of poly (ionic liquid) catalyst with macroporous structure for biodiesel production[J]. Fuel, 2016, 184 (nov. 15): 128-135.

[70] LI J, ZHOU Y, MAO D, et al. Heteropolyanion-based ionic liquid-functionalized mesoporous copolymer catalyst for friedel-crafts benzylation of arenes with benzyl alcohol[J]. Chemical Engineering Journal, 2014, 254 (15): 54-62.

[71] DUAN Y, ZHOU Y, SHENG X, et al. Influence of alumina binder content on catalytic properties of PtSnNa/AlSBA-15 catalysts[J]. Microporous & Mesoporous Materials, 2012, 161 (1): 33-39.

[72] SHA X, SHENG X, ZHOU Y, et al. High catalytic performance of mesoporous dual brønsted acidic ternary poly (ionic liquids) for friedel-crafts alkylation [J]. Applied Organometallic Chemistry, 2019, 33 (11): e5179.

[73] KAKESH N, SAYYAHI S, BADRI R. Magneticnanoparticle coated with ionic organic networks: a robust catalyst for knoevenagel condensation [J]. Comptes Rendus Chimie, 2018, 21 (11): 1023-1028.

[74] TU T N, NGUYEN H T T, NGUYEN H T D, et al. A new iron-based metal-organic framework with enhancing catalysis activity for benzene hydroxylation[J]. RSC Advances, 2019, 9 (29): 16784-16789.

[75] ElMETWALLY A E, ESHAQ G, YEHIA F Z, et al. Iron oxychloride as an efficient catalyst for selective hydroxylation of benzene to phenol[J]. ACS Catalysis, 2018, 8, (11): 10668-10675.

[76] HAN H, JIANG T, WU T, et al. V_xO_y supported on hydrophobic poly(ionic liquid)s as an efficient catalyst for direct hydroxylation of benzene to phenol[J]. ChemCatChem, 2015, 7 (21): 3526-3532.

[77] LI X, XUE H, LIN Q, et al. Amphiphilic poly(ionic liquid)/wells-dawson-type phosphovanadomolybdate ionic composites as efficient and recyclable catalysts for the direct hydroxylation of benzene with H_2O_2[J]. Applied Organometallic Chemistry, 2020, 34 (5): e5606.

[78] MOGHADDAM F M, AYATI S E, HOSSEINI S H, et al. Gold immobilized onto poly(ionic liquid) functionalized magnetic nanoparticles: a robust magnetically recoverable catalyst for the synthesis of propargylamine in water[J]. RSC Advances, 2015, 5 (43): 34502-34510.

[79] WANG Y, LIU J, XIA C. Cross-linked polymer supported palladium catalyzed carbonylative sonogashira coupling reaction in water[J]. Cheminform, 2011, 52 (14): 1587-1591.

[80] ZULFIQAR S, SARWAR M I, MECERREYES D. polymeric ionic liquids for CO_2 capture and separation: potential, progress and challenges[J]. Polymer Chemistry, 2015, 6 (36): 6435-6451.

[81] ISIK M, ZULFIQAR S, EDHAIM F, et al. Sustainable poly(ionic liquids) for CO_2 capture based on deep eutectic monomers[J]. Acs Sustainable Chemistry & Engineering, 2016, 4 (12): 7200-7208.

[82] MECERREYES, DAVID, ZULFIQAR, et al. Polymeric ionic liquids for CO_2 capture and separation: potential, progress and challenges[J]. Polymer Chemistry, 2015 6 (36): 6435-6451.

[83] PRIVALOVA E I, KARJALAINEN E, NURMI M, et al. Imidazolium-based poly(ionic liquid)s as new alternatives for CO_2 capture[J]. Chemsuschem, 2013, 6 (8): 1500-1509.

[84] TANG J, SHEN Y, RADOSZ M, et al. Isothermal carbon dioxide sorption in poly(ionic liquid)s[J]. Industrial & Engineering Chemistry Research, 2009, 48 (20): 9113-9118.

[85] XIE Y, SUN Q, FU Y, et al. Sponge-like quaternary ammonium-based poly(ionic liquid)s for high CO_2 capture and efficient cycloaddition under mild conditions[J]. Journal of Materials Chemistry A, 2017, 5 (48): 25594-25600.

[86] NIKOLAEVA D, AZCUNE I, TANCZYK M, et al. The performance of affordable and stable cellulose-based poly-ionic membranes in CO_2/N_2 and CO_2/CH_4 gas separation[J]. Journal of Membrane Science, 2018, 564 (15): 552-561.

[87] QIAN W, TEXTER J, YAN F. Frontiers in poly(ionic liquid)s: syntheses and applications[J]. Chemical Society Reviews, 2017, 46 (4): 1124-1159.

[88] Synthesis and biological applications of imidazolium-based polymerized ionic liquid as a gene delivery vector[J]. Chemical Biology & Drug Design, 2009, 74 (3): 282-288.

[89] RIDUAN S N, ZHANG Y. Imidazoliumsalts and their polymeric materials for biological applications [J]. Chemical Society Reviews, 2013, 42 (23): 9055-9070.

[90] GUO J, XU Q, ZHENG Z, et al. Intrinsically antibacterial poly(ionic liquid) membranes: the synergistic effect of anions[J]. ACS Macro Letters, 2015, 4 (10): 1094-1098.

[91] CHEN F, GUO J, XU D, et al. Thermo and pH-responsive poly(ionic liquid) membranes[J]. Polymer Chemistry, 2016, 7 (6): 1330-1336.

[92] ZHANG P, YUAN J, FELLINGER T P, et al. Improving hydrothermal carbonization by using poly (ionic liquid)s[J]. Angewandte Chemie International Edition, 2013, 52 (23): 6028-6032.

[93] TAGHAVIKISH M, SUBIANTO S, DUTTA N K, et al. Polymeric ionic liquid nanoparticle emulsions as a corrosion inhibitor in anticorrosion coatings[J]. ACS Omega, 2016, 1 (1): 29-40.

[94] CHOI J H, XIE W, GU Y, et al. Single ion conducting, polymerized ionic liquid triblock copolymer films: high capacitance electrolyte gates for N-type transistors[J]. ACS Applied Materials & Interfaces, 2015, 7 (13): 7294-7302.

[95] ZHANG Q, WU S, ZHANG L, et al. Fabrication of polymeric ionic liquid/graphene nanocomposite for glucose oxidase immobilization and direct electrochemistry[J]. Biosensors and Bioelectronics, 2011, 26 (5): 2632-2637.

第6章 离子液体膜分离技术

6.1 离子液体膜简述

6.1.1 离子液体膜材料简介

在所有分离过程中，基于膜的分离被认为是对污染物进行有效处理的最广泛和发展最快的分离过程之一[1,2]。在分离膜中，当玻璃态聚合物用作基质材料时，可能会出现聚合物-填料相容性较差的问题，由此形成的界面空隙可能导致膜选择性降低。膜制备过程中面临的另一个重要问题是填料团聚问题，即由于填料和聚合物之间产生相分离，从而导致复合材料变弱并形成非选择性缺陷[3]。为了克服膜分离工艺存在的缺点并进一步提升其分离性能，研究人员在优化操作参数的同时，进一步将研究重点转向新型膜材料的开发和膜工艺技术的创新。而离子液体的存在有助于形成无缺陷的界面形态，通过将填料功能化，改善界面相容性。

离子液体区别于普通有机溶剂和水的三个固有特性在于其具有不挥发性、热稳定性和可调的化学性质。离子液体由体积较大的有机阳离子和多样化的阴离子缔合而成，这种结构的多样性使得离子液体能够适应多种工业过程，如气体分离、海水淡化和质子交换膜等[4]。此外，离子液体展现出优异的水溶性和对气体的高亲和力，为化学反应的进行提供了一种独特的溶剂环境。这些特性赋予了离子液体在化学工程应用中的显著优势，特别是在膜分离技术方面[5]。

在过去的十五年中，离子液体作为改进现有膜分离工艺的替代材料，为多种不同的化学结构的设计提供了新的可能性。已有若干研究对基于离子液体的多种膜材料的结构和形态进行了广泛的探索，所涉及的离子液体膜材料类型包括离子液体支撑膜(SILMs)、聚合物/离子液体复合膜、凝胶离子液体膜以及聚合离子液体膜(PILs)。离子液体支撑膜因其卓越的分离性能而受到关注，但在高跨膜压差环境下的稳定性问题仍是一个挑战。当压差足够大以至于能够将离子液体相从支撑结构中推出时，SILMs容易失效，严重影响了运行效率和长期稳定性。为了克服这一缺点，人们采用不同的方法利用离子液体制备分离膜，包括将离子液体与常规聚合物共混，制备出机械强度高、气体传输性能好的聚合物/离子液体复合膜。此外，通过使用低分子量凝胶剂或聚合物，可以制备出结构稳定的凝胶离子液体膜。同时，可以将离子液体单体与其他单体聚合得到具有特定分离功能的聚离子液体(PILs)膜。这些基于离子液体的膜材料在膜分离技术领域显示出了广阔的应用前景,尤其是在提升分离效率和稳定性方面。随着材料科学和工程技术的不断进步,预计这些膜材料将在未来的工业分离过程中发挥更加重要的作用。

6.1.2　离子液体膜的分类

6.1.2.1　离子液体支撑膜(SILMs)

液体支撑膜(SLM)由具有多孔结构的载体及填充在孔隙中的液相组成。在液体支撑膜中,溶剂通过毛细作用被锚定于惰性固体膜载体的孔隙之内。相较于传统的聚合物膜,液体支撑膜展现出更高的渗透性和选择性。然而,传统溶剂的挥发性导致了膜稳定性较差,限制了其广泛应用。

当离子液体被用作液体支撑膜中的溶剂时,该膜被称为离子液体支撑膜(SILMs)。与普通溶剂相比,离子液体的低挥发性、高热稳定性和低可燃性等固有特性,使其成为液体支撑膜应用的理想液相。此外,离子液体的高黏度及其增强的毛细作用,共同赋予了 SILMs 更高的稳定性。

近年来,离子液体支撑膜因其制备简便和功能多样性,在膜分离领域得到迅速发展。特别是在 CO_2 分离应用中,由于所需离子液体量相对较少,与散装离子液体相比,离子液体支撑膜被认为是一种非常有吸引力的方法。预计在未来,离子液体支撑膜将在工业分离过程中扮演更加重要的角色。

由于相对于传统载体液膜中常用的溶剂,离子液体具有较高的黏度。因此,在离子液体支撑膜(SILMs)的制备过程中,选择合适的方法以实现液相的有效固定化和膜稳定性尤为关键。目前,制备 SILMs 的常用的方法包括直接浸泡法、加压法和真空法。直接浸泡法涉及将多孔载体膜浸泡于选定的离子液体中数小时,以便离子液体充分渗透膜孔[6]。加压法则是将膜放置在超滤装置中,加入一定量的离子液体并施加氮气压力以迫使离子液体流入膜孔中,通过用离子液体置换膜孔中空气来实现的[7]。在真空法中,支撑膜被浸没在一定体积的离子液体中,并用真空处理释放被膜孔堵塞的所有空气[8]。在上述三种方法完成后,通常会采取软质洗水纸擦拭等方式,去除 SILMs 表面多余的离子液体。此外,利用扫描电子显微镜(SEM)和能量色散 X 射线(EDX)分析,可以对离子液体的固定化方法及其对离子液体支撑膜性能的影响进行详细评估[7]。这些技术手段不仅可以表征膜的表面形态,还可以检测膜的整体化学组成以及膜内离子分布情况,为 SILMs 的性能优化提供了重要的分析手段。

离子液体支撑膜的两个主要组成部分,即多孔基底和离子液体,对离子液体支撑膜的制备和性能至关重要。常用的有机载体和无机载体包括聚酰亚胺(PI)、聚偏氟乙烯(PVDF)、聚砜(PSF)、陶瓷和氧化铝。虽然用于 CO_2 分离的离子液体种类繁多,但离子液体支撑膜可大体分为两类:基于常规离子液体的支撑膜和基于功能化离子液体的支撑膜。

多孔聚合物基离子液体支撑膜在相关工业条件下的 CO_2 分离性能有限,主要原因是其高温稳定性差。离子液体支撑膜的 CO_2 分离性能主要取决于其渗透性和选择性。由于这两个参数与气体在离子液体中的溶解度和扩散率有关,可以通过不同的阴、阳离子组合,调节离子液体的摩尔体积和黏度等固有性质从而实现对离子液体支撑膜 CO_2 分离性能的调控。目前,已有多种不同离子液体阳离子和阴离子被结合起来开发新型离子液体支撑膜。

在用于 CO_2 分离的离子液体支撑膜中,用作液相的离子液体类型众多,而大多数研究者倾向于选择包含咪唑阳离子的离子液体。这一选择可能源于咪唑类离子液体较早的商业化进程以及其分子结构的可调性,使咪唑类离子液体在结构设计和性能优化方面具有较大的灵活性,从而在 CO_2 捕获技术中发挥重要作用。

对离子液体支撑膜的气体渗透性能的研究,主要包括咪唑、季膦和季铵等阳离子,分别与氟化阴离子$[NTf_2]^-$、$[BF_4]^-$、$[PF_6]^-$等形成的离子液体。使用咪唑基离子液体制备的离子液体支撑膜表现出良好的 CO_2 分离性能,其渗透性/渗透性始终接近或高于 2008 年 Robson 研究得出的 CO_2/CH_4[9]和 CO_2/N_2 气体对[10]的上限,即离子液体支撑膜在 CO_2 分离性能方面可与聚合物膜相比较。其他的研究,同样集中在基于咪唑的离子液体,探索不同的结构变化,以调整离子液体对 CO_2 的选择性。虽然咪唑基离子液体应用较为广泛,但也有人探索出其他能够形成离子液体的杂环化合物作为离子液体支撑膜的液相。

离子液体阴离子通常比离子液体阳离子对离子液体支撑膜的 CO_2 分离性能有更大的影响。对离子液体支撑膜的研究主要使用具有氟化阴离子的离子液体。然而,一些研究人员也提出了含有其他阴离子的离子液体支撑膜,如卤素、磷酸盐和磺酸盐等[11]。此外,以羧酸盐为基础的离子液体也得到了一定的研究[12]。

6.1.2.2 聚合物/离子液体复合膜

将离子液体整合入聚合物基质中,是解决离子液体支撑膜固有缺点的一种行之有效的策略。在高温和高跨膜压力下,离子液体可能会从膜载体中的浸出,从而对 SILMs 的稳定性造成不利影响,进而限制了其在气体分离过程中的应用潜力。聚合物/离子液体复合膜通过将离子液体截留在单个聚合物链或团簇之间的紧密空间中,有效地稳定了离子液体,从而证明了其在提升 SILMs 膜结构稳定性方面的有效性。

PVDF-HFP 是一种高自由体积的全氟聚合物,在气体分离中得到了广泛的应用,是制备聚合物/离子液体膜最常用的共聚物[13]。近年来对 Pebax 1657 在聚合物/离子液体复合膜中的应用研究也取得了一定进展[14]。

在聚合物基体中引入离子液体,对聚合物的热稳定性、力学稳定性以及气体渗透性能都会产生较大影响。核磁共振(NMR)和红外光谱(IR)实验表明,离子液体在聚合物基质中以物理方式分散，且未与聚合物基质发生化学反应。显微镜、扫描电子显微镜或偏光显微镜的图像证实，聚合物/离子液体膜为非均相材料[15]。此外，需要特别关注聚合物和离子液体之间的相容性问题，因为在某些情况下可能会发生相分离，导致少量离子液体以微小液滴或薄膜的形态在膜表面渗出，对膜的性能可能产生不利影响。在气体渗透性能方面，离子液体的加入显著增加了研究气体（CO_2、N_2、CH_4）的渗透性，通常也会降低 CO_2/N_2 和 CO_2/CH_4 的渗透选择性，表明选择性和渗透性之间存在权衡。另外温度对复合膜渗透性能也有较强影响。

总体而言，聚合物/离子液体复合膜相较于纯离子液体支撑膜，展现出更好的机械稳定性和热稳定性。将离子液体引入传统聚合物中，能够有效提升复合材料的气体渗透性能。

6.1.2.3 凝胶离子液体膜

利用离子液体制备膜的另一种方法是使用低分子量有机凝胶（LMOG）或聚合物制备凝胶化离子液体结构[16]。在低负载水平下，LMOGs 可以通过氢键、范德华力和/或 π-π 键堆积固化大量有机液体，从而显著提升材料的机械稳定性[17,18]。此外，凝胶化离子液体膜构成了一个热力学上稳定的两相系统，宏观上呈现为固态，而在微观尺度上则主要由液态成分构成[19]，这种结构不仅保持了离子液体的流动性和功能性，同时也赋予了材料更好的形态控制和使用稳定性。

对于凝胶化离子液体膜，高气体渗透性和良好的机械性能之间往往存在权衡关系[19]。除了低分子量的有机凝胶剂外，一些聚合物也被用来形成物理凝胶化的离子液体膜[20]。

大量研究表明，凝胶化是制备具有良好的 CO_2 分离性能、接近于纯离子液体的支撑型拟固体膜的合适方法。同时，与离子液体支撑膜相比，凝胶化离子液体膜具有更高的机械强度和爆破压力。因此，凝胶化离子液体膜是一种很有前途的 CO_2 分离材料。然而，随着温度的升高，凝胶会可逆地变成液体，这限制了离子液体凝胶膜的商业应用。因此，需要开发出能够在高温范围内对离子液体进行凝胶化的凝胶剂。

6.1.2.4 聚合离子液体（PIL）膜

聚合离子液体是指由可聚合的离子液体单体制备的一类聚合电解质。由于聚合离子液体具有许多独特的离子液体组合性能，如离子导电性、热稳定性、可调溶液性能、化学稳定性，以及聚合物的固有性能等，使其作为 CO_2 分离膜材料极具吸引力和良好前景。聚合离子液体基膜按组成可分为纯聚合离子液体膜、聚合离子液体共聚物膜和聚合离子液体-离子液体复合膜。

（1）纯聚合离子液体膜

与离子液体支撑膜相比，纯聚合离子液体膜具有良好的稳定性，已广泛应用于 CO_2 的分离。纯聚合离子液体膜通常是由离子液体在交联剂和引发剂存在的情况下通过自由基聚合反应制备的。

研究表明,仅仅通过改变或功能化聚合离子液体中的聚阳离子,并不能使纯聚合离子液体膜在技术应用上具有竞争力[21,22]。然而,深入理解这些研究所揭示的结构与性能之间的构效关系,为进一步改进材料设计,实现更高效能的离子液体膜提供了理论基础。

(2)聚合离子液体-共聚物膜

共聚是调节大分子所需性能的一般策略,聚合离子液体共聚物膜主要是由离子液体单体和可聚合有机单体在一定摩尔比下聚合而成,是提高膜力学性能和制备 CO_2 分离膜的有效途径。

利用聚合离子液体共聚物可以很好地调节 CO_2 的分离性能。虽然要完全了解大分子结构与气体透过性能之间的关系还需要大量的研究,但这些结果为设计具有机械稳定性的聚合离子液体基 CO_2 分离膜开辟了新的可能性。

(3)聚合离子液体-离子液体复合膜

将游离离子液体掺入聚合离子液体中制备聚合离子液体-离子液体复合膜是一种可行有效的 CO_2 分离方法,其在促进 CO_2 的传输,提升膜的渗透性的同时,保持了聚合离子液体膜的稳定性。作为聚合离子液体-离子液体复合膜的关键组成部分,游离离子液体和聚合离子液体的结构对 CO_2 的分离性能有很大的影响[24]。将游离离子液体掺入聚合离子液体中使气体渗透性大幅提高这一结论为其他研究人员提供了借鉴[23]。

总之,添加游离离子液体可以增加聚合离子液体基膜的 CO_2 渗透性。而游离离子液体的气体渗透性能对复合材料的 CO_2 分离性能产生显著影响。随着游离离子液体负载量的增加,复合材料的 CO_2 分离性能进一步偏离纯聚合离子液体膜,而更接近同类离子液体支撑膜。因此,选择合适的离子液体对改善聚合离子液体-离子液体复合膜的 CO_2 分离性能至关重要。

6.1.3 离子液体膜的主要特性

近年来,离子液体作为新一代绿色介质被广泛应用于萃取分离、有机合成、气体分离、液体分离、电化学等诸多领域。离子液体由于具有不易挥发性、良好的溶解性和选择性、结构可设计性等独特的物理化学性质,使其具有较好的气体吸收性能和较低的再生能耗,在分离领域方面展现了良好的应用前景[25]。与其他分离技术相比,膜技术具有能耗低、体积紧凑、投资成本低、分离环境友好等优点[26]。膜分离过程的驱动力源自膜两侧气体的分压差。其渗透性与速率控制有关,而分离效率则可通过在特定压力、温度和流速条件下,膜的选择性来进行评估[27]。

离子液体的缺点包括高黏度、高生产成本、毒性不明确,以及对环境的潜在影响[28]。这些缺点限制了其工业应用。但是,在分离过程中将离子液体固定到支持材料中,可以使给定过程所需活性相的量最小化,并极大地促进了离子液体的回收和重复使用。

分离过程中的离子液体在膜分离中的覆盖范围比较广泛[10]。与传统的溶剂基膜相比,因为离子液体对不同物质具有更高的溶解度，所以基于离子液体的膜在分离混合物方面表现出显著的优势[29,30]。

常温离子液体由于其化学结构在环境温度下以液体形式存在。由于离子液体的性质受其结构和纳米结构的控制，即使没有设定具体规则，也可以通过平衡离子－离子相互作用来实现这些性质的调控[31]。离子液体系统中存在两种特殊类型的中尺度结构：氢键和离子簇。离子液体的黏度受氢键的影响，而离子簇会影响离子液体的性质和行为，包括黏度、溶解度、酸度或碱度[32]。

离子液体的密度会随着阳离子烷基长度的增加而降低，除此之外密度也由阴离子控制。离子液体的黏度高于有机溶剂。当阳离子烷基长度增加时，黏度较高[33]。离子液体被认为是极性溶剂，其极性接近于烷基长度短的醇。通常，极性会影响其溶解度[34]。

离子液体支撑液膜具有较高的渗透和分离性能，但在较高跨膜压差下(0.25～0.3 MPa)膜液易流失，聚离子液体膜和离子液体-聚合物共混膜为离子液体固化膜，因此稳定性较好，但其渗透和分离性能与离子液体支撑液膜有一定的差距[35]。

离子液体膜的稳定性主要取决于膜载体、离子液体的性质，以及膜载体与水相之间的界面张力。由于疏水性离子液体和亲水性载体之间的弱相互作用，疏水性载体显示出比亲水性载体更高的稳定性。使用无机纳滤膜的硅微球显示出巨大的潜力，因为它们有明确的孔结构，具有更好的热稳定性和耐久性[36]。然而，关于无机纳滤膜在离子液体支撑液膜中的影响的报道非常有限。纳滤膜即使在 1 MPa 的跨膜压力下也能控制离子液体的损失，这证明适当选择膜支持物和膜孔尺寸可以降低高跨膜压力下离子液体的损失。

6.1.4　离子液体膜的应用

目前，离子液体膜在气体分离领域(如 CO_2 分离、气体脱硫、烯烃/烷烃分离等)和液体分离领域(如海水淡化、染料脱盐、重金属去除、质子交换膜等)的应用已日益广泛。

在分离过程中，选择合适的溶剂具有挑战性。相较于传统溶剂，离子液体因其更高的提取率而受到青睐[37]。在过去的十余年中，离子液体膜被用来实现不同化合物(例如醇[38,39]、气体[40,41]、有机酸[42,43]、酯[44]和芳香烃[45,46])的分离。使用离子液体膜进行混合物的有效分离，需满足两个关键要求：一是选择性能优异的载体；二是构建能够长期稳定运行的离子液体膜。

1. 金属离子的分离

离子液体支撑膜和聚合物离子液体膜已展现出在金属离子的分离方面的潜力，与传统用于金属离子分离的液-液萃取方法形成鲜明对比。后者作为一种涉及水和有机相的技术，由于使用有机相，存在易燃和有毒的缺陷。相反，离子液体以其环境友好的特性，被认为是一种极具潜力的绿色萃取剂，适用于如碱、碱土、重金属和放射性金属等的提取[47]。例如，基于疏水脂肪酸的离子液体已被成功应用于从 Co(Ⅱ)/Na(Ⅰ)和 Ca(Ⅱ)/Co(Ⅱ)/K(Ⅰ)

混合物中连续萃取金属离子[48]，证实了离子液体在金属离子分离中的有效性。

2. 气体分子的分离

近年来，基于膜技术的气体分离取得显著的性能突破，已开发了多种新型膜材料，其设计目标是提高材料对多个气对（包括 O_2/N_2、CO_2/CH_4、H_2/N_2、He/N_2、H_2/CH_4、He/H_2、He/CH_4、He/CO_2、H_2/CO_2）的分离性能，以至超越传统的“Robeson 上限”。聚合物膜在气体分离中的主要应用是在天然气操作中将氢与 N_2、Ar、CH_4 进行分离，以及将 CO_2 与 CH_4 分离[49]。

对于二元气体混合物的分离，无孔膜和多孔膜均可使用。通常，分离的驱动力是膜两侧气体的分压。然而，气体分离的具体机制很大程度上取决于膜的微观结构。在多孔膜的情况下，根据膜的孔隙率可以区分不同的机制：包括努森扩散、分子筛分、泊松流动和/或毛细管凝聚等[50]。

在以往的工作中，研究了膜的主要特性（如渗透率和选择性）受温度、增塑、离子液体负载百分比以及跨膜压力等因素的影响。目前的研究表明，离子液体膜在对于从混合气体（如 CH_4、H_2、N_2、He）中分离 CO_2 方面极具前景。膜分离法可以适用于不同浓度的 CO_2 分离，绿色洁净无污染，且无须再生、节约能耗，具有较低的工业化应用成本和简便的操作过程。目前一些研究人员探讨了浓度和组分类型对离子液体膜分离 CO_2 性能的影响[49]。

（1）天然气脱除 CO_2（CO_2/CH_4）

从天然气中脱除酸性气体，特别是二氧化碳，是研究最广泛的膜分离过程之一。天然气中的酸性气体含量过高，会导致热值不足、管道腐蚀等恶性结果。Ghasemi 等探索了使用 PEBAX 共聚物 Pebax1657 进行气体分离的可能性。气体渗透结果表明，纯 PEBAX 在 35 ℃、1 MPa 压力下含有 50%（质量分数）离子液体混合膜的 CO_2 渗透率从 110 Barrer 增加到 190 Barrer，相关的 CO_2/N_2 和 CO_2/CH_4 选择性分别从 78.6 升至 105.6，20.8 升至 24.4，均超过“Robeson 上限”[51,52]。Ghasemi 等还研究了温度和压力等操作参数对离子液体支撑液膜性能的影响[53]，膜在较低压力下可长期稳定运行，而在较高压力下多孔膜载体中离子液体的损失引发了系统不稳定。

（2）烟道气脱除 CO_2（CO_2/N_2）

烟道气是指煤等化石燃料燃烧时候所产生的对环境有污染的气态物质，其成分为氮气、二氧化碳、氧气、水蒸气和硫化物等。烟道气中二氧化碳的回收具有以下特点：①气体流量大；②CO_2 分压低；③含有大量的 N_2；④主要杂质气体为 O_2、SO_2 等。已有研究尝试使用离子液体膜脱除烟道气中的酸性气体。

Tome 等[53]将含有二氰铵阴离子的[C_2mim][DCA]通过浸渍法负载到聚四氟乙烯（PTFE）上制成离子液体支撑液膜，用于分离 CO_2/N_2。结果表明，该支撑液膜的 CO_2 渗透率和选择性较好，分别为 476 Barrer 和 68。Li 等[54]将聚乙烯选择性转运，并制备了基于 1-N-烷基-3 甲基咪唑鎓与六氟磷酸根或四氟硼酸根阴离子结合的四种离子液体，将其固定在不同的有机聚合物膜上。其中，使用[Bmim][PF_6]离子液体固定的聚偏二氟乙烯膜中，允许仲胺相对于叔胺以极高选择性运输，比例高达55∶1。

(3)硫化物的分离

硫化物也以SO_2和H_2S的形式溶解在离子液体中。例如，Jalili等[55]报道了H_2S在离子液体中的溶解度，其溶解度顺序为[Bmim][NTf_2]>[Bmim][BF_4]>[Bmim][PF_6]，表明离子液体膜具有从混合物中去除硫化物的潜力。

3. 有机化合物的分离

挥发性有机化合物是由生物代谢和人类活动所致的污染物，是雾霾天气的形成原因之一。挥发性有机化合物的来源比较多，包括家具喷漆、汽车涂装等。其中所包含的化学物质会严重污染环境，并危害人体健康。膜分离技术主要是通过高分子膜在特定压力下不断渗透废气，确保有机物能够从挥发性有机化合物中脱除。离子液体支撑液膜在有机化合物的分离方面应用较为广泛。

(1)有机酯的分离

在传统的尼龙膜中，由于无法观察到有机化合物之间存在明显的渗透性差异，其在目标化合物的选择性分离方面表现不佳。然而，当将包含$[PF_6]^-$、$[BF_4]^-$或[DCA]阴离子的咪唑类离子液体负载至聚合物膜时，不仅可以基于官能团的差异，还可以根据烷基链的长度，实现目标化合物之间的显著的渗透性差异。这一发现表明，这些基于离子液体的支撑离子液体液膜具备从反应混合物中选择性分离有机酯的潜力。

(2)有机酸的分离

Miyako等[56]报道了基于有机溶剂(即异辛烷、甲苯、正己烷)的支撑液膜对有机酸的运输机制。在此过程中，有机酸的运输是通过脂肪酶实现的。具体而言，有机酸在进料相中被脂肪酶酯化，所生成的酯类物质随后分配至支撑离子液体液膜的有机相中，并通过液膜进行扩散。在接收阶段，脂肪酶进一步催化酯水解为水溶性的醇和初始有机酸，从而实现有机酸的有效转运。

(3)芳香族烃的分离

研究人员[38]使用基于[Bmim][PF_6]、[Hmim][PF_6]、[Omim][PF_6]和$[Et_2MeMoEtN]^+$的支撑离子液体液膜研究了庚烷中苯、甲苯和对二甲苯的选择性分离。研究发现，当$[NTf_2]^-$负载在聚偏二氟乙烯膜时，基于上述离子液体的液膜能够有效促进芳烃选择性地渗透过了膜，其中[Bmim][PF_6]为介质的液膜相对于正庚烷对苯的选择性最大。

6.2 离子液体膜在气体分离中的应用

6.2.1 气体分离膜基本理论

气体产品是工业的“血液”，是现代工业重要的基础原料。同时，工业尾气的大量排放也会造成不同程度的环境污染和资源浪费，因此气体的净化分离对化工、能源资源利用、环境保护等有着重要意义。膜分离技术由于具有设备小、操作方便、效率高、能耗低等特点，是一种颇有应用前景的气体分离新技术。气体膜分离过程是一种以压力为驱动的分离过程，在膜两侧混合气体各组分压差的驱动下，不同气体分子透过膜的速率不同，渗透速率快的分子在渗透侧富集，渗透速率慢的气体分子在原料侧富集，从而实现不同气体的分离。不同的膜材料对不同气体分子的透过率和选择性不同，因而可以从气体混合物中选择性分离目标气体。

6.2.1.1 气体膜分离机理

气体膜分离机理较为复杂，一般膜结构不同，其分离机理也不尽相同。按结构不同，膜可分为多孔膜和非多孔膜(包括均质膜、非对称膜、复合膜)。多孔膜的分离机理为微孔扩散，非多孔膜的分离机理主要是溶解-扩散和自由体积理论。另外，气体与膜中特殊成分发生可逆反应的传质过程常用促进传递机理来进行描述。

1. 微孔扩散机理

微孔膜气体分离遵循微孔扩散机理，包括四种情况：(1)克努森扩散：当膜孔径很小或者气体压力很低，气体分子的平均自由程远大于扩散孔径时，孔内分子流动扩散的阻力主要来自分子和孔壁之间的碰撞作用。(2)表面扩散：当孔径与气体分子直径相当时，气体分子吸附在孔壁表面，产生的浓度差驱动扩散。通常沸点低的气体易被孔壁吸附，表面扩散显著；操作温度越低，孔径越小，表面扩散越明显。(3)毛细管凝聚现象：当吸附的气体分子在孔壁内凝聚时，阻碍其他气体透过膜，从而实现不同气体的分离。(4)分子筛分效应：当多孔膜的孔径落在不同气体分子的动力学直径之间时，即发生分子筛分过程：大于膜孔径的气体分子被阻碍，而较小的气体分子通过，从而实现不同组分的分离。分子筛分过程能够高效的分离混合气体，是一种较为理想的分离方法。

2. 溶解-扩散机理

溶解-扩散机理是目前常用来描述气体透过致密膜的机理，其具体步骤为：气体分子首先与膜表面接触，在膜表面吸附溶解，膜两侧产生浓度梯度；在浓度差的驱动下使膜内的气体分子向另一侧扩散；透膜气体分子从膜的另一侧表面解吸。

初始情况下，此扩散过程处于非稳态，气体在膜内浓度呈非线性分布，根据 Fick 第一定律，气体在膜内的渗透速率 F 为（最简单的一维扩散过程）：

$$F=D(c)\times\frac{\mathrm{d}c}{\mathrm{d}x} \tag{6-1}$$

式中，F 为气体在膜内的渗透速率；c 为溶解在高分子膜内的气体浓度；$D(c)$为扩散系数。

气体在高分子膜内的浓度与气体压力的关系可以表示为

$$c=S(c)\times P \tag{6-2}$$

式中，$S(c)$为气体在高分子膜内的溶解系数；P 为气体压力。

若气体在高分子膜内的扩散系数与溶解系数均不随浓度发生变化，则气体的渗透速率可表示为

$$F=DS\times\frac{\Delta p}{l}=\frac{P}{l}\times\Delta p=J\times\Delta p \tag{6-3}$$

式中，P 为气体在膜内的渗透系数；J 为气体的渗透通量；Δp 为膜两侧压差；l 为膜厚。则气体在致密膜中的渗透系数 P 可表示为

$$P=DS \tag{6-4}$$

3. 自由体积机理

自由体积的概念出现于 20 世纪，最早可追溯到 1935 年，后经过不断发展，该理论认为，固体和液体总的宏观体积由两部分组成：固有体积和自由体积。固有体积(V_0)，指分子或原子实际占有的体积，是外推至 0 K 而不发生相变时分子实际占有的体积；自由体积(V_f)为分子间的间隙，它以大小不等的空穴无规分散在基体中，其指无定形物质在一定温度下的体积(V)与该物质在 0 K 的体积(V_0)之差。当聚合物的自由体积减小到一定程度时，分子间的间隙为一定值，此时，链段的运动被冻结导致玻璃化转变。因此玻璃化温度 T_g 以下时，空穴的尺寸和分布基本不变，聚合物的自由体积几乎不变，而高聚物体积随温度升高而发生的膨胀是由于固有体积的膨胀。在玻璃态转化温度以上时，链段运动被激发，高聚物体积随温度升高而发生的膨胀就包括两部分：固有体积的膨胀和自由体积的膨胀。因此，在高温时体积膨胀率比低于 T_g 时要大。

自由体积分数是在自由体积的基础上发展起来的概念，其表示自由体积占样品的实际测量摩尔体积的比，即

$$f=\frac{V_f}{V}=\frac{V-V_0}{V} \tag{6-5}$$

式中，f 为自由体积分数；V_f 为自由体积；V 为一定温度下实际测量的摩尔体积；V_0 为固有体积。

总的来说，自由体积理论十分复杂，不同计算方法得到的自由体积分数不同，因而在进行比较时，应注意具体的计算方法是否相同。

4. 促进传递机理

促进传递机理是指通常向膜内引入某种载体，利用载体和气体中某组分发生的可逆反应生成复合物，然后复合物扩散到膜的另一侧，最后复合物分解气体解吸。基于促进传递机理的膜极大地提高了气体传质速度，从而提高了膜的分离性能。适用于 CO_2 分离的膜，通常为带有胺基官能团的促进传递膜，这种膜需要在水分的辅助下促进 CO_2 的传质[10,57]。而对于烯烃/烷烃分离，常用含金属离子载体的膜，通过与烯烃发生可逆络合作用从而实现分离[58]。

6.2.1.2 气体膜分离性能参数

不同的膜材料通过不同气体分子的渗透程度，从而实现气体混合物的分离。一般用于评价膜对不同气体分子分离性能的参数包括渗透系数、扩散系数、溶解系数和选择性。渗透性和选择性通常受“Robeson 上限”制约，即渗透性和选择性不能同时提高。

1. 渗透系数

渗透系数是评价气体分离膜分离性能的主要参数之一，表示气体透过膜的能力大小。渗透系数受气体种类、膜材料化学组成、分子结构以及测试条件等因素的影响。对于特定的气体分离组分，选择合适的膜材料是实现高效分离过程的核心，选用选择性高的膜材料可以提升气体分离效率。

已知气体在膜中的透过量 q 可由下式表示：

$$q=\frac{DS(p_1-p_2)S_m t}{\delta}=\frac{P(p_1-p_2)S_m t}{\delta} \tag{6-6}$$

式中，S_m 为膜有效表面积；δ 为膜厚度。

则渗透系数计算公式如下：

$$P=\frac{q\delta}{S_m t(p_1-p_2)} \tag{6-7}$$

式中，渗透系数常见的单位是 $cm^3(STP)\cdot cm/(cm^2\cdot s\cdot cmHg)$，STP 表示标准温压状态。

2. 扩散系数

扩散系数表示由于分子链热运动导致的气体分子在膜中传递能力的大小，其受温度、高分子链运动的激烈程度和分子大小等因素的影响，通常温度越高、分子越小，扩散系数越大。从时间延迟法测得的气体渗透曲线中可以得到滞后时间 θ_0，则扩散系数 D 可以表示为

$$D=\frac{\delta^2}{6\theta_0} \tag{6-8}$$

3. 溶解系数

溶解度系数表示膜对气体的溶解能力大小，受到气体种类和膜材料种类等因素的影响，通常来说，高沸点易液化的气体在膜中的溶解度系数较大，且符合 Henry 定律。溶解度系数一般根据渗透系数和扩散系数计算得到，即 $S=P/D$。

4. 分离选择性

分离选择性是评价气体分离膜分离性能的另一个主要参数，不同气体在致密膜中的分离是通过其在膜内具有不同的吸附溶解度和扩散系数实现的。纯气体的分离选择性可表示为不同气体渗透系数的比值，也是溶解选择性和扩散选择性的乘积：

$$\alpha_{ij}=\frac{P_i}{P_j}=\frac{D_i}{D_j}\times\frac{S_i}{S_j}=\alpha_{S,ij}\times\alpha_{D,ij} \tag{6-9}$$

式中，α_{ij} 为气体 i 和气体的 j 的选择性；$\alpha_{S,ij}$ 表示气体 i 和气体的 j 的溶解选择性；$\alpha_{D,ij}$ 表示气体 i 和气体的 j 的扩散选择性。

对于混合气体，分离选择性定义如下：

$$\alpha_{ij}=\frac{y_i/y_j}{x_i/x_j} \tag{6-10}$$

式中，y_i 为渗透侧组分 i 的摩尔分数；y_j 为渗透侧组分 j 的摩尔分数；x_i 为原料侧组分 i 的摩尔分数；x_j 为原料侧组分 j 的摩尔分数。

5. Robeson 上限

气体分离膜中，气体渗透性和选择性间存在着相互制约关系，Robeson[59]将这种关系用式 6-11 描述，总结了不同聚合物与气体之间的渗透作用参数，并进行经验拟合求得了相关系数。将求得相关系数的函数在双对数坐标系中作图，可知选择性和渗透系数成直线关系，将此直线称为“Robeson 上限”或“Upper Bound Line”，通常将其作为衡量膜分离性能的标准。

$$P_i=k\alpha_{ij}^n \tag{6-11}$$

式中，P_i 为渗透较快的气体 i 的渗透系数；α_{ij} 为膜对气体 i 和气体 j 的选择性；k 和 n 为相关系数。

随着膜分离技术的不断发展及研究人员对气体渗透实验手段的不断改进，很多膜材料的性能已超过 1991 年时的上限，因而 Robeson[52]于 2008 年对上限进行更新，给出了新的相关系数。十多年来，随着新材料的开发设计，也有学者对上限进一步更新，如得到用于 O_2/N_2 等气体分离的 2015 年的上限[60]。

6.2.2　离子液体膜在 CO_2 分离中的研究进展及应用

6.2.2.1　离子液体支撑液膜用于 CO_2 分离

由于离子液体饱和蒸气压极低，不易挥发，将离子液体作为液相分离介质负载于多孔支撑体的孔道中制备出离子液体支撑液膜，可以大大提升支撑液膜的稳定性，避免传统的有机液相溶剂挥发造成的膜材料性能降低的缺陷。离子液体支撑液膜的气体分离性能与离子液体的物化性质、支撑体的孔道结构、离子液体与支撑体的相容性、膜材料制备方法、分离过程操作条件等密切相关。研究表明离子液体支撑液膜的气体分离性能有超越“Robeson 上限”

的潜力[61,62]。

CO_2 在常规离子液体支撑液膜中的渗透过程可以用溶解-扩散机理来描述。离子液体的结构，尤其是阴离子的结构对 CO_2 在离子液体中的溶解度有重要影响。Scovazzo 等[63]研究了含不同阴离子的常规离子液体支撑液膜的 CO_2 渗透性规律，结果表明，离子液体支撑液膜 CO_2 渗透性排序与 CO_2 在纯离子液体中的溶解度排序相似，含有$[NTf_2]^-$阴离子的支撑液膜具有最高的 CO_2 渗透性。另一方面，离子液体自身的物性尤其是黏度直接影响气体在支撑液膜中的扩散过程，Marrucho 等[64]研究发现，对于一系列阴离子氟化程度不同的离子液体支撑液膜，CO_2 在支撑液膜中的扩散系数规律以及膜材料的 CO_2 渗透性规律均与纯离子液体的黏度规律一致，说明离子液体较低的黏度有利于气体在离子液体支撑液膜中的扩散，从而有利于提高 CO_2 渗透性。

采用功能化离子液体制备出的离子液体支撑液膜，能够与 CO_2 发生可逆的化学反应从而促进 CO_2 分子在膜中的传递。氨基功能化离子液体支撑液膜是最为常见的功能化离子液体支撑液膜，Matsuyama 等[65]以两种含氨基官能团的离子液体制备出离子液体支撑液膜，在低 CO_2 分压条件下(2.5 kPa)，CO_2 渗透性最高达到 2 650 Barrer，CO_2/CH_4 分离选择性为 120，随着 CO_2 分压增大，CO_2 渗透性和 CO_2/CH_4 分离选择性显著降低，这证明了氨基功能化离子液体支撑液膜以促进传递为主的分离机理。含氨基官能团的离子液体通常具有较高的黏度，会阻碍 CO_2 在支撑液膜中进行传质，有研究表明，由于离子液体对 CO_2 亲和性远远高于其他非极性气体，氨基功能化离子液体支撑液膜仍旧获得良好的 CO_2 分离性能[66]。氨基酸离子液体支撑液膜也是较为常见的功能化离子液体支撑液膜，Matsuyama 等[67]发现阳离子摩尔体积较小的氨基酸离子液体支撑液膜具有较高的 CO_2 分离选择性，其中含$[P_{2225}]$[Gly]的支撑液膜 CO_2/N_2 分离选择性超过 300，CO_2 渗透性超过 20 000 Barrer。

水对离子液体的物性和气体吸收性能有一定影响，因此，水的存在对离子液体支撑液膜气体分离性能的影响不可忽视。离子液体中含有一定水分或者加湿分离气体常常有利于离子液体支撑液膜 CO_2 分离性能的提升[68,69]。He 等[70]发现当常规离子液体[Bmim]$[BF_4]$中含有少量水分(小于 10%)时，离子液体黏度降低，从而使支撑液膜的 CO_2 扩散系数增大，提高了 CO_2 在膜中的渗透性。对于功能化离子液体支撑液膜，水的存在会促进膜材料与 CO_2 的相互作用，比如，Matsuyama[68]等制备了含有少量水的氨基酸离子液体支撑液膜，显著提升 CO_2 吸收量，并且增大 CO_2 在支撑液膜中的传质驱动力，进而改善膜的 CO_2/N_2 分离性能。

离子液体支撑液膜的稳定性是研究者们一直关注的重点问题。采用合适的支撑体是支撑液膜实现高稳定性的一项重要因素，比如，采用陶瓷、碳材料等无机支撑体有利于支撑液膜在高温和高压条件下的分离过程[71,72]，一些有机支撑体(聚偏氟乙烯、尼龙、聚丙烯等)的使用也能够提升支撑液膜的稳定性。考虑到离子液体在支撑体孔道内的稳定性，研究显示，选用孔径为100～200 nm的支撑体有利于支撑液膜承受较大的跨膜压差[73]。另外，通过调节离子液体物性、改进制膜方法等途径，也能够改进离子液体支撑液膜的稳定性。

6.2.2.2 聚离子液体膜用于CO_2分离

聚离子液体是由离子液体单体和聚合物单体聚合得到，具有离子液体和聚合物的优点，如结构可调、容易加工、性质稳定等[74,75]。聚离子液体的制备方法主要包括：(1)离子液体单体的聚合；(2)聚合物的化学修饰。聚离子液体最初被用于聚电解质材料，由于其具有离子液体的部分性质以及较高的CO_2亲和性，因此也被应用于CO_2吸附材料，展现了良好的吸附性能力且具有可逆、快速的吸收解吸速率[76,77]。作为CO_2捕集材料，聚离子液体得到了广泛的研究，其中，聚离子液体膜材料分离CO_2具有重要的意义和应用前景[57,75]。

咪唑基聚离子液体膜是研究最广泛的CO_2分离膜。改变咪唑基离子液体单体的结构可以改变膜的分离性能，如增加咪唑基上烷基链的长度可以增加气体的渗透性[22,78]。Bara等[78]研究了一系列咪唑基聚离子液体膜的CO_2/N_2分离性能，结果表明，含有长烷基链的咪唑基聚离子液体膜具有较高的CO_2渗透性，这是由于长的烷基链可以增加膜的自由体积。另外，向聚离子液体中引入极性基团，可以提高聚离子液体膜对CO_2的选择性。Bara等[79]制备了低聚乙二醇(OEG)和氰基(CN)功能化的咪唑基聚离子液体膜，结果表明：引入极性基团可以提高CO_2/CH_4和CO_2/N_2的选择性；不同官能团的引入也会影响膜的渗透性，相比CN功能化的聚离子液体膜，OEG功能化的膜具有更高的气体渗透性。除了咪唑基聚离子液体膜以外，季铵和季鏻盐基聚离子液体膜也被用于CO_2分离[80,81]。对于季膦基聚离子液体膜，气体渗透性也随季膦基团上烷基链的增长而增加[81]，这与咪唑基聚离子液体膜中的实验结果相符合。

为提高聚离子液体膜的机械性能和成膜性，将离子液体单体和聚合物单体共聚制备聚离子液体-共聚物膜是一种有效的手段。同时，在聚离子液体引入侧链或者功能基团也可以提高膜的分离性能。Hu等[82]通过离子液体单体与聚乙二醇(PEG)共聚制备得到了PEG修饰的聚离子液体-共聚物膜，PEG的修饰不仅提高了膜的成膜性和稳定性还提高了CO_2/CH_4和CO_2/N_2的分离选择性。Chi等[83]制备了聚氯乙烯(PVC)修饰的聚离子液体-共聚物膜，PVC的修饰会使膜产生微相分离同时提高膜的稳定性和CO_2分离性能，提高聚离子液体的含量有利于提高膜的气体渗透性，当聚离子液体质量分数为65%时，该膜的CO_2渗透性是PVC膜的10倍多。Li等[84]制备了含有离子基团的聚酰亚胺(PI)膜，相比纯的PI膜，含有离子基团的膜具有更高的气体选择性，但气体渗透性较低，这是由于离子基团的引入降低了聚合物膜的链间距d-spacing和自由体积。Kammakakam等[85]制备了烷基咪唑盐功能化的聚醚酮，该膜具有高的CO_2溶解性和CO_2/N_2的选择性，拥有长烷基链的膜具有更高的CO_2选择性，同时该膜具有良好的稳定性。

为了提高聚离子液体膜的分离性能，向聚离子液体膜中加入离子液体是一种简单且有效的方法。加入的自由离子液体与聚离子液体膜通常具有良好的相容性，这可以提高离子液体在膜中的分散以及保持该共混膜具有良好的成膜性和稳定性。Bara 等[86]首次制备了离子液体-聚离子液体共混膜，研究表明加入摩尔分数 20%的离子液体可以显著提高 CO_2 的渗透性（增加至 400%），同时 CO_2/N_2 的选择性也有所提高（增加 33%）。这是由于自由离子液体的加入提高了 CO_2 在膜中的扩散速率。他们还进一步研究了阴离子种类对离子液体-聚离子液体共混膜分离性能的影响[87]，结果表明：相比纯聚离子液体膜，离子液体-聚离子液体共混膜具有更高的气体渗透性；当加入的离子液体体积较大时，该共混膜具有更高的气体渗透性，其中，加入摩尔分数 20%的[Bmim][NTf_2]共混膜具有最高的气体渗透性，CO_2/N_2 的分离性能超过了“Robeson 上限”。他们还研究了自由离子液体阳离子取代基种类（烷基、醚基、氰基、氟化烷基和硅氧烷基）对离子液体-聚离子液体共混膜分离性能的影响[88]，所制备的共混膜均具有良好的相容性，没有发生相分离，而不同的取代基会影响 CO_2 渗透性和 CO_2/N_2、CO_2/CH_4 选择性。Li 等[89]研究了聚[Vbim][NTf_2])-[Bmim][NTf_2]共混膜的 CO_2/N_2 分离性能，结果表明：CO_2 的溶解度系数、扩散系数以及渗透性随[Bmim][NTf_2]含量的增加而增加，但 CO_2/N_2 选择性基本不变。除自由离子液体的结构，聚离子液体主链结构也会影响膜的 CO_2 分离性能。Tome 等[90]研究了聚离子液体中阳离子结构（咪唑盐、吡啶盐、吡咯烷鎓、铵盐和胆碱）对膜分离性能的影响，结果表明：聚阳离子结构对膜的分离性能有显著影响；相比聚阳离子结构为季铵盐时，咪唑盐和吡啶盐的具有更高的 CO_2 渗透性，但 CO_2/CH_4 和 CO_2/N_2 选择性较低。同一团队还系统研究了阴阳离子种类和聚离子液体分子量对 CO_2 分离性能及成膜性能的影响[91-93]。聚离子液体分子量（M_w）对膜的 CO_2 分离性能和成膜性具有重要影响，当聚离子液体分子量小于 100 kDa 时，难以制备得到离子液体-聚离子液体自支撑膜。由具有较高分子量的聚离子液体制备的共混膜具有较好的 CO_2 分离性能，超过了 2008 年的“Robeson 上限”[93]。

6.2.2.3 离子液体复合膜用于 CO_2 分离

将离子液体与聚合物共混制备的二元离子液体复合膜材料，能够同时结合离子液体气体分离特性和聚合物的可加工性，提升了离子液体膜材料的稳定性，具有良好的工业化前景。Hong 等[94]首次制备[Emim][BF_4]/PVDF-HFP 共混膜，其 CO_2/N_2 分离性能超过了“Robeson 上限”，当离子液体与聚合物比例为 2∶1 时，CO_2 渗透性为 400 Barrer，CO_2/N_2 分离选择性达到 60。有研究表明，由常规离子液体制备而成的共混膜的气体分离性能受离子液体阴离子结构的影响显著，含不同阴离子共混膜的 CO_2 渗透性规律与纯离子液体 CO_2 吸收性能规律一致[95]。由于[NTf_2]$^-$ 阴离子较强的 CO_2 亲和性，含有该阴离子的常规离子液体常常被用于制备离子液体共混膜，且实现了较好的 CO_2 分离性能[96]。通常来说，气体在离子液体分离介质中的传质效果优于气体在固态聚合物基质中的传质效果，因此提高离子液体复合膜中的离子液体含量有利于加快气体传质，增大气体通量，从而提升离子液体膜的分离性能[97]。Nagai等[98]发现将[Bmim][NTf_2]/PI共混膜中离子液体质量分数从51%增加到81%，CO_2渗透性增加，但是当离子液体质量分数低于35%时，CO_2渗透性随离子液体含量的增加而逐渐降低，这一现象主要来源于离子液体对PI聚合物的塑化作用。在较低离子液体含量时，CO_2在膜中的溶解度系数和扩散系数均有所降低。功能化离子液体膜分离CO_2机理以促进传递机理为主，功能化离子液体作为CO_2传输载体，与CO_2通过可逆化学作用实现气体分子从膜一侧到另一侧的渗透。Deng等[99]设计制备了[TETA][Tfa]/Pebax2533复合膜，随着CO_2分压增加，CO_2渗透性逐渐降低，这是典型的促进传递膜的特征，在湿度为75%的条件下，膜材料最佳的CO_2/N_2分离选择性达到46，CO_2渗透性为500 GPU，这主要是由于水蒸气存在的情况下有利于氨基官能团与CO_2的可逆反应，促进CO_2在膜中的渗透。离子液体与聚合物基质的相容性也是影响复合膜气体分离性能的因素，Kim等[100]合成了接枝型聚合物SBS-g-POEM，并与[Emim][DCA]共混制备了离子液体膜，两组分之间存在相互作用，从而实现良好的相容性，离子液体质量分数为15%时，膜中形成了丰富且相对连续的离子液体微区，有利于CO_2在膜中的渗透过程。CO_2渗透性为514 Barrer，CO_2/N_2分离选择性为20.5。Chung等[101]发现微观分相的[Emim][$B(CN)_4$]/PVDF膜仍然具有较好的CO_2分离性能，最高CO_2渗透性高达1 778 Barrer，CO_2/N_2分离选择性达到41.1，分离性能超过了“Robeson上限”。另外，聚合物基质的选择对离子液体复合膜材料的稳定性有所影响。例如，聚醚砜具有机械性能好、热稳定性和化学稳定性高的特点，Mukhtar等[102]以聚醚砜为聚合物基质与离子液体共混制备出[Emim][NTf_2]/PES膜，测试过程中最高跨膜压差能够达到2.5 MPa。

近年来，含离子液体的三元混合基质膜得到了研究者们的广泛关注，该类膜材料由离子液体、有机或无机填料以及聚合物基质三种组分构成，其中，离子液体在三元膜中的作用主要有以下几个方面：(1)离子液体对CO_2具有良好的吸收性能，可以增加膜材料对CO_2的亲和性；(2)离子液体可以作为“黏结剂”，增强界面作用力，从而消除界面缺陷；(3)离子液体可以改善填料在聚合物基质中的分散效果；(4)离子液体可以修饰填料，调节孔径，增强填料的筛分能力[103]。常规咪唑型离子液体是一类常见的用于制备三元混合基质膜的离子液体，其具有较好的CO_2亲和性、适中的黏度，同时与填料和聚合物基质之间相容性良好，充分结合各个组分的优势并选择恰当的制膜方法，可以获得具有良好气体分离性能的离子液体三元膜。将离子液体直接与填料以及聚合物基质共混而制备出的三元膜材料较为常见，离子液体分散在聚合物基质中或附着在填料表面，能够改善填料在聚合物基质中的分散效果，改善界面相容性，从而消除界面空隙，避免了所有的气体组分无选择性地透过膜，能够改善CO_2分离选择性。Mohshim等[104]通过共混的方法制备出无缺陷的[Emim][NTf_2]/SAPO-34/PES膜，在高压条件下(1～3 MPa)展现出较好的CO_2/CH_4分离性能。Kang等[105]合成了相容性良好、填料分散均匀的[Bmim][BF_4]/CrO_3/PEO分离层，并用于制备PSf支撑的复合膜，CO_2渗透性为144 GPU，CO_2/N_2分离选择性为30。有研究者创新性地采用离子液体修饰多孔填料孔结构的方法,通过减小多孔材料的孔径,从而增强填料对具有不同分子直径的气体的筛分能力,将经过离子液体修饰的多孔填料与聚合物基质共混制备出的三元膜材料相比于未经修饰的膜材料,具有更好的 CO_2 分离性能,比如,Yang[106]等制备了[Bmim][NTf_2]@ZIF-8/PSf 三元混合基质膜,气体筛分性能优异,CO_2/CH_4 和 CO_2/N_2 均显示出较好的分离效果,并且在高压(2 MPa)时仍然具有超过"Robeson 上限"的分离性能。除以上两种修饰方法之外,离子液体通过浸渍法来修饰填料/聚合物二元膜材料也是一种可行的途径,能够使界面相容性得以改善,提升气体分离性能,比如 Leo 等[107]利用[Emim][NTf_2]修饰 SAPO-34/PSf 二元混合基质膜,离子液体通过静电作用附着在填料表面,有效减少界面空隙,从而改善膜的气体分离性能。含功能化基团的离子液体也被应用于离子液体三元膜的制备,离子液体的加入能够实现载体对 CO_2 的促进传递过程,进而提升三元膜的 CO_2 分离性能,有研究表明,含氨基基团的离子液体还可以修饰氧化石墨烯填料,有利于填料在聚合物基质中的分散,并提升填料与基质的相互作用力,从而实现良好的 CO_2/N_2 分离性能[108]。在考察分离性能之外,离子液体混合基质膜的稳定性也是研究者们关注的问题,He 等[109]发现离子液体修饰的三元膜具有较强的填料-基质界面作用力,不仅能够提升 CO_2 分离性能,也能够改善膜材料的机械性能。进一步地,利用离子液体结构与性能的可设计性开发出新型的离子液体,有望用于制备结构优化、分离性能更佳的离子液体混合基质膜。另一方面,金属有机骨架材料、沸石、二氧化硅、金属氧化物等作为常见的填料被广泛用于制备混合基质膜,同时研究者们不断开发出各类新型填料,包括纳米笼、氮化硼等二维材料,共价有机框架材料等,为设计制备高性能的三元混合基质膜材料提供了基础。在最近的研究中,Jiang 等[110]首次以共价有机框架作为填料制备了离子液体三元膜,在湿度为 7%的情况下,最高 CO_2 渗透性 1 601 Barrer,CO_2/CH_4 分离选择性 39.5,该材料有应用于沼气净化领域的潜力。此外,纳米级填料的开发有利于制备具有超薄分离层的离子液体复合膜,从而大大提高 CO_2 通量和 CO_2 分离效率,更加有利于实际的 CO_2 分离过程。

关于离子液体复合膜材料的研究已经成为热点,材料的可设计性能够实现其独特的结构和优异的性能。尽管如此,将离子液体复合膜材料产业化仍有较长的一段路要走,主要有以下几个因素的考虑:(1)需要降低该类膜材料的原料成本,尽量选择分离性能好、稳定性好、价格低廉的原料制备性能良好的膜材料;(2)需要优化该类膜材料的制备方法,使其容易达到规模化制备;(3)需要使膜材料分离性能符合工业化应用要求,研究过程中在接近实际分离条件的情况下进行气体分离测试,同时开发中空纤维等具有高气体通量的膜组件。

6.2.2.4 离子液体凝胶膜用于 CO_2 分离

离子液体凝胶膜具有类似液体的气体传递性质,在工业应用上更容易操作和制备。离子液体凝胶膜可通过将凝胶剂与离子液体在加热条件下混合,冷却后低分子凝胶剂与离子液体通过氢键和(或)范德华力形成离子液体凝胶膜。Ross 等[17]提出制备离子液体凝胶膜的想法并进行了验证，他们利用离子液体[C_6mim][NTf_2]和低分子凝胶剂 12-羟基硬脂酸制备了离子液体凝胶膜，该膜具有良好的稳定性，同时保持了类似液体的气体传递性质。离子液体凝胶膜的 CO_2 渗透性和 CO_2/N_2 选择性分别为 650 Barrer 和 22，与离子液体支撑液膜的性能接近(700 Barrer 和 23)。他们还进一步研究了离子液体凝胶膜的组成，以及膜厚对 CO_2/N_2 分离性能的影响[111]。他们使用阿巴斯甜基低分子凝胶剂与两种咪唑基离子液体([C_2mim][NTf_2]和[C_6mim][NTf_2])制备了离子液体凝胶复合膜，并研究其 CO_2/N_2 分离性能。结果表明，该离子液体凝胶膜具有高的溶胶-凝胶转变温度和良好的 CO_2/N_2 分离性能。Couto 等[112]制备了三种离子液体([EMIM][DCA]、[Bmin][DCA]和[BMPyr][DCA])凝胶复合膜并研究了离子液体阳离子种类对膜性质和气体渗透性能的影响。离子液体凝胶膜的气体渗透性与文献报道的相应的支撑液膜相近，但气体选择性较低。Carlisle 等[113]研究了交联的聚离子液体凝胶膜的 CO_2/N_2、CO_2/CH_4 和 CO_2/H_2 分离性能，考察了自由离子液体[Emim][NTf_2]含量、交联剂含量和离子液体单体结构对膜分离性能的影响。结果表明，CO_2 渗透性和 CO_2/H_2 选择性随自由离子液体含量的增加而显著增加，而 CO_2/N_2 和 CO_2/CH_4 选择性无明显变化。当[Emim][NTf_2]质量分数为 75%时，CO_2 渗透性和 CO_2/H_2 选择性分别达 520 Barrer 和 12。

Moghadam 等[114]制备了以氨基酸基离子为 CO_2 载体的凝胶膜，并研究了在不同相对湿度(RH)、CO_2 分压和温度下对低浓度($5\times10^{-4}\sim1\times10^{-3}$)$CO_2$ 的分离性能。结果表明，降低 CO_2 分压可以显著提高 CO_2 分离性能，符合促进传递机理，而 RH 的改变对 CO_2 分离性能影响不大；在 30 ℃，RH 为 70%和 CO_2 分压为 0.1 kPa 时，CO_2 渗透性和 CO_2/N_2 选择性分别达 52 000 Barrer 和 8 100。Friess. K 等[115]研究了的离子液体基环氧胺离子凝胶膜的 CO_2/CH_4 的分离性能，其中固定氨基为 CO_2 载体可以促进 CO_2 在膜中的传递。研究结果表明：增加自由离子液体[Emim][NTf_2]含量可以增加 CO_2 的渗透性；降低压力和加湿可以提高 CO_2/CH_4 选择性。与 CH_4 相比，该离子凝胶膜对 CO_2 有更高的吸附量，且随压力的增加这种差异变得更显著，这是由于 CO_2 与[Emim][NTf_2]间特定的相互作用引起的。

为了提高 CO_2 渗透性，Hudiono 等[116]制备了含有沸石粒子的离子液体-聚离子液体凝胶膜，结果表明离子液体的加入可以提高沸石粒子与聚合物的相容性和气体选择性。Fam 等[117]研究了无机盐的加入对[Emim][BF_4]-Pebax1657 凝胶膜 CO_2 分离性能等的影响。结果表明，[Emim][BF_4]的加入可以提高无机盐的溶解度和 CO_2 的渗透性，但会降低 CO_2/N_2 的选择性以及膜的机械强度。Mahdavi 等[118]研究了 SiO_2-[Bmim][PF_6]-Pebax1074 纳米复合离子液体凝胶膜的 CO_2/CH_4 分离性能。对于[Bmim][PF_6]-Pebax1074 离子液体凝胶膜，CO_2 和 CH_4 的渗透性随着[Bmim][PF_6]含量的增加而显著增加，而 CO_2/CH_4 选择性略有降低；对于 SiO_2-[Bmim][PF_6]-Pebax1074 纳米复合离子液体凝胶膜，SiO_2 的加入可以提高 CO_2 和 CH_4 的渗透性和 CO_2/CH_4 选择性。

6.2.3 离子液体膜在气体脱硫中应用

二氧化硫(SO_2)的过量排放是造成酸雨及雾霾的主要原因之一,严重危害人体健康。而大气中过量的 SO_2,大部分源于化石燃料的燃烧[119]。目前,烟气脱硫(FGD)是控制 SO_2 排放最有效且应用最广的商业化方法之一。但是该工艺由于吸附剂不可再生,造成大量废水及硫资源损失,还会产生固体副产物 $CaSO_4$[120]。因而亟待开发节能、高效、污染小的 SO_2 捕集新技术。

膜分离技术因其能耗低、投资成本低、设备规模小、没有二次污染等优点受到广泛关注。与传统聚合物膜相比,支撑液膜(SLMs)对气体具有更好的渗透性和选择性,但稳定性较差。由于离子液体饱和蒸汽压低、不易挥发、结构可调,常被用来替代有机溶剂,制备离子液体支撑液膜(SILMs)。Jiang 等[121,122],用六种咪唑离子液体负载于聚醚砜微滤膜,对 SO_2 的渗透性和选择性进行测试。研究发现,SO_2 在不同离子液体负载膜上,渗透率大小关系为[Emim][CF_3SO_3]>[Emim][BF_4]>[Bmim][NTf_2]>[Bmim][BF_4]>[Hmim][BF_4]>[Bmim][PF_6],由于 SO_2 易溶于离子液体,渗透性大小表现出与离子液体黏度有一定关系。在 20 kPa 跨膜压差下,测得[Emim][BF_4]负载膜对 SO_2 渗透性达(9 350±230)Barrer,[Bmim][PF_6]负载膜对 SO_2 渗透性最低,(5 200±117)Barrer。Huang 等[123]以孔径 0.22 μm 的聚醚砜(PES)为基膜,浸渍到羧酸盐基离子液体中形成离子液体支撑液膜。结果表明,跨膜压差对 SO_2 渗透性有正向促进作用,且基于二羧酸根的离子液体的阴离子进行半去质子化时,所形成的离子液体支撑液膜对 SO_2 具有良好的分离效果。在 40 ℃,5 kPa 跨膜压差下,[N_{2224}][dimalonate]基离子液体支撑液膜对 SO_2 渗透性高达 7 208 Barrer,且对 SO_2/N_2、SO_2/CH_4 和 SO_2/CO_2 选择性分别可达 585、271、18。Dionysios 等[124]将[RMIM][TCM] 和[Emim][TfO]离子液体通过物理渗吸负载于管式陶瓷基板的孔径中,研究烟道气中 CO_2、SO_2 的捕集与分离。在 25 ℃,等压条件下,[Omim][TCM]支撑液膜显示出最高的 SO_2/CO_2 选择性(30.7)。与[TfO]阴离子相比,[TCM]阴离子与被吸收的 SO_2 存在较弱的化学相互作用,使得 SO_2 渗透性增加,且高温下离子液体对 SO_2 物理吸收被减弱,故 70 ℃时,[Emim][TfO]支撑液膜表现出最高的 SO_2/CO_2 选择性(9.5)。综上所述,离子液体支撑液膜对烟道气中分离与回收 SO_2 具有应用潜力,有望取代传统化学吸收工艺,形成绿色环保、节能高效的新技术[125]。

离子液体膜技术不仅在 SO_2 的捕集与分离方面受到广泛关注,在天然气、沼气等劣质新能源纯化去除 H_2S、CO_2 等酸性气体中也表现出良好的应用前景。H_2S 是一种剧毒、强腐蚀性的气体,在运输过程中存在安全问题并会腐蚀设备,硫化氢燃烧后形成 SO_2,是酸雨的主要来源之一。虽然离子液体支撑液膜常被用作天然气纯化,但大都集中在 CO_2、SO_2 分离的研究上,对于 H_2S 的分离关注较少。Park 等[126]使用[Bmim][BF_4]负载于聚偏二氟乙烯(PVDF),形成离子液体支撑液膜。与 CH_4 相比,H_2S 及 CO_2 对离子液体有较高亲和力,使得 SILM 对两种酸性气体的渗透性较高，分别为 160～1 100 Barrer、30～180 Barrer。并具有良好的 CO_2/CH_4 和 H_2S/CH_4 的分离性能(选择性分别为 25～45 和 130～260)。Zhang 等[127]进一步研究了离子液体支撑液膜对 H_2S 的分离性能。其使用五种阴离子不同的咪唑类离子液体分别浸渍聚偏二氟乙烯(PVDF)，形成离子液体支撑液膜，研究不同温度、不同阴离子及不同跨膜压差对 H_2S 渗透性与选择性的影响。结果表明，H_2S、CO_2、CH_4 的渗透性均随温度的升高而增大，这是由于离子液体黏度随温度升高而降低所导致的气体扩散性增强。在 10 kPa、40 ℃下，四种中性离子液体对 H_2S 的渗透性满足[Bmim][PF_6]＜[Bmim][NTf_2]＜[Bmim][BF_4]＜[Bmim][CF_3SO_3]，这与阴离子碱性强弱顺序相一致。相同条件下，[Bmim][BF_4]支撑液膜表现出较高的 CO_2 渗透性及良好的 CO_2/CH_4 和 H_2S/CH_4 的选择性，可以用于同时去除 H_2S 和 CO_2。[Bmim][OAc]对 H_2S 和 CO_2 均表现出较高的渗透性，并且 H_2S/CO_2、CO_2/CH_4、H_2S/CH_4 均显示出良好的分离性能，因此可用于天然气中 H_2S 的选择性去除。Bhattacharya 等[128]使用[Emim][$EtSO_4$]离子液体与聚醚-嵌段酰胺(PEBA)弹性体制备共混膜，对 H_2S 进行分离，并观察不同离子液体浓度与测试压力对气体分离性能的影响。研究表明，共混膜对 H_2S 渗透性随着离子液体含量增加而增加，并与压力呈正相关。离子液体质量分数为 5%时，H_2S 渗透性达到最大 540 Barrer，此时对 H_2S/CH_4、H_2S/空气理想选择性分别为 66 和 24，且在相同条件下，不同气体渗透性 H_2S＞CO_2＞空气＞CH_4，这是由于离子液体对 H_2S 具有较强的溶解度所致。与纯聚合物膜相比，离子液体的加入不仅增加了气体的渗透性，还提高了膜的热稳定性。Alsu I 等[129]使用孔径 150 nm 的商用四氟乙烯复合膜 MFFK-1 作为基膜，分别浸渍在[Bmim][BF_4]与[Bmim][OAc]中，形成两种离子液体支撑液膜。对于纯气，[Bmim][BF_4]负载膜对 H_2S 渗透性为(383±12)Barrer，是[Bmim][OAc]负载膜的 3 倍。对于二元混气，[Bmim][OAc]负载膜对 H_2S 渗透性(205.8±6.2)Barrer，对 H_2S/CH_4、CO_2/CH_4 选择性分别为 102.9±3.1、96.9±2.9 远远高于[Bmim][BF_4]负载膜(23.4±0.7、8.7±0.3)。以上研究对离子液体共混膜和离子液体-负载膜在天然气中有效分离酸性气体的应用提供了有效依据，也表现出巨大潜力[130]。

6.2.4　离子液体膜在烯烃/烷烃分离中的应用

轻质烯烃(C_2H_4、C_3H_6)是重要的化工原料，可用于生产塑料、基础化学品醚、醇等。石油裂解是烯烃的主要来源，然而裂解气的成分复杂(含较多烷烃，如 C_2H_6、C_3H_8 等)，须进行分离纯化才能得到最终的产品。同时，由于相同碳原子数的烷烃和烯烃结构相似，沸点、密度等性质相近，分离难度大，传统的低温精馏法分离所需的塔板数＞100，能耗高[131]。因而亟须开发高效的低碳烷烃/烯烃分离技术。

膜分离技术是一种能耗小、成本低、设备简单、运行稳定的绿色分离技术，在分离低碳烷烃和烯烃方面具有广阔前景。膜法分离烷烃/烯烃的膜材料主要包括基于溶解-扩散机理的聚合物膜和基于促进传递机理的分离膜。基于前者的分离通常烯烃/烷烃选择性低,或渗透系数低,难以进行实际应用[132]。而后者一般通过向膜中引入金属离子,利用金属离子与低碳烯烃的可逆 π 键络合作用,实现烯烃在膜内的快速传输,从而实现烯烃/烷烃的分离。

基于促进传递机理的离子液体分离膜一般是向膜中引入过渡金属离子 Ag^+ 或 Cu^{2+},利用金属离子和烯烃的络合作用及离子液体对载体和气体的溶解作用实现烯烃/烷烃的分离。常见的膜材料类型有支撑液膜,即将膜液通过浸渍等方法负载于支撑体中形成复合型液体膜。按照离子液体基团的不同,分离轻烃的支撑液膜可分为常规离子液体支撑液膜和功能化离子液体支撑液膜。Ortiz 等[133]将 $AgBF_4$ 溶解于常规离子液体[Bmim][BF_4]中,制备了支撑液膜,用于 C_3H_6/C_3H_8 混合气体的分离,当采取相似操作条件时,C_3H_8 混合气体实验的渗透率比纯气体实验低 6.1%左右,C_3H_6 渗透率比纯气体高 15%左右,且发现丙烷的通量不受银离子浓度的影响,而丙烯通量与 Ag^+ 浓度存在线性关系。此外,当运行时间超过 90 min 后,因 Ag^+ 部分还原为银单质,膜分离效率下降。功能化离子液体支撑液膜相比于常规离子液体膜,具有特殊的功能性,可进一步提高膜的分离性能,如 Sun 等[134]采用浸渍法制备了铜基离子液体支撑液膜,利用阴离子 $CuCl^-$ 和乙烯的络合作用促进了乙烯在膜中的传输,从而使乙烯的渗透性大幅增加,且由于这种络合作用,一定程度上削弱了 IL 阴阳离子之间的氢键作用,有效地降低了体系的黏度,提高了膜的传质速度,减少了能耗。当 CuCl/[Bmim]Cl 的比率为 2 时,乙烯的渗透系数高达 2 653 Barrer,C_2H_4/C_2H_6 渗透选择性达 11.8。Dou 等[135]设计制备了 3 种用于 C_2H_4/C_2H_6 分离的质子型离子液体膜,因质子型离子液体独特的酸性和溶解性,可以稳定和活化载体;离子液体中醚基和羟基功能团的引入,使 Ag^+ 和乙烯的络合能力显著提高,进一步提高了 C_2H_4/C_2H_6 的分离选择性。Zhang[136]等设计制备了强氢键碱性的离子液体支撑液膜([Emim][Me_2PO_4]和[Emim][Et_2PO_4]),因 IL 独特的作用,使载体在膜内高浓度且均匀分散,极大提高了载体的传输效率,乙烯的渗透系数为 100 barrer,C_2H_4/C_2H_6 渗透选择性达 40。

尽管支撑液膜可以获得较大的气体渗透系数,当液膜在较大压力下运行时容易导致膜液从孔道中溢出,从而造成膜材料的分离性能下降。Matsuyama 等[137]利用具有选择性输运载体的胶化离子液体制备了一种稳定性好、耐高压的新型气体分离膜—离子-凝胶促进传递膜,用于丙烯/丙烷的分离,由于离子液体凝胶化,造成了气体扩散系数的降低,因而作者对吸附模型进行了修正,取得了较优的结果。Fallanza 等[138]制备了不同银离子浓度的聚合物/离子液体共混膜(PVDF-HFP/[Bmim][BF_4]-Ag^+),测试了其分离丙烷/丙烯的性能。结果表明,随着银离子浓度的增加,丙烯的渗透性显著提高。在丙烯/丙烷的体积比为 1∶1 的混气中,丙烯的渗透系数可达 6 630 Barrer,选择性达 700 以上,远超纯聚合物膜和无机膜的"Robeson 上限"。Tome 等[139]提出了将离子液体"固体化"的思路,制备了不同银离子浓度的新型聚离子液体/离子液体膜(PIL/IL),使用聚离子液体作为基底既提高了膜的稳定性又充分发挥了离子液体的独特优势。测定了膜在 293 K 时的乙烷和乙烯渗透性能,发现因离子液体存在降低了气体在纯聚离子液体中气体扩散的阻力，显著增加了乙烯、乙烷的渗透性和扩散性，且银盐的加入大大提高了烯烃在膜中的溶解度，当离子液体质量分数为 40% 时，复合膜的乙烯/乙烷的分离性能超过了 2013 年“Koros 上限”。

金属有机骨架材料(MOFs)因其结构设计性强、孔径尺寸可调控、比表面积高等优点而被引入膜材料中，既可以提供气体传输通道提高气体渗透性，也可以通过调节孔径实现气体筛分提高分离选择性。Vu 等[140]向聚合物基质中引入了 ZIF-67 多孔材料，制备了混合基质膜，离子液体的加入改善了界面相容性，增强各组分界面相互作用，减少非选择性界面缺陷的形成，从而显著提高了 C_3H_6/C_3H_8 的分离选择性。当 ZIF-67 的质量分数为 10%或 20% 时，添加[Bmim][BF_4]、[Emim][NTf_2]和[Bmim][NTf_2]的混合基质膜的 C_2H_6/C_3H_8 分离性能均超过了“Robeson 上限”。

二维材料因优异的气体渗透性能引起极大的关注，其中氧化石墨烯膜(GO)因可调的孔结构，易于修饰成为目前的研究热点。Peng 等[141]制备了以 Ag^+ 为载体的氧化石墨烯膜，离子液体的银盐溶液受限于石墨烯片层之间，极大地减少了使用和损失，且离子液体[Bmim][BF_4]减缓了 Ag^+ 的还原速度，极大地提高膜分离乙烯/乙烷的效率。当银盐浓度为 0.25 mol/L 时，乙烯的渗透性为 2.9 GPU，乙烯/乙烷的分离选择性为 54。Jiang 等[142]受生物膜快速且高选择性的气体传输蛋白的启发，制备了具有多功能传输机制的 GO 膜，利用孔径筛分和促进传递机理两者协同作用的 Ag/IL-GO 膜，乙烯的渗透性为 72.5 GPU，乙烯/乙烷的分离选择性高达 215。尽管 GO 膜具有较优的气体分离性能，但膜缺乏稳定性，对环境(pH 等)十分敏感，且高压下纳米通道的尺寸会发生极大地改变，严重影响膜的分离性能。二维氮化硼纳米片(BN)具有类似 GO 的结构，但具有优异的化学稳定性和机械稳定性，是一种性能优良的二维材料，有望制备出性能良好的分离膜。Dou 等[143]制备了具有优异的稳定性(在连续运行 180 h 后，膜的选择性几乎维持不变)的 RIL-BN/Nylon 膜，利用离子液体限域在 BN 自组装纳米通道中形成的有序结构，使高活性的银连续分布，载体运输能力显著增强，促进了乙烯的快速传输。同时还可通过改变离子液体的量，精确地调整纳米通道的大小，实现分子筛分的功能。随着离子液体含量增多，有效筛分的纳米孔道减小，乙烯和乙烷的渗透系数均下降，选择性增加(离子液体质量分数由 15%增加到 25%，C_2H_4/C_2H_6 的选择性由 7.2 增加到 42)；当离子液体含量过高时，纳米通道被离子液体填满，分子筛分作用丧失，但增加的载体使促进传输作用增加，选择性略有增加。当离子液体质量分数为 30%、膜厚为 2 μm 时，乙烯的渗透性达到了 138 GPU，C_2H_4/C_2H_6 分离选择性高达 128，远远超过了纯 BN/Nylon 膜、支撑液膜、聚合物膜及 GO 膜，为离子液体二维材料膜提供了新思路。

离子液体膜在低碳烷烃/烯烃分离技术取得较大的研究进展，具有良好的应用前景。虽然离子液体支撑液膜和聚离子液体膜的性能已接近或超过“Robeson 上限”，但由于稳定性和渗透性差等问题限制了其进一步应用。离子液体复合膜结合聚合物和离子液体的优势，引入多孔材料有望制备出稳定性及分离性能均良好的膜材料，未来可进一步研究。

6.2.5 离子液体膜在其他气体分离中的应用

O_2/N_2 分离具有重要的意义和广泛的应用前景，可应用于富氧燃烧、医疗以及食品保鲜等方面。离子液体膜为氧氮的选择性分离提供了新机遇。钴基离子液体可与 O_2 发生选择性可逆作用且具有良好的稳定性和抗氧化能力，可作为氧载体用于 O_2/N_2 膜分离。Matsuyama H 等[144]研究了钴基离子液体$[P_{666,14}]_2$[Co(salen)(N-mGly)$_2$]和$[P_{666,14}]_2$[Co(salen)(N-mGly)(NTf_2)]支撑液膜的 O_2/N_2 分离性能，结果表明，离子液体可促进 O_2 在膜中的传递，降低 O_2 分压可提高 O_2 渗透性和 O_2/N_2 选择性，当 O_2 分压小于 2.5 kPa 时，O_2/N_2 分离性能超过了 2008 年"Robeson 上限"。Zhang X 等[145]以钴基离子液体$[Bmim]_2[Co(NCS)_4]$为氧载体，制备了离子液体/PIM-1 复合膜，研究表明，离子液体的加入会降低 PIM-1 膜的链间距（*d*-spacing）、自由体积（FFV）以及气体渗透性，但提高了膜的 O_2/N_2 选择性。

CO 是有毒气体，且燃烧生成 CO_2 易造成环境污染，在烟道气、合成气、煤气等工业混合气体中，往往也存在 CO。因此，分离 CO 对环境保护和化工生产均不可忽略。研究者们将离子液体支撑液膜用于 CO 的分离。Gabriel Zarca 等[146, 147]，制备了 CuCl/[Hmim]Cl-PVDF 离子液体支撑液膜用于 CO 气体分离，当 CuCl/[Hmim]Cl 比例小于 1 时，优先生成 $(CuCl)_3^{2-}$ 阴离子，与 CO 形成可逆 CO-Cu(Ⅰ)络合物，促进 CO 的扩散传递，使得 CO 渗透性增加，CO/N_2 选择性提高。升高压力可使 CO 渗透性和 CO/N_2 选择性均提高；升高温度，CO 渗透性升高而 CO/N_2 选择性小幅下降。Feng Shichao 等[148]制备了 $AgBF_4$/[Emim][BF_4]-PES 离子液体支撑液膜用于 CO/N_2 分离，Ag^+ 可与 CO 形成 Π 键络合作用，有效提高 CO 的渗透性。在 20 ℃、0.4 MPa 下，随着 $AgBF_4$/[Emim][BF_4]摩尔比从 0∶1 增加到 0.3∶1，离子液体支撑液膜对 CO/N_2 选择从 1 增加到 9。提高温度与跨膜压力，CO、N_2 渗透性均增加，但 CO/N_2 选择性与温度呈负相关。

随着工业的高速发展，石油化工、制药、油气输送过程中排放出大量 VOC 挥发性有机化合物（VOCs），会对环境、人体健康、生产安全产生危害。对 VOC 的回收方法有吸收法、光/电催化法、吸附法、膜分离法等。主要采用有机溶剂吸收、活性炭纤维吸附等方法。分离回收挥发性有机蒸气主要使用聚二甲基硅氧烷膜（PDMS），Georgette Rebollar-Pere 等[149]制备了 PDMS/α-氧化铝膜，对挥发性有机化合物渗透系数和膜通量的大小顺序为甲苯＞1,3-丁二烯＞丙烯。韩秋等[150]采用涂布法制备了 PDMS/PVDF 复合膜分离正己烷/N_2、环己烷/N_2、正庚烷/N_2 二元混合气体，其中正庚烷的渗透率为 1.2×10^{-6} mol·m·s·Pa，选择性可达 145。Lenka Moravkova 等[151]引入了离子液体[Emim][NTf_2]制备了含氟凝胶膜 p(VDF-HFP)分离异辛烷和正己烷，结果表明，25 ℃时己烷的扩散系数比异辛烷高 10%，且吸附作用显著影响 VOC/N_2 的分离。

6.3　离子液体膜在液体分离中的应用

6.3.1　离子液体型纳滤膜技术

20 世纪 80 年代末，纳滤膜被定义为一种新型分离膜问世。纳滤技术填补了超滤与反渗透之间的空白，其分离性能介于两者之间，截留分子量为 200～2 000 Da，因膜孔径约为 1 nm，故被定义为“纳滤”[152]。纳滤膜的主要分离特点是可截留大分子和多价离子，而透过单价离子。由于纳滤膜具有操作压力低(0.1～1.5 MPa)、通量高、绿色环保等优点，已在海水淡化、废水处理、制药行业和金属工业等众多领域广泛应用[153,154]。

纳滤膜按照结构分可分为一体化不对称膜和复合膜。一体化不对称膜是由同一种材料一次制备而成，此类膜在分离过程中有通量低、耐压密性差等缺点。复合纳滤膜是由多孔支撑层和支撑层表面的超薄致密层组成，其分离性能由多孔支撑层和致密层共同决定，多孔支撑层不具有选择性，可降低流体阻力，增加膜的机械强度，致密层起主要分离作用。复合纳滤膜具有通量高、耐压性好和选择性好等优点，因此，现有商品化纳滤膜通常是复合纳滤膜。

6.3.1.1　纳滤膜技术基本原理

纳滤是一个极其复杂的过程，依赖膜表面电荷和膜孔径大小进行分离，故纳滤膜具有两大特性，即 Donnan 效应和孔径筛分效应[155,156]。

1. Donnan 效应

纳滤膜表面通常荷电，膜电荷来源于膜表面和膜孔结构内的可电离基团的解离，可对带电荷的待分离物质产生 Donnan 效应，表现为待分离离子与膜表面电荷之间产生的静电作用，通过静电作用可截留多价离子。

2. 孔径筛分效应

对于不带电荷的分子，纳滤分离主要依靠孔径筛分效应，即依靠膜孔径大小对其进行物理分筛。分子量大于膜的截留分子量(MWCO)的物质，将被截留，反之则透过。

6.3.1.2　离子液体型纳滤膜种类及制备方法

离子液体是由有机阳离子和无机或有机阴离子组成的熔融盐，具有良好的热稳定性、高离子电导率、低熔点和高黏度等特点，已被应用到多种膜分离过程，如气体分离、渗透蒸发、纳滤、反渗透、质子交换膜等[157,158]。目前，离子液体型纳滤膜主要是使用离子液体、聚离子液体对复合膜分离层进行修饰，制备方法主要有三种：

1. 化学接枝法

通过界面聚合反应制备的聚酰胺纳滤膜表面存在酰氯基团，可采用含胺、羟基的离子液体通过化学接枝的方法进行修饰。

Wu 等[159]在界面聚合成膜后热处理步骤前，将离子液体[APmim][NTf_2]/二氯甲烷溶液倒在刚制备好的聚酰胺膜表面，其与残留的酰氯基团反应 1 min 后倒出多余溶液，然后将改性后的聚酰胺纳滤膜放入 80 ℃烘干 8 min。Xiao 等[160]将新制备的哌嗪-均苯三甲酰氯(PIP-TMC)纳滤膜放入氨基酸离子液体水溶液中浸泡 6 h，离子液体与残留在聚酰胺膜表面的酰氯基团反应，从而对纳滤膜进行修饰。

2. 反离子交换法

Tang 等[161]采用简单的反离子交换法制备了具有高性能的聚离子液体功能化荷正电膜。首先合成了亲水性聚离子液体[Pvibuim]Br，并将支撑膜放入其中浸泡后取出，除去多余液体，再放入六氟磷酸钾(KPF_6)中 60 s，亲水性的聚离子液体[Pvibuim]Br 和 KPF_6 的界面由于相分离以及聚离子液体链亲疏水转化所产生的自抑制作用而形成了薄膜，通过反离子交换反应形成疏水性的聚离子液体[Pvibuim][PF_6]，取出并用去离子水清洗数次，制备出表面带有正电荷的聚离子液体纳滤膜。这种基于离子液体亲水-疏水转化的方法为制备高性能荷正电纳滤膜提供了一个简单的方法。

3. 自由基聚合法

以离子液体为原料，通过自由基聚合的方法，在无机纳米膜材料表面形成聚离子液体刷，从而对纳滤膜材料进行修饰，然后再制备离子液体型纳滤膜。Yu 等[162]在四口烧瓶中加入 SiO_2、$CuCl_2$、2,2′-联吡啶(Bpy)、[Atea]Cl 和无水乙腈，其中 $CuCl_2$ 为催化剂，Bpy 为配体，将混合溶液搅拌均匀后通入氮气，再加入引发剂偶氮二异丁腈(AIBN)和 2-溴异丁酰溴的无水乙腈混合溶液，在 80 ℃下搅拌 48 h。聚合后，用乙二胺四乙酸(EDTA)水溶液稀释剩余混合物，冷却至室温。通过离心收集成品，用 EDTA 水溶液、乙醇多次洗涤，真空干燥。得到新型膜材料——聚离子液体刷改性二氧化硅球，随后制备成膜。Yu 等[163]采用同样实验方法制备了聚离子液体刷改性镁铝水滑石混合聚醚砜(PES)纳滤膜。

6.3.1.3 离子液体型纳滤膜的应用

1. 在印染废水脱盐中的应用

中国是世界染料和染料中间体的主要供应商，在活性染料行业中，每年会有大量印染废水排放造成环境污染，常常产生含有高电解质(NaCl、Na_2CO_3、Na_2SO_4)、色素的废水。将离子液体型纳滤膜应用于印染废水处理，较传统纳滤膜显示出了更高的盐截留率和运行稳定性。

Xiao 等[160]采用氨基酸离子液体[αN_{111}][Gly]对界面聚合法制备的 PIP-TMC 纳滤膜进行功能化处理。氨基酸离子液体同时含有氨基酸残基和羧基残基，可以增强膜表面的亲水性，使用[αN_{111}][Gly]功能化处理后的纳滤膜，表现出优异的水通量。离子液体的加入使膜表面荷电性增强，对 Na_2SO_4/NaCl 的选择性可达 973.9，是传统纳滤膜的 43 倍。另外，[αN_{111}][Gly]在热处理过程中还可以有效保持膜的透水性。Yu 等[163]首先通过自由基聚合法对水滑石进行改性，然后采用非溶剂诱导相分离法(NIPS)制备了[Atea]Cl 改性镁铝水滑石混合聚醚砜(PES)纳滤膜。改性后的纳滤膜具有较疏松的结构，该结构促进了盐的运输，且不降低染料截留率，对活性黑 5 的截留率在 95%以上，活性红 49 在 90%左右，对盐的截留率接近于零，同时该膜具有较好的稳定性。进一步，Yu 等[162]采用同样的方法使用[Atea]Cl 作为改性剂，得到一种新型荷正电的纳米材料-聚离子液体刷改性二氧化硅球并制备成膜。该膜与[Atea]Cl 改性镁铝水滑石混合聚醚砜(PES)纳滤膜一致，具有优异的稳定性，且盐浓度对膜分离性能影响不大。为活性染料废水的回收利用开辟了新的途径。

2. 在阳离子回收和处理工业废水重金属中的应用

传统纳滤膜多为具有羧酸基团的荷负电表面，羧酸来源于表面酰氯基团的水解。表面荷负电的纳滤膜由于 Donnan 效应和孔径筛分效应，对多价阴离子有高截留率，因此对一价/多价阴离子具有高选择性。多价阳离子由于吸附作用，表面荷负电的膜对一价/多价阳离子的选择性较低。使用离子液体对膜表面进行修饰，制备表面荷正电的纳滤膜，可应用于阳离子的回收和工业废水中重金属的处理。

Wu 等[159]通过在聚酰胺膜表面接枝胺基功能化的离子液体[APmim][NTf_2]，制备了荷正电的纳滤膜。[APmim][NTf_2]的胺基与残留在新制备的聚酰胺膜表面的酰氯基团发生了反应。对改性后膜在不同 pH 下 zeta 电位进行测定，结果显示改性后的膜在 pH 小于 7.8 时，膜表面荷正电。这是由于离子液体提供的季胺基团赋予膜表面正电荷[164]。对改性后的膜进行分离测试，在分离过程中，该膜呈现较高的水通量[37.8 L/(m^2·h)]，$MgCl_2$ 截留率(83.8%)远高于 LiCl 截留率(24.4%)，即较好的一价/多价阳离子选择性。优化后的纳滤膜极有可能应用于从高 Mg^{2+}/Li^+ 比例的卤水中提取锂。Tang 等[161]采用简单的反离子交换法制备具有高性能的聚离子液体[Pvibuim][PF_6]功能化荷正电膜。Zeta 电位测试证明，在 pH 小于 11 时，膜表面荷正电。在 0.6 MPa 下，纯水通量为 45.3 L/(m^2·h)，$MgCl_2$ 的截留率为 84%，截留率随着 $MgCl_2$、NaCl、$MgSO_4$、Na_2SO_4 的顺序依次下降。另外，该膜还显示出对重金属盐高达 90%以上的截留率。

3. 在饮用水处理中的应用

水污染是伴随现代工业化、社会可持续性和人类健康的一个长期问题，目前已经开发了各种技术来解决水危机。离子液体型纳滤膜具有高透水性、抗菌性等优良性能，可应用于水体中的抗生素、有机物等物质的去除。

He 等[165]采用化学接枝法使用离子液体[APmim]Br 对聚酰胺膜进行修饰，制备离子液体型纳滤膜。该膜表现出良好的亲水性和盐截留率，对 50 μg/g 环丙沙星、四环素、土霉素、左氧氟沙星和红霉素等抗生素具有高的纯水通量[约 25 L/(m^2·h·bar)]和截留率(>90%)。此外，该膜还能有效分离抗生素/氯化钠混合物，并杀灭 99%的大肠杆菌菌落，极大地提高了膜的抗菌性能。

纳滤膜技术是膜分离中重要技术之一，因具有特殊的孔结构，可以截留大分子和多价离子而透过单价离子。目前，提高纳滤膜的水通量、截留率、稳定性和抗菌性是重点研究方向。将离子液体与纳滤技术结合，可以有效采用离子液体的特性解决纳滤膜存在的问题。目前，主要研究集中在离子液体对纳滤膜材料的修饰，使用离子液体改善膜表面荷电性、增加抗菌能力和增加截留率，离子液体对膜性能和结构的影响行为还有待于深入研究。为了更好地将离子液体与纳滤技术相结合，可以从以下两方面入手：

(1)离子液体修饰膜材料。使用更加丰富类型的离子液体对膜材料进行修饰，找出修饰效果较好的离子液体，最大程度改善膜性能。

(2)离子液体膜材料。利用离子液体的结构可设计性，设计并合成离子液体膜材料，制备具有高通量、截留性能好、稳定性好、耐溶剂、抗菌的纳滤膜。

6.3.2 离子液体型反渗透膜技术

渗透现象早在18世纪就被科学家观察到，但直到20世纪50年代才首次将反渗透与膜分离技术结合并应用在海水淡化中。反渗透膜是重要的膜分离技术之一，可以使盐水中的水透过膜向淡水一侧扩散，因与自然渗透方向相反，故称为“反渗透”。目前，反渗透技术已广泛应用在海水和半咸水脱盐、超纯水制备等领域[166,167]。

反渗透膜以复合膜为主，由起脱盐作用的致密层和起支撑作用的多孔支撑层组成。主要分为醋酸纤维素膜和聚酰胺膜，乙酸纤维素膜是由纤维素乙酰化再通过非均相沉淀制备而成，其致密层和支撑层为同一种材质制备而成。聚酰胺膜的致密层是在支撑层上通过聚合或交联制备而成，致密层与支撑层为不同材质。商品化反渗透膜多以聚酰胺膜为主。

6.3.2.1 反渗透膜分离原理

离子液体阴离子是一个强氢键受体，离子液体的阴离子与聚合物活性基团的质子形成氢键，能有效地破坏聚合物分子间和分子内的氢键，从而可采用离子液体对聚合物结构进行调控[168,169]。反渗透膜的致密膜的厚度是影响通量的主要因素，使用离子液体对反渗透的致密层进行修饰，有望提升膜通量。

为了解释反渗透膜的传递和分离机理，溶解扩散模型、毛细孔流模型和氢键模型等被提出，其中溶解扩散模型是最佳能表明传递机理的模型。该模型将半透膜视为完美无瑕的理想膜，传递过程为：在加压侧溶剂与溶质先溶于膜，由于化学位的推动力作用，溶剂和溶质透过膜传递到膜的另一侧。反渗透技术是以压力差为推动力，将溶质从水溶液中分离出来的膜分离技术。如图6-1所示，在溶液一侧施加超过渗透压的压力，溶剂就会透过膜反向渗透，实现溶质与溶剂的分离。

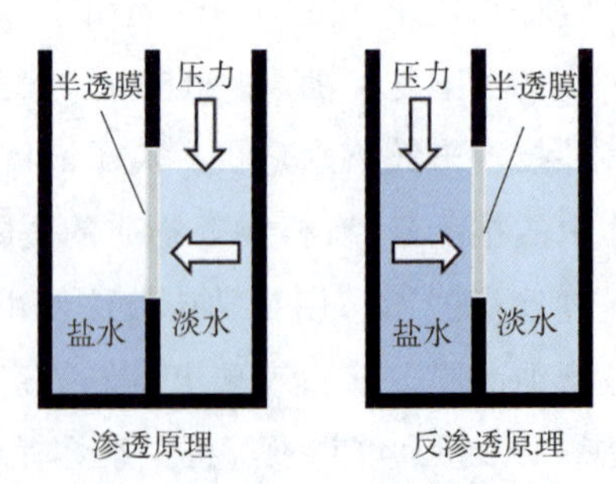

图6-1 渗透与反渗透原理示意图

6.3.2.2　离子液体型反渗透膜制备方法

目前,离子液体型反渗透膜主要采用离子液体对膜进行修饰或溶解聚合物膜,常用浸泡和加热的方式对膜进行活化改性。

Meng 等[170]合成了一系列离子液体并对反渗透膜进行修饰,改善膜分离性能,其中[Bmim]Cl 的效果最好。在 40 ℃下,将商品化的聚酰胺膜在[Bmim]Cl 中浸泡 48 h,表面致密层厚度从 127 nm 下降到 67 nm,表面亲水性和电负性增加,粗糙度降低,提高了膜的抗污染性能。Zhang 等[171]指出使用[Bmim]Cl 修饰反渗透膜时,长时间浸泡可能导致离子液体和反渗透膜的降解,从而阻碍了反渗透膜在离子液体中的可扩展性。他们使用[Mmim][DMP]浸泡原始膜 2～8 min 后,进行高温活化,活化的温度越高,活化后的反渗透膜活性层变得更薄、更光滑、亲水性更强。

6.3.2.3　离子液体型反渗透膜与海水淡化

随着人口不断增加,全球水资源短缺和水污染问题已成为世界关注的焦点。膜被认为是最有效、最环保的水处理方式。反渗透技术是发展最快、应用最多的技术[172,173],图 6-2 为典型的海水淡化处理技术示意图。其中,离子液体型反渗透膜较传统的反渗透膜有较高通量和较好的抗污染性能。

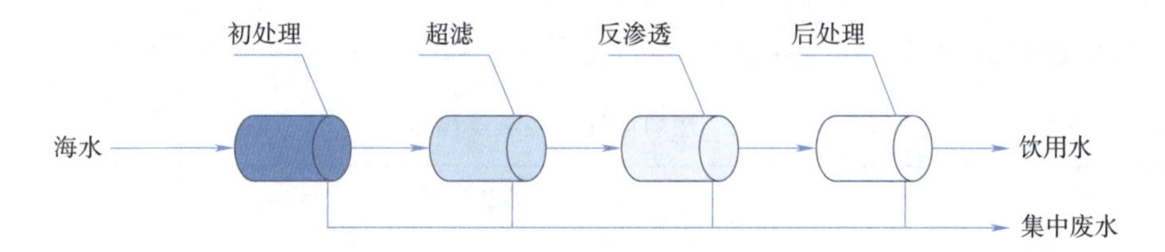

图 6-2　海水淡化处理技术示意图

Zhang 等[171]使用[Bmim]Cl 对膜浸泡活化,测试结果显示,离子液体修饰膜的水通量为 33.7 $L^{-2}\cdot h^{-1}$,比原始膜高 62%。此外,离子液体改性膜的抗污染性能增强,膜性能恢复率为 95.5%。此外,离子液体还可作为制膜溶剂。如 Weng 等[174]采用离子液体 4-甲基吗啉-N-氧化物(NMMO)为溶剂溶解纤维素,采用相转化法制备纤维素膜,再通过水解和羧甲基化制备离子液体改性的纤维素纳滤膜。该膜在脱盐过程中具有良好的稳定性,此外,对甲基橙和甲基蓝也有较高的截留率。Fortuny 等[175]采用胺类和磷类离子液体作为膜液,使用离子液体支撑膜液膜萃取来降低水中氯离子的浓度,分别制备了平板支撑液膜和中空纤维液膜,结果表明,中空纤维液膜在 1 h 内足以将氯离子浓度降低至 250 mg/L。Shao 等[176]利用聚离子液体中阴离子结构可调控性很好地控制带电多孔聚合物膜的孔径和多孔结构。进而使用带电多孔聚合物膜合成多级多孔碳膜,这些纳米复合材料作为光热膜,在太阳能海水淡化方面表现出了优异的性能。

目前将离子液体与反渗透技术相结合的研究十分有限,现有研究主要是采用离子液体修饰反渗透膜，将离子液体作为制膜溶剂，或利用离子液体的杀菌性能提高膜抗菌能力。由于离子液体的独特性能，其在反渗透膜技术中会有广泛的应用前景。为了更好地将离子液体和反渗透膜技术相结合，应该设计更多功能化离子液体，将其与反渗透膜进行巧妙结合，实现对反渗透膜形貌和结构的多重调控，综合提升膜的通量、截留率、抗菌性和稳定性。

6.3.3 离子液体型质子交换膜技术

6.3.3.1 质子交换膜简述

燃料电池是一种通过氧化还原反应将燃料的化学能持续地转变为电能的装置，具有安全、高效、能量密度高和可持续性等优点。燃料电池的原料可采用甲醇、乙醇、天然气和氢气等，产物通常只有水和二氧化碳。原料可再生，产物对环境无污染，因此是一种理想的能源转换形式。

按照电池中的电解质类型进行分类，燃料电池可以分为质子交换膜燃料电池(PEMFC)、碱性燃料电池(AFC)、熔融碳酸盐燃料电池(MCFC)、固体氧化物燃料电池(SOFC)和磷酸燃料电池(PAFC)，几种电池的性能对比如表 6-1 所示。PEMFC 以质子交换膜作为电池电解质，与其他燃料电池相比，除了电池性能优异外，还具有聚合物膜加工及电池组装相对简单，原料可再生且来源丰富、能量转化效率高、产物无污染、设备简单无噪声的优点，因此已经成为国内外研究热点，被认为是最具有应用前景的能源技术之一。

表 6-1 燃料电池的主要类型参数

电池名称	质子交换膜燃料电池	碱性燃料电池	熔融碳酸盐燃料电池	固体氧化物燃料电池	磷酸燃料电池
电解质	质子交换膜	KOH	Li_2CO_3-K_2CO_3	ZrO_2-Y_2O_3	H_3PO_4
传导离子	H^+	OH^+	CO_3^{2-}	O^{2-}	H^+
燃料	氢气、甲醇	氢气	天然气	天然气、煤气	天然气、沼气
电化学效率/%	40～60	60～70	65	60～65	55
使用温度/℃	50～100	90～100	600～700	700～1 000	150～200
优势	操作温度低、启动快	成本低、阴极反应迅速	燃料灵活、催化剂使用范围广	高效灵活、催化剂使用范围广	高温低功率热电联供系统
劣势	催化剂成本高，对杂质敏感	对 CO_2 敏感	高温易腐蚀分解、启动时间长、功率密度低	高温易腐蚀分解、启动时间长	启动时间长、低电流、低功率
应用领域	后备电源、便携电源、分布式电源、特种汽车	军用、航空技术	电气设施，分布式电源	辅助电源、电气设施、分布式电源	分布式电源

质子交换膜燃料电池工作原理示意图如图 6-3 所示，氢气通过气体导流和扩散装置到达电池阳极，在催化剂作用下解离成质子和电子。质子穿过质子交换膜到达阴极，电子被质

子交换膜阻隔在阳极不断累积。同时，氧气通过气体扩散层到达阴极，与催化剂激发产生的电子反应得到氧负离子。通过外电路将阴阳两极相连，从而形成电流并释放能量。质子交换膜是一种带阳离子基团的聚合物电解质膜，它是质子交换膜的核心部件，其作用是阻隔燃料从阳极流向阴极，并将阳极反应生成的质子传递到阴极。

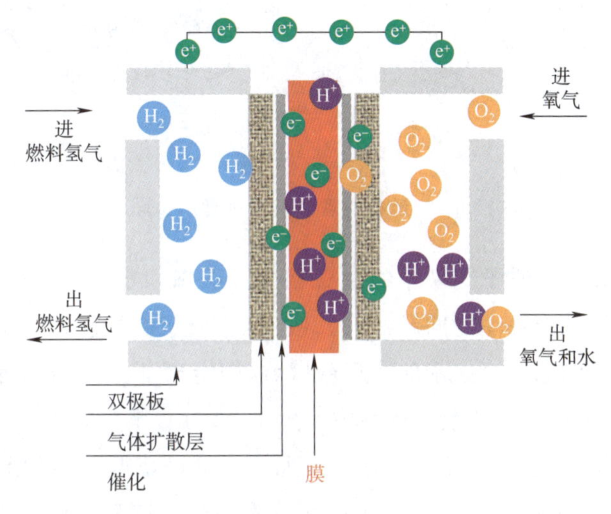

图 6-3　质子交换膜燃料电池的工作原理

理想的质子交换膜应该具备以下性能：(1)性价比高；(2)优良的质子传导能力；(3)优良的热稳定性和机械稳定性；(4)良好的抗氧化、抗还原和抗水解性能；(5)气体在膜中的渗透系数低，以避免燃料气和氧气在电极表面反应。

6.3.3.2　质子交换膜中质子传递机理

质子交换膜的质子传导能力受许多因素影响，如其化学结构、酸性官能团浓度、膜材料吸水率以及操作温度等。揭示质子在膜中的传递规律对设计和制备高性能的质子交换膜具有重要指导意义。现有质子传递机制主要有两种(见图 6-4)：运载机理(vehicular mechanism)和跳跃机理(hopping mechanism)。氢气在电池阳极氧化生成的质子与水结合后形成水合离子(如 H_3O^+、$H_5O_2^+$ 和 $H_9O_4^+$ 阳离子络合物)。在运载机理中，水是质子载体，水合离子在水介质中通过电渗拉力作用从电池阳极移动到阴极。通过运载机理传递的质子，其传导速率依赖于载体的扩散速率和高分子链的自由体积。在跳跃机理中，质子与水结合形成水合离子后，附近的水分子将质子从前一水合氢离子中拉出，再传递给下一个水分子。该过程不断重复，最终将质子从阳极传递到阴极。跳跃机理是一种链式的传递形式，质子通过 O—H 键的形成和断裂从一个水分子传递到与它相近的水分子。全氟磺酸膜中质子的迁移主要通过跳跃机理完成。

目前最常用的质子交换膜为全氟磺酸膜，全氟磺酸膜吸水后发生溶胀，体系中的 $—SO_3H$ 基团并非均匀分布于膜内，而是以离子簇(亲水区域)的形式与 C-F 骨架(疏水区

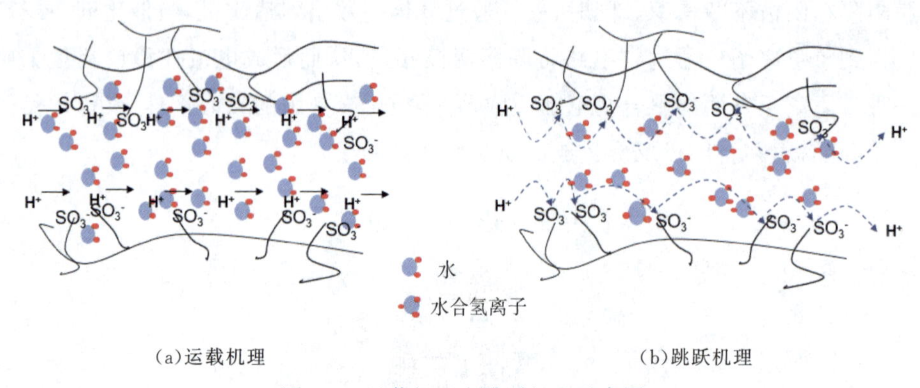

图 6-4　运载机理和跳跃机理示意图

域)产生了微观相分离。因质子交换膜的微观相分离形态和水通道结构会对质子传导产生极大影响,因此一直是最受关注的问题之一。吸水后,质子交换膜被划分为三个区域:疏水的 C-F 主链区(聚合物结晶区),亲水的离子簇区域(固定离子、反离子和水分子的富集区)和两区之间的界面区。亲水的离子簇在体系中发生水合作用,水分子相互连接形成水通道,质子沿着水通道进行传输。通过调控聚合物的微观结构可以获得微观有序的亲水-疏水相区。有序的亲水相区能降低质子传输通道的曲折度及缩小分子链上酸性基团间的排列间距,从而获得更高的质子传导能力。对质子交换膜内部结构的研究和调控是近几年的研究热点,它对于获得高性能质子交换膜及提升燃料电池性能具有指导意义。

6.3.3.3　离子液体在质子交换膜中的研究进展

目前,最成熟的商业化质子交换膜是由杜邦公司生产的 Nafion 系列膜,此膜具有力学性能稳定、质子电导率高等优点,其主要缺点在于质子电导率依赖于溶剂含水量,当温度过高或过低时,其电导率大幅降低。因此改善并开发新的水含量依赖性低的高温质子交换膜材料是目前燃料电池研发中亟待解决的问题之一。质子型离子液体在较宽温度范围内可保持较高的质子传导性能,电化学窗口宽(3 V 左右),液程宽(从低于或接近室温到 300 ℃以上均有良好的稳定性),其质子电导率可与水溶液相媲美。在膜中加入离子液体有助于提高膜电导率和可操作温度范围。室温下的离子液体电导率范围为 $1.0\times10^{-4}\sim1.8\times10^{-2}$ S/cm。对于二烷基取代咪唑基离子液体,电导率一般为 1.0×10^{-2} S/cm。但是,基于四烷基铵、吡咯烷、哌啶和吡啶阳离子的离子液体的电导率较低,范围为 $1.0\times10^{-4}\sim5.0\times10^{-3}$ S/cm。卤化物阴离子,如 F^- 和 Br^-,会将电位降到 2.0~3.0 V。此外,双(三氟甲基磺酰基)酰亚胺阴离子和$[NTf_2]^-$在较高阳极电势下被氧化,可以稳定在 4.5 V[177]。基于四烷基铵的离子液体阳离子在一定的负阴极电位下被还原,可以稳定在 4.0~5.7 V[178]。因此将具有良好热稳定性和电化学性能的质子型离子液体应用于燃料电池质子交换膜,具有极大的应用前景。

1. Nafion/离子液体复合膜

Nafion 由于其商业化和广泛性，仍然是目前使用和研究最广泛的材料。虽然此类膜具有力学性能稳定、质子电导率高和使用寿命长等优点，但此类膜的质子导电性能强烈依赖于水，水的冷冻或者蒸发行为使得 Nafion 失去质子导电性能，这在很大程度上制约了燃料电池的应用规模和范围。因此，开发新型不受运行温度限制的聚合物膜材料是目前燃料电池研究与开发中亟待解决的问题之一。而离子液体具有接近零的蒸气压、低熔点和较宽的电化学窗口，将离子液体引入到 Nafion 膜中可大幅度扩展其工作温度范围，提高其电导率。目前，已经有许多学者将离子液体引入质子交换膜体系，显著提高了其性能。

Maiti 等[179]通过在 Nafion 中掺杂氧化石墨烯和离子液体(磷酸二氢功能化咪唑类)，获得一种 Nafion/离子液体复合膜。此种离子液体在 230 ℃下依然非常稳定，此温度远高于燃料电池的运行温度，因此该膜可用于高温燃料电池。与 Nafion117 膜相比，该复合膜在 110 ℃和干燥条件下可产生更高的电流密度，并且显示出了更高的质子传导率。Noto 等[180-182]将离子液体掺杂到 Nafion117 中制备成膜，该膜在低湿度和高温环境中(＞100 ℃)，虽然含水量下降，但是热稳定性和机械强度提高。在 145 ℃时，质子传导率为 7.3×10^{-3} S/cm，表明该膜适用于高温燃料电池。Yang 等[183]将多种咪唑类离子液体掺杂到 Nafion 膜中，Nafion 膜中的磺酸基团上的质子被离子液体阳离子取代，因此膜在湿空气中的吸胀率下降。离子液体亲水性决定其被水洗出的难易程度，同时离子液体起到增塑剂作用，可大幅度降低膜的弹性模量，增加膜的断裂延伸率，该膜在 120 ℃的高温下，电导率可达 1×10^{-2} S/cm。

2. 磺化聚醚醚酮(SPEEK)/离子液体复合膜

磺化聚醚醚酮(SPEEK)成本低、高温稳定性好，是商业化质子交换膜 Nafion 最理想的替代品之一。与 Nafion 相比，SPEEK 主链和侧链的亲-疏水性差异小，而导致其孤立的质子通道较多，其质子传导率远低于 Nafion。在 SPEEK 中掺杂离子液体，有望从根本上提升 SPEEK 质子交换膜的质子传导率。

Malik 等[184]制备了 SPEEK/乙二醇/离子液体复合膜，添加乙二醇作为交联剂，以帮助缓解浸出。磺酸基团在 240 ℃才开始降解，因此该复合膜具有很好的热稳定性。与非交联膜相比，交联膜的浸出现象较弱，质子导电性也有所降低，这主要是由于部分磺酸基团发生交联引起的。Yi 等[185]将离子液体掺杂到 SPEEK 中制膜，该膜的高温稳定性和质子传导性能都有所提高。在 170 ℃下质子传导率可达 8.3×10^{-3} S/cm。Chen 等[186]将 1-丁基-3-甲基咪唑甲磺酸盐[Bmim][CH_3SO_3]和[Emim][BF_4]，以及 Y_2O_3 添加到 SPEEK 中，得到的膜电导率显著增加。当温度从 30 ℃增加到 90 ℃时，纯 SPEEK 膜的电导率随温度升高而降低，掺杂离子液体后膜的电导率随温度升高而增加。由于离子液体优良的质子传导性，掺杂离子液体的膜在任何温度下都表现出了良好的导电率。对于纯 SPEEK 膜，温度升高会导致水分蒸发，从而降低质子传导率。离子液体和 Y_2O_3 的添加会显著增强膜的机械稳定性和质子传导性。纯 SPEEK 膜的断裂抗拉强度为 1.94 MPa，添加离子液体后会增加到

2.61 MPa。Lee 等[181]将氟氢化离子液体掺杂到磺化聚合物中制备得到复合膜,此离子液体具有很好的热稳定性,适用于干燥环境。此膜在 130 ℃下的电池性能测试效果很好,其电导率随着温度的升高而增加,当温度从 25 ℃升高到 130 ℃时,电导率由 11.3 mS/cm^2 增加到 34.7 mS/cm^2。

3. 聚苯并咪唑(PBI)/离子液体复合膜

聚苯并咪唑(PBI)是一类主链含有咪唑基团的线型缩聚物,具有极好的化学稳定性和热稳定性,以及良好的机械强度。将离子液体掺入聚苯并咪唑中制膜可大幅度提高其质子导电性,制备出性能优异的质子交换膜。

Xu 等[187]采用离子液体[1-(3-氨基丙基)-3-甲基咪唑]修饰氧化石墨烯并掺杂到聚苯并咪唑中成膜。在 175 ℃下进行电池性能测试,结果表明,离子液体的加入提升了膜的质子传导率,将纯聚苯并咪唑膜的峰值功率密度由 0.26 W/cm^2 增加到 0.32 W/cm^2。Wang 等[188]将[Hmim][TfO]掺入到含氟聚苯并咪唑中制备成膜,该膜的质子传导率随温度升高和离子液体含量增加而增大,在 250 ℃该膜电导率可达 0.016 S/cm。离子液体可作为聚苯并咪唑增塑剂,促进其链段运动而达到提高离子迁移率的作用。Wang 等[188]研究了聚苯并咪唑/离子液体复合膜在高温无水情况下的质子传导情况,结果表明其在 300 ℃仍然保持良好的性能。Mishra 等[189]对比了不同大小的 SiO_2、MCM-41 和 SBA-15 粒子经过离子液体修饰后,与聚苯并咪唑制备复合膜的性能。结果表明,当添加质量分数为 5% 的功能化 MCM-41 时,该膜在 150 ℃质子传导率为 0.067 4 S/cm,离子液体在膜中起到离子间连接通道的作用。

4. 聚酰亚胺(PI)/离子液体复合膜

聚酰亚胺(PI)是一类非常重要的高性能聚合物材料,其具有热稳定性好、机械性能优良、成膜性能好且耐化学腐蚀等优点,在许多领域都有非常广泛的应用,这些性能也正是质子交换膜所需要的。将离子液体掺杂到聚酰亚胺中制膜,可进一步提高其性能。

Deligöz 等[190]将[Bmim][BF_4]掺入到磺化聚酰胺中,离子液体阳离子与磺酸根之间的相互作用为膜提供了高质子传导率和良好的热稳定性,该膜质子传导率在 180 ℃可达到 5.59×10^{-2} S/cm。Lee 等[191]在六元环聚酰亚胺中加入离子液体[Dema][TfO],复合膜中离子液体含量可达 80%。该膜在 120 ℃时电流密度为 250 mA/cm^2。Deligöz 等[192]制备了酸掺杂的离子液体/聚酰亚胺复合膜,考察了具有不同烷基链长度(R=甲基、乙基和丁基)的咪唑类离子液体对膜性能的影响。结果表明复合膜的长时间电导率和机械性能依赖于不同离子液体的—COOH/咪唑盐摩尔比。由于离子液体的存在会降低聚合物基质的分子凝聚力,因此当操作温度超过 180 ℃时,膜的机械性能会下降,热重测试结果表明该膜的热稳定性最高可达到 250 ℃。Sekhon 等[193]采用溶液浇铸法,分别用离子液体 [ODmim][NTf_2]和氟磺酰亚胺 $HN(CF_3SO_2)_2$ 与聚偏氟乙烯六氟丙烯(PVDF-HFP)掺杂制备得到复合膜,该膜的质子传导能力显著增加。当操作温度为 130 ℃时,复合膜的质子传导率为 2.74×10^{-3} S/cm。

5. 壳聚糖(CS)/离子液体复合膜

壳聚糖来源丰富，性能优异，已经被广泛应用于分离膜制备过程中。由于壳聚糖导电性能有限，因此可以通过添加系列填充物和质子，增强其导电性。由于离子液体具有的优良导电性能，壳聚糖/离子液体复合膜应运而生。

Singh等[194]制备了[Emim][SCN]/壳聚糖复合膜。与未改性的纯壳聚糖膜相比，离子液体的加入增强了膜的导电性。考察了离子液体添加量为10%～250%(质量分数)范围内膜的性能，结果表明，膜的电导率随离子液体添加量的增加先增加到最大值，然后降低。离子液体能提供大量的自由离子(如咪唑阳离子和硫氰酸盐阴离子)，其电导率远高于壳聚糖的电导率。当离子液体添加量为150%(质量分数)时，膜的电导率达到最大值，为2.60×10^{-4} S/cm。XRD测试结果表明，膜的结晶度随着离子液体添加量的增加而降低，因此形成的无定形区域增加了离子电导率。Leones等[195]研究结果表明，相对于无机盐，离子液体与聚合物基质相容性更好，因此可赋予膜更平滑的结构和更好的柔韧性。Shamsudin等[196,197]的研究也得出类似结论，他们将[Bmim][OAc]掺杂到壳聚糖基质中。随着[Bmim][OAc]加入量的增加，结晶相降低，无定型相增加，膜表面形貌变得更光滑，孔径更小。室温下，当[Bmim][OAc]的添加量达到90%(质量分数)时，膜的离子电导率最高，可达到2.44×10^{-3} S/cm。因此，随着[Bmim][OAc]含量的增加，壳聚糖的分子间和分子内氢键被离子液体削弱，降低了膜的结晶度，聚合物链的非晶相增加，离子导电性增强。

质子交换膜在燃料电池、液流电池、传感器等领域中有着广泛的应用，尤其是高温质子交换膜燃料电池因其诸多优势已经成为研究热点。离子液体是一种绿色环保的溶剂，其独特的性质决定其将在质子交换膜中具有良好的应用前景。经过离子液体改性后的质子交换膜克服了传统质子交换膜工作温度受限、电导率低的问题，可将其工作温度提高到100 ℃以上，并提升电导率。但是离子液体的加入也会带来一些问题：如离子液体的渗漏会导致电导率下降、机械稳定性降低。随着研究的深入，制备与聚合物相容性好、导电性优良、稳定性好的离子液体在质子交换膜领域有着重大意义。

参考文献

[1] CASTEL C, FAVRE E. Membrane separations and energy efficiency[J]. Journal of Membrane Science, 2018, 548: 345-357.

[2] CHENG X X, PAN F S, WANG M R, et al. Hybrid membranes for pervaporation separations[J]. Journal of Membrane Science, 2017, 541: 329-346.

[3] BALAZS A C, EMRICK T, RUSSELL T P. nanoparticle polymer composites: where two small worlds meet[J]. Science, 2006, 314: 1107-1110.

[4] WELTON T. Room-temperature ionic liquids solvents for synthesis and catalysis[J]. Chemical Reviews, 1999, 99 (8): 2071-2083.

[5] BARA J E, CAMPER D E, GIN D L, et al. Room-temperature ionic liquids and composite materials: platform technologies for CO_2 capture[J]. Accounts of Chemical Research, 2010, 43 (1): 152-159.

[6] SCOVAZZO P, KIEFT J, FINAN D, et al. Gas separations using non-hexafluorophosphate $[PF_6]^-$ anion supported ionic liquid membranes[J]. Journal of Membrane Science, 2004, 238 (1-2): 57-63.

[7] HERNáNDEZ-FERNáNDEZ F J, DE LOS RíOS A P, TOMáS-ALONSO F, et al. Preparation of supported ionic liquid membranes: influence of the ionic liquid immobilization method on their operational stability[J]. Journal of Membrane Science, 2009, 341 (1-2): 172-177.

[8] FORTUNATO R, GONZáLEZ-MUñOZ M J, KUBASIEWICZ M, et al. Liquid membranes using ionic liquids: the influence of water on solute transport[J]. Journal of Membrane Science, 2005, 249 (1-2): 153-162.

[9] NEVES L A, CRESPO J G, COELHOSO I M. Gaspermeation studies in supported ionic liquid membranes [J]. Journal of Membrane Science, 2010, 357 (1-2): 160-170.

[10] SCOVAZZO P. Determinationof the upper limits, benchmarks, and critical properties for gas separations using stabilized room temperature ionic liquid membranes (SILMs) for the purpose of guiding future research[J]. Journal of Membrane Science, 2009, 343 (1-2): 199-211.

[11] FERGUSON L, SCOVAZZO P. Solubility, diffusivity, and permeability of gases in phosphonium-based room temperature ionic liquids: data and correlations[J]. Industrial & Engineering Chemistry Research, 2007, 46 (4): 1369-1374.

[12] KASAHARA S, KAMIO E, ISHIGAMI T, et al. Amino acid ionic liquid-based facilitated transport membranes for CO_2 separation[J]. Chemical Communications, 2012, 48 (55): 6903-6905.

[13] HONG S U, PARK D, KO Y, et al. Polymer-ionic liquid gels for enhanced gas transport[J]. Chemical Communications, 2009 (46): 7227-7229.

[14] QIU Y, REN J, ZHAO D, et al. Poly(amide-6-b-ethylene oxide)/[Bmim][Tf_2N] blend membranes for carbon dioxide separation[J]. Journal of Energy Chemistry, 2016, 25 (1): 122-130.

[15] SHINDO R, KISHIDA M, SAWA H, et al. Characterization and gas permeation properties of polyimide/ZSM-5 zeolite composite membranes containing ionic liquid[J]. Journal of Membrane Science, 2014, 454: 330-338.

[16] AMAIKE M, KOBAYASHI H, SHINKAI S. New organogelators bearing both sugar and cholesterol units: an approach toward molecular design of universal gelators[J]. Bulletin of the Chemical Society of Japan, 2000, 73 (11): 2553-2558.

[17] VOSS B A, BARA J E, GIN D L, et al. Physically gelled ionic liquids: solid membrane materials with liquidlike CO_2 gas transport[J]. Chemistry of Materials, 2009, 21 (14): 3027-3029.

[18] SANGEETHA N M, MAITRA U. Supramolecular Gels: Functions and Uses[J]. Chemical Society Reviews, 2005, 34 (10): 821-836.

[19] NGUYEN P T, VOSS B A, WIESENAUER E F, et al. Physically gelled room-temperature ionic liquid-based composite membranes for CO_2/N_2 separation: effect of composition and thickness on membrane properties and performance[J]. Industrial & Engineering Chemistry Research, 2012, 52 (26): 8812-8821.

[20] GU Y, LODGE T P. Synthesisand gas separation performance of triblock copolymer ion gels with a polymerized ionic liquid mid-block[J]. Macromolecules, 2011, 44 (7): 1732-1736.

[21] BARA J E, LESSMANN S, GABRIEL C J, et al. Synthesis and performance of polymerizable room-temperature ionic liquids as gas separation membranes[J]. Industrial & Engineering Chemistry Research, 2007, 46 (16): 5397-5404.

[22] LI P, PAUL D R, CHUNG T S. High performance membranes based on ionic liquid polymers for CO_2 separation from the flue gas[J]. Green Chemistry, 2012, 14 (4): 1052-1063.

[23] LI P, PRAMODA K P, CHUNG T S. CO_2 separation from flue gas using polyvinyl-(room temperature ionic liquid)-room temperature ionic liquid composite membranes[J]. Industrial & Engineering Chemistry Research, 2011, 50 (15): 9344-9353.

[24] BARA J E, GIN D L, NOBLE R D. effect of anion on gas separation performance of polymer-room-temperature ionic liquid composite membranes[J]. Industrial & Engineering Chemistry Research, 2008, 47 (24): 9919-9924.

[25] BAI L, ZHANG X, DENG J, et al. Ionic liquids based membranes for CO_2 separation: a review[J]. CIESC Journal, 2016, 67 (1): 248-257.

[26] UL MUSTAFA M Z, BIN MUKHTAR H, NORDIN N, et al. Recent developments and applications of ionic liquids in gas separation membranes[J]. Chemical Engineering & Technology, 2019, 42 (12): 2580-2593.

[27] SPILLMAN R W, SHERWIN M B. Gas Separation Membranes-The 1st Decade[J]. Chemtech, 1990, 20 (6): 378-384.

[28] YAN X R, ANGUILLE S, BENDAHAN M, et al. Ionic liquids combined with membrane separation processes: a review[J]. Separation and Purification Technology, 2019, 222: 230-253.

[29] BARA J E, GABRIEL C J, CARLISLE T K, et al. Gas separations in fluoroalkyl-functionalized room-temperature ionic liquids using supported liquid membranes[J]. Chemical Engineering Journal, 2009, 147 (1): 43-50.

[30] HAN D, ROW K H. Recent applications of ionic liquids in separation technology[J]. Molecules, 2010, 15 (4): 2405-2426.

[31] HAYES R, WARR G G, ATKIN R. Structure and nanostructure in ionic liquids[J]. Chemical Reviews, 2015, 115 (13): 6357-6426.

[32] LIU X M, YAO X Q, WANG Y L, et al. Mesoscale structures and mechanisms in ionic liquids[J]. Particuology, 2020, 48: 55-64.

[33] NODA A, HAYAMIZU K, WATANABE M. Pulsed-gradient spin-echo ^{1}H and ^{19}F NMR ionic diffusion coefficient, viscosity, and ionic conductivity of non-chloroaluminate room-temperature ionic liquids[J]. The Journal of Physical Chemistry B, 2001, 105 (20): 4603-4610.

[34] BAKER S N, BAKER G A, BRIGHT F V. Temperature-dependent microscopic solvent properties of 'dry' and 'wet' 1-butyl-3-methylimidazolium hexafluorophosphate: correlation with ET(30) and kamlet-taft polarity scales[J]. Green Chemistry, 2002, 4 (2): 165-169.

[35] ZHAO W, HE G, LIU H, et al. Developments in ionic liquid membranes for CO_2 separation[J]. Chemical Industry and Engineering Progress, 2014, 33 (12): 3292.

[36] GAN Q, ROONEY D, XUE M L, et al. An experimental study of gas transport and separation properties of ionic liquids supported on nanofiltration membranes[J]. Journal of Membrane Science, 2006, 280 (1-2): 948-956.

[37] VENTURA S P M, SILVA F A E, QUENTAL M V, et al. Ionic-liquid-mediated extraction and separation processes for bioactive compounds: past, present, and future trends[J]. Chemical Reviews, 2017, 117 (10): 6984-7052.

[38] BRANCO L C, CRESPO J G, AFONSO C A M. Highly selective transport of organic compounds by using supported liquid membranes based on ionic liquids[J]. Angewandte Chemie-International Edition, 2002, 41 (15): 2771-2773.

[39] FORTUNATO R, AFONSO C A M, REIS M A M, et al. Supported liquid membranes using ionic liquids: study of stability and transport mechanisms[J]. Journal of Membrane Science, 2004, 242 (1-2): 197-209.

[40] GUPTA K M, CHEN Y F, HU Z Q, et al. Metal-organic framework supported ionic liquid membranes for CO_2 capture: anion effects[J]. Physical Chemistry Chemical Physics, 2012, 14 (16): 5785-5794.

[41] GUPTA K M, CHEN Y F, JIANG J W. Ionicliquid membranes supported by hydrophobic and hydrophilic metal-organic frameworks for CO_2 capture[J]. Journal of Physical Chemistry C, 2013, 117 (11): 5792-5799.

[42] FONTANALS N, RONKA S, BORRULL F, et al. Supported imidazolium ionic liquid phases: a new material for solid-phase extraction[J]. Talanta, 2009, 80 (1): 250-256.

[43] MARTAK J, SCHLOSSER S. Pertractionof organic acids through liquid membranes containing ionic liquids[J]. Desalination, 2006, 199 (1-3): 518-520.

[44] LI M, PHAM P J, PITTMAN C U, et al. SBA-15-supported ionic liquid compounds containing silver salts: novel mesoporous π-complexing sorbents for separating polyunsaturated fatty acid methyl esters[J]. Microporous and Mesoporous Materials, 2009, 117 (1-2): 436-443.

[45] BASHEER C, ALNEDHARY A A, RAO B S M, et al. Ionic liquid supported three-phase liquid-liquid-liquid microextraction as a sample preparation technique for aliphatic and aromatic hydrocarbons prior to gas chromatography-mass spectrometry[J]. Journal of Chromatography A, 2008, 1210 (1): 19-24.

[46] MIYAKO E, MARUYAMA T, KAMIYA N, et al. Enzyme-facilitated enantioselective transport of (s)-ibuprofen through a supported liquid membrane based on ionic liquids[J]. Chemical Communications, 2003, 23: 2926-2927.

[47] ZHAO H, XIA S, MA P. Use of ionic liquids as green solvents for extractions[J]. Journal of Chemical Technology & Biotechnology, 2005, 80 (10): 1089-1096.

[48] PARMENTIER D, PARADIS S, METZ S J, et al. Continuous process for selective metal extraction with an ionic liquid[J]. Chemical Engineering Research & Design, 2016, 109: 553-560.

[49] SASIKUMAR B, ARTHANAREESWARAN G, ISMAIL A F. Recent progress in ionic liquid membranes for gas separation[J]. Journal of Molecular Liquids, 2018, 266: 330-341.

[50] HASENEDER R. Encyclopedia of membrane science and technology[J]. Chemie Ingenieur Technik, 2014, 86 (11):1986-1987.

[51] ESTAHBANATI E G, OMIDKH M, AMOOGHIN A E. Preparationand characterization of novel ionic liquid/pebax membranes for efficient CO_2/light gases separation[J]. Journal of Industrial and Engineering Chemistry, 2017, 51:77-89.

［52］ ROBESON L M. The upper bound revisited［J］. Journal of Membrane Science，2008，320 (1-2)：390-400.

［53］ TOMé L C，FLORINDO C，FREIRE C S R，et al. Playing with ionic liquid mixtures to design engineered CO_2 separation membranes［J］. Physical Chemistry Chemical Physics，2014，16 (32)：17172-17182.

［54］ LI P，PAUL D R，CHUNG T S. High performance membranes based on ionic liquid polymers for CO_2 separation from the flue gas［J］. Green Chemistry，2012，14 (4)：1052-1063.

［55］ JALILI A H，RAHMATI-ROSTAMI M，GHOTBI C，et al. Solubility of H_2S in ionic liquids bmim PF_6，bmim BF_4，and bmim Tf_2N［J］. Journal of Chemical and Engineering Data，2009，54 (6)：1844-1849.

［56］ MIYAKO E，MARUYAMA T，KAMIYA N，et al. Transport of organic acids through a supported liquid membrane driven by lipase-catalyzed reactions［J］. Journal of Bioscience and Bioengineering，2003，96 (4)：370-374.

［57］ DAI Z D，NOBLE R D，GIN D L，et al. Combination of ionic liquids with membrane technology：a new approach for CO_2 separation［J］. Journal of Membrane Science，2016，497：1-20.

［58］ SUN Y，BI H，DOU H，et al. A novel copper(I)-based supported ionic liquid membrane with high permeability for ethylene/ethane separation［J］. Industrial and Engineering Chemistry Research，2017，56 (3)：741-749.

［59］ ROBESON L M. Correlationof separation factor versus permeability for polymeric membranes［J］. Journal of Membrane Science，1991，62：165-185.

［60］ SWAIDAN R，GHANEM B，PINNAU I. Fine-tuned intrinsically ultramicroporous polymers redefine the permeability/selectivity upper bounds of membrane-based air and hydrogen separations［J］. ACS Macro Letters，2015，4 (9)：947-951.

［61］ KONG L Y，SHAN W D，HAN S L，et al. Interfacial engineering of supported liquid membranes by vapor cross-linking for enhanced separation of carbon dioxide［J］. ChemSusChem，2018，11 (1)：185-192.

［62］ SCHOTT J A，DO-THANH C L，MAHURIN S M，et al. Supported bicyclic amidine ionic liquids as a potential CO_2/N_2 separation medium［J］. Journal of Membrane Science，2018，565：203-212.

［63］ SCOVAZZO P，KIEFT J，FINAN D A，et al. Gas separations using non-hexafluorophosphate $[PF_6]^-$ Anion supported ionic liquid membranes［J］. Journal of Membrane Science，2004，238 (1)：57-63.

［64］ GOUVEIA A S L，TOME L C，LOZINSKAYA E I，et al. Exploring the effect of fluorinated anions on the CO_2/N_2 separation of supported ionic liquid membranes［J］. Physical Chemistry Chemical Physics，2017，19 (42)：28876-28884.

［65］ HANIOKA S，MARUYAMA T，SOTANI T，et al. CO_2 separation facilitated by task-specific ionic liquids using a supported liquid membrane［J］. Journal of Membrane Science，2008，314 (1)：1-4.

［66］ HE W，ZHANG F，WANG Z，et al. Facilitated separation of CO_2 by liquid membranes and composite membranes with task-specific ionic liquids［J］. Industrial & Engineering Chemistry Research，2016，55 (49)：12616-12631.

［67］ KASAHARA S，KAMIO E，MATSUYAMA H. Improvements in the CO_2 permeation selectivities of amino acid ionic liquid-based facilitated transport membranes by controlling their gas absorption properties[J]. Journal of Membrane Science, 2014, 454: 155-162.

[68] KASAHARA S, KAMIO E, ISHIGAMI T, et al. Effect of water in ionic liquids on CO_2 permeability in amino acid ionic liquid-based facilitated transport membranes[J]. Journal of Membrane Science, 2012, 415-416: 168-175.

[69] SHIMOYAMA Y, KOMURO S, JINDARATSAMEE P. Permeability of CO_2 through ionic liquid membranes with water vapour at feed and permeate streams[J]. The Journal of Chemical Thermodynamics, 2014, 69: 179-185.

[70] ZHAO W, HE G, ZHANG L, et al. Effect of water in ionic liquid on the separation performance of supported ionic liquid membrane for CO_2/N_2[J]. Journal of Membrane Science, 2010, 350 (1): 279-285.

[71] CHAI S H, FULVIO P F, HILLESHEIM P C, et al. "Brick-and-mortar" synthesis of free-standing mesoporous carbon nanocomposite membranes as supports of room temperature ionic liquids for CO_2-N_2 separation[J]. Journal of Membrane Science, 2014, 468: 73-80.

[72] KAROUSOS D S, LABROPOULOS A I, TZIALLA O, et al. Effect of a cyclic heating process on the CO_2/N_2 separation performance and structure of a ceramic nanoporous membrane supporting the ionic liquid 1-methyl-3-octylimidazolium tricyanomethanide[J]. Separation and Purification Technology, 2018, 200: 11-22.

[73] CLOSE J J, FARMER K, MOGANTY S S, et al. CO_2/N_2 separations using nanoporous alumina-supported ionic liquid membranes: effect of the support on separation performance[J]. Journal of Membrane Science, 2012, 390-391: 201-210.

[74] MECERREYES D. Polymeric ionic liquids: broadening the properties and applications of polyelectrolytes [J]. Progress in Polymer Science, 2011, 36 (12): 1629-1648.

[75] GAO H, BAI L, HAN J, et al. Functionalized ionic liquid membranes for CO_2 separation[J]. Chemical Communications, 2018, 54 (90): 12671-12685.

[76] TANG J B, TANG H D, SUN W L, et al. Poly(ionic liquid)s: a new material with enhanced and fast CO_2 absorption[J]. Chemical Communications, 2005 (26): 3325-3327.

[77] TANG J B, SHEN Y Q, RADOSZ M, et al. Isothermal carbon dioxide sorption in poly(ionic liquid) s[J]. Industrial & Engineering Chemistry Research, 2009, 48 (20): 9113-9118.

[78] BARA J E, LESSMANN S, GABRIEL C J, et al. Synthesis and performance of polymerizable room-temperature ionic liquids as gas separation membranes[J]. Industrial and Engineering Chemistry Research, 2007, 46 (16): 5397-5404.

[79] BARA J E, GABRIEL C J, HATAKEYAMA E S, et al. Improving CO_2 selectivity in polymerized room-temperature ionic liquid gas separation membranes through incorporation of polar substituents [J]. Journal of Membrane Science, 2008, 321 (1): 3-7.

[80] HEMP S T, ZHANG M Q, ALLEN M H, et al. Comparing ammonium and phosphonium polymerized ionic liquids: thermal analysis, conductivity, and morphology[J]. Macromolecular Chemistry and Physics, 2013, 214 (18): 2099-2107.

[81] COWAN M G, MASUDA M, MCDANEL W M, et al. Phosphonium-based poly(ionic liquid) membranes: the effect of cation alkyl chain length on light gas separation properties and ionic conductivity[J]. Journal of Membrane Science, 2016, 498: 408-413.

[82] HU X D, TANG J B, BLASIG A, et al. CO_2 permeability, diffusivity and solubility in polyethylene glycol-grafted polyionic membranes and their CO_2 selectivity relative to methane and nitrogen[J]. Journal of Membrane Science, 2006, 281 (1-2): 130-138.

[83] CHI W S, HONG S U, JUNG B, et al. Synthesis, structure and gas permeation of polymerized ionic liquid graft copolymer membranes[J]. Journal of Membrane Science, 2013, 443: 54-61.

[84] LI P, COLEMAN M R. Synthesis of room temperature ionic liquids based random copolyimides for gas separation applications[J]. European Polymer Journal, 2013, 49 (2): 482-491.

[85] KAMMAKAKAM I, KIM H W, NAM S, et al. Alkyl imidazolium-functionalized cardo-based poly (ether ketone) s as novel polymer membranes for O_2/N_2 and CO_2/N_2 separations[J]. Polymer, 2013, 54 (14): 3534-3541.

[86] BARA J E, HATAKEYAMA E S, GIN D L, et al. Improving CO_2 permeability in polymerized room-temperature ionic liquid gas separation membranes through the formation of a solid composite with a room-temperature ionic liquid[J]. Polymers for Advanced Technologies, 2008, 19 (10): 1415-1420.

[87] BARA J E, GIN D L, NOBLE R D. Effect of anion on gas separation performance of polymer-room-temperature ionic liquid composite membranes[J]. Industrial & Engineering Chemistry Research, 2008, 47 (24): 9919-9924.

[88] BARA J E, NOBLE R D, GIN D L. Effect of "free" cation substituent on gas separation performance of polymer-room-temperature ionic liquid composite membranes [J]. Industrial & Engineering Chemistry Research, 2009, 48 (9): 4607-4610.

[89] LI P, PRAMODA K P, CHUNG T S. CO_2 separation from flue gas using polyvinyl-(room temperature ionic liquid)-room temperature ionic liquid composite membranes[J]. Industrial & Engineering Chemistry Research, 2011, 50 (15): 9344-9353.

[90] TOME L C, GOUVEIA A S L, FREIRE C S R, et al. Polymeric ionic liquid-based membranes: influence of polycation variation on gas transport and CO_2 selectivity properties[J]. Journal of Membrane Science, 2015, 486: 40-48.

[91] TOME L C, ISIK M, FREIRE C S R, et al. Novel pyrrolidinium-based polymeric ionic liquids with cyano counter-anions: high performance membrane materials for post-combustion CO_2 separation [J]. Journal of Membrane Science, 2015, 483: 155-165.

[92] TEODORO R M, TOME L C, MANTIONE D, et al. Mixing poly(ionic liquid)s and ionic liquids with different cyano anions: membrane forming ability and CO_2/N_2 separation properties[J]. Journal of Membrane Science, 2018, 552: 341-348.

[93] TOME L C, GUERREIRO D C, TEODORO R M, et al. Effect of polymer molecular weight on the physical properties and CO_2/N_2 Separation of pyrrolidinium-based poly(ionic liquid) membranes[J]. Journal of Membrane Science, 2018, 549: 267-274.

[94] UK HONG S, PARK D, KO Y, et al. Polymer-ionic liquid gels for enhanced gas transport[J]. Chemical Communications, 2009, 46: 7227-7229.

[95] LI M, ZHANG X, ZENG S, et al. Pebax-based composite membranes with high gas transport properties enhanced by ionic liquids for CO_2 separation[J]. RSC Advances, 2017, 7 (11): 6422-6431.

[96] JANSEN J C, FRIESS K, CLARIZIA G, et al. High ionic liquid content polymeric gel membranes:

preparation and performance[J]. Macromolecules, 2011, 44 (1): 39-45.

[97] DAI Z, NOBLE R D, GIN D L, et al. Combination of ionic liquids with membrane technology: a new approach for CO_2 separation[J]. Journal of Membrane Science, 2016, 497: 1-20.

[98] KANEHASHI S, KISHIDA M, KIDESAKI T, et al. CO_2 separation properties of a glassy aromatic polyimide composite membranes containing high-content 1-butyl-3-methylimidazolium bis(trifluoromethylsulfonyl) imide ionic liquid[J]. Journal of Membrane Science, 2013, 430: 211-222.

[99] DAI Z, BAI L, HVAL K N, et al. Pebax®/tsil blend thin film composite membranes for CO_2 separation[J]. Science China Chemistry, 2016, 59 (5): 538-546.

[100] LIM J Y, KIM J K, LEE C S, et al. Hybrid membranes of nanostructrual copolymer and ionic liquid for carbon dioxide capture[J]. Chemical Engineering Journal, 2017, 322: 254-262.

[101] CHEN H Z, LI P, CHUNG T S. PVDF/ionic liquid polymer blends with superior separation performance for removing CO_2 from hydrogen and flue gas[J]. International Journal of Hydrogen Energy, 2012, 37 (16): 11796-11804.

[102] MANNAN H A, MOHSHIM D F, MUKHTAR H, et al. Synthesis, characterization, and CO_2 separation performance of polyether sulfone/[EMIM][Tf_2N] ionic liquid-polymeric membranes (ILPMs)[J]. Journal of Industrial and Engineering Chemistry, 2017, 54: 98-106.

[103] GUO X, QIAO Z, LIU D, et al. Mixed-matrix membranes for CO_2 separation: role of the third component[J]. Journal of Materials Chemistry A, 2019, 7 (43): 24738-24759.

[104] MOHSHIM D F, MUKHTAR H, MAN Z. The effect of incorporating ionic liquid into polyethersulfone-SAPO-34 based mixed matrix membrane on CO_2 gas separation performance[J]. Separation and Purification Technology, 2014, 135: 252-258.

[105] LEE W G, KANG S W. Highly selective poly(ethylene oxide)/ionic liquid electrolyte membranes containing CrO_3 for CO_2/N_2 separation[J]. Chemical Engineering Journal, 2019, 356: 312-317.

[106] BAN Y, LI Z, LI Y, et al. Confinement of ionic liquids in nanocages: tailoring the molecular sieving properties of ZIF-8 for membrane-based CO_2 capture [J]. Angewandte Chemie-International Edition, 2015, 54 (51): 15483-15487.

[107] AHMAD N N R, LEO C P, AHMAD A L. Effectsof solvent and ionic liquid properties on ionic liquid enhanced polysulfone/SAPO-34 mixed matrix membrane for CO_2 removal[J]. Microporous and Mesoporous Materials, 2019, 283: 64-72.

[108] HUANG G, ISFAHANI A P, MUCHTAR A, et al. Pebax/ionic liquid modified graphene oxide mixed matrix membranes for enhanced CO_2 capture[J]. Journal of Membrane Science, 2018, 565: 370-379.

[109] LI H, TUO L, YANG K, et al. Simultaneous enhancement of mechanical properties and CO_2 selectivity of ZIF-8 mixed matrix membranes: interfacial toughening effect of ionic liquid[J]. Journal of Membrane Science, 2016, 511: 130-142.

[110] ZHAO R, WU H, YANG L, et al. Modification of covalent organic frameworks with dual functions ionic liquids for membrane-based biogas upgrading[J]. Journal of Membrane Science, 2020, 600: 117841.

[111] PHUC T N, VOSS B A, WIESENAUER E F, et al. Physically gelled room-temperature ionic liquid-based composite membranes for CO_2/N_2 separation: effect of composition and thickness on

membrane properties and performance[J]. Industrial & Engineering Chemistry Research, 2013, 52 (26): 8812-8821.

[112] COUTO R M, CARVALHO T, NEVES L A, et al. Development of ion-jelly (R) membranes[J]. Separation and Purification Technology, 2013, 106: 22-31.

[113] CARLISLE T K, NICODEMUS G D, GIN D L, et al. CO_2/light gas separation performance of cross-linked poly(vinylimidazolium) gel membranes as a function of ionic liquid loading and cross-linker content[J]. Journal of Membrane Science, 2012, 397: 24-37.

[114] MOGHADAM F, KAMIO E, MATSUYAMA H. High CO_2 separation performance of amino acid ionic liquid-based double network ion gel membranes in low CO_2 concentration gas mixtures under humid conditions[J]. Journal of Membrane Science, 2017, 525: 290-297.

[115] FRIESS K, LANC M, PILNACEK K, et al. CO_2/CH_4 separation performance of ionic-liquid-based epoxy-amine ion gel membranes under mixed feed conditions relevant to biogas processing[J]. Journal of Membrane Science, 2017, 528: 64-71.

[116] HUDIONO Y C, CARLISLE T K, BARA J E, et al. A three-component mixed-matrix membrane with enhanced CO_2 separation properties based on zeolites and ionic liquid materials[J]. Journal of Membrane Science, 2010, 350 (1): 117-123.

[117] FAM W, MANSOURI J, LI H, et al. Effect of inorganic salt blending on the CO_2 separation performance and morphology of Pebax1657/ionic liquid gel membranes [J]. Industrial & Engineering Chemistry Research, 2019, 58 (8): 3304-3313.

[118] MANDAVI H R, AZIZI N, ARZANI M, et al. Improved CO_2/CH_4 separation using a nanocomposite ionic liquid gel membrane[J]. Journal of Natural Gas Science and Engineering, 2017, 46: 275-288.

[119] CARLESI C, GUAJARDO N, SCHREBLER R, et al. The capture of a dilute stream of industrially generated sulfur dioxide in an aqueous solution of the ionic liquid 1-butyl-3-methylimidazolium chloride [Bmim][Cl][J]. Chemical Engineering Communications, 2019: 1-14.

[120] ZHANG H M , JIANG B , YANG N, et al. Highly efficient and reversible absorption of SO_2 from flue gas using diamino polycarboxylate protic ionic liquid aqueous solutions[J]. Energy Fuels, 2019, 33: 8937-8945.

[121] JIANG Y Y , LI L, WU Y T , et al. SO_2 gas separation using supported ionic liquid membranes [J]. American Chemical Society, 2007, 111: 5058-5061.

[122] JIANG Y Y , WU Y T , WANG W T , et al. Permeability and selectivity of sulfur dioxide and carbon dioxide in supported ionic liquid membranes[J]. Chinese Journal of Chemical Engineering, 2009, 17 (4): 594-601.

[123] HUANG K, ZHANG X M, LI Y X, et al. Facilitated separation of CO_2 and SO_2 through supported liquid membranes using carboxylate-based ionic liquids[J]. Journal of Membrane Science, 2014, 471: 227-236.

[124] KAROUSOS D S, LABROPOULOS A I, SAPALIDIS A, et al. Nanoporous ceramic supported ionic liquid membranes for CO_2 and SO_2 removal from flue gas[J]. Chemical Engineering Journal, 2017, 313: 777-790.

[125] YAN S, HAN F, HOU Q, et al. Recent advances in ionic liquid-mediated SO_2 capture[J]. Industrial & Engineering Chemistry Research, 2019, 58 (31): 13804-13818.

[126] PARK Y I, KIM B S, BYUN Y H, et al. Preparation of supported ionic liquid membranes (SILMs) for the removal of acidic gases from crude natural gas[J]. Desalination, 2009, 236 (1-3): 342-348.

[127] ZHANG X, TU Z, LI H, et al. Selective separation of H_2S and CO_2 from CH_4 by supported ionic liquid membranes[J]. Journal of Membrane Science, 2017, 543: 282-287.

[128] BHATTACHARYA M, MANDAL M K. Synthesis and characterization of ionic liquid based mixed matrix membrane for acid gas separation[J]. Journal of Cleaner Production, 2017, 156: 174-183.

[129] AKHMETSHINA A I, YANBIKOV N R, ATLASKIN A A, et al. Acidic gases separation from gas mixtures on the supported ionic liquid membranes providing the facilitated and solution-diffusion transport mechanisms[J]. Membranes (Basel), 2019, 9 (1): 9-23.

[130] HAIDER J, SAEED S, QYYUM M A, et al. Simultaneous capture of acid gases from natural gas adopting ionic liquids: challenges, recent developments, and prospects [J]. Renewable and Sustainable Energy Reviews, 2020, 123: 109771.

[131] BACHMAN J E, SMITH Z P, LI T, et al. Enhanced ethylene separation and plasticization resistance in polymer membranes incorporating metal-organic framework nanocrystals[J]. Nature Materials, 2016, 15 (8): 845-849.

[132] FAIZ R, LI K. Polymeric membranes for light olefin/paraffin separation[J]. Desalination, 2012, 287: 82-97.

[133] FALLANZA M, ORTIZ A, GORRI D, et al. Experimental study of the separation of propane/propylene mixtures by supported ionic liquid membranes containing Ag^+-RTILs as carrier[J]. Separation and Purification Technology, 2012, 97: 83-89.

[134] SUN Y, BI H, DOU H, et al. A novel copper(I)-based supported ionic liquid membrane with high permeability for ethylene/ethane separation[J]. Industrial & Engineering Chemistry Research, 2017, 56 (3): 741-749.

[135] DOU H, JIANG B, XIAO X, et al. Ultra-stable and cost-efficient protic ionic liquid based facilitated transport membranes for highly selective olefin/paraffin separation[J]. Journal of Membrane Science, 2018, 557:76-86.

[136] DOU H, JIANG B, XU M, et al. Supported ionic liquid membranes with high carrier efficiency via strong hydrogen-bond basicity for the sustainable and effective olefin/paraffin separation[J]. Chemical Engineering Science, 2019, 193: 27-37.

[137] KASAHARA S, KAMIO E, MINAMI R, et al. A facilitated transport ion-gel membrane for propylene/propane separation using silver ion as a carrier[J]. Journal of Membrane Science, 2013, 431: 121-130.

[138] FALLANZA M, ORTIZ A, GORRI D, et al. Polymer-ionic liquid composite membranes for propane/propylene separation by facilitated transport[J]. Journal of Membrane Science, 2013, 444: 164-172.

[139] TOMé L C, MECERREYES D, FREIRE C S R, et al. Polymeric ionic liquid membranes containing il-ag^+ for ethylene/ethane separation via olefin-facilitated transport[J]. Journal of Materials Chemistry A, 2014, 2 (16): 5631-5639.

[140] VU M T, LIN R, DIAO H, et al. Effect of ionic liquids (ILs) on MOFs/polymer interfacial

enhancement in mixed matrix membranes[J]. Journal of Membrane Science, 2019, 587: 117157.

[141] YING W, PENG X. Graphene oxide nanoslit-confined $AgBF_4$/ionic liquid for efficiently separating olefin from paraffin[J]. Nanotechnology, 2019, 31 (8): 085703.

[142] DOU H, XU M, JIANG B, et al. Bioinspired graphene oxide membranes with dual transport mechanisms for precise molecular separation [J]. Advanced Functional Materials, 2019, 29 (50): 1905229.

[143] DOU H, JIANG B, XU M, et al. Boron nitride membranes with distinct nanoconfinement effect toward efficient ethylene/ethane separation[J]. Angewandte Chemie International Edition, 2019, 39: 13969-13975.

[144] MATSUOKA A, KAMIO E, MOCHIDA T, et al. Facilitated O_2 transport membrane containing Co(II)-salen complex-based ionic liquid as O_2 carrier[J]. Journal of Membrane Science, 2017, 541: 393-402.

[145] HAN J, BAI L, LUO S, et al. Ionic liquid cobalt complex as O_2 carrier in the PIM-1 membrane for O_2/N_2 separation[J]. Separation and Purification Technology, 2020, 248: 117041.

[146] ZARCA G, ORTIZ I, URTIAGA A. Copper(I)-containing supported ionic liquid membranes for carbon monoxide/nitrogen separation[J]. Journal of Membrane Science, 2013, 438: 38-45.

[147] ZARCA G, ORTIZ I, URTIAGA A. Facilitated-transport supported ionic liquid membranes for the simultaneous recovery of hydrogen and carbon monoxide from nitrogen-enriched gas mixtures[J]. Chemical Engineering Research and Design, 2014, 92 (4): 764-768.

[148] FENG S, WU Y, LUO J, et al. $AgBF_4$/[emim][BF_4] supported ionic liquid membrane for carbon monoxide/nitrogen separation[J]. Journal of Energy Chemistry, 2019, 29: 31-39.

[149] REBOLLAR-PEREZ G, CARRETIER E, LESAGE N, et al. Volatile organic compound (VOC) removal by vapor permeation at low VOC concentrations: laboratory scale results and modeling for scale up[J]. Membranes (Basel), 2011, 1 (1): 80-90.

[150] HAN Q, ZHOU H, LIU G, et al. PDMS/PVDF composite membrane for separation of VOC/N_2 mixtures[J]. Membrane Science and Technology, 2015, 35 (1): 75-81.

[151] MORáVKOVá L, VOPIčKA O, VEJRAžKA J, et al. Vapour permeation and sorption in fluoropolymer gel membrane based on ionic liquid 1-ethyl-3-methylimidazolium bis(trifluoromethylsulphonyl)imide [J]. Chemical Papers, 2014, 68 (12): 1739-1746.

[152] DARVISHMANESH S, JANSEN J C, TASSELLI F, et al. Novel polyphenylsulfone membrane for potential use in solvent nanofiltration[J]. Journal of Membrane Science, 2011, 379 (1-2): 60-68.

[153] WANG X, JU X H, JIA T Z, et al. New surface cross-linking method to fabricate positively charged nanofiltration membranes for dye removal[J]. Journal of Chemical Technology and Biotechnology, 2018, 93 (8): 2281-2291.

[154] GOHIL J M, RAY P. Areview on semi-aromatic polyamide TFC membranes prepared by interfacial polymerization: potential for water treatment and desalination [J]. Separation and Purification Technology, 2017, 181: 159-182.

[155] DONNAN F G. Theory of membrane equilibria and membrane potentials in the presence of non-dialysing electrolytes[J]. A Contribution to Physical-Chemical Physiology. Journal of Membrane Science, 1995, 100 (1): 45-55.

[156] DEEN W M. Hindered transport of large molecules in liquid-filled pores[J]. AIChE Journal, 1987, 33 (9): 1409-1425.

[157] SUN Y X, HUANG H L, VARDHAN H, et al. Facile approach to graft ionic liquid into mof for improving the efficiency of CO_2 chemical fixation[J]. Acs Applied Materials & Interfaces, 2018, 10 (32): 27124-27130.

[158] YANG Q L, LAU C H, GE Q C. Novelionic grafts that enhance arsenic removal via forward osmosis[J]. Acs Applied Materials & Interfaces, 2019, 11 (19): 17828-17835.

[159] WU H, LIN Y, FENG W, et al. A novel nanofiltration membrane with [mimap][tf_2n] ionic liquid for utilization of lithium from brines with high Mg^{2+}/Li^{+} ratio[J]. Journal of Membrane Science, 2020, 603: 117997.

[160] XIAO H F, CHU C H, XU W T, et al. Amphibian-inspired amino acid ionic liquid functionalized nanofiltration membranes with high water permeability and ion selectivity for pigment wastewater treatment[J]. Journal of Membrane Science, 2019, 586: 44-52.

[161] TANG Y, TANG B B, WU P Y. Preparation of apositively charged nanofiltration membrane based on hydrophilic-hydrophobic transformation of a poly (ionic liquid) [J]. Journal of Materials Chemistry A, 2015, 3 (23): 12367-12376.

[162] YU L, ZHANG Y T, WANG Y M, et al. High flux, positively charged loose nanofiltration membrane by blending with poly (ionic liquid) brushes grafted silica spheres [J]. Journal of Hazardous Materials, 2015, 287: 373-383.

[163] YU L, DENG J M, WANG H X, et al. Improved salts transportation of a positively charged loose nanofiltration membrane by introduction of poly(ionic liquid) functionalized hydrotalcite nanosheets [J]. Acs Sustainable Chemistry & Engineering, 2016, 4 (6): 3292-3304.

[164] LI W, SHI C, ZHOU A Y, et al. A positively charged composite nanofiltration membrane modified by EDTA for $LiCl/MgCl_2$ separation[J]. Separation and Purification Technology, 2017, 186: 233-242.

[165] HE B, PENG H, CHEN Y, ZHAO Q. High performance polyamide nanofiltration membranes enabled by surface modification of imidazolium ionic liquid[J]. Journal of Membrane Science, 2020, 608: 118202.

[166] SHEMER H, SEMIAT R. Sustainable RO desalination-energy demand and environmental impact [J]. Desalination, 2017, 424: 10-16.

[167] KIM J, HONG S. Anovel single-pass reverse osmosis configuration for high-purity water production and low energy consumption in seawater desalination[J]. Desalination, 2018, 429: 142-154.

[168] YANG X D, QIAO C D, LI Y, LI T D. Dissolution and resourcfulization of biopolymers in ionic liquids[J]. Reactive & Functional Polymers, 2016, 100: 181-190.

[169] SHIBATA M, TERAMOTO N, NAKAMURA T, et al. All-cellulose and all-wood composites by partial dissolution of cotton fabric and wood in ionic liquid[J]. Carbohydrate Polymers, 2013, 98 (2): 1532-1539.

[170] MENG H, GONG B B, GENG T, et al. Thinning of reverse osmosis membranes by ionic liquids [J]. Applied Surface Science, 2014, 292: 638-644.

[171] ZHANG J L, QIN Z P, YANG L B, et al. Activation promoted ionic liquid modification of reverse

osmosis membrane towards enhanced permeability for desalination[J]. Journal of the Taiwan Institute of Chemical Engineers, 2017, 80: 25-33.

[172] SHENVI S S, ISLOOR A M, ISMAIL A F. Areview on ro membrane technology: developments and challenges[J]. Desalination, 2015, 368: 10-26.

[173] KIM H J, CHOI Y S, LIM M Y, et al. Reverse osmosis nanocomposite membranes containing graphene oxides coated by tannic acid with chlorine-tolerant and antimicrobial properties[J]. Journal of Membrane Science, 2016, 514: 25-34.

[174] WENG R G, CHEN L H, XIAO H, et al. Preparation and characterization of cellulose nanofiltration membrane through hydrolysis followed by carboxymethylation[J]. Fibers and Polymers, 2017, 18 (7): 1235-1242.

[175] FORTUNY A, COLL M T, SASTRE A M. Ionic liquids as a carrier for chloride reduction from brackish water using hollow fiber renewal liquid membrane[J]. Desalination, 2014, 343: 54-59.

[176] SHAO Y, JIANG Z P, ZHANG Y J, W et al. All-poly(ionic liquid) membrane-derived porous carbon membranes: scalable synthesis and application for photothermal conversion in seawater desalination[J]. Acs Nano, 2018, 12 (11): 11704-11710.

[177] HAGIWARA R, LEE J S. Ionic liquids for electrochemical devices[J]. Electrochemistry, 2007, 75 (1): 23-34.

[178] GALINSKI M, LEWANDOWSKI A, STEPNIAK I. Ionic liquids as electrolytes[J]. Electrochimica Acta, 2006, 51 (26): 5567-5580.

[179] MAITI J, KAKATI N, WOO S P, et al. Nafion (R) based hybrid composite membrane containing GO and dihydrogen phosphate functionalized ionic liquid for high temperature polymer electrolyte membrane fuel cell[J]. Composites Science and Technology, 2018, 155: 189-196.

[180] DI NOTO V, NEGRO E, SANCHEZ J Y, et al. Structure-relaxation interplay of a new nanostructured membrane based on tetraethylammonium trifluoromethanesulfonate ionic liquid and neutralized nafion 117 for high-temperature fuel cells[J]. Journal of the American Chemical Society, 2010, 132 (7): 2183-2195.

[181] DI NOTO V, PIGA M, GIFFIN G A, et al. Influence of anions on proton-conducting membranes based on neutralized nafion 117, triethylammonium methanesulfonate, and triethylammonium perfluorobutanesulfonate. 1. synthesis and properties[J]. Journal of Physical Chemistry C, 2012, 116 (1): 1361-1369.

[182] DI NOTO V, PIGA M, GIFFIN G A, et al. Influence of anions on proton-conducting membranes based on neutralized nafion 117, triethylammoniunn methanesulfonate, and triethylammonium perfluorobutanesulfonate. 2. electrical properties[J]. Journal of Physical Chemistry C, 2012, 116 (1): 1370-1379.

[183] YANG J S, CHE Q T, ZHOU L, et al. Studies of a high temperature proton exchange membrane based on incorporating an ionic liquid cation 1-butyl-3-methylimidazolium into a nafion matrix[J]. Electrochimica Acta, 2011, 56 (17): 5940-5946.

[184] MALIK R S, VERMA P, CHOUDHARY V. A study of new anhydrous, conducting membranes based on composites of aprotic ionic liquid and cross-linked SPEEK for fuel cell application[J]. Electrochimica Acta, 2015, 152: 352-359.

[185] YI S Z, ZHANG F F, LI W, et al. Anhydrous elevated-temperature polymer electrolyte membranes based on ionic liquids[J]. Journal of Membrane Science, 2011, 366 (1-2): 349-355.

[186] CHEN J B, GUO Q, LI D, et al. Properties improvement of SPEEK based proton exchange membranes by doping of ionic liquids and Y_2O_3 [J]. Progress in Natural Science-Materials International, 2012, 22 (1): 26-30.

[187] XU C X, LIU X T, CHENG J G, et al. A Polybenzimidazole/ionic-liquid-graphite-oxide composite membrane for high temperature polymer electrolyte membrane fuel cells[J]. Journal of Power Sources, 2015, 274: 922-927.

[188] WANG J T W, HSU S L C. Enhanced high-temperature polymer electrolyte membrane for fuel cells based on polybenzimidazole and ionic liquids[J]. Electrochimica Acta, 2011, 56 (7): 2842-2846.

[189] MISHRA A K, KIM N H, LEE J H. Effectsof ionic liquid-functionalized mesoporous silica on the proton conductivity of acid-doped poly (2, 5-benzimidazole) composite membranes for high-temperature fuel cells[J]. Journal of Membrane Science, 2014, 449: 136-145.

[190] DELIGOZ H, YILMAZOGLU M. Developmentof a new highly conductive and thermomechanically stable complex membrane based on sulfonated polyimide/ionic liquid for high temperature anhydrous fuel cells[J]. Journal of Power Sources, 2011, 196 (7): 3496-3502.

[191] LEE S Y, OGAWA A, KANNO M, et al. Nonhumidified intermediate temperature fuel cells using protic ionic liquids[J]. Journal of the American Chemical Society, 2010, 132 (28): 9764-9773.

[192] DELIGOZ H, YILMAZOGLU M, YILMAZTURK S, et al. Synthesis and characterization of anhydrous conducting polyimide/ionic liquid complex membranes via a new route for high-temperature fuel cells[J]. Polymers for Advanced Technologies, 2012, 23 (8): 1156-1165.

[193] SEKHON S S, KRISHNAN P, SINGH B, et al. Proton conducting membrane containing room temperature ionic liquid[J]. Electrochimica Acta, 2006, 52 (4): 1639-1644.

[194] SINGH P K, BHATTACHARYA B, NAGARALE R K, et al. Synthesis, characterization and application of biopolymer-ionic liquid composite membranes[J]. Synthetic Metals, 2010, 160 (1-2): 139-142.

[195] LEONES R, SENTANIN F, RODRIGUES L C, et al. Investigation of polymer electrolytes based on agar and ionic liquids[J]. Express Polymer Letters, 2012, 6 (12): 1007-1016.

[196] SHAMSUDIN I J, AHMAD A, HASSAN N H. Green polymer electrolytes based on chitosan and 1-butyl-3-methylimidazolium acetate. //RAZAK F A, MAIDEEN H M K, SIDEK H M, et al. (eds) 2014 ukm fst postgraduate colloquium: proceedings of the universiti kebangsaan malaysia[J]. Faculty of Science and Technology 2014 Postgraduate Colloquium, vol 1614, AIP Conference Proceedings, Melville, Amer Inst Physics, 2014: 393-398.

[197] SHAMSUDIN I J, AHMAD A, HASSAN N H, et al. Bifunctional Ionic Liquid in Conductive Biopolymer Based on Chitosan for Electrochemical Devices Application[J]. Solid State Ionics, 2015, 278: 11-19.

第7章 含能材料技术

7.1 含能材料概述

含能材料是一类化学能源材料，从应用来说主要包括火炸药、焰火剂和推进剂，在国防和国民经济建设中具有广泛的应用。在国防领域，含能材料主要用于武器战斗部、火箭发动机、导弹发动机的毁伤和动力系统。在民用领域主要涉及爆破、特殊工业品加工、气体发生剂、发光剂、发烟剂等。因此，含能材料的发展对于一个国家的战略安全、经济建设起着举足轻重的作用，开展含能材料的制备与工业应用研究对于提高武器装备的作战能力，保卫国家安全，服务国民经济建设意义重大[1]。

我国是最早开展含能材料研究的国家，距今已有一千多年的历史，总体来说可分为四个时期。(1)黑火药时期：黑火药的配方为"一硫、二硝、三木炭"，作为中国古代的四大发明之一，对于古代的军事技术、人类文明和社会进步具有重要的影响。(2)近代火炸药的兴起与发展时期，以单质炸药为主，代表物质包括苦味酸、梯恩梯和黑索今，这些物质在两次世界大战中得到了广泛应用。(3)20世纪中后期，火炸药品种增加和综合性能不断完善时期，这一时期的代表物质有奥克托今、2,4,6-三硝基-2,4,6-三氮杂环己酮、六硝基苯、四硝基甘脲等新型高能化合物。(4)21世纪火炸药发展的新时期，进入高能量密度材料的发展阶段，代表物质包括六硝基六氮杂异伍兹烷(CL-20)，1,3,3-硝基氮杂环丁烷(TNAZ)，二硝酰胺铵(ADN)，富氮离子化合物等[1]。

纵观含能材料的发展历史，设计合成新型高能量密度含能材料仍然是其发展的重要方向。追求更高能量、较低感度、较好热稳定性且价格低廉的含能化合物是含能材料工作者追求的主要目标。近年来，以四唑类、三唑类、四嗪类和呋咱类等富氮官能团为母体的高能化合物获得了广泛关注，大量高密度、高生成焓、高热稳定性的富氮化合物被制备出来。在诸多新型高能量密度材料的研究过程中，含能离子液体/含能盐以其独特的结构特征，成为新一代高能量密度材料研究的一个重要分支。

7.1.1 什么是含能离子液体

离子液体作为溶剂和催化剂在应用中显示了独特的优势，同时其作为含能材料的研究也受到了研究者的广泛关注[1-2]。所谓含能离子液体是指离子液体的阴阳离子中含有含能基团的化合物，其中部分含能离子液体没有熔点也被称为含能盐。最早的含能离子液体可追溯到1914年合成的硝酸乙基铵，它也是人类合成的第一种离子液体，但当时没有引起学者们的关注。直到1956年，才由Klapötke明确提出了含能盐的概念。20世纪90年代，美国空军实验室率先对含能盐进行了系统研究，并在应用方面做了初步探索。从2005年起，含能盐（含能离子液体）才得到了世界各国的高度重视，大量新型含能离子液体相继被合成[6]。目前，国内外参与含能离子液体研究的团体主要包括：美国空军实验室、德国慕尼黑大学、美国爱达荷大学、俄罗斯科学院、法国里昂推进剂实验室、中国工程物理研究院、北京理工大学、南京理工大学和中国科学院过程工程研究所等数十家单位[2,3]。

7.1.2 含能离子液体的特点

含能离子液体/含能盐由有机阴阳离子组成，除具备常规离子液体低熔点、低蒸汽压等特性外，同样具备含能材料的独特性质，具体包括如下几点：

（1）高生成焓：分子型单质炸药的生成焓多为负值。离子型含能材料结构中含有大量的N—N、N ═N、C—N和C ═N键，这些结构使其具有较高的正生成焓，是含能盐化学潜能的主要存在形式。

（2）高相容性：含能离子液体多为中性离子型化合物，通常不含反应官能团，与高分子黏结剂、金属燃料、单质炸药等复合含能材料添加剂的反应性较弱，相容性更好。

（3）低感度：含能离子液体的阴阳离子间除了静电作用外还具有较强的氢键作用，在晶体结构中形成了丰富的氢键网络，降低了含能离子液体对外部受力、热、光、电等的敏感性。

（4）高热稳定性：离子液体具有结构可设计的特点，通过对阴阳离子官能团的调控不仅可以增加离子液体的能量，还可以增加离子间、离子内的键合力，提高热稳定性。

7.2 含能离子液体研究现状

目前，国内外针对含能离子液体的研究主要集中于含能离子液体的结构设计与合成，从应用渠道主要包括含能离子液体炸药/含能盐、可自燃的含能离子液体两个方面。

7.2.1 离子液体炸药

从1914年Walden等报道第一个含能盐，到1956年Klapötke明确提出含能盐的概念，再到20世纪90年代含能盐开始被系统研究[4]，总体趋势如图7-1所示，经历了从简单阴阳离子组合到功能化离子液体的结构设计过程，整体趋势是向更高生成焓、更低感度的方向发展。

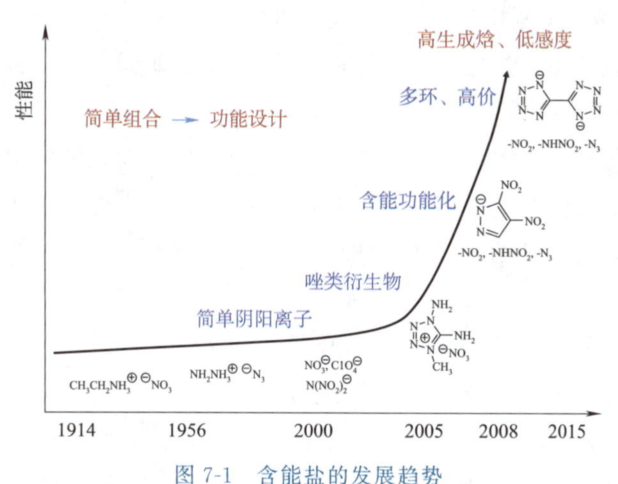

图 7-1　含能盐的发展趋势

7.2.1.1　传统离子含能盐

早期的含能盐多以质子型含能盐为主，通过酸碱中和反应制备，阳离子主要为铵或有机铵类阳离子，阴离子多为酸性高能氧化剂。这些高能盐中，最典型的有如下几种：

高氯酸铵：分子式 NH_4ClO_4，常温下为白色晶体，密度为 1.95 g/cm^3。高氯酸铵外观呈白色至灰白色细结晶粉末或块状或无色或白色斜方晶系结晶。溶于水和丙酮，微溶于醇，不溶于乙醚、苯、烃类。遇有机物、还原剂、硫、磷等易燃物及金属粉末可燃；燃烧产生有毒氮氧化物和氯化物烟雾。属于强氧化剂，与有机物或可燃物研磨则发生爆炸，在 400 ℃分解，有吸湿性，在干空气中稳定，在湿空气中分解。

高氯酸铵在各个领域中有着非常广泛的应用：可用作火箭推进剂、炸药配合剂，也可用于制造烟火、人工防冰雹的药剂、氧化剂及分析试剂、镂刻剂等。此外，在农业科研中可用于含磷量的测定等。宇宙飞船可用铝粉与高氯酸铵（NH_4ClO_4）的固体混合物作燃料，点燃时，铝粉被氧化放热引发高氯酸铵分解。用于制造其他硼氢盐、还原剂、木材纸浆漂白、塑料发泡剂。可用作制造乙硼烷和其他高能燃料的原料，也用于医药工业等。

硝酸铵：分子式 NH_4NO_3，密度 1.72 g/cm^3；纯净的硝酸铵是无色无臭的透明结晶或呈白色的小颗粒结晶，与碱反应有氨气生成，且吸收热量。有潮解性，易结块。易溶于水同时吸热，还易溶于丙酮、氨水，微溶于乙醇，不溶于乙醚。

纯硝酸铵在常温下是稳定的，对打击、碰撞或摩擦均不敏感。但在高温、高压和有可能被氧化的物质（还原剂）存在、或电火花激发下会发生爆炸。硝酸铵在含水 3%以上时无法爆轰，但仍会在一定温度下分解，在生产、贮运和使用中必须严格遵守安全规定。

硝酸羟胺：分子式为 $HONH_3NO_3$，密度 1.09 g/cm^3，熔点 48 ℃，在低温下呈无色针状结晶，吸湿性较强，110 ℃时受热可急剧分解并释放出 NO_2 气体。1 g 硝酸羟胺溶于约 1 mL 水（17 ℃时，83 g 溶于 100 mL 水）、19 mL 乙醇、8 mL 甲醇；溶于甘油和丙二醇，不溶于冷乙醚；0.2 mol/L 水溶液 pH 为 3.2。常温下其饱和溶液中硝酸羟胺的质量分数约为 95%。硝酸羟胺属于爆炸物，吞咽有害，皮肤接触会中毒，造成皮肤刺激和严重眼刺激。可能导致皮肤过敏反应，长期或反复接触可能对器官造成伤害。

硝酸羟胺是液体发射药的主要成分之一，可应用于放射性元素的提取、核废料的处理。作为汽车安全气囊的气体发生剂可以做到对环境无污染、对身体无害等安全指标。此外还可用于医药工业和有机合成工业，无机分析还原剂、络合剂、电分析去极剂、脂肪酸和肥皂的抗氧剂以及分析甲醛、樟脑和葡萄糖等有机分析检验等。

二硝酰胺铵：分子式为 $NH_4N(NO_2)_2$，密度 1.80 g/cm^3，熔点 92～95 ℃。二硝酰胺铵(ADN)能量密度高，燃速高，不含卤素，高温稳定性好，燃烧不产生烟，155 ℃下快速热分解，175 ℃左右急剧分解，主要分解产物包括 N_2O、NO_2、NO、NH_3、H_2O 等。吸湿性比高氯酸铵大，比硝酸铵小。安定性不如黑索今，与硝化甘油接近。是复合固体推进剂中替代 AP 的重要候选氧化剂[7]。二硝酰胺铵主要应用于大型固体推进剂中的氧化剂及新一代高能炸药，绿色环保，能量高，性能优秀，有着非常好的应用前景。

7.2.1.2 唑类含能盐

唑类化合物为含氮五元环结构，由于其结构中含有 C—N，N—N 键具有较高的生成焓，是含能盐研究的主要方向，根据其结构中氮原子数量的不同，可分为如下几类[5]：

1. 二唑类

二氮唑结构中含有三个碳原子和两个氮原子，主要包括咪唑和吡唑。两种物质在工业上均起着重要作用，在离子液体的合成方面，咪唑更是最为常用的阳离子母体结构。高能盐的合成中，咪唑和吡唑一方面可通过质子化作用生成相应的阳离子，另一方面还可以通过硝化形成硝基衍生物作为阴离子，如图 7-2 所示。

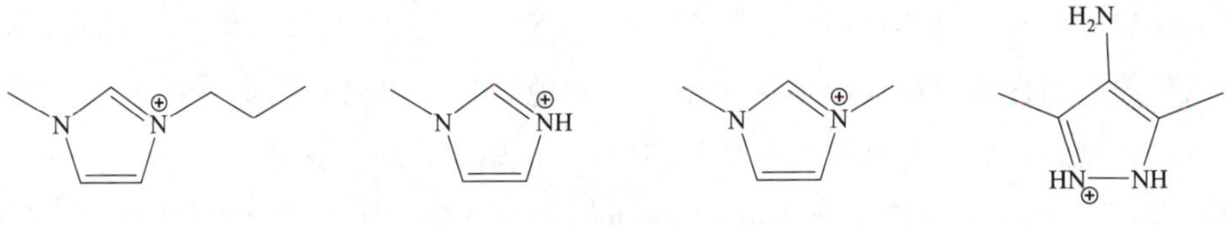

N N⊕ NH H₂N HN⊕ O₂N NO₂ N ⊖

(a)二唑阳离子

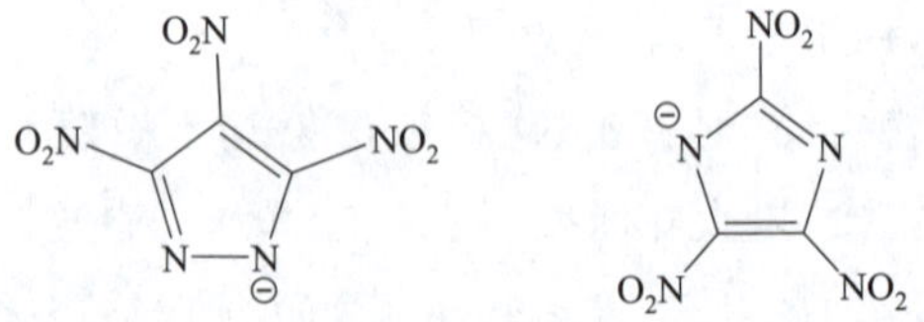

(b)二唑阴离子

图 7-2 常见二唑类离子

(1)咪唑含能盐

咪唑阳离子是最为常用的离子液体阳离子母体，通过与含能阴离子匹配可得到系列含能盐，如1-甲基咪唑高氯酸盐、1,3-二甲基咪唑高氯酸盐、1-丁基-3-甲基咪唑高氯酸盐等[6]，但是，由于常规咪唑阳离子的能量较低，形成的含能盐能量也较低。为提高咪唑类含能盐的能量，研究人员对咪唑母体进行硝化处理得到系列硝基咪唑衍生物，进一步提高了咪唑母体的能量，如2,4,5-三硝基咪唑，由于三个硝基的强吸电子作用使其具有较强的酸性，能与有机碱发生质子化作用得到相应的含能盐。这些含能盐的密度通常大于1.75 g/cm^3，爆轰性能与TATB和RDX相当，在固体推进剂领域中具有较好的应用潜力[7]。

(2)吡唑类含能盐

与咪唑类含能盐类似，吡唑母体通过硝化可进一步得到硝基吡唑阴离子。典型的硝基吡唑为3,4,5-三硝基吡唑，其本身不吸湿、酸性弱、感度低、化学稳定性好，是较为稳定的多硝基芳烃化合物。3,4,5-三硝基吡唑的富氮唑类或胍类含能盐的爆压为23.7～31.9 GPa，爆速为7 586～8 543 m/s，综合性能与TATB相当[8]。

2. 三唑类

三唑有1,2,3-三唑和1,2,4-三唑两种同分异构体，均含有较高的生成焓，其五元环的母体上可依次取代得到多种高能衍生物，常见三唑类结构如图7-3所示。

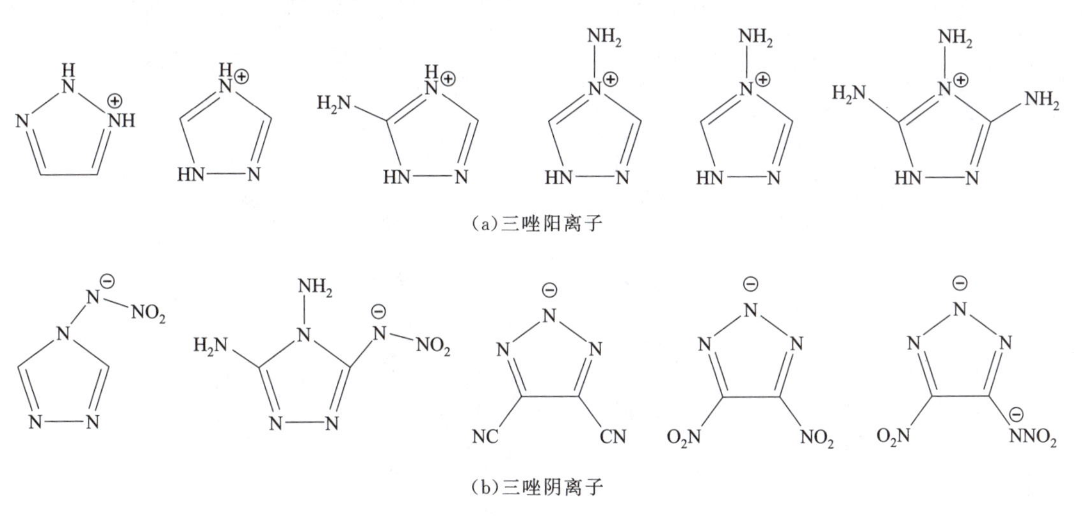

(a)三唑阳离子

(b)三唑阴离子

图7-3　常见三唑类离子

(1)1,2,4-三唑及其衍生物

1,2,4-三唑及其衍生物的含能盐主要有3,4,5-三氨基-1,2,4-三唑，多氨基-1-胍基-1,2,4-三唑盐，硝胺-1,2,4-三唑盐，3,3′-二硝基-5,5′-偶氮-1,2,4-三唑盐等。在众多1,2,4-三唑衍生物中，3,4,5-三氨基-1,2,4-三唑的氮含量高达73.6%，分子中的多个氨基能形成更多的氢键网络，从而使其具有较高的密度和较低的感度，这一类物质的密度为1.63～1.78 g/cm^3，理论生成焓为 229～1 047 kJ/mol，爆压为 24.3～30.3 GPa，爆速为 8 055～9 048 m/s，属于钝感含能材料[9,10]。

(2)1,2,3-三唑及其衍生物

1,2,3-三唑类含能盐主要为 4,5 位取代的衍生物，如 4,5-二氰基-1,2,3-三唑，4-甲基-5-硝基-1,2,3-三唑，4-氨基-5-硝基-1,2,3-三唑，4,5-二硝基-1,2,3-三唑等取代结构。这些结构具有一定的酸性，可与有机碱反应生成相应的含能盐，对应的阳离子包括铵、肼、羟胺、胍、氨基胍等。其中 4,5-二硝基-1,2,3-三唑，4-硝基-5-硝酰胺-1,2,3-三唑羟胺盐的爆压大于 38 GPa，爆速大于 9 000 m/s，感度适中，适用于固体推进剂添加剂[11]。

3. 四唑类

四唑环结构是一种高度对称的平面结构，可实现致密堆积提高密度；是一种热力学上相对稳定的结构单元，能够长时间加热而不分解。四唑环结构氮含量相对较高，分解和爆炸过程会产生较多的气体，释放较高的能量。通过对四唑结构单元进行不同功能化调节，制备不同结构的含能盐使其具备独特的物理和化学特性，是含能盐研究的重要方向之一[12-14]。以四唑为母体的含能盐结构主要有 1H-四唑、5-氨基-四唑、5-硝酰胺四唑、5-硝基四唑、1,5-二氨基四唑(见图 7-4)。

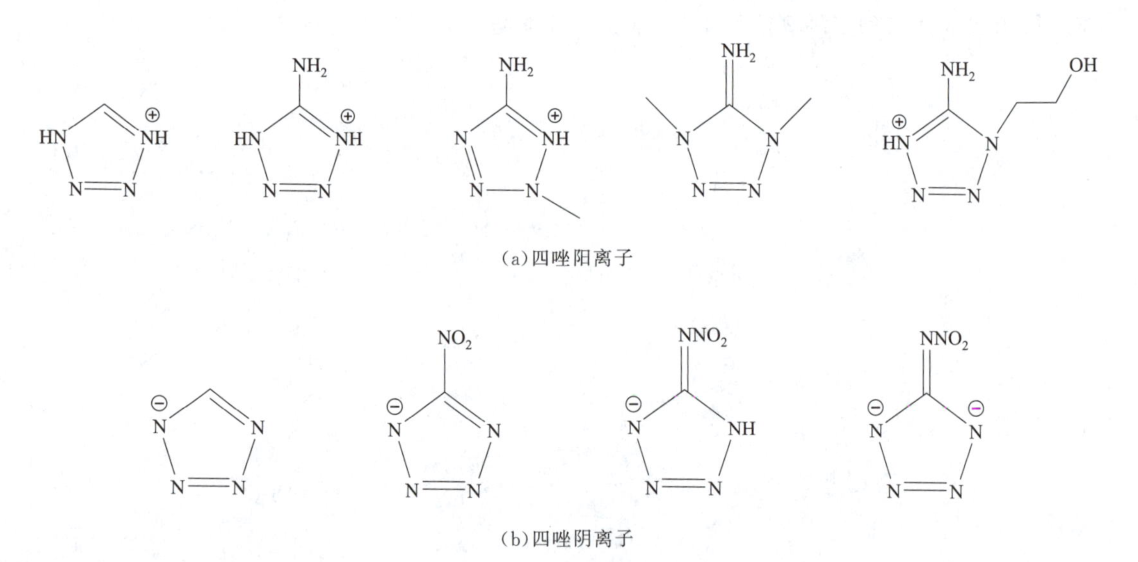

(a)四唑阳离子

(b)四唑阴离子

图 7-4　常见四唑类离子

(1)1*H*-四唑

1*H*-四唑由于四唑环上含有一个氢，具有一定的酸性，很容易与碱发生去质子化反应得到四唑阴离子盐，如 1*H*-四唑与氨、肼、碱金属或碱土金属的碱或碳酸盐分别反应得到相应的四唑盐。在诸多四唑盐中，金属四唑盐的密度均在 2.0 g/cm^3 以上，是良好的烟火剂材料；其铵盐和肼盐的爆压为 16.4～21.1 GPa，爆速为 7 546～8 271 m/s。同时，四唑还具有一定的碱性，可与高能酸性氧化剂反应生成相应的四唑盐，如高氯酸四唑盐、二硝酰胺四唑盐等[15-17]。

(2)5-氨基四唑

5-氨基四唑是一种结构简单，已经实现商业化的富氮化合物单体，也是含能盐的重要前驱体。首先，5-氨基四唑具有一定的弱碱性，可以与强无机酸反应生成强酸弱碱盐，如 5-氨基四唑的高氯酸盐、硝酸盐、硫酸盐、苦味酸盐和氢卤酸盐，其中高氯酸盐具有较高的感度可作为起爆药，而其高氯酸盐与 5-氨基四唑的复合物具有较低的感度，可作为猛炸药使用[18]。其次，5-氨基四唑是一种弱酸，与强碱溶液反应、与碳酸盐或碳酸氢盐反应或通过离子交换反应获得以 5-氨基四唑为阴离子的含能盐。这类物质具有非常低的撞击和摩擦感度，同时热稳定性较好，熔点和热分解温度高于 350 ℃，且其氮含量高、显色性好，多用于焰火剂。同时，5-氨基四唑的碱金属盐可作为烷基取代氨基四唑及其衍生物的中间体，例如 5-氨基四唑钠盐可与碘甲烷或硫酸二甲酯进行甲基化反应生成 5-氨基-1-甲基四唑和 5-氨基-2-甲基四唑[19,20]。这种甲基的引入形成了一种季铵型的阳离子结构，还可进一步离子交换使阴离子换成高氯酸盐、硝酸盐和苦味酸盐等，通过引入高氧含量的阴离子也进一步提高了氧平衡，提高了能量密度；另一方面，这种基于氨基四唑的含能盐拥有较为丰富的氢键网络结构，使其具有更高的热稳定性和较低的感度[19,21]。

(3)5-硝酰胺四唑盐

将 5-氨基四唑中的氨基进行硝化可得到 5-硝酰胺四唑，在引入含能硝基的同时还生成了较强酸性的-$NHNO_2$ 基团，可进一步与有机碱或无机碱反应生成相应含能盐，如 5-硝酰胺四唑与氮杂环有机碱 1-甲基-5-氨基四唑、4-氨基-1，2，4-三唑、5-氨基四唑、1，2，4-三唑、1-丙基-1，2，4-三唑和 3-叠氮基-1，2，4-三唑等反应可分别生成相应的氮杂环 5-硝酰胺四唑含能盐[22,23]；5-硝酰胺四唑与胍或氨基胍的碳酸盐进行反应可分别得到相应的一价或二价阴离子盐[24]；还可与相应的金属碱、金属盐反应得到相应的 5-硝酰胺四唑金属盐。以 5-硝酰胺四唑为阴离子的含能盐生成焓通常较高，热稳定性适中，爆轰性能和感度变化范围较大，部分化合物可作为无烟焰火剂及环境友好的含能材料[25,26]。5-硝酰胺四唑的烷基衍生物 1-甲基-5-硝酰胺四唑、2-甲基-5-硝酰胺四唑、1-(2-羟乙基)-5-硝酰胺四唑、1-(2-氯乙基)-5-硝酰胺四唑等也具有类似的性能。

(4)5-硝基四唑

将 5-氨基四唑与亚硝酸钠和硫酸铜在硫酸溶液中反应可得到 5-硝基四唑的铜盐，然后再与硫酸和铵相互作用得铵盐，最后将铵盐与 KOH 或 HCl 相互作用得到 5-硝基四唑。由于硝基的强吸电子作用，5-硝基四唑主要以阴离子形式成盐，配对的阳离子包括金属类、胍类、唑类等，其中金属盐热稳定性较好，通常含有结晶水，但不含结晶水时的感度较高。5-硝基四唑盐的比冲相对较高，可作为推进剂的添加剂使用[27-29]。

(5)1，5-二氨基四唑盐

1，5-二氨基四唑与5-氨基四唑性质接近。首先，1，5-二氨基四唑具有一定的碱性，能与硝酸和高氯酸反应得到相应的硝酸和高氯酸盐，高氯酸盐还可与二硝酰胺钾盐发生复分解反应得到1，5-二氨基四唑二硝酰胺盐。1，5-二氨基四唑环上4位上的氮原子也可与碘甲烷发生烷基化反应得到1，5-二氨基-4-甲基四唑阳离子，进而得到相应的高能盐。1，5-二氨基四唑类含能盐的生成焓高，感度相对较低[30,31]。

4. 五氮唑类

五氮唑的环中五个原子全为氮原子，其阴离子通常指的是“cyclo-N_5^-”，其分解产物为氮气和 N_3^-，可释放出59.8 kJ/mol的热量，分解活化能为113.8 kJ/mol，生成焓为249.4 kJ/mol(298 K，N_5^-)[32]。cyclo-N_5^- 的这些独特性质使其成为新一代富氮高能材料，是全氮化合物研究的热点领域。但cyclo-N_5^- 结构极不稳定，基于cyclo-N_5^- 的研究多年来一直处于理论研究阶段[33,34]，直到2016年，Bazanov才首次在四氢呋喃溶液中检测到cyclo-N_5^- 的存在[35]。

为了获得稳定的cyclo-N_5^- 结构，需对其进行配位，最早用的配位阳离子为 Mn^{2+}、Fe^{2+}、Co^{2+}、Zn^{2+}、Mg^{2+} 等金属阳离子。将 NaN_5 与 $MnCl_2$、$FeCl_2$、$Co(NO_3)_2$、$Zn(NO_3)$、$MgCl_2$ 在乙醇溶液中通过离子交换反应分别制得 $[Mn(H_2O)_4(N_5)_2]\cdot 4H_2O$、$[Fe(H_2O)_4(N_5)_2]\cdot 4H_2O$、$[Co(H_2O)_4(N_5)_2]\cdot 4H_2O$、$[Zn(H_2O)_4(N_5)_2]\cdot 4H_2O$、$[Mg(H_2O)_6(N_5)_2]\cdot 4H_2O$ 等配合物。这些配合物中，cyclo-N_5^- 能够与金属阳离子形成离子或共价相互作用，或与水形成氢键作用，提高了配合物的稳定性，它们的热分解起始温度多大于100 ℃[36]。

cyclo-N_5^- 的金属配合物中常含有多个结晶水，结晶水的存在大大降低了cyclo-N_5^- 金属盐的能量特性。为提高能量，研究人员合成了系列非金属含能盐。如Chen Yang等报道了系列 NH_4^+，NH_3OH^+，$N_2H_5^+$，$C(NH_2)_3^+$ 和 $N(CH_3)_4^+$ 等阳离子cyclo-N_5^- 盐，研究表明这些物质的能量更高，但是其热稳定性较差，分解温度为80～105 ℃；在爆炸性能方面，其肼盐和羟胺盐的爆速要优于RDX和HMX，爆压与RDX相当，撞击与摩擦感度也相对较低[37]。

同时，Xu Yuangang及其同事也合成了系列富氮阳离子cyclo-N_5^- 无水盐，如图7-5所示，这些物质通常具有较高的生成焓，感度较低，但其密度多在1.7 g/cm^3 以下，较低的密度使其爆轰性能较低[38]。

7.2.1.3 其他离子液体炸药

在炸药类含能离子液体的研究中，除了唑类高氮含能盐外，研究人员还开发了系列其他含能盐，按阴离子划分主要包括苦味酸类、多腈基类、二硝基尿素类、桥联类，相关阴离子结构如图7-6所示。

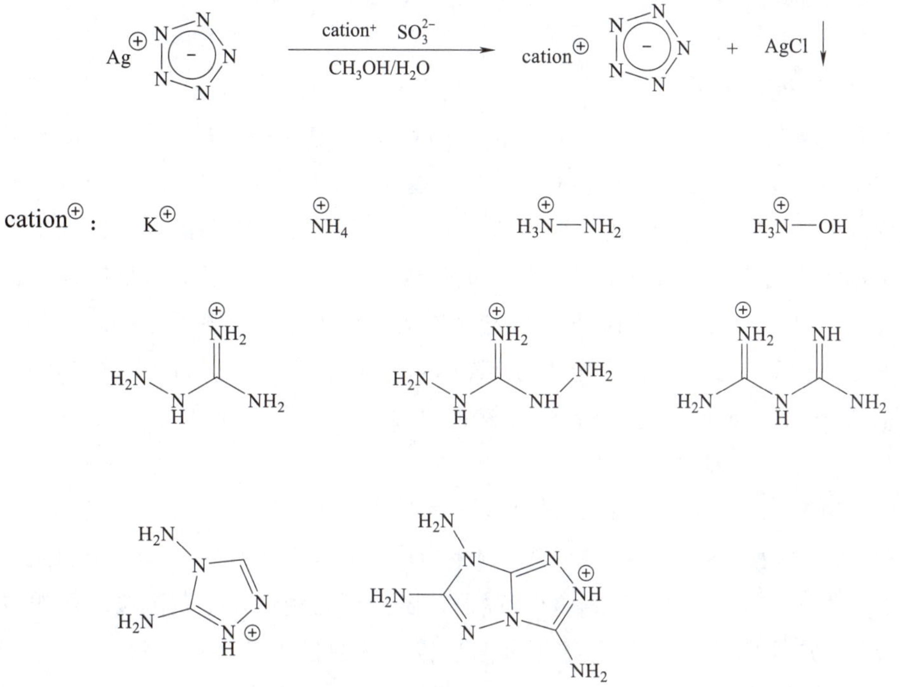

Ag⊕ N N N N N (−)　$\xrightarrow[CH_3OH/H_2O]{cation^+\ SO_3^{2-}}$　cation⊕ N N N N N (−)　+　AgCl↓

cation⊕：　K⊕　　$\overset{\oplus}{NH_4}$　　$H_3\overset{\oplus}{N}—NH_2$　　$H_3\overset{\oplus}{N}—OH$

$\overset{\oplus}{NH_2}$ H_2N N H NH_2　　$\overset{\oplus}{NH_2}$ H_2N N H NH NH_2　　$\overset{\oplus}{NH_2}$ NH H_2N N H NH_2

H_2N N H_2N N N⊕ H　　H_2N N N H_2N N⊕H N N N NH_2

图 7-5　五唑类含能盐的合成[38]

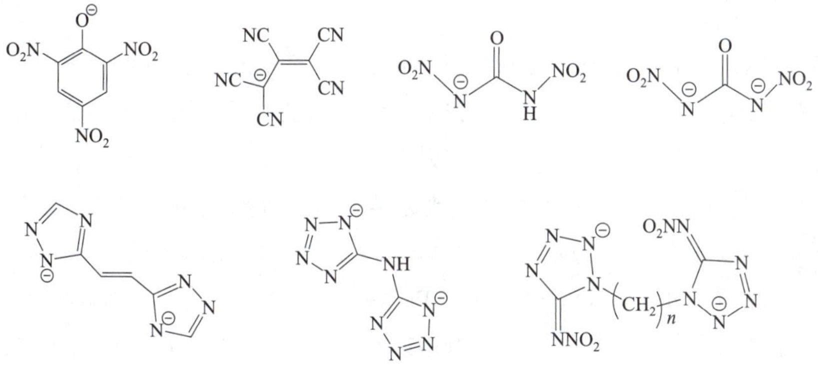

$O^{\ominus}$ O_2N NO_2 NO_2　　NC CN NC⊖ CN CN　　O O_2N N⊖ N H NO_2　　O O_2N N⊖ N⊖ NO_2

N N N⊖ N N N N⊖　　N N⊖ N N NH N N⊖ N N N　　N N⊖ N N N NNO_2 $(CH_2)_n$ O_2NN N N N⊖ N

图 7-6　典型含能盐阴离子结构

（1）苦味酸含能盐

苦味酸是较早使用的单质炸药，由于苯环上三个硝基的强吸电子效应使得羟基氢具有较强的酸性，利用酸碱中和反应可生成苦味酸盐，如 1，2，4-三唑、5-氨基-1，2，4-三唑，1-甲基-1，2，4-三唑，4-氨基-1，2，4-三唑、5-氨基四唑等均可与苦味酸通过质子化反应得到相应的含能盐。另外，利用苦味酸银与相应的季铵阳离子型卤盐进行复分解反应也可以得到系列含能盐，如 1，4-二甲基-1，2，4-三唑、1，4-二甲基-3-叠氮基-1，2，4-三唑的苦味酸盐可采用此方法制备。苦味酸盐的密度为 1.48～1.85 g/cm^3，分解温度为 176～313 ℃，熔点为

92～215 ℃。苦味酸盐的综合性能与苦味酸相当，但为中性物质反应性能大大降低，使用范围更为广泛[39]。

(2)多腈基含能盐

多腈基化合物因具有较高的标准摩尔生成焓而成为新型高能量密度材料研究的重要中间体。如1，1，2，3，3-五腈基丙烯和2-二腈甲基-1，1，3，3-四腈基丙烯结构中的CH基团具有较强的酸性，能够与有机、无机碱反应得到质子型多腈基含能盐。另外，利用多腈基阴离子的银盐或钡盐还可与高氮阳离子的盐酸盐或硫酸盐通过离子交换反应得到相应含能盐。目前，公开报道的多腈基阴离子含能盐对应的阳离子主要有胍、氨基胍、1-甲基咪唑、4-氨基-1,2,4-三唑等。多腈基类含能盐的标准摩尔生成焓较高(601～1 579 kJ/mol)，但其密度较小(1.29～1.43 g/cm^3)，爆轰性能也较低，主要用作燃料使用[40]。

(3)二硝基尿素含能盐

二硝基尿素(DNU)主要通过尿素直接硝化制备，它的密度高达1.98 g/cm^3，理论爆压36.1 GPa，理论爆速8 861 m/s，是一类高氧平衡的高能量密度材料，也是制备其他高能量密度材料的中间体[41, 42]。二硝基尿素含能盐的制备主要是利用两个硝酰胺基团的酸性进行的酸碱中和反应或离子交换反应，根据参与反应的碱的强弱可分别得到一价、二价的阴离子[43]。二硝基尿素含能盐的密度为1.65～1.86 g/cm^3，生成焓为－281～198 kJ/mol，理论爆压为21.3～36.4 GPa，理论爆速为7 681～9 051 m/s[44]。

(4)桥连类含能离子化合物

所谓桥连类含能离子化合物是用杂原子将两个唑类环连接起来所形成的阴离子，由于引入了更多的官能团，更有利于结构和性能的调控。典型的桥连阴离子是偶氮桥连阴离子，主要包括偶氮四唑及其氢化物[45]、3，3′-二硝基-5，5′-偶氮-1，2，4-三唑[46]等，通过中和或离子交换反应可得到系列的高氮含能盐。偶氮类阴离子含能盐的主要特点是高生成焓、高热稳定性，如三氨基胍3，3′-二硝基-5，5′-偶氮-1，2，4-三唑盐的生成焓711 kJ/mol，热分解温度202 ℃，密度1.68 g/cm^3，爆压23 GPa，爆速7 600 m/s[46]。其他的桥连化合物还有5，5′-二(1H-四唑)氨盐，3，6-二-5-氨基四唑-1，2，4，5-四嗪盐和以碳链羰基和乙二酰基桥连的二四唑盐[5]。

7.2.2 自燃离子液体

含能离子液体除用作高能炸药外，另一个重要应用是作为自燃推进剂燃料。所谓自燃推进剂是一种可自动点火的特殊推进剂，主要包括氧化剂和燃料两部分。传统的自燃推进剂燃料主要是肼类化合物，具有沸点低、毒性高、强致癌等不足，开发无毒、高能、绿色燃料是自燃推进剂研究的重要方向。自燃离子液体具有蒸汽压低、密度高、结构性质可设计、毒性低等特性，是绿色推进剂研究的重点领域。自2008年，美国空军推进剂实验室首次报道咪唑二氰胺类自燃离子液体以来，自燃离子液体的研究受到了国内外学者的高度关注，参与研究的代表单位有美国的空军推进剂实验室、爱达荷大学、阿拉巴马大学；法国里昂大学，以色列特拉维夫大学，中国科学院过程工程研究所，中国工程物理研究院化工材料研究所，哈尔滨工业大学等数十家大学或科研院所，经过近 10 年的发展，大量自燃离子液体被合成出来。

7.2.2.1　氰胺类自燃离子液体

氰胺类离子液体是研究最早的自燃离子液体，如图 7-7 所示，氰胺类自燃离子液体的阴离子主要包括二氰胺根阴离子和硝基氰胺根阴离子。

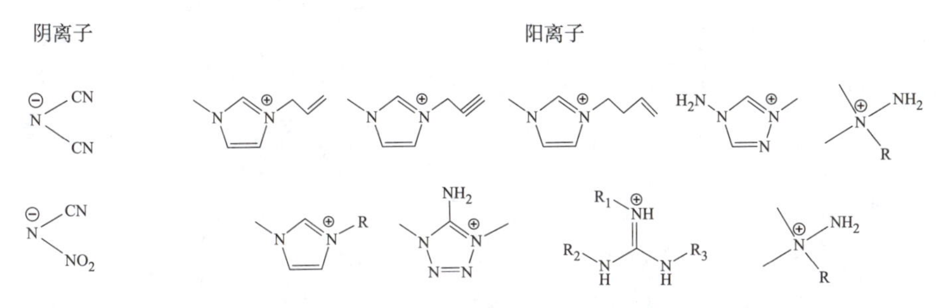

图 7-7　典型氰胺类自燃离子液体结构

2008 年，美国空军实验室 Schneider[47] 教授发现双氰胺咪唑类离子液体与纯硝酸(WFNA)接触时会发生了自燃现象，并首次提出了自燃离子液体的概念。通过对咪唑环上引入双键或三键不饱和侧链，设计合成了六种可自燃二氰胺类离子液体，阳离子结构包括 1-烯丙基-3-甲基咪唑、1-烯丁基-3-甲基咪唑、1-炔丙基-3-甲基咪唑、1-炔丁基-3-甲基咪唑、1-氨基-3-甲基咪唑等。该类离子液体与 WFNA 的点火延迟时间在 15～31 ms 范围内，与发烟硝酸(IRFNA)的点火延迟时间在 170～670 ms 范围内。

2010 年，He 等[48]将二氰胺根中的一个腈基用硝基取代获得硝基氰胺阴离子，制备出了以烷基咪唑类、胍及氨基胍类、1，4-二甲基-5-氨基四唑类等为阳离子的自燃离子液体。该类离子液体的熔点小于 90 ℃，热分解温度大于 250 ℃，黏度小于 25 mPa・s，是一类室温下高度稳定的离子液体，但是该类离子液体的点火性能较差，只有烷基咪唑为阳离子的硝基氰胺盐能够于 WFNA 发生自燃，点火延迟时间在 46～78 ms 之间。

为改善自燃离子液体的点火性能，Gao 等[49]还研究了不同含能基团取代的氰胺阴离子对性能的变化规律，以 N，N-二甲基-N-氨基肼为阳离子，分别研究了 $N(CN)(NO_2)^-$、$N(CN)_2^-$、$C(NO_2)_2(CN)^-$、$C(NO_2)(CN)_2^-$、$C(CN)_3^-$ 和 NO_3^- 六种阴离子结构，对得到的六种离子液体进行点火实验表明 $C(NO_2)_2(CN)^-$、$C(NO_2)(CN)_2^-$、$C(CN)_3^-$ 碳负型离子液体点火效果较差，进一步验证了氰胺类离子液体的点火活性。

在上述研究的基础上，Zhang[50] 等以点火活性较好的二氰胺和硝基氰胺为阴离子，将偏二甲肼进一步烷基化形成三烷基取代的肼类阳离子，考察了官能团和链长对点火活性的影响规律。研究结果表明，所制备的离子液体热稳定性较好，分解温度为 145～236 ℃，熔点在

65 ℃左右，密度均大于 1.0 g/cm³，黏度在 200 mPa·s 以下，该系列离子液体与 WFNA 均可发生自燃现象。

7.2.2.2 叠氮类自燃离子液体

在叠氮基团中三个氮原子相连，具有较高的正生成焓，分解会释放巨大的热量，且产物多为氮气，是一类重要的绿色含能基团。将其用于含能自燃离子液体中同样受到国内外学者的关注，主要包括叠氮阴离子型、叠氮取代的阳离子型两种，如图 7-8 所示。

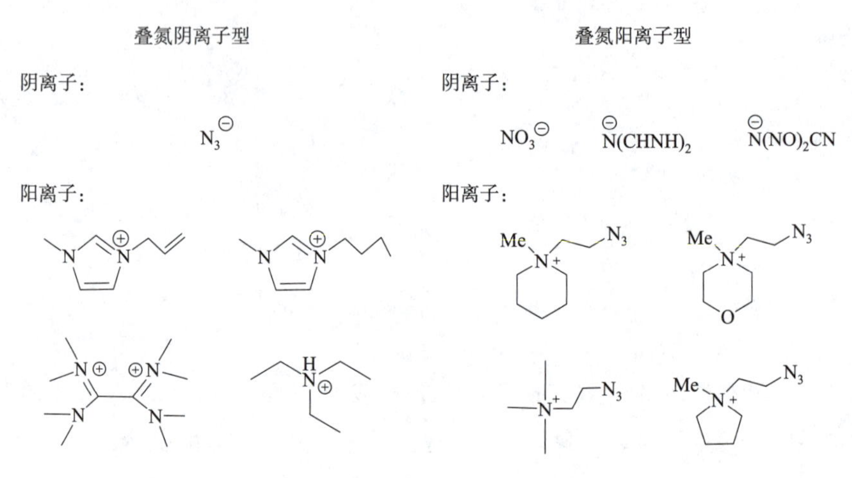

图 7-8 典型叠氮类自燃离子液体

2008 年，Schneider 等[51]合成了系列以烷基咪唑为阳离子、N_3^- 为阴离子的离子液体，并将其与 WFNA 进行了点火试验但不能够自燃。随后 2010 年，Joo 等[52]进一步增加了分子中 N—N 键的数量，设计合成了系列含有叠氮基的季铵型阳离子，将其与 $N(NO_2)_2^-$、$N(CN)(NO_2)^-$、$N(CN)_2^-$、N_3^- 等阴离子组合，得到了系列含叠氮基团的离子液体，这些离子液体的热分解温度大于 200 ℃，熔点为 9～127 ℃，密度为 0.99～1.41 g/cm³，但是这些物质与 WFNA 的点火效果也不理想，只有少数的产品能够自燃。研究人员进一步将得到的离子液体与 N_2O_4 进行点火测试，效果也不理想。2019 年，Wang[53]等以硝酸根、双氰胺和硝基氰酰胺等为阴离子，以叠氮基团取代的季铵阳离子、四氢吡咯、氮杂环已烷等为阳离子，获得系列自燃离子液体。这些化合物的密度为 1.11～1.29 g/cm³，密度比冲为 289.9～344.9 s·g/cm³，其中以双氰胺和硝基氰胺为阴离子的自燃离子液体与 WFNA 展现出了较好的点火活性，如 1-(2-叠氮基乙基)-1-甲基吡咯二氰胺盐的黏度为 30.9 mPa·s，与 WFNA 的点火延迟时间为 7 ms，密度比冲为 302.5 s·g/cm³，展示出了较好的综合性能。

7.2.2.3 硼氢类自燃离子液体

基于自燃离子液体的研究，最早开展的是氰胺类和叠氮类化合物的研究，但是这些物质的点火活性相对较低。为获得更高点火活性的含能物质，2011 年 Zhang[54]等通过将硝酸与

$NaBH_4$ 和 KBH_4 进行点火实验获得了较好的点火性能，受此启发研究人员以 $BH_2(CN)_2^-$ 为阴离子，以烷基咪唑、三烷基肼、烷基吡啶、吡咯、烷基三唑等为阳离子，获得了 10 种新型离子液体结构。研究表明，获得的 $BH_2(CN)_2^-$ 型离子液体的密度为 0.91～1.03 g/cm^3，熔点小于－80 ℃，黏度为 12.4～39.4 mPa·s，与氧化剂的点火延迟时间大多在 10 ms 以下，综合性能大大优于较早的氰胺类、叠氮类自燃离子液体。从此将自燃离子液体的研究拓展到含 B-H 结构的自燃离子液体领域。

目前，基于 B-H 结构的化合物是自燃离子液体研究的主要领域，典型含 B-H 的离子结构如图 7-9 所示。

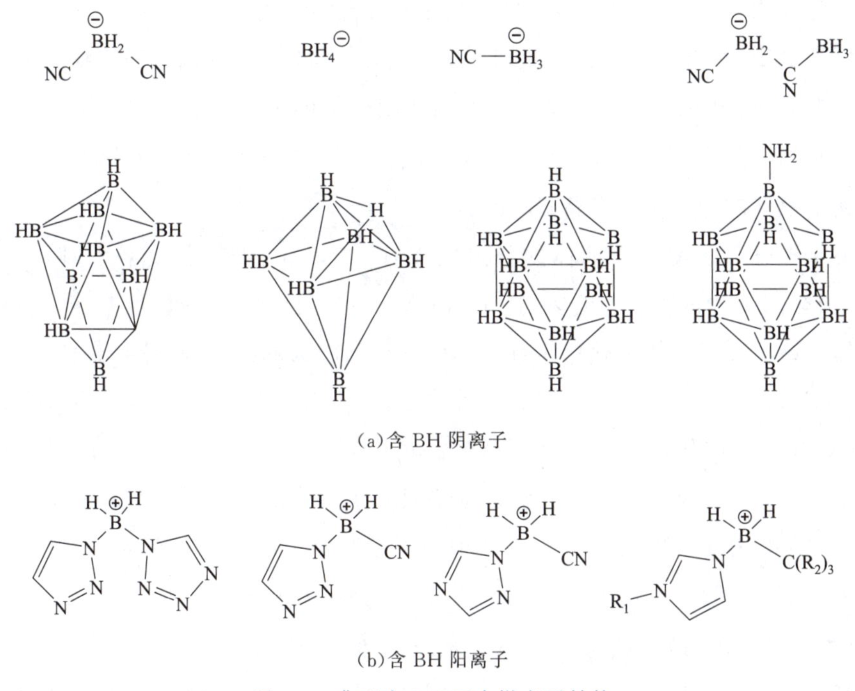

(a)含 BH 阴离子

(b)含 BH 阳离子

图 7-9　典型含 BH 可自燃离子结构

2014 年 Li 等[55]首先制备出了以 BH_4^- 为阴离子，烷基咪唑为阳离子的自燃离子液体，制备的物质与 WFNA 的点火延迟时间低至 2 ms，熔点小于－60 ℃，黏度小于 113.8 mPa·s。该研究进一步证实了含 B-H 离子液体具有优良的点火活性，同时离子液体的制备不使用银盐，制备成本更低。但制备过程要使用液氨，操作不方便，且产品对水敏感、热稳定性差，密度较小。随后，Chand 等[56]针对 Li 的研究发现的问题，对合成方法和结构进行了改进。首先通过磺酸酯对咪唑进行烷基化，获得烷基取代的磺酸盐，然后与 $NaBH_4$ 进行离子交换，得到 BH_4^- 类离子液体。该合成方法避免了液氨的使用，操作更为方便。为改善 BH_4^- 类离子液体的稳定性，对侧链长度和基团进行了优化，改善了水稳定性和热稳定性。获得的烯丙基或炔丙基取代的阳离子的点火延迟时间较低，为 3～4 ms，但其稳定性仍需进一步提高。

2014 年，Zhang 等[57]以 $NaBH_3CN$ 为原料设计合成出 BH_3CN^- 阴离子型自燃离子液体，采用的阳离子结构包括三烷基肼、烷基咪唑或双咪唑硼氢阳离子。这一类离子液体的点火活性高，与氧化剂 WFNA 的点火延迟时间最短达到 4 ms。此外，BH_3CN^- 型离子液体的点火延迟时间对水的稳定性较 BH_4^- 有了显著提升，多数结构对水较为稳定，且热分解温度也远高于 BH_4^- 型结构，如 1-乙基-3-甲基咪唑氰基硼氢盐的热分解温度高达 247 ℃，黏度 19 mPa·s，熔点为－71 ℃，点火延迟时间 4 ms，具有潜在的应用潜力。在此基础上，Zhang 等[58]以 BH_3CN^- 为阴离子，进一步设计合成了 1,5-二氮杂双环[4,3,0]壬-5-烯(DBN) 和 1,8-二氮杂双环[5,4,0]十一碳-7-烯(DBU)两种碱性阳离子型结构，这两种结构与 WFNA 的点火延迟时间为 59～576 ms。两种物质的水稳定性和热稳定性更优，其在潮湿的空气中能够长期保持稳定，热分解温度在 200 ℃以上，最高达 294 ℃。为进一步比较 BH_3CN^- 结构对性能的影响规律，研究人员还合成了基于碱性阳离子的 $N(CN)_2^-$ 型离子液体，发现该类物质的点火延迟时间为 27～100 ms，热分解温度为 249～310 ℃，与 $N(CN)_2^-$ 阴离子相比，BH_3CN^- 离子液体的稳定性还有待进一步提高。

为进一步提升 BH 类离子液体的稳定性，2016 年，Liu 等[59]合成了系列以 $BH_3(CN)BH(CN)^-$ 为阴离子的自燃离子液体，选用的阳离子包括四苯基季膦、烷基咪唑、烷基吡啶、烷基吡咯等。该类离子液体的热稳定性和黏度均得到较大的改善，热分解温度大于 200 ℃，黏度为 10～27 mPa·s。同时它们的点火活性也较优，与 WFNA 的点火延迟时间为 1.7～4.3 ms，如 $BH_3(CN)BH(CN)^-$ 的烯丙基吡啶盐的点火延迟时间为 1.7 ms，黏度为 10 mPa·s。为验证所合成的新型离子液体的耐水稳定性，研究人员还分别计算了 $BH_2(CN)_2^-$、BH_3CN^-、BH_4^- 和 $BH_3(CN)BH(CN)^-$ 四种阴离子与水分子之间的相互作用能，结果表明 $BH_3(CN)BH(CN)^-$ 阴离子与水的相互作用最弱，说明其具有较好的水稳定性，$BH_3(CN)BH(CN)^-$ 类离子液体较好地解决了 BH 类离子液体耐水稳定性差的问题。

自燃离子液体除了要求具有可燃性外，还要求具有较高的能量。为了提高自燃离子液体的能量，2017 年 Chen 等利用四唑基团取代 BH 基团分别获得了氰基四唑硼氢阴离子 $[CTB]^-$[60]与双四唑硼氢阴离子 $[BTB]^-$[61]两种高氮硼氢阴离子结构。对两种阴离子结构分别制备了烷基咪唑、烷基吡啶和烷基吡咯系列自燃离子液体。研究结果表明，四唑基团的引入综合了 BH 基团和四唑基团的各自优势，两者组成的自燃离子液体的密度远远高于常规 BH 阴离子，其中 $[CTB]^-$ 型离子液体的密度在 1.1 g/cm^3 左右，$[BTB]^-$ 型离子液体的密度大于 1.2 g/cm^3；黏度方面，$[CTB]^-$ 型离子液体为 7.3～16.0 mPa·s，$[BTB]^-$ 型离子液体为 25～89 mPa·s；两类物质的熔点均小于－70 ℃，分解温度大于 200 ℃。在点火活性方面，两类物质的点火延迟时间均与黏度密切相关，黏度小于 10 mPa·s 的 5 种 $[CTB]^-$ 型离子液体与硝酸的点火延迟时间均小于 5 ms；$[BTB]^-$ 型离子液体与硝酸的点火延迟时间大多小于 20 ms。2019 年，Wang[62]等将 BH_2-CN 用 1,2,3-三唑取代获得氰基(1-H-1,2,3-三唑-1-基)二氢硼酸根阴离子，进而合成了烷基咪唑、烷基吡啶和烷基吡咯系列阳离子型自燃离子液体。结果表明，该类离子液体的液程宽，液体工作温度范围大于 220 ℃，密度大于 1.0 g/cm³，最高密度为 1.128 g/cm³；黏度均低于 60 mPa·s，最低黏度为 22.48 mPa·s；该类离子液体与发烟硝酸的点火延迟时间最短达到 5 ms。此外，在碘的存在下，该类离子液体与质量分数 90%的 H_2O_2 氧化剂也能发生自燃现象。

针对硼氢阴离子结构的性质，研究人员将 BH 基团两侧各引入两个功能基团，得到了双取代的硼氢阳离子，进一步开发了 BH 阳离子型自燃离子液体。如 2012 年，Wang 等[63]通过将 $N(CH_3)BH_3$ 碘代后再与烷基咪唑反应得到了双咪唑 BH 阳离子，利用该阳离子分别与 NO_3^-、$N(CN)_2^-$、$N(CN)(NO_2)^-$、$BH_2(CN)_2^-$ 等阴离子结合，得到了相应的离子液体，研究了不同阴离子对性能的影响规律。结果表明这一类离子液体与 HNO_3 的点火延迟时间为 14～64 ms，熔点多在 −80 ℃以下，密度最高达 1.28 g/cm³。2015 年，Huang 等[64]采用类似的方法将 $N(CH_3)BH_3$ 结构中的一个氢用烷基咪唑取代得到三烷基胺咪唑硼氢阳离子，选择不同的烷基取代基分别获得了 $N(CN)_2^-$、$BH_2(CN)_2^-$ 的离子液体共 12 种。研究发现，这些离子液体的熔点多在 −70 ℃以下，密度为 0.99～1.12 g/cm³，点火延迟时间为 19～611 ms，热分解温度为 93～160 ℃，黏度为 168.6～2 462 mPa·s。研究还发现，该类离子液体在阴离子相同的情况下，增加阳离子侧链的不饱和度有助于降低点火延迟时间；同时在阳离子相同的情况下 $N(CN)_2^-$ 类离子液体的点火延迟时间要小于 BH_3CN^- 类离子液体。2018 年 Jiao[65]等对二烷基咪唑取代的 BH 阳离子型离子液体的基础上对其阴离子进行了改进，合成了三(1,2,4-三唑)取代的 BH 阴离子，获得了不同烷基取代的系列离子液体。研究结果表明，获得的阴阳离子均为唑类修饰的 BH 离子液体与白色发烟硝酸具有良好的点火性能，点火延迟时间低至 20 ms，密度为 1.07～1.22 g/cm³，密度比冲接近 360 s·g/cm³，综合性能达到了较高的水平。

在 BH 含能化合物中，簇类硼氢化合物是其中的重要一类物质。为深入研究 BH 自燃离子液体的构效关系，2017 年，Jiao 等[66]提出将硼簇结构引入自燃离子液体中，分别以 $[B_{12}H_{12}]^{2-}$、$[B_{10}H_{10}]^{2-}$、$[B_6H_7]^-$ 为阴离子，不同烷基取代的咪唑为阳离子，获得系列硼簇阴离子型自燃离子液体。该类离子液体中 $[B_{12}H_{12}]^{2-}$、$[B_{10}H_{10}]^{2-}$ 阴离子型的物质水稳定性好，遇水不水解，热分解温度多大于 200 ℃，稳定性较好。$[B_6H_7]^-$ 阴离子型的熔点最低，属于室温离子液体，同样具有比较好的水解稳定性，但热稳定性有所降低。在性能方面，由于具有笼型结构，该类离子液体的密度较高，均大于 1.0 g/cm³；三种阴离子型结构中 $[B_{10}H_{10}]^{2-}$、$[B_6H_7]^-$ 型的离子液体的点火活性要高于 $[B_{12}H_{12}]^{2-}$ 型的离子液体，能够与 WFNA 或 N_2O_4 分别发生自燃，其中 $[B_{10}H_{10}]^{2-}$ 与 HNO_3 的点火延迟时间达到 1 ms；$[B_6H_7]^-$ 型离子液体与 WFNA 的点火延迟时间为 1 ms，与 N_2O_4 的点火延迟时间小于 15 ms；而 $[B_{12}H_{12}]^{2-}$ 只与 WFNA 能发生自燃，点火延迟时间为 4～16 ms。在此研究基础上，

2018 年，li 等[67]对$[B_{12}H_{12}]^{2-}$型阴离子进行了改性，对结构中的一个 BH 基团用氨基改性获得了$[B_{12}H_{11}NH_3]^-$型阴离子结构，同样以不同烷基取代的咪唑为阳离子，获得了系列自燃离子液体。该类离子液体的熔点为 133.9～210.7 ℃，热分解温度为 215.6～278.2 ℃。由于 N-B 键和氨基的引入增加了能量，与$[B_{12}H_{12}]^{2-}$型的离子液体比较发现，当燃料/氧化剂配比为 20%～50%时，比冲值能保持在 269 s 以上的高水平。

7.2.2.4 含张力环类自燃离子液体

为了提高自燃离子液体的能量特性，2018 年 Zheng 等[68]提出引入环张力来增加能量的方法，设计合成了系列 N-丁基丁啶类离子液体，如图 7-10 所示。结果表明，该类离子液体的液程更宽，为－80～200 ℃，密度为 0.99～1.05 g/cm^3，单组元比冲为 164.0～184.5 s，生成焓为 0.70～2.17 kJ/g，点火延迟时间为 23～130 ms，其中 N-炔丙基-N-丁基丁啶二氰胺盐的性能最好。为验证张力环结构对性能的影响规律，研究人员还合成了 N-乙基-N-丁基吡咯二氰胺盐和 N-甲基-N-丁基哌啶二氰胺盐两种带有五元、六元环结构的同分异构体，结果表明，具有四元环张力结果的离子液体的比冲提升明显。

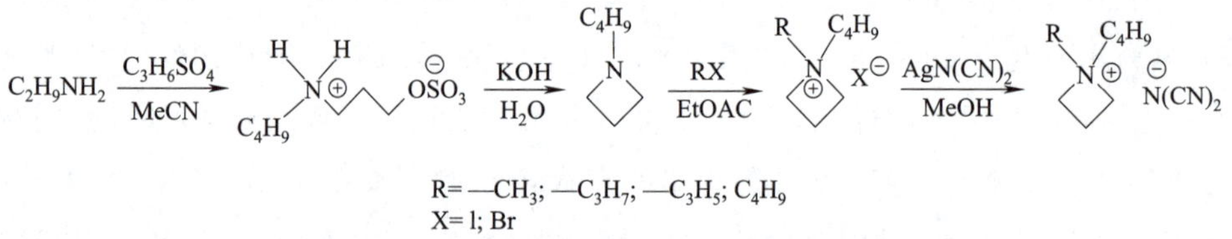

R= —CH_3; —C_3H_7; —C_3H_5; C_4H_9
X= l; Br

图 7-10 N-丁基丁啶类自燃离子液体合成[68]

7.2.2.5 磷酸根类自燃离子液体

2013 年，Maciejewski 等[69]采用还原性较强的次磷酸为阴离子(HP)，采用离子交换反应获得了二甲基咪唑、甲基烯丙基咪唑、甲基丁基咪唑、烯丙基三甲基胺、丁基二甲基肼等阳离子的次磷酸盐，如图 7-11 所示。研究结果表明，该类离子液体的熔点小于－80 ℃，与 WFNA 的点火延迟时间为 171～219 ms。

为进一步提升含磷阴离子的自燃离子液体的点火活性，2016 年 Zhang 等[70]以磷原子为中心，将硼氢基团引入到阴离子中形成 $PH_2(BH_3)_2^-$ 型离子液体。研究发现该类离子液体与 WFNA 的点火延迟时间降至 1 ms，物质本身具有较好的疏水性能。随后，Zhang[71]等进一步合成了—BH_3 取代的磷酸根阴离子，选用烷基咪唑、烷基吡咯和四乙基铵等为阳离子，获得系列自燃离子液体。研究结果表明，该类离子液体的液程范围大于 220 ℃，当—BH_3 引入到磷酸根阴离子中后自燃性能有显著提高，但硼与磷酸酯的络合结果提高了硼氢化物的水解活性。

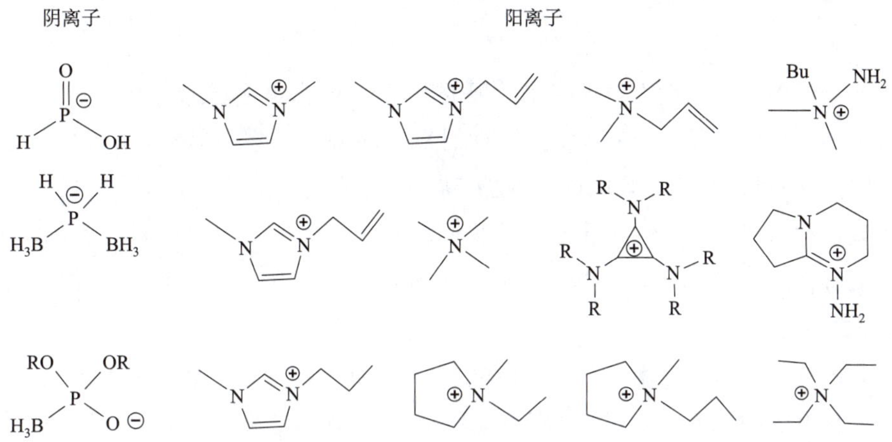

图 7-11　典型含磷自燃离子液体结构

7.2.2.6　铝基类自燃离子液体

2011 年，Schneider 等[72]合成了[Al(BH$_4$)$_4$]$^-$型阴离子，获得了其季膦阳离子型自燃离子液体，如图 7-12 所示。铝基离子液体在室温下为液体，由于含有较高的 B-H 键，展示出了较好的点火活性，与 HNO_3 或 N_2O_4 点火时出现爆炸现象；与 90%和 98%的 H_2O_2 点火时，延迟时间小于 30 ms，但是[Al(BH$_4$)$_4$]$^-$型自燃离子液体热稳定性和水解稳定性弱，使用性能较差。

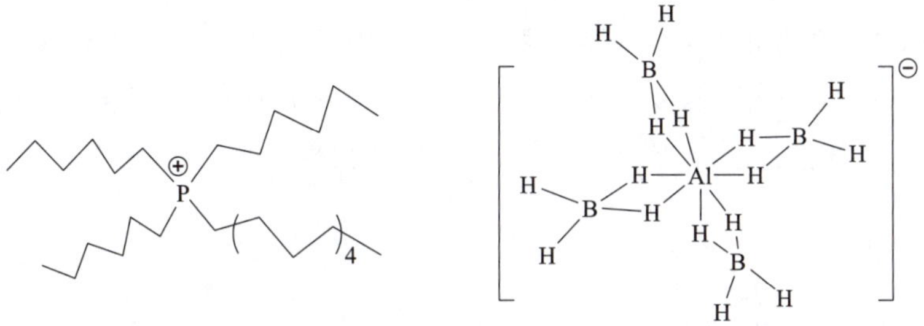

图 7-12　[Al(BH$_4$)$_4$]$^-$自燃离子液体的结构[72]

7.3　离子液体含能材料的应用

鉴于含能离子液体是一类新型含能材料，关于其应用方面的研究报道相对较少。含能离子液体的应用还主要集中在传统离子液体/离子盐领域，主要用作绿色推进剂和高能固体推进剂的添加剂。

7.3.1 HAN 推进剂

随着武器装备技术和载人航天技术发展的不断深入，高可靠性、高性能和无毒化的推进系统一直是各国研究的重点。HAN 基推进剂最大的特色是常温启动，并同时具有绿色无毒、稳定性好、冰点低、比冲高等优点，大幅提高了武器系统的环境适应性。2016 年 12 月，北京控制工程研究所研制的 HAN 基推进系统成功在实践十七号卫星进行首次在轨验证，实现了我国无毒推进系统的首次突破，性能达到国际一流水平[73]。下面是几种相对成熟的 HAN 基推进系统。

(1)LP 系列推进剂。是由硝酸羟胺及其水溶液，伴随添加燃料和稳定剂配制而成，这一系列推进剂含有多种配方，其中代号 XM45(LGP1845)和 XM46(LGP1846)两种体系获得了美国军方的高度认可，并准备大力研制两种类型的推进剂。这两种推进剂的配方组成相似，都是由 HAN，TEAN(硝酸铵)和水组成[74]。

(2) AF-315E 推进剂。自 2001 年起，AF-315E 推进剂的研究便被美国空军实验室 AFRL 提上了日程。2011 年，研究的推力器达到了 TRL5 级的实验要求，实现了首次点火实验验证，实验时长达 11.5 h[75]。AF-315E 推进剂的主要配方由 44.5% HAN+44.5% HEHN+11% H_2O 组成，比冲较肼提高 12%；此外，推进剂还具有低冰点的特点，解决了推进剂持续加热的难题。

(3)日本 JAXA 的 HAN 基推进剂。日本 JAXA 研制的新型 HAN 推进剂主要有两种，一是由 HAN/AN/Methanol/H_2O 组成 SHP 体系，另外一种由 HAN/HN/TEAN/H_2O 组成。其中 SHP163(163 指的是包含质量分数为 16.3 的甲醇)是研究的重点，理论比冲为 276 s，密度为 1.4 g/cm^3，推力为 1 N 级。2016 年，日本 JAXA 在创新技术研究课题的支持下，计划发射基于 HAN 基推进系统的小卫星[76]，是否实现发射未见后续报道。

7.3.2 ADN 推进剂

近年来，鉴于 ADN 在推进剂氧化组分中的优势，ADN 基的推进剂研究引起了国内外学者的广泛关注。许多国家都在发展含有 ADN 的低特征信号技术，同时考虑到 ADN 氧化剂在高能方面的特点，战略导弹中使用固体推进剂应该是不争的事实[77]。ADN 基推进剂在俄罗斯战略导弹中的应用已有十多年，不过有关其在战术导弹高能推进剂中的应用的信息尚未公布。

世界专利(WO9801408)报道了一种以 ADN 为氧化剂的固体推进剂配方，其显著特点是配方组分能有效地与铝粉燃烧，能量明显改善，燃速很高，燃烧产物中无 HCl 气体。推进剂基本配方为：含能黏合剂 10%～35%，活性金属 2%～27%，ADN 50%～70%，固化剂/稳定剂 2%～5%，此配方中含 65%～90%固体填料[78]。

LangletAbraham 等用 ADN 代替 TNT 作为基体，采用与 TNT 熔铸混合炸药相同的工艺和设备，分别制成了 ADN 与 RDX、HMX 和 HNIW(CL-20)的混合炸药，而且这些混合炸药的爆轰性能比 TNT 与相应炸药的混合物高很多[79]。该熔铸炸药适合于空心装药的加工，不仅具有很多工艺优点，而且可达到较高的装药性能。

据 SuanT. Peters 报道[80,81]，ADN 有潜力作为 LOVA 发射药的组分。R. Lsimmons 报道[78]，美国海军武器中心为了寻找燃气分子量 $M_w \leqslant 18$ 和火药力大于 1 400 J/g 的配方，进行了大量的研究，最终只得到了 5 个燃气分子量 $M_w \leqslant 18$，火药力仅为 1 200 J/g 以上的少数配方，这些配方中有 3 个配方含有 ADN。燃气分子量 $M_w \leqslant 18$，火药力最高的是 ADN-TAGAZ 和 ADN-TAGAZ-DANP 的组配。ADN-TAGAZ 的组配较为特殊，因为 ADN 不含碳，而 TAGAZ 不含氧。对于 ADN-TAGAZ-DANP 组配来说，在燃气分子量 M_w 为 18 的条件下，火药力为 1 378 J/g，T_v 为 2 987 K。毫无疑问，要保持燃气分子量等于 18，这将是能量最高的组配，除非找到其他生成热更高的组分。

7.3.3 TKX-50

TKX-50 是一种新型低感度富氮四唑类高能量密度化合物，为分子结构中含有两个羟胺阳离子的四唑类含能离子盐，是一种新型低感度高能量密度化合物。TKX-50 标准生成焓为 447 kJ/mol，理论爆速(9 698 m/s)大于 CL-20，理论爆压(42.4 GPa)介于 HMX 和 CL-20 之间。2012 年 Fischer 等对 TKX-50 的合成进行了报道[82]，理论研究和实验结果表明，TKX-50 能量较高，理论爆速 9 698 m/s，对机械作用和热较为钝感，同时具有高的氮含量、分子中不含卤素、密度大、生成焓高、爆轰性能优良等特点，有望取代固体推进剂目前广泛使用的黑索金(RDX)。

在国内，刘云飞等首次将 TKX-50 应用于钝感 HTPE 推进剂中来提高推进剂的理论比冲。当 TKX-50 含量为 25%时，推进剂的理论比冲达到最大值 2 685.2 N·s/kg，且含 TKX-50 推进剂理论比冲最大值高于含 HMX 推进剂理论比冲最大值[83]。

7.3.4 离子液体在电推力发动机中的应用

与传统化学推进剂依靠其自身分解产生的化学能提高推力不同，电推力主要是利用电能加热、解离和加速工质，产生高速射流提供推力。通常离子液体推力器具有比冲高、体积小、功率低等特点，可用于微纳卫星的无拖拽控制、精确姿控、轨道机动、组网和编队飞行等领域。目前用于电喷推力器的离子液体主要为 1-乙基-3-甲基咪唑四氟硼酸盐和 1-乙基-3-甲基咪唑双(三氟甲基磺酰基)亚胺盐等常规离子液体[84]。

2016 年，欧洲航天局的 LISA Pathfinder 飞船成功使用搭载的 8 个由 Busek 公司研制的离子液体电喷推力器进行了无拖拽飞行验证，中山大学用于引力波探测的“天琴计划”也将其列为备选的推进系统方案[84]。

7.4　离子液体含能材料的发展趋势

经过近20年的发展，大量新型含能离子液体/含能盐被合成出来，作为一类新型含能材料，含能离子液体/含能盐在高能钝感炸药、绿色自燃推进剂、新一代烟火剂等领域展示出了较好的应用前景。面向未来武器装备的研制需求，含能盐/含能离子液体的研究应重点关注如下几个方面：

(1)五氮唑高能盐的稳定化制备及应用基础研究；

(2)低黏度自燃离子液体的设计合成研究；

(3)可与绿色氧化剂 N_2O_4、H_2O_2 自燃的离子液体的设计合成研究；

(4)基于环张力的自燃离子液体的设计合成研究。

参考文献

[1]　王泽山，欧育湘. 火炸药科学技术[M]. 北京：北京理工大学出版社，2002.

[2]　黄海丰，孟子晖，周智明，等. 含能盐和含能离子液体[J]. 化学进展，2009，21 (1)：152-163.

[3]　ZHANG Q H，SHREEVE J M. Energetic ionic liquids as explosives and propellant fuels：a new journey of ionic liquid chemistry[J]. Chemical Reviews，2014，114 (20)：10527-10574.

[4]　李娜，柴春鹏，甘志勇，等. 含能离子化合物的分子设计与性能研究进展[J]. 含能材料，2010，18 (4)：467-475.

[5]　GAO H X，SHREEVE J M. Azole-based energetic salts[J]. Chemical Reviews，2011，111 (11)：7377-7436.

[6]　CORDES D B，SMIGLAK M，HINES C C，et al. Ionic liquid-based routes to conversion or reuse of recycled ammonium perchlorate[J]. Chemistry-a European Journal，2009，15 (48)：13441-13448.

[7]　GAO H，YE C，GUPTA O D，et al. 2，4，5-trinitroimidazole-based energetic salts[J]. Chemistry-a European Journal，2007，13 (14)：3853-3860.

[8]　ZHANG Y，GUO Y，JOO Y H，et al. 3，4，5-trinitropyrazole-based energetic salts[J]. Chemistry-a European Journal，2010，16 (35)：10778-10784.

[9]　DARWICH C，KLAPOETKE T M，SABATE C M. 1，2，4-triazolium-cation-based energetic salts[J]. Chemistry-a European Journal，2008，14 (19)：5756-5771.

[10]　DARWICH C，KARAGHIOSOFF K，KLAPOETKE T M，et al. Synthesis and characterization of 3，4，5-triamino-1，2，4-triazolium and 1-methyl-3，4，5-triamino-1，2，4-triazolium iodides[J]. Zeitschrift für anorganische und allgemeine Chemie，2008，634 (1)：61-68.

[11]　LIU L，ZHANG Y，LI Z，et al. Nitrogen-rich energetic 4-R-5-nitro-1，2，3-triazolate salts (R=—CH_3，—NH_2，—N_3，—NO_2 and —$NHNO_2$) as high performance energetic materials[J]. Journal of Materials Chemistry A，2015，3 (28)：14768-14778.

[12]　ASTAKHOV A M，VASILIEV A D，MOLOKEEV M S，et al. Crystal and molecular structure of

nitramino derivatives of tetrazole and 1,2,4-triazole. Ⅱ. 5-nitraminotetrazole diammonium Salt[J]. Journal of Structural Chemistry, 2004, 45 (1): 175-180.

[13] GALVEZ-RUIZ J C, HOLL G, KARAGHIOSOFF K, et al. Derivatives of 1,5-diamino-1H-tetrazole: a new family of energetic heterocyclic-based salts[J]. Inorganic Chemistry, 2005, 44 (14): 5192-5192.

[14] AKIYOSHI M, OOBA J, IKEDA K, et al. Thermal behavior of 5-amino-1 H-tetrazole-influence of the additive on the ignitability[J]. Science and Technology of Energetic Materials, 2003, 64 (3; NUMB 331): 103-109.

[15] KLAPOETKE T M, STEIN M, STIERSTORFER J. salts of 1H-tetrazole-synthesis, characterization and properties[J]. Zeitschrift für Anorganische und Allgemeine Chemie, 2008, 634 (10): 1711-1723.

[16] KLAPOTKE T M, STIERSTORFER J. Azidoformamidinium and 5-aminotetrazolium dinitramide-two highly energetic isomers with a balanced oxygen content[J]. Dalton Transactions, 2009 (4): 643-653.

[17] KLAPOETKE T M, RADIES H, STIERSTORFER J, et al. Coloring properties of various high-nitrogen compounds in pyrotechnic compositions[J]. Propellants Explosives Pyrotechnics, 2010, 35 (3): 213-219.

[18] TAO G H, GUO Y, JOO Y H, et al. Energetic nitrogen-rich salts and ionic liquids: 5-aminotetrazole (AT) as a weak acid[J]. Journal of Materials Chemistry, 2008, 18 (45): 5524-5530.

[19] HENRY R A, FINNEGAN W G, LIEBER E. 1,3-dialkyl-5-iminotetrazoles and 1,4-dialkyl-5-iminotetrazoles[J]. Journal of the American Chemical Society, 1954, 76 (11): 2894-2898.

[20] ERNST V, KLAPOETKE T M, STIERSTORFER J. Alkali salts of 5-sminotetrazole-structures and properties[J]. Zeitschrift für Anorganische und Allgemeine Chemie, 2007, 633 (5-6): 879-887.

[21] KLAPOETKE T M, SABATE C M, RUSAN M. Synthesis, characterization and explosive properties of 1,3-dimethyl-5-amino-1h-tetrazolium 5-nitrotetrazolate[J]. Zeitschrift für Anorganische und Allgemeine Chemie, 2008, 634 (4): 688-695.

[22] XUE H, GAO H X, TWAMLEY B, et al. Energetic salts of 3-nitro-1,2,4-triazole-5-one, 5-nitroaminotetrazole, and other nitro-substituted azoles[J]. Chemistry of Materials, 2007, 19 (7): 1731-1739.

[23] FENDT T, FISCHER N, KLAPOETKE T M, et al. N-rich salts of 2-methyl-5-nitraminotetrazole: secondary explosives with low sensitivities[J]. Inorganic Chemistry, 2011, 50 (4): 1447-1458.

[24] GAO H X, HUANG Y G, YE C F, et al. The synthesis of di(aminoguanidine) 5-nitroiminotetrazolate: some diprotic or monoprotic acids as precursors of energetic salts[J]. Chemistry-a European Journal, 2008, 14 (18): 5596-5603.

[25] KLAPOETKE T M, STIERSTORFER J, WEBER B. Newenergetic materials: synthesis and characterization of copper 5-nitriminotetrazolates[J]. Inorganica Chimica Acta, 2009, 362 (7): 2311-2320.

[26] LIU L, HE C L, LI C S, et al. Synthesis and characterization of 5-amino-1-nitriminotetrazole and its salts[J]. Journal of Chemical Crystallography, 2012, 42 (8): 816-823.

[27] KLAPOETKE T M, SABATE C M, WELCH J M. Alkali metal 5-nitrotetrazolate salts: prospective replacements for service lead(Ⅱ) azide in explosive initiators[J]. Dalton Transactions, 2008 (45): 6372-6380.

[28] KLAPOETKE T M, MAYER P, SABATE C M, et al. Simple, nitrogen-rich, energetic salts of 5-nitrotetrazole[J]. Inorganic Chemistry, 2008, 47 (13): 6014-6027.

[29] KLAPOETKE T M, SABATE C M, RASP M. Synthesis and properties of 5-nitrotetrazole derivatives as new energetic materials[J]. Journal of Materials Chemistry, 2009, 19 (15): 2240-2252.

[30] KLAPOETKE T M, SABATE C M, WELCH J M. 1,5-diamino-4-methyltetrazolium 5-nitrotetrazolate-synthesis, testing and scale-up[J]. Zeitschrift für Anorganische und Allgemeine Chemie, 2008, 634 (5): 857-866.

[31] KLAPOETKE T M, STIERSTORFER J. Thenew energetic compounds 1,5-diaminotetrazolium and 5-amino-1-methyltetrazolium dinitramide-synthesis, characterization and testing [J]. European Journal of Inorganic Chemistry, 2008 (26): 4055-4062.

[32] WANG P C, XU Y G, LIN Q H, et al. Recent advances in the syntheses and properties of polynitrogen pentazolate anion cyclo-N-5(-) and its derivatives[J]. Chemical Society Reviews, 2018, 47 (20): 7522-7538.

[33] NGUYEN M T, MCGINN M A, HEGARTY A F, et al. Can the pentazole anion (N-5(-)) Be isolated and trapped in metal-complexes[J]. Polyhedron, 1985, 4 (10): 1721-1726.

[34] NGUYEN M T. Polynitrogen Compounds 1. Structure and stability of N-4 and N-5 systems[J]. Coordination Chemistry Reviews, 2003, 244 (1-2): 93-113.

[35] BAZANOV B, GEIGER U, CARMIELI R, et al. Detection of cyclo-N-5(-) in THF solution[J]. Angewandte Chemie-International Edition, 2016, 55 (42): 13233-13235.

[36] XU Y G, WANG Q, SHEN C, et al. A series of energetic metal pentazolate hydrates[J]. Nature, 2017, 549 (7670): 78-81.

[37] YANG C, ZHANG C, ZHENG Z S, et al. Synthesis and characterization of cyclo-pentazolate salts of NH_4^+, NH_3OH^+, $N_2H_5^+$, $C(NH_2)_3^+$, and $N(CH_3)_4^+$ [J]. Journal of the American Chemical Society, 2018, 140 (48): 16488-16494.

[38] TIAN L L, XU Y G, LIN Q H, et al. Syntheses of energetic cyclo-pentazolate salts[J]. Chemistry-an Asian Journal, 2019, 14 (16): 2877-2882.

[39] JIN C M, YE C F, PIEKARSKI C, et al. Mono and bridged azolium pierates as energetic salts[J]. European Journal of Inorganic Chemistry, 2005 (18): 3760-3767.

[40] GAO H, ZENG Z, TWAMLEY B, et al. Polycyano-anion-based energetic salts[J]. Chemistry A European Journal, 2008, 14 (4): 1282-1290.

[41] SYCZEWSKI M, CIESLOWSKA-GLINSKA I, BONIUK H. Synthesis and properties of dinitrourea (DNU) and its salts[J]. Propellants Explosives Pyrotechnics, 1998, 23 (3): 155-158.

[42] GOEDE P, WINGBORG N, BERGMAN H, et al. Syntheses and analyses of N,N′-dinitrourea[J]. Propellants Explosives Pyrotechnics, 2001, 26 (1): 17-20.

[43] GUO Y, TAO G H, JOO Y H, et al. Impact insensitive dianionic dinitrourea salts: The CN4O52-anion paired with nitrogen-rich cations[J]. Energy & Fuels, 2009, 23: 4567-4574.

[44] YE C F, GAO H X, TWAMLEY B, et al. Dense energetic salts of N,N′-dinitrourea (DNU)[J]. New Journal of Chemistry, 2008, 32 (2): 317-322.

[45] KLAPOETKE T M, SABATE C M. Bistetrazoles: nitrogen-rich, high-performing, insensitive energetic compounds[J]. Chemistry of Materials, 2008, 20 (11): 3629-3637.

[46] CHAVEZ D E, TAPPAN B C, MASON B A, et al. Synthesis and energetic properties of Bis-(Triaminoguanidinium) 3,3′-Dinitro-5,5′-Azo-1,2,4-Triazolate (TAGDNAT): a new high-nitrogen material[J]. Propellants Explosives Pyrotechnics, 2009, 34 (6): 475-479.

[47] SCHNEIDER S, HAWKINS T, ROSANDER M, et al. Ionic liquids as hypergolic fuels[J]. Energy & Fuels, 2008, 22 (4): 2871-2872.

[48] HE L, TAO G, PARRISH D A, et al. Nitrocyanamide-based ionic liquids and their potential applications as hypergolic fuels[J]. Chemistry: A European Journal, 2010, 16 (19): 5736-5743.

[49] GAO H, JOO Y, TWAMLEY B, et al. Hypergolic ionic liquids with the 2,2-Dialkyltriazanium cation[J]. Angewandte Chemie, 2009, 48 (15): 2792-2795.

[50] ZHANG Y, GAO H, GUO Y, et al. Hypergolic N,N-Dimethylhydrazinium ionic liquids[J]. Chemistry-A European Journal, 2010, 16 (10): 3114-3120.

[51] SCHNEIDER S, HAWKINS T, ROSANDER M, et al. Liquid azide salts and their reactions with common oxidizers IRFNA and N_2O_4[J]. Inorganic Chemistry, 2008, 47 (13): 6082-6089.

[52] JOO Y, GAO H, ZHANG Y, et al. Inorganic or organic azide-containing hypergolic ionic liquids[J]. Inorganic Chemistry, 2010, 49 (7): 3282-3288.

[53] WANG Z, PAN G, WANG B, et al. Synthesis and properties of azide-functionalized ionic liquids as attractive hypergolic fuels[J]. Chemistry-an Asian Journal, 2019, 14 (12): 2122-2128.

[54] ZHANG Y, SHREEVE J M. Dicyanoborate-based ionic liquids as hypergolic fluids[J]. Angewandte Chemie, 2011, 50 (4): 935-937.

[55] LI S, GAO H, SHREEVE J M. Borohydride ionic liquids and borane/ionic-liquid solutions as hypergolic fuels with superior low ignition-delay times[J]. Angewandte Chemie, 2014, 53 (11): 2969-2972.

[56] CHAND D, ZHANG J, SHREEVE J M. Borohydride ionic liquids as hypergolic fuels: a quest for improved stability[J]. Chemistry: A European Journal, 2015, 21 (38): 13297-13301.

[57] ZHANG Q, YIN P, ZHANG J, et al. Cyanoborohydride-based ionic liquids as green aerospace bipropellant Fuels[J]. Chemistry: A European Journal, 2014, 20 (23): 6909-6914.

[58] ZHANG W, QI X, HUANG S, et al. Super-base-derived hypergolic ionic fuels with remarkably improved thermal stability[J]. Journal of Materials Chemistry, 2015, 3 (41): 20664-20672.

[59] LIU T, QI X, HUANG S, JIANG L, et al. Exploiting hydrophobic borohydride-rich ionic liquids as faster-igniting rocket fuels[J]. Chemical Communications, 2016, 52 (10): 2031-2034.

[60] LI X, HUO H, LI H, et al. Cyanotetrazolylborohydride (CTB) anion-based ionic liquids with low viscosity and high energy capacity as ultrafast-igniting hypergolic fuels [J]. Chemical Communications, 2017, 53 (59): 8300-8303.

[61] CHEN F, LI X, WANG C, et al. Bishydrobis (tetrazol-1-yl) borate (BTB) based energetic ionic liquids with high-density and energy capacity as hypergolic fuels[J]. Journal of Materials Chemistry A, 2017, 5 (30): 15525-15528.

[62] WANG Z, JIN Y, ZHANG W, et al. Synthesis and hypergolic properties of flammable ionic liquids based on the cyano (1H-1,2,3-triazole-1-yl) dihydroborate anion[J]. Dalton Transactions, 2019, 48 (18): 6198-6204.

[63] WANG K, ZHANG Y, CHAND D, et al. Boronium-cation-based ionic liquids as hypergolic fluids

[J]. Chemistry: A European Journal, 2012, 18 (52): 16931-16937.

[64] HUANG S, QI X, ZHANG W, et al. Exploring sustainable rocket fuels: [Imidazolyl-Amine-BH_2]$^+$-cation-based ionic liquids as replacements for toxic hydrazine derivatives[J]. Chemistry-An Asian Journal, 2015, 10 (12): 2725-2732.

[65] JIAO N, ZHANG Y, LI H, et al. [Bis(imidazolyl)-BH_2]$^+$ [Bis(triazolyl)-BH_2]-ionic liquids with high density and energy capacity[J]. Chemistry-an Asian Journal, 2018, 13 (15): 1932-1940.

[66] JIAO N, ZHANG Y, LIU L, et al. Hypergolic fuels based on water-stable borohydride cluster anions with ultralow ignition delay times[J]. Journal of Materials Chemistry, 2017, 5 (26): 13341-13346.

[67] LI H, ZHANG Y, LIU L, et al. Amino functionalized [$B_{12}H_{12}$]$^{2-}$ salts as hypergolic fuels[J]. New Journal of Chemistry, 2018, 42 (5): 3568-3573.

[68] ZHENG B, ZHANG Y, ZHANG Z, et al. Azetidinium-based hypergolic ionic liquids with high strain energy[J]. ChemistrySelect, 2018, 3 (1): 284-288.

[69] MACIEJEWSKI J P, GAO H, SHREEVE J M. Syntheticmethods for preparing ionic liquids containing hypophosphite and carbon-extended dicyanamide anions[J]. Chemistry: A European Journal, 2013, 19 (9): 2947-2950.

[70] ZHANG W, QI X, HUANG S, et al. Bis(borano)hypophosphite-based ionic liquids as ultrafast-igniting hypergolic fuels[J]. Journal of Materials Chemistry, 2016, 4 (23): 8978-8982.

[71] LIU T, QI X, WANG B, et al. Rational design and facile synthesis of boranophosphate ionic liquids as hypergolic rocket fuels[J]. Chemistry: A European Journal, 2018, 24 (40): 10201-10207.

[72] SCHNEIDER S, HAWKINS T, AHMED Y, R et al. Green bipropellants: hydrogen-rich ionic liquids that are hypergolic with hydrogen peroxide[J]. Angewandte Chemie, 2011, 50 (26): 5886-5888.

[73] 陈君，张涛，刘瀛龙. 硝酸羟胺基推进系统研究与应用进展[J]. 兵器装备工程学部，2018，39 (12)：2096-2304.

[74] LEE H S, THYNELL S T. Confined rapid thermolysis/FTIR spectroscopy of hydroxylammonium nitrate[J]. American Institute of Aeronautics and Astronautics, 1997: 1-10.

[75] BRAND A. Reduced toxicity high performance monopropellant[J]. US Air Force Research Laboratory, 2011.

[76] AZUMA N, HORI K, KATSUMI T, et al . Research and development on thrusters with han (hydroxyl ammonium nitrate) based monnopropellant[J]. Paper presented at the 5th European Conference for Aeronautica and Speace Sciences, Munich, 2016, 7: 1-5.

[77] 张志忠，姬月萍，王伯周，等. 二硝酰胺铵在火炸药中的应用[J]. 火炸药学报，2004 (3)：36-41.

[78] ABRAHAM L, HENRIC O. Melt cast charges[P]. WO9849123, 1998.

[79] HIGHSMITH T K, MCLEOD C S, WARDLE R B, et al. Thermally-stabilized prilled ammonium dinitramide particles, and process for making the same[P]. WO9801408, 1998.

[80] Simmons R L. Guidelines to higher energy gun propellants[J]. Paper presented at the 27th International Annual Conference of ICT (Energetic Materials), 1996, 22: 1-16.

[81] Peters S T. Set of propellants utilizing novel ingredients[J]. Paper presented at the Proceedings of the 32nd JANNAF Combustion Subcommittee Meeting, Huntsville: 379-384.

[82] FISCHER N, FISCHER D, KLAPOETKE T M, et al. Pushing the limits of energetic materials-the synthesis and characterization of Dihydroxylammonium 5,5′-bistetrazole-1,1′-diolate[J]. Journal of Materials Chemistry, 2012, 22 (38): 20418-20422.

[83] 刘运飞，庞维强，谢五喜，等. TKX-50 对 HTPE 推进剂能量特性的影响及应用可行性[J]. 推进技术，2017，38 (12)：2851-2856.

[84] 刘欣宇，康小明，贺伟国，等. 离子液体电喷推力器的关键技术及展望[J]. 宇航学报，2019，40 (9)：977-986.

第8章 电解水制氢及储氢技术

8.1 引　　言

氢能是一种来源丰富、绿色低碳、应用广泛的二次能源，其热值较高(140.4 MJ/kg)，是同质量汽油、焦炭等化石燃料热值的3～4倍，在能量释放过程中，不论燃烧还是燃料电池的电化学反应，其产物均只有水，没有传统能源使用中所产生的污染物和碳排放。为解决全球化石资源短缺以及使用带来的环境污染、温室效应等问题，氢能正逐步成为全球能源技术革命和转型发展的重要载体之一。

从国际看，各国高度重视氢能产业的发展，美国、欧洲、日本、韩国等国家已经将氢能纳入国家和地区能源战略规划，加快了氢能产业的商业化步伐。根据中国氢能联盟预计，随着国家和各地政府对氢能产业链的支持力度不断加大，到2050年，氢能产业将创造3 000万个工作岗位，减少60亿t二氧化碳(CO_2)排放，达到2.5万亿美元的市场规模，并在全球能源消费占比达到18%[1]。

我国为了建立绿色低碳循环发展的经济体系，制定了碳中和长期战略，氢能成为我国能源产业结构调整和转型的重要清洁能源之一。国家和各地政府对氢能产业链的支持力度不断加大。根据中国氢能联盟预计，到2025年，我国氢能产业产值将达到1万亿元；到2050年，氢能需求量将接近6 000万t，实现CO_2减排约7亿t，将在我国终端能源体系中占比超过10%，产业链年产值达到12万亿元，成为引领经济发展的新增长极。

氢能产业链如图8-1所示，涉及氢气的制备、储运和应用三大关键环节。首先，制氢是氢能循环利用的基础。大量廉价氢的生产是实现氢能商业化利用的根本。一般来说，氢气的生产需要通过其他能量(热、电、光等)的转化来实现，因此，必须寻找一种低能耗、高效率的制氢方法来保证低成本氢气的供应。当前氢气的制取主要有以下几条路线：一是以煤炭、天然气为代表的化石能源重整制氢；二是以焦炉煤气、氯碱尾气、丙烷脱氢为代表的工业副产气制氢；三是电解水制氢；四是生物质直接制氢；五是太阳能光催化分解水制氢。其中煤炭、天然气等化石能源重整制氢，依然源于化石资源，有大量碳排放；工业副产气制氢产量有限；生物质直接制氢和太阳能光催化分解水制氢技术路线仍然处于实验和研发阶段。电解水制氢技术相对成熟，具有工艺简单、制氢过程环保、氢气纯度高等优点，虽然耗电量较大，但通过可再生能源发电制氢，不仅能降低制氢成本，而且能实现氢能产业链的最低碳排放。

当前，国内碱水(ALK)电解槽的单槽制氢规模已经达到 3 000 Nm^3/h，质子交换膜(PEM)电解槽的单槽产氢规模已经达到 1 000 $N\cdot m^3/h$，可满足工业规模化制氢的需求。所以，当前国内可再生能源制氢项目的建设态势持续高涨，仅 2023 年就有将近 20 个电解水制氢项目建成或投产，2024 年公开规划的电解制氢项目超过 60 个。随着电催化剂技术的进步，能量转换效率还将大幅提升，制氢成本将进一步降低。可以预见，在不久的将来，可再生能源制取的"绿氢"将成为我国未来氢能的主要来源。

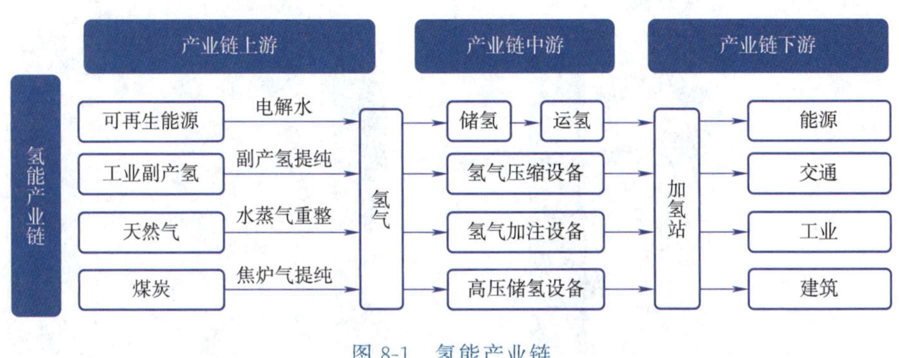

图 8-1 氢能产业链

8.2 电解水制氢技术

8.2.1 电解水制氢的发展

电解水可以追溯到 1789 年，Troostwijk 和 Deiman 用金电极将 Leyden 瓶中的水分解，并观测到气体的产生[2]。1800 年，意大利科学家 Volta 发明伏打电池，随后 Nicolson 和 Carlise 将其用于电解水，并证实了电解水可以产生氢气和氧气。1833 年，Faraday 经过反复试验和论证，最终提出了法拉第电解定律，这是电解水及电化学历史上的重要里程碑，Electrolysis(电解)一词也由法拉第首次提出并一直沿用至今。1869 年，Zenobe Gramme 发明了直流发电机，极大地促进了电解水制氢技术的发展。1888 年，Dmitry Lachinov 发明了电解水设备，并将其用于大规模工业化制备氢气。进入 20 世纪之后，随着电解水技术的不断提高，各式各样的电解水装置得到发展，把电解水制氢产业推到了新高度。20 世纪后期，太阳能和风能发电技术有了飞速发展，可再生电能供应能力显著提高，为电解水产业的发展奠定了坚实的基础。

8.2.2 电解水反应简述

电解水过程包括两个核心反应：阴极的析氢反应(Hydrogen evolution reaction，HER)和阳极的析氧反应(Oxygen evolution reaction，OER)，如图 8-2 所示。

总反应： $$2H_2O(l) \longrightarrow 2H_2(g) + O_2(g) \tag{8-1}$$

HER： $$4H^+(aq) + 4e^- \longrightarrow 2H_2(g) \tag{8-2}$$

OER： $$2H_2O(l) \longrightarrow 4H^+(aq) + O_2(g) + 4e^- \tag{8-3}$$

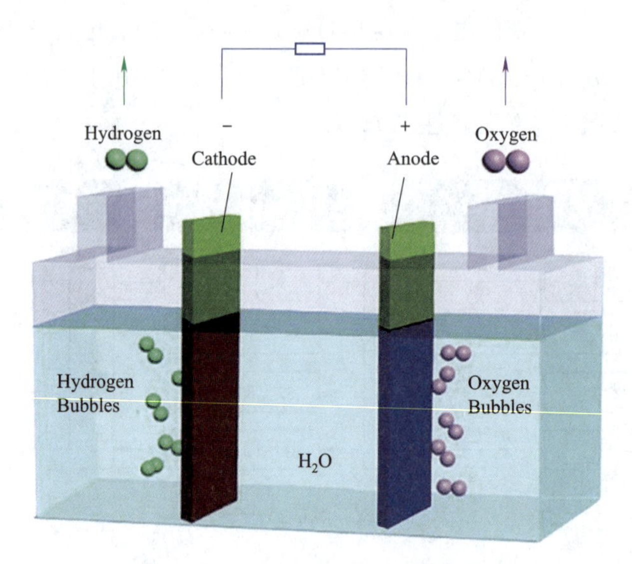

图 8-2 电解水过程及装置示意图

在标准状态下(298 K,101.325 kPa),水电解反应的吉布斯自由能变化量为+237.2 kJ/mol,理论分解电压为 1.23 V。但实际反应过程中,运行电压要远高于理论分解电压,因为在 HER 和 OER 反应过程中均会出现较大的动力学势垒,这主要由两方面造成:一是在整个反应系统中,电解液、导线以及装置中各个接触点都存在一定的电阻,因此需要一部分电压来补偿 IR 电势降;二是在实际电解反应过程中电极会发生不可逆反应,产生过电势,它是不可逆电极电势与可逆电极电势之差。因此,电解水的实际工作电压应该等于理论分解电压、过电势和电阻电势降三者之和。

一般来说,过电势源于三个部分:一是因在反应过程中电极表面离子浓度与电解液体相浓度不同而造成的浓差过电势;二是在反应过程中电极与溶液界面往往会形成一层高电阻膜,从而产生电阻过电势;三是由于参加反应的物质没有足够的能量来完成电子转移,因此需要更高的电势来活化反应物。其中,浓差过电势和电阻过电势可以分别通过搅拌和内阻补偿等手段和技术使之减小到忽略不计,而活化过电势是由电极材料自身性质决定的,因此开发和设计性能优异的电极材料特别重要。

由此可知,为了实现高效电解水,降低电极材料过电势成为关键问题。研究表明,在阴极或阳极表面修饰催化剂能够降低反应所需的电势,因此一直以来大量的研究工作致力于发展高效的催化剂以促进 HER 和 OER 反应。迄今为止,已知贵金属 Pt 是性能最佳的 HER 催化剂,IrO_2 是性能最优的 OER 催化剂,但其储量不足且价格昂贵,限制了它们的广泛应用。寻找一种储量丰富、价格便宜且具有较高催化活性、稳定性的非贵金属催化剂是目前研究的热点和难点。

在不同电解质溶液中，HER 的反应机理不同，如图 8-3 所示。一个完整的 HER 过程包括多个基本步骤。第一步是电化学氢吸附过程（Volmer 反应），在酸性电解液中，质子（H^+）或水合氢离子（H_3O^+）吸附到催化剂电极表面，得到电子生成中间态吸附氢原子 Cat-H^*（Cat：催化剂；Cat-H^*：催化剂表面吸附氢原子）。而在碱性或中性电解液中，是 H_2O 分子附到催化剂表面结合电子转变成中间态吸附产物（H^*）和 OH^-。随后，生成的吸附 H＊可以通过电化学脱附 Heyrovsky 反应或 Tafel 反应生成氢气。当吸附的 H^* 在催化剂电极表面覆盖度较低时，吸附 H＊倾向于和电解液中邻近的质子（酸性电解液）或水分子（碱性或中性电解液）耦合并得到一个电子反应生成氢气，这一步为 Heyrovsky 反应脱附过程。当吸附 H^* 在催化剂表面浓度较高时，两个相邻的吸附 H^* 在催化剂电极表面倾向于直接结合生成氢气，这一步为 Tafel 反应脱附过程。

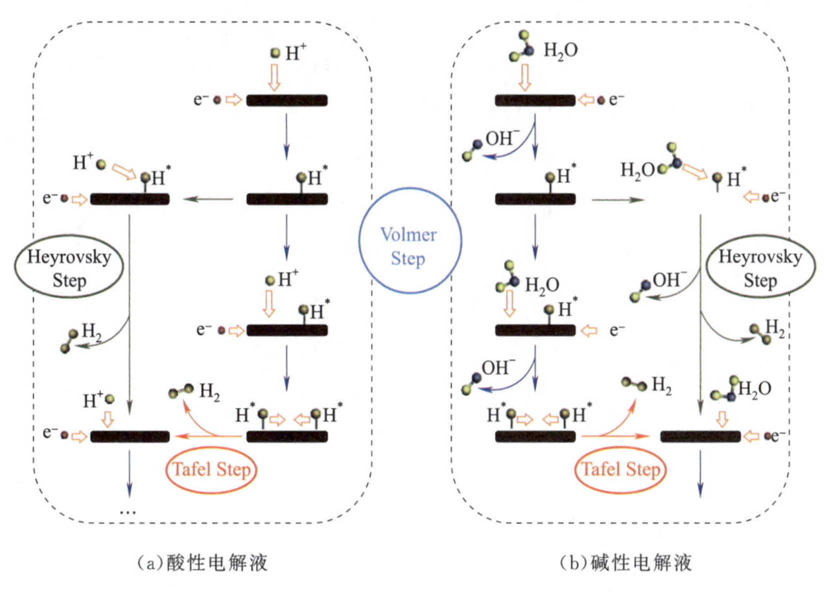

图 8-3　酸性和碱性电解液中 HER 的反应机理[3]

整个 HER 过程如下：

电化学吸附过程（Volmer 反应）：

$$H_3O^+ + Cat + e^- \longrightarrow Cat\text{-}H^* + H_2O \quad （酸性电解液） \tag{8-4}$$

$$H_2O + Cat + e^- \longrightarrow Cat\text{-}H^* + OH^- \quad （碱性或中性电解液） \tag{8-5}$$

电化学脱附过程（Heyrovsky 反应）：

$$H^+ + e^- + Cat\text{-}H^* \longrightarrow H_2 + Cat \quad （酸性电解液） \tag{8-6}$$

$$H_2O + e^- + Cat\text{-}H^* \longrightarrow H_2 + OH^- + Cat \quad （碱性或中性电解液） \tag{8-7}$$

化学脱附过程(Tafel 反应)：

$$2\ Cat\text{-}H^* \longrightarrow H_2 + 2Cat \tag{8-8}$$

其中，Volmer 反应生成吸附 H^* 原子的过程是必经阶段，随后若通过 Heyrovsky 反应生成氢气，该催化机理就称为 Volmer-Heyrovsky 机理；若通过 Tafel 反应生成氢气，则称为 Volmer-Tafel 机理。

电催化 OER 本质上是一种在电极/电解质界面发生氧化反应的电化学过程，通过氧化 H_2O(酸性介质中，$2H_2O \longrightarrow O_2 + 4H^+ + 4e^-$)或 OH^-(碱性电解质中，$4OH^- \longrightarrow O_2 + 2H_2O + 4e^-$)生成 O_2，在这一过程中同样涉及一系列的基元反应，但其催化机理比较复杂且有待商榷。目前通常认为该反应在酸性和碱性电解质溶液中为四质子/电子的偶联过程。但不同条件下的反应机理却有所不同，在酸性条件下，通常认为发生以下四个反应步骤(见图 8-4)：

$$Cat + H_2O \longrightarrow Cat\text{-}OH + H^+ + e^- \tag{8-9}$$

$$Cat\text{-}OH \longrightarrow Cat\text{-}O + H^+ + e^- \tag{8-10}$$

$$Cat\text{-}O + H_2O \longrightarrow Cat\text{-}OOH + H^+ + e^- \tag{8-11}$$

$$Cat\text{-}OOH \longrightarrow Cat + O_2 + H^+ + e^- \tag{8-12}$$

而在碱性条件下，该反应可能发生的路径为：

$$Cat + OH^- \longrightarrow Cat\text{-}OH + e^- \tag{8-13}$$

$$Cat\text{-}OH + OH^- \longrightarrow Cat\text{-}O + H_2O + e^- \tag{8-14}$$

$$Cat\text{-}O + OH^- \longrightarrow Cat\text{-}OOH + e^- \tag{8-15}$$

$$Cat\text{-}OOH + OH^- \longrightarrow Cat + O_2 + H_2O + e^- \tag{8-16}$$

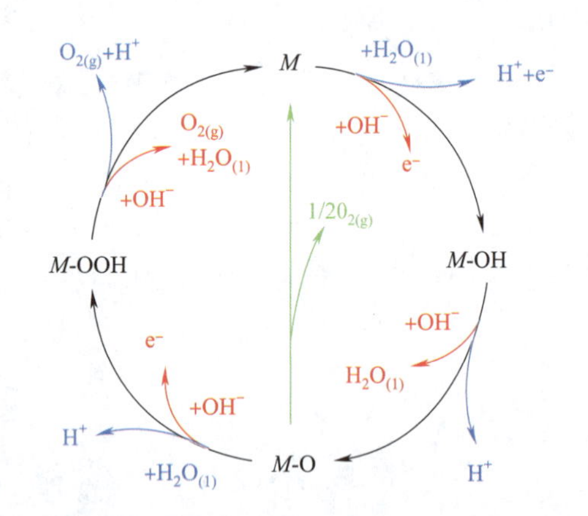

图 8-4 酸性(蓝线)和碱性(红线)电解液中 OER 的反应机理[4]

8.2.3 电解水催化反应衡量参数

催化剂是用来促进涉及电荷转移的电化学反应过程，它可以用来修饰电极，也可以用作电极本身。简单来讲，催化剂的作用是在电极表面吸附反应物，通过促进生成中间吸附产物，从而加快电极和反应物之间的电荷传递。有很多参数用来衡量催化剂的性能，如过电位(势)、塔费尔(Tafel)斜率、电化学活性面积、电化学阻抗、稳定性、转化频率和法拉第效率等。

1. 过电位

过电位(过电势)是衡量催化剂性能的重要指标。理想状态下，驱动一个反应所需施加的电位与其反应平衡电位相同，但是，现实状态下，施加的电位往往比反应的平衡电位高，因为需要克服电极反应的动力学势垒。HER在标准状态下的反应平衡电位为0 V，实际的实验中则需要施加低于0 V的电位才能启动HER反应。而OER的平衡电位为1.23 V，则需要施加大于1.23 V的电位才能启动OER反应。施加的电位可以用式(8-17)表示，其中E代表外加电位；E_0代表特定反应的表观电位；R代表通用气体常数；T代表开尔文绝对温度；n是反应中的电子转移数；F代表法拉第常数；C_O和C_R分别代表溶液中氧化和还原产物的浓度。过电位(η)则用式(8-18)表示，是外加电位(E)和平衡电位(E_{eq})之间的差值。较低的过电位意味着该催化剂对特定反应具有较高的催化活性，不同的电流密度值对应不同的过电位。通常，在同一电解液中，正常标准是采用电流密度达到10 mA/cm^2(太阳能分解水效率达到12.3%时对应的电流密度)时所需的过电位作为衡量催化剂活性的标准。

$$E=E_0+\frac{RT}{nF}\ln\frac{C_O}{C_R} \tag{8-17}$$

$$\eta=E-E_{eq} \tag{8-18}$$

2. 塔费尔斜率

塔费尔(Tafel)斜率也是衡量催化活性的重要指标，具有高电荷转移能力的催化剂会拥有较低的塔费尔斜率。Tafel曲线用来描述反应电流密度和反应过电位之间的关系，通过将反应过电位和取对数的电流密度作图，拟合曲线中的直线部分得到的斜率就称为Tafel斜率，它代表电流密度每增加一个数量级所需的电位增量。因此，Tafel斜率越小，说明电流密度每增加一个数量级电位增量越小，代表着其具有更大的反应速率常数，即具有更佳的电催化反应动力学。通过Tafel斜率大小可以来判断析氢反应的反应机理，主要根据其大小具体处于哪个区间范围，从而判定析氢反应是属于Volmer-Heyrovsky阶段还是Volmer-Tafel阶段。

3. 电化学活性面积(ECSA)

ECSA是指电极表面参与电化学反应的有效面积，被用来描述电极表面活性位点数量，反映的是电极在电化学反应中的活性。ECSA越大，电极的电化学性能越好，电极的电化学反应速率也越快。ECSA并不是电极材料的固有属性，它与电极材料性质、制备方法和反应环境等因素密切相关，比如，在不同电解液成分、浓度下，测出的ECSA会有一些差异。测试ECSA的方法有多种：一类是通过测量表面法拉第反应的库仑电荷来获得，如氢的欠电势沉积(HUPD)、CO 汽提法、金属的欠电势沉积(UPD)和表面金属的氧化还原;另一类是通过测试非法拉第双层电容(Cdl)来获得,如循环伏安法(CV)、电化学阻抗谱(EIS);还有一类是直接通过高精度物理技术测试,如原子力显微镜(AFM)法、BET 法、电镜法(TEM 或 SEM)等。最常用的是通过测量电极与电解液界面的双电层电容 Cdl 的大小来评估 ECSA 的大小,当电极在不同扫速下运行时,非法拉第电流密度与扫速呈线性比例,其斜率即是 Cdl,Cdl 越大意味着电极的 ECSA 越大,催化活性越高。需要说明的是,通过测试获得的 ECSA 是在非法拉第区域计算所得,而实际电解水催化反应是有气体生成的法拉第反应过程,二者并不完全相同。因此,ECSA 只是作为一个评价相同制备和测量方法的电极材料催化活性趋势的参数。

4. 电化学阻抗(EIS)

电化学阻抗描述的是电流在电化学反应中遇到的阻力。电化学阻抗是一种以小振幅的正弦波电位(或电流)为扰动信号测量电化学阻抗的方法,通过测量交流电势与电流信号的比值(系统的阻抗)随正弦波频率(ω)的变化,或者是阻抗的相位角(f)随 ω 的变化,来研究电极材料表面的反应动力学信息及电极界面结构信息。典型的电化学阻抗包括内阻(R_{Ω})、双电层电容(Cdl)和法拉第阻抗,其中 R_{Ω} 是电解液和电极的电阻,双电层电容源于电极界面双电层未参与反应的离子,法拉第阻抗包括电荷转移电阻(R_{ct})和 Warburg 阻抗(Z_{w})。在催化剂阻抗谱中,在电化学高频区半圆左端与横坐标的交点数值为催化剂 R_{Ω},代表着催化剂的接触电阻和溶液电阻,因为在高频区,电解液离子转移 Z_{w} 可近似为零,所以高频区半圆后端与横坐标的交点数值为 R_{Ω} 和 R_{ct} 之和,通常用来评估催化剂界面反应动力学,其值越小表明催化剂与电解液界面处电荷转移的阻力越小,反应越快,催化活性越高。

5. 稳定性

良好的电解水催化剂除了需要高的催化活性,还需要具有优异的稳定性,以确保电解水设备长期稳定运行。因此,稳定性是评价催化剂性能的关键指标之一。一般常用测试稳定性的方法有三种:一是循环伏安法,在一定扫速下对催化剂循环测试一定圈数(>1 000),然后对比催化剂循环测试前后的极化曲线,差异越小表明催化剂越稳定;二是计时电压法,在给定的额定电流密度下(≥10 mA/cm^2)测试过电位与时间的关系,经过长时间测试,过电位没有增大说明催化剂的稳定性好;三是计时电流法,在给定电压下,长时间测试电流密度与时间的变化关系,电流密度随着测试时间的增加减小得越少,证明催化剂稳定性越好。

6. 转化频率(TOF)

TOF 是指单位时间内单位活性位上发生催化反应的次数或生成目标产物的数目或消耗反应物的数目,反映催化剂的本征活性。TOF 数值越大,说明催化剂的催化活性越高。计算 TOF 的公式如式(8-19)所示,其中 J(mA/cm^2)代表特定电位下的电流密度;S(cm^2)代表电极的几何面积;n 代表产生每摩尔气体需要的电子数,在 HER 中 $n=2$,在 OER 中 $n=4$;F 是法拉第常数;m(mol)是电极上活性原子的个数。

$$\mathrm{TOF}=\frac{JS}{nFm} \tag{8-19}$$

高的 TOF 意味着大的电流密度、高的电子转移速率以及良好的动力学过程。

7. 法拉第效率(FE)

FE 表示的是电子的利用效率，是实际产生气体量和理论产生气体量的百分比。法拉第效率的损耗可能来自反应的热量损耗和副产物的生成。理论产生气体的量是通过测试的电流-时间曲线积分得到，实际产生气体的量可以通过气相色谱测试得到。

8.2.4　主要的电解水技术

当前电解水制氢技术主要包括碱性水电解技术(ALK)、固体聚合物电解质电解水技术(PEM、AEM)和固体氧化物电解水技术(SOEC)，如图 8-5 所示。

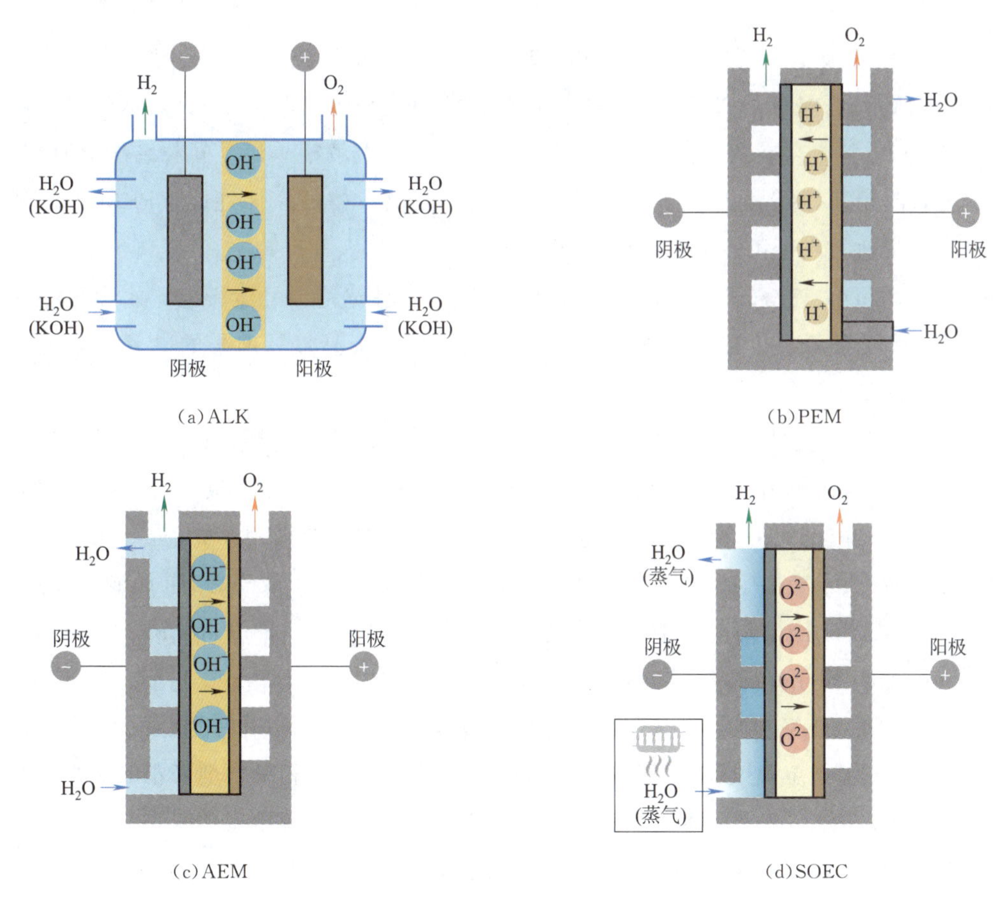

(a) ALK　(b) PEM　(c) AEM　(d) SOEC

图 8-5　ALK、PEM、AEM 和 SOEC 电解槽的结构示意图

8.2.4.1　碱性水电解技术

碱性水电解技术(ALK)是以 KOH、NaOH 水溶液为电解液，以石棉布或聚苯硫醚薄膜

(PPS)等作为隔膜，在直流电的作用下，将水电解，生成氢气和氧气，产出的气体需要进行脱碱雾处理。碱性水电解技术于20世纪中期实现了工业化，技术成熟，投资、运行成本低，寿命可达15年。

碱性水电解技术虽然成熟，但由于槽体结构和运行环境的限制，依然存在着碱液流失、腐蚀等问题，如所用的碱性电解液(如KOH)会与空气中的CO_2反应，形成在碱性条件下不溶的碳酸盐(K_2CO_3)，阻塞催化层和隔膜，阻碍反应物和产物的传递，从而降低电解槽的生产效率。另外，碱性水槽运行需要提前升温(70～80 ℃)活化，导致无法快速启动，而且运行功率不能低于某一限值(额定功率的25%)，否则两侧氢气、氧气互串混合，带来爆炸隐患，造成碱性水电解槽无法和可再生能源直接匹配制氢“绿”氢。

8.2.4.2 固体聚合物电解质电解水技术

固体聚合物电解质(SPE)电解水技术包括质子交换膜(PEM)电解水技术和阴离子交换膜(AEM)电解水技术。其中PEM电解水技术目前发展得比较成熟。它是以质子交换膜(Nafion膜)替代石棉布、PPS膜，传导质子并能有效隔绝膜电极两侧的气体，这就最大限度减少了ALK电解槽存在的气体互穿的问题。而且PEM电解槽采用零间隙结构，使电解槽体积更为紧凑精简，降低了电解槽的内阻，大幅提高了电解槽的整体性能。PEM电解槽的运行电流密度通常高于1 A/cm^2，是碱水电解槽的4倍以上，具有效率高、气体纯度高、能耗低、无碱液、体积小、安全、可实现高输出压力等优点，而且宽范围的运行电流密度可直接匹配可再生能源的波动性。因此，PEM被认为是制氢领域极具发展前景的电解水制氢技术之一。

典型的PEM电解槽主要部件包括双极板、阴阳极气体扩散层、阴阳极催化层和质子交换膜等。其中，双极板引导电子传递与水、气分配等作用；扩散层起促进气、液传递等作用；催化层的核心是由催化剂、电子传导介质、质子传导介质构成的三相界面，是电化学反应发生的核心场所；质子交换膜作为固体电解质，起到隔绝阴、阳极生成气体，阻止电子传递，同时传递质子的作用。目前，常用的质子交换膜有Nafion(DuPont)、Dowmembrane(DowChemical)、Flemion(AsahiGlass)、Aciplex-S(AsahiChemicalIndustry)与Neosepta-F(Tokuyama)等。PEM电解槽在运行过程中呈酸性，为了保证电解槽的稳定运行，当前商业化的PEM电解水系统中气体扩散层采用的是钛毡，双极板镀层和催化剂采用的是价格昂贵的铂系贵金属。因此，降低成本是PEM电解水技术实现大规模应用需要解决的难题。

虽然PEM电解水技术有诸多优点，但较高的成本影响了它的应用前景。阴离子交换膜(AEM)水电解技术是一种结合了传统碱性液体电解水技术与质子交换膜电解水技术优点的低成本聚合物膜电解水技术。其采用阴离子交换膜替代浓碱(质量分数为30%～40%)作为固态电解质隔膜，有如下优点：一是采用与质子交换膜(PEM)电解池相同的电池结构，与碱液电解槽相比，可大幅缩短电极间距，操作电流密度可提升50%以上；二是较现有碱液电解槽隔膜，固体电解质膜阻气性更好，允许电池快速升降载荷，更能适应可再生能源发电的波动性工况；三是改用纯水或低浓度碱性电解质作为电解液，可避免大量使用贵金属材料，大幅降低成本。综合上述优点，AEM电解水技术是一种低成本、能满足波动性强的可再生能源发电体系要求的高效新型电解水制氢技术。但当前AEM电解水技术还处于实验室示范阶段，它的工业化将为可再生能源大规模廉价制氢提供可靠保障。

8.2.4.3　固体氧化物电解水技术槽

固体氧化物电解水(SOEC)是通过高温电解设备，以固态氧化物作为电解质，在400～1 000 ℃高温条件下电解蒸汽，从而实现水的电化学分解制氢。高温加快了反应动力学，提高了电氢转化效率，理论上可达100%，而且可以使用廉价的镍电极制氢。

目前，SOEC技术处于实验室研发阶段，在高温、高湿电解条件下，SOEC对材料要求比较苛刻，一般常规阳极材料和玻璃-陶瓷密封材料会发生严重的老化和脱层。因此，提高电极和密封材料的耐久性、稳定性等关键性能是SOEC研发的重点。若这些问题有重大突破，则SOEC有望成为未来高效制氢的重要途径。

8.2.5　离子液体在电解水制氢技术中的应用

目前，各国学者围绕电解水HER和OER电催化剂开展了大量开创性研究工作，在已发展的机理认知和催化剂制备新技术的基础上研制出多种高效的催化剂。依化学组分，可将其划分为贵金属、非贵金属基催化剂以及非金属催化剂，其中非贵金属基催化剂按其材料类型又可分为金属、金属合金、硼化物、碳化物、氮化物、磷化物和硫化物等。离子液体是由阴、阳离子组成的，在室温范围内呈液态的非常介质，具有结构可设计、界面性能可调、酸碱度可控等优点，不仅可以作为优良的溶剂，也可以作为纳米材料合成的模板剂。将离子液体应用于电解水制氢技术，一方面，离子液体可以用作电解水反应的电解质提高催化反应性能；另一方面，离子液体可作为(辅助)模板剂用于电催化反应电极材料的制备。

8.2.5.1　离子液体作为电解质

近年来，有报道指出，离子液体可以作为添加剂加入水中来提升HER性能，离子液体的加入可以提高质子传输能力，有利于质子传输到阴极表面，并且活化阴极表面。

Souza等发现当使用Ni或Mo作为阴极催化剂时，在水中只加入体积分数为10%的[Bmim][BF_4]即显著提升了HER效率[5]。以Pt、Ni、304不锈钢或低碳钢为阴极材料时，电流密度分别为30 mA/cm^2、12 mA/cm^2、10 mA/cm^2和42 mA/cm^2，总体产氢效率在85%～99%之间，以低碳钢为电极的效果最好。该研究表明，通过组合电极材料和电解液可优化HER效率。

Compton等研究了离子液体([Emim][NTf_2])电解液中在Au、Mo、Ni、Ti或Pt电极上的HER动力学和机理[6]。结果表明，不同的电极材料、电解液中有无离子液体均会造成较大的电化学反应速率常数差异。在酸性水溶液中，Au、Mo 和 Pt 通过 Heyrovsky 反应进行 HER，而在离子液体体系中，Volmer 反应是 HER 的控速步骤。

Amaral 等使用 Pt 作为阴极在 8 mol/L 的 KOH 中考察了含有和不含有体积分数为 2%的[Emim][$MeSO_3$]离子液体的 HER 性能。结果发现，添加离子液体之后，可以显著提高交换电流密度，同时大幅度降低阻抗。因此，离子液体的加入使 HER 过程的活化能由 48 kJ/mol 降到了 38 kJ/mol[7]。此外，还考察了三种含有水杨酸根阴离子的离子液体[Bmim][Sal]、[C_3OHmim][Sal]和[Im][Sal]，作为添加剂(体积分数为 1%)分别添加至 8 mol/L 的 KOH 电解液中的 HER 性能(见图 8-6)[8]。发现与不含离子液体的电解液相比，离子液体的加入对反应的活化能影响不大，但是阻抗大大降低。另外，反应过程中的电荷传输阻力和极化阻力也大幅下降，这说明离子液体可以有效地提高 HER 的电荷传输速率和传质过程，这可能与[Bmim][Sal]的物化性质有关，如离子液体具有较高的导电性、较低的黏度等。

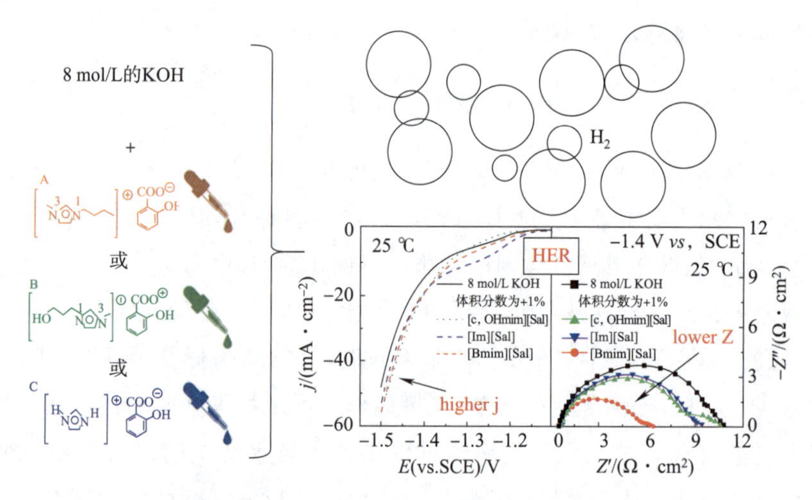

图 8-6　离子液体对 Pt 电极析氢性能的影响

8.2.5.2　离子液体作为(辅助)溶剂用于电极材料的制备

离子液体作为溶剂进行无机材料的合成(即离子热合成)，在 2000 年前后就有公开报道。与传统溶剂相比，离子液体在无机纳米材料合成方面具有一些独特的性质：①离子液体对无机和有机前驱体均具有较好的溶解性，这是溶液法制备无机纳米材料的重要基础；②离子液体具有较低的蒸汽压和较高的热稳定性，使得反应可以在较高的温度下进行；③离子液体具有独特的空间异质性，其阴阳离子分别聚集成极性域和非极性域，倾向于与相似极性的前驱体相互作用，进而影响晶体的成核与生长，诱导产生新结构或新形貌。此外，离子液体可以同时实现作为溶剂、表面活性剂和前驱体的三重功能，大大简化反应体系。近些年，越来越多的无机纳米材料，包括金属、金属氧化物、金属硫化物、分子筛、金属有机骨架等在离子液体中被制备出来。

常用的析氢催化剂包括过渡金属硫化物/硒化物/磷化物/碳化物/氮化物等，常用的析氧催化剂包括过渡金属氧化物/氢氧化物/金属配合物等。目前，以离子液体作为(辅助)溶剂制备 HER 和 OER 催化剂开始引起学者的关注，相关研究呈现上升趋势。最早的关于离子液体介质中制备 HER 催化剂的报道来自 Lau 等的研究——以[Bmim][TfO]为溶剂制备了 MoS_2 层状化合物。研究表明，MoS_2 的 HER 活性与其边缘活性位点的数目有关。与常规分子溶剂(如三乙胺)相比，在[Bmim][TfO]中得到的 MoS_2 具有更多的边缘活性位点，因此表现出更高的电流密度[9]。

磷化镍是一种高效 HER 催化剂。李钟号等通过微波加热 Ni(II)金属盐的季鏻类离子液体[P_{4444}]Cl 溶液合成了 Ni_2P 和 $Ni_{12}P_5$ 纳米颗粒(见图 8-7)[10]。该反应中[P_{4444}]Cl 同时作为溶剂和磷源，在加热条件下，[P_{4444}]Cl 分解释放出三丁基膦(TBP)，TBP 对金属具有很强的配位能力，与 Ni 盐容易形成 Ni-TBP 配合物，导致 P—C 化学键断裂，最终形成 Ni-P 纳米颗粒。在酸性电解质中，Ni_2P 比 $Ni_{12}P_5$ 表现出更强的 HER 性能，在电流密度为 10 mA/cm^2 时，所需要的过电势仅为 102 mV。

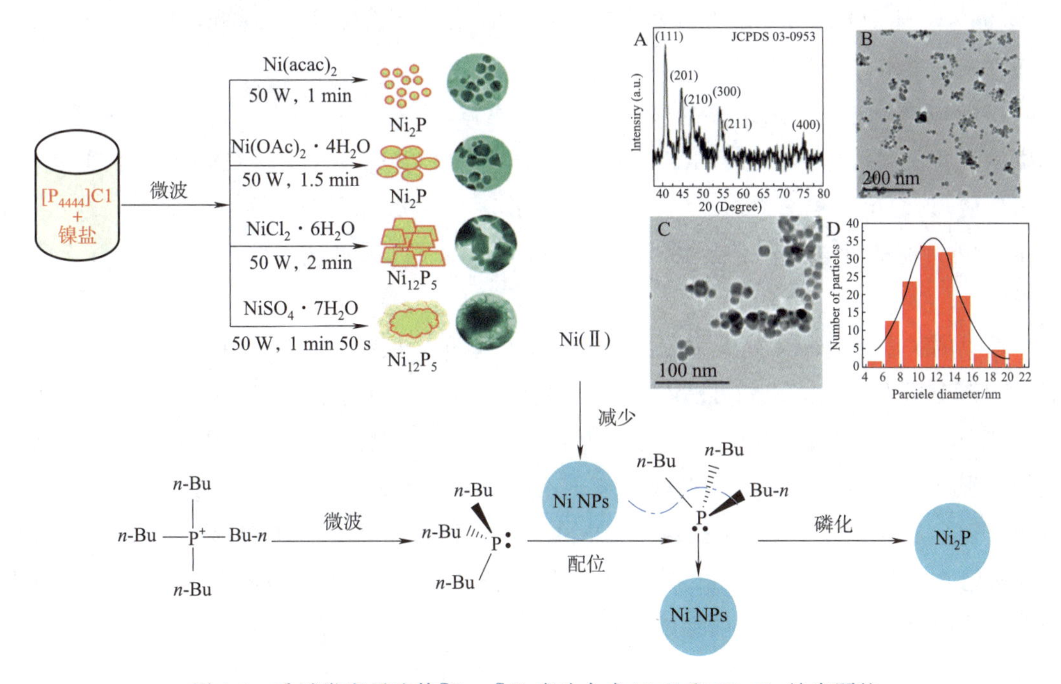

图 8-7　季鏻类离子液体[P_{4444}]Cl 成功合成 Ni_2P 和 $Ni_{12}P_5$ 纳米颗粒

Roberts 等在[Bmim][NTf_2]中合成了尺寸为 5 nm 的高 HER 活性的 Ni_2P 纳米颗粒[11]，如果采用高沸点的有机溶剂 1-十八烯代替离子液体，且保持其他反应条件不变，则不能得到纯相 Ni_2P(含有 $Ni_{12}P_5$)，这说明离子液体对于 Ni_2P 形成起着至关重要的作用。X 射线光电子能谱和红外光谱进一步表明，离子液体会与磷化镍晶体表面相互作用，影响其成核和生长，进而影响产物的晶型与形貌。

Yang 等在氯化胆碱-乙二醇低共熔离子液体（1ChCl:2EG DES）中以铜作为牺牲模板，通过电置换反应（galvanic replacement reaction）制备了 Ni 纳米颗粒[12]。Cu（Ⅰ）/Cu(0)和 Ni（Ⅱ）/Ni(0)在水中的标准还原电势分别为＋0.52 V 和－0.25 V，这说明在水中通过电置换反应将 Ni 沉积在 Cu 上是不可行的。然而，Cu（Ⅰ）/Cu(0)和 Ni（Ⅱ）/Ni(0)在氯化胆碱-乙二醇低共熔离子液体中的还原电势分别为－0.350 V 和－0.154 V，使得该置换反应成为可能。利用该方法将三维纳米多孔 Ni 颗粒沉积在纳米多孔 Cu 基底（NPC）上，并测定其 HER 活性，在电流密度为 10 mA/cm^2 时具有较低的过电势（170 mV），表现出较高的催化活性。随后，该作者利用相似的方法制备了其他高效 HER 催化剂。例如，在氯化胆碱-乙二醇低共熔离子液体中通过电置换反应将三维多级孔 Ni_3S_2 材料沉浸在 NPC 上（Ni_3S_2@NPC），以 Ni_3S_2@NPC 作为电极材料，在宽 pH 范围内对 HER 表现出优异的催化活性[13]；在氯化胆碱-乙二醇低共熔离子液体中通过电置换反应将 Pd 纳米颗粒沉积到纳米多孔 Ag 基底上（NPA），然后用 Pt 纳米颗粒（＜1 nm）修饰获得 Pt-Pd@NPA 复合材料，以 Pt-Pd@NPA 作为 HER 催化剂，在全 pH 条件下均表现出了良好的催化性能，尤其在强酸性电解质中（0.5-7 M H_2SO_4），可在高电流密度（1 000 mA/cm^2）下稳定运行 100 h，有望作为电极材料用在实际电解水装置中[14]。

Li 等以含钴的离子液体和碳纳米管作为前驱体，在较低的温度（300 ℃）下进行磷化得到碳纳米管负载磷化钴（CoP(MGMB)/CNTs）[15]。以 CoP(MGMB)/CNTs 作为阴极进行析氢反应，其起始电位为 55 mV，Tafel 斜率为 58 mV/dec，在电流密度为 10 mA/cm^2 和 20 mA/cm^2 时的过电位分别为 135 mV 和 160 mV，并可以保持催化活性至少 27 h 无明显降低。

最早的关于离子液体介质中制备 OER 催化剂的报道来自 Spiccia 和 MacFarlane 课题组[16]，Zhou 等利用电沉积的方法在乙胺硝酸盐-水混合液中制备了 MnO_x 膜。作者系统研究了离子液体酸碱性对 MnO_x 形貌及物相组分的影响，在碱性离子液体中得到的产物结构更加致密，组成接近 Mn_3O_4，而在酸性离子液体电解质中，产物则表现为多孔结构，组成接近于 MnO_2 和 Mn_2O_3，这些多孔结构的高价 MnO_x 膜具有更优异的 OER 催化性能。随后，该课题组在此基础上进行了第二步的电沉积（同样在离子液体电解液中），将 P 物种引入 MnO_x 的表面[17]。首先在醋酸锰的乙胺硝酸盐-水混合液中电沉积得到 MnO_x，接着在含磷酸缓冲液的离子液体-水中对 MnO_x 进行磷酸化，分析表明 P 物种只存在于 MnO_x 的表面，且 P 与 Mn 的摩尔比大约是 1∶2，磷酸化后的 MnO_x 比未经磷酸化的 MnO_x 具有更好的 OER 催化活性和稳定性。

氧化钴在中性或碱性条件下也是一类高效的 OER 催化剂，Jiang 等以乙酰丙酮钴（Ⅲ）为钴源、以[Bmim][NTf_2]为溶剂得到了 CoO 纳米片（见图 8-8）[18]，时间演化实验表明，反应过程中首先形成了 CoO 纳米颗粒，接着在 5 h 的溶剂热条件下形成了 CoO 纳米片。离子液体除了作为溶剂，还可以作为结构导向剂吸附在 CoO 纳米颗粒表面诱导形成 CoO 片状结构。CoO 纳米片具有较高的比表面积和大量的 OER 活性位点，在 1 mol/L 的 KOH 中，电流密度为 150 mA/cm^2 时，过电势为 400 mA，其活性可以与其他非贵金属 OER 催化剂相媲美。

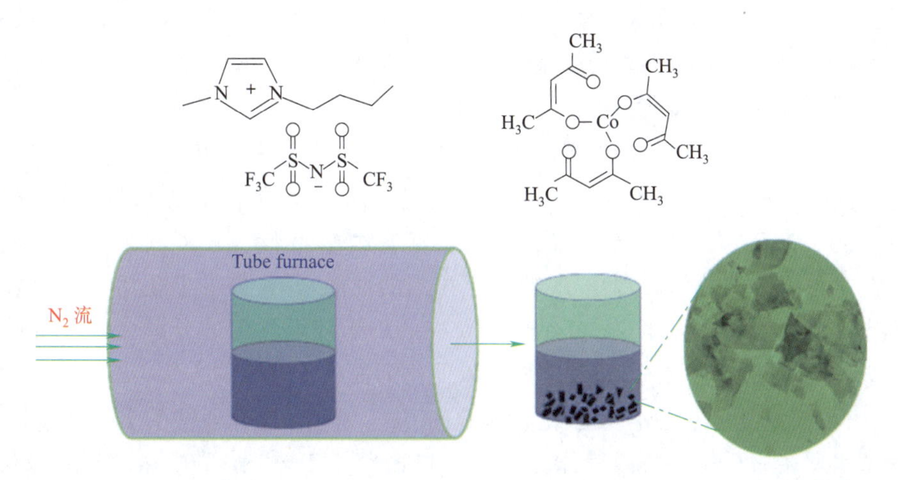

图 8-8　[BMIM][NTf_2]离子液体一步法辅助合成 CoO 纳米片 OER 催化剂[18]

Sun 等使用离子液体[Bmim][PF_6]作为掺杂剂制备了 N、P、F 掺杂的尖晶石材料 $CoFe_2O_4$[19]，离子液体的使用会大大增加 $CoFe_2O_4$ 的尺寸，从 230 nm 增加到 3.5 μm，然后，作者使用超细的 MoS_2 纳米团簇修饰 $CoFe_2O_4$ 表面，进一步增大其比表面积。此外，基于离子液体合成的 $CoFe_2O_4$ 还具有较多的氧空穴，这些氧空穴有助于提高其 OER 性能，在 1 mol/L 的 KOH 中，电流密度为 10 mA/cm^2 时，过电势为 250 mA，为当时报道的尖晶石材料中最低的过电势值。该研究表明，可以利用离子液体以一种相对简单的合成策略调控产物的结构及组成，得到性能优良的 OER 催化剂。

Gao 等利用电沉积的方法以 Ni 为基底在含有 $NiCl_2$、$FeCl_3$ 和硫脲的氯化胆碱-乙二醇低共熔离子液体中制备了 S 掺杂的 $NiFe_2O_4$/Ni_3Fe 复合材料[20]，该复合材料具有较大的比表面积和较多的电催化活性位，在 1.0 mol/L 的 KOH 中表现出了超高的 OER 活性，仅 285 mV 的过电势就稳定地产生 500 mA/cm^2 的电流密度。更进一步，将制备的 S 掺杂的 $NiFe_2O_4$/Ni_3Fe 复合材料作为阳极，Ni-Mo 材料(也是在离子液体中通过电沉积得到)作为阴极，在 1.0 mol/L 的 KOH 中进行全解水反应，在 1.79 V 的低电压(过电势为 560 mV)下可达到 100 mA/cm^2 的电流密度。这种基于离子液体的电沉积方法为制备高效 OER 催化剂提供了一条新途径。

Bai 等利用离子液体[Bmim][PF_6]制备了 P、F 共掺杂的 $Ni_{1.5}Co_{1.5}N$[21]，N、P 和 F 原子均来自离子液体。与 IrO_2 催化剂相比，制备的 PF/$Ni_{1.5}Co_{1.5}N$ 催化剂在 1.0 mol/L 的 KOH 溶液中，10 mA/cm^2 的电流密度下具有较低的过电势(280 mV)，Tafel 斜率为

66.1 mV/dec。DFT 计算表明，这种杂原子掺杂的纳米棒结构可以降低吉布斯自由能和过电势，因此提升了 OER 性能。

Chinnappan 等利用化学氧化聚合法制备了聚吡咯/离子液体纳米颗粒（24～44 nm）[22]，该反应不需要苛刻的反应温度、反应压力等条件，考察了聚吡咯/离子液体纳米材料的 OER 性能，在电流密度为 10 mA/cm^2 时，过电势仅为 392 mV，其性能甚至优于过渡金属氧化物。

Gao 等以一种含 NO_3^- 阴离子的聚离子液体为前驱体，经过热解制备了氮掺杂的碳纳米泡沫[23]，扫描电镜和透射电镜检测发现，该纳米泡沫是由弯曲的碳纳米片（最大厚度为 70 nm）组成，该氮掺杂碳基纳米材料作为廉价非金属 OER 催化剂在 KOH 溶液中表现出较好的 OER 性能。相似的，作者以聚离子液体作为碳源和氮源制备了氮掺杂的多孔碳纳米片（20～50 nm），然后在该碳纳米片基底上生长钴基纳米材料（Co-N-pCNs）[24]。该 Co-N-pCNs 材料作为阳极催化剂表现出了与 IrO_2 相当的性能，其良好的催化活性可归结于该碳纳米片优异的 2D 多孔结构和 Co_xO 纳米颗粒在碳纳米片上均匀的分散性。该项研究为利用功能聚离子液体制备 M-N-C 非贵金属析氧催化剂提供了有效的方法。

Ji 等[25]用简单的水热法合成了花状形貌的 CoS_2 微球，这种独特的多级结构提供了高密度活性位点，增强了电子的传输能力。以[MTBD][NTf_2]对 CoS_2 微球进行修饰后，其 OER 性能显著提升。

8.3 储氢技术的发展趋势

氢能产业链较长，包括制、储、运、注和应用环节。在制氢基础上，氢的储运在整个氢能产业链的经济、能耗和泄露危险等级方面占有较大比重。因此，从氢能产业链的产业化发展来看，氢气的绿色、低成本制备与安全、低成本储运是氢能全面应用的关键。氢气的存储与运输的主要制约因素是：常温常压以气态存在、密度最小，难以通过常态储运，且氢易燃、易爆、易扩散；同时，若氢作为燃料，必须能够满足间歇性使用的要求并具有分散性的特点。因此，发展储氢技术成为氢能大规模应用过程中重要的科研主题。简单来说，工业上对储氢系统的要求是：安全、高容量、低成本、易使用。国际能源协会（International Energy Agency, IEA）对储氢材料的期望目标是：在正常使用条件下（低于 100 ℃），达到质量分数为 5% 的储氢密度。美国能源部（DOE）所提出的氢能源实用化目标是：在 2015 年之前，达到室温下质量储氢密度 9%，体积储氢密度 81 g/L；但就目前来看，这一目标未能实现。因此，为了实现氢能系统的有效应用，必须建立适当的氢气储运技术。据报道，DOE 所有氢能研究经费中有 50% 用于氢气的存储。氢的存储成为制约氢能利用的瓶颈，发展高密度的储能材料是氢能迈向实际应用的关键因素。

8.3.1 储氢技术分类

按照氢的存在状态，可以将储氢技术分为高压气态储氢、低温液态储氢以及固体储氢三类。

8.3.1.1　高压气态储氢

高压气态储氢技术是指在高压下，将氢气压缩，以高密度气态形式存储。高压气态储氢具有简便易行、成本低廉、充放氢气方便、速度快、常温下就可进行等优势，是目前最常用的储氢技术[26]。但是，高压气态储氢技术的储氢密度受压力影响较大，对储罐材质要求较高。因此，研究热点在于储罐材质的改进。目前，高压气态储氢容器主要分为纯钢制金属瓶（Ⅰ型）、钢制内胆纤维缠绕瓶（Ⅱ型）、铝内胆纤维缠绕瓶（Ⅲ型）及塑料内胆纤维缠绕瓶（Ⅳ型）四个类型，如图 8-9 所示。由于高压气态储氢容器Ⅰ型、Ⅱ型储氢密度低、安全性能差，难以满足车载储氢密度要求；而Ⅲ型、Ⅳ型瓶由内胆、碳纤维强化树脂层及玻璃纤维强化树脂层组成，明显减小了气瓶质量，提高了单位质量储氢密度。因此，车载储氢瓶大多使用Ⅲ型、Ⅳ型两种容器。

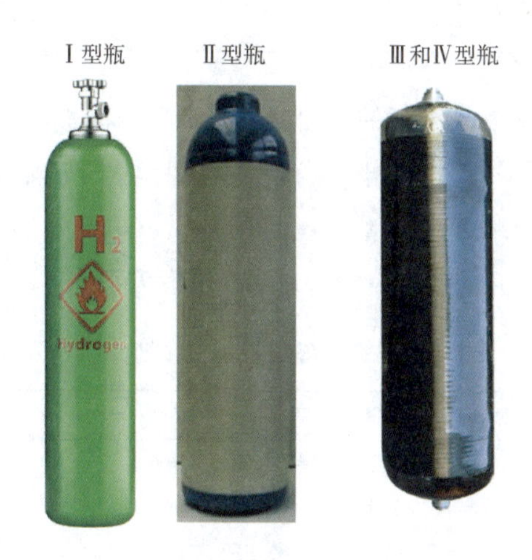

图 8-9　储氢瓶类型

目前，中国车载储氢中主要使用 35 MPa 的Ⅲ型瓶，而 70 MPa 的Ⅲ型瓶国家标准为 GB/T 35544—2017《车用压缩氢气铝内胆碳纤维全缠绕气瓶》，并开始在轿车中小范围应用。目前国内在车用储氢瓶领域领先的企业有中材科技股份有限公司、沈阳斯林达等（见表 8-1）。中材科技拥有 20 种规格 35 MPa 氢气瓶，最大容积达到 165 L，年产 3 万只储氢瓶；沈阳斯林达储氢瓶年产能为 70 万只，生产的 70 MPa 氢瓶已通过型式试验，为全国首家；京城股份所生产的 35 MPa 高压铝内胆碳纤维全缠绕复合气瓶（储氢气瓶）已批量应用于氢燃料电池汽车、无人机及燃料电池备用电源领域。其塑胶内胆化学纤维全缠绕复合型气瓶（Ⅳ型）于 2020 年度投产，初期产能 1 500 只/年，2021 年逐渐提高至 5 000 支/年；北京科泰克和天海工业均已具备批量生产 35 MPa 储氢瓶（Ⅲ型）的能力，陆续开始研制并进行 70 MPa 气瓶的型式试验。

表 8-1　国内部分公司储氢瓶性能参数

生产公司	型　号	容积/L	质量/kg	压力/MPa	质量储氢密度/%
北京天海工业有限公司	Ⅲ	140	80	35	4.2
	Ⅲ	165	88	35	4.2
	Ⅲ	54	54	70	>5.0
北京科泰克科技有限公司	Ⅲ	140	—	35	4.0
	Ⅲ	65	—	70	>5.0
斯林达安科技有限公司	Ⅲ	128	67	35	4.0
	Ⅲ	52	52	70	>5.0
中材科技股份有限公司	Ⅲ	140	78	35	4.0
	Ⅲ	162	88	35	4.0
	Ⅲ	320	—	35	—

由于塑料内胆纤维缠绕瓶(Ⅳ型)的质量更小,约为相同储量钢瓶的50%,因此,其在车载氢气储存系统中的竞争力较大。基于其优异的特性,各国开始大力开发全塑料内胆纤维缠绕瓶。目前,70 MPa碳纤维缠绕Ⅳ型瓶已是国外燃料电池车载储氢的主流技术,美国、日本等已经实现70 MPa储氢瓶量产,中国处于积极研发阶段,见表8-2。

表 8-2　塑料内胆纤维缠绕瓶的主要研究机构及成果

国家	机　构	特　点	压力/MPa	现　状
美国	Quantum	1代实现异地储氢罐输送	35～70	完成开发
		2代电解水装置,高压快充	35～70	完成开发
		3代质量密度约8.3%	35～70	完成开发
		4代质量密度11.3%～13.36%	35～70	完成开发
	通用汽车	3.1 kg	70	完成开发
	Impco	质量密度7.5%	69	阶段性完成
挪威	Hexagon Composites	耐久性	70	商业化中
荷兰	帝斯曼	耐低温		完成开发
中国	浙江大学	质量密度5.78%	70	研究阶段
法国	空气化工	缩短压缩	—	完成开发
	佛吉亚	优化、设计	70	商业化中
日本	汽车研究所	70 MPa储氢量提高60%	37～70	研究阶段
	丰田	续航830 km	70	商业化中

尽管高压气相储氢储罐的研究已经取得巨大的成果,但现阶段对于高压气相储氢储罐在商业化应用中仍存在一些问题,包含氢气易于从塑料内胆渗透泄露、金属接口和内胆的连接密闭,以及进一步提高储氢的质量密度、降低储罐质量等方面。因此,解决这些问题是当前的重中之重。例如,Wang等[27]设计了一种车载离子液体压缩机供氢系统,其供氢压力可

达 70 MPa。通过 Aspen Plus 稳态模拟结果为初始条件的 Aspen HYSYS 动态仿真表明，高压储氢罐内的压力和体积是影响供氢系统体积流量的重要参数。研究表明，所设计的车载供氢系统不仅可以适合于 70 MPa 和 52 L 的储氢罐，而且可以适用于任何供氢的工况条件。

虽然高压气态储氢技术比较成熟、应用普遍，但是该技术有一个致命的弱点，就是体积比容量小，未达到美国能源部(DOE)制定的发展目标。除此之外，由于气态储氢需要厚实的耐高压容器且气态氢气压缩充入高压罐中需要消耗大量的压缩能，所以高压储氢的能量利用率很低，限制了它的大规模应用。而且在运输和使用过程中需要小心处理，如果操作不当会有燃烧甚至爆炸的危险，因此安全性能有待提升[28]。未来，高压气态储氢还需向轻量化、高压化、低成本、质量稳定的方向发展。

8.3.1.2　液态储氢

1. 低温液态储氢

液氢是一种高能、低温的液态燃料，其沸点为－252.65 ℃、体积储氢密度 70 g/L，其中密度是气态氢的 845 倍，是高压气态储氢的数倍。通常，低温液态储氢是将氢气压缩后冷却至－252 ℃以下，使之液化并存放于绝热真空储存器中[29]。因此，液态氢具有很高的密度，体积比容量大，体积占比小，便于储运。但气态氢变成液态氢较难，液化 1 kg 的氢气需要消耗 4～10 kW·h 的电量，且液化后的氢实际储能只有原来的 55%～75%。并且，为了防止液氢因温度升高而造成汽化流失，所需存储箱首先要求体积足够庞大，其次制造储氢箱的材料需要具有极好的绝热功能，这些都造价不菲[30]；液氢输送管道也要有严格的绝热措施，而且输氢系统的设计、结构以及工艺都比较复杂；这些缺点大大限制了液态储氢的发展。因此，虽然液氢具有密度高、比容量大的优势，但是储氢设备、能耗及运输的问题仍然是阻碍其发展的重要因素。

基于此，日、美、德等国加大了对液氢技术的研究力度，已将液氢的运输成本降低到高压氢气的 1/8 左右。其中，日本企业为了支撑液氢供应链体系的发展，解决液氢储运方面的关键性技术难题，投入了大量研发，推出的产品大多已经进入实际检验阶段，如开发的大型液氢储运罐，通过真空排气设计保证储运罐高强度的同时实现了高阻热性。低温液态储氢已应用于车载系统中，并且在全球的加氢站中有较大范围的应用[31]。

2. 有机液体储氢

有机液体储氢材料是利用不饱和有机物液体的加氢和脱氢反应来实现储氢。某些有机物液体可以吸放大量氢(可达到质量分数为 18%的储氢密度)，且反应高度可逆、安全稳定、易运输，可以利用现有加油站加注有机液体[32]。目前，常用储氢的有机液体包括苯、甲苯、萘、咔唑及四氨基吡啶等，见表 8-3。传统有机物(苯、甲苯、萘)的质量储氢密度为 5.0%～7.5%，达到规定标准，但反应压力为 1～10 MPa，反应温度为 350 ℃左右，需要贵金属催化剂[33-35]。可见，有机液体储氢技术操作条件较苛刻，导致该存储技术成本高、寿命短。

表 8-3　不同有机液体储氢材料的储氢特性

有机液体氢化物	理论质量储氢密度/%	催化剂	脱氢温度/℃
苯	7.2	0.5%Pt-0.5%Ca/Al_2O_3	300
甲苯	6.2	10%Pt/AC	298
		0.1%K-0.6%Pt/Al_2O_3	320
萘	7.3	10% Pt/AC	320
		0.8% Pt/Al_2O_3	340
咔唑	6.7	0.5% Pd/C	170
四氨基吡啶	5.8	10%Pd/SiO_2	170

传统有机液体氢化物脱氢的温度高、压力高，难以实现低温脱氢，制约了其大规模应用和发展。He[34]等采用不饱和芳香杂环有机物储氢，其质量、体积储氢密度较高，最重要的是可有效降低加氢和脱氢反应温度，如咔唑和四氨基吡啶的脱氢反应温度为 170 ℃，比传统有机液储氢材料的脱氢温度低。聚力氢能科技有限公司成功开发出一种稠杂环有机分子，将其作为有机液体储氢材料，可逆储氢量达到 5.8%，在 160 ℃下 150 min 即可实现全部脱氢，在 120 ℃下 60 min 即可全部加氢，且循环寿命高、可逆性强，其存储、运输方式与石油相同，80 L 稠杂环有机分子液体产生的氢气可供普通车行驶 500 km。2017 年，中国扬子江汽车集团公司与武汉氢阳能源有限公司（简称氢阳能源）联合开发了一款城市客车，利用有机液体储氢技术，加注 30 L 的氢油燃料，可行驶 200 km。目前氢阳能源是国内唯一一家做有机液体储氢的企业，其开发的常温常压下液态有机储氢（LOHC）技术攻克了氢气常温常压下液态存储和运输的难题，该项技术在世界范围内处于领先地位，相较于日本 Chiyoda 和德国 Hydrogenious 具有脱氢温度低、储氢可逆、载体无消耗的优势。氢阳能源第一批储氢材料—氢油于 2019 年 3 月正式投产，一期工程年产 1 000 t，产值 5 000 万元，工程全部建成后可年产 100 万 t 液体有机储氢材料。

有机液体储氢技术极具应用前景，其储氢容量高、运输方便安全，可以利用传统的石油基础设施进行运输、加注[33]。目前，有机液体储氢技术的理论质量储氢密度最接近 DOE 的目标要求，该技术进一步发展的关键是提高低温下有机液体储氢介质的脱氢速率与效率、催化剂反应性能，改善反应条件，降低脱氢成本。

稠环储氢是有机液态储氢载体技术（liquid organic hydrogen carriers，LOHC）的一种。稠环化合物为两个或两个以上的苯环或杂环以共有环边所构成的多环有机化合物。可分为稠环芳烃（由几个苯环稠合在一起的有机物，如萘、蒽、菲）、苯稠杂环化合物（由苯环与杂环化合物稠合而成的有机物，如吲哚、喹啉）、稠杂环化合物（由几个杂环稠合而成的有机物，如嘌呤）。LOHC 是通过共价键结合氢，携带氢气的液体本身不会被消耗，并可以在以后的循环中重新装载和使用[36]。该类材料具有储氢量大，便于存储、运输和可循环使用的特点，加氢反应中放出大量热量也可供利用，可作为较理想的有机储氢材料[37]。

常见的 LOHC 有甲基环己烷-甲苯[38]、各种环烷烃[39]、氨硼烷基化合物[40,41]等。近年来,由于稠环化合物的广泛研究,使其成为目前报道最多的 LOHC 体系之一。

虽然甲酸与甲醇均为液态,但并不归于 LOHC,因为其脱氢过程中会产生气态产物。LOHC 在加氢、脱氢态下均为液体,使其在转化过程中避免了 CO_2 或 N_2 的捕集或存储[45]。良好的 LOHC 需要具备高强度及高密度的储氢化学键、氢化和脱氢过程中化合物的稳定性及廉价的成本,同时化合物本身还要具备低毒、高沸点和低熔点的特点。

由于可再生能源在地理上分布的不均匀性,地区性的能源消费水平(很大程度上取决于人口和工业化密度)与可再生能源之间往往不相称。因此,可以预见的是,随着风能、太阳能等可再生能源比例的提高,未来将会有越来越多的能源需要进行远距离运输。这使得稠环储氢有着广泛的应用前景。

下面以 N-乙基咔唑为例进行详细介绍。N-乙基咔唑在物理化学上与柴油燃料有许多相似之处,处理、运输和存储气态氢的复杂性基本上被简化为处理一种类似柴油的液体物质。图 8-10 所示为 N-乙基咔唑的加氢和脱氢储能的基本原理。

完全脱氢的 N-乙基咔唑熔点为 69.1 ℃,在常温下为固态,而加氢后的 N-乙基咔唑为液体。N-乙基咔唑体系的储氢密度为 5.8%(质量分数)。其蒸气压很低,在常温条件下没有可检测到的气相,这进一步降低了 N-乙基咔唑系统的操纵难度,同时增加了系统的安全性[46]。如果能够回收和再利用这种材料,就可以采用现有已经非常完善的基础设施运输氢气。因此,基于其能量存储密度高和良好的处理特性,可以设想在移动、加热、远距离能量运输或长期能量存储(如来自间歇产生的可再生能源的能量)方面的各种应用。

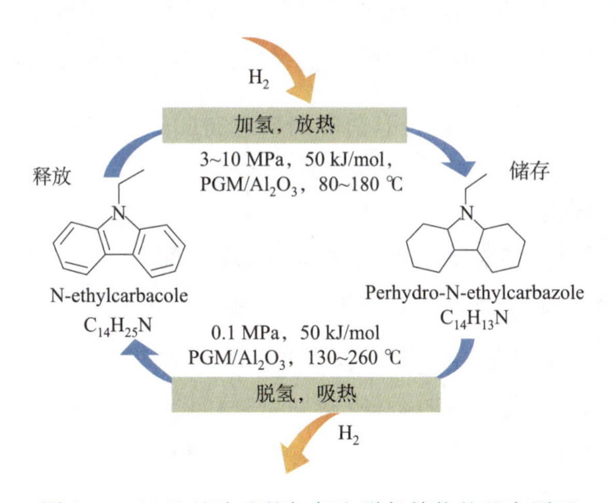

图 8-10 N-乙基咔唑的加氢和脱氢储能的基本原理

咔唑类储氢材料也有很多缺点。脱氢咔唑材料最大的缺点之一是与氢化形式的液相相比,其熔点高,如咔唑、N-甲基咔唑和 N-乙基咔唑的熔点分别为 247 ℃、88 ℃和 68 ℃。虽然附着的取代基似乎降低了化合物的熔点,但材料在环境条件下仍是有机固体。相反,脱氢和再氢化只能在液相中实现，这使脱氢技术过程复杂化，并在运输和运送废燃料方面造成额外的困难，使得液相存储氢的难以实现。为了实现全液相可逆储氢，进一步延长了取代烷基链的长度。例如，N-丙基咔唑的熔点较低，为 48 ℃，但 N-丙基咔唑的储氢能力降低到 5.4%（质量分数）。另外，由于十二氢化 N-乙基咔唑和部分氢化的 N-乙基咔唑中间体都是液体，据报道，通过将脱氢过程限制在 90%左右，可以实现完全的液体处理。然而，按照这种方法，从十二氢乙基咔唑中只能回收 5.3%（质量分数）的氢气，而不是预期的 5.8%（质量分数）。脱氢过程中缺乏高活性催化剂，也限制了咔唑材料的实际应用。同时，在 270 ℃以上，取代咔唑的脱烷基化反应限制了取代咔唑的热稳定性，这阻碍了通过简单的温度升高来提高动力学性能。此外，大多数咔唑化合物是从煤焦油蒸馏中获得的，年产量不足 1 万 t，进一步限制了它的实际应用。其他氮取代杂环在储氢方面也存在各种各样的问题，如在环境条件下处于固态、有毒性、成本高、稳定性有限、脱氢动力学低、再生过程效率低等。特别是，使氢化化合物转化为氢分子所需的平衡温度仍然太高[44]。

除了 N-乙基咔唑之外，稠环储氢材料还有咔唑[45]、吲哚啉[46]、全氢-4,7-菲啰啉、2-甲基-1,2,3,4-四氢啉[47]、2,6-二甲基十氢-1,5-萘吡啶[48]等。

8.3.1.3　固态储氢

目前，寻找一种安全、有效、经济的储氢方法仍存在严峻的挑战。但相比于高压储氢和液态储氢，基于固体材料的物理吸附储氢更有安全优势。物理吸附储氢是一种依靠储氢材料与氢气分子弱范德华力相互作用的储氢方式，氢气分子与储氢材料间无化学反应，属于物理反应范畴。由于氢分子与储氢材料间的结合力较弱，因此物理吸附储氢一般在低温条件下(77 K)下进行。目前，物理吸附储氢使用的主要材料有传统的碳基多孔材料，以及新型的金属有机骨架(MOFs)材料等。

1. 物理吸附

(1)碳基多孔材料储氢

目前的碳基吸附材料主要有活性炭、碳纳米管、碳纤维、富勒烯和石墨烯等[49,51]。其中，活性炭因其低温下良好的储氢性能，以及快速的氢吸附/解吸动力学、完全的可逆性等特征而备受关注。此外，活性炭材料具有较高的比表面积(>1 000 m^2/g)和孔容(>0.5 cm^3/g)，且价格低廉，被视为最具有应用前景的碳基吸附储氢材料之一。一般来说，活性炭的比表面积和孔体积越大，其储氢量越大，符合 Langmuir 单层吸附模型。活性炭材料一般仅在 77 K 具有较大的储氢量，而室温下的储氢量较低，研究发现活性炭的储氢量会随温度的升高而显著降低，即使在将压力提高几倍的情况下，室温条件下的储氢量仍显著低于 77 K 时的储氢量[52]。研究者为提高质量密度及体积密度，采用高压压实的方法，通过 40 MPa 的高压处理[53,54]，活性炭的压实密度可提高至 0.4～0.5 g/L，在 77 K、4 MPa 条件下的体积储氢密度能提高至 20 g/L。此外，表面官能团也会影响活性炭吸附材料的储氢性能，可以通过调节炭化和活化工艺参数及负载金属催化剂等改性手段提高其储氢性能。活性炭是储氢碳材料研究最多的材料之一。关于活性炭作为储氢材料的研究最早出现在 20 世纪。1980 年，文献[55]报道了包括活性炭在内的几种吸附剂的储氢性能，观察到在 4.15 MPa、150 K 时其表观吸氢量质量分数可达 5.2%，该工作对活性炭作为储氢材料提供了启发。之后，在对活性炭及压缩气体的对比研究中又指出[56]在低温下，活性炭储氢可能比压缩气体储氢更有效。同时，研究还表明[57,58]表面改性[包括酸度、杂原子(金属)掺杂等]对储氢的重要影响。关于低温储氢的研究很多，但考虑到实际的操作目的，最理想的是在室温或接近室温的条件下实现大量的氢存储。在对环境温度下，活性炭和活性炭纤维的储氢情况的研究中[59]发现无烟煤中提取的活性炭在 10 MPa 时的最大吸收率仅为 1%(质量分数)。并且储氢的最佳孔径仅能容纳两层吸附氢(即两层吸附氢的孔径，孔径约 0.6 nm)。此外，有研究[60]表明，活性炭的孔隙度对材料储氢性能存在重要影响，吸氢量取决于微孔体积及微孔大小分布。除了调节最佳氢吸附孔径，还可以通过表面修饰来增加活性炭吸附氢的等位热来提高室温下的储氢性能，其中掺杂金属原子或其他异质原子将会对室温下储氢具有重要意义。金属掺杂可以增加活性炭材料吸氢量[61-63]，金属掺杂活性炭被证明是一种相当有吸引力的储氢形式。此外，表面氧对活性炭储氢也存在影响，氧化对吸氢性能是不利影响[64]，氧化后的活性炭在 77 K、0.1 MPa 时的储氢量质量分数从 2.6%降低到了 2%。同时有研究表明，分散在高表面积基体中的金属纳米颗粒可以增强氢的存储[65]。在具有高比表面积(3 144 m^2/g)人造丝基碳纤维衍生的活性炭上[66]，以较温和的 4 MPa 压力可以达到质量分数为 1.46%的高氢吸收量，进一步表明了活性炭材料的安全储氢潜力。

碳纤维(Carbon fiber，CF)是含碳量在 90%以上长度可达几厘米的无机高分子纤维。研究表明，碳纤维在低温下具有一定的储氢量，而且通过改性合成条件及方法，可进一步提高碳纤维的储氢量。1998 年报道了由 3～50 nm 宽的石墨片堆积而成的石墨纳米纤维(Graphite nanofibers)的储氢性质，由于石墨片层堆积形成纳米级孔道，在 120 atm、298.15 K 下单位质量(每克)碳原子可对应 20 L 氢气分子的吸附量，较传统石墨有较高的储氢优势。石墨化的样品虽然比表面积很小，对氢气却有一定量的吸附。此外，碱活化是对碳材料储氢性能进行改善的有效方法。同时，碳纤维可利用更廉价、更经济的生物质原材料制备。可以通过以稻草和构树为原料[67]，采用湿法纺丝和炭化工艺成功地制备高孔碳纤维。从形态结构和比表面积比较，稻草纤维的多孔碳纤维具有 2 260 m^2/g 的高比表面积。这种材料表现出优异的储氢性能，在 77 K 和 1 MPa 下，氢的吸收量质量分数可达 4.35%。

1997 年报道了单壁碳纳米管(single wall nanotube，SWNT)的储氢性质，相比于石墨等材料，其与氢气的作用力更强[68]。在同样条件下，SWNT 比活性炭的放氢量大了约 10 倍，并且表现出很好的循环性，吸附热为 19.6 kJ/mol。纳米管的电子特性可以通过其直径来控制。相对应的是，对碳纳米管直径和形貌的控制也是进一步提高其储氢性能的有效手段。有研究表明，平均直径为 1.85 nm 的 SWNT 在室温下的吸氢量质量分数为 4.2%，表现出良好的室温储氢性能[69]。掺杂是使多壁碳纳米管(SMWNT)功能化的一种重要而有吸引力的方法(构建活性中心),因为掺杂提供了控制 SMWNT 化学和物理特性的各种可能[70]。金属掺杂也是改善或诱导掺杂 SMWNT 某些独特性质的有效方案。显然,掺杂也是改善碳纳米管储氢性能的潜在途径。

石墨烯相较于传统碳材料具有很多独特的性质,其具有高体积密度,氢气分子可以吸附在石墨烯的两侧[71],因此作为储氢材料受到人们的广泛关注。2008 年报道了 BET 比表面积为 156 m^2/g 的单层石墨烯粉末,在 77 K、100 kPa 下其吸氢量质量分数可达 0.4%,但由于氢气与材料表面的相互作用很弱(范德华力),在室温和 6 MPa 下,其吸氢量质量分数小于 0.2%。引入杂原子(尤其金属原子)被认为是一种增强氢气与石墨烯片层相互作用的方式[72]。多孔石墨烯有助于避免金属聚集的产生。预测表明[73]金属修饰多孔石墨烯是一种有前途的储氢材料。DFT 计算表明[74]铝修饰的多孔石墨烯的储氢容量为 10.5%(质量分数),并且在常压下可实现氢气的有效存储和释放。此外,石墨烯型纳米片也显示出较高的吸氢量与比表面积比值。

除此之外,人们对炭黑、碳溶胶、碳分子筛等碳材料的吸附性质也有研究。这些材料成本较低、来源广泛、比表面积大,表现出良好的工业应用前景,已应用到车载燃料电池的储氢装置中,但仍存在 H_2 的弱吸附以及储氢量损失等问题,当前的研究重点仍集中在通过改性提高室温下的储氢性能方面。可通过合成方法调控产物结构形貌以及通过表面官能团修饰增强材料表面与氢气的作用对石墨烯行改性。

(2)金属有机骨架(MOFs)材料储氢

金属有机骨架(MOFs)材料是一类有机-无机杂化晶体材料,由金属分子通过强配位键与有机配体连接而成。其结构多样、质量小、比表面积大(实验值可达 7 140 m^2/g,理论极限为 14 600 m^2/g)、孔隙率大(自由体积达 90%),具有可调的孔径及内表面,成为近年来物理吸附储氢的研究热点[75-77]。

自 2003 年 Yaghi 等在 MOF-5 上吸附氢后,金属有机骨架作为储氢材料受到了极大的关注[78]。由于 MOFs 与氢分子间的结合较弱(弱范德华力),最大吸附热值仅为 20 kJ/mol,所以在低温下(77 K)才能进行有效吸附(99.5 mg/g,最高质量分数接近 9%)。目前,MOFs 材料的质量和体积储氢密度较低,仍需进一步提高以达到应用标准。

MOFs 材料的储氢性能受到多种因素的影响,开放金属位点、客体金属离子、配体功能化、表面积、孔容、孔径以及铂或钯金属纳米粒子等因素对储氢性能均存在一定程度影响。

①MOFs 中的开放金属位点(也称可进入金属位点、不饱和金属位点或暴露金属位点)对氢存储具有潜在的重要意义[79,80]。但当金属离子完全配位时,它们对 MOFs 的氢吸附性能影响不大[81]。

②通过配位溶剂分子的脱溶剂作用,在 MOFs 中加入未降解的金属位点,也是增强氢与 MOFs 结合的可行策略[80,82]。去除中心金属周围的溶剂分子后,带正电荷的金属阳离子会

与氢分子形成偶极子，进而增加氢分子的吸附热。研究还表明[75]去除溶剂分子后，暴露的 Ni 可以将氢分子的吸附热提高至 13.7 kJ/mol。此外，不饱和金属位点的排列对氢分子的吸附也很重要[83]。

③引入客体金属离子可能提供不饱和金属位点，调节电场或改变 MOFs 的表面积或孔体积。因此 MOFs 的储氢性能可能受到客体金属离子的影响。Botas 等用 Co 部分取代 MOF-5 中的 Zn 制备的 Co21-MOF-5($(Zn_{3.16}Co_{0.84}O(BDC)_3(DEF)_{0.47})$)材料，吸氢量可比原始的 MOF-5 高 7.4%[84]，表明了引入客体金属离子的积极影响。HImsl 等[85]发现在 MIL-53(Al)中引入 Li^+ 后，77 K、0.1 MPa 下的储氢量质量分数从 0.50%提高至 1.7%，氢分子的吸附热提高为 11.6 kJ/mol。

④通过将金属纳米颗粒引入 MOFs 孔隙时的溢出效应也是一种可行的策略。一般认为，金属纳米颗粒催化单原子氢的形成，单原子氢迁移到载体（主受体）并溢出到 MOFs（次级受体），从而提高 MOFs 的氢存储能力。也有报道称直接与 MOFs 结合的 Pb 纳米粒子发生了氢的初级溢出[86,87]。

⑤有机配体也被证明是氢吸附的有利位置。配体的类型会影响 MOFs 的孔隙率和表面积，也会改变与氢相互作用的电子环境。配体功能化也有一定的作用，微孔 MOFs 有机配体中的芳香环可以增强 H_2 分子与骨架相互作用。有机配体中芳香环的存在可以导致 H_2 分子和 MOFs 之间更强的相互作用；芳香环有更多的电子，可以形成一个富电子的共轭双酚 A 体系，从而更好地与氢相互作用。

几种典型的金属有机框架储氢材料及储氢密度如图 8-11 所示。

相比于低温储氢，MOFs 材料吸附剂在室温下的储氢能力较低，因此室温氢吸收量也较低。为了室温下保持较高的储氢能力，材料需要 15～25 kJ/mol 的氢等量吸附热[89-91]。通过改变有机配体的网状结构来调节 MOFs 的孔径尺寸可提高储氢性能，计算结果表明[92]，最理想的孔径尺寸为 0.289 nm，此时氢分子与 MOFs 之间的范德华力最大，综合性最强。环境温度下，比表面积和 H_2 吸附之间没有明显的趋势。此外，铂或钯纳米粒子与不同的 MOFs 结合时产生的溢出效应，也可提高室温下的氢气存储。氢溢出是催化领域中的现象，涉及负载金属催化剂上的氢催化反应，其中氢分子在金属纳米颗粒上分离，同时迁移到载体上，称为溢出。

目前虽然 MOFs 材料能够在 77 K 时可逆地存储大量氢，并且表现出快速的氢释放动力学，然而，优化 MOFs 仍需要广泛的研究，特别是对于室温储氢而言，由于 H_2 分子与框架之间的弱相互作用，使 H_2 的吸收大大降低。对于 MOFs 物理吸附储氢材料的改性可集中于通过提高多孔材料的比表面积和增强氢分子与吸附载体间的结合强度来提高储氢密度，特别是探索成本低、H_2 吸附等热容大、比表面积大、孔径合适、水稳定性和热稳定性高的 MOFs 材料。

比较项	高孔隙度	不饱和金属位点	互相贯通	配体功能化	化学掺杂	溢出
MOF结构	NOTT-112	Ni-(*m*-dobdc)	lmterpenetrated MOF-5	FMOF-1	Li^+@DO-MOF	MIL-100(Al)/Pd
表面积	高	高	中等	中等	低	低
孔体积	高	高	中等	中等	低	低
H_2吸收	高	高	中等	中等	低	低
质量吸收	2.3%(77 K，0.1 MPa)；11.1%(77 K，7.7 MPa)	1.9%(77 K，0.12 MPa)	2.0%(77 K，1 atm)；2.8%(77 K，10 MPa)	2.3%(77 K，7.34 MPa)	1.32%(77 K，1 atm)	1.3%(77 K，4 MPa)
体积吸收	55.9 g/L(77 K，7.7 MPa)	22.3 g/L(198 K，10 MPa)；12.1 g/L(298 K，10 MPa)	23.3 g/L(77 K，1 atm)；33.0 g/L(77 K，10 MPa)	41 kg/m^3(77K，6.4 MPa)	NA	NA
吸收热	中等(4~8 kJ/mol)	高(7~13 kJ/mol)	中等(5~9 kJ/mol)	中等(5~10 kJ/mol)	高(6~12 kJ/mol)	中等(6~8 kJ/mol)
吸收量提高原因	高比表面和孔体积	不饱和金属位点的高电子密度	可获得更多的吸附位点	官能团的高亲和力	掺杂物的高亲和力	“溢出”和解离化学吸附
局限	框架和氢之间的相互作用较少	难于溶解产生不饱和金属位点	合成困难	表面积减少	掺杂过程中MOF分解	解吸动力学
举例	MOF-177，MOF-5，IRMOF-8，IRMOF-20，MIL-53(Al)，ZIF-8，$Be_{12}(OH)_{12}(BTB)_4$	MOF-74(Zn，Co，Mg，Ni)，HKUST-1，PCN-9，Fe-BTT，$Mn_3[(Mn_4Cl)_3(BTT)_8]_2$，SNU-5，NOTT-100	PCN-6，IRMOF-9，Cd-ANIC-1，Co-ANIC-1，PMOF-3	$[Zn_2(tfbdc)_2(dabco)]$，$[Zn_5(triazote)_6(tfbdc)_2(H_2O)_2)](4H_2O)$，Co-FNIC-1，ZIF-1，PCN-20	Li^+@IRMOF-8，Li^+@MIL-53-OH(Al)，M^+@$Zn_2(NDC)_2$(dipyNI)，$[Me_2NH_2][In(L)]$-Li^+	Pt/AC@IRMOF-8，Pt/AC@MOF-5，Pd@HKUST-1，PdNPs@$[SNU]^{0.54+}(No3-)_{0.54}$

图 8-11　几种典型的金属有机框架储氢材料及储氢密度[88]

2. 金属储氢材料

金属能够存储氢气，是因为在一定温度和压力下金属与氢反应，可以将氢气存储在金属晶格之间的空隙中，金属材料吸收氢是金属与氢气反应放出热量，形成相对比较稳定的金属离子型或类盐型氢化物、金属型氢化物、共价型或分子型氢化物。金属储氢研究源于1960 年开始研究的二元金属氢化物，之后陆续出现了三元、四元、多元合金，它们都是由 A_xB_y 型组成，其中主要分为 AB_5 型、AB 型、AB_2 型等类型。AB_5 型为稀土储氢材料，用稀土储氢已在众多金属储氢中崭露头角，相比液态储气与固态储氢，稀土储氢具有单位体积储氢量大、安全系数高、低成本等优点。稀土储氢已在镍氢电池中得到广泛的应用，形成了相对比较成熟的技术。与使用传统的石油燃料的汽车相比，氢燃料电池汽车具有无污染的优点[93]。目前，稀土储氢材料在氢燃料汽车上的应用已成为该技术领域的发展焦点。除了 A_xB_y 型金属储氢材料之外，还有 V 基固溶体储氢材料、Mg 基储氢材料、金属氮氢化物储氢材料。

金属吸收氢气可以简单地分为以下几个步骤：首先氢气会吸附在金属表面，同时氢气的氢键会断开使氢气分子变成氢原子，然后氢原子会进入金属的内部与金属形成固溶体，最后进一步与金属反应就会形成金属氢化物。

因为金属储氢材料在释放氢气时是吸热反应，所以提高温度就可以实现氢气的释放，但是这种释放往往不会将金属氢化物中的氢气完全释放出来。这也是目前金属储氢材料需要攻克的难关。

使用金属作为储氢材料有如下优点：

①储氢容量大，与气态储氢和液态储氢相比，在单位质量与体积上具有更大储氢量，可逆吸放氢速率快。

②易活化，化学稳定性好，吸放氢平台压适中且平坦。

③循环性能好，在循环使用中的有效吸氢量较稳定。

④安全系数更高，可以通过升降温度及时控制氢气的吸收与释放。

⑤成本比较低廉。

(1) AB_5($LaNi_5$)型稀土储氢材料

$LaNi_5$ 是一种重要的储氢材料[94]，$LaNi_5$ 基储氢合金因其可逆的大容量吸氢作用而得到了广泛的研究[95]。$LaNi_5$ 属于 $CaCu_5$ 型(六方点阵)，吸收氢气后形成 $LaNi_5H_{4.5}$ 或 $LaNi_5H_6$。$LaNi_5H_{4.5}$ 的理论储氢量为 1.038%(质量分数)，$LaNi_5H_6$ 的理论储氢量为 1.380%(质量分数)。对于 $LaNi_5$ 中可储氢的间隙位，现在的实验研究多倾向于五位模型(five-site model)，该模型认为 H 可占据五种位置，晶胞模型如图 8-11 所示，其中 H 坐标分别为 3f(1/2, 0,0)、4h(1/3,2/3,0.369)、6m(0.136,0.272,1/2)、12n(0.455,0, 0.117)、12o(0.204,0.408,0.354)[96]。

然而，$LaNi_5$ 合金(不被其他元素替代)通常不是一种理想的商用材料，因为它具有氢容量低、在循环吸收/解吸过程中存储容量显著降低、相对较低的压力和较高的成本等缺点[97]。可以考虑往 $LaNi_5$ 中添加其他稀土或者是过渡金属，来提高合金的储放氢性能以及降低合金成本[98]。

在研究 $La_{5-x}Ce_xNi_4Co$($x=0.4,0.5$)，$La_{5-y}Y_yNi_4Co$($y=0.1,0.2$)合金的储氢性能特别是吸放氢的循环稳定性以及少量的 Ce 与 Y 取代 La 对合金性能的影响时[99]，发现 $La_{5-x}Ce_xNi_4Co$，$La_{5-y}Y_yNi_4Co$ 两种合金的相结构都是 $CaCu_5$ 型的 $LaNi_5$ 相结构，Ce 与 Y 的加入改善了合金的抗粉碎性和结构稳定性，并且消除了合金 P-C-T 曲线中第二个平台压，在进行了 1 000 次的循环测试中，当 $x=0.5$ 时，$La_{4.5}Ce_{0.5}Ni_4Co$ 合金表现出的性能最好，其循环稳定性达到了 96%。其温度适用范围在 25～180 ℃。

(2) AB 型储氢材料

AB 型储氢材料主要为 TiM(M=Fe、Co、Ni 等)，其结构为氢原子位于八面体的中心位置，由四个钛原子和两个铁原子构成。为了研究合金化对电子结构的影响，用两个铁原子中的一个来代替合金元素 M，其中 M 是 Ti、V、Cr、Mn、Fe、Co、Ni、Nb 和 Mo[100,101]。

TiFe 合金是 AB 型储氢材料中的典型合金。TiFe 合金是 20 世纪 70 年代中期引入的第一种可逆储氢的实用储氢介质[102]，具有吸放氢动力学快、环境条件下吸氢能力强、原料成本低等优点[103]；但 TiFe 合金的活化困难，抗毒性能力差[101]，需要引入其他金属（Mn、V、Cr、Y、Co、Ce、Zr 等）来改善 TiFe 合金的储氢性质。TiFe 吸氢后为 $TiFeH_{1.95}$，$TiFeH_{1.95}$ 的理论储氢量为 1.86%（质量分数），释放氢平台压为 1 MPa，TiFe 合金与 H_2 反应产生的热约为−23.0 kJ/mol。

提高 AB 型合金储氢材料的储氢性能与动力学性能，可以通过元素掺杂的方法来实现。有研究者在 Ti-Fe-Mn 合金中掺杂 Cu 和 Y 时[104]发现，由于 Y 的原子半径大于 Ti，使合金的晶格参数增大，从而提高了合金的储氢容量，Cu 加入可以很好地提高合金的动力学性能，但会对合金的储氢容量有一定的影响，其中在 10 ℃时，$TiFe_{0.86}Mn_{0.1}Y_{0.05}Cu_{0.05}$ 合金的最大储氢量为 1.89%（质量分数）。

（3）AB_2 型储氢材料

AB_2 型储氢合金由容易生成稳定氢化物的放热型金属 A（Ti、Zr 等）与对氢无亲和力的吸热型金属 B（Ni，Fe，Co，Mn 等）构成[105]。一般是 Laves 相结构（拓扑密堆积相 TCP），构造的 AB_2 型合金储氢材料主要有三种晶相结构：立方晶相结构 C15（$MgCu_2$）、六方晶相 C14（$MgZn_2$）和双六方晶相结构 C36（$MgNi_2$）[106]。以 C14 为主的 MH 合金更适合大容量和长寿命的应用，而以 C15 为主的 MH 合金提供了更优的高倍率和低温性能[107]。AB_2 型储氢合金较 AB_5 型和 AB 型合金储氢容量相对较高，可以在常温条件下吸放氢，还具有循环寿命较长、动力学速度快、压力条件优越等优点，在清洁能源领域具有广泛的应用潜力[108]。因此，发展 AB_2 型储氢合金十分重要。

$ZrMn_2$ 吸氢后为 $ZrMn_2H_{3.46}$，其理论储氢量为 1.7%（质量分数），释放氢平台压为 0.1 MPa，$ZrMn_2$ 合金与 H_2 反应产生的热约为 38.9 kJ/mol。$Ti_{1.2}Mn_{1.8}$ 吸氢后为 $Ti_{1.2}Mn_{1.8}H_{2.47}$，$Ti_{1.2}Mn_{1.8}$ 的理论储氢量为 1.8%（质量分数），释放氢平台压为 0.7 MPa，$ZrMn_2$ 合金与 H_2 反应产生的热约为−28.5 kJ/mol。

Ti-Mn-Laves 相合金是一种很有前途的储氢材料，具有易活化、加氢脱氢动力学好、储氢容量大、成本低等优点[109]。此外，其优势在于质量小，这对于燃料电池在移动车辆上的应用至关重要[110]。但是其储氢容量还是很低，还不能达到实际应用的需求[111]。相关研究指出，可以通过改变其合金的相组成、晶格结构来提高吸放氢性能。人们发现[112]，通过向 Ti-Cr-Mn 合金中加入金属 Fe，可明显改善合金的吸收和释放平台压，但是会使合金的最大储氢容量和释放氢的量降低。同时，加入 Fe 后合金与氢反应形成的氢化物的稳定性会降低，使得合金更容易释放出氢。

（4）钒基固溶体储氢材料

钒基固溶体储氢合金属于 BCC 相（体心立方结构）储氢合金，是 Ti、V、Cr、Mn、Mo 等组成元素的固溶体，其他间隙氢化物多为金属间化合物[113]。其具有氢容量高（体积容量 0.16 g/cm^3、质量容量 4%）、氢化反应条件温和、抗粉化性能及动力学性能优越等特点。此外，体心立方结构的 V 基吸氢合金与稀土基储氢材料相比具有良好的质量和体积性能[114]。但 V 基固溶体储氢合金放氢量有限，在研究过程中要保证其在高吸氢容量的条件下释放大部分氢，也要保证在不显著减小最大容量的基础上有效降低钒基储氢合金的成本。研究发现，合金熔炼方法、热处理、组成等都对其合金储氢性能会产生一定的影响。在所有已知的可溶于钒的合金元素中，钛是研究最多的。近年来，钛钒基体心立方（Ti-V）合金以其良好的加氢特性吸引了人们对其实际应用的兴趣。然而，V-Ti 二元合金的循环稳定性较差。为了获得更好的循环稳定性，在钒钛合金中引入了第三种元素。研究的 Ti-V 基固溶体储氢材料主要由 V-Ti-Cr、V-Ti-Ni、V-Ti-Fe 这三大类组成[115]。

钒合金氢化过程可分为四个阶段：①氢分子被吸附到合金表面，并解离为氢原子；②解离出的氢原子固溶于钒合金中，与之形成固溶相，表面吸附的氢原子向合金体内部扩散；③氢与饱和固溶相发生反应，生成氢化物相层；④氢原子通过氢化物层进一步向合金体内部扩散进行反应。钒合金吸氢首先形成 β_1 相（V_2H 低温相）。当氢浓度超过最终固溶度时，会形成 β_2 相（VH/V_2H）。当氢浓度进一步增加时，会析出 γ（VH_2）相。钒在室温下的系统加氢过程显示，在很低的氢压（<1 Pa）下出现第一个平台，对应于从 α 相到 β 相的相变。β 相具有热稳定性，需要较高的脱氢温度。对应于从 β 相到 γ 相转变的第二平台将出现在接近 0.30 MPa 的氢压附近。γ 相不稳定，脱氢反应发生在室温。β 相和 γ 相的晶体结构分别为体心四方结构和 CaF_2 晶体结构。氢化钒的脱氢路径为 VH2(γ)→V2H(β)→V(H)(α)→V。这些相的分解温度分别为 300 K、450 K 和 750 K[116,117]。

V 基固溶体储氢材料中探索最广泛的组合是 V-Ti-Cr 三元合金。在不影响有效储氢容量的情况下，Cr 的加入表现出良好的抗粉碎性和循环性能。可以通过改变合金成分去改变储氢容量。在研究了各种富钒 V-Ti-Cr 合金的加氢性能，其中 60%V-15%Ti-25%Cr 合金的有效氢容最高可达 2.62%（质量分数）[118]。结果表明，高压氢化物相的氢含量强烈依赖原料的晶胞参数，而晶胞参数直接受合金成分的影响。通过改变钒含量[119,120]，已经探索了其他几种组合物的加氢性能，结果表明，钒含量是维持循环稳定性的关键因素。研究 Ti-Cr-V 合金用 Mn 或者 Mn 和 Fe 取代少量 Cr 时[122]，发现只加入 Mn 会使合金的有效储氢量提高到 2.5%（质量分数），对吸放氢平台压没有影响，当 Mn 和 Fe 一起加入时，不仅可以将合金的有效储氢量提高到 2.5%（质量分数），还提高了平台压，其中 $Ti_{0.32}Cr_{0.32}V_{0.25}Fe_{0.03}Mn_{0.08}$ 合金在 293～353 K 和 5～0.002 MPa 下，有效储氢量为 2.71%（质量分数）。

V-Ti-Ni 合金材料由 V-Ti 基二元合金延伸所出，具备一定的吸氢性能（理论储氢容量为 3.8%）。主要应用在电化学储氢材料之中，具有吸放氢速度快、抗粉化性能优越等特点。1995 年，Tsukahara 等[123]成功将其在强碱溶液中电化学性能的问题解决后，引起了众多学者的注意。主要制备方法有机械合金法、气体雾化法、电弧熔炼法、高频感应熔炼法等。一般真空电弧熔炼法为实验室研究阶段使用。该系三元合金材料由两相组成：一是 BCC 结构的 V 基固溶体，是主要吸氢相；二是有着一定催化、导电集流作用的 NiTi 相。但由于 NiTi 相会溶解于电解液中，使 V-Ti-Ni 合金结构被破坏，其循环寿命便会缩短。此类问题可通过热处理、表面处理、多元合金化去解决。

V-Ti-Fe 合金储氢量较大，是 V 基三元体系合金中最有希望应用的储氢合金材料。有研究[124]通过对$(V_{0.9}Ti_{0.1})_{1-x}Fe_x$（$x=0\sim0.075$）的储氢特性、热力学常数等进行分析，发现当平台压力改变一个数量级以上时，它们的储氢能力没有受到丝毫的影响。通过对合金比例的调节，可调节氢气的反应能力。后经研究表明，$Ti_{0.095}V_{0.855}Fe_{0.05}$ 是最合适的成分，其储氢容量为 2.13%（质量分数）。利用 Massicot 对 Fe-Ti-V 体心立方合金进行了系统的研究，发现焓与二元合金的组成呈线性关系[125]。结果表明，铁不稳定，但钛稳定氢化物相。目前，该体系仍存在着一些尚待解决的问题，可通过向 V-Ti-Fe 基合金中混入其他元素，对此类储氢材料的储氢性能、成分结构等进行调节，从而规避存在的问题。此外，该类合金材料由于储氢量大且反应条件温和，仍吸引着不少研究人员的目光。

（5）Mg 基储氢材料

镁系储氢材料被称为最早引入的储氢候选材料[126]，由于储氢量高（镁的理论储氢量为 7.6%）、资源丰富以及成本低廉，被公认为是最有前景的储氢材料之一。但其也存在吸放氢速度较慢、反应动力学性能差、放氢所需温度较高的缺点。1968 年，由美国布鲁克-海文国家实验室的 Reilly 和 Wiswall 首次研制 Mg 基储氢材料。他们将镁、镍混合后制成 Mg_2Ni 合金材料。后来随着冶金技术的发展，有了包含大部分稳定性金属元素的镁基储氢材料的百家争鸣。镁基储氢材料主要分为三类：单质镁储氢材料、镁基储氢合金材料、镁基复合储氢材料。

镁与氢在 300～400 ℃和高压下反应生成稳定的氢化物 MgH_2，其中理论 H_2 质量分数为 7.6%，反应如下：

$$Mg+H_2 \rightleftharpoons MgH_2 \quad \Delta H=-74.6\ kJ/mol \tag{8-20}$$

MgH_2 具有稳定的金红石结构，287 ℃条件下的分解压为 101.3 kPa，是一种很有前途的储氢材料。但在氢解吸过程中，MgH_2 晶体生长迅速，导致储氢性能下降[127]。MgH_2 虽然具有较高的储氢容量，但是合金释放氢气时，往往需要较高的温度（473 K 以上）和较高的氢压（至少 3 MPa），这就限制了 MgH_2 的储氢性能及应用。有报道说[128]，氢吸收过程的主要限速因素是氢分子在表面的解离和氢在氢化物层中的扩散。由于 Mg 表面吸附氢的活化能为 1～10 kJ/mol[129]，Mg 中没有 d 电子，无法迅速将氢分子解离成 H 原子，导致解离能高达 432 kJ/mol[130]，这成为限制吸附和脱附动力学的主要因素。一般来说，H_2 在 MgH_2/Mg 体系中的低扩散系数（Mg_2O_2 和 Mg 分别为 $1.5\times10^{-16}\ m^2/s$ 和 $4\times10^{-13}\ m^2/s$）是缓慢动力学的另一个方面。此外，镁颗粒表面会形成 MgO 层，阻碍氢原子更深层次的渗入，纯镁也因此很少被用来存储氢气。为了降低氢的解吸温度，提高氢的吸收/解吸速率，改性主要是通过粒径的减小、催化剂的加入，以及与 $NaAlH_4$、$LiAlH_4$ 等氢化物的结合来实现的[131]。此外，严重的塑性变形(SPD)技术，如高压扭转(HPT)、冷锻(CF)，特别是冷轧(CR)，也可以通过提供纳米晶粒和高密度的缺陷和裂纹来改变材料的储氢特性[132]。

镁基储氢合金中有代表性的是 Mg-Ni 系储氢合金，大量的研究者研究此系列的合金材料，一般采用的是熔炼法、扩散法、机械合金化法等，并通过对合金材料表面进一步的处理来提高其动力学性能和循环寿命。

镁基复合储氢材料是由 MgH_2 通过高能球磨[125]、其他合成工艺辅助球磨[125]等工艺制成的。有研究发现[133]，通过加入 CNTs 复合材料，MgH_2/10%Zr0.4Ti0.6Co/5%碳纳米管(CNTs)复合材料降低了合金释放氢的温度，提高了合金的加氢/脱氢动力学性能，该合金也具有良好的稳定性及循环性能。Ti、Mn 通常被作为催化剂，添加到 Mg 基储氢合金中，人们发现[134]在镁合金中加入 $TiMn_2$ 层，可以大大改善镁合金的加氢性能，并将扩大镁合金作为储氢介质在实际应用中的潜力。

(6)金属氮氢化物储氢材料

金属氮氢化物在 19 世纪初以 $NaNH_2$ 和 KNH_2 的形式合成出来，之后在 1894 年又合成了 $LiNH_2$。自从 2002 年，陈等报道了 Li_3N 对氢的可逆吸收(质量分数为 9.3%)后，金属-氮-氢体系作为新的一类储氢材料受到了广泛的关注。金属-氮-氢体系的反应如下：

$$Li_3N+2H_2 \longleftrightarrow Li_2NH+LiH+H_2 \longleftrightarrow LiNH+2LiH \tag{8-21}$$

第一个反应的标准焓变(ΔH=148 kJ/mol)表明，完成从 Li_2NH(锂酰亚胺)到 Li_3N 的放氢需要超过 430 ℃，温度很高。但是，第二步反应 ΔH 却只需 45 kJ/mol。因此，第二反应可以适用于车载使用。研究人员[135]以少量氯化钛($TiCl_3$)为催化剂，考察了氢化锂和酰胺锂的球磨混合物的储氢性能，在 150～250 ℃时，大量的氢(质量分数为 5.5%～6.0%)被可逆地脱附/吸附：

$$LiNH_2+LiH \longleftrightarrow Li_2NH+H_2 \tag{8-22}$$

此外，实验已证明氢的脱附反应(8-22)是通过氨(NH_3)参与了以下两个基本反应而进行的：

$$2LiNH_2 \longrightarrow Li_2NH+NH_3 \tag{8-23}$$

$$LiH+NH_3 \longrightarrow LiNH_2+H_2 \tag{8-24}$$

上述反应表明，室温下在 NH_3 气氛中球磨 LiH 合成 $LiNH_2$ 是可能的。实际上，由于反应(8-24)是放热反应，且反应速度很快[136]，所以用上述反应球磨方法可以很容易地合成 $LiNH_2$ 产品。此外，其他碱或碱土金属酰胺 $M(NH_2)_x$(如 $NaNH_2$、$Mg(NH_2)_2$ 和 $Ca(NH_2)_2$)可通过在 NH_3 气氛下球磨出相应的氢化物 MH_x(如 NaH、MgH_2 和 CaH_2)。详细研究了它们的分解性质[137 138]，这些性质对于设计新的金属-N-H 储氢体系是有用的，因为反应(8-22)中的 $LiNH_2$ 或 LiH 可以分别被其他金属氢化物或酰胺取代。实际上，有研究人员发现[139]，摩尔比为 3∶8 的酰胺镁($Mg(NH_2)_2$)和 LiH 的球磨混合物是一种新型的储氢体系。在该复合体系中，在 150～200 ℃下，大量 H_2(>6%)被可逆地吸附/解吸。

人们从 $LiNH_2$-MgH_2 开始的新的金属-N-H 系统，对 $LiNH_2$-CaH_2、$Mg(NH_2)_2$-LiH、$Mg(NH_2)_2$-NaH、$Mg(NH_2)_2$-CaH_2 和 $Ca(NH_2)_2$-CaH_2 进行了储氢探索和评价[140]。

在 M-N-H(M=Li,Mg,Ca)的氢解吸焓变化方面，有研究采用差扫描量热法、热重法、热气体解吸质谱法，对金属氮氢化物进行了分析[141]，测定出

$$LiNH_2+LiH \longrightarrow Li_2NH+H_2$$

$$3Mg(NH_2)_2+8LiH \longrightarrow Mg_3N_2+4Li_2NH+8H_2$$

$$Ca(NH_2)_2+2LiH \longrightarrow CaNH+Li_2NH+2H_2$$

$$2LiNH+CaH_2 \longrightarrow CaNH+Li_2NH+2H_2$$

它们的解氢反应热分别为 66.5 kJ/mol、47.1 kJ/mol、47.7 kJ/mol 和 48.0 kJ/mol。

迄今为止，各种金属-氮-氢基体系因其储氢性能而得到发展[142]。目前采用 70 MPa 高压压缩显然存在安全隐患，另一种比压力容器更安全的方法是使用复杂的氢化物，如 Li-N-H、Li-Ca-N-H、Li-Cl-N-H、Li-Mg-N-H 系统以及 B 和 N 基氢化物[143]。研究表明，$Mg(NH_2)_2$/2LiH 复合材料理论焓为 44 kJ/mol、重量分数为 5.35%，是一种很有前途的车载储氢系统[144]。

3. 氨硼烷储氢

(1)氨硼烷的性质

氨硼烷，分子式为 NH_3BH_3，分子量为 30.86，是一种简单的路易斯酸碱加合物，氮原子和硼原子以配位键结合，形成具有 C_{3v} 对称性的氨硼烷分子。在常温常压下氨硼烷具有两种晶相，低温相为正交结构，$Z=2$，空间群为 Pmn21，高温或室温相是体心四方结构，$Z=2$，空间群为 14 mm，相变发生在 225 K 时[145]。

N 和 B 电负性的差异导致氨硼烷分子中电荷分布不均匀。NH_3 基团的氢原子为质子氢 $H^{\delta+}$，BH_3 部分的氢原子为氢化物氢 $H^{\delta-}$，它们能使键和分子极化。这种极性有助于通过分子内/分子间质子氢 $H^{\delta+}$ 与氢化物氢 $H^{\delta-}$ 相互作用而释放出氢气。在 200 ℃以下，可以从氨硼烷中回收质量分数约为 13%的氢，这是一种很有吸引力的脱氢性能。对于气态硼烷，计算得出的偶极矩介于 5.216D 和 5.889D 之间。对于溶解在己烷和水中的氨硼烷，计算得出的值为 5.7D 和 5.9D[146]。

氨硼烷在环境条件下为固态的，这是由于质子氢和氢化物氢之间存在静电相互作用，这种静电相互作用称为双氢键。与经典氢键一样，双氢键能改变化合物分子的空间构象影响物质的物理化学性质，并且可以解释物质的反应机理。

(2)氨硼烷用于储氢

氨硼烷具有 19.6%的质量储氢密度，除此之外，氨硼烷还具有极低的蒸汽压、低的密度、低于 70 ℃(纯样品)的良好热稳定性、良好的溶解性和水稳定性，以及在催化剂存在下的水解能力。使得氨硼烷成为有潜力的储氢材料。

氨硼烷可通过热分解释放出氢，许多研究人员观察到氨硼烷的热分解是一个逐步发生

的过程，过程的简化形式总结如下：

$$H_3N-BH_3 \longrightarrow \frac{1}{x(H_2N-BH_2)_x}+H_2 \tag{8-25}$$

$$(H_2N-BH_2)_x \longrightarrow (HN-BH)_x+H_2 \tag{8-26}$$

$$(HN-BH)_x \longrightarrow BN+H_2 \tag{8-27}$$

发生分解步骤的确切温度（或温度范围），甚至热重和差示扫描量热曲线的形状很大程度上取决于加热速率[147]，根据国外研究组[148]的早期研究，热分解反应最初是吸热的，但随着反应的进行变成放热的，在 84～114 ℃的范围内缓慢释放氢，114 ℃时反应吸热，对应于固体熔化，在 125 ℃的反应式(8-25)开始进行，放热，在 155 ℃时聚氨基硼烷分解，放出另一当量的氢气。而据 Wolf 等[149]的研究发现，在约 95 ℃处检测到放热过程，表明此时氨硼烷开始分解，随后继续升高一些温度后开始吸热，这是由于固体开始熔化，在 113 ℃时大量放热，此时进行的依旧是反应式(8-25)，继续升高温度到 125 ℃，反应式(8-26)开始进行。第三步反应由于需要的反应温度过高，通常不予考虑。

由于起始分解温度高、脱氢动力学缓慢等，因此纯氨硼烷并不适合固态储氢。为了解决上述问题，研究人员针对氨硼烷的失稳进行了研究。据报道，$H_3N\text{-}BH_3$ 原子电荷的任何变化都会改变分子的反应性[150]。N 上更多的正电荷和 B 上更多的负电荷将导致 N—H 和 B—H 的键能降低，分子间 N—H…H—B 网络和可移动的氨硼烷分子受到扰动（甚至被破坏）。这些修饰会降低活化能，更快、更容易地生成活性中间体二硼烷二铵。到目前为止，已经研究了几种失稳策略，包括非质子溶剂增溶失稳、固体掺杂失稳、纳米限制失稳、化学修饰失稳[146]。

除热分解脱氢外，处于溶液相中的氨硼烷还可在催化剂的作用下在室温或近室温条件下实现快速放氢，目前已研究的液体溶剂包括水、甲醇、有机液体及离子液体等。下面以水为例进行介绍。氨硼烷在水中的溶解度为 35.1 g/100 g 水，并且能在 pH≥7 的水中稳定存在。在常温下，硼氨的三个氢化物氢 $H^{\delta-}$ 容易与水的质子氢 $H^{\delta+}$ 反应，从而释放出 H_2。基于以上原因，耦合的氨硼烷-水已被证明是一种可能的液态氢的载体/来源。近年来，通过大量的研究工作，氨硼烷水解脱氢反应在常温下的反应动力学有了很大提高，催化剂成本显著降低。水解用催化剂包括贵金属基催化剂和非贵金属基催化剂，发现贵金属基催化剂对氨硼烷的水解脱氢具有相当大的活性。报道了 Pt 基催化剂对该反应具有高活性，释放出的氢气与氨硼烷之比最高为 3.0，催化活性的顺序为 20% Pt/C＞40% Pt/C＞PtO_2＞Pt black＞K_2PtCl_4。其中 20%（质量分数）的 Pt/C 催化剂显示出超高的活性，反应在不到 2 min 的时间内完成。相反，Rh[(1,5-COD)(μ-Cl)]$_2$ 和 Pd black 的活性较低，一些贵金属氧化物（RuO_2、Ag_2O、Au_2O_3、IrO_2）几乎没有活性[151]。尽管贵金属基催化剂显示出非常高的水解氨硼烷的活性，但是从实际应用的角度来看，开发有效、稳定且低成本的非贵金属催化剂以进一步改善脱氢的动力学性能是更加重要的[152]。基于上述考虑，研究者研究了负载型非贵金属在室温下从氨硼烷水溶液中产生氢气的催化性能，发现负载 Co、Ni 和 Cu 在实验条件下具有最高的催化活性，并以几乎化学计量的方式释放出氢气，而负载的 Fe 对于该反应而言是催化惰性的。在用于 Co 纳米颗粒的不同载体（α-Al_2O_3、SiO_2、C）中，Co/C 催化剂的活性最高。与贵金属纳米颗粒相似，负载型催化剂的活性随着非贵金属纳米颗粒粒径的减小而增加[153]。

4. 硼氢化钠储氢

(1)硼氢化钠的性质

硼氢化钠别名钠硼氢，结构式为 $NaBH_4$，结构示意图如图 8-12 所示，分子量为 37.83。它是白色结晶粉末，相对密度为 1.074。在干燥空气中温度达到 300 ℃或真空 400 ℃时仍稳定，不挥发，熔点为 505 ℃。硼氢化钠易溶于水、液氨、胺类，微溶于四氢呋喃，不溶于乙醚、苯、烃。与水作用产生氢气。在碱性溶液中稳定，在酸性溶液中则很快被完全分解[154]。硼氢化钠碱性溶液呈棕黄色。硼氢化钠常用于有机物的还原，反应条件温和，可以很容易地将醛或酮还原为醇，在质子溶剂中将亚胺或亚胺盐还原为胺，经过修饰的硼氢化钠还可以还原羧酸、羧酸酯、胺基化合物和腈等[155]。此外，硼氢化钠还广泛应用于制药、塑料发泡剂、制造其他含硼化合物、造纸工业含汞污水的处理剂以及造纸漂白剂。

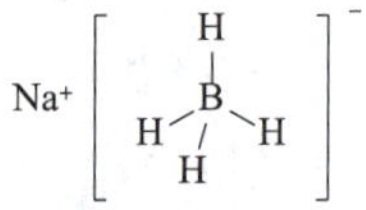

$$Na^+\left[\begin{array}{c} H \\ | \\ H - B - H \\ | \\ H \end{array}\right]^-$$

图 8-12　硼氢化钠的结构示意图

硼氢化钠在环境条件下呈 NaCl 型结构。Na 和 B 之间的晶格常数和距离取决于 Na 原子序数。B 和 H 之间的距离，即 BH_4^- 四面体的大小，几乎相同，与碱金属（Li、Na、K、Rb、Cs）无关。电子结构为非金属结构，计算出的能隙为 6.8～7.0 eV。由于 Na 轨道对占据态的贡献很小，Na 原子被认为是 Na^+ 离子。占据态分为两个峰值：低能态由 B-2s 和 H-1s 轨道组成；高能态由 B-2p 和 H-1s 轨道组成。一个硼原子形成 sp3 杂化化合物，并与周围的四个氢原子形成共价键。形成这些键所需的额外的电荷由 Na^+ 阳离子补偿[156]。

(2)硼氢化钠用于储氢

硼氢化钠的质量储氢密度为 10.6%，可以通过两种方式释放氢：热分解，通过加热释放存储的氢；水解，通过与水反应将存储的氢释放出来。因此，硼氢化钠中的硼可同时被归为络合金属氢化物和化学氢化物。

①硼氢化钠热解放氢。

硼氢化钠热解脱氢反应方程如下：

$$NaBH_4 \longrightarrow Na + B + 2H_2 \tag{8-28}$$

实际上，硼氢化钠的分解过程可能更复杂，涉及 NaH、$Na_2B_{12}H_{12}$ 等中间相，甚至释放出

B_2H_6 等杂质气体[157]，且由于硼氢化钠在 400 ℃时仍稳定，用于储氢长期以来一直受到脱氢温度高、吸热脱氢焓值高的限制。为使硼氢化钠适合于实际应用，必须降低解吸温度，改善循环性。一些策略如催化掺杂、纳米工程、添加剂失稳和化学修饰等被用来解决 $NaBH_4$ 热分解的热力学和动力学限制，研究表明各种方法在改善性能方面有了一定的进展，但 $NaBH_4$ 还未能成为解决固态储氢问题的解决方案[158]。

②硼氢化钠水解放氢。

硼氢化钠在水中会发生水解反应放出氢气，同时放出热量，焓变为 -217 kJ，反应方程式如式(8-29)所示。此时放出的氢气一半来自硼氢化钠，另一半来自水，因而整个反应体系具有相对较高的理论质量储氢密度，为 10.8%。1952 年，Schlesinger[159] 首次报道了硼氢化钠的水解及其在产氢中的应用，报道称反应在室温下即可缓慢进行，放出理论氢含量中的一小部分氢。硼氢化钠与水混合不久后初始析氢速率开始下降，其原因是形成了强碱性的偏硼酸根离子引起溶液的 pH 升高。因此，溶液 pH 是水解反应的限制因素，通常为了抑制硼氢化钠的自水解而将其保存在强碱性溶液中。

$$NaBH_4 + 2H_2O \longrightarrow NaBO_2 + 4H_2 \tag{8-29}$$

升高温度或者加入酸或金属盐可以极大地加速该过程，Schlesinger[159] 对锰(Ⅱ)、铁(Ⅱ)、钴(Ⅱ)、镍(Ⅱ)、铜(Ⅱ)的氯化物进行了研究，发现其中氯化钴($CoCl_2$)的催化活性最高，并且将钴盐的作用归因于在反应初始阶段形成的 Co_2B。此后，大量研究集中在硼氢化钠水解催化剂的研发上。水解催化剂主要包括贵金属催化剂和非贵金属催化剂。Brown 等[160] 于 1962 年首先对贵金属催化剂进行了研究，贵金属催化剂由贵金属氯化物在 $NaBH_4$ 水溶液中还原而成。研究发现钌、铑和铂催化剂(分别由 $RuCl_3$、$RhCl_3$ 和 H_2PtCl_4 制备)的活性明显高于等量的 Co-B 催化剂[161]。近年来文献中报道的贵金属催化剂的产氢速率从 0.004～96.8 L/(min・g)(催化剂)不等。非贵金属催化剂以 Co-B 为代表，大多数报道出来的催化剂的产氢速率在 0.06～26 L/(min・g)(催化剂)的范围内，活化能为 20.83～77.96 kJ/mol[162]。

由于硼氢化钠水解体系具有较高的理论质量储氢密度、稳定、安全，能在室温下放出纯度较高的氢气并且可控性强，使其成为具有吸引力的储氢材料。

(3)硼氢化钠水解体系面临的问题

但实际上，依然存在着许多问题阻碍着硼氢化钠水解体系的应用，总结为以下三点：

①有效质量储氢密度低。硼氢化钠及偏硼酸钠在各温度下的溶解度[163] 见表 8-4，硼氢化钠在水中的溶解度为 55 g/100 g 水，考虑到硼氢化钠的溶解度则整个体系的质量储氢量为 7.5%。偏硼酸钠($NaBO_2$)是水解反应唯一的副产物，如果考虑偏硼酸钠的溶解度，则 25 ℃时对应的质量储氢量仅有 2.60%。

表 8-4 硼氢化钠及偏硼酸钠在水中的溶解度

温度/℃	0	10	20	25	30	40	60	80	100
硼氢化钠溶解度	25	—	—	55	—	—	88.5	—	—
偏硼酸钠溶解度	16.4	20.8	25.4	28.2	31.4	40.4	63.9	84.5	125

实际上，溶液中的偏硼酸钠以各种水合形式存在，通常表示为 $NaBO_2 \cdot xH_2O$，这些都是热力学上稳定的形式。根据赵鹏程等[164]的报道，在高浓度 $NaBH_4$ 溶液水解的后期，通常以 $NaBO_2 \cdot 2H_2O$ 和 $NaBO_2 \cdot 4H_2O$ 形式沉淀结晶析出，含量与温度有关。水是 $NaBH_4$ 催化水解体系中十分重要的影响因素，与体系的储氢量密切相关。由式(8-29)可以看出，通过水解反应放出的氢气有一半是来自水。

②副产物偏硼酸钠的循环。硼氢化钠水解体系是不可逆的储氢系统，因此必须将偏硼酸钠回收和再生，理想的情况是将偏硼酸钠再生为硼氢化钠[165]，从实际应用的角度来看，找到这样的过程至关重要。为此，美国能源部设定了 60%的再生效率目标。为了达到这一目标，世界各地的研究人员进行了大量的研究，包括 Kojima 等[166]使用氢化镁、硅化镁、焦炭或甲烷等直接还原制备硼氢化钠。Liu 等通过球磨合成或热合成研究了 $NaBO_2$ 的再生，该研究组还进一步讨论了镁与含水硼酸盐($NaBO_2 \cdot 2H_2O$)之间的反应[167,168]，结果表明，$NaBO_2$ 转化率随副产物结晶水含量的增加而降低。总之，$NaBO_2$ 可通过直接热还原、多步热还原或电化学还原等多种手段获得 $NaBH_4$，但突出问题是回收反应不够有效。

③成本问题。成本问题对任何新兴技术的发展及应用来说都很关键，对于氢的产生、储运以及应用来说更是如此。我国硼矿资源较丰富，但可利用的储量不足、矿石品位低、分布不平衡：主要产于辽宁和吉林两省，西藏自治区和青海省的盐湖中固体硼矿亦有少量开采。矿产地在河北、内蒙古、黑龙江等省区有零星分布。另外，目前硼氢化钠主要的制备方法包括 Schlesinger 法、Bayer 法[169]，在合成过程中都需要消耗大量的金属钠，因此由原料及生产工艺等因素导致硼氢化钠的价格昂贵。此外，整个水解体系由硼氢化钠、水以及催化材料组成，如上所述，硼氢化钠的价格相对较高，和硼氢化钠相比水的价格甚至可以忽略不计，但还要考虑催化材料的费用。最后，由偏硼酸钠循环再生硼氢化钠也会导致成本的上升，这是与偏硼酸钠回收有关的第二个问题。

④其他问题。水解反应产物 $NaBO_2 \cdot xH_2O$ 沉积在催化剂表面阻碍了进一步反应的进行，导致放氢速率下降。

8.3.2 离子液体储氢

离子液体是完全由离子组成的物质，在接近环境温度时是液态的；离子液体最显著的特性之一是其蒸气压[170]可以忽略，因此使用离子液体可以避免溶剂蒸发造成的氢污染问题。离子液体独特的物理化学性质使其在储氢领域具有很大的吸引力。最简单的方法是找到一种低分子量且富含氢的离子液体，它可以作为储氢材料。此外，离子液体可作为储氢助剂，提高储氢性能，也可成为辅助储氢材料。另外，氢气的释放速率、操作温度和氢气纯度也是激发人们对新型离子液体化合物研究的主要指标，这些化合物可以提高储氢性能[171]。

8.3.2.1　离子液体作为储氢材料

对于化学氢的存储，容量是一个关键的指标，这促使人们努力研究高氢含量的化合物。Chen 等[172]通过胍盐阳离子和八氢三硼酸阴离子两者结合生成了八氢三硼酸胍。八氢三硼酸胍是一种高储氢能力的离子液体，研究表明，它的储氢量为 13.8%(质量分数)。Rekken 等[173]利用硅基保护基团合成了一种特定的 N-取代胺硼烷离子液体(N-ABILs)，图 8-13 所示为其合成路径，目标是开发用于汽车应用的氢气存储燃料。N-ABILs 也与氨硼烷混合以提高整体 H_2 容量，纯的和混合的 N-ABILs 的脱氢很容易，减轻了汽车应用的工程要求。

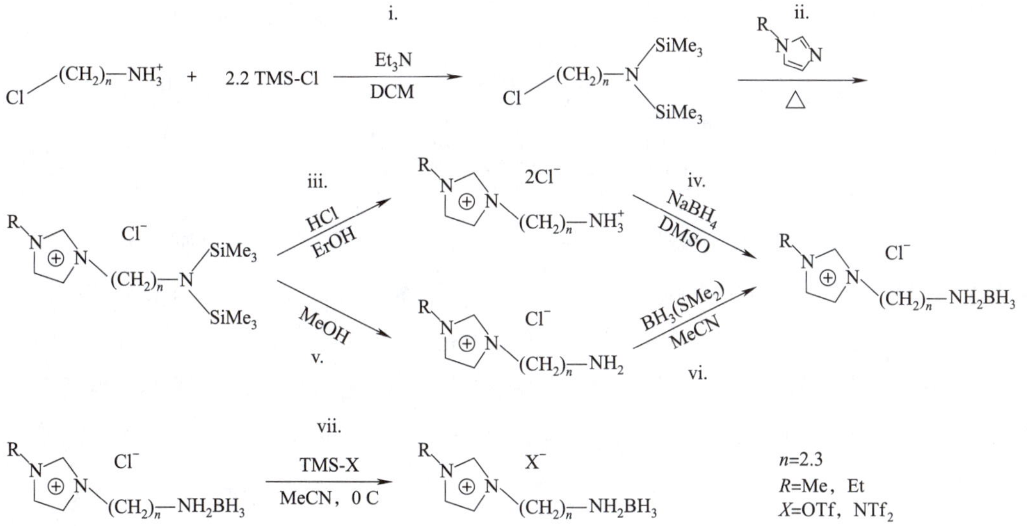

图 8-13　以咪唑阳离子为代表的 N-取代胺硼离子液体的合成途径[172]

新的硼氢化离子液体家族[174]不仅对理论推进应用很重要，而且作为温和还原剂和储氢材料方面也同样重要[175,176]，具有潜在的应用前景。图 8-14 所示为硼氢化离子液体形成示意图。

Lombardo 等[177]研究表明，离子液体可以提高硼氢化物的稳定性、促进新的脱氢途径的产生和获得较低的活化能；硼氢化物与离子液体的结合很容易实现。同时，他们用阳离子交换法成功合成了多种[IL][BH_4]样品([IL]=[bmim]、[EMPY]和[VBTMA])。这三种离子液体均降低了 $NaBH_4$ 热分解氢解吸温度。[ILs][BH_4]制备的固体或液体/凝胶相是有趣的储氢化合物，由于 IL 与 BH_4 的相互作用，具有相对较高的氢密度和中等的氢解吸温度(<200 ℃)，可使硼氢化阴离子失稳，脱附氢量质量分数在 2.4%~2.9%之间。

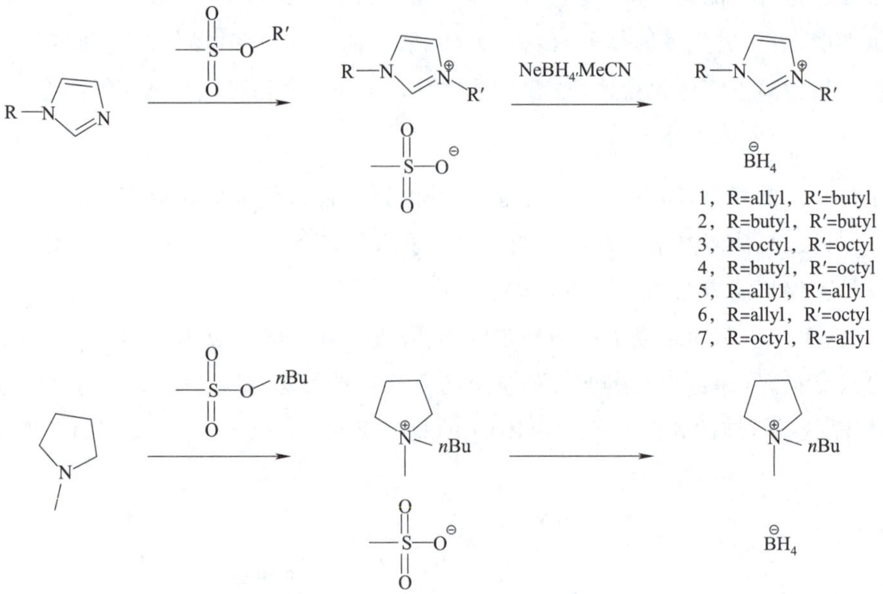
NeBH4,MeCN
1, R=allyl, R′=butyl
2, R=butyl, R′=butyl
3, R=octyl, R′=octyl
4, R=butyl, R′=octyl
5, R=allyl, R′=allyl
6, R=allyl, R′=octyl
7, R=octyl, R′=allyl

图 8-14　硼氢化离子液形成示意图[172]

除了作为储氢材料，离子液体的催化作用也有利于 H_2 的释放，同时加快释放速率[172]，从而提高储氢性能。Sahler 等[178]研究了多种离子液体对乙二胺双硼烷（EDAB）脱氢的催化作用，图 8-15 所示为 EDB 的脱氢聚合方案。研究表明，在乙二胺双硼烷中加入某些离子液体，有利于促进脱氢反应。咪唑类 ILs 的性能与极性相关，极性的离子液体比非极性的离子液体对反应有更大的促进作用。与传统储氢压力罐相比，该系统在 140 ℃下能输送质量分数约为 6.5%的氢。

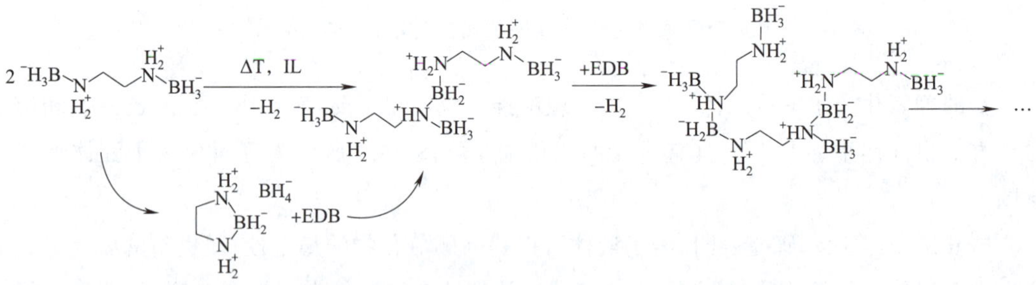
ΔT, IL
−H2
+EDB
−H2
+EDB

图 8-15　EDB 的脱氢聚合方案[175]

8.3.2.2　离子液体作为储氢助剂

氨硼烷（AB）作为储氢材料存在吸/放氢动力学缓慢、可控性差、放氢温度偏高、产生挥发性有毒气体等缺点，不能直接作为车载燃料。通过改变氨硼烷的脱氢环境、使用催化剂、添加促进剂等方法可以改善氨硼烷的放氢性能[179]。离子液体作为溶剂具有一些特性包括：

①没有显著的蒸气压；②较好的热稳定性和化学稳定性；③很好的溶解性；等等。这些特性的存在使得离子液体有望代替有机溶剂，成为储氢系统中有吸引力的溶剂。

氨硼烷在等温条件下通过热分解释放氢，但在实际应用中存在的主要局限性包括诱导时间长、氢释放开始前和再生困难等。有研究者使用离子液体作为氨硼烷溶剂，系统地研究了氨硼烷在 13 种离子液体中的氢释放情况。研究表明，诱导时间急剧缩短，产氢量略有增加，但在热解结束时出现发泡问题，并形成不溶于离子液体的固体残渣[180]。Kundu 及其合作者系统研究了硫氰酸盐基离子液体对氨硼烷热脱氢的影响，作者使用基于量子化学的方法筛选出 1-乙基-3-甲基咪唑硫氰胺盐（[EMIM][SCN]）并用于实验，实验发现离子液体能够将缩短 AB 及 EDAB 脱氢的诱导时间，且混合物的放氢量均比各自的纯化合物要多。

离子液体可以为氨硼烷脱氢提供有利的介质，在这种介质中氢的释放程度和速率都得到了显著提高[181]。图 8-16 所示为离子液体促进 AB 释放 H_2 的可能途径的示意图。Bluhm 等[182]报道了离子液体为氨硼烷脱氢提供了有利的介质，在这种介质中放氢的程度和速率都

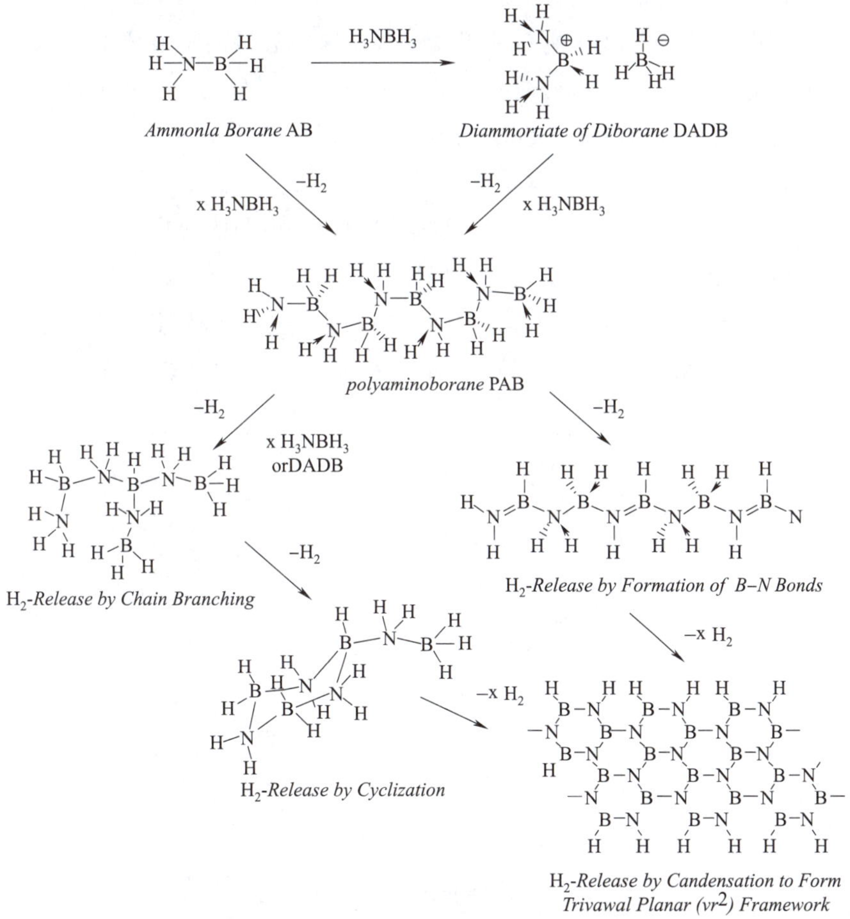

图 8-16　离子液体促进 AB 释放 H_2 的可能途径[181]

得到了显著的提高。在温度相同的条件下，相较在固态中进行的反应，氨硼烷在离子液体中的脱氢没有诱导期，并且在更短的时间内获得了更大的氢气量。Gatto 等[183]研究了添加疏水型离子液体对氨硼烷脱氢的影响，其中含有双三氟甲磺酰亚胺盐（TFSI）和 FSI 阴离子的疏水型离子液体增强了氨硼烷的氢气释放，ILs 与 AB 的混合物呈现出较低的放氢温度和较好的放氢动力学，混合物的脱氢在温度低于 90 ℃的时候分解不存在诱导期，分解产物的红外数据证实离子液体并没有与 AB 发生反应，而是提供了高度极性的环境，进而促进了分解反应。

被取代的胺类硼烷，如乙二胺双硼烷（EDAB）、甲胺硼烷、仲丁胺硼烷（SBAB）和叔丁胺硼烷（TBAB）的氢含量比 AB 少，但加热时不产生硼嗪，也得到了人们的关注。基于离子液体的 H_2 存储用于从 NH_3BH_3 衍生物生成 H_2，如图 8-17 所示，这些系统促进了在较低温度下放氢，且反应速度快，氢气总产量高。独特的增溶性能和对脱氢的支持作用，使得离子液体成为一种很有前途的添加剂[184]。Kundu 与其合作者利用[185-187]硫酸盐基、磷酸盐基、烯烃基离子液体对 EDAB 的放氢进行了系统研究。其中在 120 ℃下，硫酸盐基 IL 促进的脱氢反应比纯 EDAB 脱氢反应释放出更多的当量[185]，在磷酸盐基离子液体中的 EDAB 脱氢反应没有观察到诱导期[186]，并且相较纯 EDAB 释放出更多当量的氢。在烯烃基离子液体中也得到了相同的结论[187]，利用气相色谱分析结果确认释放的气体是纯氢。近期该研究组报道了使用硫酸氢盐基离子液体（IL）对二甲胺基硼烷（DMAB）进行低温和室温脱氢的新方法[188]。硫酸氢盐基离子液体 1-丁基-3-甲基咪唑硫酸氢盐（[BMIM][HSO_4]）和 1-乙基-3-甲基咪唑硫酸氢盐（[EMIM][HSO_4]）系统可以在 0 ℃、15 ℃、25 ℃的温度下脱氢，在脱氢前后的核磁共振表征显示了 IL 的结构完整性。此外，硫酸氢盐基 IL 可以快速地将质子从阴离子转移到溶液中，从而作为一种质子溶剂，这增强了 DMAB 的快速溶解性，进而加速了脱氢反应的进行。

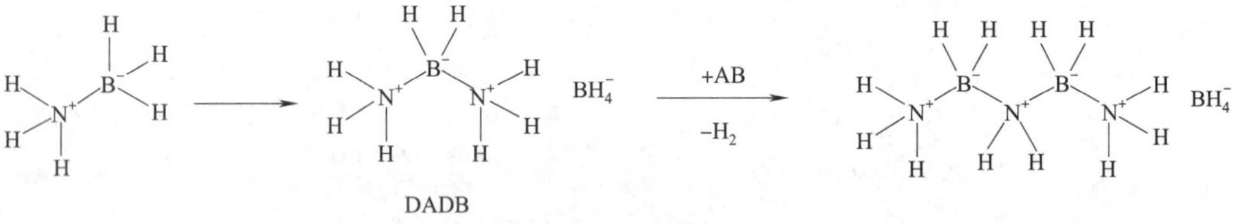

图 8-17　离子氨硼烷脱氢机理[176]

氢能是理想的替代能源，而安全可靠的储氢技术是实现氢能利用的重要前提。因此，研究和开发高容量、长寿命储氢材料，成为储氢材料研究的热点，以离子液体辅助储氢材料的物理吸附储氢，吸放氢速率快、放氢彻底等优点受到人们的广泛关注；同时，以离子液体储氢材料为主的储氢方式，不仅便捷，而且还能提高储氢效率。然而，离子液体的使用对储氢来说，不仅可以提高储氢量，还可以延长储氢材料寿命。这为未来储氢材料的发展奠定了基础。

8.3.3　储氢技术展望

在过去的几年中，人们在寻找合适的储氢材料和理论方面取得了重大进展，但是还没有开发出能够满足 2020 年美国能源部所有目标的储氢系统。因此，开发具有高可用储量和合适的动力学和热力学特性的持久、低成本的储氢系统是十分必要的。从本章讨论中，可以得出以下三个结论：

第一，对于多孔材料的高压储氢，许多人致力于开发具有更高比表面积和更大自由体积的新材料。根据文献综述，实验报告在常温条件下，多孔材料的氢吸附能力只有不到 1%(质量分数)，即使是选择了更高 BET 比表面积的材料。在过去的几年里，在库巴斯绑定和 H_2 溢出效应的 H_2 存储应用方面没有实质性的进展。

第二，对于金属/化学氢化物的固态储氢，其关键在于强化氢吸收和释放的热力学和动力学。在动力学方面，纳米限制氢化物材料可以有效地减小其颗粒大小和调整氢的充放动力学。在热力学方面，选择不太稳定的氢化物是一个有意义的方向。另一种有前景的方法是开发更先进的离子液体作为液氢存储材料，或使用离子液体作为催化/支持溶剂，以实现在化学氢化物体系中的协同作用。以离子液体为基础的储氢材料可以在低温下促进 H_2 的生成，有着良好的反应速率和高的总产氢率。另外，用稀土合金储氢在众多金属储氢中崭露头角，相比液态储气与固态储氢，稀土储氢具有单位体积储氢量大、安全系数高、低成本等优点。稀土储氢已在镍氢电池中得到广泛的应用，形成了相对成熟的技术。目前，稀土储氢材料在氢燃料汽车上的应用成了技术发展的焦点。

第三，对于液态储氢技术，大多数循环有机化学氢化物质量小，价格低，毒性相对较低，氢密度高。特别是，在有机循环中加入异质元素，如 N 和 B，大大降低了它们的脱氢焓，使杂环对可逆储氢应用更具吸引力。然而，回收它们仍然是一个相当大的挑战，而且需要过量的水作为溶剂，对它们的载氢能力有不利影响。近年来的研究大大降低了这些体系的产氢温度，改善了反应动力学。但是，对于便携式电子设备和汽车的实际应用，还需要克服一些限制，如反应速率不足、催化剂失活、成本、废产物再生、反应动力学控制等。

到目前为止，没有一种储氢材料表现出实际应用所需的所有属性。因此，必须权衡各种储氢材料的优缺点，从中选择最合适的方案以供使用。但纵观本章所述内容，离子液体与金属氢化物储氢系统有望成为先进储氢材料中最具发展潜力的一种。

参考文献

[1]　中国氢能联盟. 中国氢能源及燃料电池产业白皮书[R]. 2019.

[2]　TROOSTWIJK P V, DIMAN J V. A method for decomposing tea into flammable air and important air [J]. Obs Physics, 1789, 35: 369-378.

[3] WEI J,ZHOU M,LONG A, et al. Heterostructured electrocatalysts for hydrogen evolution reaction under alkaline conditions[J]. Nano-Micro Lett, 2018, 10: 75-89.

[4] ZOU X, ZHANG Y. Noble metal-free hydrogen evolution catalysts for water splitting[J]. Chemical Society Reviews, 2015, 44(15): 5148-5180.

[5] SOUZA R F D, PADILHA J C, GONĆALVES R S, et al. Electrochemical hydrogen production from water electrolysis using ionic liquid as electrolytes: towards the best device[J]. Journal of Power Sources, 2007, 164(2): 792-798.

[6] MENG Y, ALDOUS L, BELDING S R, et al. The hydrogen evolution reaction in a room temperature ionic liquid: mechanism and electrocatalyst trends[J]. Physical Chemistry Chemical Physics, 2012, 14(15): 5222-5228.

[7] AMARAL L, CARDOSO D S P, ŠLJUKIĆ B, et al. Electrochemistry of hydrogen evolution in ionic liquids aqueous mixtures[J]. Materials Research Bulletin, 2019, 112: 407-412.

[8] AMARAL L, MINKIEWICZ J, ŠLJUKIĆ B, et al. Toward tailoring of electrolyte additives for efficient alkaline water electrolysis: salicylate-based ionic liquids[J]. ACS Applied Energy Materials, 2018, 1(9): 4731-4742.

[9] LAU V W-H, MASTERS A F, BOND A M, et al. Promoting the formation of active sites with ionic liquids: a case study of MoS_2 as hydrogen-evolution-reaction electrocatalyst[J]. ChemCatChem, 2011, 3(11): 1739-1742.

[10] ZHANG C, XIN B, XI Z, et al. Phosphonium-based ionic liquid: a new phosphorus source toward microwave-driven synthesis of nickel phosphide for efficient hydrogen evolution reaction[J]. ACS Sustainable Chemistry & Engineering, 2018, 6(1): 1468-1477.

[11] ROBERTS E J, READ C G, LEWIS N S, et al. Phase directing ability of an ionic liquid solvent for the synthesis of her-active Ni_2P nanocrystals[J]. ACS Applied Energy Materials, 2018, 1(5): 1823-1827.

[12] YANG C, ZHANG Q B, ABBOTT A P. Facile fabrication of nickel nanostructures on a copper-based template via a galvanic replacement reaction in a deep eutectic solvent[J]. Electrochemistry Communications, 2016, 70: 60-64.

[13] YANG C, GAO M Y, ZHANG Q B, et al. In-situ activation of self-supported 3d hierarchically porous Ni_3S_2 films grown on nanoporous copper as excellent ph-universal electrocatalysts for hydrogen evolution reaction[J]. Nano Energy, 2017, 36: 85-94.

[14] YANG C, LEI H, ZHOU W Z, et al. Engineering nanoporous Ag/Pd core/shell interfaces with ultrathin Pt doping for efficient hydrogen evolution reaction over a wide pH range[J]. Journal of Materials Chemistry A, 2018, 6(29): 14281-14290.

[15] LI T, TANG D, LI C. A high active hydrogen evolution reaction electrocatalyst from ionic liquids-originated cobalt phosphide/carbon nanotubes[J]. International Journal of Hydrogen Energy, 2017, 42(34): 21786-21792.

[16] ZHOU F, IZGORODIN A, HOCKING R K, et al. Electrodeposited MnO_x films from ionic liquid for electrocatalytic water oxidation[J]. Advanced Energy Materials, 2012, 2(8): 1013-1021.

[17] IZGORODIN A, HOCKING R, WINTHER-JENSEN O, et al. Phosphorylated manganese oxide electrodeposited from ionic liquid as a stable, high efficiency water oxidation catalyst[J]. Catalysis

Today，2013，200：36-40.
[18] JIANG A，NIDAMANURI N，ZHANG C，et al. Ionic-liquid-assisted one-step synthesis of CoO nanosheets as electrocatalysts for oxygen evolution reaction[J]. ACS Omega，2018，3(8)：10092-10098.
[19] SUN J，GUO N，SHAO Z，et al. A facile strategy to construct amorphous spinel-based electrocatalysts with massive oxygen vacancies using ionic liquid dopant[J]. Advanced Energy Materials，2018，8(27)：1800980.
[20] GAO M Y，ZENG J R，ZHANG Q B，et al. Scalable one-step electrochemical deposition of nanoporous amorphous s-doped $NiFe_2O_4/Ni_3Fe$ composite films as highly efficient electrocatalysts for oxygen evolution with ultrahigh stability[J]. Journal of Materials Chemistry A，2018，6(4)：1551-1560.
[21] BAI X，WANG Q，XU G，et al. Phosphorus and fluorine Co-doping induced enhancement of oxygen evolution reaction in bimetallic nitride nanorods arrays：ionic liquid-Driven and mechanism clarification[J]. Chemistry-A European Journal 2017，23(66)：16862-16870.
[22] CHINNAPPAN A，BANDAL H，RAMAKRISHNA S，et al. Facile synthesis of polypyrrole/ionic liquid nanoparticles and use as an electrocatalyst for oxygen evolution reaction[J]. Chemical Engineering Journal，2018，335：215-220.
[23] GAO J，SHEN C，TIAN J，et al. Polymerizable ionic liquid-derived carbon for oxygen reduction and evolution[J]. Journal of Applied Electrochemistry，2017，47(3)：351-359.
[24] GAO J，MA N，ZHENG Y，et al. Cobalt/nitrogen-doped porous carbon nanosheets derived from polymerizable ionic liquids as bifunctional electrocatalyst for oxygen evolution and oxygen reduction reaction[J]. ChemCatChem，2017，9(9)：1601-1609.
[25] JI S，LI T，GAO Z-D，et al. Boosting the oxygen evolution reaction performance of COS_2 microspheres by subtle ionic liquid modification[J]. Chemical Communications，2018，54(63)：8765-8768.
[26] 苏海燕，徐恒泳．储氢材料研究进展[J]. 天然气化工，2005(6)：52-58.
[27] WANG Y，DAI X，YOU H，et al. Research on the design of hydrogen supply system of 70 MPa hydrogen storage cylinder for vehicles[J]. International Journal of Hydrogen Energy，2018，43(41)：19189-19195.
[28] GIUSEPPE A，CORRADO S GM 700 bar hydrogen storage breakthrough extends FCV range[J]. Fuel Cells Bulletin，2003，2003(4)，1-16.
[29] ROSS D K. Hydrogen storage：the major technological barrier to the development of hydrogen fuel cell cars[J]. Vacuum，2006，80(10)：1084-1089.
[30] DOMASHENKO A，GOLOVCHENKO A，GORBATSKY Y. Production，storage and transportation of liquid hydrogen[J]. Experience of Infrastructure Development and Operation. International Journal of Hydrogen Energy，2002，27(7/8)：753-755.
[31] 郑祥林．液氢的生产及应用[J]. 今日科苑，2008(6)：59-67.
[32] 张媛媛，赵静，鲁锡兰，等．有机液体储氢材料的研究进展[J]. 化工进展，2016(9)：2869-2874.
[33] BOURANE A，ELANANY M，PHAM T V，et al. An overview of organic liquid phase hydrogen carriers[J]. International Journal of Hydrogen Energy，2016，41(48)：23075-23091.
[34] HE T，PEI Q，CHEN P. Liquid organic hydrogen carriers[J]. Journal of Energy Chemistry，2015，

24(5)：587-594.

[35] PREUSTER P，PAPP C，WASSERSCHEID P. Liquid organic hydrogen carriers(lohcs)：toward a hydrogen-free hydrogen economy[J]. Acc Chem Res，2017，50(1)：74-85.

[36] TEICHMANN D，ARLT W，WASSERSCHEID P. Liquid organic hydrogen carriers as an efficient vector for the transport and storage of renewable energy[J]. International Journal of Hydrogen Energy，2012，37(23)：18118-18132.

[37] 谭景祥，王星磊，曲伟. 浅谈储氢材料的研究现状[J]. 资源节约与环保，2019(4)：206-207.

[38] SCHERER G W H，NEWSON E，WOKAUN A. Economic analysis of the seasonal storage of electricity with liquid organic hydrides[J]. International Journal of Hydrogen Energy，1999，24(12)：1157-1169.

[39] PRADHAN A U，SHUKLA A，PANDE J V，et al. A feasibility analysis of hydrogen delivery system using liquid organic hydrides[J]. International Journal of Hydrogen Energy，2011，36(1)：680-688.

[40] MÜLLER K，STARK K，MÜLLER B，et al. Amine borane based hydrogen carriers：an evaluation [J]. Energy & Fuels，2012，26(6)：3691-3696.

[41] LUO W，CAMPBELL P G，ZAKHAROV L N，et al. A single-component liquid-phase hydrogen storage material[J]. Journal of the American Chemical Society，2011，133(48)：19326-19329.

[42] ANDERSSON J，GRöNKVIST S. Large-scale storage of hydrogen[J]. International Journal of Hydrogen Energy，2019，44(23)：11901-11919.

[43] EBLAGON K M，RENTSCH D，FRIEDRICHS O，et al. Hydrogenation of 9-ethylcarbazole as a prototype of a liquid hydrogen carrier[J]. International Journal of Hydrogen Energy，2010，35(20)：11609-11621.

[44] ZHU Q-L，XU Q. Liquid organic and inorganic chemical hydrides for high-capacity hydrogen storage [J]. Energy & Environmental Science，2015，8(2)：478-512.

[45] SOTOODEH F，SMITH K J. An overview of the kinetics and catalysis of hydrogen storage on organic liquids[J]. The Canadian Journal of Chemical Engineering，2013，91(9)：1477-1490.

[46] MOORES A，POYATOS M，LUO Y，et al. Catalysed low temperature H_2 release from nitrogen heterocycles[J]. New Journal of Chemistry，2006，30(11)：1675-1678.

[47] YAMAGUCHI R，IKEDA C，TAKAHASHI Y，et al. Homogeneous catalytic system for reversible dehydrogenation-hydrogenation reactions of nitrogen heterocycles with reversible interconversion of catalytic species[J]. Journal of the American Chemical Society，2009，131(24)：8410-8412.

[48] FUJITA K-I，TANAKA Y，KOBAYASHI M，et al. Homogeneous perdehydrogenation and perhydrogenation of fused bicyclic N-heterocycles catalyzed by iridium complexes bearing a functional bipyridonate ligand[J]. Journal of the American Chemical Society，2014，136(13)：4829-4832.

[49] ORIMO S，NAKAMORI Y，MATSUSHIMA T，et al. Nanostructured carbon-related materials for hydrogen storage[J]. Processing and Fabrication of Advanced Materials Xi，2003：123-131.

[50] TITIRICI M，PILEIDIS F，MARINOVIC A. Sustainable carbon materials and chemicals from biomass via hydrothermal carbonization[J]. Abstracts of Papers of the American Chemical Society，2015，250.

[51] ZHU Z H，LU G Q，HATORI H. New insights into the interaction of hydrogen atoms with boron-substituted carbon[J]. Journal of Physical Chemistry B，2006，110(3)：1249-1255.

[52] SIGMAN J A, WANG X T, LU Y. Coupled oxidation of heme by myoglobin is mediated by exogenous peroxide[J]. Journal of the American Chemical Society, 2001, 123(28): 6945-6946.

[53] JUAN-JUAN J, MARCO-LOZAR J P, SUAREZ-GARCIA F, et al. A comparison of hydrogen storage in activated carbons and a metal-organic framework(MOF-5)[J]. Carbon, 2010, 48(10): 2906-2909.

[54] MARCO-LOZAR J P, JUAN-JUAN J, SUAREZ-GARCIA F, et al. MOF-5 and activated carbons as adsorbents for gas storage[J]. International Journal of Hydrogen Energy, 2012, 37(3): 2370-2381.

[55] CARPETIS C, PESCHKA W. A study on hydrogen storage by use of cryoadsorbents[J]. International Journal of Hydrogen Energy, 1980, 5(5): 539-554.

[56] BÉNARD P, CHAHINE R. Modeling of adsorption storage of hydrogen on activated carbons[J]. International Journal of Hydrogen Energy, 2001, 26(8): 849-855.

[57] NOH J S, AGARWAL R K, SCHWARZ J A. Hydrogen storage systems using activated carbon[J]. International Journal of Hydrogen Energy, 1987, 12(10): 693-700.

[58] AMANKWAH K A G, SCHWARZ J A. Assessment of the effect of impurity gases on the storage capacity of hydrogen on activated carbon using the concept of effective adsorbed phase molar volume [J]. International Journal of Hydrogen Energy, 1991, 16(5): 339-344.

[59] CASA-LILLO M A D L, LAMARI-DARKRIM F, CAZORLA-AMORÓS D, et al. Hydrogen storage in activated carbons and activated carbon fibers[J]. The Journal of Physical Chemistry B, 2002, 106(42): 10930-10934.

[60] JORDÁ-BENEYTO M, SUÁREZ-GARCÍA F, LOZANO-CASTELLÓ D, et al. Hydrogen storage on chemically activated carbons and carbon nanomaterials at high pressures[J]. Carbon, 2007, 45(2): 293-303.

[61] ANSÓN A, LAFUENTE E, URRIOLABEITIA E, et al. Hydrogen capacity of palladium-loaded carbon materials[J]. The Journal of Physical Chemistry B, 2006, 110(13): 6643-6648.

[62] ZHAO W, FIERRO V, ZLOTEA C, et al. Activated carbons doped with pd nanoparticles for hydrogen storage[J]. International Journal of Hydrogen Energy, 2012, 37(6): 5072-5080.

[63] OHNO M, OKAMURA N, KOSE T, et al. Effect of palladium loaded activated carbons on hydrogen storage[J]. Journal of Porous Materials, 2012, 19(6): 1063-1069.

[64] HUANG C-C, CHEN H-M, CHEN C-H, et al. Effect of surface oxides on hydrogen storage of activated carbon[J]. Separation and Purification Technology, 2010, 70(3): 291-295.

[65] ZLOTEA C, CUEVAS F, PAUL-BONCOUR V, et al. Size-Dependent hydrogen sorption in ultrasmall pd clusters embedded in a mesoporous carbon template[J]. Journal of the American Chemical Society, 2010, 132(22): 7720-7729.

[66] GAO F, ZHAO D-L, LI Y, et al. Preparation and hydrogen storage of activated rayon-based carbon fibers with high specific surface area[J]. Journal of Physics and Chemistry of Solids, 2010, 71(4): 444-447.

[67] HWANG S H, CHOI W M, LIM S K. Hydrogen storage characteristics of carbon fibers derived from rice straw and paper mulberry[J]. Materials Letters, 2016, 167: 18-21.

[68] DILLON A C, JONES K M, BEKKEDAHL T A, et al. Storage of hydrogen in single-walled carbon

nanotubes[J]. Nature, 1997, 386: 377-379.

[69] LIU C, FAN Y Y, LIU M, et al. Hydrogen storage in single-walled carbon nanotubes at room temperature[J]. Science, 1999, 286: 1127-1129.

[70] MANANGHAYA M R, SANTOS G N, YU D. Nitrogen substitution and vacancy mediated scandium metal adsorption on carbon nanotubes[J]. Adsorption-Journal of the International Adsorption Society, 2017, 23(6): 789-797.

[71] DIMITRAKAKIS G K, TYLIANAKIS E, FROUDAKIS G E. Pillared graphene: a new 3-D network nanostructure for enhanced hydrogen storage[J]. Nano Letters, 2008, 8(10): 3166-3170.

[72] KUMAR R, OH J H, KIM H J, et al. Nanohole-structured and palladium-embedded 3D porous graphene for ultrahigh hydrogen storage and CO oxidation multifunctionalities[J]. ACS NANO, 2015, 9(7): 7343-7351.

[73] DU A J, ZHU Z H, SMITH S C. Multifunctional porous graphene for nanoelectronics and hydrogen storage: new properties revealed by first principle calculations[J]. Journal of the American Chemical Society, 2010, 132(9): 2876-2877.

[74] AO Z M, DOU S X, XU Z M, et al. Hydrogen storage in porous graphene with Al decoration[J]. International Journal of Hydrogen Energy, 2014, 39(28): 16244-16251.

[75] FARHA O K, ERYAZICI I, JEONG N C, et al. Metal-organic framework materials with ultrahigh surface areas: is the sky the limit? [J] Journal of the American Chemical Society, 2012, 134(36): 15016-15021.

[76] SUH M P, PARK H J, PRASAD T K, et al. Hydrogen storage in metal-organic frameworks[J]. Chemical Reviews, 2012, 112(2): 782-835.

[77] HU Y H, ZHANG L. Hydrogen storage in metal-organic frameworks[J]. Advanced Materials, 2010, 22(20): E117-E130.

[78] ROSI N L, ECKERT J, EDDAOUDI M, et al. Hydrogen storage in microporous metal-organic frameworks[J]. Science, 2003, 300: 1127-1129.

[79] DINCA M, LONG J R. High-enthalpy hydrogen adsorption in cation-exchanged variants of the microporous metal-organic framework Mn-3[(Mn_4Cl)(3)(BTT)(8)(CH_3OH)(10)](2)[J]. Journal of the American Chemical Society, 2007, 129(36): 11172-11176.

[80] LIU Y L, EUBANK J F, CAIRNS A J, et al. Assembly of metal-organic frameworks(MOFs) based on indium-trimer building blocks: a porous MOF with soc topology and high hydrogen storage[J]. Angewandte Chemie-International Edition, 2007, 46(18): 3278-3283.

[81] SONG P, LI Y Q, HE B, et al. Hydrogen storage properties of two pillared-layer Ni(Ⅱ) metal-organic frameworks[J]. Microporous and Mesoporous Materials, 2011, 142(1): 208-213.

[82] DINCA M, DAILLY A, LIU Y, et al. Hydrogen storage in a microporous metal-organic framework with exposed Mn^{2+} coordination sites[J]. Journal of the American Chemical Society, 2006, 128 (51): 16876-16883.

[83] CHEON Y E, SUH M P. Selective gas adsorption in a microporous metal-organic framework constructed of Co-4(Ⅱ) clusters[J]. Chemical Communications, 2009(17): 2296-2298.

[84] BOTAS J A, CALLEJA G, SÁNCHEZ-SÁNCHEZ M, et al. Cobalt doping of the MOF-5 framework and its effect on gas-adsorption properties[J]. Langmuir, 2010, 26(8): 5300-5303.

[85] HIMSL D, WALLACHER D, HARTMANN M. Improving the hydrogen-adsorption properties of a hydroxy-modified MIL-53(Al) structural analogue by lithium doping[J]. Angewandte Chemie International Edition, 2009, 48(25): 4639-4642.

[86] CHEON Y E, SUH M P. Enhanced hydrogen storage by palladium nanoparticles fabricated in a redox-active metal-organic framework[J]. Angewandte Chemie-International Edition, 2009, 48(16): 2899-2903.

[87] SABO M, HENSCHEL A, FROEDE H, et al. Solution infiltration of palladium into MOF-5: synthesis, physisorption and catalytic properties[J]. Journal of Materials Chemistry, 2007, 17(36): 3827-3832.

[88] HE T, PACHFULE P, WU H, et al. Hydrogen carriers[J]. Nature Reviews Materials, 2016, 1(12): 16059.

[89] BHATIA S K, MYERS A L. Optimum conditions for adsorptive storage[J]. Langmuir, 2006, 22(4): 1688-1700.

[90] LEE S Y, PARK S J. Effect of platinum doping of activated carbon on hydrogen storage behaviors of metal-organic frameworks-5[J]. International Journal of Hydrogen Energy, 2011, 36(14): 8381-8387.

[91] LI Y W, YANG R T. Hydrogen storage in metal-organic frameworks by bridged hydrogen spillover[J]. Journal of the American Chemical Society, 2006, 128(25): 8136-8137.

[92] MURRAY L J, DINCA M, LONG J R. Hydrogen storage in metal-organic frameworks[J]. Chemical Society Reviews, 2009, 38(5): 1294-1314.

[93] LI J, JIANG X, LI G, et al. Development of $Ti_{1.02}Cr_{2-x-y}Fe_xMn_y$ ($0.6 \leqslant x \leqslant 0.75$, $y=0.25$, 0.3) alloys for high hydrogen pressure metal hydride system[J]. International Journal of Hydrogen Energy, 2019, 44(29): 15087-15099.

[94] PANDEY S, SRIVASTAVA A, SRIVASTAVA O. Improvement in hydrogen storage capacity in $LaNi_5$ $LaNi_5$ through substitution of Ni by Fe[J]. International Journal of Hydrogen Energy, 2007, 32(13): 2461-2465.

[95] YUAN X, LIU H-S, MA Z-F, et al. Characteristics of $LaNi_5$-based hydrogen storage alloys modified by partial substituting La for Ce[J]. Journal of Alloys and Compounds, 2003, 359(1-2): 300-306.

[96] 刘杨，吴锋．$LaNi_5$ 中贮氢间隙位的电子结构分析[J]. 稀有金属材料与工程，2005，34(10)：1541-1545.

[97] KWON H, YOO J-H, CHO S-W. Hydrogen absorption/desorption property of(La,Ce,Pr)(Ni,Mn,Al)5 alloys[J]. International Journal of Hydrogen Energy, 2015, 40(35): 11902-11907.

[98] KUANG G, LI Y, REN F, et al. The effect of surface modification of $LaNi_5$ hydrogen storage alloy with CuCl on its electrochemical performances[J]. Journal of Alloys and Compounds, 2014, 605: 51-55.

[99] ZHU Z, ZHU S, ZHAO X, et al. Effects of Ce/Y on the cycle stability and anti-plateau splitting of La5-Ce Ni_4Co($x=0.4$, 0.5)and La5-Y Ni_4Co($y=0.1$, 0.2)hydrogen storage alloys[J]. Materials Chemistry and Physics, 2019, 236.

[100] YUKAWA H, TAKAHASHI Y, MORINAGA M. Electronic structures of hydrogen storage compound, TiFe[J]. Computational Materials Science, 1999, 14(1-4): 291-294.

[101] LI J, XU L, JIANG X, et al. Study on the hydrogen storage property of$(TiZr_{0.1})_xCr_{1.7-y}Fe_yMn_{0.3}$

(1.05<x<1.2，0.2<y<0.6)alloys[J]. Progress in Natural Science: Materials International, 2018, 28(4): 470-477.

[102] SUJAN G K, PAN Z, LI H, et al. An overview on TiFe intermetallic for solid-state hydrogen storage: microstructure, hydrogenation and fabrication processes[J]. Critical Reviews in Solid State and Materials Sciences, 2020,45(5):410-427.

[103] LENG H, YU Z, YIN J, et al. Effects of Ce on the hydrogen storage properties of TiFe 0.9 Mn 0.1 alloy[J]. International Journal of Hydrogen Energy, 2017, 42(37):23731-23736.

[104] ALI W, HAO Z, LI Z, et al. Effects of Cu and Y substitution on hydrogen storage performance of $TiFe_{0.86}Mn_{0.1}Y_{0.1-x}Cu_x$ [J]. International Journal of Hydrogen Energy, 2017, 42(26): 16620-16631.

[105] TLIHA M, KHALDI C, BOUSSAMI S, et al. Kinetic and thermodynamic studies of hydrogen storage alloys as negative electrode materials for Ni/MH batteries: a review[J]. Journal of Solid State Electrochemistry, 2014, 18(3): 577-593.

[106] BODEGA J, FERNÁNDEZ J F, LEARDINI F, et al. Synthesis of hexagonal C14/C36 and cubic C15 ZrCr2 laves phases and thermodynamic stability of their hydrides[J]. Journal of Physics and Chemistry of Solids, 2011, 72(11): 1334-1342.

[107] YOUNG K-H, NEI J, WAN C, et al. Comparison of C14-and C15-predomiated AB2 metal hydride alloys for electrochemical applications[J]. Batteries, 2017, 3(3): 22.

[108] ULMER U, DIETERICH M, POHL A, et al. Study of the structural, thermodynamic and cyclic effects of vanadium and titanium substitution in laves-phase AB2 hydrogen storage alloys[J]. International Journal of Hydrogen Energy, 2017, 42(31): 20103-20110.

[109] BOBET J, DARRIET B. Relationship between hydrogen sorption properties and crystallography for $TiMn_2$ based alloys[J]. International Journal of Hydrogen Energy, 2000, 25(8): 767-772.

[110] SEMBOSHI S, SAKURAI M, MASAHASHI N, et al. Effect of structural changes on degradation of hydrogen absorbing capacity in cyclically hydrogenated $TiMn_2$ based alloys[J]. Journal of Alloys and Compounds, 2004, 376(1-2): 232-240.

[111] HUANG T, WU Z, SUN G, et al. Microstructure and hydrogen storage characteristics of $TiMn_2$-XVX alloys[J]. Intermetallics, 2007, 15(4): 593-598.

[112] YU X B, FENG S L, WU Z, et al. Hydrogen storage performance of Ti-V-based BCC phase alloys with various Fe content[J]. Journal of Alloys and Compounds, 2005, 393(1-2): 128-134.

[113] MATSUDA J, AKIBA E. Lattice defects in V-Ti BCC alloys before and after hydrogenation[J]. Journal of Alloys and Compounds, 2013, 581: 369-372.

[114] BALCERZAK M. Structure and hydrogen storage properties of mechanically alloyed Ti-V alloys[J]. International Journal of Hydrogen Energy, 2017, 42(37): 23698-23707.

[115] KOJIMA Y. Hydrogen storage materials for hydrogen and energy carriers[J]. International Journal of Hydrogen Energy, 2019, 44(33): 18179-18192.

[116] KUMAR S, TIWARI G, KRISHNAMURTHY N. Tailoring the hydrogen desorption thermodynamics of V2H by alloying additives[J]. Journal of Alloys and Compounds, 2015, 645: S252-S256.

[117] KUMAR S, JAIN A, ICHIKAWA T, et al. Development of vanadium based hydrogen storage material: a review[J]. Renewable and Sustainable Energy Reviews, 2017, 72: 791-800.

[118] TSUKAHARA M. Hydrogenation properties of vanadium-based alloys with large hydrogen storage capacity[J]. Materials Transactions, 2011, 1011291229-1011291229.

[119] ABDUL J, CHOWN L. Influence of Fe on hydrogen storage properties of V-rich ternary alloys[J]. International Journal of Hydrogen Energy, 2016, 41(4): 2781-2787.

[120] SHEN C-C, LI H-C. Cyclic hydrogenation stability of γ-hydrides for $Ti_{25}V_{35}Cr_{40}$ alloys doped with carbon[J]. Journal of Alloys and Compounds, 2015, 648: 534-539.

[121] TOWATA S-I, NORITAKE T, ITOH A, et al. Effect of partial niobium and iron substitution on short-term cycle durability of hydrogen storage Ti-Cr-V alloys[J]. International Journal of Hydrogen Energy, 2013, 38(7): 3024-3029.

[122] YOO J-H, SHIM G, PARK C-N, et al. Influence of Mn or Mn plus Fe on the hydrogen storage properties of the Ti-Cr-V alloy[J]. International Journal of Hydrogen Energy, 2009, 34(22): 9116-9121.

[123] TSUKAHARA M, TAKAHASHI K, MISHIMA T, et al. Phase structure of V-based solid solutions containing Ti and Ni and their hydrogen absorption-desorption properties[J]. Journal of Alloys and Compounds, 1995, 224(1): 162-167.

[124] LYNCH J, MAELAND A, LIBOWITZ G. Lattice parameter variation and thermodynamics of dihydride formation in the vanadium-rich V-Ti-Fe/H_2 system[J]. Zeitschrift für Physikalische Chemie, 1985, 145(1-2): 51-59.

[125] XIE X, CHEN M, HU M, et al. Recent advances in magnesium-based hydrogen storage materials with multiple catalysts[J]. International Journal of Hydrogen Energy, 2019, 44(21):10694-10712.

[126] WIBERG E, GOELTZER H, BAUER R. Synthesis of MgH from the elements[J]. Zeitschrift für Naturforschung B, 1951, 6: 394-395.

[127] ZHOU C, HU C, LI Y, et al. Crystallite growth characteristics of Mg during hydrogen desorption of MgH_2[J]. Progress in Natural Science: Materials International, 2020,30(2):246-250.

[128] JONGH P E D, ADELHELM P. Nanosizing and nanoconfinement: new strategies towards meeting hydrogen storage goals[J]. ChemSusChem, 2010, 3(12): 1332-1348.

[129] HAMMER B, NØRSKOV J. Electronic factors determining the reactivity of metal surfaces[J]. Surface Science, 1995, 343(3): 211-220.

[130] ARBOLEDA N B, KASAI H, NOBUHARA K, et al. Dissociation and sticking of H_2 on Mg (0001), Ti(0001)and La(0001)surfaces[J]. Journal of the Physical Society of Japan, 2004, 73(3): 745-748.

[131] ZHANG W, XU G, CHENG Y, et al. Improved hydrogen storage properties of MgH_2 by the addition of FeS_2 micro-spheres[J]. Dalton Transactions, 2018, 47(15): 5217-5225.

[132] MÁRQUEZ J J, LEIVA D R, FLORIANO R, et al. Hydrogen storage in MgH_2LaNi_5 composites prepared by cold rolling under inert atmosphere[J]. International Journal of Hydrogen Energy, 2018, 43(29): 13348-13355.

[133] ZHANG L, SUN Z, CAI Z, et al. Enhanced hydrogen storage properties of MgH_2 by the synergetic catalysis of Zr0. 4Ti0. 6Co nanosheets and carbon nanotubes[J]. Applied Surface Science, 2020, 504: 144465.

[134] DAI J H, JIANG X W, SONG Y. Stability and hydrogen adsorption properties of Mg/TiMn2

interface by first principles calculation[J]. Surface Science, 2016, 653: 22-26.

[135] ICHIKAWA T, ISOBE S, HANADA N, et al. Lithium nitride for reversible hydrogen storage[J]. Journal of Alloys and Compounds, 2004, 365(1-2): 271-276.

[136] HU Y H, RUCKENSTEIN E. Ultrafast reaction between LiH and NH_3 during H_2 storage in Li_3N [J]. The Journal of Physical Chemistry A, 2003, 107(46): 9737-9739.

[137] LENG H, ICHIKAWA T, HINO S, et al. Synthesis and decomposition reactions of metal amides in metal-N-H hydrogen storage system[J]. Journal of Power Sources, 2006, 156(2): 166-170.

[138] TOKOYODA K, HINO S, ICHIKAWA T, et al. Hydrogen desorption/absorption properties of Li-Ca-N-H system[J]. Journal of Alloys and Compounds, 2007, 439(1-2): 337-341.

[139] LENG H Y, ICHIKAWA T, HINO S, et al. New metal-N-H system composed of $Mg(NH_2)_2$ and LiH for hydrogen storage[J]. The Journal of Physical Chemistry B, 2004, 108(26): 8763-8765.

[140] XIONG Z, WU G, HU J, et al. Ca-Na-N-H system for reversible hydrogen storage[J]. Journal of Alloys and Compounds, 2007, 441(1-2): 152-156.

[141] TOKOYODA K, ICHIKAWA T, MIYAOKA H. Evaluation of the enthalpy change due to hydrogen desorption for M-N-H(M=Li, Mg, Ca)systems by differential scanning calorimetry[J]. International Journal of Hydrogen Energy, 2015, 40(3): 1516-1522.

[142] LIANG C, LIU Y, FU H, et al. Li-Mg-N-H-based combination systems for hydrogen storage[J]. Journal of Alloys and Compounds, 2011, 509(30): 7844-7853.

[143] JUNG J H, KIM D, HWANG J, et al. Theoretical study on the hydrogen storage mechanism of the Li-Mg-N-H system[J]. International Journal of Hydrogen Energy, 2016, 41(39): 17506-17510.

[144] SENES N, ALBANESI L F, GARRONI S, et al. Kinetics and hydrogen storage performance of Li-Mg-N-H systems doped with Al and $AlCl_3$[J]. Journal of Alloys and Compounds, 2018, 765: 635-643.

[145] 刘超仁，胡青苗，王平．氨硼烷低温和室温结构的第一性原理计算[J]. 材料研究学报，2011(1): 15-20.

[146] DEMIRCI U B. Ammonia borane, a material with exceptional properties for chemical hydrogen storage[J]. International Journal of Hydrogen Energy, 2017, 42(15): 9978-10013.

[147] STAUBITZ A, ROBERTSON A P M, MANNERS I. Ammonia-borane and related compounds as dihydrogen sources[J]. Chemical Reviews, 2010, 110(7): 4079-4124.

[148] SIT V, GEANANGEL R A, WENDLANDT W W. The thermal dissociation of NH_3BH_3 [J]. Thermochimica Acta, 1987, 113: 379-382.

[149] WOLF G, BAUMANN J, BAITALOW F, et al. Calorimetric process monitoring of thermal decomposition of B-N-H compounds[J]. Thermochimica Acta, 2000, 343(1): 19-25.

[150] CHOUDHURI I, MAHATA A, PATHAK B. Additives in protic-hydridic hydrogen storage compounds: a molecular study[J]. RSC Adv, 2014, 4(95): 52785-52795.

[151] CHANDRA M, XU Q. A High-performance hydrogen generation system: transition metal-catalyzed dissociation and hydrolysis of ammonia-borane[J]. Journal of Power Sources, 2006, 156 (2): 190-194.

[152] JIANG H-L, XU Q. Catalytic hydrolysis of ammonia borane for chemical hydrogen storage[J]. Catalysis Today, 2011, 170(1): 56-63.

[153] XU Q, CHANDRA M. Catalytic activities of non-noble metals for hydrogen generation from aqueous ammonia-borane at room temperature[J]. Journal of Power Sources, 2006, 163(1): 364-370.

[154] 王光建．化工产品手册:无机化工原料[M]. 5 版．北京:化学工业出版社，2008.

[155] 吕宏飞，卞明，张惠．硼氢化钠在羧酸及其衍生物还原中的应用[J]. 化学与粘合，2007(4): 59-63.

[156] SANTOS D M F, SEQUEIRA C A C. Sodium borohydride as a fuel for the future[J]. Renewable and Sustainable Energy Reviews, 2011, 15(8): 3980-4001.

[157] URGNANI J, TORRES F J, PALUMBO M, et al. Hydrogen release from solid state $NaBH_4$[J]. International Journal of Hydrogen Energy, 2008, 33(12): p. 3111-3115.

[158] BRACK P, DANN S E, WIJAYANTHA K G U. Heterogeneous and homogenous catalysts for hydrogen generation by hydrolysis of aqueous sodium borohydride($NaBH_4$) solutions[J]. Energy Science & Engineering, 2015, 3(3): 174-188.

[159] SCHLESINGER H I, BROWN H C, FINHOLT A E, et al. Sodium borohydride, its hydrolysis and its use as a reducing agent and in the generation of hydrogen[J]. Journal of the American Chemical Society, 1953, 75(1): 215-219.

[160] BROWN H C, BROWN C A. New, highly active metal catalysts for the hydrolysis of borohydride [J]. Journal of the American Chemical Society, 1962, 84(8): 1493-1494.

[161] MUIR S S, YAO X. Progress in sodium borohydride as a hydrogen storage material: development of hydrolysis catalysts and reaction systems[J]. International Journal of Hydrogen Energy, 2011, 36(10): 5983-5997.

[162] PATEL N, MIOTELLO A. Progress in Co-B related catalyst for hydrogen production by hydrolysis of boron-hydrides: a review and the perspectives to substitute noble metals[J]. International Journal of Hydrogen Energy, 2015, 40(3): 1429-1464.

[163] 刘光启．化学化工物性数据手册(无机卷)[M]. 北京:化学工业出版社,2002.

[164] 赵鹏程，谢自立，杨子芹，等．偏硼酸钠对硼氢化钠水解制氢性能的影响[J]. 电源技术，2007(12): 53-55.

[165] DEMIRCI U B, AKDIM O, MIELE P. Ten-year efforts and a No-Go recommendation for sodium borohydride for on-board automotive hydrogen storage[J]. International Journal of Hydrogen Energy, 2009, 34(6): 2638-2645.

[166] KOJIMA Y, HAGA T. Recycling process of sodium metaborate to sodium borohydride[J]. International Journal of Hydrogen Energy, 2003, 28(9): 989-993.

[167] LIU B H, LI Z P, ZHU J K. Sodium borohydride formation when Mg reacts with hydrous sodium borates under hydrogen[J]. Journal of Alloys & Compounds, 2009, 476(1-2):L16-L20.

[168] LIU B H, LI Z P, MORIGASAKI N, et al. Kinetic characteristics of sodium borohydride formation when sodium meta-borate reacts with magnesium and hydrogen[J]. International Journal of Hydrogen Energy, 2008, 33(4): 1323-1328.

[169] 余丹梅，赵家雄，王丽，等．硼氢化钠合成与制备方法的发展现状[J]. 电源技术，2008(3): 58-60.

[170] MARSH K N, BOXALL J A, LICHTENTHALER R. Room temperature ionic liquids and their mixtures—a review[J]. Fluid Phase Equilibria, 2004, 219(1): 93-98.

[171] STRACKE M P, EBELING G, CATALUÑA R, et al. Hydrogen-storage materials based on imidazolium ionic liquids[J]. Energy & Fuels, 2007, 21(3): 1695-1698.

[172] CHEN W, HUANG Z, WU G, et al. Guanidinium octahydrotriborate: an ionic liquid with high hydrogen storage capacity[J]. Journal of Materials Chemistry A, 2015, 3(21): 11411-11416.

[173] REKKEN B D, CARRE-BURRITT A E, SCOTT B L, et al. N-substituted amine-borane ionic liquids as fluid phase, hydrogen storage materials[J]. Journal of Materials Chemistry A, 2014, 2(39): 16507-16515.

[174] BURCHNER M, ERLE A M, SCHERER H, et al. Synthesis and characterization of boranate ionic liquids(BILs)[J]. Chemistry, 2012, 18(8): 2254-2262.

[175] CHAND D, ZHANG J, SHREEVE J N M. Borohydride ionic liquids as hypergolic fuels: a quest for improved stability[J]. Chemistry-A European Journal, 2015, 21(38): 13297-13301.

[176] SAHLER S, STURM S, KESSLER M T, et al. The role of ionic liquids in hydrogen storage[J]. Chemistry, 2014, 20(29): 8934-8941.

[177] LOMBARDO L, YANG H, ZÜTTEL A. Study of borohydride ionic liquids as hydrogen storage materials[J]. Journal of Energy Chemistry, 2019, 33: 17-21.

[178] SAHLER S, KONNERTH H, KNOBLAUCH N, et al. Hydrogen storage in amine boranes: ionic liquid supported thermal dehydrogenation of ethylene diamine bisborane[J]. International Journal of Hydrogen Energy, 2013, 38(8): 3283-3290.

[179] 李鹏翔，马小根，杨勇，等．氨硼烷储氢材料研究进展[J]．精细石油化工进展，2018，19(2)：54-57.

[180] VALERO-PEDRAZA M J, MARTÍN-CORTÉS A, NAVARRETE A, et al. Kinetics of hydrogen release from dissolutions of ammonia borane in different ionic liquids[J]. Energy, 2015, 91: 742-750.

[181] HIMMELBERGER D W, ALDEN L R, BLUHM M E, et al. Ammonia borane hydrogen release in ionic liquids[J]. Inorganic Chemistry, 2009, 48(20): 9883-9889.

[182] BLUHM M E, BRADLEY M, BUTTERICK R, et al. Amineborane-based chemical hydrogen storage: enhanced ammonia borane dehydrogenation in ionic liquids[J]. Journal of the American Chemical Society, 2006, 128(24): 7748-7749.

[183] GATTO S, PALUMBO O, TREQUATTRINI F, et al. Dehydrogenation of ammonia borane aided by hydrophobic ionic liquids[J]. Journal of Thermal Analysis and Calorimetry, 2017, 129(2): 663-669.

[184] REN J, MUSYOKA N M, LANGMI H W, et al. Current research trends and perspectives on materials-based hydrogen storage solutions: a critical review[J]. International Journal of Hydrogen Energy, 2017, 42(1): 289-311.

[185] KUNDU D, CHAKMA S, SAIKRISHNAN S, et al. Molecular modeling and experimental insights for the dehydrogenation of ethylene diamine bisborane using hydrogen sulfate based ionic liquid[J]. Journal of Industrial and Engineering Chemistry, 2019, 70: 472-483.

[186] KUNDU D, BANERJEE B, PUGAZHENTHI G, et al. Reactive insights into the selective dehydrogenation of ethylene diamine bisborane facilitated by phosphonium based ionic liquids[J]. International Journal of Hydrogen Energy, 2017, 42(5): 2756-2770.

[187] BANERJEE B, PUGAZHENTHI G, BANERJEE T. Experimental insights into the thermal dehydrogenation of ethylene diamine bisborane using allyl-based ionic liquids[J]. Energy & Fuels, 2017, 31(5): 5428-5440.

[188] KUNDU D, PUGAZHENTHI G, BANERJEE T. Low-to room-temperature dehydrogenation of dimethylamine borane facilitated by ionic liquids: molecular modeling and experimental studies[J]. Energy & Fuels, 2020, 34(10): 13167-13178.

第9章 电子信息技术

9.1 概述

电子化学品(electronic chemicals)是电子信息技术产业不可或缺的基础材料，支撑着现代通信、计算机、信息网络技术、家用电器、微机械智能系统、工业自动化、航空航天、军工等现代高技术产业。电子信息材料产业的发展规模和技术水平，已经成为衡量一个国家经济发展、科技进步和国防实力的重要标志，在国民经济中具有重要战略地位，是科技创新和国际竞争最为激烈的材料领域之一，其自主保障能力直接影响到国家信息安全和国防安全。

电子化学品按其下游应用可分为集成电路(IC)行业用电子化学品、平板显示(FPD)行业或新型显示用电子化学品、印制电路板(PCB)行业用电子化学品、新能源电池(NEB)行业用电子化学品等大类。目前，国内电子化学品涉及品种近2万种，具有品种多、质量要求高、用量小、对环境洁净度要求苛刻、产品迭代快、资金投入量大、产品附加值高等特点。

经过多年的发展，电子化学品行业在内需市场的带动下，保持高速增长，产值、效益稳步上升，对国民经济增长贡献突出。“十三五”以来，电子化学品行业平均年增长率为17.5%，远高于同期6.4%左右的工业增加值增速，在工业经济中的领先作用进一步凸显。近年来，国内电子化学品行业市场规模显著增加，2021年PCB为370.5亿元，平板显示屏为847.7亿元，半导体材料为99亿元，光刻胶市场为93.3亿元，部分电子化学品的对外依存度达70%以上。

电子化学品是电子信息产业不可或缺的基础材料，电子工业的迅速发展，要求电子化学品与之同步发展，不断地更新换代，以适应其在技术方面不断推陈出新的需要，特别是在集成电路(IC)的微细加工过程中所需的关键性电子化学品，主要包括光刻胶(又称光致抗蚀剂)、湿电子化学品、特种电子气体和环氧塑封料，其中湿电子化学品、光刻胶、电子特气用于前工序，环氧塑封料用于后工序。

1. 光刻胶

光刻胶是半导体工艺中最核心的材料，直接决定芯片制程，国内光刻胶产业和国外先进产品相差三四代。在中低端市场已具备与国外产品竞争的能力，但在高端市场，国内生产光刻胶暂时无法在大尺寸生产线和要求较高的平板显示行业大规模替代国外先进产品。光刻胶是电子化学品行业国内外差距最为典型的产品。

2021年，中国光刻胶销售额达到人民币93.3亿元，若按美元兑人民币汇率(1∶6.5)计算,中国的市场规模全球占比仅为15%,产量为15万t,发展空间巨大,依照需求量及产量增速预计,未来仍将保持供不应求的局面。据智研咨询估计,得益于我国平面显示和半导体产业的发展,我国光刻胶市场需求,在2022年可能突破27.2万t。在光刻胶生产种类上,我国光刻胶厂商主要生产PCB光刻胶,而LCD光刻胶和半导体光刻胶生产规模较小,相关光刻胶主要依赖进口。

2. 湿电子化学品

湿电子化学品是微电子、光电子湿法工艺制程中使用的各种液体化工材料,主要包括通用的超净高纯试剂和一系列功能性化学品,市场份额主要被欧美和日韩企业占据,尤其在半导体等高端市场领域,6英寸及以下晶圆用高纯试剂自给率约为70%,8英寸及以上仅占10%。技术壁垒明显。自2011年来,国内湿电子化学品行业需求量持续增加,到2019年达到77.19万t,较2018年的65.1万t增加12.09万t,同比增长18.57%;2020年中国湿电子化学品行业需求量达到82.87万t,同比增长7.36%。随着产量与需求量的增加,我国湿电子化学品市场规模也逐年上升,从2011年的27.82亿元增长至2018年的87.89亿元,复合年增长率达到17.86%;到2019年我国湿电子化学品市场规模约达94.17亿元,同比增长7.15%;2020年我国湿电子化学品市场规模达到100.62亿元左右,同比增长6.85%。国内主要厂商江化微、江阴润玛和苏州晶瑞累计市占率不到30%。按10%左右的年均增速来测算,初步估计到2027年中国湿电子化学品市场规模将突破200亿元,达到210.38亿元左右。

3. 电子特种气体

电子气体行业是电子工业重要的原材料之一,国内的电子市场主要由美国气体化工、美国普莱克斯、日本昭和电工、英国BOC、法国法液空和日本素酸等六家公司所垄断,其市场份额高达85%。目前,国内电子特种气体部分进口、部分自给,甚至部分产品可以出口,每年均有品种实现产业化。但需注意的是,部分高端领域如集成电路制造所需的新品种电子气体在国内仍处于空白和半空白状态。

随着半导体、平面显示和太阳能电池等下游产业链向国内转移,其对电子气体需求量的持续加大以及国内扶持政策的出台,电子气体的发展必将加速,国产化是大势所趋,未来市场空间广阔。根据中国工业气体工业协会统计,2020年国内电子特种气体需求达150亿元,其中集成电路用特种气体需求为68亿元,平面显示用特种气体需求为46亿元,太阳能电池用需求为17亿元。

4. 封装材料

随着可穿戴设备、汽车电子、新能源电池等终端需求领域的增加,电子封装材料需求用量也随之增长。封装轻薄、集成度高对封装材料的要求也发生变化,高纯度、低应力、低线膨胀系数、低α射线、更高的玻璃化转变温度、低介电常数、低介电损耗是封装材料的发展趋势。国内对于单个的IC封装已经能够达到要求,但与国外产品相比,在封装材料上仍存在明显的差距,特别是高折光和可靠性好的封装材料,还需要依靠进口。

2020 年，全球封装材料市场规模 200 亿美元左右，中国封装材料市场规模 410 亿元，其中，封装基板占比超过 50%。经过不断研发和技术积累，我国封装基板企业已成功实现封装基板自产，细分领域竞争力已位居世界前列。

5. 抛光材料

化学机械抛光（chemical mechanical polishing，CMP）是集成电路制造过程中的关键技术，使用化学腐蚀及机械力对加工过程的单晶硅片和金属布线层进行平坦化。它不但能够对硅片表面进行局部处理，同时也可以对整个硅片表面进行平坦化处理，是目前唯一能兼顾表面的全局和局部平坦化的技术。在整个半导体材料中，抛光材料仅次于硅片、电子气体和掩膜板，占比 7%，是晶圆制造的重要材料之一。CMP 材料主要包括抛光液、抛光垫、调节器、CMP 清洗以及其他等耗材，而抛光液和抛光垫又占 CMP 材料细分市场的 80%以上，是 CMP 工艺的核心材料。全球芯片抛光液生产主要被美国卡博特、美国陶氏杜邦、美国 Versum、日本 Fujimi、日本 Nitta Haas、韩国 ACE 等所垄断，占据全球 90%以上的高端市场份额。中国市场方面，不锈钢、铝、钨等中低端的抛光液基本实现国产化，高端抛光液技术也已有所突破，但市场规模较小，在市场中占有率较低。抛光垫方面，本土企业仍处于尝试突破阶段。

根据 Cabot Microelectronics、TECHCET 和观研天下数据测算，全球 CMP 抛光液 2016 年市场规模为 11.0 亿美元，2021 年为 18.9 亿美元（CMP 抛光材料市场规模约为 38.58 亿美元），预计 2026 年将达到 25.3 亿美元，全球年均复合增长率为 6.0%。近年来，我国晶圆厂持续扩产、扩建，CMP 抛光液需求持续增长，预计 2028 年市场规模的年均复合增长率为 12.0%，显著高于全球平均增速水平。

9.2 离子液体在电子信息技术中的应用

由于离子液体的可设计性以及其独特的物理化学性质，离子液体研究已从发展“清洁”或“绿色”化学化工领域，快速扩展到功能材料，如光电材料、润滑材料、储能材料、电池关键材料、分离纯化、降解回收等领域，在电子化学品材料科学方面也逐渐受到重视。

9.2.1 光刻胶

9.2.1.1 光刻胶的概念

光刻胶是由主体树脂、光致产酸剂和溶剂、添加剂等组成的一种对光敏感的混合液体，如图 9-1 和图 9-2 所示。其中光致产酸剂引入离子液体如鎓盐类产酸剂、离子液体类添加剂和溶剂。光刻胶通过其独特的物理化学性质，制备基于离子液体的高性能复合材料；通过紫外光、电子束、离子束或者 X 射线的辐照，其溶解性、熔融性和附着力会发生明显变化，经显影液处理，溶去可溶部分，最终得到所需图像。光刻胶是一种具有抗蚀刻能力的薄膜材料，是集成电路产业链的关键材料。

图 9-1　光刻芯片

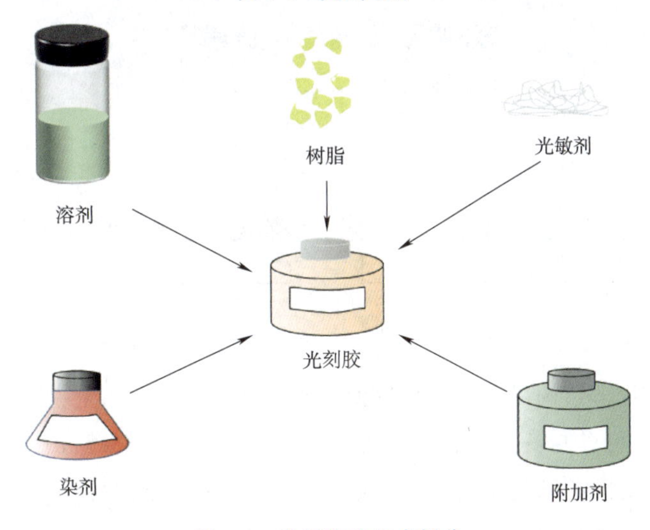

图 9-2　光刻胶的组成部分

9.2.1.2　光刻胶的发展现状

随着电子工业的高速发展，集成电路对芯片的尺寸和图形分辨率的要求越来越高，而光刻胶是芯片中最核心关键的材料，直接决定芯片制程[1]。光刻胶是电子化学品中技术壁垒最高的材料，具有纯度要求高、生产工艺复杂、生产及检测等设备投资大、技术积累期长等特征。光刻胶全球市场规模约 56 亿美元，美国、日本的光刻胶企业占全球约 90%的市场份额。目前，国内集成电路用 i-线光刻胶国产化率 10%左右，集成电路用 KrF 光刻胶国产化率不足 1%，ArF 干式光刻胶、ArF 光刻胶全部依赖进口[2]。其自给能力不仅关系到我国产业竞争力而且关系到国家安全。面临美国升级打压华为，致使整个世界半导体行业受到重要影响。光刻胶已然成为“卡脖子”问题，亟待开发自有技术，实现高端光刻胶的自主化生产。

9.2.1.3 光刻胶的分类

根据曝光区域的光刻胶在显影过程的去除或者保留，可将光刻胶分为正性光刻胶和负性光刻胶。如图 9-3 所示，曝光区域的光刻胶发生光解反应，降解后被显影液溶解，留下非曝光区域与掩膜版遮光图案一致的图形，这种光刻胶称为正性光刻胶。负性光刻胶是指光照区域产生交联反应不能被显影液溶解，而非曝光区域可以被溶解，获得与掩膜版图案互补的图形[3]。正性光刻胶逐步取代负性光刻胶，因为负性光刻胶显影的过程中，交联的光刻胶吸附有机溶剂溶胀，导致光刻线条倾斜接近，致使光刻图案出现缺陷。

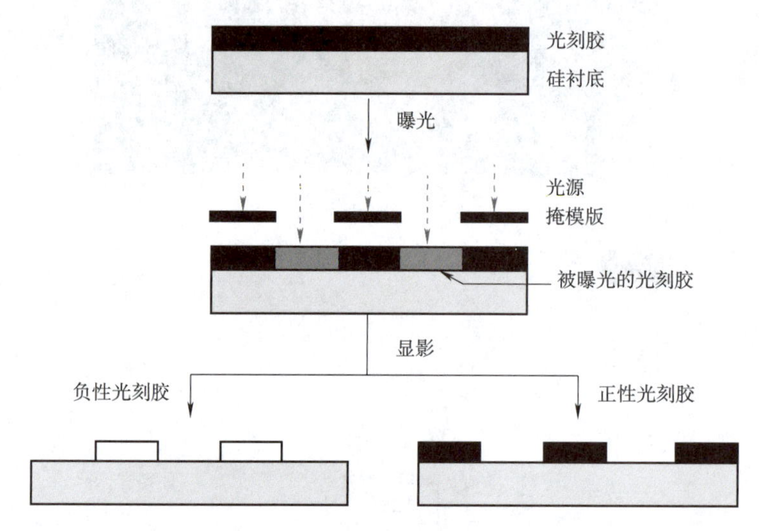

图 9-3 光刻工艺中的显影过程

按感光树脂的化学结构可分为光分解型和光交联型，光分解型是光照辐射后，树脂由油溶性转变为水溶型，可以制备正性胶。光交联型是光照后分子双键被打开，键与键之间交联反应形成一种不溶的网状结构防止溶解，典型负性光刻胶。光聚合型是指光照后生成自由基并进一步引发单体聚合。

按应用领域划分为 PCB 光刻胶、面板光刻胶、半导体光刻胶，如图 9-4 和图 9-5 所示，PCB 光刻胶主要分为干膜光刻胶、湿膜光刻胶、光成像阻焊油墨，主要为中低端产品。面板光刻胶分为彩色光刻胶与黑色光刻胶、LCD 触摸屏用光刻胶与 TFT-LCD 正性光刻胶。半导体光刻胶包括 g-线光刻胶、i-线光刻胶、KrF 光刻胶、ArF 光刻胶、聚酰亚胺光刻胶、掩膜光刻胶等。其中从技术难度

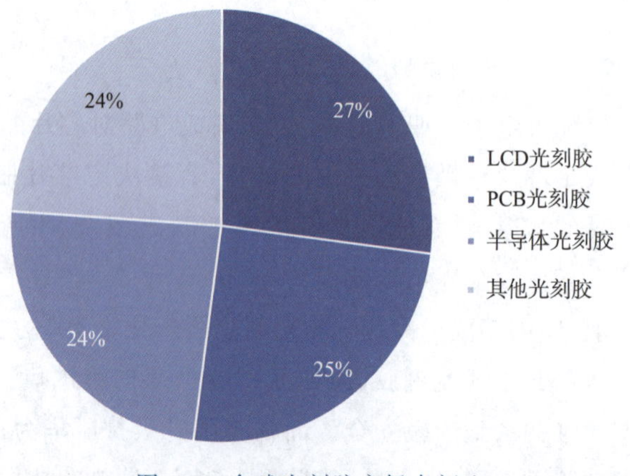

图 9-4 全球光刻胶市场占额比

来看，PCB 光刻胶＜LCD 光刻胶＜半导体光刻胶，随着难度的增加，国产化率更低，半导体光刻胶代表着光刻胶技术的最先水平。

图 9-5　全球半导体光刻胶市场规模

按曝光波长分为紫外（300～450 nm）、深紫外（160～280 nm）、极紫外（EUV 13.5 nm）、电子束、离子束、X 射线光刻胶，通过曝光波长的缩短，光刻胶所能达到的极限分辨率不断提高，光刻得到的线路图案精密度更高。

9.2.1.4　离子液体在光刻胶中的应用

离子液体以其宽的温度范围、低的挥发性以及在近远红外的较好的光学透过率使得其在构造棱镜、可变焦透镜等[4]方面有独特优势，非常适合作为液体材料构造光学器件，除具有较好的光学特性外，也完全克服了有机溶剂的毒性、易挥发等缺点。其中应用于光刻胶中常见的离子液体包括鎓盐类离子液体[5]、聚电解质离子液体[6]等。

1. 离子液体在 248 nm 光刻胶中的应用

成膜树脂对光刻胶的各项性能起着决定性的影响作用，是光刻胶的主体材料，它一般是由各种单体通过自由基共聚合反应获得的。对于 248 nm 光刻胶而言，主体树脂需要满足在该波长下有高光学透明度、高分辨率以及高抗干法腐蚀性的要求。因 G 线（436 nm）、I 线（365 nm）所用的酚醛树脂-重氮萘醌在这一波长下有很强的非光漂白性吸收，所以不能继续使用。最早用于 248 nm 光刻胶的材料是聚甲基丙烯酸，但是由于它的主链结构为线性结构，抗干法腐蚀性很低，所以在 248 nm 光刻胶体系中没有得到应用。经过长时间的研究探索，发现所有的酚类树脂在 248 nm 波长下的透明度都很低，最后研究发现聚对羟基苯乙烯（PHS）在 248 nm 处具有较好的光透过性（光学密度为 0.22 μm^{-1}），而通过 t-Boc 保护的 PHS 在 248 nm 处则有更高的透明度（光学密度 0.1 μm^{-1}）。不仅如此，PHS 还有潜在的可以碱性水溶液中显影的特殊性质，使具有高分辨率的可能性，进而聚对羟基苯乙烯类渐渐发展成为 248 nm 光刻胶的理想成膜树脂。一些常见的 t-Boc 全保护和部分保护的聚对羟基苯乙烯聚合物结构如图 9-6 和图 9-7 所示。

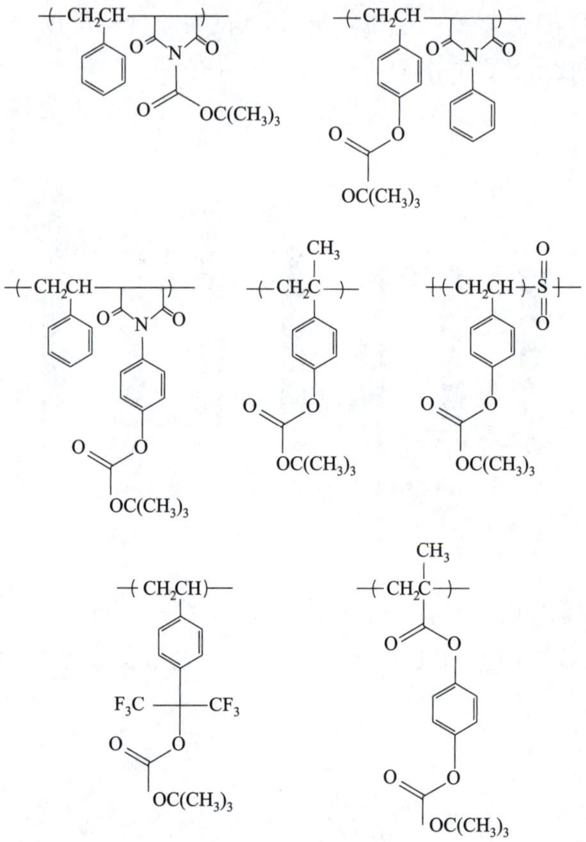

$\text{-(-CH}_2\text{CH-}$ O N O $\text{O=C-OC(CH}_3)_3$

$\text{-(-CH}_2\text{CH-}$ O N O O O $\text{OC(CH}_3)_3$

$\text{-(-CH}_2\text{CH-}$ O N O O O $\text{OC(CH}_3)_3$

CH_3 $\text{-(-CH}_2\text{C-)-}$ O O $\text{OC(CH}_3)_3$

$\text{-(-(CH}_2\text{CH-)-S-)-}$ O O O O $\text{OC(CH}_3)_3$

$\text{-(-CH}_2\text{CH)-}$ F_3C CF_3 O O $\text{OC(CH}_3)_3$

CH_3 $\text{-(-CH}_2\text{C-)-}$ O O O O $\text{OC(CH}_3)_3$

图 9-6　t-Boc 全保护的聚合物

$\text{-(-CH}_2\text{CH-)-(-CH}_2\text{CH-)-}$ OH O C O C CH_3 O H_3C CH_3

$\text{-(-CH}_2\text{CH-)-(-CH}_2\text{CH-)-}$ OH O CH_2 C O O H_3C C CH_3 CH_3

$\text{-(-CH}_2\text{CH-)-(-CH}_2\text{CH-)-}$ OH O O

$\text{-(-CH}_2\text{CH-)-(-CH}_2\text{CH-)-}$ OH O Si CH_3 H_3C CH_3

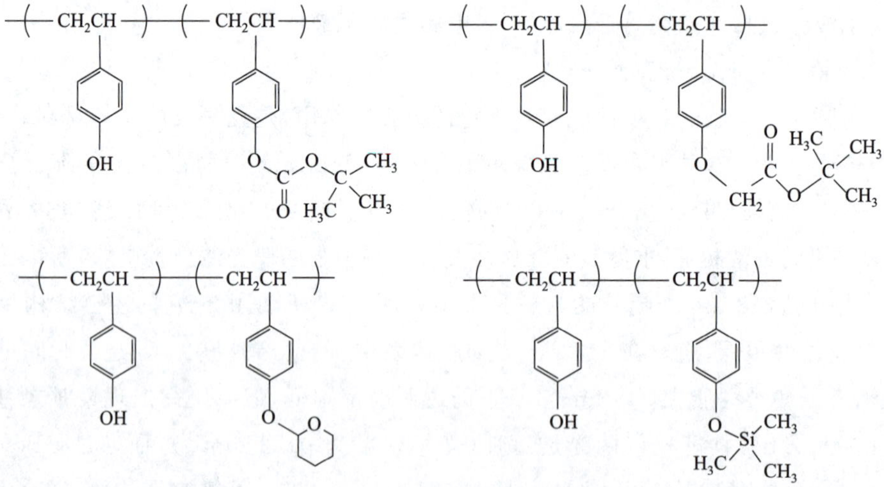

图 9-7　t-Boc 部分保护的聚合物

有研究表明，用光致产酸剂 PAG 和酸解基团结合聚合物树脂，可以有更好的光敏性，能有效地改善光刻胶的分辨率。目前,聚合物PAG主要包括离子液体聚合物PAG[7]和非离子磺酸盐聚合物PAG[8,9],其中离子液体聚合物PAG具有良好的热稳定性和高光酸产生效率。以t-Boc保护的聚对羟基苯乙烯为例,曝光时,可由离子液体结合PAG生成酸,因酸的催化,t-Boc保护基被脱除,树脂由原本的碱不溶变为稀碱可溶,与此同时又释放出质子进行循环催化脱保护基反应,从而提高了抗蚀剂的光敏性。常见的保护基团主要有t-Boc、硅烷基、叔丁基、联苯羰基、呋喃基、萘羰基、内酯基,以及由乙基乙烯基醚、叔丁基乙烯基醚、苄基乙烯基醚、环己基乙烯基醚、2-环己基乙基乙烯基醚、2-苯氧基乙基乙烯基醚等与酚羟基形成的缩醛保护基。因为缩醛结构的脱保反应活化能比较低且其在曝光时更易于酸解,所以这类保护基团被248 nm的正性光致抗蚀剂广泛使用。目前,已经开发的聚对羟基苯乙烯体系成膜树脂除了被保护基团部分保护的聚对羟基苯乙烯体系以外,还有对羟基苯乙烯和苯乙烯、(甲基)丙烯酸酯、砜以及N-马来酰亚胺衍生物等的共聚物。DiPietro[10]等通过对2,2-二甲基-5-(4-乙烯基苯基)-1,3-二氧六环-4,6-二酮(VBMMA)和羟基苯乙烯(4HS)共聚反应,合成了一种成膜树脂P(4HS-co-VBMMA)(75∶25)。将这种树脂用于248 nm的正性光致抗蚀剂,其分辨率可以达到0.15～0.16 μm。除了上述的以聚对羟基苯乙烯体系为主体材料的成膜树脂,还有聚苯乙烯类、聚(甲基)丙烯酸酯类,以及聚硅氧烷等体系可被应用于248 nm的光致抗蚀剂中,但这些体系最后没有被广泛应用。其中,因为聚(甲基)丙烯酸酯类在深紫外区的光学透明度较高,所以在193 nm和157 nm等光致抗蚀剂的成膜树脂中应用较为广泛。

光致产酸剂(PAG)是在光照的作用下,能够发生光解反应,产生强酸(质子酸或路易斯酸)的化合物。光致产酸剂可由离子液体引发,在化学增幅型光致抗蚀剂体系中,光致产酸剂是除了成膜树脂外最重要的组成成分,PAG的种类和用量直接影响到光致抗蚀剂的综合性能。对于光致产酸剂的选择需要考虑很多影响因素,如产酸的量子效率、溶解性能、光源的特性以及与所用主体树脂的相容性、水解稳定性、热稳定性、毒性、价格成本等。为此,人们对光致产酸剂的作用机理和合成进行了大量的实验研究。

对于248 nm光刻胶来说,它的光致产酸剂非常重要。PAG设计需要满足以下要求:①毒性小且容易合成;②光效率可以符合标准;③有适当的酸碱强度;④溶解性能好,可以与主体树脂相混溶;⑤对主体树脂有良好的溶解抑制性;⑥对于248 nm的曝光波长有合适的光学特性;⑦有合适的酸扩散速度。研究者合成了大量的光致产酸剂进行探究,以期获得综合性能优良的产品。一些常用的248 nm光刻胶的PAG的结构如图9-8所示。

除此之外,研究表明若在聚合物结构中引入离子液体型光致产酸剂从而得到聚合物形式的PAG,这样的转变可以大幅度地增强成膜树脂和光致产酸剂之间的相容性,也就很大程度上降低了相分离发生的概率,同时也可以有效控制产生的酸不会向未曝光的区域扩散而降低分辨率,从而提高性能。Gonsalves等[11]合成了一种含有离子液体硫鎓盐基团的甲基丙烯酸酯类光产酸单体,若将其均聚,就可以得到负性光刻胶,当该光刻胶在248 nm波长

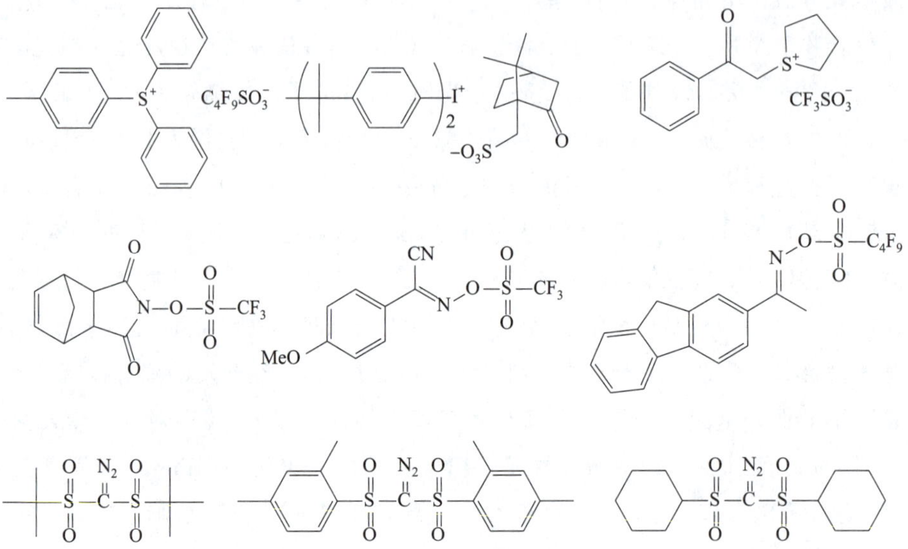

图 9-8　常用 248 nm 光刻胶的 PAG 结构

下进行曝光后，曝光剂量为 50 mJ/cm^2，分辨率为 250 nm；如若将其与笼型倍半硅氧烷(POSS)甲基丙烯酸酯和甲基丙烯酸叔丁酯共聚，则可得到化学增幅型光致抗蚀剂，由于不存在相分离现象，该光致抗蚀剂显示出了更好的成膜性，当其在 248 nm 波长下进行曝光后，曝光剂量为 5 mJ/cm^2，分辨率可达 200 nm。Liu 等[12]通过直接反应以高速率将氯化硫引入 PHS 的苯环上。在阴离子被交换为全氟烷基磺酸盐后，羟基被叔 BOC 基团酯化，聚合物很容易就溶于光致抗蚀剂的普通溶剂中。

248 nm 光刻胶是配合 KrF 准分子激光器为线宽 0.25 μm、256 MB DRAM 及相关逻辑电路而研制的，已经通过提高曝光机的 NA 值及改进相配套的光刻技术，探索了 248 nm 光刻胶应用的极限，目前已成功用于线宽 0.18～0.15 μm、1 GB DRAM 及其相关器件的制造。采用分辨率增强技术，如邻近效应校正、离轴照明、移相掩模等，248 nm 的光刻胶已经能制作出小于 0.1 μm 的图形。这些研究均已显示 248 nm 光刻胶技术已进入成熟期。在国际上，248 nm 光刻胶已经实现了工业化的批量生产，但我国依然较多地依赖进口产品，仍有较大差距。

2. 离子液体在 193 nm 光刻胶中的应用

主体树脂的设计对于 193 nm 光刻胶的性能同样起着决定性的影响。由于 248 nm 光刻胶最常用的主体树脂聚对羟基苯乙烯体系中含有大量苯环，而苯环在 193 nm 波长下的吸收较强，故不适合继续沿用，需要寻找设计新的材料。因此，相较于 248 nm 光刻，193 nm 光刻对于主体树脂的要求更高。不仅要求其在 193 nm 波长处低吸收、有高透过性、与基底有良好的黏附力，还需要满足该体系有较高的玻璃化温度(一般要求为 130～170 ℃)，从而达到光刻工艺的要求标准。

193 nm 光刻所用主体树脂主要有以下四类：①聚甲基丙烯酸酯类[13]；②稠环烯烃加成类；③马来酸酐共聚物体系[14]；④含氟聚合物体系[15]。其中，由于聚甲基丙烯酸酯在 193 nm 波长下有着高透明度而成为首选材料。但是由于膜厚度越来越小，需要更加优良的抗刻蚀性，因聚甲基丙烯酸酯为线性结构，不具备良好的抗干法腐蚀性，故不能采用。经过试验研究，发现具有脂环结构的非芳香性聚甲基丙烯酸酯可以满足上述要求。常用于 193 nm 光刻用聚甲基丙烯酸酯类光致抗蚀剂结构如图 9-9 所示。

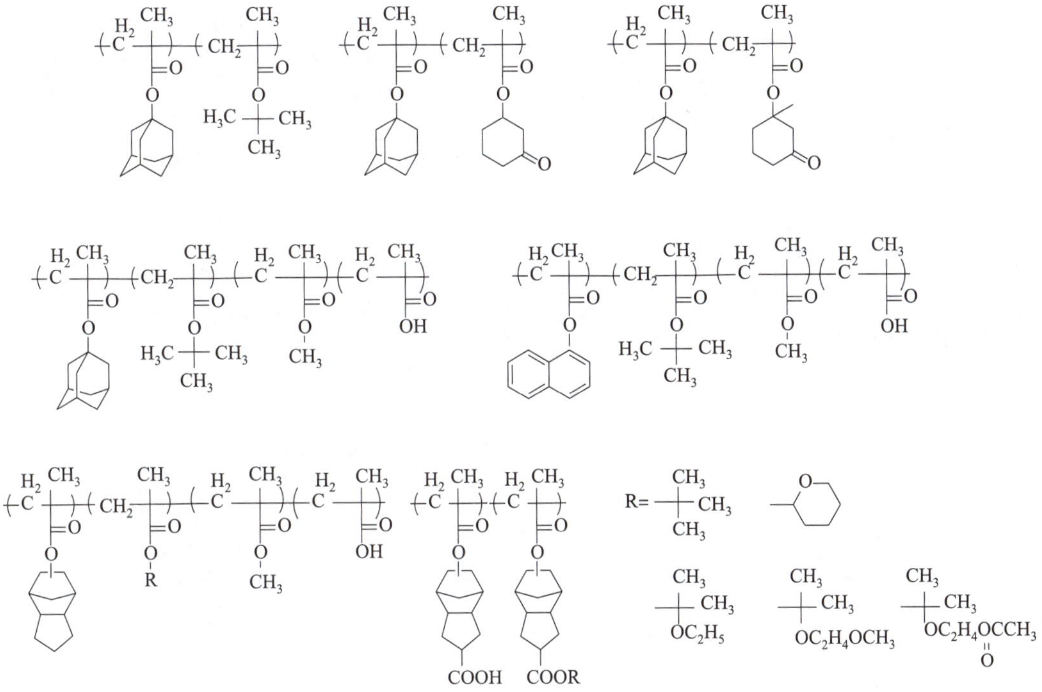

图 9-9　常用于 193 nm 光刻的聚甲基丙烯酸酯类光致抗蚀剂结构

作为化学增幅型光致抗蚀剂的关键组分之一，光致产酸剂的酸强度、产酸效率以及光解后的透明度等都对整个体系有很大的性能影响。用离子液体合成 PAG 在此得到应用。传统的 248 nm PAG（如三苯基硫鎓盐）含有苯环结构，该结构曝光分解后在 193 nm 处吸收较大，会影响光刻胶底层的曝光程度，所以其含量一般要求为低于固含量的 5%，否则将影响体系的透明性和成像效果。且 193 nm 光刻胶的主体树脂中酸敏基团具有的结合能较高，曝光光源 ArF 的强度较低，由此光致产酸剂必须满足有较高的光敏性，以产生更强的质子酸。此外，相比较于 248 nm 光刻体系的聚对羟基苯乙烯类树脂，因为 193 nm 光刻体系的主体树脂没有酚羟基，与光致产酸剂之间无能量转移，所以不能敏化光致产酸剂[16]。在从 248 nm 到 193 nm 的过程中，离子液体硫鎓盐型 PAG 的产酸效率大幅度下滑。综上，193 nm 光致产酸剂的要求包括：高产酸效率和优良的光敏性，以便能产生更强的质子酸。

因为含氟的光致产酸剂（如全氟烷基磺酸盐）可产生强酸，故在 193 nm 的光致抗蚀剂中多被采用。在光致产酸剂的阴离子上一般都带有大体积的脂环结构，这样可以有效地减少在后烘过程中酸的扩散，可以增大主体树脂在曝光区和非曝光区溶解性能的反差，提高光刻图案的分辨率。此外，还需要在光致产酸剂的阴离子中接入极性的亲水基团，这样是为了避免因为引入大体积的脂环结构而导致 PAG 的疏水性过强，在显影液中不容易溶解。近些年，日本住友化学公司、美国罗门哈斯电子材料公司、日本富士胶片公司等已经研发了一系列满足上述条件的 193 nm 光致产酸剂。一些代表性的 193 nm 光致产酸剂如图 9-10 所示。

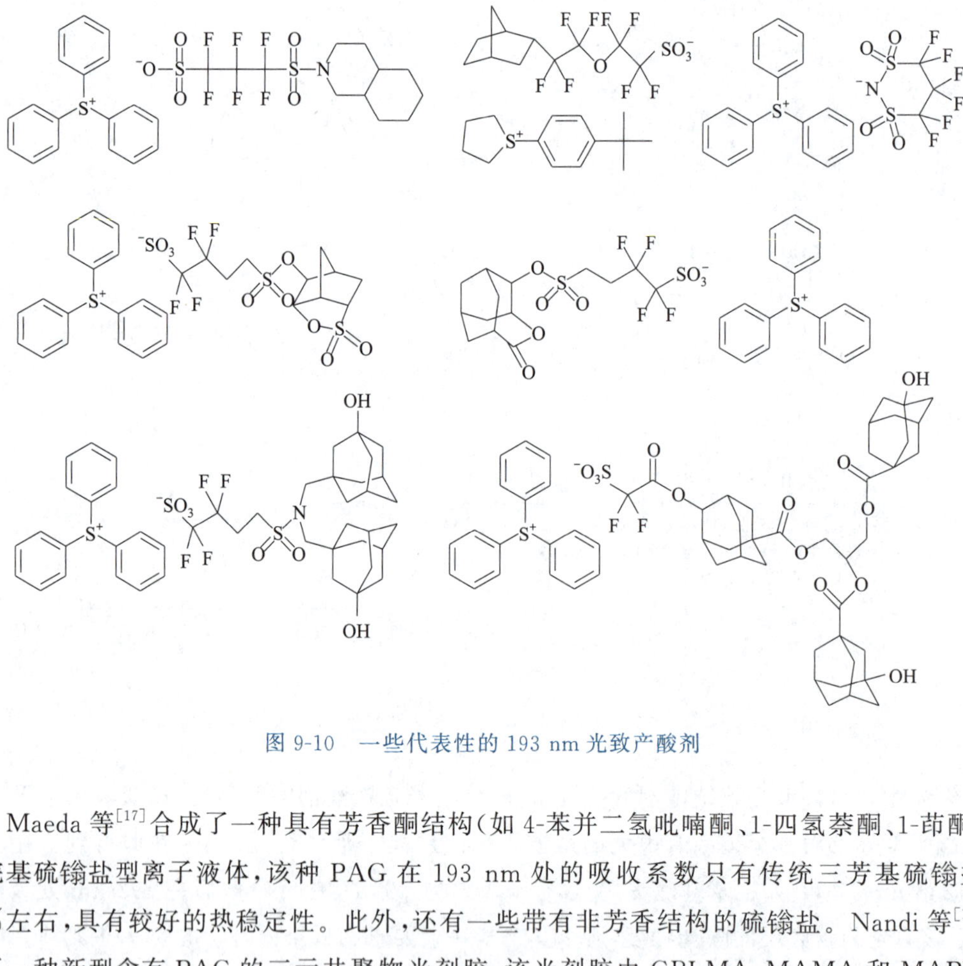

图 9-10　一些代表性的 193 nm 光致产酸剂

Maeda 等[17]合成了一种具有芳香酮结构（如 4-苯并二氢吡喃酮、1-四氢萘酮、1-茚酮）的二烷基硫鎓盐型离子液体，该种 PAG 在 193 nm 处的吸收系数只有传统三芳基硫鎓盐的 30%左右，具有较好的热稳定性。此外，还有一些带有非芳香结构的硫鎓盐。Nandi 等[18]设计了一种新型含有 PAG 的三元共聚物光刻胶，该光刻胶由 GBLMA、MAMA 和 MAPDST 单体组成。PAG（MAPDST）共价连接到光刻胶骨架中。MAPDST 作为 PAG，MAMA 和 GBLMA 分别作为极性调节剂和表面黏附增强剂。通过使用干法等离子刻蚀技术，成功地将 100 nm（线/空）图形转移到硅表面上，表明该光刻胶可以作为 NGL 应用的有前途的正性光刻胶材料。另外，在电子束曝光下可以对 100 nm 的线/空图进行图形化，灵敏度和对比度分别为 36.5 $\mu C/cm^2$ 和 0.08。Nakano 等[19]用离子液体设计了一种环己基甲基（2-氧基环己基）硫鎓三氟甲烷磺酸盐。这种 PAG 在 193 nm 处具有高透明性，且将其在聚合物的侧链接入，可以有效地抑制酸向未曝光区域的扩散，在曝光剂量为 15 mJ/cm^2 时，将其在甲基丙烯酸酯三元共聚物树脂体系中应用，就获得了分辨率为 200 nm 的负性图像。因为含氟组分会对人类和大自然均造成负面影响，所以减少甚至避免使用含氟化合物也是近年来 193 nm 光致产酸剂的一个重要研究方向。Liu 等[20]以聚(4-羟基苯乙烯)(PHS)为原料，在部分苯环上键合三氟甲磺酸盐基团，合成了一种新型聚合物光产酸剂(PAGs)。通过将酚羟基部分酯化，提高其在有机溶剂中的溶解性，用于制备光刻胶。光照时，聚合物中的硫鎓基团分解，生成磺酸。该聚合物 PAG 在 248 nm 和 193 nm 处有中等吸收，可用于 248 nm 和 193 nm 光刻胶，也可用于极紫外光和电子束光刻胶材料。PAG 的高溶解性以及 PAG 与基体聚合物之间良好的相容性将有助于增加光敏性，提高光刻性能。在 KrF 曝光机进行实验，可以得到 180 nm 的初步图形。这种聚合物 PAG 还可以提高光刻胶膜的强度，对分子玻璃光刻胶具有特殊的意义。

由于 193 nm 光刻胶为化学增幅型光致抗蚀剂，在曝光后产生的酸有可能扩散至未曝光的区域，中烘后会导致未曝光的区域受影响而发生酸解，使得图片分辨率降低。而碱性添加剂的引入可以中和掉多余的酸，抑制酸的扩散，从而达到提高分辨率的目的。这种碱性添加剂需要具有高的沸点(150 ℃及以上)，这样不会在预烘温度下蒸发[21]；另外需要是弱碱，这样既能捕捉到痕量酸又能对光刻胶的性能没有太大的影响。目前 193 nm 光刻胶体系常用的碱性添加剂为一些具有高沸点的烷基、取代烷基胺和氢氧化铵等弱碱，如三辛胺、三己胺、三丁胺、四丁基氢氧化铵、三异丙醇胺、N-甲基二环己基胺等。它的加入量较少，为光致产酸剂质量的 1%～5%，仅为总固体质量的 0.03%～0.5%。这些碱性添加剂可以有效预防酸的扩散，保持树脂表层的环境稳定，避免“T-Top”现象的产生。但是这样一来，也会中和掉曝光区域的酸，降低光敏性。有一种光可降解的碱不会降低树脂的光敏性。当曝光时，它们会转变成中性或酸性物质，对光产酸没有影响，但是在非曝光区，它的碱性不变，这样便能有效抑制酸的扩散，如离子液体二烷基碘鎓氢氧、三烷基硫鎓氢氧化物[22, 23]。甚至有一种可光解的氨基磺酸酯，曝光后可以产生酸，这样不但能抑制酸的扩散，还能提高体系的光敏性[24, 25]。在应用中，在 193 nm 光刻胶体系“降冰片烯-马来酸酐”中加入一种光可降解的离子液体型碱性添加剂，环己氨基磺酸铵盐和环己氨基磺酸二芳基碘鎓盐，测得其灵敏度可达 22 mJ/cm^2；若是光惰性的碱性添加剂，则该体系的灵敏度下降至 50 mJ/cm^2[26]。

近年来，一种应用离子液体的光产碱剂(PBG)[27]被广泛用作 193 nm 光刻胶的碱性添加剂。它通过双重成像(double patterning)可以有效提高体系的分辨率。首先通过调控优化光化学反应的计量和动力学，在强曝光区域，曝光后 PBG 产生的碱与曝光区域产生的光酸中和，转变为中性化合物，这一区域的树脂在显影过程中不被溶解；而对于曝光强度较低的区域，产生的碱不能中和掉光酸，使得该区域仍然呈酸性，故在部分树脂会在显影过程中发生溶解。基于以上原理，可实现图形间距分割(pitch division)，这样就会提高分辨率。Scaiano 等[28]合成了一种既有 PAG 又有 PBG 功能的单组分离子液体，在 193 nm 波长下，当发生弱曝光时，该组分仅产生光酸，曝光区的树脂发生脱保护反应而被溶解，当发生强曝光时，曝光区发生弗里斯重排反应生成光碱，中和掉了光酸，该曝光区树脂便不会溶解。Willson 等[29]报道了一种用于 193 nm 光刻胶的二阶 PBG 体系，首先，在曝光时 PBG 的前驱体(a)吸收一个光子得到 PBG(b)；其次，通过紫外光的引发 PBG 会产生碱(c)，这种双光子二阶 PBG 体系可以在一定程度上减缓生成碱的速度，增强光酸在图形线边缘的浓度梯度的陡峭度，进而有效减小线宽粗糙度(LER)。经实验验证，设定合适的曝光强度，可实现双重成像。此外，为了更加有效地中和掉强曝光程度下产生的光酸，需要增加碱的浓度，可在光致抗蚀剂体系中引入碱增殖剂(如 9-芴基甲基氨基甲酸酯)，在加热条件下，这种碱增殖剂会裂解生成胺类碱，产生的碱会自催化碱增殖剂的裂解反应，从而起到碱增殖的作用。

3. 离子液体在极紫外光刻胶领域的应用

作为现代半导体工业发展的基础，光刻工艺的发展推动了信息技术的进步。集成电路制造的规模已从最初的在一个芯片上仅具有 1～10 个晶体管的小规模集成演变为大规模集成、特大规模集成以及最终的在单个芯片上超大规模集成超过一百万个图案晶体管。摩尔定律[30]预测集成电路上晶体管的数量每两年翻一番，半导体工业的持续发展要求更密集的制造技术来满足摩尔定律所设定的期望。在过去的 50 多年中，半导体界一直遵循这一黄金法则，半导体器件的尺寸节点从 1971 年的 10 μm 减小到 2014 年的 14 nm。目前，业界领先的晶圆代工巨头宣布，其 2 nm 制程芯片的良率已突破 60%大关，且相关生产工艺正持续优化升级。不久的将来，2 nm 芯片的大规模生产即将拉开序幕。

光刻是通过用紫外线照射光敏材料，或将电子敏感材料暴露于电子/离子束(电子束光刻/聚焦离子束光刻)下，来形成微米/纳米尺寸图形的图案化工艺[31]。除传统的图案化技术外，也可以通过软光刻[32]、纳米压印光刻[33]和浸笔式光刻[34]等方法来制备生物电子、气体传感器和纳米线等应用的软材料。本章将聚焦于具有高通量和高分辨率的光刻技术，以用于半导体器件制造。

具有高分辨率和高宽比的图案分辨率的提高要求光刻胶材料具有高耐蚀刻性，且在图案转印期间具有很好的轮廓。显影后的图案塌陷和浮动会在制造过程中引起严重的问题。虽然较薄的光刻胶膜利于 EUV 吸收，但膜厚也应控制在要求的极限范围内，以确保蚀刻不会损坏基板。双层/三层结构或与硬掩膜结合的敏感层设计可用于控制图案塌陷。同时，开发低黏度、高密度、表面张力小的溶剂(如超临界 CO_2)用作显影剂，以降低显影剂干燥过程中的毛细作用力。光刻胶的光敏度或曝光速度，很大程度上取决于 CAR 中光致产酸剂的含量，PAG 含量高，光刻胶材料的光敏度通常也会高。但是，高含量的 PAG 也会引起问题，例如，对光刻胶的溶解动力学产生负面影响，PAG 与聚合物之间的相容性问题及更大的排气量[35]。表 9-1 列出了新型 EUV 光刻胶设计的关键挑战[36]。

表 9-1　小于 7 nm 图案的新型 EUV 光刻胶设计的关键挑战

挑战	重点领域
基本的 EUV 与光刻胶之间的相互作用	电子移动的模糊径迹，酸产率，电子亲和性，EUV 量子产率
分辨率	聚合物链上的光产酸基团，非化学增幅型光刻胶，溶胀控制，酸的扩散
线宽粗糙度	聚合物链上的光产酸基团，刻蚀修饰，冲洗，聚合物均一性
曝光速度	EUV 敏化，高含量的光产酸基团
图案坍塌	较低的宽高比，表面活性剂冲洗
排气	电离产生的 PAG 副产物，溶剂影响
带外辐射	193 nm 和 248 nm 光敏度，减少更长的波长吸收
缺陷	缓解 PAG 聚集，疏水副产物
质量控制	EUV 曝光速度测试

选择不同的光刻胶将影响光刻成像质量，工艺窗口以及密集线和单一线之间的图案偏置。加工过程中，应根据使用的掩膜，仔细选择负型胶和正型胶。正型光刻胶在基于广泛探索和优化的高分辨率图案化技术中占主导地位。光学吸收会对负型和正型光刻胶产生不同的影响。正型光刻胶倾向于显示过切轮廓，负型光刻胶却不会这样，它易于形成图案化桥接缺陷。另外，负型光刻胶在减少图案塌陷、曝光不良的光刻胶残留、接近效应和栅极工艺中的 LWR 等方面显示出图案化优势。值得一提的是，正负一体型光刻胶也可用以实现高分辨率图案化。

作为 KrF 和 ArF 光刻中最常用的光刻胶材料，聚合物基 CAR 通常由主链基体聚合物、能产生酸催化剂的光致产酸剂以及可影响未曝光区和曝光区之间溶解度差异的溶解抑制剂组成。PAG 在曝光过程中产生酸，该酸扩散到基体聚合物中，并在 PEB 过程中催化聚合物中的侧基脱保护，从而改变了光刻胶在显影剂中的溶解度。在脱保护反应过程中，光生酸不被消耗，因此可催化多次反应，从而产生"化学增幅"一词。基于 PAG 和聚合物基体的互联形式，聚合物基 CAR 可分为 PAG 共混型和 PAG 键合型。对于 PAG 共混型 CAR，PAG 多为小分子。图 9-11 所示为三种常用硫鎓盐类离子液体型 PAG 的化学结构[37]。对于 PAG 键合型 CAR，通常是将 PAG 单元以共价键的形式修饰到基体聚合物的侧链。Wang 等合成了一系列新型离子液体型 PAG 键合或共混聚合物，其典型结构如图 9-12 所示[38]。聚 4-羟基苯乙烯(PHS)、苯乙烯衍生物和丙烯酸酯共聚物是最常用的三种 KrF 和 ArF 主干光刻胶材料，其应用范围已扩展到 EUV 光刻胶领域[39]。

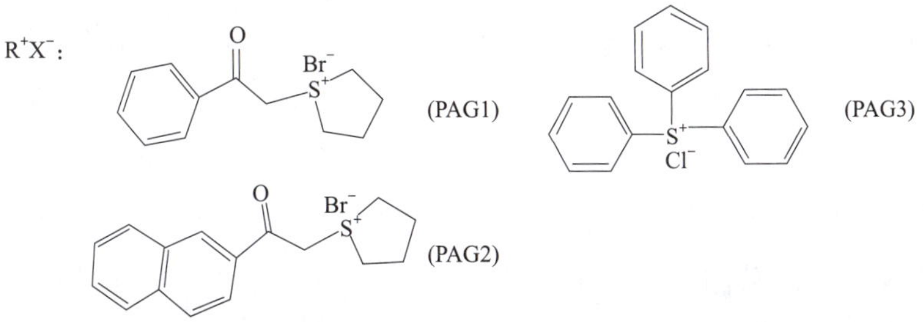

R^+X^-:

(PAG1)　(PAG3)　(PAG2)

图 9-11　常用的硫鎓盐类离子液体型 PAG 的化学结构

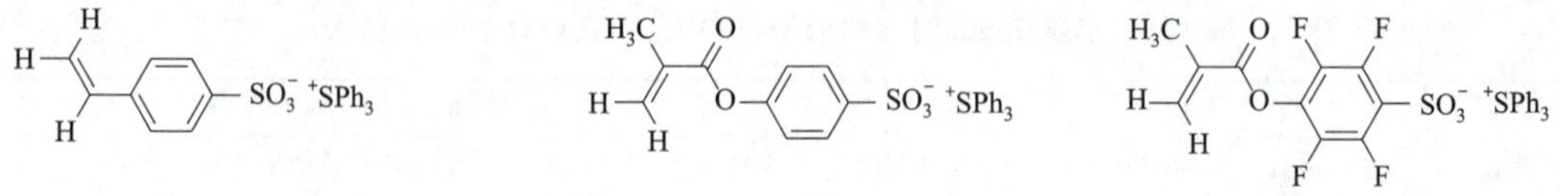

VBS-TPS(1)　MBS-TPS(2)　F4-MBS-TPS(3)

(a)键合型 PAG 单体

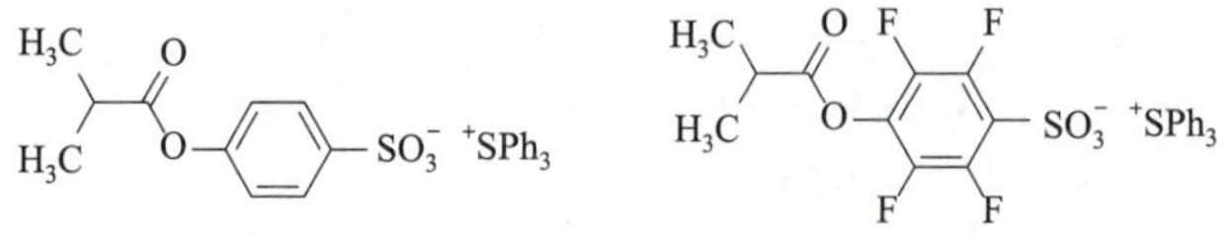

IBBS-TPS(4)　F4-IBBS-TPS(5)

(b)混合型 PAG

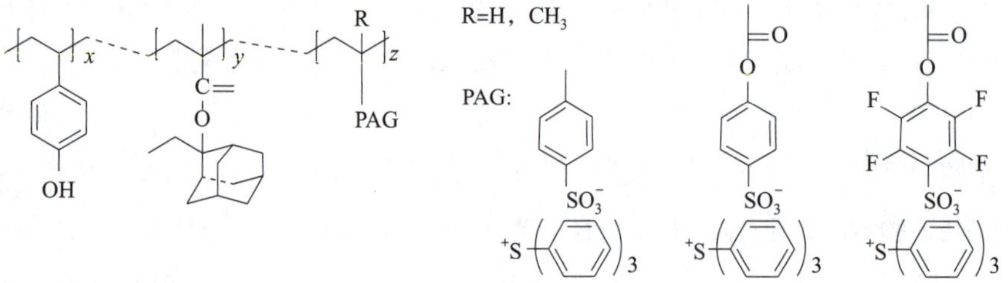

(c)键合 PAG 型聚离子液体 CAR

图 9-12　离子液体类 PAG 键合或混合聚合物 EUV 光刻胶[38]

Yamamoto 等使用石英晶体微量天平(QCM)方法详细研究了 EUV 和 KrF 曝光对离子液体类 PAG 共混型 CAR、PAG 键合型 CAR(见表 9-2)溶解行为的影响。实验结果表明,在 KrF 和 EUV 曝光下,键合型 CAR 的溶胀小于混合型的溶胀,这表明与聚合物键合的 PAG 很好地抑制了溶胀并显示出优异的性能。另外,采用 PAG 键合型 CAR,可实现半节距 50 nm 的线和间隔的光刻图案化[40]。因此,该 PAG 键合型 CAR 有望用于 16 nm EUV 光刻胶。Wang 等对表 9-2(表中,光刻胶 A:聚合物中混合摩尔分数为 5%的 PAG;光刻胶 B:聚合物上键合摩尔分数为 5%的 PAG;光刻胶 C:聚合物上键合摩尔分数为 10%的 PAG)的离子液体类 PAG 键合或混合聚合物 EUV 光刻胶进行了表征和 EUV 光刻性能评价[38]。实验结果表明,PAG 键合型 CAR 的热稳定性优于混合型 CAR。尽管混合型 CAR 的产酸效率高于键合型 CAR,但键合 PAG 型 CAR 的分辨率更高,图 9-13 所示为键合 PAG 聚离子液体型 CAR(c)45 nm(1∶1)、35 nm(1∶2)、30 nm(1∶3)、20 nm(1∶4)的线/间隔及 50 nm(1∶1)的肘形 EUV 光刻图案。图中,(a)、(b)为键合 PAG 聚离子液体型 CAR(c)的 20～120 nm(L/S)光刻图案的 SEM 图像(剂量为 43.5 mJ/cm^2);(c)为键合 PAG 聚离子液体型 CAR(c)的肘形光刻图案的 SEM 图像(剂量为 43.5 mJ/cm^2);L/S 是线宽与线间距的比率[38]。

表 9-2　PAG 共混型 CAR 和 PAG 键合型 CAR 的化学结构

PAG 共混型 CAR	PAG 键合型 CAR
光刻胶 A(摩尔分数为 5%的 TPS-1Ad)	光刻胶 B(摩尔分数为 5%的 PAG) 光刻胶 C(摩尔分数为 10%的 PAG)
m n O O O O O F_3C HO CF_3 O O SO_3^- S^+ F F TPS-1Ad	l m n O O O O O O O F F ^-O_3S S^+ F_3C HO CF_3

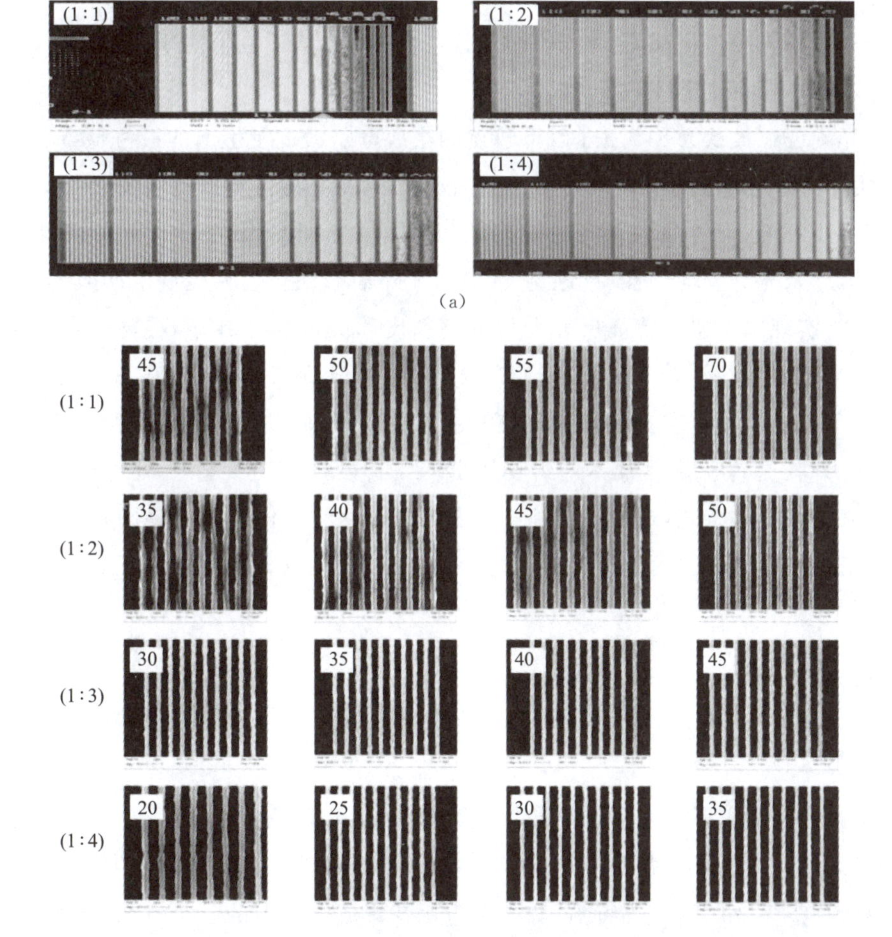

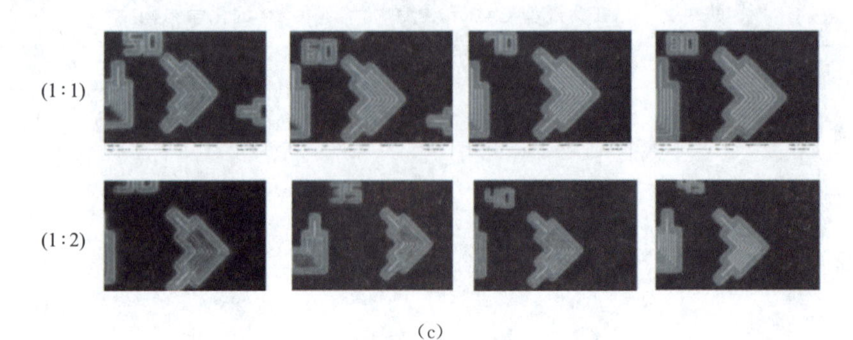

(c)

图 9-13 键合 PAG 聚离子液体型 CAR(c)的线/间隔及肘形 EUV 光刻图案

当前已经证实,聚合物基的 CAR 可用于 12 nm 半间距光刻,其中 LER 为 3.9 nm,曝光剂量为 36.1 mJ/cm^2,用于间隔线条图案化,以及 16 nm 接触,剂量为 30 mJ/cm^2[41]。JSR[42]表明,他们开发的由高 T_g 树脂和较短酸扩散长度 PAG 组成的 CAR,解决了 13 nm 半间距线/间隔图案化的问题,曝光剂量为 35.5 mJ/cm^2。同时,在常规 CAR 中添加新的敏化剂后,光刻胶的光敏度提高了 9%～16%,且不会降低 LWR 或分辨率。

4. 光刻胶材料:挑战和展望

EUV 光刻现在被认为是 7 nm 以下节点的集成电路大批量生产的最可行方法之一。应该考虑使用 EUV 光刻胶的进展来打破 RLS 权衡关系,以实现光刻技术的必要突破。除要考虑高 EUV 光敏度、低局部临界尺寸均匀性和高图案分辨率外,下一代光刻胶体系还应有效解决图案塌陷、光刻胶均匀性、抗蚀刻性、UV 带外辐射、脱气、大批量生产兼容性、缺陷和服役寿命。为实现未来超小特征尺寸器件的高精度和高可靠性制备,需要高度有序的结构作为光刻胶平台的基石。无序聚合物基 CAR 结合 EUV 促成剂和新工艺的开发,仍可暂时满足当前光刻胶开发的需求。根据光刻胶材料的最新进展,长远来看,对于 7 nm 及以下光刻,金属基光刻胶更具应用潜力。光刻胶技术的飞速发展同时促进了辅助材料(如面漆和 DDRM)的开发及光刻工艺(如 PAB/PEB、显影和干燥)的优化。伴随着即将到来的原子光刻的挑战和机遇,摩尔定律可能正在接近尾声,而新的光刻胶材料的开发正处于一个新的时代边缘。

9.2.2 高纯试剂

9.2.2.1 概述

随着科技和新型工业的发展,人们对化学试剂的生产日益重视,发展最快且占据一定地位的就是高纯试剂。高纯试剂是在电子信息技术中最为基础且重要的化工材料之一,具有技术要求高、种类多及用量大等特点,其主要应用在集成电路中的各个方面,如芯片的清洗、蚀刻、去胶及晶圆的清洗等。在电子化学品中,常用的高纯试剂种类与一般化学试剂的种类基本相同，如硫酸、盐酸、硝酸、过氧化氢、甲醇及乙二醇等各种溶剂。集成电路的电性能、可靠性及成品率都主要受到这些试剂的纯度、洁净度的影响，因此对高纯试剂的要求也越来越高。

针对高纯试剂不同的要求及特性，其生产过程中采取的提纯技术也不同。目前，国内外制备高纯试剂通常采用的提纯技术主要包括蒸馏、真空蒸馏、减压蒸馏、亚沸蒸馏、分馏、精馏、萃取、重结晶、升华、颗粒控制、化学处理、膜处理、气体吸收、树脂交换等一系列方法。这些技术各有所长，不同的技术可应用于不同产品的提纯工艺，根据产品的特性来选择相应的提纯技术。

根据提纯后试剂的纯度、洁净度等标准，国际半导体设备与材料组织（SEMI）将超净高纯试剂按照其应用范围分为以下四个等级：①SEMI-C1 标准（适用于>1.2 μm IC 工艺技术的制作）；②SEMI-C7 标准（适用于 0.8～1.2 μm IC 工艺技术的制作）；③SEMI-C8 标准（适用于 0.2～0.6 μm IC 工艺技术的制作）；④SEMI-C12 标准（适用于 0.09～0.2 μm IC 工艺技术的制作）。国内将超净高纯试剂分为 MOS 级（颗粒直径≥5 μm，颗粒数≤27 个/mL）、低尘高纯级（颗粒直径≥5 μm，颗粒数≤27 个/mL，颗粒杂质较 MOS 级高）、BV-Ⅰ级（颗粒直径≥2 μm，颗粒数≤3 个/mL）、BV-Ⅱ级（颗粒直径≥2 μm，颗粒数≤1 个/mL）、BV-Ⅲ级（颗粒直径≥0.5 μm，颗粒数≤25 个/mL）、BV-Ⅳ级（颗粒直径≥0.5 μm，颗粒数≤5 个/mL）、BV-Ⅴ级（颗粒直径≥0.2 μm，TDB≤0）。

随着对电子产品要求的日益增高，对高纯试剂的标准也越来越严格，人们开始在试剂制备过程及提纯技术中进行不同的尝试和改进。离子液体作为近些年兴起的领域，广泛应用于各个方面，其中就包含了高纯试剂的制备和提纯。

9.2.2.2 离子液体在高纯试剂领域的应用

离子液体特有的理化特性决定了其适用于试剂制备及分离提纯技术。

1. 试剂制备

在试剂制备工艺中，离子液体常作为催化剂或溶剂存在。值得一提的是，以离子液体作催化剂有可重复利用[43]、催化性能优异[44]、选择性高[45]等优点，所以被用于催化各类反应。Jeffrey 等[46]是最早对离子液体作为催化剂进行的报道，此后便应用越来越广泛，包括在酯化反应、硝化反应等各种[47]有机反应，工业上也显现出一定的发展前景[48-52]。

2. 分离提纯技术

离子液体在分离提纯领域也已经有大量的应用，如利用离子液体提取回收丁醇、离子液体从共混液体中提取乙醇等[53, 54]。离子液体在这些提纯技术中，涉及最多的是萃取、萃取精馏及反应精馏。

（1）萃取。传统萃取过程中大部分的萃取剂存在很多弊端，如毒性大、易挥发等。就此项问题，1998 年，Rogers 等[55]首次将离子液体[Bmim][PF_4]作为萃取剂应用到该领域，分离了正辛醇和水。离子液体作为萃取剂不仅易从产品中分离且环境友好,解决了传统有机试剂带来的危害。

(2)萃取精馏。在分离提纯相对挥发度接近1或者共沸的体系时,需要采用萃取精馏的方法。这类方法所用的萃取剂通常为分子液体,需要回收且易挥发。使用离子液体代替分子液体不但可以增大分离体系里各组分的相对挥发度[56],而且难挥发、绿色无毒。Arlt和Beste等[52,57-59]对该体系进行了大量的研究,得到了较为优异的分离效果。Meindersma等[54]采用离子液体[C_2mim][N(CN)$_2$]作为溶剂提取了乙醇,相比于传统的萃取剂乙二醇很大程度地降低了能耗。崔现宝等[60]利用离子液体[Emim][OAc]分离甲醇和乙酸甲酯,得到的产物纯度高达99.2%。离子液体[Emim][OAc]也可回收利用,对环境无污染、操作方便且耗能少。此外,离子液体能根据萃取精馏体系的需要调整阴阳离子,得到适合体系的特定离子液体,实现萃取剂的高选择性[61]。

(3)反应精馏。在反应精馏中,离子液体作为催化剂,无毒、稳定性好、活性高、易分离,可替代传统上的固体催化剂[62]。在一些酸催化的反应中,离子液体也可以同时作为溶剂和催化剂来替代浓硫酸等试剂[63]。目前报道中,常将萃取精馏和反应精馏应用在一起,即反应萃取精馏。反应萃取精馏将反应和分离的过程放在同一设备中,使两者相互促进,从而都得到相应的强化。在工业生产应用中,降低了能耗和设备的成本,提高了生产效率,生产出的产品纯度高[64-66]。Jiménez等[67,68]用离子交换树脂作为催化剂,采用反应萃取精馏过程,将正丁醇和乙酸甲酯进行反应,制备得到甲醇和乙酸丁酯。而后,蔡贾林[65]在此基础上对其进行了改进,采用复合的离子液体作为萃取剂和催化剂,解决了离子交换树脂作为催化剂稳定性差、容易扩散等问题。

3. 应用实例

以下是几个典型的高纯试剂制备过程中离子液体的应用实例。

(1)甲醇

甲醇作为在集成电路中常用的高纯试剂,主要可用作清洗去油剂。在甲醇试剂制备和提纯过程中,离子液体都有着重要应用。

在二氧化碳电化学还原甲醇的制备过程中,一直受到高过电位的阻碍,此时寻找过电位低、选择性高的催化剂就显得尤为重要。离子液体作为新型的催化剂,具有催化效率高、热稳定性高等优点[69],可作为一种催化剂使用在生产过程中。徐海涛[70]在一篇专利中提到一种离子液体,该离子液体通过氰乙基咪唑和氯代二乙二醇甲醚加成反应得到中间产物,然后中间产物与四氰合硼酸钾反应制得。其作为一种新型离子液体催化剂可应用在二氧化碳电催化制备甲醇过程中,解决了高过电位的问题。

在甲烷氧化制备甲醇的方法中,离子液体可作为反应中的溶剂,亦可以作为催化剂[71]。离子液体作为溶剂优点在于操作简单、成本较低、可回收等。宋云保等[64]利用[C_1mim]Cl等离子液体作为溶剂,在微波作用下将甲烷通入装有离子液体、催化剂、过硫酸钾、三氟乙酸及三氟乙酸酐的烧瓶，得到产物水解为甲醇。该反应历时较短、成本及能耗都很低，而离子液体作为催化剂可以有效地提高转化率、降低成本。于长顺[72]等利用离子液体有较低的表面张力，溶解了金纳米颗粒后形成了共催化剂作用于甲烷转化为甲醇的反应。此方法中离子液体蒸汽压低，利于纳米金回收后再使用。

传统工艺中正丁醇和乙酸甲酯制备乙酸丁酯和甲醇的酯交换反应在工业上有着重要的应用价值。在传统工艺中，使用的离子交换树脂催化剂存在容易失活、热稳定不好等缺陷[67, 68, 73-76]。蔡贾林[65]针对这些缺陷提出了一种反应萃取精馏的工艺流程，其主要采用[Omim][PF_6]和[HSO_3-Bhim][HSO_4]两种不同的离子液体分别作为反应的萃取剂和催化剂。此方法不但使反应及萃取精馏两个过程都起到了强化作用，而且还将两者集成在一个反应设备中进行。

以上反应所制备出的甲醇可经过进一步的精馏纯化和微孔滤膜过滤得到相应不同等级的高纯试剂[77]。

(2)乙醇

乙醇作为实验中必不可少的一种溶剂，在集成电路中常被用作脱水去污剂，可以配合去油剂来使用。离子液体作为一种溶剂在乙醇的提纯过程中也有所应用。

Tsanas 等[78]将离子液体[Emim]Br 和[Bmim]Br 作为夹带剂引入乙醇和水的体系形成三元混合物。因为乙醇的盐析作用，所以夹带剂在乙醇/水体系中增加了相对挥发度，成功地消除了共沸点，分离出乙醇。

Meindersma 等[54]以离子液体[C_2mim][N(CN)$_2$]作为溶剂，从水和乙醇的混合物中萃取精馏乙醇，并将离子液体[C_2mim][N(CN)$_2$]与传统的基准溶剂乙二醇做了对比。结果表明，这种萃取精馏过程中离子液体[C_2mim][N(CN)$_2$]是最佳选择。相对乙醇和水的混合体系，[C_2mim][N(CN)$_2$]不但具有与乙二醇相当的挥发性，而且在[C_2mim][N(CN)$_2$]作为溶剂的装置中，提纯产品的纯度可达 99.91%。最值得一提的是，离子液体容易恢复，回收方便。在 240 ℃采用闪蒸法回收离子液体所需的能量最低。整个工艺流程下来可节约 16%的能源，这使得离子液体与传统的工艺相比较更具有前景。

(3)环己烷

电子信息技术中环己烷是一种常用的高纯试剂，既可以在集成电路中作清洗剂[79]，又可以在光刻胶中作为显影剂。

王孝科等[80]采用萃取精馏的方法，使用离子液体[Bmim]Cl、[Bmim][BF_4]和[Bmim][PF_6]分别作为萃取剂提取环己烷。[Bmim][PF_6]作为萃取剂时性能优异，萃取精馏塔顶馏分中环己烷的纯度很高，最后的塔釜用闪蒸的方法分离出的[Bmim][PF_6]也可反复使用。

李文雪[81]提出在传统的溶剂 NMP 与离子液体[Emim][BF_4]进行一定比例的混合作为分离环己烷和苯体系萃取精馏的溶剂，结果表明，相对于传统的有机溶剂，离子液体的加入提高了相对挥发度，也降低了气相中有机溶剂的含量，能有效地将苯和环己烷分离。

依照上述所制得环己烷的质量，可采取不同处理方法进行进一步纯化，最后经过高效精馏塔精馏后，根据颗粒要求判断是否需要微孔滤膜过滤。

(4)乙二醇

乙二醇作为超净高纯化学试剂，是电子技术细微加工制作过程中重要的基础原料之一，广泛用于清洗去油剂。

在制备乙二醇的过程中需要用到多种多样的催化剂。但是，传统的催化剂转化率低，能耗高且反应时所需要的条件也比较苛刻[82]。将离子液体作为催化剂用于生产乙二醇可以解决现有的许多生产问题，可以降低能耗，减少设备的投资，降低水比，简化生产流程等[83, 84]。

在国内，对于 CO_2 与环氧化合物合成环状碳酸脂的反应，最早使用离子液体作为催化剂是兰化所邓友全研究员等[85]。通过研究还发现，将不同类型和不同比例的离子液体与过渡金属盐或者 Lewis acid 等混合后，能大幅度提高其催化活性[86-88]。

研究表明，将负载的离子液体作为非均相催化剂来合成碳酸脂。具体过程是将离子液体固定化，以增大离子液体的表面积，从而达到高效率和高稳定性。而且固化后的离子液体更容易进行回收并再次利用。离子液体作为一种环境友好型介质，运用到 CO_2 的固化反应中，对比传统的溶剂和催化剂，具有优良的性质[89]，使之成为该领域的热点。

王耀红等[90]制备了一种离子液体 S-[Bpim][HCO_3]，以制备出的离子液体作为催化剂对碳酸乙烯酯进行水解制备乙二醇，实验结果显示，S-[Bpim][HCO_3]不仅对乙二醇具有高的选择性，而且对反应具有良好的催化活性，解决了传统催化剂活性较低且分离困难的问题。

成卫国等[91]使用离子液体催化环氧乙烷来生产乙二醇，这项工艺具备了操作简单、节能等多项优点，应用前景广泛。

(5)乙酸乙酯

乙酸乙酯常在集成电路中作为一种清洗去油剂来使用，是一种常见的高纯试剂。

用离子液体合成乙酸乙酯作为一个新的研究，因其反应过程可以大大缩短，提高生产能力。根据尉志苹等研究表明，采用离子液体合成乙酸乙酯时，可将[HPy][BF_4]离子液体作为溶剂和催化剂，经过一系列催化反应合成乙酸乙酯[92]。

在乙酸乙酯的生产过程中会产生乙醇，因为乙醇和乙酸乙酯之间的性质相近，从而混合形成共沸体系，很难用普通的精馏等方法进行分离。当形成共沸体系时，一种方法是采用变压蒸馏，另一种方法是加入第三种物质共沸剂[93-96]。当选择特殊萃取精馏的方法时，重点在于萃取剂的选择。相对于传统的有机溶剂存在消耗大、易挥发等缺点，可以采用离子液体如[Mmim][DMP]等作为萃取剂，可以有效地萃取精馏乙酸乙酯，且容易回收利用、节约材料[97]。在完成高效萃取精馏后，如果达不到质量要求，可再用 0.2 μm 的微孔滤膜进行过滤。

9.2.3 电子浆料

9.2.3.1 概述

电子元器件制造业是电子信息产业的基础,更是电子元器件行业的重要组成部分。它的生产能力和水平将对整个行业的发展产生直接影响,从而改变着人们的生活方式及生活环境[98]。作为制造电子元件的重要组成部分,电子浆料广泛应用于集成电路、电位器、敏感元件、表面组装技术、电容器等电子行业的各个领域。随着数字化产品、微电子技术、显示技术高速发展,电子元器件向微型化、多功能化、集成化、精密化、智能化、环保化发展,电子浆料产业更是以前所未有的速度迅猛发展,这势必对电子浆料提出更高的要求。

电子浆料主要由功能相(导电相)、黏结相(玻璃粉)和有机载体三部分组成。电子浆料的电性能是由导电相来决定的,同时导电相也影响着成膜的机械性能。黏结相是将膜层与基体牢固黏结起来。黏结相通常是玻璃、氧化物晶体或二者的混合物;同样也会对成膜的机械性能和介电性能产生一定的影响[99]。而有机载体是将聚合物溶解于有机溶剂,可以根据不同的需求,将导电相和黏结相更好地匹配起来。有机载体中所用的挥发相一般多是萜品醇;而非挥发相多是乙基纤维素或其衍生物。此外,还可以添加糖酸、甲苯等控制剂[100]。

按照不同的分类方式,电子浆料可分为不同的类型:按导电相不同,电子浆料可分为非贵金属电子浆料和贵金属电子浆料;按所用基片不同,可分为聚合物基片、陶瓷基片、复合基片和玻璃基片电子浆料等;按热处理条件不同,可分为高温(>1 000 ℃)、中温(300~1 000 ℃)和低温(100~300 ℃)烧结浆料,而低温烧结浆料又可以称为导电胶[101];按使用用途不同,电子浆料可分为导电浆料、电阻浆料和介质浆料。以此为例来对电子浆料具体使用做深入阐述。导电浆料用来制造厚膜导体,在厚膜电路中形成互连线、多层布线、微带线、焊接区、厚膜电阻端头、厚膜电容极板和低阻值电阻。厚膜导体的用途各异,尚无一种浆料能满足所有用途的要求,所以要用多种导体浆料。对导体浆料的共同要求是电导大、附着牢、抗老化、成本低、易焊接。与导体浆料相同,电阻浆料也有三种成分:导体、玻璃和载体。但是,它的导体通常不是金属元素,而是金属元素的化合物,或者是金属元素与其氧化物的复合物。常用的浆料有铂基、钌基和钯基电阻浆料。厚膜介质用来制造微型厚膜电容器,对它的基本要求是介电常数大、损耗角正切值小、绝缘电阻大、耐压高、稳定可靠。介质浆料是由低熔玻璃和陶瓷粉粒均匀地悬浮于有机载体中而制成的。常用的陶瓷是钡、锶、钙的钛酸盐陶瓷。改变玻璃和陶瓷的相对含量或者陶瓷的成分,可以得到具有各种性能的介质厚膜,以满足制造各种厚膜电容器的需要。

目前,国内外研究较多的电子浆料有 Ag 系、Cu 系、Ni 系等。Ag 的电阻率低、导电性能高且稳定、抗氧化又能力强,常用来制作导电浆料。但由于其价格昂贵且在湿热条件下容易发生迁移而影响导电性能下降这一严重缺陷,限制了进一步发展。Cu 的电导率仅低于 Ag,

但其价格低廉，耐迁移性好，越来越受到学者的重视。而它的表面活性高，在空气中容易氧化，生成 CuO 或 Cu_2O，对其导电性能造成严重影响；Ni 的价格适中，稳定性和 Ag 相比稍差，但 Ni 系导电浆料也存在着和银相似的问题，即随着镍粉的迁移其导电性下降[102]。如何解决导体浆料导电相所存在的问题，越来越受到人们的关注。

由于离子液体的高极性，离子液体最初被用于电化学合成各种金属纳米颗粒，如钯[103]、铱[104]和 Ge 纳米团簇[105]等半导体纳米颗粒。特别是，咪唑胺可以与特定阴离子相结合，以一种有利于制造金属纳米结构的方式自组装[106-109]。另外，离子液体的低温性克服了高温熔盐在制备材料中产物的烧结问题[110]，可以制备超细金属材料，其所得产物多为球形或非球形且通常无特殊结构纳米粒子。因此，研究不同离子液体在纳米金属材料中的应用仍然吸引着研究人员的广泛关注。

9.2.3.2 离子液体在银导电浆料的应用

银粉的制备方法有多种，主要有物理法、物理还原法、化学还原法、生物还原法等[111, 112]，这些方法往往很难解决粉末团聚，一般要加入大量的分散剂，这对银粉使用性能影响较大。以超细银最常用的制备方法——化学还原法为例，这种传统的化学还原法制备超细银还会伴随着大量废水的产生。随着环境意识的提高，研究无污染、能耗低、简单的银粉绿色制备工艺迫在眉睫。近年来，在离子液体介质中制备粉末的工艺得到重视，离子液体所特有的性能获得高分散的粉末越来越受到关注[113, 114]。因此，利用离子液体制备超细银的工艺逐渐成为最佳的绿色制备工艺之一[115]。

李健等[116]在[Hmim][BF_4]离子液体中采用有机化合物热分解的方法合成出了六方相结构的 Ag 纳米粒子，其粒径为 60 nm 左右，发现离子液体不但作为反应介质而且作为修饰剂修饰了纳米微粒的表面，有效阻止了纳米微粒的团聚和氧化。杨艳琼等[117]在离子液体[C_2OHmim][BF_4]中借助超声波合成出了直径为 10～40 nm、长度为几百纳米的纳米棒组成的树状 Ag 纳米结构。杨明山等[118]在[Bmim][BF_4]离子液体中加入对苯二酚和用少量无水乙醇溶解的硝酸银，成功制备了超细银，并用 XRD、SEM、IR 和 TEM 对产物进行了表征。结果表明，离子液体既起到溶剂作用，又起到分散剂的作用，是超细银绿色制备的良好介质。Selvam 等[119]利用离子液体[Omim][PF_6]中通过热分解相应的金属有机前体，制备了过渡金属 Ru、Rh、Ir、Ni、Pd、Pt、Ag 和 Au 纳米结构。其中银纳米线可以在[Omim][PF_6]存在下，通过加热的摩尔比为 1∶10(hfac)Ag(PMe_3)和十六烷基铵的混合物获得。

综上，在离子液体作用下制备而成的纳米银，通常粒径较小，约为 20 nm。其中，离子液体不仅可以作为制备过程中的溶剂[120]，并且还起到了阻止纳米银团聚的作用[121]，与其他制备方法相比，有着不可替代的优势。

9.2.3.3 离子液体在铜导电浆料的应用

微米级片状铜粉具有很大的表面积比，表面能大且表面活性高，在空气中易氧化，生成氧化亚铜。因而可能出现许多问题，小则引起电子浆料电阻率急速升高，出现断路现象，影响使用；大则出现局部电阻太大，产生大量热量，引起事故[122]。目前采用的抗氧化方法主要有金属镀层法、缓蚀剂法、偶联剂包覆法、磷化处理法等[123]。

近年来，关于在离子液体中电沉积 Cu[124, 125]的报道越来越多。Abbott 等[126]在氯化胆碱（ChCl）分别与乙二醇（EG）和尿素（Urea）形成的低共熔溶剂中进行了复合锻铜的研究，发现复合铜键层的成分主要依赖悬浮颗粒在溶液中的含量，在镀层中发现的铜颗粒均匀分布。通过研究铜的形核机理发现，在刚开始的形核初始阶段，铜是以三维瞬时形核机制来形核的，当镀层达到一定厚度时，再按照三维连续形核的机制进行生长。与此相似，华一新团队[127]利用尿素-氯化胆碱低共熔溶剂廉价、纯度高、合成工艺简单、热稳定性高、电导率高、电化学窗口宽等优点将其引入纳米铜粉的制备过程，可以大大降低生产成本、简化生产工艺、减少对环境的污染，实现纳米铜粉制备过程的绿色生产。

9.2.3.4　离子液体在其他导电浆料的应用

非贵金属镍具备良好的导电性、化学稳定性、可焊性和耐焊性，价格也相对便宜，因此常用来替代贵金属材料制备导电浆料。当前，各种镍导电浆料一般使用球状微细或超细镍粉，在制备过程以及树脂加热固化过程中镍粉易被氧化，其表面易形成氧化膜，使制得的导电浆料导电性能减弱而失去作为导电相的功能。

Abbott 等采用电化学方法制备了 Ag 纳米材料，此外 Abbott 团队[128]还通过电沉积制备出了金属镍[129]，研究发现，镍的电沉积动力学和水溶液中不同，并且得到的镍锻层的形貌也与水溶液中镍镀层的形貌不同。他们在低共熔溶剂中制备出了粒径为 6 nm 左右的镍镀层，镍镀层的表面光滑且平整、镀层的微观结构为呈外延生长的面心立方结构。

此外，在离子液体中也可以通过电沉积的方法制备各种不同的合金，这些同样可以应用到电子浆料中。已经有研究者在酸性离子液体[Emim][Cl-$AlCl_3$]中电沉积出了 Al-Cu、Al-Mn、Al-Cr、Al-Co、Al-Ni 等合金[130, 131]，在碱性离子液体[Bmim][BF_4]中电沉积出 Pa-Au、Pa-In 等合金[132]；在酸性离子液体[Emim][Cl-$ZnCl_2$]中电沉积出 Cu-Zn、Zn-Pt 等锌合金[133, 134]。从离子液体中还可通过电沉积制备其他的纳米合金材料[135, 136]。

综上所述，选择合适的设计路线，利用离子液体所制备的纳米材料不仅粒径较小、颗粒均匀，形貌多样可控，而且制得的纳米材料具有稳定优异的性能，具备较好的抗氧化性能。除此之外，离子液体在纳米材料的制备中可以重复利用，降低了制备成本，可望实现绿色的化学制备，这为电子浆料的绿色制备提供了较好的方向。

9.2.4　抛光液

1. 概述

表面高精度材料广泛用于各行各业，如模具制造、涡轮叶片和具有复杂表面的组件，而手动抛光材料表面费时费力又会增加成本，通常使用抛光工艺来替代人工[137]，可分为机械[138]、化学、电气及电化学抛光。图 9-14 所示为不同种类的抛光工艺[139]。

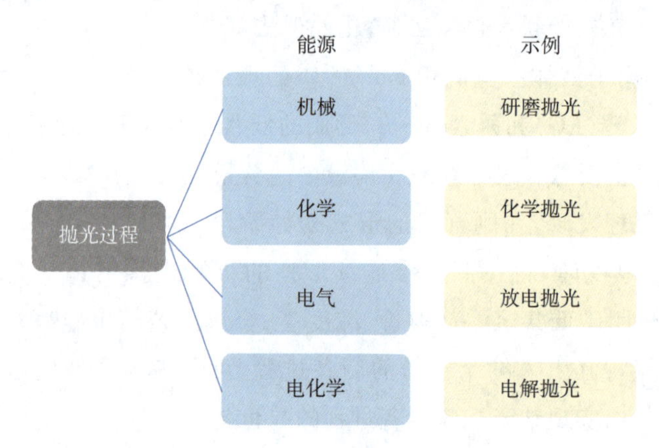

图 9-14　按能源类型分类的抛光过程及每个类别对应示例

化学机械抛光技术（chemical mechanical polishing，CMP）是一种湿法抛光技术[140]，结合了化学和机械平滑各种材料的表面实现半导体材料的平坦化[141]。抛光液是决定化学机械抛光技术性能的关键之一。抛光液由磨料粒子、腐蚀介质和助剂组成[142，143]。电化学抛光法[144]是在适宜的电解液中进行电解达到抛光表面的效果，它高效、易于操作并且可以进行复杂材料的加工，同时可实现高亮度和高精度的加工要求。

2018 年，全球抛光材料应收规模接近 20.1 亿美元[145]。我国对抛光液的需求也逐年上升，2017 年，我国 CMP 抛光液消费量达到了 2137 万 L，预计 2025 年将达到 9 653 万 L[146]，越来越多的专家学者关注抛光液的研发。目前，抛光液的制备及使用过程中仍有许多问题需要解决，如抛光液中的某些化学成分会对环境和人体造成一定的伤害。

2. 离子液体抛光液

孙皋飞等[147]制备了一种用于电化学抛光镁合金的离子液体抛光液，并实现了镁合金的抛光整平。镁合金可用于航空、电子、汽车等领域。镁在应用时要求表面高度光滑，需要对镁表面进行抛光。由于镁极易与水发生反应，若使用化学抛光会因镁消耗过大造成成本上升，无法进行高精度的抛光，同时经过化学抛光后的材料也易发生局部的腐蚀导致后续加工过程难以继续，而电化学抛光相对于化学机械抛光优点显著，所以选择电化学抛光法。为解决电化学抛光法在抛光镁合金的过程中会造成的点蚀现象、抛光液使用寿命短及成本高等问题，孙皋飞等引进了离子液体。离子液体是一种导电性极强的环境友好型材料[148]，也是一种非水溶剂，可以解决镁与水反应的问题。通过添加离子液体，制备出了一种低共熔型非水抛光液，可在无水环境下进行镁合金的抛光整平，得到了高精度的平滑镁合金表面，实现了镁合金的无点蚀抛光。在电化学抛光脉冲周期为 120 s，温度为 65 ℃，电压为 8.0 V，最大电流密度为 10 mA/cm^3 时，将预先用丙酮超声除油和酸洗过的镁合金与离子液体抛光液进行电化学抛光，最终得到了表面光亮且无点蚀的镁合金。该抛光液价格低廉，制备简单、无毒、导电率强、热稳定性好、可生物降解、可回收循环利用，是一种环境友好型抛光液，也更适合于工业化应用。

董会等[149]制备了一种用于 KDP 晶体的油包酸离子液体抛光液。KDP(磷酸二氢钾)是一种优良的光学晶体，也是目前唯一可用于起激光武器等光路系统的激光倍频、电光调制和光电器件的非线性光学材料。KDP 晶体在工业应用中要求极高，如表面超光滑、无缺陷、无杂质残留，但 KDP 材料又以软脆、对温度变化敏感等特点被认为是最难加工的材料之一。目前相对成熟的加工方法是单点金刚石飞切技术(SPDT)和磁流变抛光技术(MRF)。然而这两种方法均会对材料造成一定的损伤及其他杂质的嵌入，董会等使用化学机械抛光法对 KDP 晶体进行处理，而 CMP 方法中抛光液决定了抛光的精密程度，若仍使用传统抛光液则会造成晶体表面损伤，因此制备出一种油包酸性离子液体的抛光液。酸性离子液体作为分散相被油相包裹，形成了微乳液，在进行抛光时，微乳液会受到挤压与摩擦，离子液体分子会突破至晶体表面，从而发生化学反应，实现晶体表面抛光。该团队使用双三氟甲磺酰亚胺、己内酰胺磷酸盐、N，N′-二甲基甲酰胺磷酸盐、1-丁基-3-甲基咪唑硫酸氢盐和吡啶硫酸氢盐等作为酸性溶液，在化学机械抛光液滴加速度为 10 mL/min，抛光压力为 2.5 kPa，主盘转速为 60 r/min，持物转速为 600 r/min，抛光时间为 10 min，在抛光后使用异丙酮及正己烷辅助兆声波清洗抛光后的 KDP 晶体，得到的样品表面粗糙度仅为 1.96 nm。这种油包酸性离子液体抛光液是一种新型抛光液，以界面上的化学反应动力学控制为出发点，通过对离子液体的释放和界面调控使晶体表面的抛光更加精准和可控，也不会对 KDP 晶体造成损伤。这种离子液体抛光液综合了化学机械抛光技术的特点和 KDP 晶体在实际应用中的特性，克服了传统晶体潮解抛光的腐蚀不足，同时，离子液体是一种无水溶剂，保留了抛光液的高选择性和有机酸腐蚀的无水特征，实现了 KDP 晶体可控高精度抛光。

当前不锈钢电解抛光工艺[150]的需求日渐增加，在抛光过程中通常在金属表面上形成黏层，并且使用如甘油的黏度改进剂。电化学抛光技术凭借其优点应用于不锈钢抛光上，为了解决所应用溶液具有较高腐蚀性和毒性以及产生大量气体等问题，Abbott 等[151]将乙二醇($HOCH_2CH_2OH$)和氯化胆碱($HOC_2H_4N(CH_3)_3^+Cl^-$)制备的低共熔溶剂应用于电化学抛光中。传统离子液体的成本过高且对水敏感使得离子液体无法实际应用在金属大规模加工中，低共熔溶剂在阳极/溶液交界面处的气体逸出量极小，可获得高电流效率，就目前酸性水溶液来说，低共熔溶剂比较温和、无腐蚀性。研究发现，抛光液的机理与氢键受体及电荷转移过程相关。将溶剂应用在 SS316 不锈钢板上进行抛光测试，发现不锈钢上观察到的气体逸出量很小，反应机理与在酸性水溶液中不同，氧化膜的溶解慢于水溶液，抛光后得到的不锈钢板粗糙度可减小至<100 nm，同时该抛光液还具有传统离子液体的性质，如非腐蚀性，可在空气和一定湿度下稳定存在。

3. 新型低共熔溶剂抛光液

低共熔溶剂[152, 153](deep eutectic solvent)的合成过程中熔融温度大大降低[154],并且显示出了高溶解度。这种混合物易以纯净状态制备,与水不发生反应,并且可生物降解。低共熔溶剂应用在抛光液中使电化学抛光技术产生的电流效率大大提高,并且改善了抛光平整度[155],加强了抗腐蚀能力[156]。

Florindo 团队[157]使用加热和研磨两种不同的方法制备了低共熔溶剂,并从物理性能、热性能等方面与传统离子液体对比发现,当羧酸与氯化胆碱结合时,研磨方法制备的低共熔溶剂在热物理性能与黏度相较于加热法更加优异。用于电化学抛光的抛光液也提升了抛光的平整度及精确度,使抛光效率大幅度提高。

Kareem 等[158]使用不同氢键供体与磷基盐结合制备低共熔溶剂,改变磷基盐与氢键供体的摩尔比可以发现熔融温度从 91 ℃变为−69 ℃;当低共熔溶剂由磷基盐和乙二醇制备时,熔融温度远小于与甘油结合制备的溶剂,然而黏度远远大于乙二醇;氢键供体的类型对低共熔溶剂的酸碱度及溶解氧有很大的影响,不同的供体 pH 和溶解氧含量随温度变化不同。氢键供体,盐及两者摩尔比对低共熔溶剂的性质有重要的影响。

Karim 等[159]利用 ChCl∶EG=1∶2 的低共熔溶剂对镍和钴进行电化学抛光,电化学阻抗谱显示在电化学抛光的过程中在电极表面形成了膜,并且出现了扩散的 Warbug 阻抗,使用 3D 光学显微镜进行表征观察成膜情况,在一定的电压下,两种金属的表面仅有小于 5 nm 的微观粗糙度。

综上所述,离子液体作为化学机械抛光及电化学抛光中的抛光液,无论是传统离子液体还是新型离子液体低共熔混合物都实现了高效、高精度的抛光整平,得到的抛光后表面粗糙度极小,低共熔溶剂可回收利用,实现了制备环境友好型抛光液,价格低廉,降低成本,操作简单,抛光过程可控性强。

9.2.5 电子封装材料

1. 概述

在电子工业中,封装是必要工序之一。封装是指把构成电子器件或集成电路的各个部件与环境隔离从而得到保护的工艺。其作用是防止水分、尘埃及有害气体对电子器件或集成电路的侵蚀,减缓振动,防止外力损伤和稳定元件参数。20 世纪 90 年代封装业进入一个"爆炸式"的发展时期[160]。现代科学技术的发展,对电子封装材料提出了更全面的要求,为了满足更高的性能要求,研制开发新型的电子封装材料已成为各国竞相追求的目标[160]。

根据不同产品的结构要求,封装可分为包封、灌封和塑封等不同方式;按封装材料不同可分为陶瓷封装、金属封装和塑料封装。陶瓷和金属基封装为气密性封装,可靠性能高,但价格昂贵,主要用于航天、航空及军事领域;塑料封装具有价格低廉、质量较小、绝缘性能好和抗冲击性强等优点。塑封装所使用的材料主要是热固型塑料,包括酚醛类、聚酯类、环氧类和有机硅类。其中以环氧树脂应用最为广泛。环氧树脂封装价格相对便宜、成型工艺简单、适合大规模生产、可靠性与陶瓷封装相当，已占到整个封装材料的 95%以上[145]。

2. 聚合物基电子封装材料

理想的塑料基封装材料应具有以下性能[160]：①材料纯度高，离子型杂质极少；②与器件及引线框架的黏附性好；③吸水性、透湿率低；④内部应力和成形收缩率小；⑤热膨胀系数小，热导率高；⑥固化快，脱模性好；⑦流动性、充填性好，飞边少；⑧阻燃性好。

环氧基封装材料成本低、工艺简单，在电子封装材料中用量最大、发展最快，它是实现电子产品小型化、轻量化和低成本的一类重要封装材料。目前世界上环氧模塑料产销量达 15 万 t 左右，主要生产企业有住友电木、汉高、日东电工、长春集团、日立化成、京瓷化学、高丽化学、韩国三星、信越化学等，其中的日本企业以其产品在操作性和可靠性上的技术优势而在中高端市场占据较大市场份额，而欧美系、韩系等则以成本优势占据相对低端市场。2022 年，全球环氧塑封料市场规模达到 22 亿美元。中国市场中，传统封装用 EMC 占比为 93%，先进封装用 EMC 占比为 7%。预计 2030 年全球市场规模有望达到 34 亿美元。

传统环氧树脂存在性脆、冲击强度低、容易产生应力开裂、耐热耐湿性差、固化物收缩等不足，因而随着集成电路的集成度越来越高、布线日益精细化、芯片尺寸小型化及封装速度的提高，科研人员着力开发具有优良的耐热耐湿性、高纯度、低应力、低线胀系数等特性的环氧树脂。另外，随着人们对环境问题的日益关注，绿色环保、易加工是新材料制备和加工工艺发展的大势所趋。

室温离子液体具有很多优良特性，可以作为合成环氧树脂反应介质、溶锈剂和固化剂等，具有挥发性小、与环氧树脂的混溶性好、抗菌性强、存储时间长等优点。而且离子液体的可设计性结构，还能够进一步提高其力学性能、耐热性能、耐磨性能和韧性。

张道红课题组[161]研发了一种新的超支化离子液体（HBPC-mim）可以用来提高环氧热固性材料的断裂性能。HBPC-mim 的加入促进了固化反应，同时提高了固化反应的力学性能。采用 HBPC-mim-2 改性的环氧树脂的冲击强度、拉伸强度、弯曲强度和弯曲模量达到最高的 39.5 kJ/m^2、54.7 MPa、89.5 MPa 和 3.3 GPa，当 HBPC-mim-2 的含量达到 9 phr（phr 表示每 100 份树脂中添加的份数，以质量计）比纯环氧树脂分别高出 63.1%、135.2%、130.8%和 23.6%。采用重比为 100 ∶ 85 的质量比混合法制备了环氧酸酐热固性树脂。HBPC-mim /环氧树脂的质量比分别为 3 phr、6 phr、9 phr、12 phr、15 phr。将 DGEBA、MHHPA 和 HBPC-mim 在室温下机械混合，直至得到均匀的混合物，倒入硅橡胶模具中。在 120 ℃为 5 h、160 ℃为 4 h 等温固化，得到 DGEBA/MHHPA/HBPC-mim 热固性材料。此外，环氧树脂复合材料的玻璃化转变温度（T_g）和热稳定性也得到了提高。增强的结果是平均交联密度和部分自由体积。

胡祖明课题组[162]采用异山梨糖醇基环氧树脂（IS-EPO），4，4′-二硫代二苯胺（MDS）和（[Bmim]Cl），成功制得不同[Bmim]C1 含量的 4，4-二硫代二苯胺环氧树脂（MDS-EPO）。

研究结果表明：纯的 MDS-EPO 热压成型后拉伸强度下降，其杨氏模量增加，断裂伸长率下降，而当添加了离子液体后，重塑后的样条拉伸强度和杨氏模量均增加，断裂伸长率下降；[Bmim]C1 的添加起到了增塑作用，[Bmim]C1 均匀分布在 MDS-EPO 树脂体系中，而不出现相分离，在[Bmim]CI 添加量为 20%（质量分数）条件下，制得的 MDS-EPO 的断裂伸长率最大达到 251.86%，比重塑前的断裂伸长率 2.58%增长了 96.62 倍。

孔米秋课题组向在多功能环氧树脂 diglycidyl-4，5-epoxy-cyclohexane-1，2-dicarboxylate（TDE-85）中加入少量的聚合离子液体（PIL），在不影响环氧树脂模量的前提下，显著改善了复合材料的断裂抗力和介电性能。在最佳载荷为 3% PIL 的情况下，临界应力强度因子（KIC）显著提高 92.9%，拉伸模量和强度分别提高 13.3%和 10.7%。随着 PIL 的引入，复合材料的热性能得到了明显的提高。当 PIL 质量分数为 5%时，TDE-85/PIL 复合材料的玻璃化转变温度提高了 16.58 ℃，750 ℃时残余碳质量由 14.08%提高到 22.35%，比纯 TDE-85 提高了 59%。此外，低频的介电常数也增加了 96.4%，介电损耗略有增加。此工作为获得具有较高韧性、热、介电性能的环氧树脂提供一种新的途径，并为进一步改性环氧树脂提供更多类型的聚离子液体[163]。

为改善多壁碳纳米管（MWCNTs）在环氧树脂（EP）中的分散性和界面性质，郑香允等[164]以 1-乙烯基-3-丁基咪唑六氟磷酸盐（[Vbim][PF_6]）为单体合成 PIL，用于 MWCNTs 的表面改性。PIL 可吸附在 MWCNTs 表面且不改变 MWCNTs 的电子结构。与原始 MWCNTs 相比，PIL-CNTs 在丙酮中的分散性更好。在 EP 中加入质量分数为 0.5% 的 PIL-CNTs，以 4，4′-二氨基二苯甲烷（DDM）为固化剂制备环氧树脂固化物。动态力学（DMA）研究表明，PIL-CNTs 提高了 EP 的储能模量，玻璃化温度比纯 EP、MWCNTs/EP 分别提高了 5.6 ℃和 3.3 ℃；PIL-CNTs/EP 的拉伸强度、弯曲强度和冲击强度较纯 EP 分别提高了 35.2%、26.4%和 45.0%。拉伸断面的 SEM 可看出，PIL-CNTs 在复合材料中的分散性和与环氧树脂基体的界面结合力均优于原始 MWCNTs。

薛志刚通过共价和非共价化学功能化处理、一步季铵化反应合成了端胺离子液体（IL-NH_2）用于非共价附着于多壁碳纳米管侧壁，并且通过阳离子-π 堆积相互作用制备端胺基功能化离子液体 MWCNTs（AIL-MWCNTs）。结果表明，AIL-MWCNTs 均匀分散在基体中，具有更好的填充-基体界面作用。研究了非共价功能化对基体中多壁碳纳米管分散性的影响以及对 EP/AIL-MWCNTs 复合材料的流变性能、动态力学性能和断裂韧性的影响[165]。

刘金麟课题组[166]合成了三大体系离子液体（见图 9-15），分别是短链咪唑离子液体、不同侧链长度的烷基咪唑离子液体和聚醚咪唑离子液体。将上述离子液体分别与环氧树脂（EP）进行共混改性，制备出离子液体改性的 EP 样条。测试结果表明三种体系的离子液体改性后的环氧树脂冲击性能和拉伸性能都得到了改善，其中短链咪唑离子液体体系中，当离子液体与 EP 的质量比为 1∶10 时，离子液体[Aemim]Br 改性的 EP 效果为最佳，可将 EP 的冲击强度从原来的 2.065 kJ/m^2 提高到 3.245 KJ/m^2，拉伸强度从原来的 44.56 MPa 提高到 52.77 MPa，但弯曲强度稍微减小，且热分解温度也有所下降。

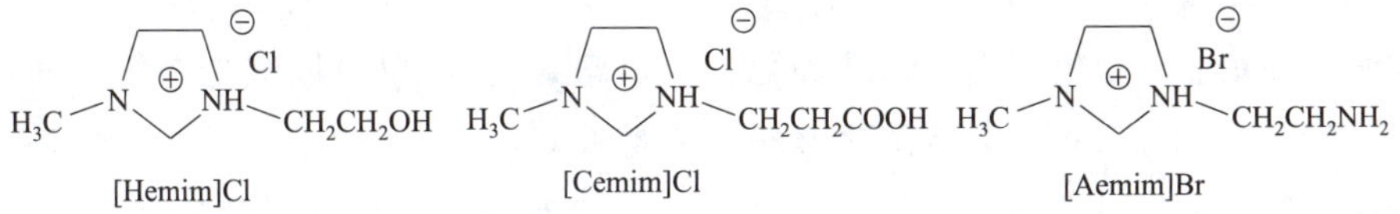

$H_3C-N^{\oplus}-NH-CH_2CH_2OH\ Cl^{\ominus}$　$H_3C-N^{\oplus}-NH-CH_2CH_2COOH\ Cl^{\ominus}$　$H_3C-N^{\oplus}-NH-CH_2CH_2NH_2\ Br^{\ominus}$

[Hemim]Cl　[Cemim]Cl　[Aemim]Br

（a）

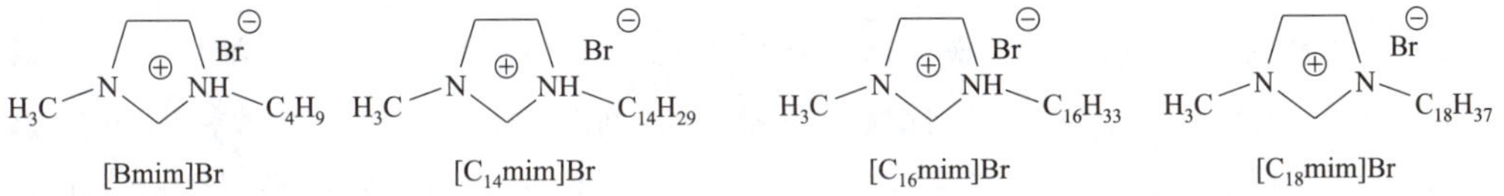

$H_3C-N^{\oplus}-NH-C_4H_9\ Br^{\ominus}$　$H_3C-N^{\oplus}-NH-C_{14}H_{29}\ Br^{\ominus}$　$H_3C-N^{\oplus}-NH-C_{16}H_{33}\ Br^{\ominus}$　$H_3C-N^{\oplus}-N-C_{18}H_{37}\ Br^{\ominus}$

[Bmim]Br　[C14mim]Br　[C16mim]Br　[C18mim]Br

（b）

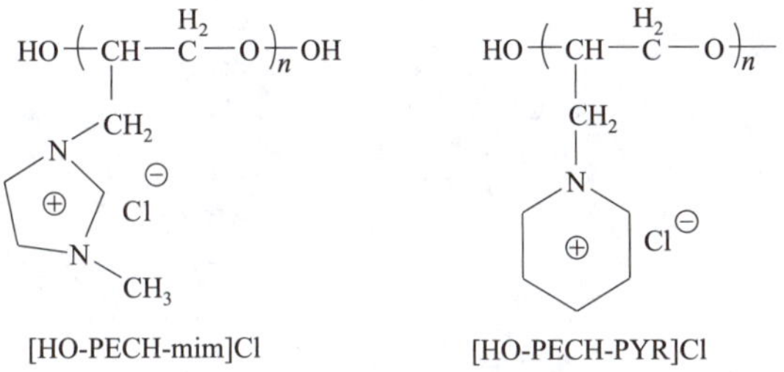

$HO\!-\!(CH-\overset{H_2}{C}-O)_n\!-\!OH$，$CH_2$，N，$Cl^{\ominus}$，N，$CH_3$　$HO\!-\!(CH-\overset{H_2}{C}-O)_n\!-$，$CH_2$，N，$Cl^{\ominus}$

[HO-PECH-mim]Cl　[HO-PECH-PYR]Cl

（c）

图 9-15　合成三大体系离子液体结构图

Avilés 等[167]研究了一种新型自润滑环氧树脂材料（见图 9-16），在质子离子液体（PIL）中加入质量分数为 9％的环氧树脂（ER＋DCi），得到了一种新型自润滑耐磨环氧树脂材料（ER＋Dci）tri-[bis（2-hydroxyethyl）ammonium] citrate（Dci）的混合物预聚体和硬化剂组成的混合物胺。为了得到新的 ER＋Dci，将 PIL 添加剂与预聚物通过 IKA T25 Digital Ultra-Turraxa 型高性能分散机在 30 s 内以 16 000 r/min 的转速进行混合。加入固化剂（质量分数为 28％）后，在真空下 1 000 r/min 搅拌 1 min。环氧树脂和 ER＋Dci 在 60 ℃真空烘箱中固化 2 h，室温固化 24 h。质子离子液体作为固化和增塑剂，增加了延展性和交联密度。

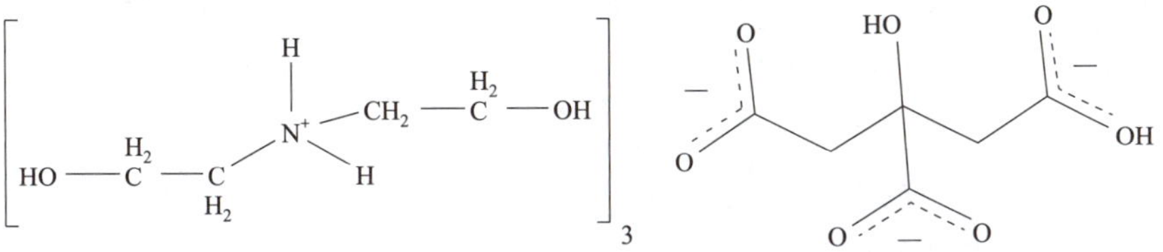

$[HO-\overset{H_2}{C}-\underset{H_2}{C}-N^+H_2-CH_2-\overset{H_2}{C}-OH]_3$　HO，O，O，OH，O，O

图 9-16　Dci 的化学结构式

随着对生产效率的要求越来越高，高端微电子封装企业出现了多柱头自动模具(AUTO-MOLD)封装工艺，它要求一个封装周期为 30～50 s，有的甚至要求缩短至 20 s 左右。为此，国外企业研制生产出了快速固化型环氧塑封料，不仅可以减少操作时间，还能保证产品的可靠性要求。另外，无后固化型环氧塑封料应运而生，要求不进行 4～6 h 的后固化，仍能保证材料的耐湿性和耐热冲击性，为了适应这种要求，只有采用特殊的固化促进剂，建立新型的固化体系，才能满足要求。

Nguyen 等[168]对两种不同摩尔质量的聚(2，6-二甲基-1，4-亚苯基醚)(PPE)进行了研究，这两种材料被用作环氧/离子液体网络的增韧剂。在该研究中，鏻离子液体与次膦酸酯及磷酸酯类对阴离子共同充当环氧预聚物的固化剂(见图 9-17)。与 PPE 改性的环氧/胺网络相比，具有明显的疏水性和优异的热稳定性(高于>400 ℃)。此外，离子液体-热塑性树脂的结合使环氧树脂网络的机械性能显著提高，特别是在应力强度因子 KIc(IL-TMP＋150％，IL-DEP＋200％)。

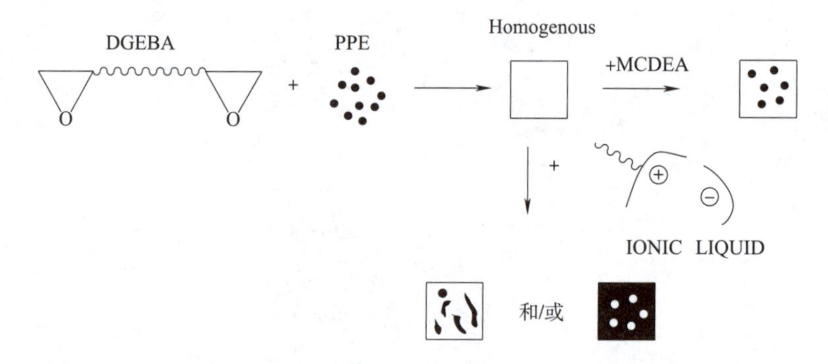

图 9-17 PPE 改性的环氧/胺网络和 IL-热塑环氧树脂的合成路线图

2019 年张延强率先报道了基于环氧树脂的离子液体固化剂研究。由团队设计合成的酰胺功能化离子液体，显著降低了耐热型环氧树脂固化剂的固化温度，在使用较少量固化剂的情况下即能达到较好的固化效果，可大大简化树脂基复合材料的加工过程。在上述研究基础上，团队又设计合成了系列咪唑双功能离子液体，如 1-(3-氨基-3-氧丙基)-3-(2-氨基-2-氧乙基)-咪唑二氰胺盐等。研究表明，以酰胺为活性基团的双功能离子液体可作为 TDE-85 环氧树脂的中温或高温固化剂，固化温度在 130～208 ℃之间，固化物展示出了较好的耐热性能，玻璃化转变温度为 187～212 ℃。研究团队通过考察离子液体环氧树脂混合体系不同固化阶段红外光谱的变化，推测其固化为阳离子开环固化反应机理。本研究提供的固化剂大大改善了耐热型环氧树脂复合材料的加工工艺[169]。

紧接着，该课题组合成了由 1-(3-氨基-3-氧丙基)-3-丙基-咪唑、1-(3-氨基-3-氧丙基)-3-(2-氨基-2-氧乙基)-咪唑和 1-烯丙基-3-(2-氨基-2-氧乙基)-咪唑与$[NTf_2]^-$或$[N(CN)_2]^-$阴离子结合的系列双功能化离子液体为环氧树脂固化剂。结果表明，合成的双功能离子液体可作为 TDE-85 的中、高温固化剂，固化温度范围为 130～208 ℃；双功能离子液体与 TDE-

85 固化体系得到的热固性较好，玻璃化温度为 187～212 ℃，失重 10%的分解温度为 282～357 ℃；二胺官能团化的离子液体与环氧树脂反应，形成更深的交联网络，提高环氧树脂的耐热性。这些结果将指导耐高温环氧树脂的研究[170]。

同期，Bluma G. Soares 课题组探讨了离子液体[Bmim][BF_4]对环氧树脂固化行为及相应网络材料最终性能的影响。[Bmim][BF_4]作为环氧树脂的硬化剂，与其他离子相比反应性较低。环氧聚合是由 IL 分解形成的烷基咪唑引发的阴离子机制引起的。MTHPA 或 MCDEA 被用作附加硬化剂，离子液体对固化过程的影响不同，因为它降低了 MTHPA 的固化程度，但加速了 MCDEA 的固化过程。同时由于固化过程中的醚化反应，在网络中提供了稳定的醚键，ER /[Bmim][BF_4]二元网络的热稳定性高于酸酐和 MCDEA 固化的二元网络[171]。

Maka 等制备离子液体固化高性能环氧复合材料。比较了两种具有相同双氰酰胺阴离子和不同阳离子类型的离子液体：咪唑和膦作为环氧树脂的催化剂。使用[THTDP][$N(CN)_2$]固化的环氧树脂与[Emim][$N(CN)_2$]（黑色不透明）固化相比具有较高的透明度（约为 85%）。经过咪唑离子液体固化的环氧材料具有 45 天以上的寿命、高的热性能，即玻璃化温度（190 ℃以上）、低 tan δ（0.17）和好的稳定性（395 ℃ /5%的质量损失），而经过磷离子液体固化的环氧材料寿命在 70 天以上，具有相似的 tan δ 值和高透明度（85%）。咪唑二氰胺离子液体固化的碳纳米管改性环氧复合材料的体积电阻率在 10^7～10^3 Ω/m 之间，填充碳含量质量分数为 0.062 5%～0.25%。这些特性使得开发的材料可应用于各种工程[172]。

Spychaj 课题组合成了一类离子液体含有更短的（丁基）或更长的（癸基）烷基链和双酚、四氟硼酸盐或氯化离子被用作双酚型环氧树脂的固化剂，将[Bmim][$N(CN)_2$]、[DMIM][$N(CN)_2$]和[Dmim][BF_4]分别与双酚基低分子量 E6 树脂在室温下混合。经测试，随着固化体系中离子液体含量的增加，可以观察到固化开始的温度降低（[$N(CN)_2$]$^-$，120～150 ℃；[BF_4]$^-$，200～240 ℃）；咪唑阳离子的烷基链长度对起始温度固化范围影响较小：癸基取代基 200～240 ℃，丁基 210～230 ℃；含四氟硼酸阴离子的环氧树脂/离子液体体系的 T_g 值（约 150 ℃）比含双氰胺阴离子（165～180 ℃）要低；而咪唑阳离子的烷基链越长，固化环氧树脂的玻璃化温度越低[173]。

由于环氧树脂本身易燃，为了满足封装材料阻燃性能的要求，徐建忠课题组通过 MOF（NH_2-MIL-101(Al)）与含磷氮离子液体（[DPP-NC_3bim][PMO]）的协同作用，设计了一种新型的 MOF 复合材料作为环氧树脂的有效阻燃剂，并采用简便的方法制备了离子液体改性的 NH_2-MIL-101(Al)复合材料（见图 9-18）。所得到的 IL@NH_2-MIL-101(Al)能够在加入量较低为 3.0%（质量分数）的情况下，大幅度提高 EP 的防火安全性。EP/IL@NH_2-MIL-101(Al)的 LOI 值达到 29.8%。添加后，热、烟和 CO 的排放量明显减少。与纯 EP 和 EP/NH_2-MIL-101(Al)复合材料的结果相比，EP/IL@NH_2-MIL-101(Al)的阻燃性能的增强归功于离子液体和 NH_2-MIL-101(Al)的协同作用，这两者在气相和冷凝相中起着至关重要的作用。一方面,含磷、氮离子液体能够捕获自由基,促进焦炭的形成,从而抑制 EP 燃烧;另一方面,NH_2-MIL-101(Al)框架起到了屏障的作用,抑制了热量和可燃物质的传递效率。结合离子液体和 NH_2-MIL-101(Al)的独特性能,可以实现 IL@NH_2-MIL-101(Al)复合材料作为 EP 的有效阻燃剂。此外,这一策略也为其他先进的 MOF 复合材料的阻燃开发提供了一种实用的方法[174]。

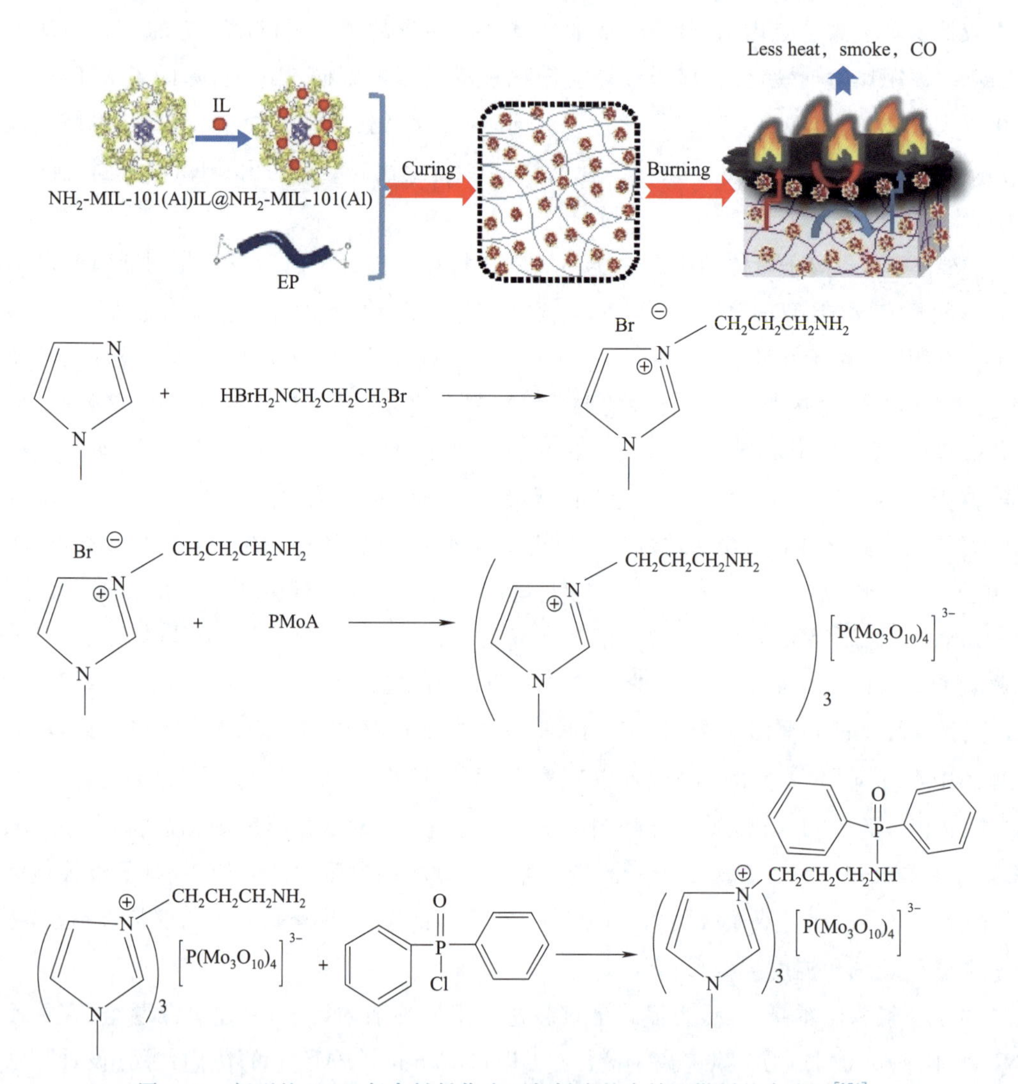

图 9-18　新型的 MOF 复合材料作为环氧树脂的有效阻燃剂的合成图[174]

李晨课题组设计并合成了一种新型含磷咪唑作为 DGEBA 和 TGDDM 的潜在固化剂,具有良好的热稳定性、阻燃性和介电性能。以简便的方法设计合成了咪唑二苯膦酸酯(IDPP),并将其用作双酚 A 型 EP(DGEBA)二缩水甘油醚的固化剂。IDPP/DGEBA 在室温下具有长期的液态稳定性,在加热下迅速固化,表现出依赖温度的可控潜伏固化行为,最终以离子键的形式将特定的含磷基团附着在环氧树脂链上，从而对树脂的网络结构产生轻微的影响。因此，固化的EP达到了较高的玻璃化转变温度，具有良好的热稳定性、优异的阻燃性和预期的介电性能。与对照样品相比，IDPP/EP的LOI值明显提高，阻燃样品很容易达到UL-94 V0等级。因此，IDPP/环氧体系具有潜在固化性能好、热稳定性好、无卤阻燃、介电性能好等优点，在电气/电子及复合材料制造领域具有广阔的应用前景。此外，IDPP还可作为四缩水二胺二苯甲烷(TGDDM)的潜在固化剂，具有良好的热稳定性和阻燃性[175]。

冀茹鑫等将1-乙基-3-甲基咪唑磷酸二乙酯离子液体([Emim][DEP])和环氧树脂(EP)进行共混，4,4′—二氨基二苯甲烷(DDM)为固化剂制备环氧复合材料。[Emim][DEP]降低了环氧体系的固化温度，促进交联反应使固化热升高。[Emim][DEP]能够同时提高EP的冲击性能和阻燃性，当[Emim][DEP]加入量为4%时，复合材料的冲击强度提高了128%，氧指数达到29.8%。热重分析表明[Emim][DEP]有凝聚相阻燃的作用。该课题组还将碳纳米管、离子液体和丙酮混合超声后并加入EP，在DDM固化剂作用下制备环氧树脂复合材料，[Emim][DEP]可吸附在CNTs表面，在环氧树脂基体中均匀分布。当[Emim][DEP]含量为7%时，随着CNTs含量的增加，拉伸强度和冲击强度先增大后减小。当CNTs含量为0.25%、[Emim][DEP]含量为8%时，极限氧指数最大为33。通过观察残炭的SEM图并对比LOI值表明，[Emim][DEP]含量越多，残炭表面结构越致密，LOI值越大。锥形量热测试表明，复合物的HRR减小。通过上述结果，[Emim][DEP]/CNTs确实有利于提高EP的阻燃性[176]。

为解决环氧树脂中使用的大多数阻燃剂不可避免地会影响其固化过程、机械性能和透明度问题，汪秀丽等设计了一种新型的含磷无卤离子液体([Dmim][Tos])，由9,10-dihydro-9-oxa-10-phosphaphenanthrene-10-oxide(DOPO)和甲苯磺酸盐阴离子修饰咪唑阳离子组成，并作为EP的阻燃剂。在固化剂DDM下固化得到EP和EP/[Dmim][Tos]，通过实验过程，证明了[Dmim][Tos]对EP的固化过程有促进作用，这是由咪唑环中的氮原子所引起的酸碱性质所致。当[Dmim][Tos]的质量分数低于4.0%时，对EP的透明度几乎没有影响。添加质量分数低于7.5%%时，Tos基本保持了EP的力学性能。与纯EP相比，在[Dmim][Tos]质量分数为4.0%(磷的质量分数为0.2%)下，EP/[Dmim][Tos]可以通过UL-94 V0级，得到LOI值32.5%。通过对EP/[Dmim][Tos]的残渣和热解产物的分析，可以得出，[Dmim][Tos]对环氧树脂的阻燃作用主要表现为凝聚态和气态。结果证明EP/[Dmim][Tos]具有较高的防火安全性，同时具有良好的机械性能、透明度和热性能，具有更广泛的应用前景[177]。

为了开发高效的阻燃体系，中国科学院广州化学研究所吴坤课题组合成了一种磷酸盐离子液体，1-乙烯基-3-(二氧基磷酸基)-丙基溴化铵，并将其引入环氧树脂中，通过对树脂LOI、UL-94垂直燃烧和MCC试验表明，离子液体环氧树脂的阻燃效果良好。当离子液体负荷质量分数仅为4%时，EP/IL-4样品通过了UL-94 V0等级，其LOI值从纯EP的

25.9%提高到34.9%，由于离子液体的存在促进了致密而稳定的富磷残焦的形成，均匀致密的富磷残炭进一步抑制环氧树脂的传热和降解，对降低环氧树脂的可燃性具有重要意义。与传统的添加剂型阻燃剂不同，离子液体的引入显著地改变了EP的颜色和透明度，提高了EP的力学性能，抗拉强度由纯EP的84.9 MPa提高到108.6 MPa，表明IL对EP复合材料有显著的增强作用[178]。

除了以引入离子液体作为环氧树脂的改性剂，离子液体基复合杂化材料同样得到了科研人员的重视。吴坤等以磷酸基离子液体与磷钼酸为原料进行阴离子交换，通过烷基化反应和阴离子交换反应制备了一种新型多功能离子液体金属有机杂化物(PMAIL)，并将其应用于环氧树脂上，作为一种高效的阻燃剂。在加入6%的PMAIL后，得到的EP材料达到UL-94V-0等级。与纯EP相比，在锥形量热测试中，PHRR和TSP显著降低。此外，热重分析结果表明，在700 ℃时，PMAIL添加质量分数为仅为1%的EP复合材料与纯环氧树脂相比提高了108.3%，可见PMAIL出色的催化炭化效果。因此，利用功能化离子液体基金属-有机杂化材料来提高EP的阻燃性能为构建高效阻燃聚合物复合材料提供了一种有前景的解决方案[179]。

随着人们对生态环境的日益关注及化石资源的日益短缺，发展生物基材料越来越受到关注。刘珂等使用离子液体[Bmim]Cl替代传统有机溶剂在70 ℃的条件下将其溶解，使用H_2O_2作为氧化剂对木质素进行氧化改性，氧化时间为2 h，氧化温度为80 ℃，得到氧化木质素(OLG)。以OLG为原料，参照双酚A型环氧树脂的合成原理将OLG与环氧氯丙烷(ECH)在NaOH碱性条件下进行环氧化反应，得到产物木质素基环氧树脂(LGEP)，最佳工艺条件为m(ECH)∶m(OLG)=6∶1，pH=9，反应温度150 ℃，反应时间6 h，在此条件下经过环氧化反应生成的LGEP的环氧值为0.363。对合成的LGEP进行其他各项性能的测定，最终得到吸水率为0.472，黏度为6.63P，固含量为51%[180]。

王洁课题组以麦草醇解木质素为原料，丁二酸酐(SA)为酯化剂，[Bmim]Cl为反应介质，在不添加其他反应助剂和催化剂的条件下，对木质素进行酯化改性，制备了酯化木质素。离子液体中可成功地实现木质素的乙酰化，经改性的木质素热稳定性提高，粒径减小。研究了温度、时间、n(SA)/n(-OH)等对酯化木质素接枝率的影响，并探讨了酯化木质素对环氧树脂(EP)热稳定性、耐热性能、弯曲应力及黏结性能的影响。结果表明：酯化木质素的接枝率随n(SA)/n-(OH)增大而提高，当酯化反应在80 ℃持续2.0 h时，接枝率高达68%；酯化木质素中出现明显的酯基特征峰，且其热稳定性得到改善；加入酯化木质素使EP的热稳定性得到改善，维卡软化温度提高近5.0，弯曲应力和拉伸剪切强度均有所增加[181]。

随着电子工业的持续高速发展和电子垃圾问题的日益严重[182]，电子工业中的绿色制造问题越来越受到关注。

张剑秋课题组采用离子液体作为反应介质，在235～280 ℃反应3～7 h，研究了双酚-A缩水甘油醚/乙二胺(DGEBA/EDA)环氧树脂的降解反应并考察了温度、时间等因素对降解的影响，明确了反应后的残余固体为未降解的环氧树脂固体，获得的主要产物为苯酚、双酚-A、对异丙基苯酚等。时间越长、温度越高降解率越大，主要产物收率也越高，在 280 ℃，反应 3 h 时，降解率达到 92%[183]。

董晶颖等以[Bmim][H_2SO_4]为处理液，探究[Bmim][H_2SO_4]分解电路板的特性、考察温度、加热时间及电路板大小对电路板分解程度的影响。在温度 270 ℃、加热时间(20±2)min、电路板大小为 $2\times2\ cm^2$ 条件时，溴化环氧树脂的溶解程度最大，电路板的分解程度最大；另外回收的[Bmim][H_2SO_4]化学组分基本无变化，可循环使用，电路板经[Bmim][H_2SO_4]处理后，铜箔、焊料和玻璃纤维自动分离便于后续的回收，为废旧印制电路板的无害化处理和资源回收提供了一条新途径[184]。

9.3 未来发展趋势

信息技术是当今世界经济社会发展的重要驱动力，电子信息产业是国民经济的战略性、基础性和先导性支柱产业，对于促进社会就业、拉动经济增长、调整产业结构、转变发展方式和维护国家安全具有十分重要的作用。目前半导体用电子化学品基本被国外企业垄断，尤其美国企业，中美两国博弈的不确定性，凸显了高端电子化学品国产化的紧迫性。只有掌握产业链上核心关键环节，我国集成电路的发展才不会被国外垄断者“卡脖子”。

当前，电子化学品的国产化已经刻不容缓，但是上述离子液体作用于电子化学品的生产，仍然停留在实验室阶段。这是因为，首先，常温离子液体包含有机阳离子和无机阴离子两大部分，尽管阴阳离子可以有多种组合，但如何根据需要，定向设计离子液体体系，其关键是阴阳离子的最佳搭配问题。其次，有关离子液体的结构和性能间构效关系也是很重要的研究课题，这涉及体系的酸碱性、催化性能，以及阴阳离子协同作用。最后，很多从事反应和反应工程研究的科学家对离子液体还不熟悉，在这方面，离子液体研究者与反应研究方面的专家相结合是必不可少的。因此，要实现离子液体在电子化学品大规模工业化应用还需要不懈地探索与积累。

参考文献

[1] YU J, XU N, LIU Z, et al. Novel one-component positive-tone chemically amplified I-line molecular glass photoresists[J]. ACS Applied Materials, 2012, 4(5): 2591-2596.

[2] 刘伟鑫. 中国半导体材料迈向中高端[R]. 中国工业气体工业协会,2020.

[3] BATES C M, STRAHAN J R, SANTOS L J, et al. Single-and dual-component crosslinked polymeric surface treatments for controlling block copolymer orientation[J]. Abstracts of Papers of the American Chemical Society, 2011, 241: 1.

[4] 何小东. 离子液体流体光波导的构建及其传输特性与光操控研究[D]. 兰州:兰州大学, 2015.

[5] ALABISO W, LI Y, BRANCART J, et al. The use of a sulfonium-based photoacid generator in thiol-ene photopolymers for the controlled activation of transesterification through chemical amplification [J]. Polymer Chemistry, 2024, 15(4): 321-331.

[6] BEZRUKOV A, GALYAMETDINOV Y. Tuning properties of polyelectrolyte-surfactant associates in two-phase microfluidic flows[J]. Polymers, 2022, 14(24): 5480-5495.

[7] RAJAN K, CHIAPPONE A, PERRONE D, et al. Ionic liquid-enhanced soft resistive switching devices[J]. RSC advances, 2016, 6(96): 94128-94138.

[8] DENG J, BAILEY S, JIANG S, et al. Modular synthesis of phthalaldehyde derivatives enabling access to photoacid generator-bound self-immolative polymer resistswith next-generation photolithographic properties [J]. Journal of the American Chemical Society, 2022, 144(42): 19508-19520.

[9] TORTI E, GIUSTINA G D, PROTTI S, et al. Aryl tosylates as non-ionic photoacid generators (pags): photochemistry and applications in cationic photopolymerizations[J]. RSC Advances, 2015, 5 (42): 33239-33248.

[10] DIPIETRO R A, SOORIYAKUMARAN R, SWANSON S A, et al. Low outgassing photoresist compositions: US7951525[P]. 2011-05-31.

[11] WU H, GONSALVES K E. Preparation of a photoacid generating monomer and its application in lithography[J]. Advanced Functional Materials, 2001, 11(4): 271-276.

[12] LIU J, QIAO Y, LIU Z, et al. The preparation of a novel polymeric sulfonium salt photoacid generator and its application for advanced photoresists[J]. RSC Advances, 2014, 4(40): 21093-21100.

[13] RAHMAN F, CARBAUGH D J, WRIGHT J T, et al. A review of polymethyl methacrylate (PMMA) as a versatile lithographic resist-with emphasis on UV exposure[J]. Microelectronic Engineering, 2020, 224: 111238-111250.

[14] DOUKI K, KAJITA T, SHIMOKAWA T. High-performance 193 nm positive resist using alternating polymer system of functionalized cyclic olefins/maleic anhydride[C]//Advances in Resist Technology and Processing XVII, 2000, 3999: 1128-1135.

[15] REICHMANIS E, NALAMASU O, HOULIHAN F M. Organic materials challenges for 193 nm imaging[J]. Accounts ofChemical Research, 1999, 32(8): 659-667.

[16] CAMERON J F, CHAN N, MOORE K, et al. Comparison of acid-generating efficiencies in 248 and 193 nm photoresists[C]//Advances in Resist Technology and Processing XⅧ, 2001, 4345: 106-118.

[17] MAEDA K, NAKANO K, IWASA S, et al. Photo-acid generator having aromatic ketone structure for ArF chemically amplified resist[J]. Microelectronic Engineering, 2002, 61: 771-776.

[18] NANDI S, YOGESH M, REDDY P G, et al. A photoacid generator integrated terpolymer for electron beam lithography applications: sensitive resist with pattern transfer potential[J]. Materials Chemistry Frontiers, 2017, 1(9): 1895-1899.

[19] NAKANO K, MAEDA K, IWASA S, et al. Transparent photoacid generator(ALS) for ArF excimer laser lithography and chemically amplified resist[C]//Advances in Resist Technology and Processing XI, 1994, 2195: 194-204.

[20] LIU J, WANG L. Novel polymeric sulfonium photoacid generator and its application for chemically amplified photoresists[J]. ECS Transactions, 2014, 60(1): 231.

[21] UETANI Y, MORIUMA H, TAKATA Y. Positive resist composition[P]. CN: CN1219238 C.

[22] PADMANABAN M, BAE J-B, COOK M M, et al. Application of photodecomposable base concept to 193 nm resists[C]//Advances in Resist Technology and Processing XVII, 2000, 3999: 1136-1146.

[23] PADMANABAN M, DAMMEL R R. Photoresist composition for deep UV radiation[P]. CN: 6365322.

[24] NALAMASU O, HOULIHAN F M, CIRELLI R A, et al. Single-layer resist design for 193 nm lithography[J]. SolidState Technology, 1999, 42(5): 29-34.

[25] NALAMASU O, HOULIHAN F, CIRELLI R, et al. 193 nm single layer resist strategies, concepts, and recent results[J]. Journal of Vacuum Science, 1998, 16(6): 3716-3721.

[26] JM K, AG T, AN M, et al. Photogenerators of sulfamic acids; use in chemically amplified single layer resists[J]. Journal of Photopolymer Science, 1998, 11(3): 419-429.

[27] PEI H-W, YE K, SHAO Y, et al. Photopolymerization activated by photobase generators and applications: from photolithography to high-quality photoresists[J]. Polymer Chemistry, 2024: 248-268.

[28] HALLETT-TAPLEY G L, WEE T-L E, TRAN H, et al. Single component photoacid/photobase generators: potential applications in double patterning photolithography[J]. Journal of Materials Chemistry C, 2013, 1(15): 2657-2665.

[29] HAGIWARA Y, MESCH R A, KAWAKAMI T, et al. Design and synthesis of a photoaromatization-based two-stage photobase generator for pitch division lithography[J]. The Journal of Organic Chemistry, 2013, 78(5): 1730-1734.

[30] MOORE G E. Cramming more components onto integrated circuits[J]. Proceedings of the IEEE, 1998, 86(1): 82-85.

[31] PIMPIN A, SRITURAVANICH W. Review on micro-and nanolithography techniques and their applications[J]. EngineeringJournal, 2012, 16(1): 37-56.

[32] BAIN C D, WHITESIDES G M. Modeling organic surfaces with self-assembled monolayers[J]. Angewandte Chemie, 1989, 101(4): 522-528.

[33] GUO L J. Nanoimprint lithography: methods and material requirements[J]. Advanced Materials, 2007, 19(4): 495-513.

[34] PINER R D, ZHU J, XU F, et al. "Dip-pen" nanolithography[J]. Science, 1999, 283: 661-663.

[35] WU B, KUMAR A. Extreme ultraviolet lithography and three dimensional integrated circuit-a review[J]. Applied Physics Reviews, 2014, 1(1): 011104.

[36] THACKERAY J W. Materials challenges for Sub-20 nm lithography[J]. Journal of Micro/Nanolithography, MEMS, and MOEMS, 2011, 10(3): 033009-033009.

[37] WANG Q, YAN C, YOU F, et al. A new type of sulfonium salt copolymers generating polymeric photoacid: preparation, properties and application[J]. Reactive Functional Polymers, 2018, 130: 118-125.

[38] WANG M, GONSALVES K E, RABINOVICH M, et al. Novel anionic photoacid generators (PAGs)and corresponding pag bound polymers for Sub-50 nm EUV lithography[J]. Journal of Materials Chemistry, 2007, 17(17): 1699-1706.

[39] ITANI T, KOZAWA T. Resist materials and processes for extreme ultraviolet lithography[J]. Japanese Journal of Applied Physics, 2012, 52(1R): 010002.

[40] YAMAMOTO H, KOZAWA T, TAGAWA S. Study on dissolution behavior of polymer-bound and polymer-blended photo acid generator(PAG) resists by using quartz crystal microbalance(QCM) method[J]. Microelectronic Engineering, 2014, 129: 65-69.

[41] FUJII T, MATSUMARU S, YAMADA T, et al. Patterning performance of chemically amplified resist in EUV lithography[C]//Extreme Ultraviolet(EUV)Lithography Ⅶ, International Society for Optics and Photonics, 2016, 9776: 97760Y.

[42] HORI M, NARUOKA T, NAKAGAWA H, et al. Novel EUV resist development for Sub-14 nm half pitch[C]//Extreme Ultraviolet(EUV)Lithography Ⅵ, 2015, 9422: 197-203.

[43] DUPONT J, LEAL B C, LOZANO P, et al. Ionic liquids in metal, photo-, electro-, and(Bio) catalysis[J]. American Chemical Society, 2024, 124(9): 5227-5420.

[44] ZHANG C, QU P, ZHOU M, et al. Ionic liquids as promisingly multi-functional participants for electrocatalyst of water splitting: a review[J]. Molecules, 2023, 28(7): 3051.

[45] DUARTE E, BERNARD F, SANTOS L M D, et al. CO_2 capture using silica-immobilized dicationic ionic liquids with magnetic and non-magnetic properties[J]. Heliyon, 2024, 10(8).

[46] BOON J A, LEVISKY J A, PFLUG J L, et al. Friedel-crafts reactions in ambient-temperature molten salts[J]. The Journal of Organic Chemistry, 1986, 51(4): 480-483.

[47] PIAO L, FU X, YANG Y, et al. Alkylation of diphenyl oxide with α-dodecene catalyzed by ionic liquids[J]. Catalysis today, 2004, 93: 301-305.

[48] GU Y, SHI F, DENG Y. Esterification of aliphatic acids with olefin promoted by brønsted acidic ionic liquids[J]. Journal of Molecular Catalysis A: Chemical, 2004, 212(1-2): 71-75.

[49] XING H, WANG T, ZHOU Z, et al. Novel brønsted-acidic ionic liquids for esterifications[J]. Industrial & Engineering Chemistry Research, 2005, 44(11): 4147-4150.

[50] WU Q, CHEN H, HAN M, et al. Transesterification of cottonseed oil catalyzed by brønsted acidic ionic liquids[J]. Industrial &Engineering Chemistry Research, 2007, 46(24): 7955-7960.

[51] QIAO K, YOKOYAMA C. Nitration of aromatic compounds with nitric acid catalyzed by ionic liquids[J]. Chemistry Letters, 2004, 33(7): 808-809.

[52] BESTE Y, EGGERSMANN M, SCHOENMAKERS H. Extractive distillation with ionic fluids[J]. Chemie Ingenieur Technik, 2005, 77(11): 1800-1808.

[53] FADEEV A G, MEAGHER M M. Opportunities for ionic liquids in recovery of biofuels[J]. Chemical Communications, 2001(3): 295-296.

[54] MEINDERSMA G W, QUIJADA-MALDONADO E, AELMANS T A, et al. Ionic liquids in extractive distillation of ethanol/water: from laboratory to pilot plant[C]//Ionic Liquids: Science and Applications. ACS Publications, 2012: 239-257.

[55] HUDDLESTON J G, WILLAUER H D, SWATLOSKI R P, et al. Room temperature ionic liquids as novel media for "clean" liquid-liquid extraction[J]. Chemical Communications, 1998(16): 1765-1766.

[56] YANG F, WU T, SONG T, et al. Separation of N-propanol-N-propyl acetate azeotropic system by extractive distillation with ionic liquids: COSMO-RS prediction, experimental investigation and quantum chemical calculation[J]. Journal of Molecular Liquids, 2024, 396: 124007.

[57] SEILER M, JORK C, KAVARNOU A, et al. Separation of azeotropic mixtures using hyperbranched

polymers or ionic liquids[J]. AIChE Journal, 2004, 50(10): 2439-2454.

[58] LEI Z, ARLT W, WASSERSCHEID P. Separation of 1-hexene and N-hexane with ionic liquids[J]. Fluid Phase Equilibria, 2006, 241(1-2): 290-299.

[59] JORK C, SEILER M, BESTE Y-A, et al. Influence of ionic liquids on the phase behavior of aqueous azeotropic systems[J]. Journal of Chemical & Engineering Data, 2004, 49(4): 852-857.

[60] 崔现宝，蔡贾林，李瑞，等．乙醇甲酯-甲醇混合物的离子液体间歇萃取精馏方法[P]. CN: 103180791 A.

[61] YE M, YE G, LIU Y, et al. Molecular dynamics investigation on the interaction of nitrile-based ionic liquids in the separation of azeotropic refrigerant R-513A[J]. Journal of Molecular Liquids, 2023, 392: 123445.

[62] MATHEWS C J, SMITH P J, WELTON T. Palladium catalysed suzuki cross-coupling reactions in ambient temperature ionic liquids[J]. Chemical Communications, 2000(14): 1249-1250.

[63] PENG J, DENG Y. Catalytic beckmann rearrangement of ketoximes in ionic liquids[J]. Tetrahedron Letters, 2001, 42(3): 403-405.

[64] 于长顺，付泉，宋云保，等．微波作用下离子液体中甲烷直接氧化制备甲醇的方法:CN102285865 A [P]. 2011-12-21.

[65] 蔡贾林．离子液体反应萃取精馏制备甲醇和乙酸丁酯[D]. 天津:天津大学，2012.

[66] 彭艳枚．离子液体反应萃取精馏制备甲醇和乙酸乙酯[D]. 天津:天津大学，2013.

[67] JIMÉNEZ L, GARVÍN A, COSTA-LÓPEZ J. The production of butyl acetate and methanol via reactive and extractive distillation. I. chemical equilibrium, kinetics, and mass-transfer issues[J]. Industrial &Engineering Chemistry Research, 2002, 41(26): 6663-6669.

[68] JIMÉNEZ L, COSTA-LÓPEZ J. The production of butyl acetate and methanol via reactive and extractive distillation. II. process modeling, dynamic simulation, and control strategy[J]. Industrial &Engineering Chemistry Research, 2002, 41(26): 6735-6744.

[69] 王欢，吴云雁，赵燕飞，等．离子液体介导 CO_2 化学转化研究进展[J]. 物理化学学报，2021，37(5): 157-168.

[70] 徐海涛，徐玉韬，欧阳伟，等．一种离子液体催化剂及制备方法:CN104001540 B.

[71] JIANG H, ZHANG L, WANG Z, et al. Electrocatalytic methane direct conversion to methanol in electrolyte of ionic liquid[J]. Electrochimica Acta, 2023, 445: 142065.

[72] 于长顺，宋云保，曲丰作，等．离子液体与纳米金共催化甲烷直接氧化制备甲醇的方法:CN10230416 A[P]. 2012-01-04.

[73] LUYBEN W L, PSZALGOWSKI K M, SCHAEFER M R, et al. Design and control of conventional and reactive distillation processes for the production of butyl acetate[J]. Industrial &Engineering Chemistry Research, 2004, 43(25): 8014-8025.

[74] WANG S-J, WONG D S, YU S-W. Design and control of transesterification reactive distillation with thermal coupling[J]. Computers & Chemical Engineering, 2008, 32(12): 3030-3037.

[75] WANG S-J, HUANG H-P, YU C-C. Design and control of a heat-integrated reactive distillation process to produce methanol and N-butyl acetate[J]. Industrial &Engineering Chemistry Research, 2011, 50(3): 1321-1329.

[76] HE J, XU B, ZHANG W, et al. Experimental study and process simulation of N-butyl acetate

produced by transesterification in a catalytic distillation column[J]. Chemical Engineering and Processing: Process Intensification, 2010, 49(1): 132-137.

[77] 王伟，王永旗，吕明，等．一种高纯有机溶剂甲醇的纯化方法：CN114315519A.

[78] TSANAS C, TZANI A, PAPADOPOULOS A, et al. Ionic liquids as entrainers for the separation of the ethanol/water system[J]. Fluid Phase Equilibria, 2014, 379: 148-156.

[79] 张凯，张念椿，魏永明，等．电子化学品分离纯化材料制备及其应用技术进展[J]. 山东化工，2022，51(22)：73-77.

[80] 王孝科，田敉．离子液体萃取精馏分离苯-环己烷物系[J]. 石油化工，2008，37(9)：905-909.

[81] 李文雪．含离子液体的复合溶剂萃取精馏分离苯和环己烷的研究[D]. 北京：北京化工大学，2018.

[82] YE R, HUANG Y-Y, CHEN C-C, et al. Emerging catalysts for the ambient synthesis of ethylene glycol from CO_2 and its derivatives[J]. Chemical Communications, 2023, 59(19): 2711-2725.

[83] DUPONT J, SOUZA R F D, SUAREZ P A. Ionic liquid(molten salt)phase organometallic catalysis [J]. Chemical Reviews, 2002, 102(10): 3667-3692.

[84] 张锁江，吕兴梅．离子液体：从基础研究到工业应用[M]. 北京：科学出版社，2006.

[85] PENG J, DENG Y. Cycloaddition of carbon dioxide to propylene oxide catalyzed by ionic liquids[J]. New Journal of Chemistry, 2001, 25(4): 639-641.

[86] KOSSEV K, KOSEVA N, TROEV K. Calcium chloride as Co-catalyst of onium halides in the cycloaddition of carbon dioxide to oxiranes[J]. Journal of Molecular Catalysis A: Chemical, 2003, 194(1-2): 29-37.

[87] ONO F, QIAO K, TOMIDA D, et al. Rapid synthesis of cyclic carbonates from CO_2 and epoxides under microwave irradiation with controlled temperature and pressure[J]. Journal of Molecular Catalysis A: Chemical, 2007, 263(1-2): 223-226.

[88] FEROCI M, ORSINI M, ROSSI L, et al. Electrochemically promoted C—N bond formation from amines and CO_2 in ionic liquid BMIm-BF_4: synthesis of carbamates[J]. The Journal of Organic Chemistry, 2007, 72(1): 200-203.

[89] 阮佳纬，叶香珠，陈立芳，等．离子液体和低共熔溶剂催化二氧化碳合成有机碳酸酯的研究进展[J]. 化工进展，2022，41(3)：1176-1186.

[90] 王耀红，成卫国，孙剑，等．固载化离子液体催化碳酸乙烯酯水解制备乙二醇[J]. 过程工程学报，2009(5)：904-909.

[91] 成卫国，孙剑，张军平，等．环氧乙烷法合成乙二醇的技术创新[J]. 化工进展，2014，33(7)：1740-1747.

[92] 尉志苹，王少君，曲丰作．离子液体催化合成乙酸乙酯的研究[J]. 大连轻工业学院学报，2007，26(4)：316-318.

[93] 胡松，张冰剑，佘志鸿，等．共沸蒸馏在化工生产中的应用与研究进展[J]. 化工进展，2010(12)：2207-2219.

[94] 张宗飞，马正飞，姚虎卿．变压精馏乙醇苯混合物分离工艺模拟计算[J]. 南京工业大学学报：自然科学版，2006，28(4)：48-51.

[95] 曹海龙．乙酸乙酯—异丙醇共沸物分离方法研究[D]. 天津：天津大学，2009.

[96] FU J. Salt-containing model for simulation of salt-containing extractive distillation[J]. AIChE Journal, 1996, 42(12): 3364-3372.

[97]　任俊毅．离子液体催化合成乙二醇[D]．大连：大连工业大学，2009.

[98]　谭富彬，谭浩巍．电子元器件的发展及其对电子浆料的需求[J]．新材料产业，2006(5)：51-54.

[99]　SUTOH Y，KAKIMOTO K，KANEKO N，et al. Mechanical bending property of Ybco coated conductor by IBAD/PLD[J]. Physica C：Superconductivity Its Applications，2005，426：933-937.

[100]　MALOZEMOFF A P，FLESHLER S，RUPICH M，et al. Progress in high temperature superconductor coated conductors and their applications [J]. Superconductor Science and Technology，2008，21(3)：034005.

[101]　MIR I，KUMAR D. Recent advances in isotropic conductive adhesives for electronics packaging applications[J]. InternationalJournal of Adhesion Adhesives 2008，28(7)：362-371.

[102]　陆广广，宣天鹏．电子浆料的研究进展与发展趋势[J]．金属功能材料，2008，15(1)：48-52.

[103]　DESHMUKH R R，RAJAGOPAL R，SRINIVASAN K. Ultrasound promoted C—C bond formation：heck reaction at ambient conditions in room temperature ionic liquids[J]. Chemical Communications，2001(17)：1544-1545.

[104]　DUPONT J，FONSECA G S，UMPIERRE A P，et al. Transition-metal nanoparticles in imidazolium ionic liquids：recycable catalysts for biphasic hydrogenation reactions[J]. Journal of the American Chemical Society，2002，124(16)：4228-4229.

[105]　ENDRES F，ABEDIN S Z J C C E. Electrodeposition of stable and narrowly dispersed germanium nanoclusters from an ionic liquid[J]. Chemical Communications，2002(8)：892-893.

[106]　WANG Y，YANG H. Synthesis of CoPt nanorods in ionic liquids[J]. Journal of the American Chemical Society，2005，127(15)：5316-5317.

[107]　ZHAO D，FEI Z，ANG W H，et al. A strategy for the synthesis of transition-metal nanoparticles and their transfer between liquid phases[J]. Small，2006，2(7)：879-883.

[108]　TREWYN B G，WHITMAN C M，LIN V S Y. Morphological control of room-temperature ionic liquid templated mesoporous silica nanoparticles for controlled release of antibacterial agents[J]. Nano Letters，2004，4(11)：2139-2143.

[109]　ANTONIETTI M，KUANG D，SMARSLY B，et al. Ionic liquids for the convenient synthesis of functional nanoparticles and other inorganic nanostructures[J]. Angewandte Chemie International Edition，2004，43(38)：4988-4992.

[110]　KWON T-G，KIM Y. Conductive paste inks prepared using ionic-liquid-stabilized metal nanoparticle fluids and their sintering effect[J]. Electronic Materials Letters，2024，20(3)：337-344.

[111]　黄富春，李文琳，熊庆丰，等．高径厚比片状银粉的制备[J]．贵金属，2012，33(2)：30-35.

[112]　KREIBIG U，VOLLMER M. Optical properties of metal clusters[M]. Berlin：Springer-verlag，1995.

[113]　王丽华，王平．离子液体的应用研究[J]．轻工科技，2009，25(10)：33-34.

[114]　张英锋，李长江，包富山，等．离子液体的分类、合成与应用[J]．化学教育，2005，26(2)：7-12.

[115]　AVIRDI E，HOOSHMAND S E，SEPAHVAND H，et al. Ionic liquids-assisted greener preparation of silver nanoparticles[J]. Current Opinion in Green Sustainable Chemistry，2022，33：100581.

[116]　李健，张晟卯，吴志申，等．功能化离子液体中 Ag 纳米微粒的制备及摩擦学性能研究[J]．无机化学学报，2006，22(1)：65-68.

[117]　杨艳琼，周艳丽，马子鹤，等．室温离子液体[BMIm]PF_6 中纳米银的制备及结构表征[J]．云南化工，2008，35(1)：8-11.

[118] 杨明山，唐文，李林楷，等．离子液体中超细银的绿色制备[J]．广东化工，2014，41(1)：23-24.

[119] SELVAM T S，CHI K M. Synthesis of silver nanowires and other metal nanostructures in dialkylimidazolium ionic liquid[J]. Journal of the Chinese Chemical Society，2012，59(5)：621-627.

[120] PARK H，HIRA S A，MUTHUCHAMY N，et al. Synthesis of silver nanostructures in ionic liquid media and their application to photodegradation of methyl orange[J]. Nanomaterials Nanotechnology，2019，9：10.1177/1847980419836500.

[121] TIAN N，NI X，SHEN Z. Synthesis of main-chain imidazolium-based hyperbranched polymeric ionic liquids and their application in the stabilization of Ag nanoparticles[J]. Reactive Functional Polymers，2016，101：39-46.

[122] ZHANG R，MOON K-S，LIN W，et al. Preparation of highly conductive polymer nanocomposites by low temperature sintering of silver nanoparticles[J]. Journal of Materials Chemistry，2010，20(10)：2018-2023.

[123] MIZUNO M，SAKA M，ABE H. Mechanism of electrical conduction through anisotropically conductive adhesive films[J]. IEEE Transactions on Components，Packaging，Manufacturing Technology：Part A，1996，19(4)：546-553.

[124] GE M，GONDOSISWANTO R，ZHAO C. Electrodeposited copper nanoparticles in ionic liquid microchannels electrode for carbon dioxide sensor[J]. Inorganic Chemistry Communications，2019，107：107458.

[125] POPESCU A-M，COJOCARU A，DONATH C，et al. Electrochemical study and electrodeposition of copper(Ⅰ) in ionic liquid-reline[J]. Chemical Research in Chinese Universities，2013，29：991-997.

[126] ABBOTT A P，TTAIB K E，FRISCH G，et al. Electrodeposition of copper composites from deep eutectic solvents based on choline chloride[J]. Physical Chemistry Chemical Physics，2009，11(21)：4269-4277.

[127] 汪瑞，华一新，徐存英，等．电沉积法制备纳米铜粉的研究[J]．矿冶，2015，24(5)：32-36.

[128] ABBOTT A，TTAIB K E，RYDER K S，et al. Electrodeposition of nickel using eutectic based ionic liquids[J]. Transactions of the IMF，2008，86(4)：234-240.

[129] ZHENG Y，ZHOU X，LUO Y，et al. Electrodeposition of nickel in air-and water-stable 1-butyl-3-methylimidazolium dibutylphosphate ionic liquid[J]. RSC Advances，2020，10(28)：16576-16583.

[130] ALI M R，NISHIKATA A，TSURU T. Electrodeposition of Co-Al alloys of different composition from the $AlCl_3$-BPC-$CoCl_2$ room temperature molten salt[J]. Electrochimica Acta，1997，42(12)：1819-1828.

[131] ALI M R，NISHIKATA A，TSURU T. Electrodeposition of aluminum-chromium alloys from $AlCl_3$-BPC melt and its corrosion and high temperature oxidation behaviors[J]. Electrochimica Acta，1997，42(15)：2347-2354.

[132] SU F-Y，HUANG J-F，SUN I-W. Galvanostatic deposition of palladium-gold alloys in a lewis basic EMI-Cl-BF_4 ionic liquid[J]. Journal of the Electrochemical Society，2004，151(12)：C811.

[133] CHEN P Y，LIN M C，SUN I W. Electrodeposition of Cu-Zn alloy from a lewis acidic $ZnCl_2$-EMIC molten salt[J]. Journal of the Electrochemical Society，2000，147(9)：3350.

[134] LIN M-C，CHEN P-Y，SUN I-W. Electrodeposition of zinc telluride from a zinc chloride-1-ethyl-3-

methylimidazolium chloride molten salt[J]. Journal of the Electrochemical Society, 2001, 148(10): C653.

[135] JIE S, TING-YUN M, HUI-XUAN Q, et al. Preparation of copper-silver alloy with different morphologies by a electrodeposition method in 1-butyl-3-methylimidazolium chloride ionic liquid[J]. Bulletin of Materials Science, 2019, 42(5): 227.

[136] MANIAM K K, PAUL S. Progress in electrodeposition of zinc and zinc nickel alloys using ionic liquids[J]. Applied Sciences, 2020, 10(15): 5321.

[137] MOHAMMAD A E K, WANG D. Electrochemical mechanical polishing technology: recent developments and future research and industrial needs[J]. The International Journal of Advanced Manufacturing Technology, 2016, 86: 1909-1924.

[138] 杜洪涛，白银虎．不锈钢表面机械抛光工艺技术的应用[J]. 中国设备工程，2022(13): 114-115.

[139] TAILOR P B, AGRAWAL A, JOSHI S S. Evolution of electrochemical finishing processes through cross innovations and modeling[J]. International Journal of Machine Tools, 2013, 66: 15-36.

[140] LEE D, LEE H, JEONG H. Slurry components in metal chemical mechanical planarization(CMP) process: a review[J]. International Journal of Precision Engineering Manufacturing, 2016, 17: 1751-1762.

[141] ZHAO G, WEI Z, WANG W, et al. Review on modeling and application of chemical mechanical polishing[J]. Nanotechnology Reviews, 2020, 9(1): 182-189.

[142] 彭进，夏琳，邹文俊．化学机械抛光液的发展现状与研究方向[J]. 表面技术，2012, 41(4): 95-98.

[143] 严嘉胜，何锦梅，吴少彬，等．硅晶片化学机械抛光液的研究进展[J]. 广东化工，2023, 50(14): 68-70.

[144] YANG G, WANG B, TAWFIQ K, et al. Electropolishing of surfaces: theory and applications[J]. Surface Engineering, 2017, 33(2): 149-166.

[145] XU G F, CHENG X N, XU W, et al. Epoxy/ZrW2O8 preparation and properties of packaging materials[J]. Journal of Jiangsu University, 2008, 25(3): 223-226.

[146] 廉进卫，张大全，高立新．化学机械抛光液的研究进展[J]. 化学世界，2006, 47(9): 565-567, 576.

[147] 孙皋飞，时康．一种用于电化学抛光镁合金的离子液体抛光液及其制备方法[P]. CN: CN 201110279870.3.

[148] JESUS S S D, FILHO R M. Are ionic liquids eco-friendly? [J]. Renewable Sustainable Energy Reviews, 2022, 157: 112039.

[149] 董会，潘金龙，王利利，等．一种用于 KDP 晶体的油包酸性离子液体抛光液[P]. CN: CN 201710017150.7.

[150] CHEN Y, YI J, WANG Z, et al. Experimental study on ultrasonic-assisted electrolyte plasma polishing of SUS304 stainless steel[J]. The International Journal of Advanced Manufacturing Technology, 2023, 124(7): 2835-2846.

[151] ABBOTT A P, CAPPER G, MCKENZIE K J, et al. Voltammetric and impedance studies of the electropolishing of type 316 stainless steel in a choline chloride based ionic liquid[J]. Electrochimica Acta, 2006, 51(21): 4420-4425.

[152] ABBOTT A P, BOOTHBY D, CAPPER G, et al. Deep eutectic solvents formed between choline chloride and carboxylic acids: versatile alternatives to ionic liquids[J]. Journal of the American Chemical Society, 2004, 126(29): 9142-9147.

[153] ABBOTT A P, CAPPER G, DAVIES D L, et al. Novel solvent properties of choline chloride/urea mixtures[J]. ChemicalCommunications, 2003(1): 70-71.

[154] DAI Y, SPRONSEN J V, WITKAMP G-J, et al. Natural deep eutectic solvents as new potential media for green technology[J]. AnalyticaChimica Acta, 2013, 766: 61-68.

[155] ABDEL-FATTAH T M, LOFTIS J D. Comparison of electrochemical polishing treatments between phosphoric acid and a deep eutectic solvent for high-purity copper[J]. Sustainable Chemistry, 2022, 3(2): 238-247.

[156] LIU Y, WANG L, LV Z, et al. Studies on corrosion behavior of polished nickel surface with resin wetted by deep eutectic solvent[J]. Surface Review Letters, 2023, 30(05): 2350032.

[157] FLORINDO C, OLIVEIRA F S, REBELO L P N, et al. Insights into the synthesis and properties of deep eutectic solventsbased on cholinium chloride and carboxylic acids[J]. ACS Sustainable Chemistry Engineering, 2014, 2(10): 2416-2425.

[158] KAREEM M A, MJALLI F S, HASHIM M A, et al. Phosphonium-based ionic liquids analogues and their physical properties[J]. Journal of Chemical Engineering Data, 2010, 55(11): 4632-4637.

[159] KARIM W O, ABBOTT A P, CIHANGIR S, et al. Electropolishing of nickel and cobalt in deep eutectic solvents[J]. Transactions of the IMF, 2018, 96(4): 200-205.

[160] 杨建义, 王根成. 硅基光子技术发展的特点, 机遇与挑战[J]. Zte Technology Journal, 2017: 51.

[161] ZHANG J, CHEN S, QIN B, et al. Preparation of hyperbranched polymeric ionic liquids for epoxy resin with simultaneous improvement of strength and toughness[J]. Polymer, 2019, 164: 154-162.

[162] 马志燕, 王彦, 诸静, 等. 离子液体改性含二硫键生物质环氧树脂的性能研究[J]. 化工新型材料, 2018, 46(3): 100-102.

[163] YIN B, XU W, LIU C, et al. Synthesis of poly(ionic liquid) for trifunctional epoxy resin with simultaneously enhancing the toughness, thermal and dielectric performances[J]. RSC Advances, 2020, 10(4): 2085-2095.

[164] 郑香允, 陈晓婷, 李道克. 聚离子液体修饰碳纳米管及其对环氧树脂力学性能的影响[J]. 高分子学报, 2016(2): 264-270.

[165] CHEN C, LI X, WEN Y, et al. Noncovalent engineering of carbon nanotube surface by imidazolium ionic liquids: a promising strategy for enhancing thermal conductivity of epoxy composites[J]. Composites Part A: Applied Science, 2019, 125: 105517.

[166] 刘金麟. 功能化离子液体的合成及对环氧树脂改性的研究[D]. 沈阳:沈阳工业大学, 2015.

[167] AVILÉS M D, SAURIN N, ESPINOSA T, et al. Self-lubricating, wear resistant protic ionic liquid-epoxy resin[J]. Express Polymer Letters, 2017, 11(3): 219-229.

[168] NGUYEN T K L, LIVI S, SOARES B G, et al. Toughening of epoxy/ionic liquid networks with thermoplastics based on poly(2, 6-dimethyl-1, 4-phenylene ether)(PPE)[J]. ACS Sustainable Chemistry & Engineering, 2016, 5(1): 1153-1164.

[169] LIU L, GAO S, JIANG Z, et al. Amide-functionalized ionic liquids as curing agents for epoxy resin: preparation, characterization, and curing behaviors with TDE-85 [J]. Industrial &

Engineering Chemistry Research，2019，58(31)：14088-14097.

[170] JIANG Z，WANG Q，LIU L，et al. Dual-functionalized imidazolium ionic liquids as curing agents for epoxy resins[J]. Industrial & Engineering Chemistry Research，2020，59(7)：3024-3034.

[171] CARVALHO A P A，SANTOS D F，SOARES B G. Epoxy/imidazolium-based ionic liquid systems：the effect of the hardener on the curing behavior，thermal stability，and microwave absorbing properties[J]. Journal of Applied Polymer Science，2020，137(5)：48326.

[172] MaKA H，SPYCHAJ T，ZENKER M. High performance epoxy composites cured with ionic liquids[J]. Journal of Industrial and Engineering Chemistry，2015，31：192-198.

[173] MAKA H，SPYCHAJ T，PILAWKA R. Epoxy resin/ionic liquid systems：the influence of imidazolium cation size and anion type on reactivity and thermomechanical properties[J]. Industrial & Engineering Chemistry Research，2012，51(14)：5197-5206.

[174] HUANG R，GUO X，MA S，et al. Novel phosphorus-nitrogen-containing ionic liquid modified metal-organic framework as an effective flame retardant for epoxy resin[J]. Polymers(Basel)，2020，12(1)：108.

[175] XU Y-J，SHI X-H，LU J-H，et al. Novel phosphorus-containing imidazolium as hardener for epoxy resin aiming at controllable latent curing behavior and flame retardancy[J]. Composites Part B：Engineering，2020，184：107673.

[176] AVILES M D，SAURIN N，CARRION F J，et al. Epoxy resin coatings modified by ionic liquid. study of abrasion resistance[J]. Express Polymer Letters，2019，13(4)：303-310.

[177] SHI Y-Q，FU T，XU Y-J，et al. Novel phosphorus-containing halogen-free ionic liquid toward fire safety epoxy resin with well-balanced comprehensive performance[J]. Chemical Engineering Journal，2018，354：208-219.

[178] XIAO F，WU K，LUO F，et al. An efficient phosphonate-based ionic liquid on flame retardancy and mechanical property of epoxy resin[J]. Journal of Materials Science，2017，52(24)：13992-14003.

[179] XIAO F，WU K，LUO F，et al. Influence of ionic liquid-based metal-organic hybrid on thermal degradation，flame retardancy，and smoke suppression properties of epoxy resin composites[J]. Journal of Materials Science，2018，53(14)：10135-10146.

[180] 刘珂．离子液体[BMIm]Cl 中木质素的氧化及环氧树脂合成[D]. 淮南:安徽理工大学，2016.

[181] 王洁，冯钠，魏立纲，等．离子液体中木质素的酯化及其对环氧树脂的改性[J]. 合成树脂及塑料，2014，31(5)：39-44.

[182] 郝应征，梁文萍．世界电子垃圾回收处理动态[J]. 电子工艺技术，2006，27(1)：4-7.

[183] 张剑秋，田涛，邓舞艳，等．离子液体中双酚 A 缩水甘油醚/乙二胺环氧树脂的降解工艺和动力学[J]. 高校化学工程学报，2015，29(3)：709-715.

[184] 董晶颢，闫文慧，张婷，等．离子液体加热法处理废旧印刷电路板[J]. 哈尔滨理工大学学报，2019，24(4)：133-138.

第 10 章 生物医药技术

药物的有效性很大程度上取决于在生物体内的生物利用度，而生物利用度主要与药物的渗透性和溶解度有关。药物对于病变区的作用强度很大程度上依赖有效成分在体液环境的溶解性，要吸收的药物必须以溶液的形式存在于吸收部位[1]，如果药物的溶解度较低，那么会直接降低药物的溶解和吸收速率。比如，作为生物体内最常见的给药方式——口服给药，一般为固体化合物，溶解度主要取决于颗粒大小、结构特征等形态。固体药物对生产条件和存储条件都有一定的限制，如温度、溶剂等，而且普遍存在溶解性和溶出率低的问题[2]。超过 40%新研发药物在胃肠道体液中的溶解度差和溶解速率低，导致生物利用度低[3]。在此情况下，往往需要加大用药剂量，但会使药物对生物体的副作用增大。许多有前途的待开发药物，由于低溶解度和递送问题，致使在新药实验阶段就被叫停，未进入配方阶段[4]。现代药物普遍存在的另一个问题是多态性。许多药物以晶态存在，尽管晶态形式的药物在处理、分离和储藏等方面占据优势，但一种晶体化合物可能有不同性质的多态或假多态存在，多态间可发生不可预测的相互作用致使药物形态难以控制，对药物疗效也产生不确定影响。

改变化合物的理化性质，如研发盐类形式药物，是提高药物溶解度的一种有效途径。选择合适的阴阳离子或将有效基团加入药物分子中，形成带有电荷或极性化合物，使活性基团完整保留在化合物中，既可解决药物本身的溶解度问题，又能改变药物多晶态的困扰。离子液体是一类完全由阴阳离子组成的化合物，由于它的结构可调节性，数量可多达 10^{18}[5]。离子液体具有热稳定性好，离子电导率高、电化学窗口宽、溶解性强等一系列特性，不仅在药物合成中能作为优异的催化介质或溶剂，而且在生物医学中也表现出了潜在的应用价值。尽管现在已知离子液体可对细菌[6]、细胞[7]、植物[8]等不同类型的生物体有害(见图 10-1)[9]，但正是离子液体的高生物活性，使其有机会作为药物的有效成分来治疗不同类型的疾病，如作为抗菌药物[10]、抗肿瘤药物[11]等。相对于固体形态的药物，室温或体温状态为液体的离子液体具有更好的溶解度、吸收度和稳定性。通过药物离子化可有效改善药物多晶态的问题，并且离子液体可以通过改变阴阳离子来调控极性、水溶性等物理化学特性，以改善溶解性问题。

离子液体因其独特的理化性质，在医药领域正逐步显露优势。首先，已发现毒性较低或无毒的离子液体，如一些胆碱类的离子液体[12]，氨基酸酯类离子液体[13]。可利用无毒性的优点结合离子液体自身的物理化学特性作为药物载体或经皮给药渗透剂，或者结合药物活性组分，增加药物本身的溶解度。其次，离子液体拥有的关键优势是阴阳离子可调节性，通

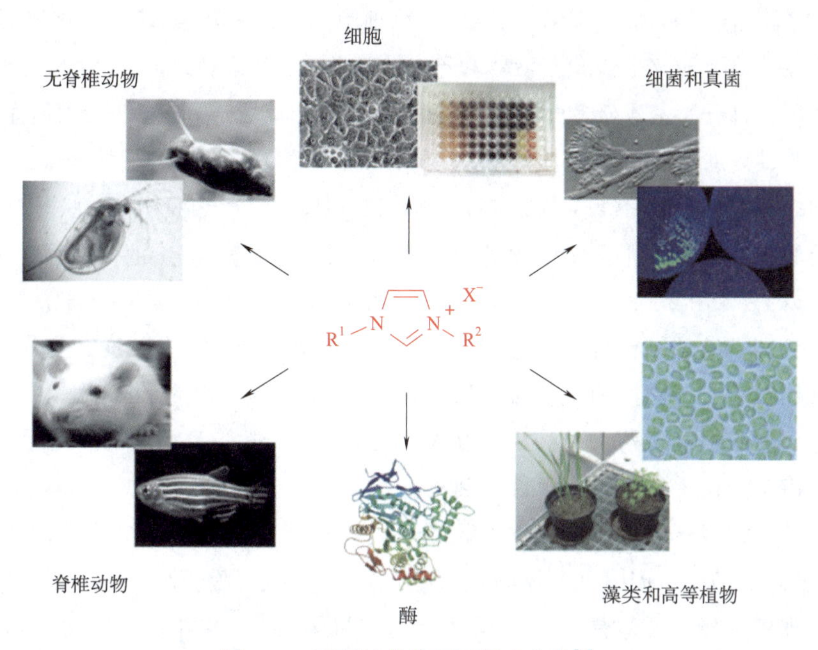

图 10-1　离子液体作用不同生命体[9]

过不同部分的组合合成具有针对性的功能离子液体，如通过调整氢键的强度和数量，可作为萃取和分离药物有效成分的萃取剂。再次，利用离子表面相互作用，离子液体能作为活性药物合成的溶剂及助剂增加药物的溶解度、稳定性及活性[14]。离子液体对难溶性药物有明显的增溶作用，能帮助溶解少量可溶性药物，改善药物吸收，最终提高生物利用度。据报道，少量的赖氨酸胆碱离子液体([Ch][Lys])可以显著增加阿魏酸和葛根素的溶解度[15]。Moniruzzaman 等合成了离子液体辅助非水微乳液系统，以磷酸二甲基咪唑离子液体为药物溶媒，与溶解性差的一种抗病毒药物——阿昔洛韦形成稳定的离子液体-油微乳液，表现出良好的增溶作用和明显的皮肤促渗作用[16]。离子液体在给药配方中的应用不仅局限于作为增溶剂，还被用来抑制活性药物成分多态性问题[16]。最后，将活性阳离子和活性阴离子结合起来可产生具有双重功能的离子液体活性药物。比如，Rogers 研究小组将具有抗菌作用的二癸基二甲基溴化铵和具有消炎作用的布洛芬为阴离子合成出了具有抗菌-消炎双重药效的离子液体[17]。而且，功能化的离子液体可产生控释药物功能，为现代药物控释给药提供新思路。如 Jaitely 等用[$C_n$mim][PF_6]作为药物释放控制剂，能对药物释放进行控制，地塞米松释放时间可延长至 48 h 以上[18]。Bramer 等发现盐酸利多卡因与多苏酸钠混合物在水中形成聚集体，可用于长时间的释放制剂[19]。Yang 等将离子液体与压敏胶(PSA)-COOH 相结合，显著增强弱酸性药物在透皮贴剂中的负载能力和皮肤渗透性，为长效制剂提供了一种新的有效策略[20]。

离子液体在给药配方上的应用不仅局限于增溶剂，而且在局部系统中使用可以增强药物治疗效果[21]。据报道,离子液体可增强经皮跨细胞和脱细胞转运,绕过角质层的屏障,破坏细胞的完整性[22]。而且亲水性离子液体和疏水性离子液体转运机理并不相同。亲水离子液体通过在角质层内打开紧密连接,增强蛋白质和脂质区域内硫化作用来促进细胞旁转运;而疏水性离子液体通过提供通道来改善进入上皮膜的分配,从而促进脂质区域的跨细胞运输。可通过选择合理的阴阳离子来调整离子液体的疏水-亲水性以提高离子液体在皮肤的渗透性[23]。

现代药物研究旨在克服药物生物利用度低和多态性问题。离子液体拥有广阔的化学空间,结构多样的离子和灵活互补的离子对,使其能在分子水平上具有特定任务功能化[23]。通过合理设计离子液体结构,能够达到控制药物溶解度、稳定性、吸收度和生物利用度的目的。离子液体在生产存储过程中有很大的优势,不需要进行药物的形态筛选,因此生产相对简单、可控。据报道,现代药物有一半是盐类[9],而活性液体盐药物的开发为缓解多态性和解决药物溶解度问题提供了一个很好的契机。

除此之外,离子液体良好的导电性、较宽的电化学窗口等优越的电化学性能,可以作为电解液、电极修饰等参与传感器的制作,提高传感器的性能,是开发生物电化学传感器进行医学诊断的理想选择。人体是一个结构复杂的有机体,涉及各种各样的化学物质,如葡萄糖、蛋白质和神经递质都在维持身体的正常代谢。通过生物传感器检测到这些物质的水平,对疾病的诊断、预防和早期治疗具有重要的意义。将生物电化学传感器应用于医疗诊断,具有较高的准确度、灵敏度、抗干扰能力、重复性和较宽的检测范围,可以简化程序,节约人力物力,节省时间和成本。离子液体基传感器已被广泛研究用于诊断疾病,包括肾病、糖尿病、痛风、癌症、精神疾病、抑郁症和阿尔茨海默病[24]。

离子液体可以在成像诊断中作为元件或荧光提供者发挥重要作用。医学影像是借助某种介质(X射线、磁场、声波等)与人体相互作用,将人体内的包括组织器官结构、密度等信息以影像的形式呈现出来。影像诊断也已成为医疗诊断的重要组成部分,通过影像信息,可以获得多方位的病变信息,对病变部位的定位、定性、定量起着重要作用。当疾病的诊断以可见的方式呈现时,就具有直观、方便的优点。离子液体有助于增强生物医学领域的诊断,如在^{19}F MRI应用中,离子液体被认为是可能的氟化离子潜在候选者(如1-丁基-3-甲基咪唑四氟硼酸盐和1-乙基-3-甲基咪唑三氟甲基磺酸盐)。

离子与溶剂之间的基本相互作用在生物化学中起着至关重要的作用,溶质的结构性质、聚类和动力学的表征在生物医药中表现出重要的意义。离子液体由于阴阳离子可调节性可与药物有效成分通过氢键、极性等作用相互联系,并在生物医药的提取、合成方面发挥重要作用。离子液体通过静电力和弱分子间力(氢键、π-π堆积、极化力等)自组装形成团簇[25]。在纳米体系中与其他材料的静电和非静电作用使离子液体对生命活动的研究变得复杂,对其开展深入研究,破解离子液体与生物体作用原理,可开发许多实际应用程序。本章将探讨离子液体对生物活性物质(细菌、植物、动物)毒性、在药物合成中分离、传递(萃取剂、溶剂、催化剂、模板剂)以及在疾病诊断和治疗中发展的潜力。

10.1　离子液体生物活性

近些年，离子液体生物活性研究的重点主要集中在生物技术和制药中的可行应用[9]。因此有必要深入研究离子液体与不同水平生物体之间的作用机制，如蛋白质、核酸、细菌、细胞等影响。Basant 等通过建立预测的定性和定量构效关系模型，研究离子液体对乙酰胆碱酯酶（AChE）抑制作用。离子液体对 AChE 抑制的结构要素为阳离子头群、阳离子的大小和长度以及阴离子部分[26]。随着对离子液体研究的不断深入，对其毒理学认识不断增加，目前掌握的离子液体毒性的主要因素包括以下五点：①阳离子或阴离子中取代基的烷基链长度；②阳离子侧链功能化程度；③阳离子种类；④阴离子种类；⑤阴离子和阳离子的共同效应[27-31]。

10.1.1　阳离子或阴离子取代基的烷基链长度影响

Lim 等利用分子动力学模拟观察到$[C_8mim]^+$对脂质强烈亲和力和对膜插入的高倾向性，能使膜变薄并产生间隙。咪唑环与脂质中带负电的磷酸盐产生离子相互作用，同时离子液体中侧链疏水作用促进侧链插入膜。咪唑基阳离子在膜内的聚集趋势表明离子液体可改变细菌膜通透性，以此来破坏细菌膜，使其具有抗菌作用[32]。除此之外，阳离子诱导的小极性溶质在膜上的渗透性改善表明：细胞中的化合物可能泄露，而细胞外的有害化合物能进入细胞，最终影响细胞的稳态，以此解释了携带较长亲脂烷基链的离子液体在一定浓度下具有毒性的原因[32]。Hu 等发现咪唑基离子液体对金黄色葡萄球菌的抗菌活性随阳离子烷基侧链长度的增加而增大[33]。研究表明，在疏水性的驱动下，离子液体的长阳离子烷基侧链可以穿透金黄色葡萄球菌的细胞膜。随后在对哺乳动物细胞毒性的研究中，他们发现单咪唑基离子液体和双咪唑基离子液体对人肝癌细胞（HepG2）和人肝细胞（L02）毒性大小仍然与阳离子烷基侧链长度正相关[34]。Liu 课题组研究了不同碳链长度的咪唑基离子液体（$[C_8mim]Cl$、$[C_{10}mim]Cl$、$[C_{12}mim]Cl$）对拟南芥生长的影响。离子液体改变了拟南芥外部形态并使根长和鲜重减少。对整个植物的影响随着烷基链长度的增加而增大。在$[C_8mim]Cl$和$[C_{10}mim]Cl$处理后发现叶绿素荧光参数受到影响：电子转移受阻、光化学能量转换受损，同时发现离子液体能使细胞壁模糊、质膜溶解、叶绿体发生肿胀以及淀粉颗粒和嗜渗球的数量和大小增加[35]。Habibul 等揭示了$[C_8mim]Cl$、$[C_{10}mim]Cl$和$[C_{12}mim]Cl$对拟南芥的毒理学机制。活性氧（ROS）水平随离子液体浓度的增加和碳链长度的增长而增加，导致丙二醛（MDA）含量和抗氧化酶活性的增加。而随着离子液体浓度的增加，超氧化物歧化酶（SOD）、过氧化氢酶（CAT）和谷胱甘肽过氧化物酶（GPX）活性先增加后降低。并从基因角度解释了离子液体作用拟南芥的作用机理，离子液体能使拟南芥的碳代谢、氨基酸生物合成、卟啉和叶绿素代谢明显下调[8]。Stock 等指出$[C_{10}mim][BF_4]$对乙酰胆碱酯酶的抑制作用强于[C_3mim][BF_4][36]。Gundolf 等发现脂肪酸离子液体[C_2mim]$C_nH_{(2n)-1}O_2$ 的 EC50 值与阴离子链长有明显的相关性。直到阴离子侧链为 C_{14}，咪唑和脂肪酸基离子液体的毒性随烷基链长度增长而加大；当阴离子侧链为 C_{16} 和 C_{18} 时，离子液体的 EC50 值反而增大，这可能与离子液体溶解度降低、空间效应或形成离子液体聚集体有关[37]。

10.1.2 阳离子侧链功能化程度的影响

Fan 等研究了不同甲基取代基 1-癸基咪唑氯化物([C_{10}im]Cl)、1-癸基-3-甲基咪唑氯化物([C_{10}mim]Cl)和 1-癸基-2,3-二甲基咪唑氯化物([C_{10}dmim]Cl)对藻类的影响。离子液体对光系统Ⅱ有负面影响，并能使藻类细胞的光合和呼吸速率降低。离子液体对藻类生长有明显的抑制作用，一甲基取代离子液体毒性比非甲基取代离子液体和二甲基取代离子液体毒性大，毒性大小顺序为[C_{10}im]Cl <[C_{10}dmim]Cl<[C_{10}mim]Cl[38]。Docherty 小组发现烷基链长度的增加以及阳离子环上取代的烷基数量的增加与毒性的增加相对应[6]。Samorì 等发现将一个氧原子引入咪唑阳离子的侧链中，降低了离子液体对甲壳类水蚤和费氏弧菌的毒性[39]。在另一篇研究报告中，Samorì 等指出在不同的生物水平上，具有含氧侧链的离子液体相对于 BMIMs 具有较低的毒性，而且阳离子上乙氧基的存在降低了所有他们进行实验的生物效应[40]。Ventura 等发现在烷基链上引入含氧基团，如乙醚和酯，会降低胍类和咪唑类离子液体的毒性[41]。

10.1.3 阳离子种类的影响

大量的阳离子被用于设计具有特定目的的离子液体，如咪唑、吡啶、胆碱和四丁基铵等阳离子。这些阳离子对离子液体毒性的影响已被广泛研究。在阴离子相同情况下，阳离子对离子液体毒性是有影响的。当确定阴离子为二腈胺时，阳离子毒性大小顺序为苄基三乙基铵 ≈ 苯基三甲基铵 < 1-苄基-3-甲基咪唑 < 二苄基咪唑[42]。Gouveia 等观察到胆碱类氨基酸离子液体对 HeLa 细胞的毒性比咪唑和吡啶离子液体毒性要低得多[43]。Ventura 等研究了胍、膦和咪唑基离子液体对发光海洋细菌 Fischeri 弧菌的毒性。通过对比发现胍基离子液体与咪唑和膦基离子液体毒性趋势不同，不遵循随着烷基链长度的增长而增加的趋势。当有相同阴离子和烷基链时，膦基离子液体比咪唑基离子液体毒性更大[41]。Costa 等比较了[C_2mim][OAc]和[Cho][OAc]对 Vibrio fischeri 的抑制作用，[Cho][OAc]的 EC50 比较高，说明胆碱类离子液体比咪唑类离子液体毒性低[44]。

10.1.4 阴离子种类的影响

离子液体中阴离子的影响是一个重要因素，尤其是对于毒性较小的阳离子离子液体[45]。Chen 等研究了在不同浓度下五种不同阴离子的[C_4mim]$^+$ 对水培小麦幼苗中的作用。阴离子对小麦影响顺序为[TfO]$^-$ >Cl^- >[BF_4]$^-$ >[Lact]$^-$ >[Ala]$^-$[46]。Stolte 等研究了离子液体中常用的 27 种阴离子对 IPC-81 大鼠白血病细胞系毒性效应，发现在结构-活性关系方面，亲脂性和/或易水解裂解似乎是导致阴离子细胞毒性的关键结构特征。一些阴离子可以改变阳离子的固有细胞毒性，导致某种类型的混合毒性[29]。Kumar 和同事探讨了不同阴离子咪唑基离子液体，[C_4mim]Cl、[C_4mim]Br 和[C_4mim]I 对茎菠萝蛋白酶(BM)稳定性的影响。这些离子液体的破坏稳定行为大小顺序为 $Cl^- > Br^- > I^-$，随着离子液体阴离子的变色性增加，对 BM 的失稳倾向明显增加[47]。

10.1.5　阴离子和阳离子共同效应的影响

除此之外，离子液体中阴离子和阳离子共同效应影响不可忽略。Magut 等第一次证明阳离子和阴离子在离子液体抗肿瘤性能中起着极其重要的协同作用。通过改变已知的抗癌药物如罗丹明 6G 的阴离子来实现选择性抗癌活性，为研究和发现廉价的抗癌药物开辟了新的途径[48]。细胞活力结果表明，由疏水罗丹明 6G 基离子液体 GUMBOS 合成的纳米粒子对正常细胞无毒，对癌细胞有毒。但阴离子与钠或锂离子结合对正常细胞和癌细胞都是无毒的，而罗丹明 6G 氯化物和亲水性 GUMBOS 在体外对正常细胞和癌细胞都有抑制细胞增殖的作用[48]。

10.2　离子液体在药物合成中的应用

药物合成过程中往往会用到大量的挥发性有机溶剂，如乙醇、乙醚、石油醚、氯仿和甲醇等[49,50]常被用于药物萃取剂、溶剂等，但这些溶剂容易导致药物活性组分异构化或氧化而造成损失。而且，传统溶剂存在毒性和挥发性，在处理过程中由于一些物理和化学障碍，需要更多的回收能量，甚至有些有机溶剂不能从产品中完全消除。毒性与可燃性等不安全因素限制了有机溶剂的发展。离子液体具有不易挥发、热稳定性好、可设计性强等优点，可替代药物合成中的挥发性有机溶剂，在药物合成领域使用更加绿色和安全。如作为药物合成萃取剂、溶剂、催化剂、模板剂、连接剂等，能有效提高工艺效率、可循环利用、降低工艺的经济影响并增加药物生物相容性。

10.2.1　离子液体作为药物合成萃取剂

生物质中获得的药物活性组分在制药业中具有重要地位，为药物生产提供了多种独特的活性成分来源，据估计有 25%～50%药物活性组分来自天然产品。离子液体作为溶剂从自然界生物质中提取各种有用物质具有很大的潜力，如蛋白[51,52]、生物碱[53,54]、原花青素[55]、咖啡因[56]、青蒿素[57]等。离子液体能有效地提高中药样品中药物活性组分的选择性和提取效率，并能有效地回收利用[58]。离子液体取代有机溶剂能克服与有机溶剂的毒性和易燃性有关的主要工艺设计和经济限制，并能提高化合物在分离技术中的选择性和萃取效率。离子液体作为液-液萃取、液相微萃取、固相微萃取和水相两相体系萃取的萃取溶剂，具有广阔的应用前景。Wang等开发了基于胆碱色氨酸离子液体的水两相系统，用于从杜仲叶中提取和分离黄酮类化合物和环烯醚萜类物质[59]。优化条件下，黄酮类化合物的提取率达到2.78%，在离子液体丰富相中的分配系数为129%，提取率为98.53%，黄酮类化合物沉淀中芦丁含量高，而富含环烯醚萜类的中间黏性层中的桃叶珊瑚苷含量达到15.19%，表明该工艺有望应用于其他工业作物中芦丁和桃叶珊瑚苷的分离富集。Lapkin等将离子液体与正己烷相比来萃取青蒿素，发现离子液体萃取效率高、耗时短[49]。Larangeira和同事用离子液体从番茄中提取类胡萝卜素，对其安全性进行了评价，结果表明用离子液体提取的类胡萝卜素推荐剂量不会引起大鼠多器官的遗传毒性、致突变性和细胞毒性，离子液体在萃取药物活性组分上具有发展潜力[60]。Cull等首次证明了离子液体可取代传统溶剂(如$[C_4mim][PF_6]$)，用于红霉素-a的液-液萃取[61]。Soto等研究了阿莫西林和氨苄西林在水和$[C_8mim][BF_4]$之间的分配系数，证实$[C_8mim][BF_4]$对所研究抗生素提取的适用性[62]。

一般来说，溶剂的萃取能力取决于其氢键能力、疏水性和极性[63]。羟基功能化离子液体由于可与氨基酸中的羧基形成氢键，对氨基酸具有很大的提取能力。Fan和同事合成了几种羟基功能化离子液体，用于从水相中提取色氨酸。实验结果表明，羟基功能化的离子液体比二烷基咪唑离子液体有更好的提取能力。色氨酸的阳离子更倾向于转移到离子液体中，是以阳离子交换的萃取。萃取过程的驱动力包括氢键、疏水性、π-π堆积和空间位阻效应，其中氢键是主要作用力。侧链长度对离子液体阳离子提取能力的影响取决于两个方面：①随着侧链长度的增加，离子液体的疏水性变大，从而改善了离子液体阳离子与色氨酸疏水部分之间的相互作用，提高了萃取效率；②色氨酸具有较大的吲哚侧链，长侧链的离子液体阳离子阻碍与色氨酸之间的相互作用，导致空间位阻效应，降低离子液体的提取能力[63,64]。

离子液体-水两相系统(离子液体-ABs)与传统的含聚合物如聚乙烯的水两相系统相比，离子液体-ABs具有较低的黏度、更快的分相速度和极性可调节性[65,66]。Xie等报告了一系列的使用源于生物质的长链羧酸阴离子和胆碱离子组成的生物相容性离子液体-水两相系统，对苯丙氨酸、色氨酸和咖啡因进行了萃取评价，$[Ch][C_7H_{15}COO]$-ABs具有显著的萃取效率。通过显著的供电子作用，适当的脂肪酸链长度可以为羧酸盐阴离子提供有效的氢键受体能力，且确保了良好的疏水性。长链羧酸根阴离子对系统的萃取性能至关重要，并且其分布系数随阴离子烷基链长度的增长而增加[67]。

近年来，微波辅助萃取(MAE)在药物有效成分的提取中得到了广泛的应用[68,69]。MAE具有耗时少、效率高等优点[70]。离子液体可以快速有效地吸收微波能量，提高萃取速率。Yang等以离子液体微波辅助萃取落叶松树皮中的原花青素[55]，相对于其他方法，该方法具有较高的萃取率、较低的能耗和较好的环保性[55]。Zeng等通过离子液体微波辅助萃取技术有效地从紫草和洋槐药材中提取芦丁，对比了不同阴离子对萃取效率的影响，发现$[C_4mim]Br$效果最好。并与其他方法包括离子液体加热萃取、卤化萃取、超声辅助萃取进行了对比，离子液体 MAE 萃取时间短，萃取效率高。通过 LC-MS 证明离子液体的使用不会影响芦丁的结构。该萃取系统具有良好的重现性和精密度，在天然产物的提取和分离方面具有广阔的应用前景[58]。Chu 等利用微波辅助离子液体胶束萃取结合分散微固相萃取的方法，用于姜黄植物中三种倍半萜类化合物的提取。该方法具有良好的线性、高重复性和回收率[71]。

超声辅助萃取技术由于重现性好、提取效率高、较小的能量输入并能降低溶剂消耗，已成功地应用于各种化合物的提取[72,73]。Ma 等在研究从一种干果中提取五味子药物（具有二苯并环辛二烯型骨架）中，[C_{12}mim]Br 超声辅助萃取比传统的溶剂（80%乙醇）热回流提取法萃取效率高约 3.5 倍，萃取时间从 6.0 h 缩短到 30 min[74]。Rodrigues 等采用离子液体超声辅助萃取相结合的方法，从微藻螺旋藻中成功提取了藻胆蛋白[75]。Li 等采用磁性离子液体超声辅助从青藤中提取青藤碱，在最优条件下提取率能达到 10.57 mg/g[76]。Murador 和同事利用离子液体代替传统有机溶剂，并用超声辅助，开发了一种从橘皮中提取类胡萝卜素的新方法。通过测试[C_4mim]Cl、[C_4mim][PF_6]、[C_4mim][BF_4]、[C_6mim]Cl 四种不同的离子液体，发现[C_4mim]Cl 萃取类胡萝卜素总含量可达（32.08±2.05）μg/g。与丙酮提取的类胡萝卜素相比，离子液体提取的类胡萝卜素具有更好的稳定性、更高的收率和抗氧化活性[72]。

10.2.2　离子液体作为药物合成溶剂及催化剂

离子液体相较于传统有机溶剂具有很大优势。首先，离子液体可作为均相反应的溶剂。Le 和同事在[C_4mim]Br-[C_4mim][BF_4]中直接合成 2-氨基苯并噻唑[77]。Darvatkar 等用离子液体为溶剂通过 Knoevenagel 缩合反应成功合成了香豆素-3-羧酸，该反应简单、有效且绿色[78]。其次，离子液体除了作为溶剂还能作为催化剂，具有双重作用。Subhedar 等用 Brønsted 酸性离子液体[Et_3NH][HSO_4]为催化剂在较短时间内有效合了一种抗结核活性药物 5-芳基烯-罗丹氨酸结合物[79]。该课题组还在无溶剂条件下，以[HDBU][HSO_4]为催化剂，通过一锅三组分反应合成噻唑啉-4-酮衍生物用于抗真菌及抗氧化。该方法具有良好的产品收率、较短的反应时间和催化剂的可重用性等优点[80]。再次，离子液体由于极性作用可增大催化剂的溶解度，从而增大均相反应的催化效率或使多相反应中的催化剂易分离和方便循环使用。Liu 等将 90%丙酮和 10%[C_4mim][BF_4]组成的混合溶剂体系用于提高酶的稳定性和活性。离子液体通过阴离子与氨基残基的阳离子静电吸引相互作用，对脂肪酶的柔韧性有一定的影响。在该系统下，脂肪酶催化的核苷类药物在可聚合酯的区域选择性合成中产率提高了 8 倍，反应速率提高了 3 倍[81]。离子液体在以上体系中均为反应提供了良好的环境，在一些反应中使催化剂活性增加、稳定性增强，药物收率增加。

10.2.3　离子液体作为药物合成模板剂

离子液体可能降低结晶过程成核能量，能对无机物质的多态选择产生影响[83]，可有效改善纳米粒子的晶体结构。Sundrarajan 等在一项报告中指出离子液体可作为羟基磷灰石 HAp(一种骨骼、牙科替代、修复或替代人体硬组织生物基材料)合成的绿色模板剂(见图 10-2)。在该报告中,[C_4mim][BF_4]作为纳米结构晶体形成的软模板被用于辅助合成 HAp。在咪唑基的离子液体中,咪唑阳离子环中的 2 位上 H 原子,与 HAp-鞣酸配合物中带负电荷的氧基团结合形成氢键。而且离子液体阴离子$[BF_4]^-$与咪唑环产生 π-π 堆积相互作用可以在 HAp 表面形成相对紧密的覆盖层,从而改善表面有序的形貌和结晶度。[C_4mim][BF_4]能有效地调节 HAp 纳米板的成核和生长[82]。

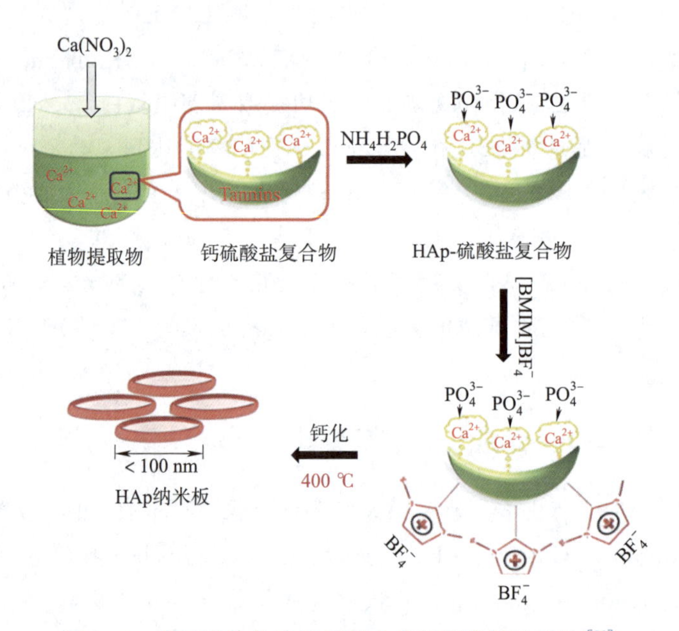

图 10-2　离子液体作为模板剂合成羟基磷灰石 HAp[82]

10.2.4　离子液体与纳米材料的结合

疏水药物吸收率差、药物聚集并且局部毒性高。传统药物的局限性导致了药物复杂的封装策略。理想的药物运输系统是能惰性的、生物相容性的、生物黏性的,能将有效的药物交付并能在病变部位长期释放活性药物成分。由于纳米材料形貌、尺寸易调控并且表面易修饰等优点,在纳米水平上有显著的物理化学性质,赋予了它们在各个领域的快速发展潜力,尤其是在生物医药领域。如 SiO_2、TiO_2、CeO_2 和 Fe_3O_4 纳米粒子,可作为药物载体甚至是能在体内启动催化反应并调节生物体内微环境达到激发治疗效果。将纳米材料的先进特性与药物活性组分结合起来,以实现主动运输,达到消除病变组织的能力,使得新兴的纳米载体对于开发合理设计的治疗模式具有独特吸引力。如 Fe_3O_4 纳米颗粒在肿瘤微环境条件下可发生 Fenton 反应,Huo 等将葡萄糖氧化酶和 Fe_3O_4 纳米颗粒整合到大孔径且可生物降解的纳米 SiO_2 中,设计成具有靶向顺序性的纳米药物。首先合成的药物通过 GOD 消耗肿瘤的葡萄糖，同时产生 Fenton 反应所需的 H_2O_2，最后与 Fe_3O_4 反应产生羟基自由基（·OH），以触发肿瘤细胞的凋亡或死亡[84]。现代纳米技术的快速发展为诊断、成像和治疗疾病开辟了新的视野。通过载体负载药物活性组分靶向病变组织能有效递送药物，甚至通过有效修饰可得到具有特殊开关的控释药物系统，如 pH 敏感、光敏感、微波辅助载药控释系统[85-88]。药物活性组分可能与纳米粒子共价连接，或在其内部物理结合。离子液体由于阴阳离子可调，可设计性强，因此可被设计成特定的具有生物药性或作为辅助剂、连接剂与纳米载体相结合，合成具有特殊响应功能药物载体或控释药物系统。如 Rogers 课题组通过将具有药物活性的离子液体负载到 SiO_2 上，提供了一种在水介质中体外快速释放药物装置。该药物传递系统能够通过设计调整离子液体形式来控制和微调吸附离子液体（包括双活性化合物）的释放[89]。

微波治疗作为一种临床肿瘤治疗方法，具有穿透深、副作用小等优点，是一种理想的外部刺激治疗肿瘤的方法。微波增强动态治疗（MEDT）是通过 MW 照射，在肿瘤微环境中加速产生更多的·OH。因此，设计和合成具有 MW 响应的纳米材料对生成·OH 和实现 MEDT 至关重要，而离子液体对微波具有敏感性，可作为微波敏感剂使用。Made 等利用离子液体对微波敏感特性，将其负载到荧光金纳米团簇与铁金属有机骨架表面快速偶联所形成的纳米材料中，合成了具有可降解性好、微波灵敏度高和能双模成像的纳米酶，实现了微波增强动力疗法和微波热疗联合抗肿瘤，肿瘤杀伤率高达 96.65%（见图 10-3）[90]。

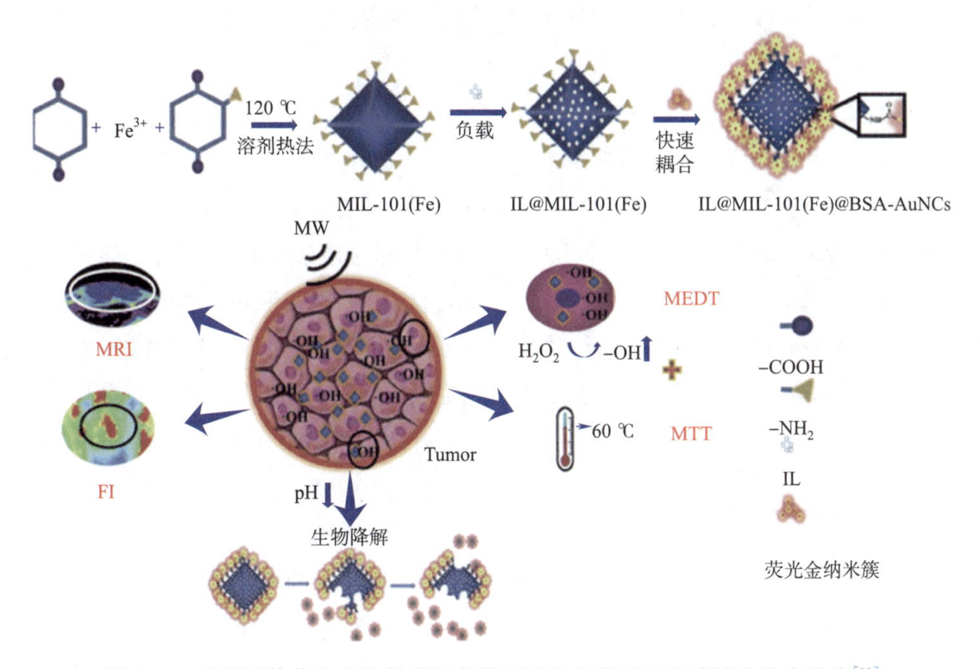

图 10-3　离子液体作为微波敏感剂负载到纳米材料用于微波辅助治疗肿瘤[90]

口服给药作为最常用的给药方法，但胃肠道的特殊环境往往会影响药物输送效率。如果设计成一种 pH 敏感特性和控释功能的药物载体，不仅能降低药物分子在胃肠道中的降解，还能降低药物分子的非特异性释放[91]。Mahkam 等通过三氨基丙基三甲氧基硅烷与一氯乙酸钠合成了 pH 敏感的离子液体。随后用 pH 敏感的离子液体对二氧化硅纳米粒子进行改性，最终合成 pH 敏感的正电荷二氧化硅纳米粒子负载负电荷药物萘普生，并建立了体外药物释放曲线[91]。Shen 等研究开发了一种由离子液体作为内载体和金属-酚类网络(MPN)作为微胶囊壳的口服药物递送微胶囊系统[92]。离子液体@MPN 微胶囊在大鼠模型中表现出增强的胃内药物吸收，微胶囊在胃酸中解体，释放的离子液体可降低黏液凝胶的黏度并增加药物跨内皮细胞的传输速率。

光反应材料可以通过光触发开关，在特定的时间和地点释放药物有效成分来进行光治疗。Rafi 等用蒙脱石(MMT)作为纳米容器，在其中嵌入带正电荷的光敏分子插孔——偶氮苯离子液体，制备了光敏纳米机械系统。该系统通过紫外照射，MMT 层的基本距离可发生变化，导致药物负荷和释放速率发生变化。在 pH＝5.8 时，在紫外照射和黑暗条件下进行体外释放对比，紫外光照射下系统负载对氨基苯甲酸(一种防晒成分)的释放速率高于黑暗中的释放速率。制备的光响应载体可作为智能防晒霜潜在的候选材料，在紫外线辐射下发生智能和按需释放药物，最大限度地减少皮肤与药物之间的接触时间来减少对皮肤的副作用[93]。

10.3 离子液体在药物递送中的应用

离子液体作为非挥发性、热稳定高、不易燃和可调节的设计型绿色溶剂，有望在药物合成中取代高挥发性有机溶剂。许多离子液体因具有低毒性和无毒性的特点而被认为是比有机溶剂更清洁的环境友好化合物。离子液体可通过阴阳离子合理搭配拥有独特的能力，以在各种环境中使用。例如，由于具有非凡的溶解能力，离子液体可以提供独特的策略来溶解或制备疏水药物，来作为溶解药物的增溶剂，或作为作用于生物膜的药物渗透促进剂，提高疗效和临床效果。除此之外，在液态水中，氢键可以扩展形成三维网络，可形成胶束、囊泡、凝胶和微乳液等自组装结构[94-97]。作为药物载体必须对药物其他成分和生物本身具有较好的生物相容性和生物可降解性，并且能有效调控药物释放和扩散速率[98]。

10.3.1 离子液体作为药物增溶剂

Uzagare 等利用 1-甲氧乙基-3-甲基咪唑甲烷磺酸盐为反应介质合成了核苷类药物，在离子液体中的溶解度优于传统有机溶剂[99]。Shi 等报道了香叶酸胆碱离子液体(CAGE)作为递送药物的潜力，被用于递送口服药物索拉菲尼。研究发现，CAGE 显著提高了疏水药物索拉菲尼的溶解度，能使索拉菲尼被更好地吸收；而且能改变药物的生物分布，可作为提供靶向器官的潜在手段，从而降低药物的副作用。CAGE 延长了药物半衰期并改善了药代动力学和药效学特性[100]。Ali 等制备了一系列由胆碱脂肪酸离子液体、月桂酸山梨醇(SPAN-20)和肉豆蔻酸异丙酯组成的新型离子液体微乳液(MEs)对难溶药物塞来昔布、阿昔洛韦、氨甲蝶呤和丹曲烯钠具有良好的溶解性。通过 DLS 分析表明该 MEs 具有良好的物理化学稳定性,并且存在直径在 6.5～21.2 nm 之间的球形胶束。离子液体能显著增强药物溶解度的原因,最有可能是由于离子液体表面活性剂的头部基团、离子液体的阴离子和药物分子的极性基团之间形成氢键和静电相互作用。在体外细胞毒性实验中,引入的基于离子液体的 MEs 有望作为药物传递系统增溶剂(见图 10-4)[101]。

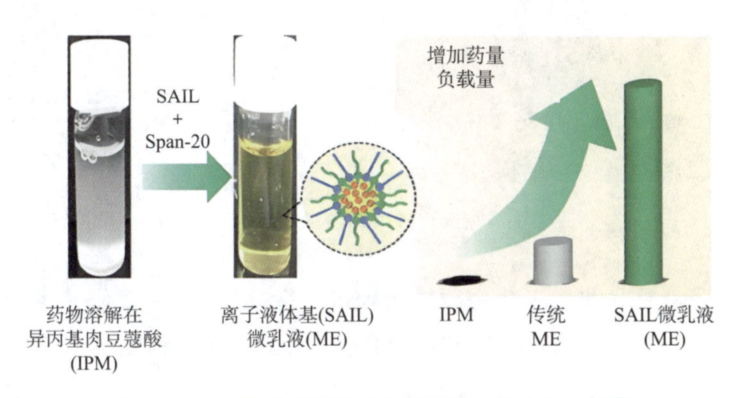

图 10-4　离子液体微乳液显著增强药物溶解度[101]

10.3.2　离子液体作为药物递送载体

由于离子液体与一般熔融盐有很大区别,内部结构中静电库仑力虽然被认为是决定离子液体行为的主导因素,但经过长期的实验与模拟发现,离子之间还存在氢键、范德华相互作用力(偶极子、诱导偶极子、色散)以及可能的 π-π 和 p-π 堆积[102],这些作用力与一些重要的性质和应用密切相关。据报道,尽管大多数离子液体具有毒性,但也有离子液体被认为是易于生物降解和无毒的,如一些含有有机阴离子如醋酸盐、磷酸盐、羧酸盐、氨基酸,线性长链阴离子如己酸、辛酸和油酸,还有一些阳离子如氨基酸酯、胆碱、哌啶以及吡咯烷基等[40,103-107]。通过改变离子液体的阴离子和阳离子组合以及阳离子侧链可精细调整物理化学性质,以产生无毒和良好生物相容性的离子液体[108, 109]。基于离子液体在自组装、极性和热稳定性方面的优势,常被应用于药物递送。

Kulshrestha 等合成磁性脯氨酸基表面活性离子液体([$ProC_{10}$][$FeCl_3Br$]),其可通过自组装形成囊泡结构用于疏水药物的传递。[$ProC_{10}$][$FeCl_3Br$]具有生物友好型,对其在疏水药物环丙沙星抗生素药物递送中发现,相较于其他载体对环丙沙星有较高的载药量,可达(84.2±0.9)%(见图 10-5)。由于具有磁性,[$ProC_{10}$][$FeCl_3Br$]为靶向给药提供了新思路[110]。Mitragotri 等发现,基于香叶酸胆碱的离子液体(LATTE)可作为药物载体,用于肝癌细胞的经皮局部治疗[111]。单次 LATTE 注射可使药物在消融区域均匀分布和滞留长达

28 天,有助于防止肿瘤复发。与单独使用 DOX 相比,LATTE 促进了 DOX 的内在化,并在联合使用时表现出杀死癌细胞的强大潜力。

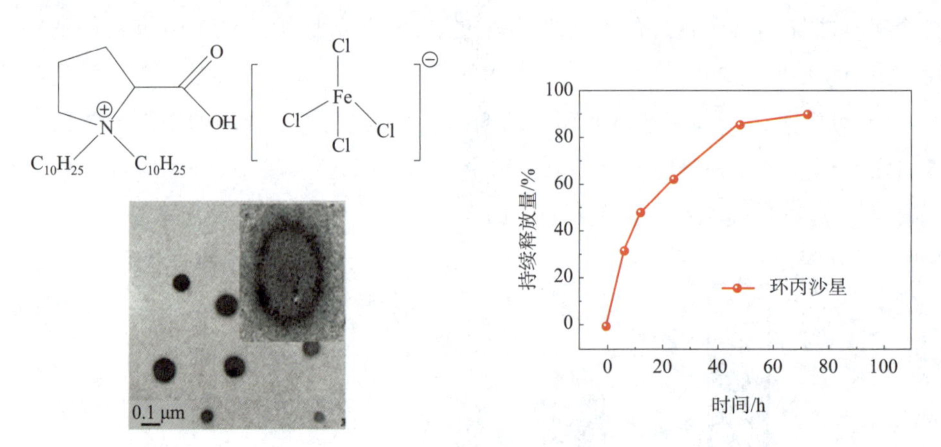

图 10-5 [$ProC_{10}$][$FeCl_3Br$]在水溶液中囊泡 TEM 图及对环丙沙星持续释放[110]

离子液体微乳液是目前用于药物载体比较多的系统,Dobler 等研究了亲水性和疏水性咪唑基离子液体对 W/O 和 O/W 乳液等经典传递系统性能和稳定性的影响。通过体外细胞毒性评价,证明了载体的细胞毒性较低并能增强药物皮肤渗透能力[112]。Esson 等设计了一种纳米乳液离子液体给药系统,两性霉素 B 在基于胆碱离子液体混合物中([Cho][Hex]和[DC-7][$2NTf_2$])避免了聚集体的形成,增大了溶解性和保持了对白色念珠菌的抗真菌活性。该研究证实了在水中的离子液体纳米乳液可能用于通过静脉输送药物,扩大了离子液体在药物医学应用中的范围[113]。Islam 等选用胆碱和氨基酸为基础的生物相容性离子液体、乙醇(EtOH)和肌酸异丙酯(IPM)组成了三元体系,用该体系介导微溶药物阿昔洛韦(ACV)透皮给药具有很好的研究前途。经实验发现离子液体显著增强了 ACV 对皮肤的渗透;用该体系处理角质层(Sc)后,通过对角膜细胞有序排列的干扰和渗透过程中 SC 表面性质的改变,降低了皮肤屏障功能,并通过组织学分析和皮肤刺激研究使用重建的人表皮模型显示了三元体系的安全性[114]。张锁江课题组提出了一种基于 1-羟乙基-3-甲基咪唑氯化铵([Hoemim]Cl)和深共晶化合物利多卡因布洛芬的微乳液体系(离子液体 ME),以改善青蒿素的透皮传递。在体外透皮实验中,青蒿素在皮肤中的转运被显著增强,渗透通量是肉豆蔻酸异丙酯体系在 6 h 内的 3 倍。同时揭示了离子液体 ME 具有通过破坏角蛋白的规则排列来降低 Sc 屏障的能力,从而增强了青蒿素的透皮传递[21]。

10.4 离子液体在医疗诊断领域的应用

随着现代科技的发展,诊断技术越来越先进,诊断准确度也越来越高。生物电化学传感器就是利用敏感元件特异性地识别被测生物分子,通过转换器将这种信号转换为电信号,电信号经过处理可以产生肉眼可见的变化。如果将这种生物电化学传感器应用到医疗诊断，那么就可以简化诊断步骤，节约医疗费用和时间。离子液体凭借着结构可调、良好的电化学性能以及生物兼容性等优越的性能，可以通过参与生物电化学传感器的制作应用于医疗诊断，并表现出了良好的效果。

癌症，作为威胁人类健康的“杀手”之一，以其给病人带来极大痛苦、高的致死率和发病率而臭名昭著，癌症患者大多遭受着身体和精神的双重打击。我们都知道癌症发现得越早，患者的存活率越高，因此癌症的早期诊断尤为重要。20 世纪 70 年代，Harald zur Hausen 教授首次发现了人乳头瘤病毒（HPV）和癌症之间的因果关系，并凭借着这一发现获得 2008 年的诺贝尔生理学或医学奖。他发现宫颈癌中存在人乳头瘤病毒（HPV）。HPV16 的检测对这些类型癌症的诊断至关重要，现有检测方法具有高成本、存在假阳性、定量 HPV 亚型困难等局限性，需要推动新的检测技术，即高灵敏度和选择性的生物传感器，以及低成本和快速检测 HPV16 的方法的研发。Leila Farzin 和同事将多壁碳纳米管（MWCNT）加固的氧化石墨烯负载离子液体（NH_2-离子液体-rGO）作为固定 DNA 探针的高表面积纳米平台，单链的 DNA 探针可以与目标 HPV16 DNA 链（互补链）杂交，用于检测 HPV16 阳性的鳞状细胞癌。与现有方法相比，该方法具有较高的准确度和较好的选择性，线性响应范围广，检测限低。当该传感器暴露于不同浓度的 HPV-DNA 中时，氧化还原指示剂 DPV 信号随浓度增加呈增长趋势，对非互补或不匹配的 DNA 没有显著的响应。该检测方法简便、灵敏，可用于 HPV16 相关头颈部癌的诊断。

肿瘤标志物是与癌症相关的生物大分子，它不仅对癌症的早期诊断至关重要，而且对癌症治疗后复发的检测和肿瘤风险评估有重要作用[115]。癌胚抗原是一种重要的肿瘤标志物，一个健康的成年人血清中癌胚抗原的浓度小于 5.0 ng/mL。癌胚抗原（CEA）的水平是癌症的早期诊断、评价手术成功和患者预后的重要指标，因此开发高灵敏度、高选择性、高准确度的检测癌胚抗原的传感器非常重要。Wang 等采用鲁米诺阴极发光的低电位电化学发光（ECL）传感器，以离子液体功能化石墨烯（GO-IL）修饰玻碳电极（GCE），膜上电沉积高孔铂纳米结构构建平台，使用壳聚糖（CHI）连接癌胚抗原和它的抗体（Ab）、牛血清白蛋白（BSA）封闭非特异性位点，制作传感器，用于检测癌胚抗原（见图 10-6）。由于良好的生物相容性、优异的电催化活性和孔隙结构，因此制备的复合材料具有鲁米诺阴极电化学发光、信号放大和癌胚抗原的抗体高负载密度的特点。癌胚抗原与抗体结合后，鲁米诺的阴极电化学发光信号由于免疫复合物的导电性能下降而降低。该免疫传感器具有高灵敏度、检测线性范围较宽（0.001 fg/mL～1 ng/mL）和极低的检测限（0.000 3 fg/mL）。此外，传感器显示出良好的特异性、稳定性和重现性，将其应用于人血清样品中癌胚抗原的检测，测定的浓度与样本医院结果一致，误差在可接受范围内，说明此电化学发光免疫传感器有临床检测癌胚抗原的潜力[116]。光电化学免疫传感器以其仪器简单、成本低、分析速度快、制备简便、超高灵敏度和高选择性等特性引起了研究者们的广泛关注。

分子印迹技术可以产生对模板分子具有特定的结合位点的聚合物，聚合物可以特异性地识别模板分子，模板分子与聚合物就相当于“钥匙”和“锁”。结合光电化学转换技术的分子印迹传感平台已广泛应用于生物小分子的检测。纳米粒子由于其特殊的尺寸范围、比表面积大、形状和表面电荷不同等特点而具有不同寻常的特性，在工业和制药等众多领域有着广泛应用。离子液体与纳米颗粒结合的特殊性能具有广阔的应用前景。Wang 等利用癌胚抗原印迹聚合离子液体水凝胶，以空心金纳米粒子/$MoSe_2$ 纳米片为光活性元件，成功构建了光电化学传感平台。该印迹光电传感器对癌胚抗原具有良好的选择性、灵敏度和稳定性，在 0.05～5.0 ng/mL 的浓度范围内产生线性响应，在优化条件下的检测限为 11.2 pg/mL。已应用印迹光电传感器准确测定临床上的人血清样品中的癌胚抗原。该方法也可用于其他生物分子的传感，只需替换模板即可[117]。^{19}F 磁共振成像(^{19}F MRI)是一种在体内分子成像和临床诊断方面很有前途的技术，这得益于其可忽略的背景和无限的组织穿透深度。然而，开发具有良好水溶性、生物兼容性和实际应用功能的^{19}F 探针仍然是一个挑战。厦门大学高锦豪教授及其研究团队报道了含氟离子液体作为一种新型的氟试剂，并建立了一种基于含氟离子液体的可激活^{19}F MRI 平台。该平台依赖离子液体的相变形成，在离子液体熔融状态下，将其用涂层聚合物“密封”，当暴露在某些环境刺激下，涂层聚合物又溶解释放出含氟离子液体，迅速增强^{19}F 信号。通过在细胞水平和小鼠中成功检测生物靶标(如 pH 失调和 MMP 过表达)，证实了这种“启动”反应，证明该探针用于肿瘤等疾病的诊断和监测生物学和病理过程的巨大潜力[118]。

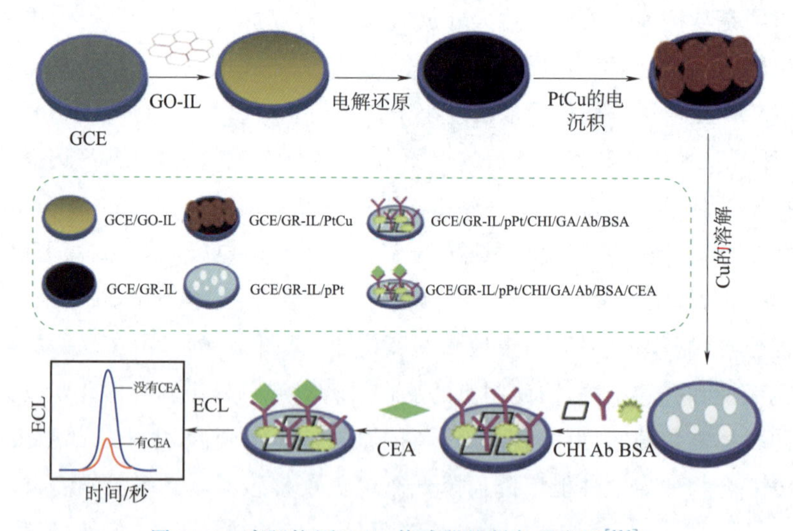

图 10-6　癌胚抗原 ECL 传感器的制备示意图[116]

糖尿病是人类健康的一大“杀手”。临床上，糖尿病患者由于血糖中浓度过高，导致渗透压、代谢等功能发生变化，大多出现“多饮多食多尿”但体重减少的症状。并且，糖尿病患者在后期可能会出现很多并发症，如肾功能障碍、四肢溃烂、失明等。因此，早发现、早诊断、早治疗是科学的对待糖尿病的态度。Luan 和同事采用 Ni_3S_2 纳米材料与离子液体功能化石墨烯复合,构建了检测葡萄糖的高灵敏度传感器。Ni_3S_2/离子液体-石墨烯/GCE 对葡萄糖氧化具有显著的电催化活性,该传感器线性范围较宽,为 0～500 μmol/L,灵敏度为 25.343[μA/(μmol/L)]/cm^2,检测限为 0.161 μmol/L。当被测样本中含有一些干扰葡萄糖检测的物质,如多巴胺、乳糖、尿酸和抗坏血酸,结果表明,葡萄糖电流反应无明显变化,说明该传感器抗干扰能力强。此外,该传感器已成功应用于胎牛血清中葡萄糖的检测[119]。Umar Nishan 团队采用简单的中和法合成了结构中具有芳香性和导电性的 1-氢-3-甲基咪唑醋酸离子液体,以伊红染料为底物,在 TiO_2 纳米粒子包覆离子液体的存在下,建立了丙酮的比色检测方法,成功应用于测定血糖水平在 245～370 mg/dL 范围的糖尿病患者尿样中的丙酮。与潜在的干扰物质相比,该传感器具有优异的选择性,响应时间较短仅为 5 min。使用质子型离子液体是为了在自由基的生成时起作用,在二氧化钛纳米颗粒的存在下,引发伊红染色和丙酮的反应。

心脑血管疾病是人类死亡病因头号“杀手”,包含心脏血管和脑血管疾病。血清髓过氧化物酶与心血管疾病的发生密切相关,是可预测心血管疾病风险的独立因子,因而它的检测具有早期临床诊断的重要意义。刘蓓把离子液体作为支持电解质,在氧化铟锡电极表面将邻苯二胺和多壁碳纳米管原位电聚合,形成的复合物吸附纳米金后,固定血清髓过氧化物酶的抗体,构建成一种检测血清髓过氧化物酶的新型电化学免疫传感器[120](见图 10-7)。

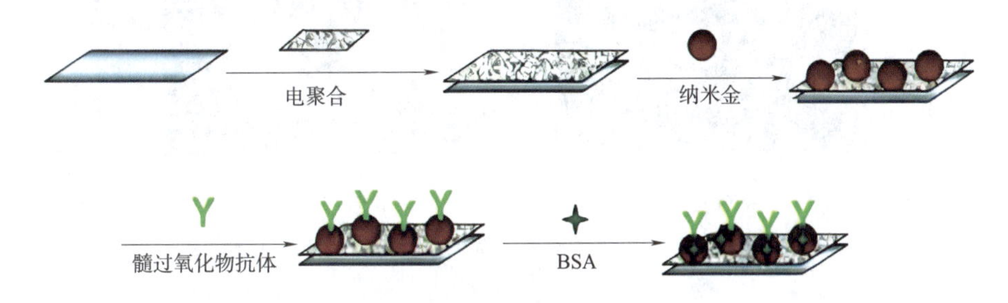

图 10-7　检测血清髓过氧化物酶的新型电化学免疫传感器示意图[120]

人体内多巴胺和尿酸指标处于正常范围具有重要的临床意义。由于多巴胺和尿酸通常共存于生物基质中,而且它们是电化学活性化合物,因此开发同时测定它们的电化学方法是人们关注的焦点。但人体液的环境比较复杂,如高浓度的抗坏血酸(AC)的存在会产生干扰,使用传统固体电极时,多巴胺、尿酸和抗坏血酸的氧化峰非常接近,会导致伏安响应重叠等[121,122]。Nagles 等利用壳聚糖溶液中分散的单壁碳纳米管(SWCNT),并将其沉积在丝印碳电极(SPCE)上,研制了一种新的吸附伏安法同时测定多巴胺和尿酸的传感器。他们使用离子液体 1-丁基-3-甲基咪唑四氟硼酸盐[C_4mim][BF_4]处理电极表面(csSWCNT/SPCE)。该传感器具有良好的选择性、灵敏度和抗干扰能力,并成功用于测定人尿样中的尿酸和多巴胺[123]。

阿尔茨海默病是一种发病进程缓慢、随时间增长不断恶化的神经系统退行性疾病，又称原发性老年痴呆症[124,125]。越早诊断，越早可以采取措施延缓阿尔茨海默病进程的发展[125]。一方面，乙酰胆碱及其前体胆碱在许多生物过程中发挥着重要作用，阿尔茨海默病的发生可能表现在乙酰胆碱的合成减少。另一方面，乙酰胆碱含量的增加会导致心率下降和唾液分泌过多。因此，生物介质中胆碱和乙酰胆碱的定量测定可能成为阿尔茨海默病等疾病的重要诊断指标。在 Hassan M. Albishri 的研究中，利用胆碱氧化酶和乙酰胆碱酯酶，在石墨烯氧化物-离子液体（GO-离子液体）修饰的玻璃碳电极（GCE）上，采用阳极微分脉冲溶出伏安法联用，初步建立灵敏的选择性生物传感器，用于测定人类血清样品中的乙酰胆碱和胆碱。在 5～1 000 nmol/L 范围内线性关系良好，胆碱和乙酰胆碱的检测限分别为 0.885 nmol/L 和 1.352 nmol/L，建立的传感器分析方法避免了对人体血清样品进行的预处理和纯化，对测定血清中胆碱和乙酰胆碱具有良好的准确度和精密度[126]。氧化石墨烯与离子液体通过物理或化学作用结合，可以为固定化酶的稳定和增强催化活性提供更有利的微环境。此外，由于离子液体具有良好的溶剂化性能，可以在氧化石墨烯中均匀分散（见图 10-8），还可以作为修饰剂或黏合剂来提高 GCE 表面性能。

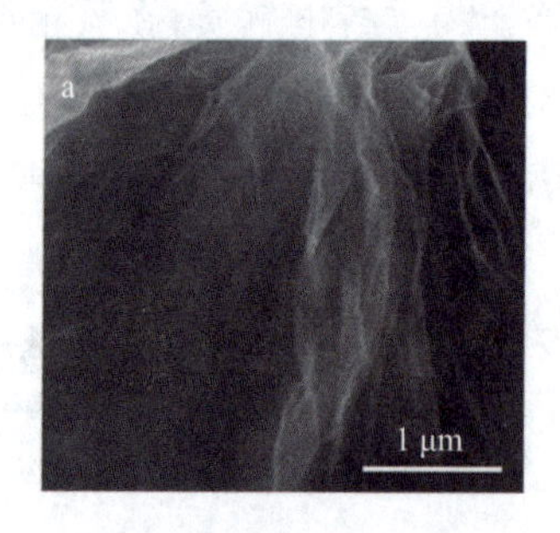

（a）氧化石墨烯

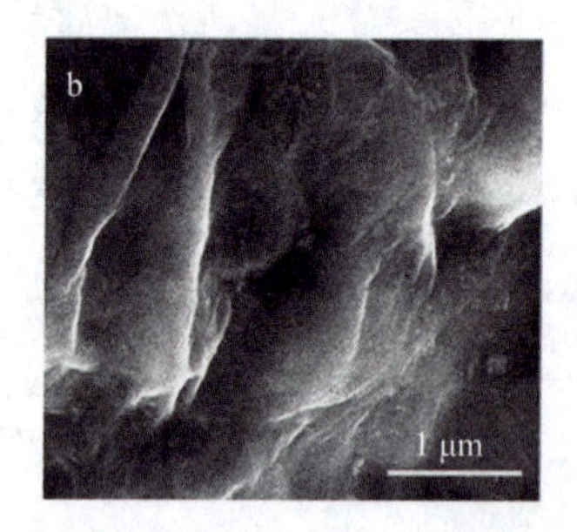

（b）离子液体修饰的氧化石墨烯

图 10-8　氧化石墨烯和离子液体修饰的氧化石墨烯扫描电镜图[126]

超氧阴离子（$O_2^{\cdot -}$）是大脑系统中一种重要的活性氧（ROS），与包括阿尔茨海默病在内的许多神经系统疾病的发展有关。Peng 等介绍了一种基于碳纤维微电极的体内检测技术，用于对正常大鼠和阿尔茨海默病模型大鼠活体大脑中 $O_2^{\cdot -}$ 自由基的特异性和敏感性监测。将功能化离子液体聚合物涂在铅纳米粒子和碳纳米管（CNT）上，具有阳离子和富羧基的离子液体聚合物提供了丰富的与 SOD 的相互作用位点，防止了传感器中酶的渗漏，有利于灵敏度的提高。在离子液体聚合物的存在下，SOD 的生物活性大部分保留了下来，说明其本身具有良好的生物相容性[127]。除胆碱外，神经递质还包括氨基酸、单胺、嘌呤、胆碱和肽，在神经细胞的通信中发挥关键作用[128-130]。Zhou 等通过超声辅助离子液体-分散液液微萃取（UA-离子液体-DLLME）以获得不同痴呆分期患者尿液样本中的神经递质的最大提取效率，开发研究神经递质在轻度认知障碍、轻度痴呆和中度痴呆患者的尿样，最后进行多变量分析，对上述临床数据集进行综合分析，结果显示 GABA 和 Glu 同时对样本的分类有意义，可作为潜在的差异化合物对不同痴呆分期患者的尿液样本进行聚类[131]。

还有一些物质的水平异常可能和多种疾病相关，如谷胱甘肽、肾上腺素、5-羟色胺。通过使用电化学方法结合离子液体能增加检测灵敏度。在Liu等的研究中，一种碳纳米管-离子液体-肾上腺素复合的凝胶被用来修饰电极，制作了一种灵敏、简便的检测谷胱甘肽电化学传感器[132]。福岛公司发现，碳纳米管只需用室温离子液体研磨即可形成凝胶[133-135]。因此，碳纳米管-离子液体复合凝胶可以作为一种坚固的、先进的传感器制造材料。而肾上腺素作为介质对谷胱甘肽的氧化具有明显的电催化活性，它的存在能有效降低谷胱甘肽的氧化电位[132]。该传感器已成功应用于尿样和片剂中谷胱甘肽的测定，且具有较高的回收率，可用于测定真实样品中的谷胱甘肽[132]。Bavandpour等开发了一种新型的$CuFe_2O_4$改性碳离子液体糊电极，利用1,3-二丙基咪唑溴化铵作为导电黏合剂。结果表明，该传感器在可逆性和灵敏度方面优于裸碳糊电极，且具有选择性好、灵敏度高、可用于真实样品中肾上腺素的测定等优点[136]。Li等合成了羧基功能化的介孔分子筛和胶体金纳米复合材料，研制了一种新型的改性碳离子液体膏状电极(MCM-41-COOH/Au@纳米-碳离子液体电极)，结合羧基功能化MCM-41的良好选择性和胶体金的高导电性，该传感器对5-羟色胺表现出较高的催化活性，改性的纳米碳离子液体电极具有表面易再生、电位窗宽、防污能力好等优点；与以往的报道相比，该传感器具有较宽的线性范围和较低的线性限[137]。

细胞内pH是与细胞内吞过程、信号转导、肌肉收缩、细胞增殖、凋亡等生理过程相关的重要指标[138-140]。活细胞的细胞质和核的pH为6.8～7.4，溶酶体和核内体的pH为4.4～6.5[141]。细胞内pH有0.3～0.5的波动，都会引起活细胞代谢行为的剧烈变化，并与多种疾病有关，包括类风湿关节炎、休克和癌症[142,143]。因此，实时、灵敏地监测细胞内pH具有重要的生理和病理意义。许多方法已经被用于细胞内pH的测量，包括核磁共振(NMR)、正电子发射断层摄影(PET)、吸收光谱、微电极和荧光成像[144,145]，其中，荧光成像具有良好的时空分辨率、高灵敏度、实时监测、无侵袭性等优点。荧光离子液体是重要的发光材料，在手性分析[146]、晶体材料[147]、金属离子[148,149]、生物大分子[150]、自由基[151]等方面应用广泛。Gao等提出将N-甲基-6-羟基喹啉双(-三氟甲基磺酰)亚胺离子液体([6MQc][NTf_2])作为一种荧光探针来定量成像细胞内pH对外界刺激的响应。[6MQc][NTf_2]的荧光对pH变化表现出灵敏的反应，因为[6MQc][NTf_2]的去质子化产生强荧光的两性离子产物[6MQz]。通过监测555 nm处的荧光变化，可以准确地检测到6.0～7.5范围内的pH波动。此外，该离子液体探针具有良好的生物相容性、优异的抗光漂白性能和较高的耐离子强度。利用该探针，MCF-7细胞内缺氧和药物诱导的细胞内pH变化的实时感应得以实现[152]。

10.5　离子液体在医药治疗领域的应用研究

10.5.1　离子液体的抗菌应用研究

细菌普遍存在，尤其是威胁着人类健康的致病菌，给人类健康造成了很大的威胁。对抗致病菌的各类疫苗、抗生素发明和使用，在很大程度上缓解了致病菌给人类造成的伤害，但是随着抗生素的使用和病菌的变异，耐药性、超级细菌的出现[153]，又使得人类面临着严峻的形势，迫切需要开发具有高效抗菌性能和生物相容性且不产生耐药性的材料。从临床应用的角度来看，理想的抗菌材料应具有高效、广谱活性、良好的生物相容性、长期活性、低成本和易于合成。当各种类型的离子液体抑制细菌和真菌的生长活性明显时，加上结构性质可调节、良好的生物兼容性等优点使它们成为抗菌药物的“候选者”之一。咪唑、吡啶、季铵盐、季鏻盐等离子液体已被证明能抑制致病性和非致病性细菌和真菌的生长[6,9,28,154,155]。

研究发现，一些咪唑类药物对病原菌膜表面有一定的危害，特别是高浓度、短时间使用时，它们可以直接与微生物外膜的双层脂质相互作用，增加微生物细胞膜的通透性，这影响了细菌细胞的膜结构，使膜的损伤难以修复，从而降低了其抵抗能力[156]。此外，这些阳离子化合物阻断了微生物 DNA 或 RNA 的合成，导致金属离子的释放，从而抑制了细菌细胞上某些酶的活性[157]。Brunel 报道了新型三苯胺膦离子液体的合成，这种离子液体能够自组装成多壁纳米装配体，并显示出对革兰氏阳性菌（包括耐药菌株）具有与标准抗生素相当的强杀菌活性（MIC＝0.5 mg/L）。研究显示，纳米组装体瞬间穿透细菌内部，从而快速阻断细菌的增殖（30 min）。Guo 等通过离子液体单体的原位光交联，与氨基酸（l-脯氨酸（Pro）或 l-色氨酸（Trp））进行阴离子交换，合成了具有高抗菌活性的独立强效聚离子液体膜，所合成的聚合物膜对抗革兰氏阴性大肠杆菌（E. coli）和革兰氏阳性金黄色葡萄球菌（S. aureus）均具有很高的抗菌性能，对人红细胞和皮肤成纤维细胞无明显的溶血和细胞毒性，对牛血清白蛋白有低吸附能力。由于咪唑阳离子和 Trp 阴离子的协同作用，合成的离子液体-Trp 膜与离子液体与 Pro 和 Br 相比具有较高的抗菌效率，且所研究的离子液体聚合物基膜显示出长期抗菌稳定性[158]。

为了确定离子液体在感染预防和控制潜在的应用，探究其结构与抗菌性能的规律，从而便于离子液体抗菌性能的调谐，Florio 研究了 1-甲基-3-十二烷基咪唑溴盐离子液体、1-甲基-1-十二烷基吡咯烷溴盐离子液体和 1-甲基-1-十一烷基哌啶溴盐离子液体鎓对金黄色葡萄球菌或铜绿假单胞菌抑菌效果的影响。三种离子液体均具有较低的溶血活性和较强的抗菌活性，并能有效抑制生物膜的形成，特别是对金黄色葡萄球菌，其可能作为抗生物膜剂的应用[159]。至于离子液体抗菌的机制，目前还没有被完全弄清楚。有证据表明，它们的烷基链发挥了主要作用，很可能是通过影响生物膜的完整性[160-163]。随着侧链烷基碳数的增大，抗菌性能越明显，被称为“侧链效应”[164]。但是，当侧链碳数达到某个值时，抗菌性能不会无限制地继续增大，这种现象称为“剪断效应”[165]。在 Florio 的实验中，烷基链长度为 12 或 14 个碳原子的离子液体抗菌活性最高，而大于 16 或小于 10 个碳原子的脂肪链抗菌活性明显降低[160,163]。此外，这些离子液体亲水性部分的极性基团的化学结构和组成也会显著影响其抗菌活性，这方面的研究主要针对咪唑、吡啶和吡咯烷胺类离子液体。阳离子取代基中某些官能团（如酰胺、酯、羧基、羟基、葡萄糖）的存在已被证明可以降低离子液体的毒性并增强其生物降解性[159,166,167]。Florio 等发现，羟基（位于咪唑环的非烷基取代基的 N 上）的存在抑制了抗菌性能[168]。

基于离子液体良好的抗菌效果，已有文献报道了离子液体在抗菌材料的应用。Shi 等合成了一系列基于聚合诱导发射（AIE）的咪唑类离子液体，具有杀菌和成像、细胞标记和检测血细胞细菌的多功能潜力。合成的基于 AIE 的离子液体在杀死细菌的同时对死去的细菌进行成像，省去了荧光染色工艺。同时，用肉眼可区分死菌的荧光成像，且以 AIE 为基础的离子液体的荧光强度随菌体浓度的变化而变化。此外，以 AIE 为基础的离子液体表现出相对较低的细胞毒性和溶血率，因此在细胞标记和杀菌的同时检测细胞中的细菌方面具有潜力[169]。Yu 等以聚乙烯醇-四羟基硼酸阴离子水凝胶为载体，吡咯烷胺离子液体为抗菌药物，设计制备了一种新型多功能抗菌水凝胶。聚乙烯醇和四羟基硼酸阴离子之间形成的硼酸酯键作为动态网络连接，赋予水凝胶多种功能。此外，制备的水凝胶对大肠杆菌和金黄色葡萄球菌具有有效的抗菌活性。结果表明，含长烷基链离子液体的水凝胶抗菌性能更明显[170]。

10.5.2　离子液体的抗炎和抗氧化应用研究

离子液体的抗炎活性、优异的溶解性能等让其成为抗炎药物传递、改善溶解度和抗炎药物成分的重点研究对象。有研究报道了一种分别含有[C_4mim]Br 或[C_4mim][PF_6]的油内离子液体微乳液，用于经皮给药 5-氟尿嘧啶或依托多拉克，所获得的配方用于体内治疗皮肤癌、关节炎和啮齿动物的炎症，并产生了积极的结果[171,172]。为改善透皮效果，采用依多拉克（一种非甾体抗炎药）与局麻药利多卡因联合使用，含有离子液体的依托拉克比单独使用依托拉克具有更高的饱和溶解度，利多卡因在离子液体中的溶解度也得到了改善[173]。Veerasingam 等以穿心莲叶片提取物为原料，采用低温水热法制备了离子液体辅助氧化镧纳米粒子（La_2O_3-离子液体 NPs），如图 10-9 所示。使用离子液体[C_4mim][PF_6]后，La_2O_3-离子液体 NPs 比标准的阿米卡星和 La_2O_3 有较高的抑制率。用牛血清白蛋白变性和鸡蛋白蛋白变性技术证明了其抗炎活性，离子液体辅助 La_2O_3 NPs 具有良好抗菌和抗炎活性[174]。

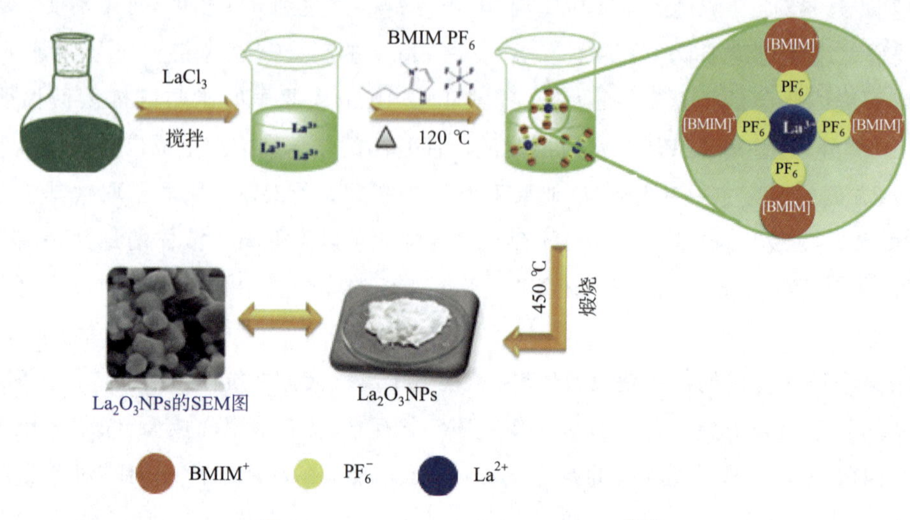

图 10-9 La_2O_3 NPs 制备与 SEM 图[174]

细菌纤维素是由非致病性细菌产生的一种纤维素,其特征是具有三维结构和超细网络的纤维素纳米[175],因其特殊的超微结构和独特的性能、生物相容性、高吸水性能和机械性能[176]而成为多种生物医学应用的理想材料,包括经皮给药贴片、伤口愈合膜和皮肤替代品[175]。然而,细菌纤维素膜缺乏重要的功能,即抗氧化和抗炎特性,而这些特性对皮肤保护和愈合至关重要。在 Morais 等的研究中,细菌纳米纤维素膜负载基于酚酸的离子液体,这些离子化合物是通过将胆碱阳离子与咖啡因、鞣花酸和没食子酸的阴离子结合而得到的,具有更好的溶解性和生物利用度,所得到的细菌纳米纤维素-离子液体膜均匀、一致,其溶胀能力与各离子液体的溶解度一致。这些膜显示出可控的离子液体溶解速率和较高的抗氧化活性。用巨噬细胞和角化细胞进行的体外检测显示新型细菌纳米纤维素-离子液体膜是非细胞毒性的,并具有抗炎特性。从扩散研究显细菌纳米纤维素膜释放离子液体的时间延长,有利于提高药物的生物利用度。因此,Morais 等的工作成功地证明了细菌纳米纤维素-离子液体膜在皮肤治疗方面的潜力[177]。

10.5.3 离子液体的抗癌应用研究

在癌症的治疗方式中,化疗因其快速、靶向作用[178]而成为最常用的方式。但化疗所用化合物对正常细胞显示出严重的毒性,其副作用明显,患者会出现脱发、疼痛等症状。寻找新的化疗分子以及靶向治疗是亟待解决的研究领域。新生物活性分子的相关设计策略已成为许多药物化学研究者的研究目标。离子液体已被发现拥有对多种肿瘤细胞的抗癌活性,如咪唑、吡啶等离子液体对于肺癌、结肠癌、宫颈癌、肝癌等具有显著的抗癌效果。Aljuhani 等用微波辅助绿色方法合成了一系列新的吡啶基离子液体,对两种肺癌细胞系 A549 和 H-1229 的抗癌活性均达到 50%以上,其中,效果最佳的离子液体对肝癌细胞增殖抑制率的分别为 99.16%～91.24%和 99.23%～99.69%[179]。双吡啶脲核与离子液体在单一分子框架下的协同效应的研究引起了 Al-Sodies 等的关注，他们合成了一系列双吡啶分子杂交，以脲键为间隔与一些烷基功能化酯形成反阳离子的离子液体，具有良好的抗癌活性[180]。

Frade 等采用新型离子液体对人结肠癌细胞 CaCo-2 进行了毒理学评价，所研究的离子液体包括不同种类的阳离子：咪唑、二甲基胍、四甲基胍、甲基吡咯烷铵、2-甲基-1-乙基吡啶、季铵和 3-n-己基-4-n-癸基膦($P_{6,6,6,14}$)，研究发现阴离子的类型可以显著地改变毒性。双氰胺-[DCA]和双(三氟甲烷磺酰)酰胺-[NTf_2]可以明显改变某些阳离子的影响。当阴离子为[DCA]或[NTf_2]时，离子液体对 CaCo-2 细胞的危害要小得多；而当阴离子为[NTf_2]时，会导致细胞代谢异常增加。同时，一些阳离子在某些阴离子存在下诱导类似的反应，如(1-(2-羟乙基)-3-甲基咪唑)-[C_2OHMIM]和[C_4MPyr]，不引起细胞毒性。在 MCF7 细胞中，吡咯烷和哌啶离子液体的细胞毒性与咪唑离子液体具有相同的毒性范围，且毒性远远小于它们的吡啶同族物[181, 182]。吡咯烷、哌啶和吡啶阳离子随着烷基链的延长而使细胞存活率降低[181-183]。[C_4mim]、[C_2OHMIM]、[C_5OHMIM]和[Cho]是对 CaCo-2 细胞较安全的离子液体。由于烷基链的增加，[C_8mim]和[C_{10}mim]具有较高的毒性，但当在 C_{10} 烷基链末端引入羧基时细胞毒性显著降低，而在酯基存在时则不会发生这种情况。

目前已有研究比较了离子液体对肿瘤细胞和正常细胞的细胞毒性作用。三乙基硫酸铵、三乙基磷酸、1-甲基咪唑氯和 1-丁基-3-甲基咪唑氯对 HEK 人胚肾细胞的毒性低于对 T98G 脑癌细胞的毒性[184]。然而，咪唑基离子液体对正常人成纤维细胞和 CaCo-2 细胞的毒性没有显著差异[185]，表明离子液体抗癌效应是非选择性的。

离子液体可诱导氧化应激、DNA 损伤和细胞凋亡，离子液体阳离子的疏水性和亲脂性与细胞毒性作用相关[186, 187]。用 1-烷基喹啉离子液体处理 3T3 细胞可导致细胞膜破裂。咪唑能引起恶性和正常细胞的线粒体衰竭、氧化应激和凋亡[188]。在小鼠乳腺癌 EMT6 细胞中，1-辛基-3-甲基咪唑氯([C_8mim]Cl)诱导细胞色素 P450 基因表达，其产物参与药物代谢及其他外源物质。在人宫颈癌细胞 HeLa 细胞中，咪唑诱导多异生物/多药耐药(MXR/MDR)系统。然而，尽管在该对细胞毒性机理研究领域进行了积极的调查，但仍不全面，其作用机理是目前研究离子液体抗癌特性的关键攻克点。

10.6 离子液体在医药领域的发展趋势

离子液体由阴阳离子组成且种类繁多，考虑将已批准药物转化为离子液体，或者开发新型离子液体药物，增加药物溶解率，从而增大机体吸收率和生物利用度，提高药效。离子液体良好的导电性、较宽的电化学窗口等优越的电化学性能，使其在诊断中应用广泛，可以作为电解液、电极修饰等参与传感器的制作，提高传感器的性能。而随着一些技术的发展，越来越多的研究认为离子液体不仅可以作为传感器的“辅助物”，改善传感器的性能，还可以作为电极、荧光性探针等等更直接地参与疾病的诊断，从而简化诊断流程，节约时间成本，提高诊断效率。组织工程的出现，给治疗提供了新思路，离子液体可作为溶剂、再生剂等进行应用。既然离子液体可以诊断也可以治疗，如果可以诊疗结合，就可以极大程度的节约人力物力，是一个有潜力的发展趋势。

参考文献

[1] SAVJANI K T, GAJJAR A K, SAVJANI J K. Drug solubility: importance and enhancement techniques[J]. ISRN Pharm, 2012, 2012: 195727-195727.

[2] JAIN S, PATEL N, LIN S. Solubility and dissolution enhancement strategies: current understanding and recent trends[J]. Drug Development and Industrial Pharmacy, 2015, 41(6): 875-887.

[3] GURSOY R N, BENITA S. Self-emulsifying drug delivery systems(sedds)for improved oral delivery of lipophilic drugs[J]. Biomedicine & Pharmacotherapy, 2004, 58(3): 173-182.

[4] ALVES F, OLIVEIRA F S, SCHRODER B, et al. Synthesis, characterization, and liposome partition of a novel tetracycline derivative using the ionic liquids framework[J]. Pharm. Sci.-US, 2013, 102(5): 1504-1512.

[5] HOLBREY J D, SEDDON K R. Ionic liquids[J]. Clean Products and Processes, 1999, 1: 223-236.

[6] DOCHERTY K M, KULPA J C F. Toxicity and antimicrobial activity of imidazolium and pyridinium ionic liquids[J]. Green Chemistry, 2005, 7(4): 185-189.

[7] FRADE R F M, MATIAS A, BRANCO L C, et al. Effect of ionic liquids on human colon carcinoma Ht-29 and Caco-2 cell llines[J]. Green Chemistry, 2007, 9(8): 873-877.

[8] JIN M, WANG H, LIU H, et al. Oxidative stress response and proteomic analysis reveal the mechanisms of toxicity of imidazolium-based ionic liquids against arabidopsis thaliana[J]. Environmental Pollution, 2020, 260: 114013-114013.

[9] EGOROVA K S, GORDEEV E G, ANANIKOV V P. Biological activity of ionic liquids and their application in pharmaceutics and medicine[J]. Chemical Reviews, 2017, 117(10): 7132-7189.

[10] PERNAK J, SOBASZKIEWICZ K, MIRSKABA I. Anti-microbial activities of ionic liquids[J]. Green Chemistry, 2003, 5(1): 52-56.

[11] BANSODE P, PATIL P, CHOUDHARI P, et al. Anticancer activity and molecular docking studies of ferrocene tethered ionic liquids[J]. Journal of Molecular Liquids, 2019, 290: 111182.

[12] PETKOVIC M, FERGUSON J L, GUNARATNE H Q N, et al. Novel biocompatible cholinium-based ionic liquids-toxicity and biodegradability[J]. Green Chemistry, 2010, 12(4): 643-649.

[13] 张兴盈，林亚蒙，曲媛，等．氨基酸酯类离子液体的经皮促渗活性考察[J]. 中国医药工业杂志，2017，48(4)：536-542.

[14] MONIRUZZAMAN M, GOTO M. Ionic liquids: future solvents and reagents for pharmaceuticals [J]. Journal of Chemical Engineering of Japan, 2016, 44(6): 370-381.

[15] YUAN J, ZHOU N, WU J, et al. Ionic liquids as effective additives to enhance the solubility and permeation for puerarin and ferulic acid[J]. RSC Advances, 2022, 12(6): 3416-3422.

[16] MONIRUZZAMAN M, TAHARA Y, TAMURA M, et al. Ionic liquid-assisted transdermal delivery of

sparingly soluble drugs[J]. Chemical Communications, 2010, 46(9): 1452-1454.

[17] HOUGH W L, ROGERS R D. Ionic liquids then and now: from solvents to materials to active pharmaceutical ingredients [J]. Bulletin of The Chemical Society of Japan, 2007, 80 (12): 2262-2269.

[18] JAITELY V, KARATAS A, FLORENCE A T. Water-immiscible room temperature ionic liquids (rtils)as drug reservoirs for controlled release[J]. International Journal of Pharmaceutics 2008, 354: 168-173.

[19] BRAMER T, DEW N, EDSMAN K. Catanionic mixtures involving a drug: a rather general concept that can be utilized for prolonged drug release from gels[J]. Journal of Pharmaceutical Sciences, 2006, 95(4): 769-780.

[20] YANG D, FANG L, YANG C. Roles of molecular interaction and mobility on loading capacity and release rate of drug-ionic liquid in long-acting controlled release transdermal patch[J]. Journal of Molecular Liquids, 2022, 352: 118752.

[21] ZHANG Y, CAO Y, MENG X, et al. Enhancement of transdermal delivery of artemisinin using microemulsion vehicle based on ionic liquid and lidocaine ibuprofen[J]. Colloids and Surfaces B: Biointerfaces, 2020, 189: 110886-110886.

[22] SIDAT Z, MARIMUTHU T, KUMAR P, et al. Ionic liquids as potential and synergistic permeation enhancers for transdermal drug delivery[J]. Pharmaceutics, 2019, 11(2): 96-96.

[23] AGATEMOR C, IBSEN K N, TANNER E E L, et al. Ionic liquids for addressing unmet needs in healthcare[J]. Bioengineering & Translational Medicine, 2018, 3(1): 7-25.

[24] HU Y H, XING Y Y, YUE H, et al. Ionic liquids revolutionizing biomedicine: recent advances and emerging opportunities[J]. Chemical Society Reviews, 2023, 52: 7262.

[25] CHEN S M, ZHANG S J, LIU X M, et al. Ionic liquid clusters: structure, formation mechanism, and effect on the behavior of ionic liquids[J]. Physical Chemistry Chemical Physics, 2014, 16(13): 5893-5906.

[26] BASANT N, GUPTA S, SINGH K P. Predicting acetyl cholinesterase enzyme inhibition potential of ionic liquids using machine learning approaches: an aid to green chemicals designing[J]. Journal of Molecular Liquids, 2015, 209: 404-412.

[27] WANG X, OHLIN C A, LU Q, et al. Cytotoxicity of ionic liquids and precursor compounds towards human cell line hela[J]. Green Chemistry, 2007, 9(11): 1191-1197.

[28] EGOROVA K S, ANANIKOV V P. Toxicity of ionic liquids: eco(Cyto)activity as complicated, but unavoidable parameter for task-specific optimization[J]. ChemSusChem, 2014, 7(2): 336-360.

[29] STOLTE S, ARNING J R, BOTTIN-WEBER U, et al. Anion effects on the cytotoxicity of ionic liquids[J]. Green Chemistry, 2006, 8(7): 621-629.

[30] COSTA S P F, AZEVEDO A M O, PINTO P, et al. Environmental impact of ionic liquids: recent advances in(Eco)toxicology and(Bio)degradability[J]. ChemSusChem, 2017, 10(11): 2321-2347.

[31] SIVAPRAGASAM M, MONIRUZZAMAN M, GOTO M. An overview on the toxicological properties of ionic liquids toward microorganisms[J]. Biotechnology Journal, 2019, 15(4): e1900073.

[32] LIM G S, JAENICKE S, KLAHN M. How the spontaneous insertion of amphiphilic imidazolium-based cations changes biological membranes: a molecular simulation study[J]. Physical Chemistry

Chemical Physics，2015，17(43)：29171-29183.

[33] HU Y，XING Y，YE P，et al. The antibacterial activity and mechanism of imidazole chloride ionic liquids on staphylococcus aureus[J]. Frontiers in Microbiology，2023，14：1109972.

[34] HU Y，YUE H，HUANG S，et al. Biocompatible diimidazolium based ionic liquid systems for enhancing the solubility of paclitaxel[J]. Green Chemistry，2024：4013-4023.

[35] LIU H J，XIA Y L，FAN H Y，et al. Effect of imidazolium-based ionic liquids with varying carbon chain lengths on arabidopsis thaliana：response of growth and photosynthetic fluorescence parameters [J]. Hazard. Mater，2018，358：327-336.

[36] STOCK F，HOFFMANN J，RANKE J，et al. Effects of ionic liquids on the acetylcholinesterase -a structure-activity relationship consideration[J]. Green Chemistry，2004，6(6)：286-290.

[37] GUNDOLF T，WEYHING-ZERRER N，SOMMER J，et al. Biological impact of ionic liquids based on sustainable fatty acid anions examined with a tripartite test system[J]. ACS Sustainable Chemistry & Engineering，2019，7(19)：15865-15873.

[38] FAN H，JIN M，WANG H，et al. Effect of differently methyl-substituted ionic liquids on scenedesmus obliquus growth，photosynthesis，respiration，and ultrastructure[J]. Environmental Pollution，2019，250：155-165.

[39] SAMORÌ C，PASTERIS A，GALLETTI P，et al. Acute toxicity of oxygenated and nonoxygenated imidazolium-based ionic liquids to daphnia magna and vibrio fischeri[J]. Environmental Toxicology and Chemistry，2007，26(11)：2379-2382.

[40] SAMORÌ C，MALFERRARI D，VALBONESI P，et al. Introduction of oxygenated side chain into imidazolium ionic liquids：evaluation of the effects at different biological organization levels[J]. Ecotoxicology and Environmental Safety，2010，73(6)：1456-1464.

[41] VENTURA S P，MARQUES C S，ROSATELLA A A，et al. Toxicity assessment of various ionic liquid families towards vibrio fischeri marine bacteria[J]. Ecotoxicology and Environmental Safety 2012，76(2)：162-168.

[42] FRADE R F M，ROSATELLA A A，MARQUES C S，et al. Toxicological evaluation on human colon carcinoma cell line(Caco-2)of ionic liquids based on imidazolium，guanidinium，ammonium，phosphonium，pyridinium and pyrrolidinium cations[J]. Green Chemistry，2009，11：1660-1665.

[43] GOUVEIA W，JORGE T F，MARTINS S，et al. Toxicity of ionic liquids prepared from biomaterials[J]. Chemosphere，2014，104：51-56.

[44] COSTA S P，PINTO P C，LAPA R A，et al. Toxicity assessment of ionic liquids with vibrio fischeri：an alternative fully automated methodology[J]. Journal of Hazardous Materials，2015，284：136-142.

[45] MARULLO S，GALLO G，INFURNA G，et al. Antimicrobial and antioxidant supramolecular ionic liquid gels from biopolymer mixtures[J]. Green Chemistry，2023，25(9)：3692-3704.

[46] CHEN Z L，ZHOU Q，GUAN W，et al. Effects of imidazolium-based ionic liquids with different anions on wheat seedlings[J]. Chemosphere，2018，194：20-27.

[47] KUMAR P K，JHA I，VENKATESU P，et al. A comparative study of the stability of stem bromelain based on the variation of anions of imidazolium-based ionic liquids[J]. Journal of Molecular Liquids，2017，246：178-186.

[48] MAGUT P K, DAS S, FERNAND V E, et al. Tunable cytotoxicity of rhodamine 6g Via anion variations[J]. Jouranl of the American Chemical Society, 2013, 135(42): 15873-15879.

[49] LAPKIN A A, PLUCINSKI P K, CUTLER M. Comparative assessment of technologies for extraction of artemisinin[J]. Journal of Natural Products, 2006, 69: 1653-1664.

[50] WANG Y, DUO D, YAN Y, et al. Bioactive constituents of salvia przewalskii and the molecular mechanism of its antihypoxia effects determined using quantitative proteomics[J]. Pharmaceutical Biology, 2020, 58(1): 469-477.

[51] RODRIGUES R, LIMA P, SANTIAGO-AGUIAR R, et al. Evaluation of protic ionic liquids as potential solvents for theheating extraction of phycobiliproteins from spirulina(arthrospira)platensis [J]. Algal Research, 2019, 38: 101391.

[52] FEROZ S, MUHAMMAD N, DIAS G, et al. Extraction of keratin from sheep wool fibres using aqueous ionic liquids assisted probe sonication technology[J]. Journal of Molecular Liquids, 2022, 350: 118595.

[53] YANG X, ZHAO R, WANG H, et al. Resin adsorption as a means for the enrichment and separation of three terpenoid indole alkaloids: vindoline, catharanthine and vinblastine from catharanthus roseus extracts in ionic liquid solution[J]. Industrial Crops and Products, 2022, 187: 115351.

[54] BOGDANOV M G, SVINYAROV I. Ionic liquid-supported solid-liquid extraction of bioactive alkaloids. Ii. Kinetics, modeling and mechanism of glaucine extraction from glaucium flavum Cr. (Papaveraceae)[J]. Separation and Purification Technology, 2013, 103: 279-288.

[55] YANG L, SUN X, YANG F, et al. Application of ionic liquids in the microwave-assisted extraction of proanthocyanidins from larix gmelini bark[J]. International Journal of Molecular Sciences, 2012, 13(4): 5163-5178.

[56] CLÁUDIO A F M, FERREIRA A M, FREIRE M G, et al. Enhanced extraction of caffeine from guaraná seeds using aqueous solutions of ionic liquids[J]. Green Chemistry, 2013, 15(7): 2002-2010.

[57] BIONIQS. Extraction of artemisinin using ionic liquids[J]. York, UK: Bioniqs. Ltd, 2008.

[58] ZENG H, WANG Y Z, KONG J H, et al. Ionic liquid-based microwave-assisted extraction of rutin from chinese medicinal plants[J]. Talanta, 2010, 83(2): 582-590.

[59] WANG R, YANG Z, LV W, et al. Extraction and separation of flavonoids and iridoids from eucommia ulmoides leaves using choline tryptophan ionic liquid-based aqueous biphasic systems[J]. Industrial Crops & Products 2022, 187: 115465.

[60] LARANGEIRA P M, ROSSO V V D, SILVA V H D, et al. Genotoxicity, mutagenicity and cytotoxicity of carotenoids extracted from ionic liquid in multiples organs of wistar rats[J]. Experimental and Toxicologic Pathology, 2016, 68(10): 571-578.

[61] CULL S G, HOLBREY J D, VARGAS-MORA V, et al. Room-temperature ionic liquids as replacements for organic solvents in multiphase bioprocess operations[J]. Biotechnology and Bioengineering, 2000, 69 (2): 233-277.

[62] SOTO A, ARCE A, KHOSHKBARCHI M. Partitioning of antibiotics in a two-liquid phase system formed by water and a room temperature ionic liquid[J]. Separation and Purification Technology 2005, 44(3): 242-246.

[63] FAN Y, DONG X, LI Y, et al. Extraction of L-tryptophan by hydroxyl-functionalized ionic liquids [J]. Industrial & Engineering Chemistry Research, 2015, 54(51): 12966-12973.

[64] TOMé L I N, CATAMBAS V R, TELES A R R, et al. Tryptophan extraction using hydrophobic ionic liquids[J]. Separation and Purification Technology, 2010, 72(2): 167-173.

[65] FREIRE M G, LOUROS C L S, REBELO L P N, et al. Aqueous biphasic systems composed of a water-stable ionic liquid+carbohydrates and their applications[J]. Green Chemistry, 2011, 13(6): 1536-1545.

[66] FREIRE M G, CLAUDIO A F, ARAUJO J M, et al. Aqueous biphasic systems: a boost brought about by using ionic liquids[J]. Chemical Society Reviews, 2012, 41(14): 4966-4995.

[67] XIE Y, XING H, YANG Q, et al. Aqueous biphasic system containing long chain anion-functionalized ionic liquids for high-performance extraction[J]. ACS Sustainable Chemistry & Engineering, 2015, 3(12): 3365-3372.

[68] LUO X, WANG F, WANG G, et al. Exploring the mechanism of ionic liquids to improve the extraction efficiency of essential oils based on density functional theory and molecular dynamics simulation[J]. Molecules, 2022, 27(17): 5515.

[69] SILVA R F D, CARNEIRO C N, SOUSA C B D C D, et al. Sustainable extraction bioactive compounds procedures in medicinal plants based on the principles of green analytical chemistry: a review[J]. Microchemical Journal 2022, 175: 107184.

[70] HEMWIMON S, PAVASANT P, SHOTIPRUK A. Microwave-assisted extraction of antioxidative anthraquinones from roots of morinda citrifolia[J]. Separation and Purification Technology, 2007, 54 (1): 44-50.

[71] CHU C, WANG S, JIANG L, et al. Microwave-assisted ionic liquid-based micelle extraction combined with trace-fluorinated carbon nanotubes in dispersive micro-solid-phase extraction to determine three sesquiterpenes in roots of curcuma wenyujin[J]. Phytochemical Analysis, 2019, 30(6): 700-709.

[72] MURADOR D C, BRAGA A R C, MARTINS P L G, et al. Ionic liquid associated with ultrasonic-assisted extraction: a new approach to obtain carotenoids from orange peel[J]. Food Research International, 2019, 126: 108653-108653.

[73] SMIGLAK M, PRINGLE J M, LU X, et al. Ionic liquids for energy, materials, and medicine[J]. Chemical Communications, 2014, 50(66): 9228-9250.

[74] MA C H, LIU T T, YANG L, et al. Study on ionic liquid-based ultrasonic-assisted extraction of biphenyl cyclooctene lignans from the fruit of schisandra chinensis baill[J]. Analytica Chimica Acta, 2011, 689(1): 110-116.

[75] RODRIGUES R D P, CASTRO F C D, SANTIAGO-AGUIAR R S D, et al. Ultrasound-assisted extraction of phycobiliproteins from spirulina (arthrospira) platensis using protic ionic liquids as solvent[J]. Algal Research, 2018, 31: 454-462.

[76] LI Q, WU S, WANG C, et al. Ultrasonic-assisted extraction of sinomenine from sinomenium acutum using magnetic ionic liquids coupled with further purification by reversed micellar extraction [J]. Process Biochemistry, 2017, 58: 282-288.

[77] LE Z-G, XU J-P, RAO H-Y, et al. One-pot synthesis of 2-aminobenzothiazoles using a new reagent of[Bmim]Br_3 in[Bmim]BF_4[J]. Journal of Heterocyclic Chemistry, 2006, 43: 1123-1124.

[78] DARVATKAR N B, DEORUKHKAR A R, BHILARE S V, et al. Ionic liquid-mediated synthesis of coumarin-3-carboxylic acids via knoevenagel condensation of meldrum's acid withortho-hydroxyaryl aldehydes[J]. Synthetic Communications, 2008, 38(20): 3508-3513.

[79] SUBHEDAR D D, SHAIKH M H, NAWALE L, et al. [Et_3nh][Hso_4] catalyzed efficient synthesis of 5-arylidene-rhodanine conjugates and their antitubercular activity[J]. Research on Chemical Intermediates, 2016, 42: 6607-6626.

[80] SUBHEDAR D D, SHAIKH M H, KHAN F A K, et al. Facile synthesis of new N-sulfonamidyl-4-thiazolidinone derivatives and their biological evaluation[J]. New Journal of Chemistry, 2016, 40: 3047-3058.

[81] LIU B K, WANG N, CHEN Z C, et al. Markedly enhancing lipase-catalyzed synthesis of nucleoside drugs' ester by using a mixture system containing organic solvents and ionic liquid[J]. Bioorganic & Medicinal Chemistry Letters 2006, 16(14): 3769-3771.

[82] SUNDRARAJAN M, JEGATHEESWARAN S, SELVAM S, et al. The ionic liquid assisted green synthesis of hydroxyapatite nanoplates by moringa oleifera flower extract: a biomimetic approach[J]. Materials & Design, 2015, 88: 1183-1190.

[83] YANG M, CAMPBELL P S, SANTINI C C, et al. Small nickel nanoparticle arrays from long chain imidazolium ionic liquids[J]. Nanoscale, 2014, 6(6): 3367-3375.

[84] HUO M, WANG L, CHEN Y, et al. Tumor-selective catalytic nanomedicine by nanocatalyst delivery[J]. Nature Communications, 2017, 8(1): 357-357.

[85] ELENA A, ROZHKOVA I U V. A high-performance nanobio photocatalyst for targeted brain cancer therapy[J]. Nono Letters, 2009, 9(9): 3337-3342.

[86] QIN Y, SHAN X, HAN Y, et al. Study of Ph-responsive and polyethylene glycol-modified doxorubicin-loaded mesoporous silica nanoparticles for drug delivery[J]. Journal of Nanoscience and Nanotechnology, 2020, 20(10): 5997-6006.

[87] LI Y, LI R, CHAKRABORTY A, et al. Combinatorial library of cyclic benzylidene acetal-containing Ph-responsive lipidoid nanoparticles for intracellular mrna delivery[J]. Bioconjugate Chemistry, 2020, 31(7): 1835-1843.

[88] TANG W T, LIU B, WANG S P, et al. Doxorubicin-loaded ionic liquid-polydopamine nanoparticles for combined chemotherapy and microwave thermal therapy of cancer[J]. RSC Adv., 2016, 6(39): 32434-32440.

[89] BICA K, RODRIGUEZ H, GURAU G, et al. Pharmaceutically active ionic liquids with solids handling, enhanced thermal stability, and fast release[J]. Chemical Communications, 2012, 48 (44): 5422-5424.

[90] MA X, REN X, GUO X, et al. Multifunctional iron-based metal-organic framework as biodegradable nanozyme for microwave enhancing dynamic therapy[J]. Biomaterials, 2019, 214: 119223.

[91] MAHKAM M, PAKRAVAN A. Synthesis and characterization of Ph-sensitive positive-charge silica nanoparticles for oral anionic drug delivery[J]. Journal of the Chinese Chemical Society, 2013, 60 (3): 293-296.

[92] SHEN L, ZHANG Y, FENG J, et al. Microencapsulation of ionic liquid by interfacial self-assembly of metal-phenolic network for efficient gastric absorption of oral drug delivery[J]. ACS Applied

Materials & Interfaces, 2022, 14(40): 45229-45239.

[93] RAFI A A, HAMIDI N, HASHEMI A B, et al. Photo-switchable nanomechanical systems comprising a nanocontainer(montmorillonite)and light-driven molecular jack(azobenzene-imidazolium ionic liquids)as drug delivery systems; synthesis, characterization, and in vitro release studies[J]. ACS Biomaterials Science & Engineering, 2017, 4(1): 184-192.

[94] ROJAS O, TIERSCH B, FRASCA S, et al. A new type of microemulsion consisting of two halogen-free ionic liquids and one oil component[J]. Colloids and Surfaces A: Physicochemical and Engineering Aspects, 2010, 369: 82-87.

[95] GAYET F, MARTY J-D, BRÛLET A, et al. Vesicles in ionic liquids[J]. Langmuir, 2011, 27(16): 9706-9710.

[96] RESSMANN A K, ZIRBS R, PRESSLER M, et al. Surface-active ionic liquids for micellar extraction of piperine from black pepper[J]. Zeitschrift Für Naturforschung B, 2013, 68: 1129-1137.

[97] MUKESH C, BHATT J, PRASAD K. A polymerizable bioionic liquid based nanogel: a new nanocarrier for an anticancer drug[J]. Macromolecular Chemistry and Physics, 2014, 215(15): 1498-1504.

[98] 张定，王承潇，李琳，等．离子液体在制药领域的研究进展和应用前景[J]．中国医院药学杂志，2014，34：1399-1403.

[99] UZAGARE M C, SANGHVI Y S, SALUNKHE M M. Application of ionic liquid 1-methoxyethyl-3-methyl imidazolium methanesulfonate in nucleoside chemistry[J]. Green Chemistry, 2003, 5(4): 370-372.

[100] SHI Y, ZHAO Z, GAO Y, et al. Oral delivery of sorafenib through spontaneous formation of ionic liquid nanocomplexes[J]. Journal of Controlled Release, 2020, 322: 602-609.

[101] ALI M K, MOSHIKUR R M, WAKABAYASHI R, et al. Biocompatible ionic liquid surfactant-based microemulsion as a potential carrier for sparingly soluble drugs[J]. ACS Sustainable Chemistry & Engineering, 2020, 8(16): 6263-6272.

[102] DONG K, ZHANG S J. Hydrogen bonds: a structural insight into ionic liquids[J]. Chemistry, 2012, 18(10): 2748-2761.

[103] HOU X D, LIU Q P, SMITH T J, et al. Evaluation of toxicity and biodegradability of cholinium amino acids ionic liquids[J]. PLoS One, 2013, 8(3): e59145.

[104] BAHARUDDIN S H, MUSTAHIL N A, ABDULLAH A A, et al. Ecotoxicity study of amino acid ionic liquids towards danio rerio fish: effect of cations[J]. Procedia Engineering, 2016, 148: 401-408.

[105] GATHERGOOD N, SCAMMELLS P J, GARCIA M T. Biodegradable ionic liquids : part iii. the first readily biodegradable ionic liquids[J]. Green Chemistry, 2006, 8(2): 156-160.

[106] STOLTE S, MATZKE M, ARNING J, et al. Effects of different head groups and functionalised side chains on the aquatic toxicity of ionic liquids[J]. Green Chemistry, 2007, 9(11): 1170-1179.

[107] HERNANDEZ-FERNANDEZ F J, BAYO J, RIOS A P D L, et al. Discovering less toxic ionic liquids by using the microtox(R) toxicity test[J]. Ecotoxicology and Environmental Safety 2015, 116: 29-33.

[108] MORRISSEY S, PEGOT B, COLEMAN D, et al. Biodegradable, non-bactericidal oxygen-functionalised imidazolium esters: a step towards "greener" ionic liquids[J]. Green Chemistry, 2009, 11(4): 475-483.

[109] IMPERATO G, KÖNIG B, CHIAPPE C. Ionic green solvents from renewable resources[J]. European Journal of Organic Chemistry, 2007, 2007(7): 1049-1058.

[110] KULSHRESTHA A, GEHLOT P S, KUMAR A. Magnetic proline-based ionic liquid surfactant as a nano-carrier for hydrophobic drug delivery[J]. Journal of Materials Chemistry B, 2020, 8(15): 3050-3057.

[111] ALBADAWI H, ZHANG Z, ALTUN I, et al. Percutaneous liquid ablation agent for tumor treatment and drug delivery[J]. Science Translational Medicine, 2021, 13(580): eabe3889.

[112] DOBLER D, SCHMIDTS T, KLINGENHOFER I, et al. Ionic liquids as ingredients in topical drug delivery systems[J]. International Journal of Pharmaceutics, 2013, 441(1-2): 620-627.

[113] ESSON M M, MECOZZI S. Preparation, characterization, and formulation optimization of ionic-liquid-in-water nanoemulsions toward systemic delivery of amphotericin B [J]. Molecular Pharmaceutics, 2020, 17(6): 2221-2226.

[114] ISLAM M R, CHOWDHURY M R, WAKABAYASHI R, et al. Choline and amino acid based biocompatible ionic liquid mediated transdermal delivery of the sparingly soluble drug acyclovir[J]. International Journal of Pharmaceutics, 2020, 582: 119335-119335.

[115] LIU J, WANG J, WANG T, et al. Three-dimensional electrochemical immunosensor for sensitive detection of carcinoembryonic antigen based on monolithic and macroporous graphene foam[J]. Biosensors and Bioelectronics, 2015, 65: 281-286.

[116] JIANG X, CHAI Y, YUAN R, et al. An ultrasensitive luminol cathodic electrochemiluminescence immunosensor based on glucose oxidase and nanocomposites: graphene-carbon nanotubes and gold-platinum alloy[J]. Analytica Chimica Acta, 2013, 783: 49-55.

[117] WANG C, WANG Y, ZHANG H, et al. Molecularly imprinted photoelectrochemical sensor for carcinoembryonic antigen based on polymerized ionic liquid hydrogel and hollow gold nanoballs/ $mose_2$ nanosheets[J]. Analytica Chimica Acta, 2019, 1090: 64-71.

[118] ZHU X, TANG X, LIN H, et al. A fluorinated ionic liquid-based activatable 19f Mri platform detects biological targets[J]. Chem, 2020, 6(5): 1134-1148.

[119] LUAN F, ZHANG S, CHEN D, et al. Ni_3S_2/ionic liquid-functionalized graphene as an enhanced material for the nonenzymatic detection of glucose[J]. Microchemical Journal, 2018, 143: 450-456.

[120] 刘蓓．新型血清髓过氧化物酶电化学免疫传感器的研究[D]. 重庆:重庆医科大学, 2012

[121] O'NEILL R D. Microvoltammetric techniques and sensors for monitoring neurochemical dynamics in Vivo[J]. A Review, Analyst, 1994, 119(5): 767-779.

[122] SALIMI A, MAMKHEZRI H, HALLAJ R. Simultaneous determination of ascorbic acid, uric acid and neurotransmitters with a carbon ceramic electrode prepared by Sol-Gel technique[J]. Talanta, 2006, 70(4): 823-832.

[123] NAGLES E, GARCÍA-BELTRÁN O, CALDERÓN J A. Evaluation of the usefulness of a novel electrochemical sensor in detecting uric acid and dopamine in the presence of ascorbic acid using a screen-printed carbon electrode modified with single walled carbon nanotubes and ionic liquids[J]. Electrochimica Acta, 2017, 258: 512-523.

[124] 李润辉．阿尔茨海默病的研究现状[J]. 沈阳医学院学报, 2013, 15(3): 129-133.

[125] 石楠．重新认识阿尔茨海默病[J]. 大自然探索, 2019(6): 40-47.

[126] ALBISHRI H M, ABD EL-HADY D. Hyphenation of enzyme/graphene oxide-ionic liquid/glassy carbon biosensors with anodic differential pulse stripping voltammetry for reliable determination of choline and acetylcholine in human serum[J]. Talanta, 2019, 200: 107-114.

[127] PENG Q, YAN X, SHI X, et al. In vivo monitoring of superoxide anion from alzheimer's rat brains with functionalized ionic liquid polymer decorated microsensor[J]. Biosens Bioelectron, 2019, 144: 111665.

[128] VOGT N. Sensing neurotransmitters[J]. Nature Methods, 2019, 16(1): 17.

[129] MAYER E A. Gut feelings: the emerging biology of gut-brain communication[J]. Nature Reviews Neuroscience, 2011, 12(8): 453-466.

[130] ZHANG M, FANG C, SMAGIN G. Derivatization for the simultaneous Lc/Ms quantification of multiple neurotransmitters in extracellular fluid from rat brain microdialysis [J]. Journal of Pharmaceutical and Biomedical Analysis, 2014, 100: 357-364.

[131] ZHOU G S, YUAN Y C, YIN Y, et al. Hydrophilic interaction chromatography combined with ultrasound-assisted ionic liquid dispersive liquid-liquid microextraction for determination of underivatized neurotransmitters in dementia patients' urine samples[J]. Analytica Chimica Acta, 2020, 1107: 74-84.

[132] LIU B, WANG M, XIAO B. Application of carbon nanotube-ionic liquid-epinephrine composite gel modified electrode as a sensor for glutathione[J]. Journal of Electroanalytical Chemistry, 2015, 757: 198-202.

[133] DU P, LIU S, WU P, et al. Preparation and characterization of room temperature ionic liquid/single-walled carbon nanotube nanocomposites and their application to the direct electrochemistry of heme-containing proteins/enzymes[J]. Electrochimica Acta, 2007, 52(23): 6534-6547.

[134] BAI L, WEN D, YIN J, et al. Carbon nanotubes-ionic liquid nanocomposites sensing platform for nadh oxidation and oxygen[J]. Glucose Detection in Blood, Talanta, 2012, 91: 110-115.

[135] ELYASI M, KHALILZADEH M A, KARIMI-MALEH H. High sensitive voltammetric sensor based on Pt/Cnts nanocomposite modified ionic liquid carbon paste electrode for determination of sudan I in food samples[J]. Food Chemistry, 2013, 141(4): 4311-4317.

[136] BAVANDPOUR R, KARIMI-MALEH H, ASIF M, et al. Liquid phase determination of adrenaline uses a voltammetric sensor employing $CuFe_2O_4$ nanoparticles and room temperature ionic liquids[J]. Journal of Molecular Liquids, 2016, 213: 369-373.

[137] LI Y, JI Y, REN B, et al. Carboxyl-functionalized mesoporous molecular sieve/colloidal gold modified nano-carbon ionic liquid paste electrode for electrochemical determination of serotonin[J]. Materials Research Bulletin, 2019, 109: 240-245.

[138] CASEY J R, GRINSTEIN S, ORLOWSKI J. Sensors and regulators of intracellular Ph[J]. Nature Reviews Molecular Cell Biology, 2010, 11(1): 50-61.

[139] WEBB B A, CHIMENTI M, JACOBSON M P, et al. Dysregulated Ph: a perfect storm for cancer progression[J]. Nature Reviews Cancer, 2011, 11(9): 671-677.

[140] LAGADIC-GOSSMANN D, HUC L, LECUREUR V. Alterations of intracellular Ph homeostasis in apoptosis: origins and roles[J]. Cell Death & Differentiation, 2004, 11(9): 953-961.

[141] STUEWE L, MUELLER M, FABIAN A, et al. Ph dependence of melanoma cell migration:

protons extruded by nhe1 dominate protons of the bulk solution[J]. Journal of Physiology-London, 2007, 585(2): 351-360.

[142] SCHINDLER M, GRABSKI S, HOFF E, et al. Defective Ph regulation of acidic compartments in human breast cancer cells (Mcf-7) is normalized in adriamycin-resistant cells (Mcf-7adr) [J]. Biochemistry, 1996, 35(9): 2811-2817.

[143] HESSE S J A, RUIJTER G J G, DIJKEMA C, et al. Measurement of intracellular(compartmental) Ph by P-31 nmr in aspergillus niger[J]. Journal of Biotechnology, 2000, 77(1): 5-15.

[144] LAYEC G, MALUCELLI E, LE FUR Y, et al. Effects of exercise-induced intracellular acidosis on the phosphocreatine recovery kinetics: A^{31}p mrs study in three muscle groups in humans[J]. NMR in Biomedicine, 2013, 26(11): 1403-1411.

[145] MUSA-AZIZ R, OCCHIPINTI R, BORON W F. Evidence from simultaneous intracellular-and surface-Ph transients that carbonic anhydrase Iv enhances Co_2 fluxes across xenopus oocyte plasma membranes[J]. American Journal of Physiology-Cell Physiology, 2014, 307(9): C814-C840.

[146] WU D, YU Y, ZHANG J, et al. Chiral poly(ionic liquid) with nonconjugated backbone as a fluorescent enantioselective sensor for phenylalaninol and tryptophan[J]. ACS Applied Materials & Interfaces, 2018, 10(27): 23362-23368.

[147] TANABE K, SUZUI Y, HASEGAWA M, et al. Full-Color tunable photoluminescent ionic liquid crystals based on tripodal pyridinium[J]. Pyrimidinium, and Quinolinium Salts, Journal of the American Chemical Society, 2012, 134(12): 5652-5661.

[148] LI Q, PENG K, LU Y, et al. Synthesis of fluorescent ionic liquid-functionalized silicon nanoparticles with tunable amphiphilicity and selective determination of Hg^{2+}[J]. Journal of Materials Chemistry B, 2018, 6(48): 8214-8220.

[149] BETTOSCHI A, BENCINI A, BERTI D, et al. Highly stable ionic liquid-in-water emulsions as a new class of fluorescent sensors for metal ions: the case study of Fe^{3+} sensing[J]. RSC Advances, 2015, 5(47): 37385-37391.

[150] CHEN X-W, LIU J-W, WANG J-H. A highly fluorescent hydrophilic ionic liquid as a potential probe for the sensing of biomacromolecules[J]. The Journal of Physical Chemistry B, 2011, 115(6): 1524-1530.

[151] LIU H, ZHANG L, CHEN J, et al. A novel functional imidazole fluorescent ionic liquid: simple and efficient fluorescent probes for superoxide anion radicals[J]. Analytical and Bioanalytical Chemistry, 2013, 405(29): 9563-9570.

[152] GAO L, LIN X, ZHENG A, et al. Real-time monitoring of intracellular ph in live cells with fluorescent ionic liquid[J]. Analytica Chimica Acta, 2020, 1111: 132-138.

[153] 赵敏．细菌耐药现状及治疗-从超级细菌谈起[J]. 解放军医学杂志，2011，36(2)：104-108.

[154] PAPAICONOMOU N, ESTAGER J, TRAORE Y, et al. Synthesis, physicochemical properties, and toxicity data of new hydrophobic ionic liquids containing dimethylpyridinium and trimethylpyridinium cations[J]. Journal of Chemical & Engineering Data, 2010, 55(5): 1971-1979.

[155] IWAI N, NAKAYAMA K, KITAZUME T. Antibacterial activities of imidazolium, pyrrolidinium and piperidinium salts[J]. Bioorganic and Medicinal Chemistry Letters, 2011, 21(6): 1728-1730.

[156] KULACKI K J, LAMBERTI G A. Toxicity of imidazolium ionic liquids to freshwater algae[J]. Green Chemistry, 2008, 10(1): 104-110.

[157] PERCIVAL S L, BOWLER P G, RUSSELL D. Bacterial resistance to silver in wound care[J]. Journal of Hospital Infection, 2005, 60(1): 1-7.

[158] GUO J N, XU Q M, ZHENG Z Q, et al. Intrinsically antibacterial poly(ionic liquid) membranes: the synergistic effect of anions[J]. ACS Macro Letters, 2015, 4: 1094-1098.

[159] FLORIO W, BECHERINI S, D'ANDREA F, et al. Comparative evaluation of antimicrobial activity of different types of ionic liquids[J]. Materials Science & Engineering C, 2019, 104: 109907.

[160] GILMORE B F, ANDREWS G P, BORBERLY G, et al. Enhanced antimicrobial activities of 1-alkyl-3-methyl imidazolium ionic liquids based on silver or copper containing anions[J]. New Journal of Chemistry, 2013, 37(4): 873-876.

[161] MIRGORODSKAYA A, LUKASHENKO S, YATSKEVICH E, et al. Aggregation behavior, anticorrosion effect, and antimicrobial activity of alkylmethylmorpholinium bromides[J]. Protection of Metals and Physical Chemistry of Surfaces, 2014, 50: 538-542.

[162] ZHENG Z, XU Q, GUO J, et al. Structure-antibacterial activity relationships of imidazolium-type ionic liquid monomers, poly(ionic liquids) and poly(ionic liquid) membranes: effect of alkyl chain length and cations[J]. ACS Applied Materials & Interfaces, 2016, 8(20): 12684-12692.

[163] QIN J, GUO J, XU Q, et al. Synthesis of pyrrolidinium-type poly(ionic liquid) membranes for antibacterial applications[J]. ACS Applied Materials & Interfaces, 2017, 9(12): 10504-10511.

[164] DUMAN A N, OZTURK I, TUNCEL A, et al. Synthesis of new water-soluble ionic liquids and their antibacterial profile against gram-positive and gram-negative bacteria[J]. Heliyon, 2019, 5(10): e02607.

[165] SOMMER J, FISTER S, GUNDOLF T, et al. Virucidal or not virucidal? that is the question-predictability of ionic liquid's virucidal potential in biological test systems[J]. International Journal of Molecular Sciences, 2018, 19(3): 790.

[166] COLEMAN D, GATHERGOOD N. Biodegradation studies of ionic liquids[J]. Chemical Society Reviews, 2010, 39(2): 600-637.

[167] JORDAN A, GATHERGOOD N. Biodegradation of ionic liquids -a critical review[J]. Chemical Society Reviews, 2015, 44(22): 8200-8237.

[168] FLORIO W, BECHERINI S, D'ANDREA F, et al. Comparative evaluation of antimicrobial activity of different types of ionic liquids[J]. Mater Sci Eng C Mater Biol Appl, 2019, 104: 109907.

[169] SHI J, WANG M, SUN Z, et al. Aggregation-induced emission-based ionic liquids for bacterial killing, imaging, cell labeling, and bacterial detection in blood cells[J]. Acta Biomaterialia, 2019, 97: 247-259.

[170] YU Y, YANG Z Y, REN S J, et al. Multifunctional hydrogel based on ionic liquid with antibacterial performance[J]. Journal of Molecular Liquids, 2020, 299: 112185.

[171] GOINDI S, ARORA P, KUMAR N, et al. Development of novel ionic liquid-based microemulsion formulation for dermal delivery of 5-fluorouracil[J]. AAPS PharmSciTech, 2014, 15(4): 810-821.

[172] GOINDI S, KAUR R, KAUR R. An ionic liquid-in-water microemulsion as a potential carrier for topical delivery of poorly water soluble drug: development, ex-vivo and in-vivo evaluation[J].

International Journal of Pharmaceutics, 2015, 495(2): 913-923.

[173] MIWA Y, HAMAMOTO H, ISHIDA T. Lidocaine self-sacrificially improves the skin permeation of the acidic and poorly water-soluble drug etodolac via its transformation into an ionic liquid[J]. European Journal of Pharmaceutics and Biopharmaceutics, 2016, 102: 92-100.

[174] VEERASINGAM M, MURUGESAN B, MAHALINGAM S. Ionic liquid mediated morphologically improved lanthanum oxide nanoparticles by andrographis paniculata leaves extract and its biomedical applications[J]. Journal of Rare Earths, 2020, 38(3): 281-291.

[175] CZAJA W, KRYSTYNOWICZ A, BIELECKI S, et al. Microbial cellulose—the natural power to heal wounds[J]. Biomaterials, 2006, 27(2): 145-151.

[176] JONES I, CURRIE L, MARTIN R. A guide to biological skin substitutes[J]. British Journal of Plastic Surgery, 2002, 55(3): 185-193.

[177] MORAIS E S, SILVA N, SINTRA T E, et al. Anti-inflammatory and antioxidant nanostructured cellulose membranes loaded with phenolic-based ionic liquids for cutaneous application [J]. Carbohydr Polym, 2019, 206: 187-197.

[178] ALI I, HAQUE A, SALEEM K, et al. Curcumin-I knoevenagel's condensates and their schiff's bases as anticancer agents: synthesis, pharmacological and simulation studies[J]. Bioorganic & Medicinal Chemistry, 2013, 21(13): 3808-3820.

[179] ALJUHANI A, AOUAD M R, REZKI N, et al. Novel pyridinium based ionic liquids with amide tethers: microwave assisted synthesis, molecular docking and anticancer studies[J]. Journal of Molecular Liquids, 2019, 285: 790-802.

[180] AL-SODIES S A, AOUAD M R, IHMAID S, et al. Microwave and conventional synthesis of ester based dicationic pyridinium ionic liquids carrying hydrazone linkage: DNA binding[J]. anticancer and docking studies, Journal of Molecular Structure, 2020, 1207: 127756.

[181] SALMINEN J, PAPAICONOMOU N, KUMAR R A, et al. Physicochemical properties and toxicities of hydrophobic piperidinium and pyrrolidinium ionic liquids[J]. Fluid Phase Equilibria, 2007, 261(1-2): 421-426.

[182] KUMAR R A, PAPAIECONOMOU N, LEE J M, et al. In vitro cytotoxicities of ionic liquids: effect of cation rings, functional groups, and anions [J]. Environmental Toxicology: An International Journal, 2009, 24(4): 388-395.

[183] STASIEWICZ M, MULKIEWICZ E, TOMCZAK-WANDZEL R, et al. Assessing toxicity and biodegradation of novel, environmentally benign ionic liquids(1-alkoxymethyl-3-hydroxypyridinium chloride, saccharinate and acesulfamates) on cellular and molecular level[J]. Ecotoxicology and Environmental Safety, 2008, 71(1): 157-165.

[184] KAUSHIK N K, ATTRI P, KAUSHIK N, et al. Synthesis and antiproliferative activity of ammonium and imidazolium ionic liquids against T98g brain cancer cells[J]. Molecules, 2012, 17(12): 13727-13739.

[185] EGOROVA K S, SEITKALIEVA M M, POSVYATENKO A V, et al. Cytotoxic activity of salicylic acid-containing drug models with ionic and covalent binding[J]. ACS Medicinal Chemistry Letters, 2015, 6(11): 1099-1104.

[186] MCLAUGHLIN M, EARLE M J, G? LEA M A, et al. Cytotoxicity of 1-alkylquinolinium bromide ionic liquids in murine fibroblast nih 3T3 cells[J]. Green Chemistry, 2011, 13(10): 2794-2800.

[187] STOLTE S, ARNING J, BOTTIN-WEBER U, et al. Effects of different head groups and functionalised side chains on the cytotoxicity of ionic liquids[J]. Green Chemistry, 2007, 9(7): 760-767.

[188] LI X Y, JING C Q, ZANG X Y, et al. Toxic cytological alteration and mitochondrial dysfunction in Pc12 cells induced by 1-octyl-3-methylimidazolium chloride[J]. Toxicology in Vitro 2012, 26(7): 1087-1092.

第11章 离子液体与生物技术

为了提高对人类健康和环境的保护，促进可持续发展，工业界对化学品及其反应介质提出了新的要求。离子液体因具有低挥发性、高溶解性、高选择性以及结构可设计性等特点，成为一种极具发展潜力的绿色溶剂和反应介质。20世纪70年代，兴起了对离子液体的广泛研究，开发了一系列具有独特性能的化合物，包括无挥发性或极低挥发性、热稳定性和较大的电化学窗口，形成了第一代离子液体[1]。几年后研发出了第二代离子液体，主要根据物理和化学特殊反应的需要来开发可设计的离子液体[2]，赋予离子液体特有的物理化学性质[3]。然而，关于第二代离子液体生物毒性的研究相对较少。随着近些年离子液体在生物过程中的研究和应用，研究者意识到大部分离子液体与生物具有不相容性，离子液体的合成、纯化过程都会使用大量有机溶剂，另外在离子液体作为催化剂或者溶剂的过程中也会有一部分流失到环境中，对环境造成污染。因此，离子液体的生物毒性及相容性备受关注，包括离子液体对蛋白质/酶、DNA和细胞等方面的生物毒性和相容性，力求设计出具有良好生物相容性的离子液体，于是近年来进一步开发了第三代离子液体[3,4]。合成具有生物相容性的离子液体主要策略是同时利用生物相容性的阴离子和阳离子[5]，目前发现由天然存在的碱基、氨基酸、羧酸、葡萄糖、非营养性甜味剂等物质设计合成的第三代离子液体具有更低的毒性或者无毒，且容易降解，对环境污染小[2,6]（见图11-1）。

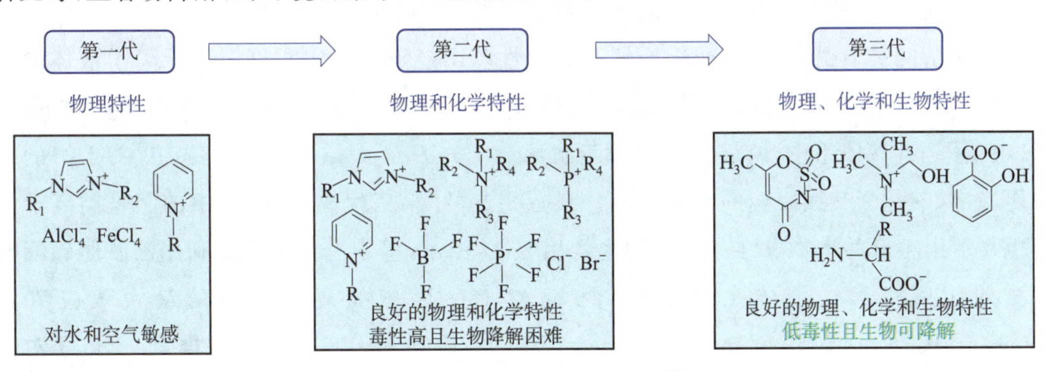

图11-1　离子液体的发展过程[2]

11.1　离子液体的生物毒性及生物相容性

随着离子液体在生物过程中的应用越来越广泛，推动了对离子液体生物相容性、生物可降解性和生物毒性的大量研究，包括对酶、DNA 等分子或细胞水平毒性/生物相容性和对微生物等的相关研究。

11.1.1 离子液体对蛋白分子的生物毒性及相容性

咪唑类离子液体是目前研究最为广泛的离子液体，其在生物过程应用中的研究也很广泛，许多研究者在分子和细胞水平对其生物毒性进行了研究。Heller 等[7]利用光谱学方法和中子小角散射(small angle neutron scattering，SANS)，对包含体积分数为 25%和 50%的[Bmim]Cl 水溶液中绿色荧光蛋白(green fluorescent protein，GFP)的结构和聚集状态进行表征发现，由于离子液体的存在，水中以二聚体存在的 GFP 在 25%的[Bmim]Cl 水溶液中转变为单体形式，而在 50%的[Bmim]Cl 水溶液中，GFP 的致密性变得更低，说明 GFP 天然结构被破坏；另外，SANS 和光谱结果还表明，向溶液中添加[Bmim]Cl 会降低 GFP 的热稳定性。Noritomi 等[8]比较了不同阴离子对溶菌酶活性的影响，发现溶菌酶在[Emim]Cl 中的活性低于[Emim][BF_4]和[Emim][NTf_2]。Sasmal 等[9]采用荧光光谱法研究[Pmim]Br 对人血白蛋白构象动力学的影响时发现，在[Pmim]Br 中的人血白蛋白扩散系数减小，水动力学半径增大，这表明[Pmim]Br 的存在导致了正常蛋白变性。在酶/蛋白质活性和稳定性的研究中，许多含有卤素阴离子的离子液体对于酶的活性或者稳定性是抑制的。这可能是因为卤素离子的亲水性太强，容易与蛋白质中的水分子形成强烈的氢键，破坏蛋白的空间结构。Lue 等[10]测试黄酮类化合物与长链脂肪酸在离子液体介质中进行的酶促酰化反应时发现，离子液体阴离子的影响要远大于阳离子部分的影响，其中[NTf_2]$^-$、[BF_4]$^-$和[PF_6]$^-$阴离子对所用脂肪酶活性和选择性的影响较小，而溶剂化作用较强的氯离子则会导致酶的活性和选择性下降，这可能是因为氯离子与脂肪酶蛋白结构相互作用导致的。

在烷基侧链上引入羟基、醚键或氰基等极性基团能够在一定程度上降低离子液体的生物毒性。如在羟基功能化离子液体[C_2OHmim][NO_3]与[Bmim]$_2$[HPO_4]/[Bmim][H_2PO_4]缓冲液体系中，南极假丝酵母脂肪酶 B(*Candida antarctica* lipase B，CALB)的结构更稳定，催化酯交换反应的活性更高。最近兴起的“第三代离子液体”中的胆碱类离子液体也显示出很低的生物毒性和较高的生物相容性，Joana 等[2]总结了部分利用乙酰胆碱酯酶评测的胆碱类离子液体生物毒性(见表 11-1)。胆碱类离子液体的最大效应浓度(concentration for 50% of maximal effect，EC_{50})在 100～1 000 mg/L，根据 Passino 等对化合物毒性的评价标准[11]，胆碱类离子液体毒性较小[2]。

表 11-1 胆碱类离子液体对乙酰胺胆碱酯酶的生物毒性[2]

离子液体	EC_{50}/(mg/L)
[Ch]Cl	441.20±12.57
[Ch][NTf_2]	＞100

续上表

离子液体	EC_{50}/(mg/L)
[Ch][alanine]	643.26±19.32
[Ch][arginine]	1020.88±19.47
[Ch][glutamine]	878.10±40.03
[Ch][glutamate]	934.35±17.58
[Ch][glycine]	792.42±35.44
[Ch][methionine]	792.42±35.44
[Ch][phenylalanine]	737.53±43.07
[Ch][valine]	676.78±26.54
[Ch][leucine]	790.17±11.76
[Ch][isoleucine]	881.89±16.46
[Ch][serine]	744.65±31.38
[Ch][threonine]	769.94±33.48
[Ch][aspartate]	903.62±21.35
[Ch][asparagine]	930.04±11.80
[Ch][lysine]	870.59±32.52
[Ch][histidine]	940.79±18.14
[Ch][proline]	738.60±35.07
[Ch][tryptophan]	755.02±6.16
[Ch][$MeSO_4$]	$>$ 100
[Ch][$MeSO_3$]	$>$ 100

在氧化损伤和 DNA 损伤研究实验中，斑马鱼分别暴露于[C_2NH_2mim][BF_4](0 mg/L、5 mg/L、10 mg/L、20 mg/L 和 40 mg/L)，[MOEmim][BF_4]和[C_2OHmim][BF_4](0 mg/L、1 mg/L、10 mg/L、50 mg/L 和 100 mg/L)持续 28 天，测试第 7、14、21 和 28 天活性氧和丙二醛的水平以及超氧化物歧化酶、过氧化氢酶和谷胱甘肽巯基转移酶的活性，发现整个过程中活性氧和丙二醛含量增加，导致酶活性特别是超氧化物歧化酶被抑制；同时，研究者在这个过程中发现斑马鱼也发生了 DNA 损伤[12]。

11.1.2　离子液体对微生物的生物毒性及相容性

Florio 等[13]采用针对革兰氏阳性和革兰氏阴性细菌标准检测方案，从 15 种离子液体中筛选出三种具有较低最低抑菌浓度(minimum inhibitory concentration，MIC)和低溶血活性的离子液体，即 1-甲基-3-十二烷基咪唑溴化物([C_{12}mim]Br)、1-十二烷基-1-甲基吡咯溴化物([C_{12}mpyr]Br)和 1-十二烷基-1-甲基哌啶溴化物([C_{12}mpip]Br)，并测定了它们最低杀菌浓度(MBC)和抑制金黄色葡萄球菌或铜绿假单胞菌生物膜形成的能力。革兰氏阳性和革兰氏阴性细菌分别在三种离子液体 MBC 中，能够被迅速杀死；所选的三种离子液体能够有效地抑制金黄色葡萄球菌或者铜绿假单胞菌的生物膜的形成，在抗生物膜剂的开发应用中有一定的研究潜力[13]。

针对不同的细胞，对阳离子烷基侧链长度的敏感性或耐受度不同[14]。Rantamaki 等[15]利用费氏弧菌测试了[Ch][Neodecanoate]、[Ch][Decanoate] 和[Ch][Isostearate]三种胆碱类离子液体(见图 11-2)的生物毒性，其 EC_{50} 值分别为 143.22 mg/L、28.69 mg/L 和 27.54 mg/L，表明毒性随烷基链长度的增加而增加，但分支结构有助于毒性降低。Taha 等[16]在研究胆碱类离子液体双水相体系分离纯化免疫球蛋白 Y 的过程中，利用费氏弧菌测定了四种离子液体(见图 11-3)缓冲液体系(good's buffer ionic liquids，GB-ILs)的生物毒性，其中，[Ch][HEPES]、[Ch][MES]、[Ch][Tricine]和[Ch][CHES]的 EC_{50} 值分别为 19 584 g/L、9 789 g/L、4 588 g/L 和 208.65 g/L，证明胆碱类离子液体体系毒性较小。

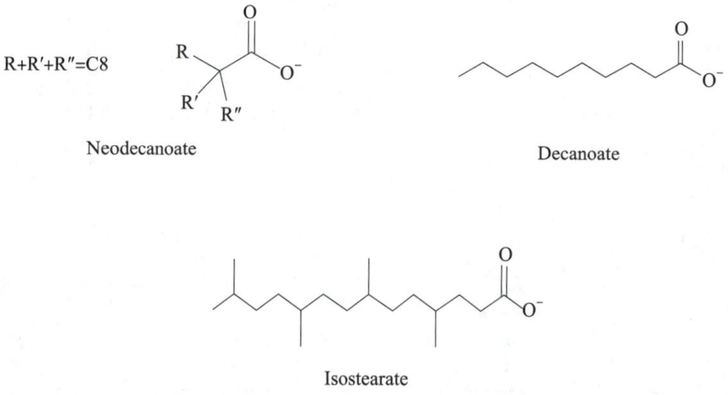

图 11-2 三种胆碱类离子液体阴离子结构[15]

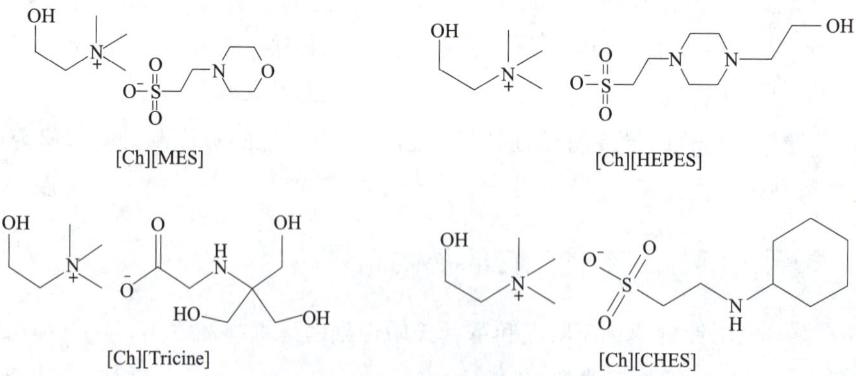

图 11-3 GB-ILs 结构[16]

Silva 等[17]设计合成了 25 种不同长度烷基侧链的胆碱或胆碱衍生物类离子液体，并利用费氏弧菌测定了相应的 EC_{50} 值(暴露时间为 30 min)，同样发现，胆碱类离子液体的烷基侧链越长，其 EC_{50} 值越小，对费氏弧菌的生物毒性越大；随着 N 上羟乙基数目(>0)增多，离子液体的生物毒性随之增加；另外，研究者在胆碱中引入双键和三键，发现双键和三键的引入会使得离子液体的生物毒性增加，特别是三键的引入，离子液体的 EC_{50} 值由 33 972.39 mg/L 降低至 235.92 mg/L。Joana 等[2]总结了部分胆碱类离子液体对微生物的生物毒性研究(见表 11-2)。

表 11-2　胆碱类离子液体对微生物的生物毒性[2]

离子液体	大肠杆菌		金黄色葡萄球菌			地衣芽孢杆菌	费氏弧菌
	MIC/(mg/L)	MBC/(mg/L)	EC_{50}/(mg/L)	MIC/(mg/L)	MBC/(mg/L)	EC_{50}/(mg/L)	EC_{50}/(mg/L)
[Ch]Cl	>750	>750		>750	>750		469.34
[Ch][NTf_2]							>100
[Ch][alanine]	9 060	18 119	547	36 316	96 585	474	
[Ch][arginine]	13 046	26 092	212	26 092	34 771	298	
[Ch][glutamine]	31 271	47 032		31 271	47 032		
[Ch][glutamate]	125 585	188 378	231	188 378	188 378	366	
[Ch][glycine]	22 396	44 793		44 793	89 585		
[Ch][methionine]	7 924	15 823	610	31 646	63 293	417	
[Ch][phenylalanine]	8 425	12 624	251	16 823	25 248	217	
[Ch][valine]	10 373	13 823		20 746	27 646		
[Ch][leucine]	11 029	14 698		22 059	29 396		
[Ch][isoleucine]	11 029	14 698		22 059	29 396		
[Ch][serine]	6 547	13 073	716	26 146	52 293	395	
[Ch][threonine]	6 985	13 948		27 896	55 793		
[Ch][aspartate]	118 585	177 878	882	177 878	177 878	588	
[Ch][asparagine]	22 142	29 506		44 378	59 013		
[Ch][lysine]	7 830	11 733		15 636	23 466		
[Ch][histidine]	12 155	16 198	633	24 310	32 396	290	
[Ch][proline]	10 279	13 698		20 558	27 396		
[Ch][tryptophan]	7 211	9 646	203	14 453	19 261	194	
[Ch][MSO_4]							>100
[Ch][MSO_3]							>100
[Ch][dihydrogenocitrate]							37.23
[Ch][bitartrate]							37.90
[Ch][H_2PO_4]							572.72
[Ch][salicylate]							236.11
[Ch][C_2H_5COO]							487.90

续上表

离子液体	大肠杆菌		金黄色葡萄球菌			地衣芽孢杆菌	费氏弧菌
	MIC/(mg/L)	MBC/(mg/L)	EC_{50}/(mg/L)	MIC/(mg/L)	MBC/(mg/L)	EC_{50}/(mg/L)	EC_{50}/(mg/L)
[Ch][butanoate]							884.10
[Ch][HEPES]							19.584
[Ch][CHES]							208.65
[Ch][MES]							9 789
[Ch][Tricine]							45 588
[BzCh]Cl							1 498.75

11.1.3 离子液体对植物的生物毒性及相容性

Chen 等[18]使用小球藻评估了不同阳离子和阴离子的离子液体生物毒性，分别在[Bmim]Cl、[Omim]Cl、[Omim][NO_3]、[Omim][BF_4]和[C_{12}mim]Cl 暴露 72 h，EC_{50} 值分别为 23.48 mg/L、4.72 mg/L、3.80 mg/L、4.44 mg/L 和 0.10 mg/L，对藻类生长有显著抑制作用，表明离子液体的毒性随烷基侧链长度的增加而增加，而阴离子毒性几乎没有影响到小球藻的生长；此外，研究者测定了叶绿素 a 含量和叶绿素荧光参数，认为五种离子液体可能会损害小球藻的光合系统，导致光合效率降低；当暴露于离子液体中时，小球藻细胞中的丙二醛含量显著增加，这表明活性氧(reactive oxygen species，ROS)积累在小球藻细胞中，导致藻生物膜和叶绿体的损伤。

Parajo 等[19]测试了[Bu_3PC_4][Sac]、[Bu_3PC_4][Sac]、[Bu_3PC_4][Sac]、[Bu_3PC_4][Sac]四种甜菜碱及其衍生物类离子液体和[$Me_3NC_{2O}C_{12}$][Doc]、[$Me_3NC_{2O}C_{12}$][SCN]、[$Me_3NC_{2O}C_{14}$][Doc]、[$Me_3NC_{2O}C_{14}$][SCN]等四种季铵盐类离子液体对绿藻的生物毒性，发现甜菜碱类及其衍生物类离子液体明显比季铵盐类离子液体的生物毒性要弱；另外，研究者发现离子液体的生物毒性随阴离子烷基侧链长度的增加而降低，其中[SCN]$^-$毒性最强，[Sac]$^-$毒性最小。

Jin 等[20]利用拟南芥测试了[Omim]Cl、[C_{10}mim]Cl 和[C_{12}mim]Cl 三种咪唑类离子液体的生物毒性，发现 ROS 水平随着离子液体浓度的升高和烷基侧链长度的增加而增加，导致拟南芥细胞内丙二醛含量增加，而在高浓度的离子液体中超氧化物歧化酶、过氧化氢酶、谷胱甘肽过氧化物酶和过氧化物酶活性降低。

11.1.4 离子液体对动物的生物毒性及相容性

Li 等[12]利用斑马鱼评估了[C_2NH_2mim][BF_4]、[MOEmim][BF_4]和[HOEmim][BF_4]三种功能化离子液体的毒性，急性毒性测定三种离子液体[C_2NH_2mim][BF_4]、

[MOEmim][BF_4]和[HOEmim][BF_4]的 96 h 半数致死浓度(lethal concentration 50%，LC_{50})分别为 143.8 mg/L、2 492.5 mg/L 和 3 086.7 mg/L，这可能是因为羟基基团的引入使咪唑基离子液体的生物毒性得以降低。

Tzani 等[21]利用丰年虫幼虫致死实验评估所合成的九种质子型离子液体的生物毒性，测定了丰年虫幼虫在九种离子液体中的 LC_{50} 值，毒性测定结果见表 11-3，其中大部分离子液体的 LC_{50} 值超过 1 000 mmol，这表明所合成的九种质子型离子液体的生物毒性很低。

表 11-3　离子液体对丰年虫幼虫的生物毒性[21]

编号	离子液体	LC_{50}/mmol
1	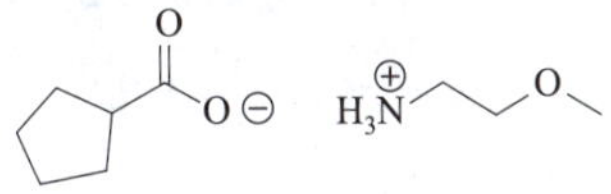 O O⊖ $H_3\overset{\oplus}{N}$ O	331.9±15.7
2	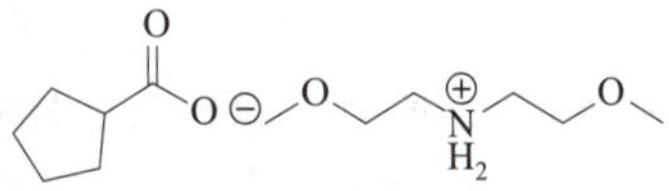 O O⊖ O $\overset{\oplus}{N}H_2$ O	>1 000
4	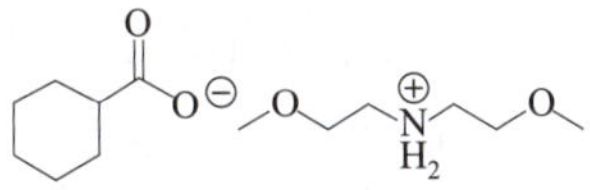 O O⊖ O $\overset{\oplus}{N}H_2$ O	283.8±11.3
5	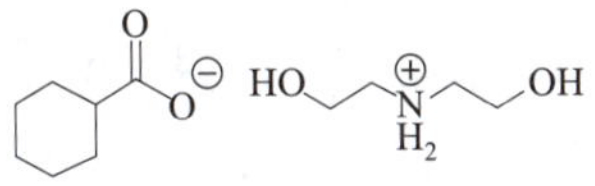 O O⊖ HO $\overset{\oplus}{N}H_2$ OH	>1 000
6	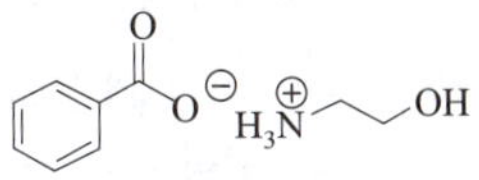 O O⊖ $H_3\overset{\oplus}{N}$ OH	>1 000
7	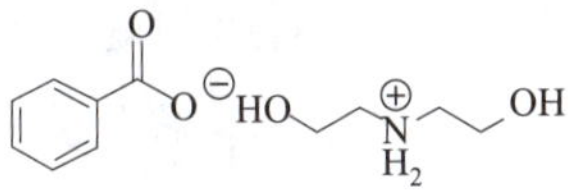 O O⊖ HO $\overset{\oplus}{N}H_2$ OH	>1 000
9	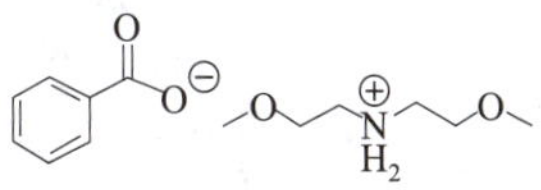 O O⊖ O $\overset{\oplus}{N}H_2$ O	>1 000
10	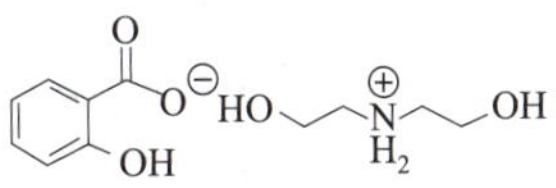 O O⊖ OH HO $\overset{\oplus}{N}H_2$ OH	403.6±14.6
11	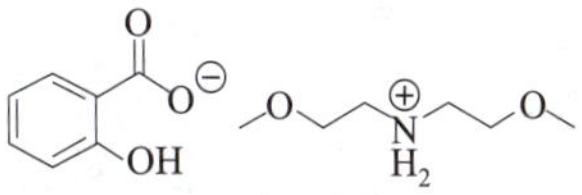 O O⊖ OH O $\overset{\oplus}{N}H_2$ O	>1 000

11.1.5 离子液体对生物的影响机理研究

面对离子液体的大规模研究及未来应用，为了减少对人类健康和环境的风险，需要充分了解离子液体的毒性机制[22]。目前普遍认为离子液体对细胞膜结构的影响是离子液体生物毒性的一个重要原因。对应用较为广泛的咪唑类离子液体进行研究，发现咪唑环结构会和脂质的头部相互结合，烷基侧链会和脂质的尾部相互结合，烷基侧链越长，则嵌入脂质双分子层的作用越强[23]。Jing 等[24]利用脂质双层膜模拟探究离子液体在细胞水平的生物毒性，发现咪唑类离子液体在浓度高于较低临界值时，由于强烈的疏水相互作用，会导致双层膜肿胀，这种较低临界值与动物细胞的 EC_{50} 值接近；而对于浓度高于临界胶束浓度（critical micelle concentration，CMC）的离子液体，会导致脂质双分子层结构的破坏。Carlos 等[25]利用二棕榈酰磷脂酰胆碱（1，2-dihexadecanoyl-rac-glycero-3-phosp，DPPC）和胆固醇模拟真核生物细胞膜，利用带负电的 1，2-棕榈酰磷脂酰甘油（1，2-dipalmitoyl-sn-glycerol-3-phospho-(1′-rac-glycerol)，DPPG）和甘油模拟细菌细胞膜，探究了过程中咪唑类离子液体与细胞膜之间的分子级相互作用。在两种不同的细胞膜测试实验中，表面压力等温线及偏振调制红外反射吸收光谱法（PM-IRRAS）等实验数据显示，当离子液体是低碳数（<6）烷基侧链且浓度较低时，离子液体对细胞膜的影响很小，几乎可以忽略不计，也就是说这种离子液体对真核细胞是无毒的；通过分子动力学模拟发现，长的烷基侧链会渗透到磷脂分子层中，进而影响细胞膜的结构，这种影响在细菌细胞膜模拟中更加明显。同样，Bhattacharya 等[26]对 [Bmim][BF_4]和[Emim][BF_4]与细胞膜的作用研究中也得到类似的结果，较长烷基侧链的[Bmim][BF_4]对大肠杆菌的毒性比[Emim][BF_4]要强。利用 DPPC 研究[Bmim][BF_4]和[Emim][BF_4]对细胞膜自组装结构的影响，发现离子液体的存在导致 DPPC 模拟的细胞膜弹性降低，通过 X 射线反射数据表明，该过程中双层膜收缩且膜上电子密度增加，即双层膜厚度降低；这表明过程中离子液体与细胞膜结构有强烈的相互作用[26]。另外研究者认为除阳离子烷基侧链的影响之外，阴离子的疏水性在一定程度上影响细胞膜结构，与 Cl^- 相比，疏水性更强的[BF_4]$^-$ 对生物膜结构的稳定性和完整性影响更大[25,26]。

Carlos 等测试了在 EC_{50} 值（469 mg/L）浓度下的[Ch]Cl 对细胞膜的破坏作用，发现[Ch]Cl 对细胞膜的作用可以忽略不计，这说明该过程中胆碱类离子液体对于细胞毒性作用与咪唑类离子液体作用机理不同，并不是源于胆碱阳离子对细胞膜结构的破坏[26]。而 Ibsen 等[27]探究一种基于胆碱和香叶酸的离子液体对大肠杆菌细胞膜的基本作用机制时，通过流式细胞术和扫描电镜的碘化丙啶染色实验证实了细胞膜被破坏；通过傅里叶变换红外光谱分析结果发现脂质结构发生了类似相变的改变，表明脂质双层结构的破坏；通过分子动力学模拟，确定在过程中胆碱会被吸引到带负电的细胞膜上，而香叶酸阴离子则会插入脂质双分子层中。图 11-4 所示为离子液体在细胞和生物水平的生物毒性机理。

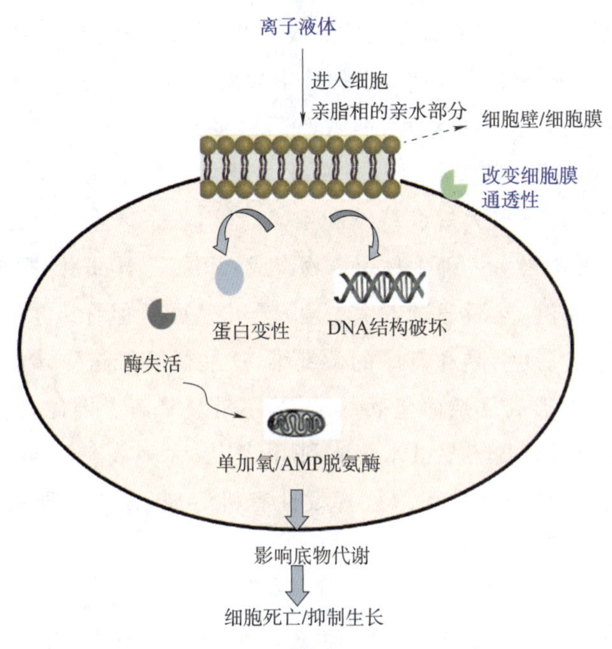

图 11-4　离子液体在细胞和生物水平生物毒性机理

Ma 等[22]评估了[Omim]Br 对人肝癌细胞(human hepatocellular carcinoma，HepG2)的影响，并阐明了[Omim]Br 的细胞毒性机制。生化检测显示，在[Omim]Br 中的 HepG2 细胞的热休克蛋白含量发生改变，总抗氧化能力被抑制，血红素氧合酶-1 被耗尽，诱导型一氧化氮合成酶的转录和活性增加，这表明[Omim]Br 可能会引起 HepG2 细胞的生化紊乱和氧化应激；此外，人体抑癌基因 P53 的磷酸化作用的增加、线粒体膜的破裂、环氧化酶-2 的激活、B 淋巴细胞瘤-2 基因蛋白的调制作用、细胞色素 c 和第二个线粒体来源的胱氨酸酶激活剂的释放以及细胞凋亡抑制蛋白-2 的抑制等一系列现象也在该过程中被观察到，表明[Omim]Br 诱导细胞凋亡可能需要线粒体介导；进一步研究发现，暴露于[Omim]Br 的 HepG2 细胞中肿瘤坏死因子-α 基因的转录和含量增加，并促进了 Fas 和 FasL 的表达，这说明肿瘤坏死因子-α 基因和 Fas/FasL 参与了[Omim]Br 诱导的细胞凋亡的过程。除此之外，研究者发现[Omim]Br 细胞毒性能够被 N-乙酰半胱氨酸部分抑制，这个过程中 N-乙酰半胱氨酸通过抑制 ROS 的生成，逆转了[Omim]Br/线粒体介导的细胞凋亡过程。

11.2　离子液体在生物燃料中的应用

11.2.1　离子液体与生物乙醇

11.2.1.1　离子液体预处理木质纤维素

乙醇具有很高的辛烷值和汽化热，可与汽油混合或作为车用纯燃料，是一种很有发展潜力的交通燃料。目前,生物乙醇主要由发酵路线生产,使用糖和淀粉(如甘蔗和玉米)为基础原料,发酵后,通过蒸馏和分子筛分别从发酵液中分离和纯化乙醇。从葡萄糖发酵为乙醇的工业技术已相当成熟,可以获得高浓度的乙醇产物(12%~15%)。但在用淀粉生产乙醇的过程中,α-淀粉酶和糖化酶分别需要额外的液化和糖化步骤才能将淀粉转化为糖。因此该技术原料主要来自粮食且难以大规模持续利用,于是引入了以木质纤维素为基质的第二代生物乙醇燃料。木质纤维素由三种生物聚合物组成:纤维素、半纤维素和木质素。纤维素是一种多糖,可被酶解为单糖,然后通过微生物发酵产出乙醇。但纤维素分子间和分子内广泛存在的氢键导致其形成高度结晶和有序的微纤维,这些微纤维进一步与半纤维素和木质素聚合物交织在一起,从而形成复杂而坚固的结构,不易被降解。因此,需要预处理步骤来破坏木质素三维结构使纤维素更容易被水解酶利用[28-32]。大多数有机溶剂处理工艺会产生有毒副产物或产率较低,而离子液体可取代挥发性有机溶剂,成为木质纤维素生物质溶解的“绿色可回收”替代品(见图 11-5)[33]。

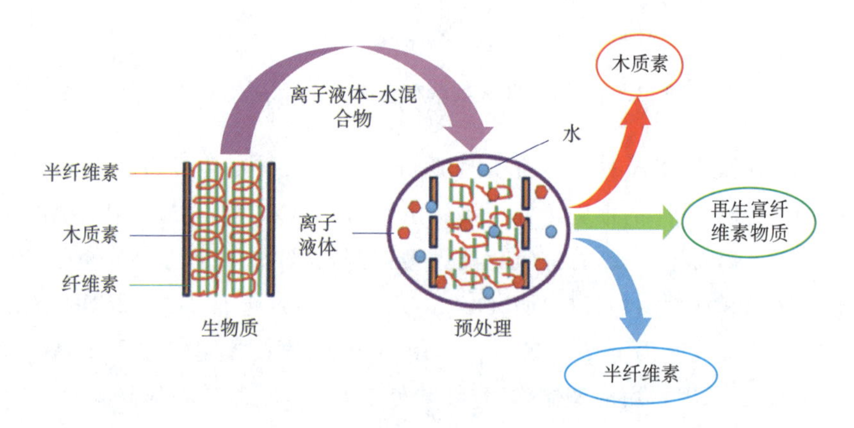

图 11-5 离子液体预处理复杂木质纤维素生物质结构示意图[33]

离子液体能够溶解分离木质纤维素并提高纤维素酶催化效率,产出可发酵糖,有效促进生物乙醇的生产。Sun 等[34]将固体碱催化剂(煅烧 Na_2SiO_3)与[Bmim]Cl 相结合,用于云杉、柳树、大豆秸秆等木质纤维素的预处理,在 120 ℃条件下处理 1 h,柳树的最大酶解率为 98.6%,最大葡萄糖产量为 39.5 g/100g,是[Bmim]Cl 单一预处理的 2.6 倍。Mohan 等[35]对比研究了[Emim][OAc]和稀硫酸两种溶剂对生物质预处理的效果。竹子分别在 90 ℃、110 ℃、130 ℃和 150 ℃条件下处理 3 h 后,发现离子液体预处理生物质的最大酶解速率是酸处理的 4.7 倍。此外,离子液体预处理的生物质显著提高了竹子纤维素组分的酶糖化作用。Hou 等[36]用生物相容性离子液体胆碱氨基酸对稻草进行了预处理,经过离子液体处理后,稻草残渣的初始糖化率和多糖的消化程度得到了显著提高。其中胆碱赖氨酸[Ch][Lysine]效率最高,在 90 ℃条件下处理 5 h 后,葡萄糖的糖收率为 84.0%,木糖的糖收率为 42.1%,此外,[Ch][Lysine]在稻草预处理中显示出极好的可重复使用性,五次循环后仍保留较高的葡萄糖产率(> 80%),并且木糖产率从 36.1%增加到 52.2%,可大幅降低处理成本,促进离子液体预处理在工业中的实际应用。

然而,这些预处理通常是在 90~160 ℃的温度下进行,会消耗较多的能量,从而增加反应成本[37]。基于此,Alayoubi 等[38]使用[Emim][OAc]在 45 ℃条件下,对三种基质进行了处理:一种长纤维纤维素和两种工业林残留物(云杉和橡树锯末)。三种样品在[Emim][OAc]中的黏度随温度而变化,用扫描电镜和傅里叶变换红外光谱分析了预处理后基底的结构,然后将预处理后的样品置于里氏木霉纤维素酶溶液中进行催化酶解,并用酿酒酵母进行乙醇发酵。研究发现用[Emim][OAc]对木质纤维素进行软性预处理后,木质纤维素可被有效分解,长纤维纤维素的乙醇产率提高了 2.6 倍,云杉木屑的乙醇产率提高了 2.8 倍,橡木木屑的乙醇产率提高了 3.9 倍。因此,在低温下实施高效的离子液体预处理增强了离子液体在可持续和节能生物炼制过程中的应用前景。Rahim 等[39]借助探针超声辅助离子液体溶解木质纤维素而无须任何外部加热,考察并优化了超声功率、超声时间、生物量粒径、初始进样量、样品体积等实验参数和 1-乙基-3-甲基咪唑乙酸盐[Emim][OAc]、1-乙基-3-甲基咪唑氯化物[Emim]Cl、1-乙基-3-甲基咪唑亚硫酸氢盐[Emim][HSO_4]等三种离子液体对生物质溶解量的影响,研究发现,40%超声功率下,[Emim][OAc]的溶解能力最强,竹材于 40 min 内完全溶解于离子液体中,而传统方法需要在 120 ℃下加热 12 h。另外,离子液体中水分含量超过 5%时,会导致溶解生物量的能力降低,因此在预处理过程中需要控制好水的含量;探头超声处理是一种有效的实验室处理方法,需要进一步开发新技术,以使处理过程在工业水平上更经济。Sorn 等[40]以离子液体-1-丁基-3-甲基咪唑氯化物[Bmim]Cl 和酸性离子液体[Bmim][HSO_4]为溶剂,用微波辐射(微波-[Bmim]Cl 和微波-[Bmim][HSO_4])对木质纤维素稻草(RS)进行预处理,并对预处理后的固体进行了结构分析,以了解微波辐射下[Bmim]Cl 和[Bmim][HSO_4]预处理对酶解效率的协同作用;研究发现,微波-[Bmim]Cl 对木质素的去除效果[(57.02±1.24)%]显著,其次为[Bmim]Cl[(41.01±2.67)%],而微波-[Bmim][HSO_4][(20.77±1.79)%]和[Bmim][HSO_4](16.88±1.14%)去除木质素的作用效果不明显;结构分析表明,经微波-[Bmim]Cl 预处理后,纤维素的结晶度指数和侧序指数最低,表明纤维素聚合物氢键网络断裂的正效应和介电极化效应使其结构更为紊乱,变为无定形聚合物;另外,通过微波-[Bmim]Cl 预处理再生纤维素酶糖化所获得的葡萄糖产量和木聚糖转化率最高,与结构分析所得结果一致;其水解速率增加主要是因为木质素脱除程度最高,溶解度增大;而且[Bmim]Cl 可以在不使用任何抗溶剂的情况下循环使用;总之,微波协助离子液体可强化木质纤维素的水解。

在预处理过程中,离子液体的毒性、高成本、pH 兼容性和分离是其应用在生物质到生物燃料技术体系中所面临的挑战,Sun 等[41]开发了一锅式综合生物燃料生产方法,以低成本和生物相容性的质子型离子液体和乙酸乙醇胺盐[EOA][OAc]为溶剂,无须调节 pH、水洗和固液分离。经预处理后,直接用全浆与酶和野生型酵母菌株混合同时进行糖化发酵(SSF),

乙醇产率达到理论值的70%,并系统研究了质子型离子液体在木质素去除率、净碱度和pH方面的结构-性能关系。技术经济分析(TEA)显示,与SSF之前需要pH调整的情况相比,基于这种质子型离子液体工艺可能会将乙醇的售价降低40%以上。通过降低SSF过程中酶载量,可以提高SSF的经济效益。这项研究表明生物相容性离子液体对工艺优化和转化效率的影响,为实现基于离子液体的高效集成生物质转化技术开辟了途径。Mohammadi等[42]合成了一种新型、经济的吗啉基离子液体[HMMorph]Cl作为木质纤维素的预处理剂,由离子液体介导的预处理工艺,其合成方法简单,成本低廉,秸秆预处理的最佳工艺条件为:120 ℃,质量分数分别为5%和50%的[HMMorph]Cl溶液处理5 h。水解产率为70.1%,乙醇产量提高到64%,是未处理秸秆乙醇产量的3.5倍。该工艺降低了离子液体在生物燃料生产中的使用成本。总之,离子液体对生物质的预处理可有效改善生物乙醇的产量。表11-4总结了近年来离子液体预处理木质纤维素的相关研究。

表11-4 离子液体预处理木质纤维素相关研究总结

木质纤维素来源	离子液体	预处理温度/℃	预处理时间	纤维素回收率或葡萄糖产率/%	参考文献
柳树	[Bmim]Cl+Na_2SiO_3	120	1 h	96.8(纤维素)	[33]
云杉	[Bmim]Cl	120	1 h	94.1(纤维素)	[33]
大豆秸秆	[Bmim]Cl	120	1 h	96.5(纤维素)	[33]
稻草	[Ch][Lysine]	90	24 h	62.2(纤维素)	[35]
长纤维	[Emim][OAc]	45	40 min	68.2(葡萄糖)	[38]
云杉锯末	[Emim][OAc]	45	40 min	49.3(葡萄糖)	[38]
橡树锯末	[Emim][OAc]	45	40 min	59.3(葡萄糖)	[38]
竹子	[Emim][OAc]+超声处理	25	40 min	69.33(纤维素)	[39]
稻草	[Bmim]Cl+微波	70	10 s	61.14(葡萄糖)	[40]
生物质	[EOA][OAc]	160	0.5 h	85(葡萄糖)	[41]
秸秆	[HMMorph]Cl	120	5 h	70.1(水解率)	[42]

11.2.1.2 离子液体与木质纤维素的作用机理

离子液体与生物质相互作用的机制是基于阴离子和阳离子的特定组合,以及半纤维素、木质素和纤维素的特定组成。木质纤维素生物质结构是由七种类型键混合形成的:α-O-4、β-O-4、β-1、β-β、β-5、5-5和4-O-5,其中β-O-4占多数(50%~60%)。在离子液体预处理木质纤维素过程中会导致β-O-4芳醚键断裂,随后形成离子偶极键,从而使生物质结构破裂,单元间键的断裂降低了结晶度并提高了孔隙率(见图11-6)。半经验和经验参数,如用于溶解度的Hansen参数、用于极性的COSMO-RS参数和用于极性的Kamlet-Taft参数,可被用于解释和模拟生物质及其他生物分子在离子液体中的溶解度。这些参数是了解生物质和离子液体相互作用从而预测其溶解度的关键。可以通过氢键酸度(α)、极化率(π^*)和氢键碱度(β)计算离子液体回收木质素的理论值[43,44]。Muhammad 等[45]得出结论，生物质的解构程度与芳香族阳离子和离子液体的阴离子组成的氢键碱性成正比，例如，与[Emim][TFA]相比，[Emim][Gly]具有更高的氢键碱性(β= 1)，使其成为木质素分离的较好溶剂，这是因为[Emim][TFA]中存在的 NH_2 基团的吸电子能力较弱，从而限制了其对生物质解构的能力。尽管最大溶解度是温度、剂量、停留时间、聚合度、水含量等操作参数的函数，但较高的 β 值(> 0.8)对于提高增溶/收率至关重要[33]。对离子液体与木质纤维素生物质组分之间相互作用机制的进一步研究将使木质纤维素的分离更加有效，从而可以对其成分进行综合利用。

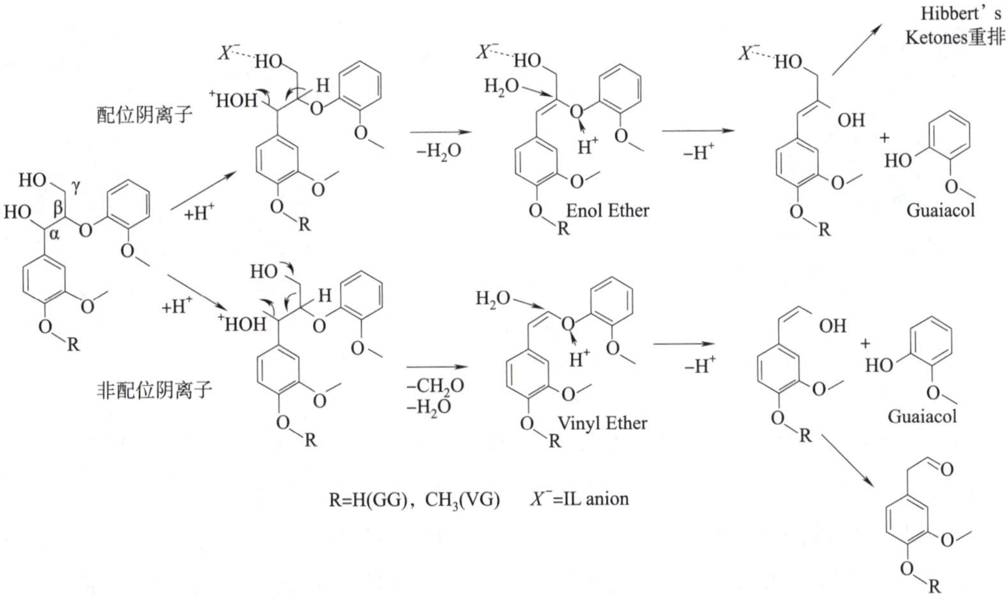

图 11-6　酸性离子液体中 β-O-4 芳醚键断裂反应机理示意图[46]

11.2.2　离子液体与生物柴油

美国材料试验学会指出，长链脂肪酸的单烷基酯或生物柴油能够从可再生的脂质原料(包括动物脂肪和植物油)中获得。“柴油”表示该燃料用于柴油发动机。与石油基柴油相比，生物柴油排放较少的一氧化碳、颗粒物和未燃烧的碳氢化合物，具有无毒和环保的特性；而且其闪点高(150 ℃)，挥发性小，操作更安全。同时，它的润滑性能得到了增强，可以减少发动机的磨损，延长发动机的使用寿命，因此生物柴油可以单独使用，或与石油基柴油以混合形式应用于工业生产，从而减小能源消耗和环境污染。生物柴油作为石油基燃料的极佳替代品，在许多国家使用量逐渐增加[47-50]。一系列原料包括芒果、花生、椰子、蓖麻籽、油菜、棕榈、棉花、藻类、棕榈仁、橄榄、芝麻、玉米、大豆、低芥酸菜籽、向日葵、食用废油和动物脂肪

（猪油、鱼油、黄油、牛脂、油脂等）可用于合成生物柴油，其主要通过酯交换反应生产（见图 11-7）。作为柴油的合适替代品，这种合成方法以可再生资源为原料，有机和无机溶剂在生物柴油生产中的应用已得到广泛研究。然而，由于传统溶剂的性质对人类和环境的危害性大，因此使用更环保的溶剂是一个更好的选择。近年来，离子液体因其独特的物理化学特性，被广泛用作酯交换反应的催化剂[51,52]。

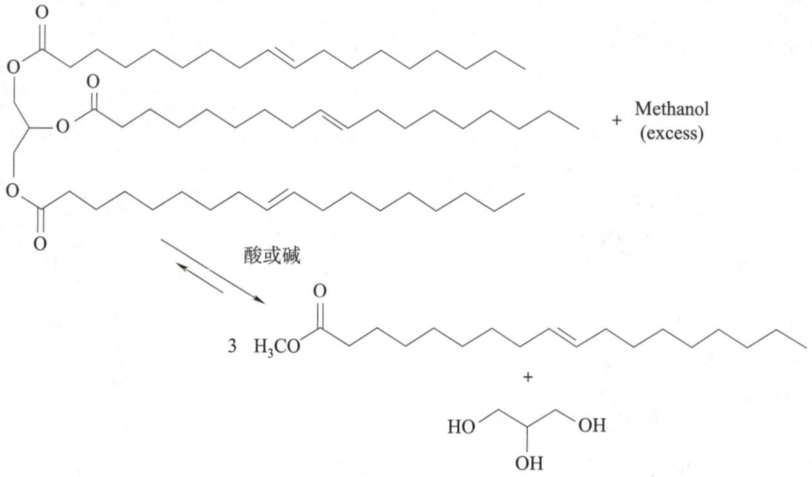

图 11-7 酸或碱催化甘油三酸酯的酯交换反应[52]

Hu 等[53]使用 Brønsted 酸性离子液体[$BHSO_3$mim][HSO_4] 催化含 72%游离脂肪酸的废油和甲醇的反应，甲醇与废油的最佳摩尔比、催化剂含量、反应温度和反应时间分别为 8%、10%（基于废油质量）、140 ℃和 6 h，在此条件下，获得的生物柴油收率达到 94.9%，而且[$BHSO_3$mim][HSO_4]作为催化剂在使用五次后仍保留了其初始催化活性的 97%，显示出优异的操作稳定性。此外，[$BHSO_3$mim][HSO_4]能够有效地催化具有不同含量游离脂肪酸的废油转化为生物柴油，为利用高酸值废油合成生物柴油提供了一种高效环保的催化剂。Cai 等[54]采用分子模拟和实验相结合的方法，设计并合成了高效的 Brønsted-Lewis 酸性离子液体，用于肥皂果油制备生物柴油。在分子模拟中，通过静电势和质子亲和性分析，选择 4-甲基噻唑（MT）作为制备离子液体的最佳基质，并以 MT、1，3-丙磺酸盐、三氟甲磺酸和 $FeCl_3$ 为主要反应物通过两步法合成 Brønsted-Lewis 酸性离子液体[Ps-MTH][CF_3SO_3]-$FeCl_3$(x)，当 $x=0.65$ 时，催化效果最好，在 127 ℃条件下，摩尔比（甲醇与肥皂果油）为 27.96∶1，催化剂用量为 3.06 mmol，反应时间为 8 h，可获得 97.04%的高生物柴油收率；此外，[Ps-MTH][CF_3SO_3]-$FeCl_3$($x=0.65$)也表现出良好的可重复使用性，使用五次后，其催化活性从 97.04%降低到 93.59%；同时，它在非食用油和低碳醇的不同酯交换反应中也表现出优异的催化活性，该研究为生物柴油的合成提供了新的方法。Ullah 等[50]对比了[BSMBim][CH_3SO_3]、[BSMBim][CF_3SO_3]、[BSMBim][CF_3CO_2]和[BSMBim]

[HSO_4]催化废弃食用油的酯交换反应的活性，并研究了离子液体在甲醇中的哈米特酸度系数，发现[BSMBim][CF_3SO_3]的催化效率最高，酸性最强；在一步反应中，当催化剂质量分数为 4%，醇油比为 12∶1，温度为 120 ℃时，废弃食用油转化率为 78.13%，催化剂重复使用八次后，转化率降为 70.5%，表明该催化剂同样具有良好的可重用性。Ortiz-Martíne 等[55]提出了一种离子液体在超临界甲醇中催化制备生物柴油的新方法。研究对比了[Bmim][HSO_4]、[Ch][H_2PO_4]两种离子液体在超临界甲醇中对卡兰贾油酯交换反应的催化活性。发现[Ch][H_2PO_4]的催化效果最好；在 275 ℃条件下，保持醇油的摩尔比为 43∶1，加入质量分数为 8%的[Ch][H_2PO_4]溶液反应 45 min，生物柴油收率高达 95.6%，远高于不加离子液体时的收率(52.4%)和[Bmim][HSO_4]的收率(61.6%)。红外光谱特征峰表明[Ch][H_2PO_4]与甲醇分子(-OH)基团之间存在着明显的相互作用，—OH 基团的极性很高，氧部分为负，而氢部分为正。[Ch]的正电荷可与-OH 基团氧原子的负电荷相互作用，削弱-OH 键强度，并通过质子(CH_3O^-)的损失使其对油更具反应性，这将有利于生物柴油的转化，因此，在超临界甲醇中使用离子液体作为催化剂，可以在较短的反应时间内获得较高的生物柴油收率。鉴于离子液体的应用范围很广，需要进一步优化其作为超临界甲醇催化剂的应用条件，并解决其可重复使用性和经济可行性等重要问题。传统酯交换反应需要较高的温度，会增大能耗、增加成本。Wahidin 等[56]以离子液体为绿色溶剂，采用微波直接酯交换法，将湿生物质微藻转化为生物柴油。采用三种不同的离子液体，包括[Bmim]Cl、[Emim][$MeSO_4$]、[Bmim][CF_3SO_3]，分别和有机溶剂正己烷和甲醇作为微波共溶剂，比较了不同反应时间(5 min、10 min 和 15 min)下植物细胞壁破裂和生物柴油产量。同时反应 15 min 后，[Emim][$MeSO_4$]细胞破碎率最高(99.73%)，生物柴油产量最高(36.79%)，甲醇、离子液体的存在有效地破坏了细胞壁的刚性，使脂质在微波辐射下迅速释放并转化为脂肪酸甲酯。在微波辐射下，溶剂混合物中加入少量的离子液体可使溶剂的加热特性发生显著变化，从而改善反应介质的整体介电性能。甲醇、离子液体通过离子传导机制与微波有效地相互作用，加热迅速，且压力没有明显增加。因此，离子液体-微波辐射直接酯交换法是一种潜在的生物柴油生产方法。

11.2.2.2　离子液体的回收分离

反应结束后，体系被分为两相，其中生物柴油分布在上相，离子液体、甲醇和反应副产物(甘油)分布在下相，将生物柴油从两相体系中分离出来后，干燥脱水即可；用水清洗含有离子液体、甲醇和甘油的下相，然后多次分离纯化得到纯甘油，可应用于医药、化妆品等行业；清洗干燥所用离子液体，以便用于下一次的酯交换反应。但在实际应用中，亲水性离子液体的分离难度大于疏水性离子液体，因此，可采用膜分离技术分离离子液体，或在离子液体中加入钾盐、蔗糖诱导其产生双相，便于亲水性离子液体的分离和循环利用[57,58]。

11.2.2.3　离子液体生产生物柴油的催化机理

下面以[BSmim][CF_3SO_3]催化甘油三酸酯和甲醇的酯交换反应为例，介绍离子液体的催化机理(见图 11-8)。过量甲醇和离子液体混合后,甲醇中的氢离子被离子液体的阴离子夺取,生成甲醇根离子。第一步,甲醇根离子与甘油三酯反应形成脂肪酸甲酯和甘油二酯分子;第二步,甲醇根离子与甘油二脂反应生成甘油单脂和甲酯分子;第三步,甲醇根离子与甘油单酯分子反应完全生成脂肪酸甲酯分子(生物柴油)和副产物丙三醇(甘油),每一步均是可逆反应[59-61]。

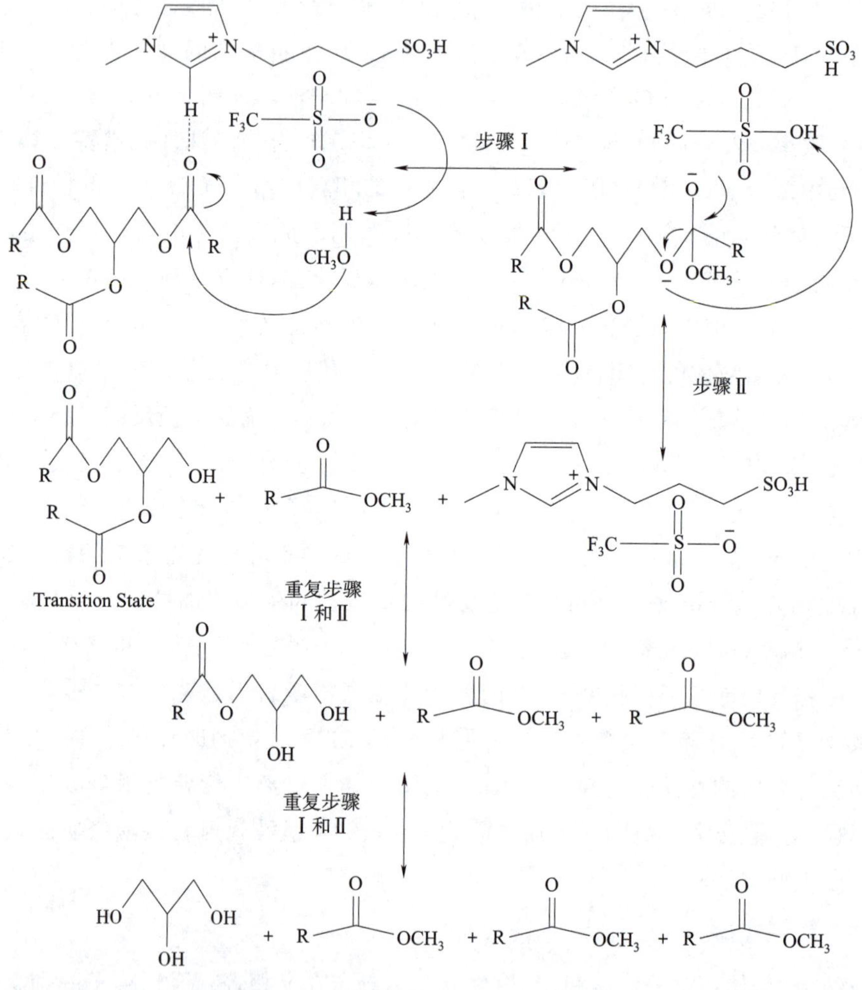

图 11-8 [BSmim][CF_3SO_3]催化甘油三酯和甲醇酯交换反应机理图[61]

11.2.3 离子液体与生物制氢

作为可再生的清洁能源,生物制氢最近引起了人们的极大兴趣,因为氢用于燃料电池和/或电力生产中不会产生碳副产物,更加节能环保。生物制氢的途径主要分为生物光分解水制氢和生物发酵制氢。衣藻、风车藻、小球藻和绿藻可以在有光的情况下通过氢化酶还原水的质子,从而产生混合的氧气和氢气,如图 11-9(a)所示。一些光合细菌如蓝藻可通过固氮酶从光合作用产生的储备碳源中得到电子产生氢气；还有一些光合细菌可通过与绿藻相同的生物光解机理发酵产生氢，发酵型生物氢的生产分为光发酵[见图 11-9(b)]和暗发酵，可以通过多种微生物进行，如厌氧菌、兼性厌氧菌和缺氧条件下保存的需氧菌。发酵制氢比光分解作用更具优势，因为各种有机原料来源丰富，氢气产率更高，操作更简便。由于暗发酵氢气释放速率高，在没有光照、中温或高温条件下，有机底物(如葡萄糖、蔗糖、淀粉、纤维素)会通过厌氧菌转化为氢、挥发性脂肪酸和二氧化碳；它比光发酵在商业上更可行。混合和纯培养接种菌株、底物类型、反应器规模、氮和磷酸盐等微量营养素含量、温度和 pH，都会影响发酵产氢量[62-64]。

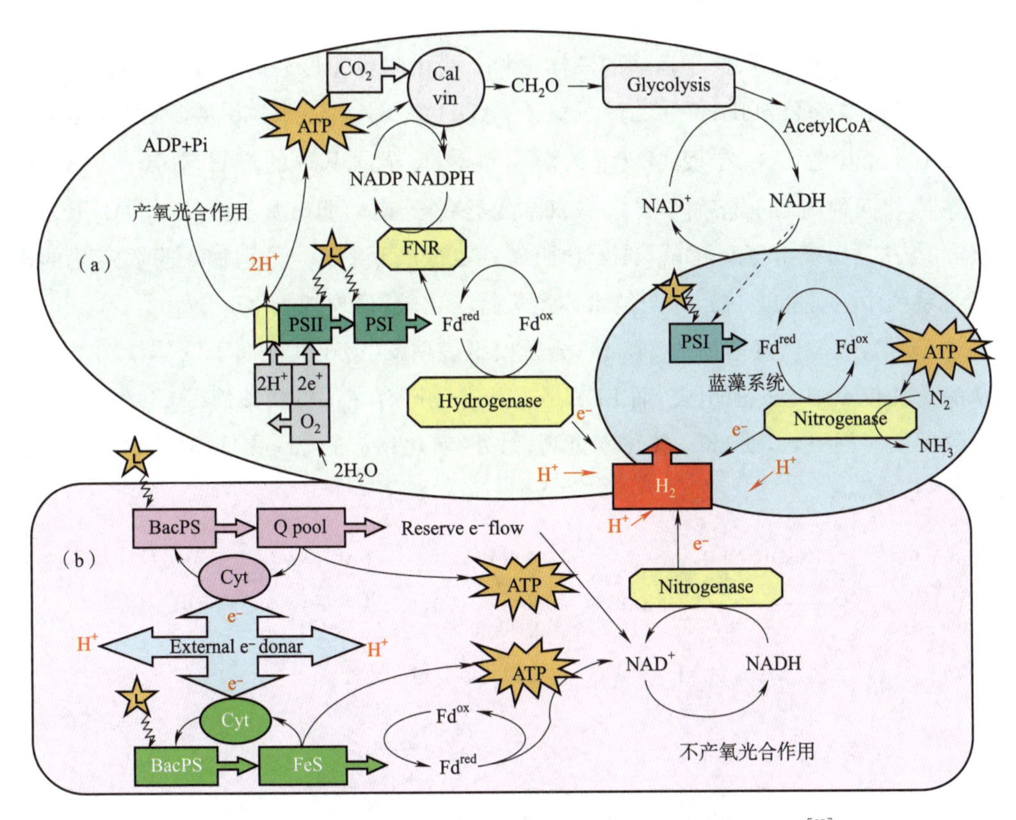

注：(a)为绿藻光分解水制氢过程机理图；(b)为细菌光发酵制氢机理图[65]。

图 11-9　生物制氢

离子液体在生物发酵制氢领域也有所应用。Nemestothy 等[66]采用两种常见的咪唑类离子液体[Bmim][OAc]和[Bmim]Cl 进行混合培养菌株暗发酵制氢，并研究了它们的存在和浓度对发酵制氢影响；一定浓度的离子液体可以提高氢的产量和速率，高浓度离子液体会抑制产氢效率，延长反应时间；而且厌氧混合菌群对[Bmim][OAc]的耐受性比[Bmim]Cl 强，但生物制氢过程中离子液体的作用机理还有待探究。Neves 等[67]将三种 1-N-烷基-3-甲基咪唑阳离子为基础的室温离子液体负载在聚偏氟乙烯(PVDF)疏水膜上用于 H_2、CO_2 混合物分离富集氢气，每种离子液体具有不同链长，在恒温(30 ℃)恒压下进行了实验，发现负载离子液体的 PVDF 在研究压力下是稳定的，烷基链长和阴阳离子种类对气体的选择性和渗透性有影响；固定[Omim][PF_6]的 PVDF 具有最高的 CO_2 渗透值 30.70×10^{-11} m^2/s，对 CO_2 的高选择性值介于 22([Omim][PF_6])和 35([Bmim][BF_4])之间，这些结果表明，这些膜可用于从混合物中分离出 CO_2，然后得到富含氢气的气流。不同的碳源，如农业残留物、工业废物、城市废物的有机部分和木质纤维素等都是生产生物氢的原料，离子液体也可被应用于木质纤维素等原料的预处理过程，进一步用于生物发酵制氢。

11.2.4 离子液体与生物甲醇

甲醇是一种性能优良、便于运输的液体燃料。受生物代谢途径的启发，可用甲酸脱氢酶(FDH)、甲醛脱氢酶(FaldDH)和乙醇脱氢酶(ADH)将 CO_2 还原为甲酸、甲醛和生物甲醇(见图 11-10)。但是 CO_2 在缓冲液中的溶解度较低导致甲醇的产量较小[68]。基于此，Zhang 等[69]将四种高 CO_2 溶解度的胆碱氨基酸类离子液体：胆碱甘氨酸[Ch][Gly]、胆碱脯氨酸[Ch][Pro]、胆碱组氨酸[Ch][His]和胆碱谷氨酸[Ch][Glu]分别加入膜固定化的多酶级联反应系统中(见图 11-11)，并与纯水体系进行了比较，发现加入[Ch][Glu]后，CO_2 的浓度提高了 15 倍，甲醇产量增加约 3.5 倍，分子模拟表明 CO_2 在其他离子液体特别是水中很容易从酶活性位点中心扩散出去，而 FDH 在[Ch][Glu]存在下的构象使得 CO_2 在酶活性位点附近停留的时间更长，使 CO_2 转化率更高；另外，转化反应的 ΔG 更低，表明该反应更容易进行。

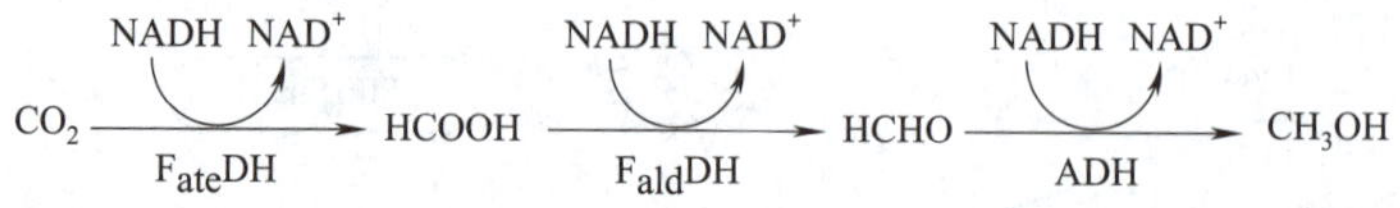

NADH NAD+
NADH NAD+
NADH NAD+
CO2
HCOOH
HCHO
CH3OH
FateDH
FaldDH
ADH

图 11-10 CO_2 生物转化制甲醇示意图[68]

CO2+NADH
CO2
IL
NADH&IL
FDH
FalDH
ADH
固定化膜
支撑层
皮层
NAD+&IL
CH3OH
CH3OH+NAD+ +IL
细胞浓缩

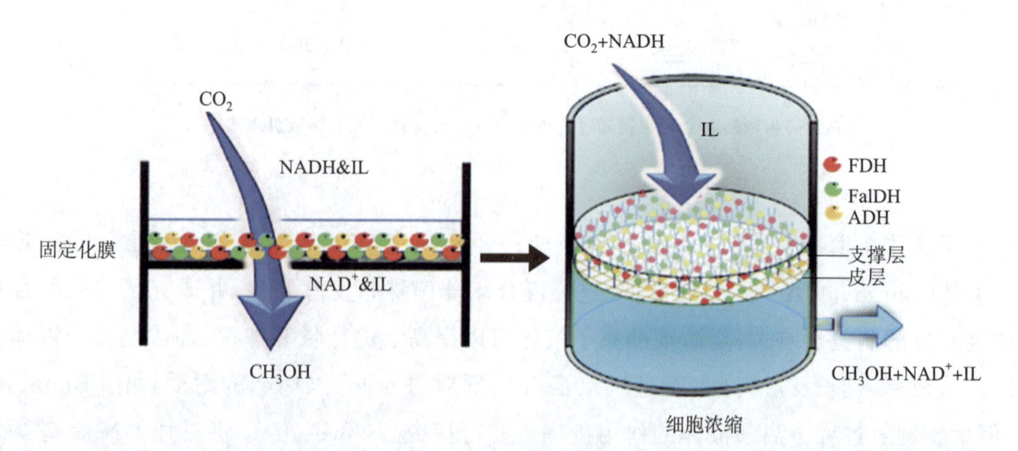

图 11-11 多酶级联反应中酶在膜中的固定化策略[69]

11.3　离子液体在生物催化转化中的应用

近年来，离子液体在生酶促反应过程中的应用研究广泛，发展迅速，如脂肪酶[70]、蛋白酶[71]、漆酶[72,73]和辣根过氧化物酶[74]等，Sivapragasam 等总结了近些年离子液体在各种酶生物转化过程中的应用(见表 11-5)。

表 11-5　离子液体在生物转化过程中的应用[75]

序号	离子液体	生物酶	备注
1	[Emim]Cl,[Omim]Cl,[Bmim]X(X=[CH_3SO_3],[CF_3SO_3],[OAc], Cl, Br,[CF_3COO],[HSO_4],[$N(CN)_2$])	脂肪酶	游离酶
2	[C_{10}mim]Cl	脂肪酶	游离酶
3	[$C_n$mim][Sac],[$C_n$mim][Ac](n=4, 6, 8, 10)	脂肪酶	游离酶
4	[$HOOCEPE_{350}Im$][H_2PO_4]	脂肪酶	固定化酶
5	[Emim][PF_6],[Emim][CH_3SO_3]	脂肪酶	固定化酶
6	[Emim][PF_6],[Emim][BF_4]	脂肪酶	游离酶
7	[Emim][X], X=[PF_6],[BF_4],[SCN], Cl	脂肪酶	固定化酶
8	[Emim][X], X=[PF_6],[NO_3],[BF_4],[CF_3COO]	脂肪酶	游离酶
9	[HOOCBmim]Cl	脂肪酶	固定化酶
10	[Ch][H_2PO_4],[HOOCBmim]Cl	脂肪酶	固定化酶
11	[Emim][C_4SO_3]	脂肪酶	游离酶
12	[Omim]Cl	脂肪酶	游离酶
13	[HOOCMmim]Cl	脂肪酶	固定化酶
14	[Emim][BF_4],[Emim][NTf_2]	溶菌酶	游离酶
15	[Emim][C_2SO_4]	细胞色素 C	游离酶
16	[Ch][AA]	磷脂酰丝氨酸	游离酶
17	[Pmim]Br	HSA	游离酶
18	[Emim]Cl,[Hmim]Cl	淀粉酶	游离酶

11.3.1　离子液体强化生物催化转化

脂肪酶能够参与多种反应，如水解、酯交换、醇解和氨解反应等，应用广泛，也是目前离子液体在生物催化领域应用研究最多的一种酶。Sheldon 等[76]利用[Bmim][BF_4]、[Bmim][PF_6]作为反应介质，用于游离或固定化 CALB 催化醇解、氨解和过水解反应，发现 CALB 催化在离子液体中的反应速率优于有机溶剂中的反应速率。这是酶促反应在纯离子液体中的首次应用，之后大量关于离子液体中脂肪酶催化反应被报道。图 11-12 所示为辛酸与氨在[Bmim][BF_4]中的酰胺化反应。

OH +NH_3 $\xrightarrow[\text{[Bmim][BF}_4\text{]}]{\text{CALB}}$ NH_2

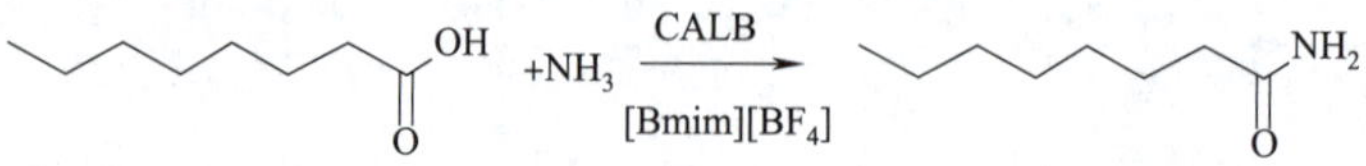

图 11-12 辛酸与氨在[Bmim][BF_4]中的酰胺化反应[76]

11.3.1.1 离子液体与酶的动力学拆分反应

Schofer 等[77]报道了在[Bmim][PF_6]、[Bmim][CF_3SO_3]、[Bmim][NTf_2]和[4-MBP][BF_4]四种纯离子液体中的脂肪酶催化 1-苯乙醇的反应活性和对映选择性,以及该反应过程的动力学拆分,发现通过向离子液体中加入体积分数为 25%的[Mmim][$MeSO_4$]作为共溶剂,抑制反应过程中产物的分解,能够使反应的收率提高近 60%。总体来说,脂肪酶在纯离子液体中通过酯交换作用对 1-苯乙醇进行动态动力学拆分时,表现出良好的活性,但是对于反应对映选择性的提高并没有很好的效果。

Lourenco 等[78]筛选出了一种新型酰化剂,用于在[Bmim][BF_4]或[Bmim][PF_6]纯溶液中 CALB 催化(R)-仲醇转化和并实现该反应的动力学拆分,实验结果显示,其中在 0.25 mL[Bmim][BF_4]中,利用一种阳离子为带有酯基基团咪唑、阴离子为[$N(CN)_2$]离子液体作为酰化剂,反应 48 h 后,产物的对映体百分数为 99%,高于[Bmim][PF_6],说明该过程中[Bmim][BF_4]对动力学拆分更加有利;另外研究者对于 2-羟基环已腈进行了动力学拆分,结果显示当(1R,2S)对映体的对映体百分数为 35%,其收率为 73%,而对映体百分数为 97%时,收率为 23%,证明对映体可以通过第二次酶促反应提高反应特性。虽然该过程中脂肪酶在疏水性离子液体[Bmim][PF_6]表现出的活性不如亲水性离子液体高,但是由于其反应结束后易于分离,因此认为是最有利的溶剂[79]。图 11-13 所示为离子液体中脂肪酶催化的(R,S)-醇的酯化或酯交换反应。

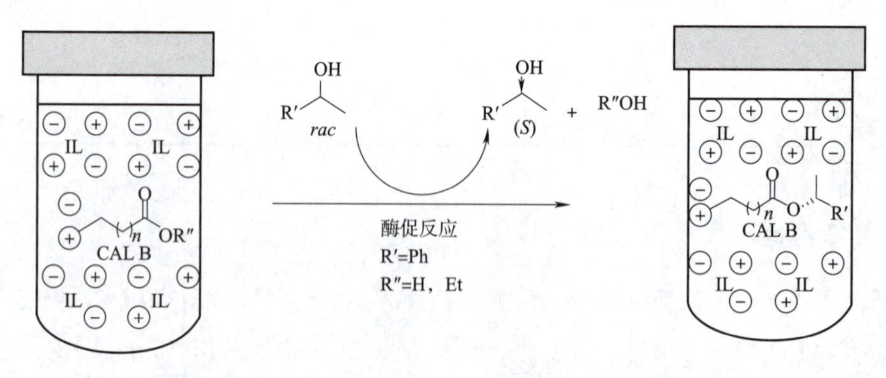

图 11-13 离子液体中脂肪酶催化的(R,S)-醇的酯化或酯交换反应[78]

11.3.1.2　离子液体强化风味酯的合成

乙酸异戊酯具有香蕉特有的风味，是食品工业、纺织品染色和加工过程中常用的溶剂，是一种重要的工业原料。Eisenmenger 等[80]首次结合离子液体和高静水压力(high hydrostatic pressure，HHP)来增强酶催化作用，分别利用游离脂肪酶和固定化脂肪酶，在[Bmim][PF_6]/异戊醇双相体系，催化合成乙酸异戊酯。实验发现在 300 MPa 和 80 ℃条件下反应 3 h，游离的 CALB 比固定化 CALB 乙酸异戊酯的产量高 10 倍；在 500 MPa、40 ℃时，游离脂肪酶的催化速率是 0.1 MPa、40 ℃时的 15 倍，在 500 MPa、80 ℃时，游离脂肪酶的催化速率是 0.1 MPa、80 ℃时的 14 倍，这说明压力效应对该反应过程具有显著影响。实验过程中，在 40～80 ℃范围内，0.1 MPa 下的脂肪酶的活化能为 55.6±4.2 kJ/mol，300 MPa 下的脂肪酶的活化能为 56.2±4.6 kJ/mol，并没有明显差异；同样，在 0.1～500 MPa 范围内，在 40 ℃(−16.1±1.5 cm^3/mol)和 80 ℃(−16.7±1.4 cm^3/mol)条件下，脂肪酶的活化体积也没有明显差异。实验经过高压过程和压力释放过程，加快了酶促反应速率，且反应结束后游离的脂肪酶悬浮于离子液体相中，通过简单的过滤，就可以实现离子液体回收，同时回收脂肪酶。研究者认为在整个催化反应过程中离子液体和 HHP 的结合可能改变脂肪酶的三级结构，从而激活或者稳定脂肪酶。

Rios 等[81]探究了在低含水量(水的体积分数为 2%)的[Bmim][PF_6]中利用 CALB 催化乙烯酯和醇的酯交换催化合成风味酯，以丁酸丁酯的合成为反应模型，分析了不同 pH、温度和离子液体性质对合成活性和选择性的影响。研究表明 pH 对[Bmim][PF_6]中脂肪酶的活性具有强烈的影响(最适 pH 为 7)，但是对选择性的影响较小，pH=7 时 CALB 的选择性达到最大；在 30～70 ℃范围内，温度对游离的 CALB 的活性和选择性的影响较大，确定反应的最适温度为 30 ℃，同样的现象也出现在固定化 CALB 催化 D,L-苯基甘氨酸甲酯的对映选择性反应中，选择性随着温度的升高而增加，这可能是因为随着温度升高，体系中自由水分子数量减少，亲核分子减少。在对比 19 种不同咪唑基离子液体对该反应的影响时，发现在相同阴离子基的离子液体下，随着阳离子上烷基链长度的增加，合成活性逐渐增强，而且无论是在疏水性的离子液体，还是在亲水性的离子液体中，CALB 催化丁酸丁酯酯交换反应的选择性都高于在正丁烷中的选择性。这可能跟离子液体的疏水性有关，能更好地保存必要的水合层，减少蛋白质-离子的直接相互作用。在固定化 CALB 催化大豆油甲烷分解生产生物柴油时也观察到类似的行为；在 30 ℃，pH=7 条件下，随着醇的烷基链长度增加，该酶促反应活性呈现钟形曲线，1-丁醇的合成活性最高。

11.3.2　离子液体微乳液中的生物转化

Zhang 等[82]利用非极性溶剂(烷烃或者芳香烃)作为油相，利用 40～60 nm 的二甲基二氯硅烷修饰的二氧化硅纳米颗粒作为固体乳化剂，与离子液体([Bmim][PF_6]、[Bmim]

[NTf_2]、[Bmim][BF_4]和[Bmim][NO_3])形成皮克林乳液，利用CALB催化苯乙醇对映选择性酯化。在这个过程中，通过形成乳相，将离子液体保存在固体纳米颗粒包裹的乳相微团中，形成类似于固体催化剂的填充床反应器，通过过滤器，使其稳定存在反应器内，简化了离子液体与反应物、产物的分离，实现了反应的连续操作。在[Bmim][PF_6]乳相溶液中反应选择性高达99%，酶活性为5.18 U/mg，是分批操作中活性的25倍。反应运行4 000 h后，没有离子液体泄漏。图11-14为有机溶剂中离子液体微乳液连续流动系统。

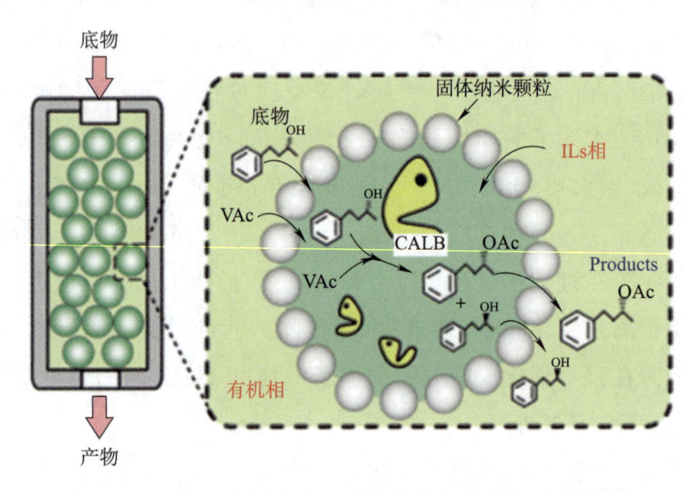

图 11-14　有机溶剂中离子液体微乳液连续流动系统[82]

虽然这个过程实现了连续操作，有利于大型化生产，但是该过程中需要使用大量有机溶剂，从可持续发展的绿色化学角度来说是不利的。而离子液体/水乳液的形成，可以解决这个问题。因为在常规体系中，商用脂肪酶CRL、AY30和AYS等难以进行有效酯化反应，所以Zeng等[83]采用水-离子液体微乳液([Bmim][PF_6]/Tween20/H_2O)作为反应介质，利用CRL成功地实现了植物甾醇与脂肪酸酯化。实验结果显示，微乳液的含水量和表面活性剂的含量是反应过程的重要影响因素，随着含水量或Tween20添加量的增加，反应的转化率呈现钟形分布，最终确定水的质量分数在2%～10%之间为最佳含水量范围，Tween20的添加量为305 mmol时，反应获得最大转化率；通过优化反应条件，确定反应在50 ℃，pH=7.4，水的质量分数为5.4%，305 mmol Tween20，酶的质量分数为10%(以反应物总量为基准)，植物甾醇/月桂酸的摩尔比1∶2时获得最大转化率95.1%(反应时间为48 h)；反应结束后的微乳液通过正己烷萃取，提取反应产物后，重复使用七次(总反应时间为168 h)，CRL的反应活性没有明显变化。虽然利用水-离子液体微乳液能够提高反应转化率，并且便于反应结束后，产物的分离，但是在处理溶解在水相中的产物时，可能会用到大量有机溶剂进行萃取，需要进一步改进。

11.3.3　海绵状离子液体中的生物转化

海绵状离子液体是指熔点高于室温，对疏水性化合物（如油酸甲酯、香叶醇、香茅醇、甲氧苯基酸酯等）具有良好溶解性的离子液体，只要通过冷却降温至室温，就可以将离子液体和溶质变为固体而分离出来。在海绵状离子液体网络中，溶质分子被认为是包裹在其中，而非溶解。所以溶质分子可以经过简单的离心分离操作就能从海绵状离子液体相中分离出来，研究者认为冷却离心使得海绵状离子液体中的自由体积变小，容纳溶质分子的能力变弱，从而导致溶质分子从海绵状离子液体中析出[84]。但是这个过程中，溶质分子与固相海绵状离子液体分离并不完全，固相海绵状离子液体变现出“湿海绵”状态。

在当前生物柴油的生产过程中，植物油与甲醇不混溶是限制反应效率的一个重要因素。Lozano 等[85]利用具有长烷基侧链阳离子的海绵状离子液体[C_{18}tma][NTf_2]作为反应介质，在较高温度下实现植物油和甲醇的溶解，经固定化脂肪酶催化后生产生物柴油，在经冷却离心分离后，就可以回收生物柴油；在 60 ℃时[C_{18}tma][NTf_2]为液体，能够实现植物油和甲醇的溶解，并且能够保证酶的活性，实现高效合成生物柴油，反应 8 h 后生物柴油的产率为 92%；固定化脂肪酶在[C_{18}tma][NTf_2]中存储，半衰期为 1 200 天，表现出很高的稳定性。图 11-15 所示为海绵状离子液体生产生物柴油过程示意图。

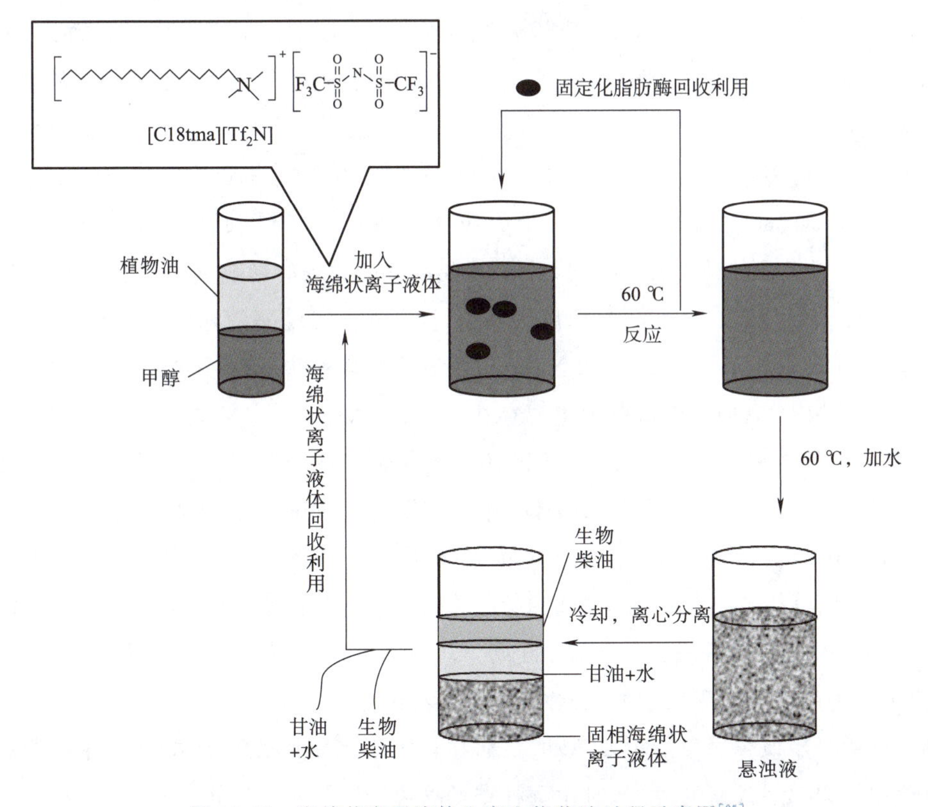

图 11-15　海绵状离子液体生产生物柴油过程示意图[85]

11.4 离子液体在生物提取中的应用

11.4.1 离子液体提取蛋白质

11.4.1.1 离子液体双水相体系提取蛋白质

传统的蛋白质/酶的提纯方法，包括离子沉淀法、色谱法、电泳法和液液萃取，但是这些方法具有成本高、时间长以及可能会导致蛋白质/酶变性等局限性；而双水相体系（aqueous two-phase system，ATPS）能够很好地解决这个问题，同时，相比于传统聚合物，离子液体的低黏度和良好的生物相容性，使得双水相体系为蛋白质等生物分子的萃取、回收和纯化提供了一种替代和有效的方法。

Deive 等[86]研究了以烷基硫酸钠和烷基磺酸阴离子为溶剂的两种不同咪唑系离子液体在双水相体系中提取南极洲念珠菌脂肪酶 A 的适用性。通过对在不同烷基侧链长度的烷基硫酸钠和烷基磺酸阴离子双水相体系中酶活性的测定和比较，发现酶在阴离子为$[C_4SO_4]^-$和$[C_6SO_3]^-$的咪唑基离子液体中能够保持较高的活性；为提高酶的萃取效率，研究者比较了 K_3PO_4、K_2CO_3、$(NH_4)_2SO_4$ 和氨基酸等多种盐析剂与离子液体构成的双水相体系的萃取效率，发现利用[Emim]$[C_4SO_4]$（质量分数为 0.2%）和$(NH_4)_2SO_4$（质量分数为 32.2%）构建的双水相体系效果最好，酶的回收率为≥99%，同时分析了酶的结构，FTIR 数据表明酶在其中保持稳定。

Jiang 等[87]利用[Bmim]$[BF_4]$双水相体系和浓度与无机盐（NaH_2PO_4、K_2HPO_4、$(NH_4)_2SO_4$ 和 $MgSO_4$）对小麦提取物中的小麦酯酶进行了提取纯化，并考察了[Bmim]$[BF_4]$的浓度、无机盐的种类、温度、pH 对小麦酯酶萃取过程的影响，确定利用 NaH_2PO_4 具有更好的萃取效果，而在 10～50 ℃温度区间内，温度对小麦酯酶的纯化影响不大；在质量分数为 20%的[Bmim]$[BF_4]$和 25%的 NaH_2PO_4 双水相体系中，小麦酯酶成功从水相萃取到[Bmim]$[BF_4]$相中，其他污染蛋白则主要存在于水相中，说明该体系对小麦酯酶具有良好的选择性；在最佳条件下（pH=4.8），小麦酯酶的纯化率最高为 88.93%，研究者解释这是因为小麦酯酶的等电点在 4.3～4.6 范围内，而体系中的污染蛋白（麦谷蛋白和麦胶蛋白）的等电点在 6～8 范围内，pH 越接近于小麦酯酶的等电点，越有利于小麦酯酶从小麦提取物中分离出去，这说明蛋白质表面氨基酸与离子液体之间的静电作用力对小麦酯酶的提取效率具有重要影响。

Zeng 等[88]以天然季铵盐（甜菜碱、胆碱）与聚乙二醇或无机盐（K_2HPO_4、K_3PO_4）为原料，建立了一种高效分离蛋白质的双水相体系。结果表明，在含 K_2HPO_4 的双水相体系中，疏水相互作用是萃取蛋白质的重要驱动力；而在含聚乙二醇的双水相体系中，蛋白质的大小会影响萃取效果。另外研究发现，对比两种季铵盐离子液体对不同蛋白质的萃取效果，基于甜菜碱双水相体系的萃取效果更好，其中甜菜碱/K_2HPO_4 双水相体系对牛血清白蛋白的提取率可达 90%以上，并且该体系为蛋白质提供了温和稳定的环境；研究者认为甜菜碱/K_2HPO_4 双水相体系中的团簇现象对蛋白质的提取起到了重要作用。基于天然季铵盐化合物的水相两相体系的发展，不仅提供了一种有效的、更绿色的水相两相体系的制备方法，而且有助于解决细胞内生物分子的分离难题。Zhu 等[89]利用吡啶离子液体（[C_nPy]Cl，$n=2$，4，6）与 K_2HPO_4 构建了双水相体系，用于获取高浓度和高活性的木瓜蛋白酶，并以酶活性和分配系数的总期望值为响应指标，利用响应面分析法（Response Surface Methodology，RSM）优化木瓜蛋白酶的提取条件。结果表明，[C_4Py]Cl-K_2HPO_4 系统的萃取效率优于[C_2Py]Cl 和[C_6Py]Cl 系统；在 0.35 g/mL K_2HPO_4、0.25 g/mL[C_4Py]Cl，最适温度为 30 ℃，最适 pH 为 7.87，木瓜蛋白酶计量为 2.17 mg/mL 条件下，保证高回收率的同时能够确保酶活性最大；利用[C_nPy]Cl 双水相体系获得的木瓜蛋白酶的比活为 4 120.17 U/mg，且纯度为当时市售木瓜蛋白酶的 1.88 倍。

Lee 等[90]利用从生物缓冲液中获得的自然衍生的胆碱阳离子和阴离子合成了一种生物相容性离子液体[Ch][BES]，并将其与热敏性的聚丙烯乙二醇（平均分子量为 400 g/mol，PPG400）构建双水相体系，用于微生物发酵液中回收脂肪酶。通过离心预纯化之后，在含有质量分数为 10%的[Ch][BES]和质量分数为 45%的 PPG400 双水相体系中，能够最大限度地回收发酵液中的脂肪酶，脂肪酶的回收率为 99.30%（±0.03），纯化因子为 17.96±0.32，这说明该双水相体系对脂肪酶具有良好的提取回收能力，并且能够最大程度保持酶活性，具有良好的生物相容性；对于回收得到的离子液体和 PPG400 进行再利用，实验结果表明回收组分对发酵液脂肪酶的回收和纯化效果没有显著的影响。该系统具有快速、简单、高生物相容性、无挥发性、缓冲能力和可回收性等优点，支持其作为脂肪酶纯化的可行和可持续平台的潜力。图 11-16 所示为胞外脂肪酶的生产和回收以及相转化物的回收过程。

11.4.1.2　温敏型离子液体提取蛋白质

温敏型离子液体是通过温度调节离子液体相态的一种新型离子液体。在反应温度下，温敏型离子液体可以与反应物、生成物形成均匀的混合物，但在反应结束改变温度后，体系能够形成不同的相，实现反应物、产物和离子液体的分离。温敏型离子液体为催化剂的回收、有毒产物的分离等提供了新的思路。

Kohno 等[91]根据[P_{4444}][Tf-Leu]（见图 11-17）下临界溶解温度（lower critical solution temperature，LCST）行为，即在 25 ℃与水不互溶，而在 20 ℃时能与水完全混溶的可逆相变行为，设计[P_{4444}][Tf-Leu]/水温敏性体系提取水溶液中的细胞色素 c（Cytochrome c，Cyt. c）。将 Cyt. c 的水溶液（pH=7.0）与[P_{4444}][Tf-Leu]等质量混合后冷却到 20 ℃，使离子液体与 Cyt. c 的水溶液混合完全；然后升温至 25 ℃使两相分离并从水相中萃取 Cyt. c。根据紫外光谱实验结果显示，Cyt. c 成功被萃取得到离子液体相中，水相中残余 Cyt. c 小于仪器检出

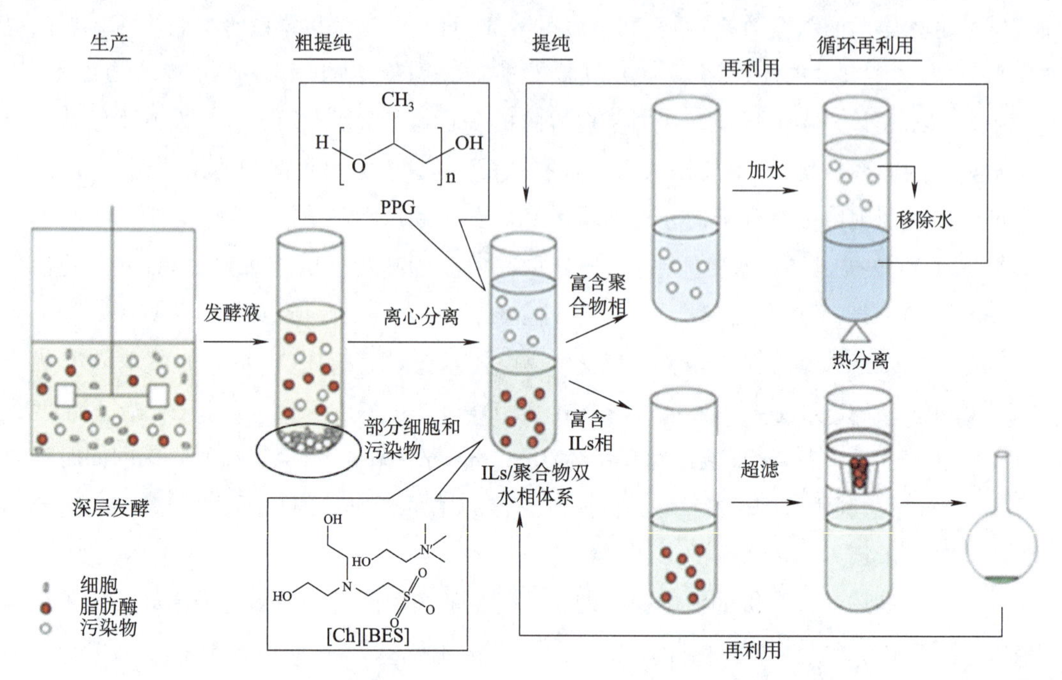

图 11-16 胞外脂肪酶的生产和回收以及相转化物的回收[90]

下限，即残余不到 0.1%；经过反复相分离行为测试，发现仍处于[P_{4444}][Tf-Leu]相中，说明[P_{4444}][Tf-Leu]对 Cyt. c 具有良好的萃取效果，且萃取过程为不可逆过程。另外，研究者通过研究其他蛋白质在[P_{4444}][Tf-Leu]/水温敏性体系中的行为以及分配比，发现不同蛋白质在该体系中的分配比强烈依赖于蛋白质的等电点，利用该行为可以成功从混合物中提取目标蛋白。图 11-18 所示为下临界溶解温度型离子液体体系响应。

n=4或n=8

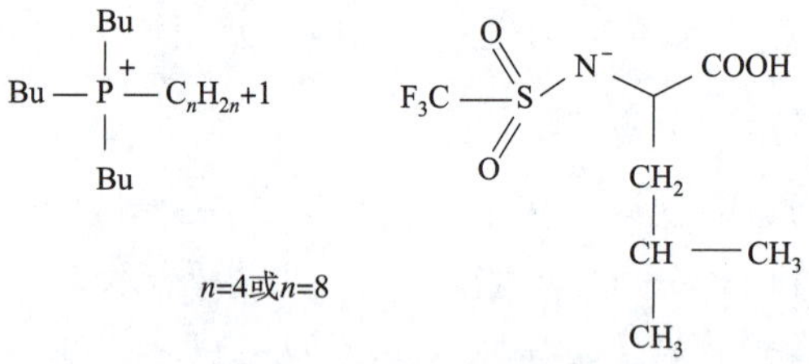

图 11-17 季鏻盐下临界溶解温度型离子液体结构[91]

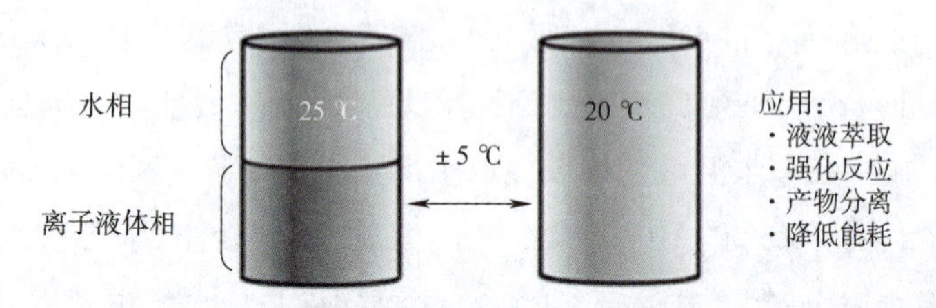

图 11-18 下临界溶解温度型离子液体体系响应[91]

11.4.2 离子液体提取青蒿素

青蒿素作为目前治疗疟疾的特效天然药物，传统的方法主要利用有机溶剂反复浸提黄花蒿叶生产，存在耗时长、能耗高、溶剂损失严重等问题，并且因为来源特殊，难以实现高效大规模生产。中国科学院过程工程研究所赵兵等[92]利用[Emim]Cl、[Emim]Br 和[Emim]I 三种咪唑类离子液体作为提取剂，从青蒿原料中高效提取青蒿素。分别在三种离子液体的水溶液中进行强化提取青蒿素，液固分离后得到青蒿素的提取液，在经有机萃取剂(乙酸乙酯、三氯甲烷、甲苯等)萃取后[提取液与有机萃取剂的体积比为 1∶(1～20)]，得到富集青蒿素的萃取液和富含离子液体的萃余液，萃取液经蒸发浓缩得到青蒿素粗产品，在经柱层析、重结晶等操作得到高纯青蒿素产品；富集离子液体的萃余液经过大孔吸附树脂 AB-8 处理再生，循环使用。其中利用[Emim]Br 为提取剂、体积分数为 10%的甲苯溶液作萃取剂，青蒿素粗产品提取率高达 98%，经乙醇重新溶解，过硅胶柱层析、重结晶后，得到 99%的青蒿素产品。图 11-19 所示为利用离子液体提取青蒿素的过程[92]。

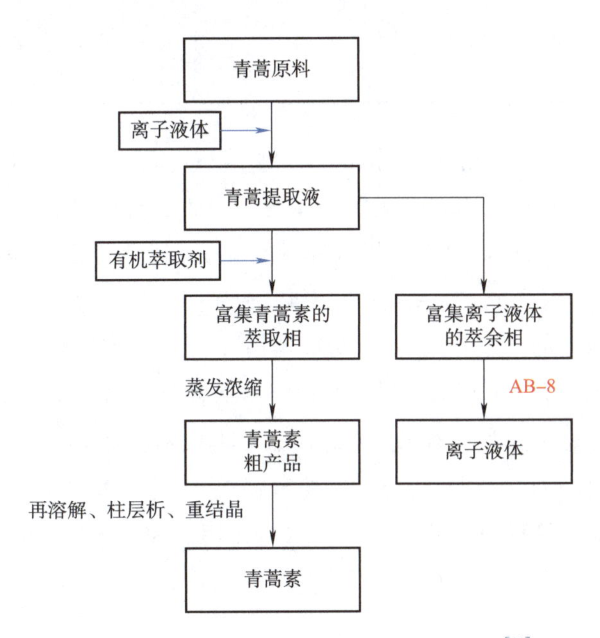

图 11-19 利用离子液体提取青蒿素的过程[92]

11.4.3 离子液体提取 DNA

DNA 分析广泛应用于法医鉴定、临床诊断和食品安全等领域。然而，从 DNA 分析中获得数据的相关性很大程度上取决于 DNA 样本的质量和纯度[93]。目前，从生物样本中提取 DNA 采用最广泛的方法是酚/氯仿法，这是基于蛋白质溶解于有机酚/氯仿混合物而 DNA 保留在水溶液中的基本原理。但是在这个过程中，有机溶剂的使用会导致蛋白质变性，因此研究者开发了利用离子液体提取 DNA 的方法(见表 11-6)[75]。

表 11-6 离子液体在提取 DNA 方面的应用[75]

序号	离子液体	DNA/RNA 来源
1	[C_{16}POHim]Br、[$(C_{10})_2$NMDG]Br	来自鲑鱼睾丸的 DNA/钠盐溶液
2	[Bbim]Br	小牛胸腺 DNA
3	[Bmim][X](X=Cl,[NO_3],[lactate])[Ch][NO_3]、[Ch][lactate]	小牛胸腺 DNA
4	[Ch][DHP]	DNA 三聚体
5	[Ch][DP]	小干扰 RNA
6	[C_2Emim]Br	从鲑鱼乳汁中分离出 DNA
7	[Ch][Pyr]、[Ch][Gly]	来自鲑鱼睾丸的 DNA
8	[Bmim]Br	链霉菌体表颜色基因组 DNA
9	[Emim][OAc]、[Emim]Cl	玉米 DNA
10	[Ch][DHP]	无来源
11	[Mmim][$MePO_2$OH]	猫杯状病毒的 RNA

Li 等[94]首次采用原位离子液体分散液-液微萃取(dispersive liquid-liquid microextraction, DLLME)的方法,利用阴离子为卤素的离子液体与 Li[NTf_2]原位反应生成疏水性的[Tf_2N]离子液体,并从蛋白质/DNA 水溶液中提取和预浓缩 DNA,研究结果表明不同的阳离子烷基侧链取代基和官能团对提取 DNA 效率有影响,使用[C_{16}POHim]Br 和[$(C_{10})_2$NMDG]Br(见图 11-20)提取 DNA 的效率较高,每次提取使用 0.50 mg 离子液体可获得高于 97%的萃取效率且萃取浓度越高,DNA 萃取效果越好;另外,从含有金属离子和蛋白质的样品基质中提取 DNA 表明,金属离子的存在对 DNA 的提取效率没有干扰,在中等酸性条件下可以减少 DNA 提取相中蛋白质的含量。^{31}P NMR 的数据表明,原位利用离子液体分散液-液微萃取 DNA 主要是因为离子液体和 DNA 之间的静电作用力和 π-π 相互作用。图 11-21 所示为利用 DLLME 方法提取 DNA 的过程示意图。

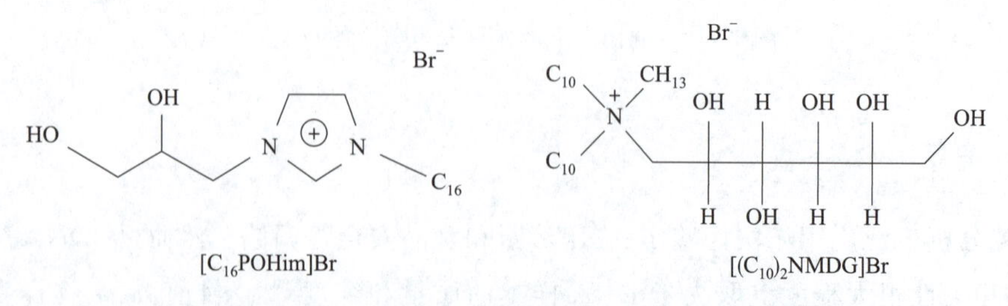

图 11-20 [C_{16}POHim]Br 和[$(C_{10})_2$NMDG]Br 的结构

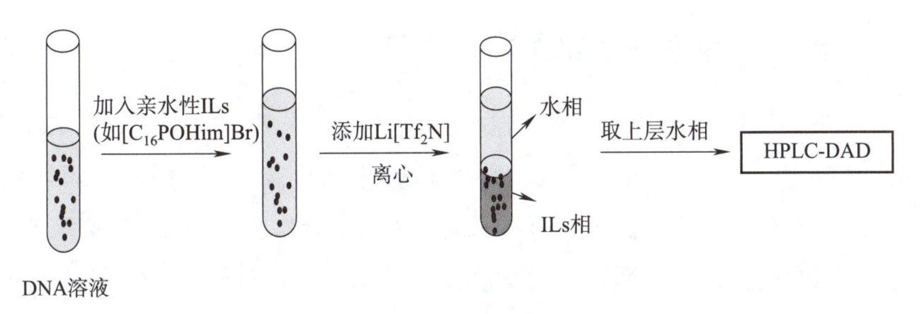

图 11-21 利用 DLLME 方法提取 DNA 的过程示意图[94]

Bowers 等[95]也采用 DLLME 的方法，研究了 N-取代咪唑配以不同金属中心（如 Ni^{2+}、Mn^{2+} 或 Co^{2+}）为阳离子的磁性离子液体（magnetic ionic liquids，MILs），并利用阴离子为 Cl^- 的 M 离子液体与 Li[NTf_2]反应，生成可预浓缩 DNA 的 M 离子液体，同时，将 DNA 从水相萃取至 MILs 相中；研究了 DLLME 方法与高效液相色谱-二极管阵列检测器（high-performance liquid chromatography-diode array detection，HPLC-DAD）或荧光光谱相结合的可行性，研究发现 Ni^{2+} 和 Co^{2+} 的 MILs 方法易于与荧光光谱结合，为 DNA 的测定提供了一种比 HPLC-DAD 更快、更灵敏的方法。此外，还将该方法与传统的 MILs-DLLME 进行了比较，发现采用 MILs-DLLME 原位法提取 DNA 仅需 3 min，是传统 MILs-DLLME 法提取效率的 1.1～1.5 倍；该方法也与之前使用的三己基（十四烷基）三磷酸氢铵（六氟辛基）镍酸盐（Ni^{2+}）MILs 提取 DNA 研究中进行了比较，发现该方法中的 MILs 的提取效率（42%～99%）远高于这种季鏻盐 MILs（20%～38%）。这种新型 MILs 具有制备简单、价格低廉、易于操作且能够利用结合外部磁场进行操作等优点，是一种很有前途的新型 DNA 提取溶剂。

11.5 离子液体与生物传感器

电化学生物传感器是一种用于检测多种分子的分析仪器，其传感系统主要由三部分组成。第一部分是由酶、核酸、抗体、细胞受体、微生物等敏感生物元素构成的分析物识别装置；第二部分是信号转换装置，用于将目标分析物与修饰在电极上的生物材料之间的相互作用信号转换成电信号；第三部分是电子阅读器。测量传感器检测能力和电化学性能的常用方法包括电流测量、电位测量和电导测量。离子液体是一种理想的电化学生物传感器材料，其最大优点是与生物分子具有良好的生物相容性；此外，它还具有宽的电化学窗口、热稳定性和高的离子导电性，能够有效增强传感器的灵敏度和生物分子活性，具有广阔的应用前景。基于离子液体的电化学生物传感器可被应用于检测葡萄糖、农药、胆固醇、腺嘌呤、多巴胺、胆碱、抗原、邻苯二酚等分子。离子液体可以用作电解液或修饰在各种电极上，本书重点介绍基于离子液体的复合材料和相应凝胶在电化学生物传感器领域的应用[96, 97]。

11.5.1 碳纳米材料/离子液体基生物传感器

碳纳米材料具有独特的结构和优异的物理、化学和电化学性能，即高比表面积、强电子转移能力和高热导率，可以用作电化学传感器的电极；而且碳纳米材料表面活性位点多、易于功能化，为生物分子固定化提供了良好的载体支撑，使其在生物传感领域引起了广泛的关注，用于电化学生物传感器的碳纳米材料包括碳纳米管、碳纳米粒子、碳纤维、石墨烯和多孔碳材料等。将离子液体和碳纳米材料结合制备离子液体基复合材料用于生物传感器已成为近年来的研究热点[98,99]。

碳纳米管(carbon nanotubes,CNTs)在离子液体中的分散会增强复合材料的离子/电子导电性。Atta 等[100]利用晶态离子液体(ionic liquid crystals,ILC)、碳纳米管、磁铁矿纳米粒子 Fe_3O_4 浇筑玻碳电极(glassy carbon electrode,GCE)，得到复合物[GC/(ILC-CNTs)/Fe_3O_4]，用于构造二氢烟酰胺腺嘌呤二核苷酸(NADH)生物传感器，ILC/CNTs 的导电性和致密结构显著改善了生物分子之间的相互作用，磁铁矿纳米粒子作为电子交换的“天线”，增强了界面电荷转移，使 NADH 的选择性氧化更灵敏，其线性动态检测范围为 5～700 μmol/L，灵敏度为 0.010 2 μA/(μmol/L)，检测限为 34.6 nmol/L，该传感器在抗坏血酸、色氨酸、布洛芬和吗啡存在下，具有稳定的电流响应和抗干扰能力。电化学生物传感器技术是一种简单有效的检测久效磷(MPs)的方法，然而目前商用化的乙酰胆碱酯酶(AChE)传感器由于稳定性差，在 MPs 的检测中没有得到实际应用。基于此，Xia 等[101]以 1-甲基咪唑和 3 氯丙基三甲氧基硅烷为原料制备得到液态氯离子溶液，用以修饰羟基功能化的多壁碳纳米管(MWCNTs)得到 Cl/MWCNTs，将其和辣根过氧化物酶(HRP)/乙酰胆碱酯酶双酶体系、玻璃碳电极相结合构建新型双酶电极(Cl/MWCNTs/HRP/AChE/GCE，见图 11-22)；在最佳条件下，双酶传感器的检测范围为 1.0×10^{-11}～1.0×10^{-7} mol/L，最低检测限为 4.5×10^{-12} mol/L，所设计的 AChE 生物传感器具有良好的稳定性和灵敏度，为食品安全监测提供了一种有前途的工具。Akoğullari 等[102]采用多壁碳纳米管(MWCNT)修饰玻璃碳电极(glass carbon electrode,GCE)，使用电化学脉冲沉积技术制备了锰钒混合氧化物薄膜，在 pH 为 5.17 的醋酸缓冲溶液中，用金纳米粒子进一步修饰膜以增强溶解氧的还原信号，得到的电极(AuNPs/MnO_x-VO_x/CNT/GCE)可作为葡萄糖生物传感器固定酶的平台，利用壳聚糖和离子液体[Emim][PF_6]将葡萄糖氧化酶固定在复合膜上，用循环伏安法研究了该传感器的电化学性能，对血清样品和饮料进行了分析，其对葡萄糖的线性检测范围为 0.1～1.0 mmol/L，检测限为 0.02 mmol/L，其开发的 AuNPs/MnO_x-VO_x/CNT/GCE 是未来生物传感器应用的候选材料。Murphy 等[103]将合成的羧基功能化离子液体(5-羧戊基)三苯基膦双(三氟甲磺酰)酰胺盐[TPP-HA][TFSI]涂覆在多壁碳纳米管修饰的玻璃碳电极上得到[TPP-HA][TFSI]/MWCNT/GCE，通过电极上游离的—COOH 与细胞色素 c (Cyt. c)上的-NH_2 之间反应形成酰胺键实现对 Cyt. c 的共价固定，所制备的酶生物传感器

对 H_2O_2 具有良好的选择性、灵敏度和电化学还原性，其动态线性检测范围为 20～892 μmol/L，灵敏度为 0.14[μA/(μmol/L)]/cm^2，同时它还具有显著的稳定性和可重用性，这是因为 [TPP-HA][TFSI]/MWCNT 纳米杂化材料的协同作用为固定化 Cyt. c 提供了一个生物相容的微环境，增强了酶的稳定性，促进其对 H_2O_2 的电催化。

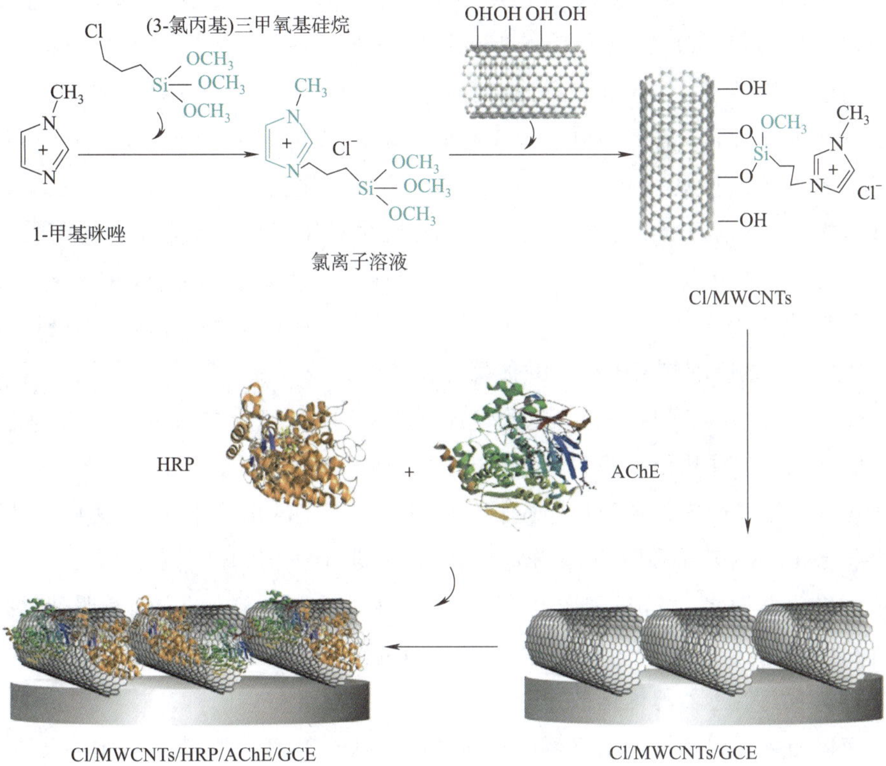

图 11-22　生物传感器合成图解[101]

石墨烯(graphene，GR)是碳原子在蜂窝状二维晶格中形成的单层膜，近年来受到了广泛的关注，GR 具有比表面积大、导热系数高、导电性好等特点，可用于传感器、燃料电池和能量转化等领域。Wang 等[104]将石墨粉和[Bpy][PF_6]混合制备碳离子液体电极(carbon ionic liquid electrode，CILE)，然后用石墨烯-氧化锡纳米复合材料(GR-SnO_2)修饰电极以构建氧化还原蛋白电化学传感器，其具有良好的生物相容性，为肌红蛋白分子(myoglobin，Mb)的固定化提供了特定的微环境，Mb 与纳米复合材料混合后，保持了天然结构，不发生变性，循环伏安图上出现的氧化还原峰表明 Mb 与电极实现了直接电子转移，Mb 修饰电极对 $NaNO_2$ 电还原具有良好的稳定性和催化活性，具有较宽的动态检测范围(0.2～350 μmol/L)和较低的检测限，该电极在第三代电化学生物传感器中具有潜在的应用前景。Mahmoudi-Moghaddam 等[105]采用同样的离子液体[Bpy][PF_6]、石墨烯量子点和双链 DNA 修饰碳糊电极制备了生物传感器，通过电化学氧化法实现对拓扑替康的检测，与传统的 DNA 传感器相比，修饰电极具有较高的灵敏度和选择性，良好的重复性和稳定性，其线性动态检测范围为 0.35～100.0 μmol/L，检测限为 0.1 μmol/L，可快速、灵敏地测定尿液和血清中拓扑替康的含量，在生物医药方面具有重要应用价值。Shi 等[106]用离子液体[C_{16}Py][PF_6]和石墨粉混合制备碳离子液体电极（CILE），并以此为基底电极，采用电沉积法制备了三维（3D）还原型氧化石墨烯（reduced graphene oxide，RGO）和金（Au）的复合材料，并对基底电极进行了电化学改性得到 3D-RGO-Au/CILE，将肌红蛋白（Mb）进一步固定在 3D-RGO-Au/CILE 表面制备得到生物传感器。结果表明，电极表面存在高导电性的三维 RGO-Au 复合材料加快了 Mb 电活性中心与电极之间的电子转移速率，Mb 修饰电极在 0.2～36.0 mmol/L 浓度范围内对三氯乙酸的还原具有良好的电催化活性，其检测限为 0.06 mmol/L，三维 RGO-Au 复合修饰电极在构建基于无介体氧化还原蛋白电化学的第三代电化学生物传感器方面具有潜在的应用前景。Rana 等[107]以聚（3，4-亚乙基二氧噻吩）[Poly（3，4-ethylenedioxythiophene），PEDOT]为基质，用离子液体[BMIM][TfO]功能化的还原型氧化石墨烯对其进行修饰得到 PEDOT/ILRGO，然后以修饰电极为载体固定化乙酰胆碱酯酶，制备了一种用于有机磷农药（organophosphorus pesticides，OPs）电化学检测的酶基纳米复合电极，还原型氧化石墨烯与离子液体之间的相互作用使酶更好地负载到 PEDOT 基体上，电极的工作原理是乙酰胆碱酯酶和底物碘化乙酰胆碱相互作用生成硫代胆碱从而产生氧化还原峰，在优化条件下，对不同浓度的毒死蜱、马拉硫磷和甲基对硫磷等三种 OPs 进行了分析，测定限分别为 0.04 ng/mL、0.117 ng/mL 和 0.108 ng/mL，都低于它们的最大残留限值 0.2 μg/mL，表明其具有良好的灵敏度，而且所制备的传感器存储 15～20 天后仍可保持 95.7%的初始电流响应率，反映了其作为有机磷农药传感器的优良效能。

离子液体与碳材料的结合不仅可以提高电极的电子转移能力，也能够增强生物相容性，极大地促进了电化学传感器和生物传感器的发展。

11.5.2 金属纳米材料/离子液体基生物传感器

金属纳米材料由于其独特的物理和化学性质，在传感器应用中受到越来越多的关注。它们具有高比表面积、导电性和电催化活性等特性，这都有利于提高生物传感器的灵敏度，同时，它们与生物材料有很好的相容性。电化学生物传感器常用的金属纳米材料包括贵金属、金属氧化物、金属硫化物、金属氮化物和双金属复合材料[108]。

Salvo-Comino 等[109]将有利于电子转移的电催化材料磺化酞菁铜、增强各层导电性的[Bmim][BF_4]、促进酶固定化的壳聚糖涂覆在氧化铟锡（ITO）玻片上制备了具有逐层膜结构的复合电极材料，将漆酶沉积在电极表面得到生物传感器，用于对邻苯二酚的检测，该复合膜功能互补，离子液体、壳聚糖、酞菁铜的协同作用提高了漆酶的性能，其灵敏度为 0.237 A/mol/L，线性动态检测范围为 2.4～26 μmol/L，检测限为 8.96×10^{-10} mol/L，米氏常数为 3.16 μmol/L，表明该传感器具有高效性、灵敏性和良好的底物亲和性。Dong 等[110]

采用一步法制备了低成本树突状核壳结构双金属纳米复合材料 Ag@Cu，以离子液体为电化学界面固定葡萄糖氧化酶(GOx)/血红蛋白(Hb)制备得到生物传感器，用于葡萄糖/过氧化氢的快速检测，铜壳、银核和离子液体的协同作用促进了 GOx/Hb 与电极之间的电子转移，防止 GOx/Hb 的变性和渗漏，其对葡萄糖和过氧化氢的动态浓度检测范围分别为 5～3 000 μmol/L、0.5～50 μmol/L，检测限分别为 3 μmol/L 和 0.3 μmol/L，这项工作有望拓宽廉价双金属纳米复合材料在其他生物传感器中的应用。Liu 等[111]利用聚离子液体(PILs)、稳定的金纳米粒子(AuNPs)和陶瓷型脂质体(cerasomes)的自组装，在玻璃碳电极(GCE)上制备出具有生物相容性和导电性的纳米材料 Au@PILs-cerasomes，如图 11-23(a)所示，纳米复合材料在未熔合的情况下表现出结构稳定性，然后将辣根过氧化物酶(horseradish peroxidase，HRP)固定在电极表面上制备得到 HRP/Au@P 离子液体-cerasome/GCE，如图 11-23(b)所示，固定化 HRP 在电极表面可以实现直接电子转移，该生物传感器具有较高的响应电流和电催化活性，对 H_2O_2 动态检测范围为 10～70 μmol/L，检测限为 3.3 μmol/L，而且该电极具有良好的稳定性，在 4 ℃下存储 2 周后，初始响应电流仅减小了 5%，这种多组分纳米复合材料可作为一种新颖、直观的三维立体仿生膜电化学平台，用于开发分子通信系统，研究生物信号传递和信息传递机制。Yan 等[112]以[C_6Py][PF_6]和石墨粉为反应物，制备了碳离子液体电极(CILE)，并以此为基底，在其表面浇筑氧化镍纳米花(NiO)和 HRP 的混合溶液，最后镀上一层壳聚糖(CTS)薄膜制备得到 CTS/NiO-HRP/CILE 生物复合电极，HRP 的结构并没有被破坏，NiO 纳米花的存在可以加速 HRP 电活性中心与基底电极之间的电子转移速率，酶对三氯乙酸的还原具有良好的电催化活性，传感器的线性范围宽，检测限低，具有灵敏度高、重复性好、长期稳定性好等优点。Kwak 等[113]将(3-巯基丙基)磺酸稳定的金纳米团簇阴离子对[MPS-Au_{25}]和[Dmim]相结合制备得到量子金纳米团簇离子液体[Dmim][MPS-Au_{25}]，作为电化学生物传感器的基质涂敷在玻璃碳电极上，可有效固定葡萄糖氧化酶，用于葡萄糖的检测，酶在 Au_{25}IL 中具有优良的电催化活性，金纳米团簇可作为检测传感器灵敏度的氧化还原介质和电子导体，量子金纳米团簇离子液体具有独特的电化学性质和结构可调性，可作为多种电化学生物传感器的多功能基质。

总之，离子液体与金属纳米材料结合的优点有以下几点。首先，它们可以提高电子转移的能力，增强电极的导电性。其次，它们具有的良好生物相容性也可以提高固定化生物材料的催化活性和稳定性。最后，它们为生物分子在电极上的固定化提供了多种方法，为生物传感器的制备开辟了有效途径。

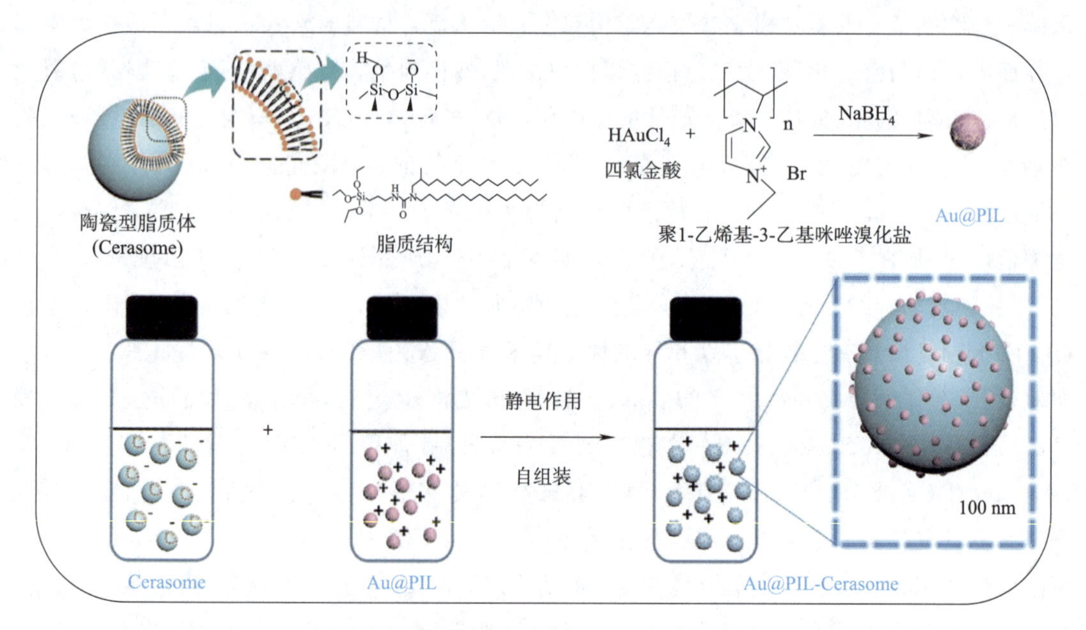

(a) Au@PILs-cerasomes 的制备过程

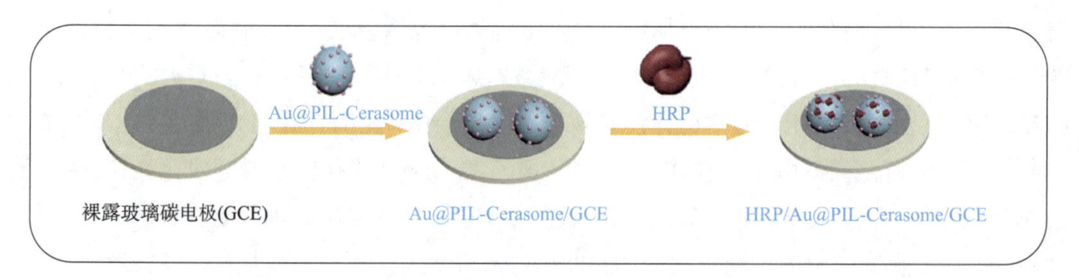

(b) HRP/Au@PILs-cerasome/GCE 的制备过程

图 11-23　Au@PILs-cerasomes 和 HRP/Au@PILs-cerasome/GCE 的制备过程[111]

11.5.3　离子液体凝胶生物传感器

由离子液体形成的凝胶通常称为离子凝胶。离子液体可被有机材料、无机材料和杂化材料固定，离子凝胶结合了离子液体和其添加剂的性质，在润滑材料，药物释放、染料吸收和膜材料等领域具有广阔的应用前景，其中应用最多的是电化学领域，包括固体电解质、电化学发光材料、电化学传感器和生物传感器等。最近，基于 GN/CNT/ILs 凝胶制备了一种用于血糖检测的电化学传感器[114,115]。

Zhu 等[116]制备了一种基于室温导电型离子液体[Bmim][BF_4]、硅基溶胶凝胶(sol-gel)和二氧化硅包覆的金纳米棒(GNRs@SiO_2)的复合膜，并对玻璃碳电极(GCE)进行修饰，用于肌红蛋白(Mb)的固定化和生物传感器的构建，GNRs@SiO_2 不仅可以作为黏合剂来阻止

[Bmim][BF_4]从电极表面泄漏，而且还为 Mb 的电化学催化提供了良好的微环境，可有效检测过氧化氢(H_2O_2)和亚硝酸盐，H_2O_2 的动态线性检测范围为 0.2～180 μmol/L，检测限为 0.12 μmol/L，此外，该传感器还具有高选择性、良好的重复性和长期稳定性，所制备的复合膜可以为蛋白质的固定化和生物传感器的制备提供理想的基质。Zheng 等[117]通过环氧开环反应合成了离子液体功能化的氧化石墨烯(ILs-GR)，然后将 ILs-GR 在凝胶中均匀分散，滴在玻碳电极(GCE)表面，以戊二醛(GA)为交联剂，将乙酰胆碱酯酶(AChE)固定在 ILs-GR-凝胶修饰的 GCE 上，制备了一种高灵敏度 AChE 生物传感器(见图 11-24)，用于检测西维因和久效磷，ILs-GR-凝胶纳米复合材料具有良好的导电性和生物相容性，为 AChE 的黏附提供了一个非常亲水的表面环境，而且它有效地提高了电极界面的电子转移速率，促进了基底进入活性中心，生物传感器对西维因和久效磷的检测范围分别为 $1.0\times10^{-14}\sim1.0\times10^{-8}$ mol/L 和 $1.0\times10^{-13}\sim5.0\times10^{-8}$ mol/L，其检测限分别为 5.3×10^{-15} mol/L 和 4.6×10^{-14} mol/L，他们开发的生物传感器具有灵敏度高、稳定性强和成本低等优点，为酶抑制剂的分析提供了有前途的工具。Zamfir 等[118]制备了基于离子液体、7,7,8,8-四氰基氧基二甲烷(TCNQ)和四硫富瓦烯(TTF)的凝胶电极 TTF-TCNQ-ILs-gel，通过固定化 AChE 来检测氨基甲酸酯类药物，研究发现基于[EMIM][TCB]凝胶的传感器电催化活性最高，灵敏度高达(55.9±1.2) $\mu A\cdot(mmol/L)^{-1}\cdot cm^{-2}$，对毒扁豆碱(eserine)和新斯的明(neostigmine，一种治疗青光眼的药)的检测限分别为 26 pmol/L 和 0.3 nmol/L，该生物传感器具有较高的灵敏度和高效的酶活性，可作为废水中氨基甲酸酯类药物的分析工具。Chen 等[119]以聚苯乙烯(PS)微球为牺牲模板，在氧化铟锡(ITO)电极上电沉积了 N[3-(三甲氧基硅基)丙基]苯胺(PTMSPA)与[Bmim][BF_4]制备出三维大孔聚合物，该工艺采用自组装定向一锅电化学法，避免了多道工序的烦琐，PTMSPA 具有硅酸盐网络和硅框架内共价连接的聚苯胺(PANI)链，用全氟磺酸(Nafion，Nf)将辣根过氧化物酶(HRP)和葡萄糖氧化酶(GOD)固定在电活性膜上得到修饰电极 Nf-GOD-HRP/3DM-PTMSPA-ILs/ITO，在 0.05～1.0 mmol/L 葡萄糖浓度范围内，生物电催化反应电流呈良好的线性关系，检测限为 0.01 mmol/L，这种生物复合膜测定法在临床医学领域具有潜在应用。Peng 等[120]采用乙二醇还原法制备了金纳米颗粒-炭气凝胶(Au-Carbon aerogel，Au-CA)，在此基础上，将 Au-CA、[Bmim][BF_4]浇筑在碳糊电极(CPE)上用于血红蛋白(Hb)的固定化，制备得到生物传感器，光谱和电化学测试结果表明，该电极可以为 Hb 的固定化提供较多的位点和通道，有助于防止 Hb 的变性和渗漏，提高电子的导电性；此外，该传感器对 H_2O_2 和亚硝酸盐(NO_2^-)的检测具有响应速度快(7 s)、检测范围宽、检测限低(2.0 μmol/L 的 H_2O_2，1.3 μmol/L 的 NO_2^-)等特点。Au-CA/ILs 在生物传感器的设计中具有潜在的应用前景。

离子液体与凝胶结合用于生物传感器的制备，有助于增强电极的生物相容性，提高电子转移能力，促进生物传感器的商业化应用。

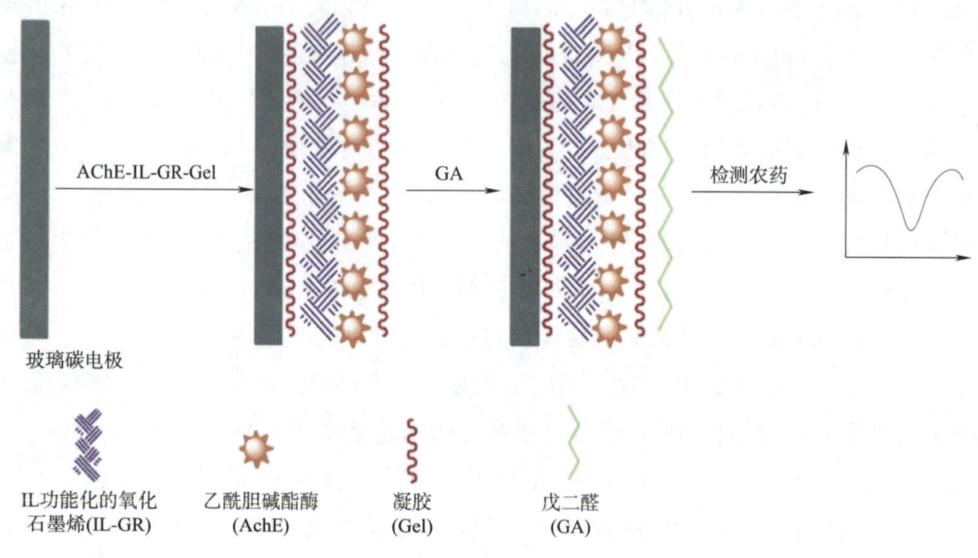

图 11-24 AchE 生物传感器的制备示意图[117]

11.6 微生物定向进化

微生物定向进化(directed evolution,DE)是一项分子生物学技术,可在实验室中模拟自然进化过程,从已经具有可测量活性的亲本酶序列空间向外扩增,创造有限数量的随机分布的突变体来优化功能蛋白。DE 涉及一个或多个起始酶基因的随机突变(RM),随后是筛选步骤,以分离或富集具有一个或多个期望特性的酶变体,该过程可以迭代,直至达到所需的更改条件,常见的方法是易错 PCR(error-prone PCR,epPCR)和 DNA 改组。epPCR 在一组 DNA 样品中引入随机突变点,每个基因同时产生大量突变体,这有助于识别饱和突变点(SDSM);DNA 改组技术是在同源性超过 70%的亲本基因之间进行随机重组,探索保留高比例功能性子代的亲本酶序列嵌合体,另一种重组技术是交错延伸过程(StEP),该过程包括启动模板序列,然后重复变性周期,以及非常简短的退火/聚合酶催化的延伸,在每个循环中,生长片段基于互补序列退火到不同的模板并进一步扩展,重复该过程,直到形成全长序列[121,122]。离子液体作为生物催化反应介质已引起人们的广泛关注,但高浓度离子液体(>10%)会破坏酶的结构,使其丧失特性,但通过对生物分子的定向进化,可提高酶等生物催化剂在离子液体中的稳定性和催化活性。

Carter 等[123]通过 epPCR 法对来自博伊丁假丝酵母菌株的甲酸脱氢酶(FDH)进行定向进化,在基于甲瓒比色法的筛选基础上,获得了一株活性较高的突变株 N187S,突变提高了酶在水溶性离子液体[Mmim][Me_2PO_4]中的稳定性,反应常数 k_{cat} 值提高了 5.8 倍,其催化活性是野生型 FDH 的 4 倍,且反应效率和速度均高于野生型 FDH;荧光实验表明突变株在

50%(体积分数)[Mmim][Me_2PO_4]溶液中酶结构不受影响，而野生型酶在 50%(体积分数)[Mmim][Me_2PO_4]存在下结构完全展开；分子模拟显示突变位于单体-单体界面，E163 残基的 pK_a 从 4.8 增加到 5.5，计算其他微生物 FDH 中该残基的 pK_a 值表明，热稳定型 FDH 在该位置具有较高的 pK_a(达到 6.2)，表明酶的热稳定性也得到提升；突变体 N187S 通过影响离子键的形成和增强二聚体的稳定性，提高了对离子液体的耐受性，进一步提高了生物催化剂在离子液体中的活性和稳定性，此方法可应用于增强酶在其他水溶性离子液体中的催化效率。Zhao 等[124]通过 epPCR 法和定点诱变得到 9 种离子液体抗性枯草芽孢杆菌脂肪酶 A 突变体，并对比分析了野生型和突变型酶在离子液体中的稳定性和活性，发现在体积分数为 9%的[Bmim][TfO]中，突变体 M2(M134R/L140S)的比活性[(16.9/9.4)U/mg]和耐受性(233%/111%)比野生型提高了两倍，在体积分数为 22%的[Bmim]I 中，脂肪酶突变体 M1(M134N/N138S/L140S)可被重新激活，这是因为酶与底物结合关键位点突变(M134N，N138S，L140S)；此法为在活性位点附近进行表面工程设计来改善脂肪酶和其他酶提供了一种策略。Lehmann 等[125]通过定点诱变的方法对 β-1，4-内切葡聚糖酶(CelA2)进行定向进化以提高其在低共熔溶剂氯化胆碱/甘油(ChCl/Gly)和[Bmim]Cl 中的稳定性，经突变体库筛选后，发现 M4(His288Phe，Ser300Arg)在磷酸钾缓冲液中活性丧失，而在[Ch]Cl:Gly 和[Bmim]Cl 中活性增加，进一步的表征表明，M4 在这些溶剂的存在下被激活，这是工程化酶具有离子强度活性开关的首次报道，结构分析表明，残基 Arg300 与邻近的 Asp287 形成的盐桥可能是离子强度激活的关键，盐桥 Asp287-Arg300 会使 CelA2 变体失活，但在补充[Ch]Cl:Gly 或[Bmim]Cl 后恢复活性(加入[Bmim]Cl 后，活性增加约 23 倍)，对纤维素酶和其他酶中盐活化机制的分子机理研究可能会为封装技术提供新的机遇。Pramanik 等[126]研究了枯草芽孢杆菌脂肪酶 A(BSLA)与四种常用咪唑基离子液体($[Bmim]^+$，Cl^-，Br^-，I^- 和 $[TfO]^-$)的相互作用，发现离子液体减弱酶活性主要是因为 $[Bmim]^+$ 阳离子与酶表面的相互作用，它剥离了 BSLA 表面必需的水分子；溶剂空间分布函数分析表明，$[Bmim]^+$ 通过疏水或 π-π 相互作用对 BSLA 表面具有很高的亲和力。将模拟结果与全位点饱和诱变的 BSLA 库进行了比较，证实了大多数用于提高抗性的有益突变位点都位于 $[Bmim]^+$ 结合区。结果表明，通过表面电荷工程降低 $[Bmim]^+$ 结合程度可能是提高离子液体中 BSLA 抗性的通用策略，并且可能适用于其他脂肪酶和 α/β-水解酶。Frauenkron-Machedjou 等[127]筛选分析了 BSLA 的 181 个饱和位点突变体库，发现酶结构中>50%的氨基酸位点都有助于提高 BSLA 对 $[Bmim]^+$ 基离子液体的抗性，证明定向进化可以非常有效地改善 BSLA 以及水解酶在离子液体中的稳定性。

11.7　展　　望

离子液体在生物领域的应用研究越来越广泛，并且研究过程中离子液体也表现出了独特的优势，随着对离子液体进行研究的深入，其将在生物领域发挥重要作用。

11.7.1 离子液体生物相容性的发展趋势

随着离子液体在生物领域越来越多的应用，关于离子液体的生物毒性研究日渐增多，可用于使用的实验数据也越来越多，但是对于离子液体的生物毒性及相容性的认识仍处于初级阶段，并没有形成普遍且系统的检测生物毒性的方法或体系，仍沿用传统评判标准；另外，离子液体的生物毒性的来源以及作用机理仍不明晰，有待进一步研究。所以未来在离子液体生物毒性及生物相容性方面，生物毒性的检测方法、评判标准等系统的检测体系的建立极为重要；离子液体生物毒性及相容性相关数据库的建立也将是未来的发展趋势；离子液体对酶、细胞等生物毒性的来源以及相容性作用机理也需要进一步研究，这将对未来生物相容性离子液体的设计提供理论支持。

11.7.2 离子液体在生物燃料的发展趋势

11.7.2.1 生物乙醇未来发展方向

当前，离子液体预处理生物质主要在实验室中进行，能否在实际应用中实现大规模连续化操作也是一个挑战。因此未来可以从以下几方面考虑：①加大对流体力学、反应动力学、离子液体预处理反应器设计和优化方面的研究，这对于大规模离子液体预处理操作的发展极为重要；②降低离子液体的使用成本以促进离子液体预处理法的工业应用，如通过吸附、萃取、蒸馏和膜分离等方式实现离子液体的提取和再生，或者将离子液体与水或其他溶剂混合用于生物质的预处理；③强化离子液体、离子液体-水和离子液体-溶剂混合物的流变性质研究（即剪切速率、温度和浓度对离子液体黏度的影响），以了解反应体系传质和传热机理，从而提高工艺效率和离子液体回收率；④开发离子液体属性数据库和放大过程建模工具，以准确筛选离子液体、有效进行技术经济评估[32]。

11.7.2.2 生物柴油发展方向

生物柴油通过酯交换法可从不同来源获得，离子液体显示出了作为生物柴油生产用催化剂和溶剂的潜力。与传统有机溶剂相比，离子液体对环境和人体健康的毒性较小；其最显著的优点是可以通过倾析法从反应混合物中分离并从生物柴油产品中去除，具有成本效益和易操作性。但离子液体的使用成本较高阻碍了其大规模商业化应用。未来可考虑开发功能化离子液体的 Lewis 和 Brønsted 酸性位点并加以应用以进一步提高生物柴油的收率和经济性[61]。

11.7.2.3 生物制氢发展趋势

对于光分解法，氢气产率低是生物制氢所面临的挑战，藻类和光合细菌共培养是提高光解制氢率可能的方向，光合作用产生的氧气被细菌呼吸作用迅速消耗，从而维持厌氧环境，提高氢化酶活性；此外，藻类和细菌的关系可维持蛋白质的组成和叶绿素的稳定性，从而有助于提高产氢量。对于发酵制氢，1 mol 葡萄糖氢产量的理论值最大为 12 mol，但实际应用中，氢气的产量为 4 mol，其产率较低，提高氢气的产量将促进生物制氢的发展。未来可以从以下几方面考虑：①副产物的重复利用，将微生物燃料电池和暗发酵系统相结合，把产生的有机酸转化为生物氢；②固定化微生物培养、修饰生物反应器、优化操作参数（即温度、pH、有机负荷率、水解时间和 H_2 分压）；③改变底物类型、无机养分，开发底物预处理技术；④通过基因工程改造微生物；⑤生物制氢和生物甲烷的热电联产也可有效改善制氢率[128]。

11.7.2.4　生物甲醇发展方向

离子液体和酶结合制备生物甲醇的相关研究还较少，而且甲醇产率较低，其主要面临以下问题：①离子液体和酶的相容性问题；②CO_2 在溶液中的溶解度较低；③产物甲醇会抑制酶的活性；④脱氢酶种类较少。未来可以从以下方面考虑：①设计和筛选生物相容性的离子液体；②开发和提高酶固定化技术以增强酶的稳定性；③通过基因工程改造和设计更多种类的脱氢酶；④加强对膜分离、电渗析等分离技术的研究以减少产物抑制。

11.7.3　离子液体在生物催化转化方面的发展趋势

目前离子液体已经应用在生物转化的各个方面，也取得了一定的研究成果，生物相容性更好的“第三代”离子液体的出现，为离子液体在生物转化领域的发展提供了新的可能，但是离子液体究竟是如何影响生物转化过程仍不清晰。未来可以从以下几方面考虑：①离子液体中的酶促反应的动力学以及热力学过程需要进一步研究，从而进一步探索离子液体在生物转化过程中的作用机理；②利用离子液体建立更加适合酶或细胞反应的环境将会成为该领域研究的重点，探究在离子液体中影响生物转化的各种因素，如何将离子液体与缓冲液体系更好地结合，设计出能够保证酶或细胞稳定性的离子液体，以提高反应活性；③利用天然物质合成更具生物相容性的离子液体，并进一步降低生产成本，这对离子液体在生物转化方向的工业应用十分重要。

11.7.4　离子液体在生物提取方面的发展趋势

目前离子液体应用于生物提取方面的研究主要集中在对蛋白质方面的提取，并且大多停留在实验室水平，这主要是由于生物反应过程成分复杂，难以实现对目标物的有效提取。未来，离子液体在生物提取方面的发展方向主要是：①进一步提高现有技术的提取水平，实现对现有高附加值生物产品的有效分离，突破瓶颈，实现其工业化目标；②实现离子液体在分离与反应过程的耦合，提高生产效率；③进一步提高离子液体在蛋白质和 DNA 中的分离效率，达到生物分析所需要的精度，将其应用于生物分析领域，也是离子液体在生物转化方面的一种重要发展方向。

11.7.5　离子液体在生物传感器方面的发展趋势

从大量的研究结果可以看出，离子液体在生物传感器中的应用具有重要意义，它可以提高生物分子的电化学催化活性，而且制备简单，种类丰富，结构可调节，可用于多种电化学传感器和生物传感器的制备。尽管如此，在实际应用过程中离子液体仍然面临许多挑战，如离子液体吸湿性所引入的水可能会影响电子转移速率，降低电极的电化学响应率。另外，离子液体的高黏度可能会限制分子向电活性表面的扩散速率，导致响应变差。从物理化学角度看，离子液体与其他溶质（如生物分子）之间的表面化学和不确定的聚集行为机理还有待进一步探究，这可能会破坏多功能电极的稳定性。例如，当离子液体分子与水发生反应时，电极材料的崩塌会破坏电极表面，降低对目标分子的选择性。因此，为了获得高稳定性、高连续选择性的离子液体电化学传感器，需要进一步加强对生物化学和表面化学的研究。在这些基本方面取得突破性进展，将为离子液体基生物传感器的进一步发展和商业应用提供重要的理论指导。

11.7.6　微生物定向进化发展趋势

尽管定向进化技术已经广泛使用了很多年，但大部分仅适用于单一的酶，而且取决于酶的功能或有待改进的性质，需要开发出更快和更有效的定向进化策略，不仅改变酶的功能和特性，而且创造出酶中尚未发现的催化功能。另外，传统定向进化依赖一个迭代的两步方案，首先通过随机突变和体外重组产生分子多样性，然后通过高通量筛选或选择来识别具有期望特性的目标分子，这种方法的问题在于即使是拥有数百万分子的蛋白质库，仍然只能对巨大序列空间中的一小部分进行取样；通过利用蛋白质序列、结构和功能信息，结合预测算法，通过半理性、理性设计为蛋白质工程预先选择有希望的靶点可以解决这一问题。这些策略在不改变催化机制的情况下，通过酶的重新设计来改变蛋白质的特性，如底物特异性、立体选择性和稳定性，为新型酶系的创制奠定基础[121]。

参考文献

[1] WILKES J S，LEVISKY J A，WILSON R A，et al. Dialkylimidazolium chloroaluminate melts-a new class of room-temperature ionic liquids for electrochemistry[J]. Spectroscopy，and Synthesis. Inorganic Chemistry，1982，21(3)：1263-1264.

[2] GOMES J M，SILVA S S，REIS R L. Biocompatible ionic liquids：fundamental behaviours and applications[J]. Chemical Society Reviews，2019，48(15)：4317-4335.

[3] WILKES J S，ZAWOROTKO M J. Air and water stable 1-ethyl-3-methylimidazolium based ionic liquids[J]. Journal of the Chemical Society-Chemical Communications，1992(13)：965-967.

[4] HOUGH W L，SMIGLAK M，RODRIGUEZ H，et al. The third evolution of ionic liquids：active

pharmaceutical ingredients[J]. New Journal of Chemistry, 2007, 31(8): 1429-1436.

[5] PENA-PEREIRA F, KLOSKOWSKIC A, NAMIESNIK J. Perspectives on the replacement of harmful organic solvents in analytical methodologies: a framework toward the implementation of a generation of eco-friendly alternatives[J]. Green Chemistry, 2015, 17(7): 3687-3705.

[6] MONIRUZZAMAN M, NAKASHIMA K, KAMIYA N, et al. Recent advances of enzymatic reactions in ionic liquids[J]. Biochemical Engineering Journal, 2010, 48(3): 295-314.

[7] HELLER W T, O'NEILL H M, ZHANG Q, et al. Characterization of the influence of the ionic liquid 1-butyl-3-methylimidazolium chloride on the structure and thermal stability of green fluorescent protein[J]. Journal of Physical Chemistry B, 2010, 114(43): 13866-13871.

[8] NORITOMI H, MINAMISAWA K, KAMIYA R, et al. Thermal stability of proteins in the presence of aprotic ionic liquids[J]. Journal of Biomedical Science and Engineering, 2011, 4(2): 94-99.

[9] SASMAL D K, MONDAL T, MOJUMDAR S S, et al. An fcs study of unfolding and refolding of cpm-labeled human serum albumin: role of ionic liquid[J]. Journal of Physical Chemistry B, 2011, 115(44): 13075-13083.

[10] LUE B-M, GUO Z, XU X. Effect of room temperature ionic liquid structure on the enzymatic acylation of flavonoids[J]. Process Biochemistry, 2010, 45(8): 1375-1382.

[11] PASSINO D R M, SMITH S B. Acute bioassays and hazard evaluation of representative contaminants detected in great-lakes fish[J]. Environmental Toxicology and Chemistry, 1987, 6(11): 901-907.

[12] LI W, ZHU L, DU Z, et al. Acute toxicity, oxidative stress and DNA damage of three task-specific ionic liquids([C_2NH_2Mim]BF_4, [MOEmim]BF_4, and [HOEmim]BF_4) to zebrafish(Danio Rerio)[J]. Chemosphere, 2020, 249: 126119.

[13] FLORIO W, BECHERINI S, D'ANDREA F, et al. Comparative evaluation of antimicrobial activity of different types of ionic liquids[J]. Materials Science & Engineering C-Materials for Biological Applications, 2019, 104: 109907.

[14] EGOROVA K S, ANANIKOV V P. Ionic liquids in whole-cell biocatalysis: a compromise between toxicity and efficiency[J]. Biophysical Reviews, 2018, 10(3): 881-900.

[15] RANTAMAKI A H, RUOKONEN S-K, SKLAVOUNOS E, et al. Impact of surface-active guanidinium-, tetramethylguanidinium-, and cholinium-based ionic liquids on vibrio fischeri cells and dipalmitoylphosphatidylcholine liposomes[J]. Scientific Reports, 2017, 7: 46673.

[16] TAHA M, ALMEIDA M R, SILVA F A E, et al. Novel biocompatible and self-buffering ionic liquids for biopharmaceutical applications[J]. Chemistry-a European Journal, 2015, 21(12): 4781-4788.

[17] SILVA F A E, SIOPA F, FIGUEIREDO B F H T, et al. Sustainable design for environment-friendly mono and dicationic cholinium-based ionic liquids[J]. Ecotoxicology and Environmental Safety, 2014, 108: 302-310.

[18] CHEN B, DONG J, LI B, et al. Using a freshwater green alga chlorella pyrenoidosa to evaluate the biotoxicity of ionic liquids with different cations and anions[J]. Ecotoxicology and Environmental Safety, 2020, 198: 110604.

[19] PARAJO J J, MACARIO I P E, GAETANO Y D, et al. Glycine-betaine-derived ionic liquids: synthesis, characterization and ecotoxicological evaluation[J]. Ecotoxicology and Environmental

Safety, 2019, 184: 109580.

[20] JIN M, WANG H, LIU H, et al. Oxidative stress response and proteomic analysis reveal the mechanisms of toxicity of imidazolium-based ionic liquids against arabidopsis thaliana[J]. Environmental Pollution, 2020, 260: 114013.

[21] TZANI A, SKARPALEZOS D, PAPADOPOULOS A, et al. Synthesis of novel non-toxic naphthenic and benzoic acid ionic liquids[J]. Structure-Properties Relationship and Evaluation of Their Biodegradability Potential. Journal of Molecular Liquids, 2019, 296: 111927.

[22] MA J, LI X. Insight into the negative impact of ionic liquid: a cytotoxicity mechanism of 1-methyl-3-octylimidazolium bromide[J]. Environmental Pollution, 2018, 242: 1337-1345.

[23] EGOROVA K S, ANANIKOV V P. Toxicity of ionic liquids: eco(cyto)activity as complicated, but unavoidable parameter for task-specific optimization[J]. Chemsuschem, 2014, 7(2): 336-360.

[24] JING B, LAN N, QIU J, et al. Interaction of ionic liquids with a lipid bilayer: a biophysical study of ionic liquid cytotoxicity[J]. Journal of Physical Chemistry B, 2016, 120(10): 2781-2789.

[25] MENDONCA C M N, BALOGH D T, BARBOSA S C, et al. Understanding the interactions of imidazolium-based ionic liquids with cell membrane models[J]. Physical Chemistry Chemical Physics, 2018, 20(47): 29764-29777.

[26] BHATTACHARYA G, GIRI R P, DUBEY A, et al. Structural changes in cellular membranes induced by ionic liquids: from model to bacterial membranes[J]. Chemistry and Physics of Lipids, 2018, 215: 1-10.

[27] IBSEN K N, MA H, BANERJEE A, et al. Mechanism of antibacterial activity of choline-based ionic liquids(cage)[J]. Acs Biomaterials Science & Engineering, 2018, 4(7): 2370-2379.

[28] LENNARTSSON P R, ERLANDSSON P, TAHERZADEH M J. Integration of the first and second generation bioethanol processes and the importance of by-products[J]. Bioresource Technology, 2014, 165: 3-8.

[29] BALAT M. Production of bioethanol from lignocellulosic materials via the biochemical pathway: a review[J]. Energy Conversion and Management, 2011, 52(2): 858-875.

[30] BADGUJAR K C, BHANAGE B M. Factors governing dissolution process of lignocellulosic biomass in ionic liquid: current status, overview and challenges[J]. Bioresource Technology, 2015, 178: 2-18.

[31] ZABED H, SAHU J N, BOYCE A N, et al. Fuel ethanol production from lignocellulosic biomass: an overview on feedstocks and technological approaches[J]. Renewable & Sustainable Energy Reviews, 2016, 66: 751-774.

[32] HALDER P, KUNDU S, PATEL S, et al. Progress on the pre-treatment of lignocellulosic biomass employing ionic liquids[J]. Renewable & Sustainable Energy Reviews, 2019, 105: 268-292.

[33] USMANI Z, SHARMA M, GUPTA P, et al. Ionic liquid based pretreatment of lignocellulosic biomass for enhanced bioconversion[J]. Bioresource Technology, 2020, 304: 123003.

[34] SUN X, SUN X, ZHANG F. Combined pretreatment of lignocellulosic biomass by solid base (calcined Na_2SiO_3)and ionic liquid for enhanced enzymatic saccharification[J]. Rsc Advances, 2016, 6(101): 99455-99466.

[35] MOHAN M, DESHAVATH N N, BANERJEE T, et al. Ionic liquid and sulfuric acid-based pretreatment

of bamboo: biomass delignification and enzymatic hydrolysis for the production of reducing sugars[J]. Industrial & Engineering Chemistry Research, 2018, 57(31): 10105-10117.

[36] HOU X-D, SMITH T J, LI N, et al. Novel renewable ionic liquids as highly effective solvents for pretreatment of rice straw biomass by selective removal of lignin [J]. Biotechnology and Bioengineering, 2012, 109(10): 2484-2493.

[37] BRANDT A, GRASVIK J, HALLETT J P, et al. Deconstruction of lignocellulosic biomass with ionic liquids[J]. Green Chemistry, 2013, 15(3): 550-583.

[38] ALAYOUBI R, MEHMOOD N, HUSSON E, et al. Low temperature ionic liquid pretreatment of lignocellulosic biomass to enhance bioethanol yield[J]. Renewable Energy, 2020, 145: 1808-1816.

[39] RAHIM A H A, MAN Z, SARWONO A, et al. Probe sonication assisted ionic liquid treatment for rapid dissolution of lignocellulosic biomass[J]. Cellulose, 2020, 27(4): 2135-2148.

[40] SORN V, CHANG K-L, PHITSUWAN P, et al. Effect of microwave-assisted ionic liquid/acidic ionic liquid pretreatment on the morphology, structure, and enhanced delignification of rice straw [J]. Bioresource Technology, 2019, 293: 121929.

[41] SUN J, KONDA N V S N M, PARTHASARATHI R, et al. One-pot integrated biofuel production using low-cost biocompatible protic ionic liquids[J]. Green Chemistry, 2017, 19(13): 3152-3163.

[42] MOHAMMADI M, SHAFIEI M, ABDOLMALEKI A, et al. A morpholinium ionic liquid for rice straw pretreatment to enhance ethanol production [J]. Industrial Crops and Products, 2019, 139: 111494.

[43] JING Y, MU X, HAN Z, et al. Mechanistic insight into beta-O-4 linkage cleavage of lignin model compound catalyzed by a SO_3H-Functionalized imidazolium ionic liquid: an unconventional E1 elimination[J]. Molecular Catalysis, 2019, 463: 140-149.

[44] LI Y, LIU X, ZHANG S, et al. Dissolving process of a cellulose bunch in ionic liquids: a molecular dynamics study[J]. Physical Chemistry Chemical Physics, 2015, 17(27): 17894-17905.

[45] MUHAMMAD N, MAN Z, BUSTAM M A, et al. Dissolution and delignification of bamboo biomass using amino acid-based ionic liquid [J]. Applied Biochemistry and Biotechnology, 2011, 165 (3-4): 998-1009.

[46] COX B J, JIA S, ZHANG Z C, et al. Catalytic degradation of lignin model compounds in acidic imidazolium based ionic liquids: hammett acidity and anion effects [J]. Polymer Degradation and Stability, 2011, 96(4): 426-431.

[47] LIANG X. Synthesis of biodiesel from waste oil under mild conditions using novel acidic ionic liquid immobilization on poly divinylbenzene[J]. Energy, 2013, 63: 103-108.

[48] ATADASHI I M, AROUA M K, AZIZ A R A, et al. Production of biodiesel using high free fatty acid feedstocks[J]. Renewable & Sustainable Energy Reviews, 2012, 16(5): 3275-3285.

[49] LEE S B, HAN K H, LEE J D, et al. Optimum process and energy density analysis of canola oil biodiesel synthesis[J]. Journal of Industrial and Engineering Chemistry, 2010, 16(6): 1006-1010.

[50] ULLAH Z, BUSTAM M A, MAN Z, et al. Preparation and kinetics study of biodiesel production from waste cooking oil using new functionalized ionic liquids as catalysts [J]. Renewable Energy, 2017, 114: 755-765.

[51] ENDALEW A K, KIROS Y, ZANZI R. Inorganic heterogeneous catalysts for biodiesel production

from vegetable oils[J]. Biomass & Bioenergy, 2011, 35(9): 3787-3809.

[52] EARLE M J, PLECHKOVA N V, SEDDON K R. Green synthesis of biodiesel using ionic liquids [J]. Pure and Applied Chemistry, 2009, 81(11): 2045-2057.

[53] HU S, LI Y, LOU W. Novel efficient procedure for biodiesel synthesis from waste oils with high acid value using 1-sulfobutyl-3-methylimidazolium hydrosulfate ionic liquid as the catalyst [J]. Chinese Journal of Chemical Engineering, 2017, 25(10): 1519-1523.

[54] CAI D, XIE Y, LI L, et al. Design and synthesis of novel bronsted-lewis acidic ionic liquid and its application in biodiesel production from soapberry oil [J]. Energy Conversion and Management, 2018, 166: 318-327.

[55] ORTIZ-MARTINEZ V M, SALAR-GARCIA M J, HERNANDEZ-FERNANDEZ F J, et al. Ionic liquids in supercritical methanol greatly enhance transesterification reaction for high-yield biodiesel production[J]. Aiche Journal, 2016, 62(11): 3842-3846.

[56] WAHIDIN S, IDRIS A, SHALEH S R M. Ionic liquid as a promising biobased green solvent in combination with microwave irradiation for direct biodiesel production[J]. Bioresource Technology, 2016, 206: 150-154.

[57] DUPONT J, SUAREZ P A Z, MENEGHETTI M R, et al. Catalytic production of biodiesel and diesel-like hydrocarbons from triglycerides [J]. Energy & Environmental Science, 2009, 2(12): 1258-1265.

[58] FAUZI A H M, AMIN N A S. An overview of ionic liquids as solvents in biodiesel synthesis[J]. Renewable & Sustainable Energy Reviews, 2012, 16(8): 5770-5786.

[59] MADDIKERI G L, PANDIT A B, GOGATE P R. Intensification approaches for biodiesel synthesis from waste cooking oil: a review[J]. Industrial & Engineering Chemistry Research, 2012, 51(45): 14610-14628.

[60] FAROOQ M, RAMLI A, NAEEM A. Biodiesel production from low ffa waste cooking oil using heterogeneous catalyst derived from chicken bones[J]. Renewable Energy, 2015, 76: 362-368.

[61] ULLAH Z, KHAN A S, MUHAMMAD N, et al. A review on ionic liquids as perspective catalysts in transesterification of different feedstock oil into biodiesel[J]. Journal of Molecular Liquids, 2018, 266: 673-686.

[62] TURHAL S, TURANBAEU M, ARGUN H. Hydrogen production from melon and watermelon mixture by dark fermentation [J]. International Journal of Hydrogen Energy, 2019, 44(34): 18811-18817.

[63] KUMAR G, SHOBANA S, NAGARAJAN D, et al. Biomass based hydrogen production by dark fermentation-recent trends and opportunities for greener processes [J]. Current Opinion in Biotechnology, 2018, 50: 136-145.

[64] CHANDRASEKHAR K, LEE Y-J, LEE D-W. Biohydrogen production: strategies to improve process efficiency through microbial routes[J]. International Journal of Molecular Sciences, 2015, 16 (4): 8266-8293.

[65] MONA S, KUMAR S S, KUMAR V, et al. Green technology for sustainable biohydrogen production (waste to energy): a review[J]. Science of theTotal Environment, 2020, 728: 138481-138481.

[66] NEMESTOTHY N, BAKONYI P, ROZSENBERSZKI T, et al. Assessment via the modified

gompertz-model reveals new insights concerning the effects of ionic liquids on biohydrogen production [J]. International Journal of Hydrogen Energy, 2018, 43(41): 18918-18924.

[67] NEVES L A, NEMESTOTHY N, ALVES V D, et al. Separation of biohydrogen by supported ionic liquid membranes[J]. Desalination, 2009, 240(1-3): 311-315.

[68] OBERT R, DAVE B C. Enzymatic conversion of carbon dioxide to methanol: enhanced methanol production in silica sol-gel matrices[J]. Journal of the American Chemical Society, 1999, 121(51): 12192-12193.

[69] ZHANG Z, MUSCHIOL J, HUANG Y, et al. Efficient ionic liquid-based platform for multi-enzymatic conversion of carbon dioxide to methanol [J]. Green Chemistry, 2018, 20 (18): 4339-4348.

[70] MIAO C, YANG L, WANG Z, et al. Lipase immobilization on amino-silane modified superparamagnetic Fe_3O_4 nanoparticles as biocatalyst for biodiesel production[J]. Fuel, 2018, 224: 774-782.

[71] KATO K, KAWACHI Y, NAKAMURA H. Silica-enzyme-ionic liquid composites for improved enzymatic activity[J]. Journol of Asian Ceramic Societies, 2014, 2(1): 33-40.

[72] TAVARES A P M, RODRIGUEZ O, FERNANDEZ-FERNANDEZ M, et al. Immobilization of laccase on modified silica: stabilization, thermal inactivation and kinetic behaviour in 1-ethyl-3-methylimidazolium ethylsulfate ionic liquid[J]. Bioresource Technology, 2013, 131: 405-412.

[73] AMIN R, KHORSHIDI A, SHOJAEI A F, et al. Immobilization of laccase on modified Fe_3O_4@SiO_2@Kit-6 magnetite nanoparticles for enhanced delignification of olive pomace bio-waste[J]. International Journal of Biological Macromolecules, 2018, 114: 106-113.

[74] RUMBAU V, MARCILLA R, OCHOTECO E, et al. Ionic liquid immobilized enzyme for biocatalytic synthesis of conducting polyaniline[J]. Macromolecules, 2006, 39(25): 8547-8549.

[75] SIVAPRAGASAM M, MONIRUZZAMAN M, GOTO M. Recent advances in exploiting ionic liquids for biomolecules: solubility, stability and applications[J]. Biotechnology Journal, 2016, 11 (8): 1000-1013.

[76] LAU R M, RANTWIJK F V, SEDDON K R, et al. Lipase-catalyzed reactions in ionic liquids[J]. Organic Letters, 2000, 2(26): 4189-4191.

[77] SCHOFER S H, KAFTZIK N, WASSERSCHEID P, et al. Enzyme catalysis in ionic liquids: lipase catalysed kinetic resolution of 1-phenylethanol with improved enantioselectivity [J]. Chemical Communications, 2001(5): 425-426.

[78] LOURENCO N M T, MONTEIRO C M, AFONSO C A M. Ionic acylating agents for the enzymatic resolution of sec-alcohols in ionic liquids[J]. European Journal of Organic Chemistry, 2010, 2010 (36): 6938-6943.

[79] ITOH T. Ionic liquids as tool to improve enzymatic organic synthesis[J]. Chemical Reviews, 2017, 117(15): 10567-10607.

[80] EISENMENGER M J, REYES-DE-CORCUERA J I. Enhanced synthesis of isoamyl acetate using an ionic liquid-alcohol biphasic system at high hydrostatic pressure[J]. Journal of Molecular Catalysis B-Enzymatic, 2010, 67(1-2): 36-40.

[81] RIOS A P D L, HERNANDEZ-FERNANDEZ F J, TOMAS-ALONSO F, et al. Synthesis of flavour esters using free candida antarctica lipase b in ionic liquids[J]. Flavour and Fragrance Journal, 2008, 23

(5)：319-322.

[82] ZHANG M, ETTELAIE R, YAN T, et al. Ionic liquid droplet microreactor for catalysis reactions not at equilibrium[J]. Journal of the American Chemical Society, 2017, 139(48)：17387-17396.

[83] ZENG C, QI S, LI Z, et al. Enzymatic synthesis of phytosterol esters catalyzed by candida rugosa lipase in water-in-bmim PF_6 microemulsion[J]. Bioprocess and Biosystems Engineering, 2015, 38(5)：939-946.

[84] LOZANO P, BERNAL J M, NAVARRO A. A clean enzymatic process for producing flavour esters by direct esterification in switchable ionic liquid/solid phases[J]. Green Chemistry, 2012, 14(11)：3026-3033.

[85] LOZANO P, BERNAL J M, SANCHEZ-GOMEZ G, et al. How to produce biodiesel easily using a green biocatalytic approach in sponge-like ionic liquids[J]. Energy & Environmental Science, 2013, 6(4)：1328-1338.

[86] DEIVE F J, RODRIGUEZ A, REBELO L P N, et al. Extraction of candida antarctica lipase a from aqueous solutions using imidazolium-based ionic liquids[J]. Separation and Purification Technology, 2012, 97：205-210.

[87] JIANG B, FENG Z, LIU C, et al. Extraction and purification of wheat-esterase using aqueous two-phase systems of ionic liquid and salt[J]. Journal of Food Science and Technology-Mysore, 2015, 52(5)：2878-2885.

[88] ZENG C-X, XIN R-P, QI S-J, et al. Aqueous two-phase system based on natural quaternary ammonium compounds for the extraction of proteins[J]. Journal of Separation Science, 2016, 39(4)：648-654.

[89] ZHU X, ZHANG H. Optimization of cnpy Cl(N=2,4,6) ionic liquid aqueous two-phase system extraction of papain using response surface methodology with box-behnken design[J]. Process Biochemistry, 2019, 77：113-121.

[90] LEE S Y, KHOIROH I, LING T C, et al. Enhanced recovery of lipase derived from burkholderia cepacia from fermentation broth using recyclable ionic liquid/polymer-based aqueous two-phase systems[J]. Separation and Purification Technology, 2017, 179：152-160.

[91] KOHNO Y, SAITA S, MURATA K, et al. Extraction of proteins with temperature sensitive and reversible phase change of ionic liquid/water mixture[J]. Polymer Chemistry, 2011, 2(4)：862-867.

[92] 赵兵，夏禹杰，曾建立，等．一种离子液体高效提取生产青蒿素的新方法：101597296 A, 2009-12-09.

[93] CLARK K D, SORENSEN M, NACHAM O, et al. Preservation of DNA in nuclease-rich samples using magnetic ionic liquids[J]. Rsc Advances, 2016, 6(46)：39846-39851.

[94] LI T, JOSHI M D, RONNING D R, et al. Ionic liquids as solvents for in situ dispersive liquid-liquid microextraction of DNA[J]. Journal of Chromatography A, 2013, 1272：8-14.

[95] BOWERS A N, TRUJILLO-RODRIGUEZ M J, FAROOQ M Q, et al. Extraction of DNA with magnetic ionic liquids using in situ dispersive liquid-liquid microextraction[J]. Analytical and Bioanalytical Chemistry, 2019, 411(28)：7375-7385.

[96] WANG X, HAO J. Recent advances in ionic liquid-based electrochemical biosensors[J]. Science Bulletin, 2016, 61(16)：1281-1295.

[97] REHMAN A, ZENG X. Interfacial composition, structure, and properties of ionic liquids and conductive

polymers for the construction of chemical sensors and biosensors: a perspective[J]. Current Opinion in Electrochemistry, 2020(23): 47-56.

[98] LAWAL A T. Synthesis and utilization of carbon nanotubes for fabrication of electrochemical biosensors [J]. Materials Research Bulletin, 2016, 73: 308-350.

[99] GEORGAKILAS V, PERMAN J A, TUCEK J, et al. Broad family of carbon nanoallotropes: classification, chemistry, and applications of fullerenes, carbon dots, nanotubes, graphene, nanodiamonds, and combined superstructures[J]. Chemical Reviews, 2015, 115(11): 4744-4822.

[100] ATTA N F, GAWAD S A A, EL-ADS E H, e al. A new strategy for nadh sensing using ionic liquid crystals-carbonnanotubes/nano-magnetite composite platform[J]. Sensors and Actuators B-Chemical, 2017, 251: 65-73.

[101] XIA J J, ZOU B, WANG P Y, et al. Acetylcholinesterase biosensors based on ionic liquid functionalized carbon nanotubes and horseradish peroxidase for monocrotophos determination[J]. Bioprocess and Biosystems Engineering, 2020, 43(2): 293-301.

[102] AKOĞGULLARI S, CINAR S, OZDOKUR K V, et al. Pulsed deposited manganese and vanadium oxide film modified with carbon nanotube and gold nanoparticle: chitosan and ionic liquid-based biosensor[J]. Electroanalysis, 2020, 32(2): 445-453.

[103] MURPHY M, THEYAGARAJAN K, PRABUSANKAR G, et al. Electrochemical biosensor for the detection of hydrogen peroxide using cytochrome *c* covalently immobilized on carboxyl functionalized ionic liquid/multiwalled carbon nanotube hybrid[J]. Applied Surface Science, 2019, 492: 718-725.

[104] WANG W, DONG L, GONG S, et al. Electrochemistry of myoglobin on graphene-SnO_2 nanocomposite modified electrode and its electrocatalysis[J]. Arabian Journal of Chemistry, 2019, 12(8): 3336-3344.

[105] MAHMOUDI-MOGHADDAM H, TAJIK S, BEITOLLAHI H. A new electrochemical DNA biosensor based on modified carbon paste electrode using graphene quantum dots and ionic liquid for determination of topotecan[J]. Microchemical Journal, 2019, 150: 104085.

[106] SHI F, XI J, HOU F, et al. Application of three-dimensional reduced graphene oxide-gold composite modified electrode for direct electrochemistry and electrocatalysis of myoglobin[J]. Materials Science & Engineering C-Materials for Biological Applications, 2016, 58: 450-457.

[107] RANA S, KAUR R, JAIN R, et al. Ionic liquid assisted growth of poly(3,4-ethylenedioxythiophene)/reduced graphene oxide based electrode: an improved electro-catalytic performance for the detection of organophosphorus pesticides in beverages[J]. Arabian Journal of Chemistry, 2019, 12(7): 1121-1133.

[108] JIA X, DONG S, WANG E. Engineering the bioelectrochemical interface using functional nanomaterials and microchip technique toward sensitive and portable electrochemical biosensors[J]. Biosensors & Bioelectronics, 2016, 76: 80-90.

[109] SALVO-COMINO C, GARCIA-HERNANDEZ C, GARCIA-CABEZON C, et al. Promoting laccase sensing activity for catechol detection using Lbl assemblies of chitosan/ionic liquid/phthalocyanine as immobilization surfaces[J]. Bioelectrochemistry, 2020, 132: 107407.

[110] DONG S, YANG Q, PENG L, et al. Dendritic Ag @ Cu bimetallic interface for enhanced electrochemical responses on glucose and hydrogen peroxide[J]. Sensors and Actuators B-Chemical, 2016, 232: 375-382.

[111] LIU D, WU Q, ZOU S, et al. Surface modification of cerasomes with Aunps@Poly(ionic liquid)S for an enhanced stereo biomimetic membrane electrochemical platform[J]. Bioelectrochemistry, 2020, 132: 107411.

[112] YAN L, WANG X, LI Q, et al. Direct electrochemistry of horseradish peroxidase on nio nanoflower modified electrode and its electrocatalytic activity[J]. Croatica Chemica Acta, 2016, 89(3): 331-337.

[113] KWAK K, KUMAR S S, PYO K, et al. Ionic liquid of a gold nanocluster: a versatile matrix for electrochemical biosensors[J]. Acs Nano, 2014, 8(1): 671-679.

[114] HE W, SUN Y, XI J, et al. Printing graphene-carbon nanotube-ionic liquid gel on graphene paper: towards flexible electrodes with efficient loading of ptau alloy nanoparticles for electrochemical sensing of blood glucose[J]. Analytica Chimica Acta, 2016, 903: 61-68.

[115] NGUYEN C T, ZHU Y, CHEN X, et al. Nanostructured ion gels from liquid crystalline block copolymers and gold nanoparticles in ionic liquids: manifestation of mechanical and electrochemical properties[J]. Journal of Materials Chemistry C, 2015, 3(2): 399-408.

[116] ZHU W-L, ZHOU Y, ZHANG J-R. Direct electrochemistry and electrocatalysis of myoglobin based on silica-coated gold nanorods/room temperature ionic liquid/silica sol-gel composite film[J]. Talanta, 2009, 80(1): 224-230.

[117] ZHENG Y, LIU Z, JING Y, et al. An acetylcholinesterase biosensor based on ionic liquid functionalized graphene-gelatin-modified electrode for sensitive detection of pesticides[J]. Sensors and Actuators B-Chemical, 2015, 210: 389-397.

[118] ZAMFIR L-G, ROTARIU L, BALA C. Acetylcholinesterase biosensor for carbamate drugs based on tetrathiafulvalene-tetracyanoquinodimethane/ionic liquid conductive gels[J]. Biosensors & Bioelectronics, 2013, 46: 61-67.

[119] CHEN X, ZHU J, TIAN R, et al. Bienzymatic glucose biosensor based on three dimensional macroporous ionic liquid doped sol-gel organic-inorganic composite[J]. Sensors and Actuators B-Chemical, 2012, 163(1): 272-280.

[120] PENG L, DONG S, LI N, et al. Construction of a biocompatible system of hemoglobin based on aunps-carbon aerogel and ionic liquid for amperometric biosensor[J]. Sensors and Actuators B-Chemical, 2015, 210: 418-424.

[121] ILLANES A, CAUERHFF A, WILSON L, et al. Recent trends in biocatalysis engineering[J]. Bioresource Technology, 2012, 115: 48-57.

[122] STEVENS J C, SHI J. Biocatalysis in ionic liquids for lignin valorization: opportunities and recent developments[J]. Biotechnology Advances, 2019, 37(8): 107418 .

[123] CARTER J L L, BEKHOUCHE M, NOIRIEL A, et al. Directed evolution of a formate dehydrogenase for increased tolerance to ionic liquids reveals a new site for increasing the stability[J]. Chembiochem, 2014, 15(18): 2710-2718.

[124] ZHAO J, JIA N, JAEGER K-E, et al. Ionic liquid activated bacillus subtilis lipase a variants through cooperative surface substitutions[J]. Biotechnology and Bioengineering, 2015, 112(10): 1997-2004.

[125] LEHMANN C, BOCOLA M, STREIT W R, et al. Ionic liquid and deep eutectic solvent-activated cela2 variants generated by directed evolution[J]. Applied Microbiology and Biotechnology, 2014,

98(12)：5775-5785.

[126] PRAMANIK S，DHOKE G V，JAEGER K-E，et al. How to engineer ionic liquids resistant enzymes：insights from combined molecular dynamics and directed evolution study[J]. Acs Sustainable Chemistry & Engineering，2019，7(13)：11293-11302.

[127] FRAUENKRON-MACHEDJOU V J，FULTON A，ZHU L，et al. Towards understanding directed evolution：more than half of all amino acid positions contribute to ionic liquid resistance of bacillus subtilis lipase A[J]. Chembiochem，2015，16(6)：937-945.

[128] BAN S，LIN W，WU F，et al. Algal-bacterial cooperation improves algal photolysis-mediated hydrogen production[J]. Bioresource Technology，2018，251：350-357.

第12章 离子液体未来技术展望

离子液体作为一种全新的绿色介质材料，为化学化工行业提供了广阔的发展前景。2003年3月，第一个涉及离子液体的工业化项目正式启动[1]，标志着化工领域开始进入离子液体新纪元。由于阴、阳离子的可调性，离子液体家族种类繁多，数量庞大，潜在的离子液体高达10^{18}种[2]。目前，在过程工程研究所张锁江院士领导建立的离子液体数据库中，已经收录了国际上已报道的4 521种离子液体。随着离子液体在CO_2转化、生物质能源、锂电池、膜分离、含能材料、光电制氢及储氢、电子信息、生物医学、微生物等领域应用的不断拓展，现有的离子液体远远不能满足各个学科的应用需求，发展更多的新型离子液体以满足工业需求是必然趋势[3,4]。

离子液体的工业化应用是其蓬勃发展的必由之路。但目前，与离子液体工业应用密切相关的基础物性，如黏度/密度、热稳定性、腐蚀性、传质/传热、相变、流体力学等相关物性，以及离子液体的绿色制备及生产成本等问题[5]，严重阻滞了离子液体的工业化进程。因此在离子液体蓬勃发展的今天，研究人员仍需进一步克服工业化应用的壁垒，如深入研究离子液体的基本物性，建立离子液体行业标准，确定离子液体毒性和可降解性，降低离子液体生产成本，以及不断开发新型功能化离子液体等，这些有助于离子液体技术的快速发展，加速其进入绿色化工新时代，也有助于向其他领域拓展。

12.1 离子液体的基础研究

离子液体的基础研究是离子液体应用的源头，也是解决所有技术问题的总开关，在离子液体技术的整个创新链中具有至关重要的地位。碳中和新形势下，化工要向绿色低碳、高端智能转型，迫切需要离子液体科学的新理论和新方法。这就要求离子液体的基础研究要拓展研究体系与领域，升级研究目标，开发研究手段，发展新理论、新方法，设计研发更多的离子液体新介质、离子液体基新材料，为离子液体技术的创新提供新机遇。

12.1.1 离子液体的分子设计方法与技术

在庞大的离子液体家族中，由不同阴、阳离子所组成的离子液体的物理化学性质可能千差万别，采用传统的“尝试法”来设计合适的离子液体，周期长、成本高，难以满足人们对特异性离子液体的快速设计开发需求。因此，需要发展智能化的离子液体分子设计方法与技术，从传统的尝试模式升级到智能设计模式，实现分子水平上离子液体的开发设计。其核心技术是基于传统化工研发过程产生的大规模物性数据，提炼出精准的描述，利用智能算法构建离子液体物理化学性质可预测模型，建立离子液体的大规模分子设计平台。通过分析离子液体的离子组成和相互作用，来预测不同结构离子液体的物理化学性质，帮助人们快速设计开发所需目标离子液体[6]。通过分子模拟和建立离子液体数据库的方法，来准确预测离子液体的物理化学性质，提供结构－性质的定性构效关系，最大限度地满足离子液体的应用所需[7]。机器学习和数据科学在化学和材料科学领域的兴起，也引发其在离子液体领域的应用[8]。通过机器学习方法，如决策树算法[9]、随机森林算法[10]、人工神经网络算法[11]、支持向量机算法[12]，贝叶斯学习算法[13]等，使用计算化学方法（如密度泛函理论）结合人工智能算法高通量设计开发离子液体，快速实现筛选及设计目标，为离子液体的开发、物理化学性质预测及工业化应用提供高效的分子设计方法与技术[6,7]，是未来的重要发展方向。

12.1.2　离子液体的绿色制备方法与技术

制约离子液体大规模工业应用的一个重要因素是其生产成本居高不下。离子液体制备的主要原料为烷基咪唑、烷基吡啶、烷季鏻盐、烷季铵盐等，特别是带有不同取代基团的化合物多为试剂级的生产规模，工业原料难以获得，很难降低其生产成本；且合成过程中使用大量有机溶剂，后续纯化过程复杂，进一步提高了离子液体的生产成本[14]。因此，针对常用离子液体，可通过扩大其生产规模，采用纯熟的工艺方案和高效的分离手段，来降低离子液体高昂的生产成本。针对功能化离子液体，可通过改进制备工艺，减少步骤，提高收率及选择性，以降低成本。此外，复杂的纯化过程不仅增加了离子液体的生产成本，也带来了环境污染问题。离子液体被誉为绿色介质，但有些离子液体的制备和纯化却会用到有毒溶剂，使其“绿色”变味。因此，改进离子液体的生产工艺，提高纯化效率，不仅能降低离子液体的生产成本，也能解决制备过程中的环境问题，从本质上实现绿色化。

12.1.3　离子液体的环境影响

离子液体本身是否“绿色”，需在工业化应用中对离子液体的环境、安全、健康等多方面影响进行综合评价[15]。离子液体自身性质稳定，随着工业应用的拓展，不仅要关注离子液体的性能优势，也要对其毒性、可降解性、环境归宿及影响评价进行研究，这些是离子液体工业应用必须面对的问题[16]。

研究离子液体毒性的方法主要有：(1)针对试验受体对象进行各种毒性试验来确定离子液体毒性；(2)利用已知离子液体的毒性数据库，通过分子模拟，推导出待测离子液体的毒性参数，即定量构效关系（QSAR）模型[17]。QSAR模型预测方法是快速确定离子液体毒性的最佳方法。目前已证明有些离子液体对微生物、水生生物和陆生生物均有毒性，且毒性大小与离子液体浓度、阳离子类型、烷基链长度、阴离子类型等有关[18]。因此，可通过分子设计，替换或去掉有毒基团,以此降低离子液体的毒性,或转为无毒离子液体。

离子液体使用过程中,可能会出现意外泄漏、排放不当等状况,对水体和土壤带来潜在威胁。因此,离子液体的可降解性也是衡量其环境效益的又一个重要因素。目前,离子液体的降解方法主要包括生物降解和化学降解,降解百分比主要与阳离子类型、烷基侧链长度、杂环结构、官能团等有关,阴离子的影响较小[19]。

开发新型无毒可降解的离子液体也是离子液体研发的重要内容之一。其研究主要集中在两方面:一是通过分子设计、结构调整等手段开发可降解离子液体,如向离子液体中引入酯基或酰胺基团,或从自然界中挑选天然离子液体等,提高其可降解性;二是研究离子液体的降解方法,开发降解效率高、产物无毒、成本低的离子液体降解方法[15,20,21]。离子液体的生产利用过程很难做到100%无毒,因此,充分认识离子液体对环境的影响,优化生产工艺,平衡性能与生物毒性之间的关系,使经济效益与环境效益达到最大化具有重要的意义。

12.1.4 离子液体的生命周期评价方法与技术

离子液体作为一种新型化合物,在大规模工业化应用中,也同其他传统化工产品一样,需考虑产品的生产、运输、使用、寿命、再生等过程中产生的废水、废渣进入环境后对动植物和人体的毒性等问题[20]。因此,除充分了解其在应用过程中的优异性能外,还需从全生命周期角度考虑离子液体的工业化应用,了解离子液体在整个工业过程中对环境和人类生活的影响,做到全过程的绿色化。由于离子液体的大规模工业应用实例并不是很多,因此,其生命周期评价实例较少,其评价方法与技术也是未来重点研究的内容之一。

12.1.5 离子液体适用的分离/反应器设计与制备技术

离子液体与常规溶剂相比,黏度大、密度大、不挥发,某些离子液体对金属有腐蚀性,传统的反应器不能完全满足离子液体的应用需求。因此,反应器的设计与开发也是离子液体产业化的关键[2]。目前基于离子液体反应器流体力学(如混合性能、传质系数、压降等)的研究较少,因此,结合离子液体的物化特性,设计针对离子液体体系的反应分离专用设备,提高工业生产效率,也是解决当前离子液体工业化应用难题的重要手段[22]。

12.1.6 离子液体的回收技术

离子液体的大规模应用必然要面对回收和循环利用问题。对离子液体进行回收和循环利用也是降低离子液体成本的有效途径,同时也避免了离子液体因排放而导致的环境问题。目前,根据不同离子液体体系的特点,常用的离子液体回收方法有蒸馏、萃取、膜分离、吸附分离和相分离等,这些分离方法在应用过程中均有其独特的优点,但也存在选择性低、适用性窄、能耗较高、回收成本高等问题[23,24]。而且,由于离子的难挥发性,特别是亲水性离子液体的回收,比常规有机试剂更加困难。在未来工业应用中,需根据所用离子液体的性能特点，进一步创新，以改进现有技术，开发更高效和更低廉的回收技术，并进一步解决回收工程放大、规模化应用中所出现的问题。

12.1.7　离子液体的行业标准

目前，经济全球化已成为世界经济发展不可逆转的趋势，行业发展从市场竞争进入标准竞争阶段，技术标准化成为影响行业国际竞争力的一个重要因素[25]。标准化是对同类的产品或工程规定制定统一的技术标准，并在生产建设中全面推行。在中国加入 WTO 之初，国际标准的制定基本掌握在发达国家手中，国际社会利用标准作为技术壁垒，使中国进出口贸易面临严峻挑战[26]。2015 年，国务院在下发的文件中指出要改革标准体系和标准化管理体制[27]，促进产业升级，提升产业在国际社会的影响力。离子液体作为未来化工行业的“新秀”，其标准的制定对未来行业发展具有重要意义。目前，在国际社会未见有关离子液体行业标准化的报道。随着离子液体大规模工业应用的推进，建立离子液体生产、纯化、运输、贮存等过程的行业标准，统一产品质量，为离子液体的工业化提供准入门槛对离子液体行业的健康发展是十分必要的[28]。同时，在离子液体技术迅猛发展的今天，尽快制定、发布离子液体行业标准，可增强国产离子液体行业在国际市场上的核心竞争力。

12.2　基于离子液体的未来技术

离子液体作为绿色介质，在绿色技术开发过程中发挥着重要的作用。其应用在化工、环境保护、能源领域等是巨大的挑战。离子液体除了在化工行业可以作为溶剂、催化剂、电解液等绿色介质应用，其在生物医药、材料制备、生物技术等领域的应用也是未来重要的发展方向。

12.2.1　离子液体基新材料的制备技术

离子液体作为一种新兴的绿色溶剂，因其独特的物理化学性质，如酸碱极性可调、阴阳离子协同和结构可设计等特点，可与膜材料、多孔材料、凝胶材料、电池材料及智能材料等新型材料相结合，形成离子液体基新型材料，发挥重要的作用。通过设计与优化离子液体在这些材料中的结构和组分，能够实现特定功能性材料的制备[1]。与传统的材料相比，离子液体具有较低的蒸汽压、较宽的温度范围和较高的化学稳定性，可以在更宽泛的条件下应用，环境限制也更少。例如，在真空、高压和低温等极端条件下，离子液体基材料可以适应不同的温度和压力，在相同的实验条件下取得了与传统材料相同甚至更好的效果，这表明离子液体基材料是传统材料理想的替代材料[2]。为了充分利用离子液体独特的性质，需要深入解析离子液体在新型材料中的结构与材料性质之间的关系，研究离子液体在这些材料中的微结构精准调控技术，解决实验室制备的材料性能与规模化后的工业化产品性能差别较大的共性问题，关键是建立定量的制备控制技术，通过创新制备策略实现离子液体在新型材料领域的突破性进展，以满足化学、材料、环境、能源、医药等不同领域的需求。

12.2.2 离子液体的医药领域技术

离子液体具有良好的溶解度、化学/热稳定性和优异的生物相容性，在制药和生物医学领域将获得更广泛的应用[29]。离子液体不仅可加快化学反应过程，提高产率，减少环境污染，还可改善医药领域的药物溶解度差、产品晶体不稳定性、生物活性差、给药效率低等问题[5]。但离子液体的固有特性，如高黏度、未知的毒性和潜在的环境影响，也限制了它们在药物生产中的使用，其对生态系统和人类健康的潜在安全风险不容忽视。由于离子液体出现时间短、种类繁多，人们对其理化性质的了解不够全面，要完全取代传统有机溶剂，满足现有药物监管法规的要求仍存在诸多不确定性。目前的研究结果表明，离子液体有很低的细胞毒性，但仅靠细胞水平的毒性评价还远远不够，有必要对其生物毒性进行更全面的评价[6]。因此，选择具有良好生物相容性的无毒阴离子和阳离子，制备更安全、有效的离子液体，并进行全面的生物毒性评价，以确保离子液体在制药领域的可靠性和安全性，是目前医疗用离子液体的重要研究方向。

12.2.3 离子液体的生物技术

得益于离子液体的功能特异性、低生物毒性和良好的生物相容性，离子液体在提高生物催化系统中酶稳定性和催化活性等方面展现出了优异的发展潜力[30]。可通过调控离子液体的结构实现与酶的相互作用，获得离子酶[31]，从而赋予酶更优异的活性。离子液体能通过改变溶剂微环境来增强酶的稳定性，也可通过固定化和附着来稳定酶活性。作为介质，离子液体还可以通过与产物和底物的相互作用，例如增加底物的溶解度，促进反应的发生，以此实现酶效率的提高。需要注意的是，离子液体和酶的不同也会有不同的影响，离子液体的组成、浓度和环境条件等因素是酶活性和稳定性的重要影响因素。未来，充分发挥离子液体的特性，发展离子酶催化技术，实现离子液体在生物技术中的应用，也是离子液体的重要发展方向之一。

进入21世纪以来，离子液体家族不仅增加了多种性能优异的新成员，其应用也从化工行业拓展至医药、材料、能源、生物等领域。离子液体进入了飞速发展的新阶段。未来可持续发展将是社会的主旋律，离子液体有望在其中抢占科技制高点。尽管离子液体在工业化进程中仍然面临成本高、生物毒性不确定等问题，但与传统有机溶剂相比仍然具有不可比拟的优势。随着机器学习等智能化研究方法的开发，将加快绿色安全的新型离子液体的设计和应用，实现研发具有高度自主知识产权、原创性结构和功能的系列新型离子液体，并实现该领域的跨越式、引领式发展，相信离子液体将在未来绿色化进程中发挥更加重要的作用。

参考文献

[1] ROGERS R D，SEDDON K R. Ionic liquids-solvents of the future[J]. Science，2003，302：792-793.

[2] DONG K，LIU X M，DONG H F. Multiscale studies on ionic liquids[J]. Chemical Reviews，2017，117：6636-6695.

[3] MATUSZEK K，PIPER S L，BREZECZEK-SZAFRAN A. Unexpected energy applications of ionic liquids[J]. Advanced Materials，2024，23：13023.

[4] DUPONT J，LEAL B C，LOZANO P. Ionic liquids in metal，photo-，electro-，and（bio）catalysis[J]. Chemical Reviews，2024，124：5227-5420.

[5] 李臻，陈静，夏春谷. 离子液体的工业应用研究进展[J]. 化工进展，2012，31(10)：2113.

[6] IZGORODINA E I，SEEGER Z L，SCARBOROUGH D L. Quantum chemical methods for the prediction of energetic，physical，and spectroscopic properties of ionic liquids[J]. Chemical Reviews，2017，117：6696-6754.

[7] WANG Y L，LI B，LU Z Y. Microstructural and dynamical heterogeneities in ionic liquids[J]. Chemical Reviews，2020，120：5798-5877.

[8] PALOMAR J，LEMUS J，NARARRO P. Process simulation and optimization on ionic liquids[J]. Chemical Reviews，2024，124：1649-1737.

[9] SILVER D，HUANG A J，MADDISON C J. Mastering the game of go with deep neural networks and tree search[J]. Nature，2016，529：484-489.

[10] BREIMAN L. Random forests[J]. Machine Learning，2001，45：5-32.

[11] HANSEN L K，SALAMON P. Neural network ensembles[J]. IEEE Transactions on Pattern Analysis and Machine Intelligence，1990，12：993-1001.

[12] CORTES C. Support-vector networks[J]. Machine Learning，1995，20：273-297.

[13] FERGUSON A L. Machine learning and data science in soft materials engineering[J]. Journal of Physics：Condensed Matter，2017，30：043002.

[14] 郑燕升，莫倩. 离子液体工业化应用及关键技术问题[J]. 化工新型材料，2010，38(3)：16-18.

[15] SWATLOSKI R P，HOLBREY J D，ROGERS R D. Ionic liquids are not always green：hydrolysis of 1-butyl-3-methylimidazolium hexafluorophosphate[J]. Green Chemistry，2003，5：361-363.

[16] OSTADJOO S，BERTON P，SHAMSHINA J L. Scaling-up ionic liquid-based technologies：how much do we care about their Toxicity? Prima facie information on 1-ethyl-3-methylimidazolium acetate[J]. Toxicological Sciences，2018，161：249-265.

[17] 张文林，唐聪，闫佳伟，等. 离子液体的生物毒性及降解性研究[J]. 江苏农业科学，2019，47(5)：204-208.

[18] PAWLOWSKA B，TELESINSKI A，BICZAK R. Phytotoxicity of ionic liquids[J]. Chemosphere，2019，237：124436.

[19] ABRAMENKO N，KUSTOV L，METELYTSIA L. A review of recent advances towards the development of QSAR models for toxicity assessment of ionic liquids[J]. Journal of Hazardous Materials，2020，384：121429.

[20] 马楠. 咪唑类离子液体高级氧化降解研究[D]. 广州：华南理工大学，2013.

[21] 任天琳. 过硫酸盐热活化降解咪唑类离子液体的研究[D]. 合肥：中国科学技术大学，2019.

[22] DAI C N，ZHANG J，HUANG C P. Ionic liquids in selective oxidation[J]. Catalysts and Solvents，

2017，117：6929-6983.

[23] 聂毅，王均凤，张振磊，等. 离子液体回收循环利用的研究进展与趋势[J]. 化工进展，2019，38(1)：100-110.

[24] SOSA F H，CARVALHO P J，COUTINHO J A. Recovery of ionic liquids from aqueous solutions using membrane technology[J]. Separation and Purification Technology，2023，322：124341.

[25] 袁强. 技术标准化对中国产业国际竞争力影响的理论与实证研究[D]. 长沙：湖南大学，2014.

[26] 刘静波. 化工标准化：突破技术壁垒的利剑[J]. 中国高校科技，2004，17(6)：15.

[27] 国务院. 深化标准化工作改革方案[J]. 航空标准化与质量，2015(2)：2.

[28] 梁燕君. 化工标准化与质量监督[J]. 中国质量，2007(11)：38-39.

[29] SHAMSHINA J L，ROGERS R D. Ionic liquids：new forms of active pharmaceutical ingredients with unique，tunable properties[J]. Chemical Reviews，2023，123(20)：11894-11953.

[30] HU Y H，XING Y Y，YUE H. Ionic liquids revolutionizing biomedicine：recent advances and emerging opportunities[J]. Chemical Society Reviews，2023，52(20)：7262-7293.

[31] JI X L，XUE Y J，LI Z L，et al. Ionozyme：ionic liquids as solvent and stabilizer for efficient bioactivation of CO_2[J]. Green Chemistry，2021，23(18)：6990-7000.